응용이 보이는 공학수학

지은이 **소상균** sanggso@naver.com

전북대학교 기계공학과를 졸업하고, 미국 오리건 주립대학교에서 석사 학위, 미국 캘리포니아 주립대학교 데이비스 캠퍼스에서 박사 학위를 취득했다. 또한 국방기술품질원에서 연구원으로, 삼성전기㈜ 자동차부품연구소에서 현가장치 프로젝트 팀장으로 근무했다. 1998년부터 2025년 2월까지 국립한밭대학교 전자공학과 교수로 재직했으며, 현재는 명예교수로 있다. 미국 콜로라도 주립대학교에서 객원교수를 지냈고, 대한기계학회, 한국정밀공학회, 한국자동차공학회 등의 정회원으로 활동하고 있다.

응용이 보이는 공학수학

초판발행 2025년 2월 4일

지은이 소상균 / **펴낸이** 전태호
펴낸곳 한빛아카데미㈜ / **주소** 서울시 서대문구 연희로2길 62 한빛아카데미㈜ 2층
전화 02-336-7112 / **팩스** 02-336-7199
등록 2013년 1월 14일 제2017-000063호 / **ISBN** 979-11-7340-010-0 93560

책임편집 김은정 / **기획 · 편집** 조우리
디자인 윤혜원 / **전산편집** 백지선 / **제작** 박성우, 김정우
영업 김태진, 김성삼, 이정훈, 임현기, 이성훈, 김주성 / **마케팅** 김호철, 심지연

이 책에 대한 의견이나 오탈자 및 잘못된 내용은 출판사 홈페이지나 아래 이메일로 알려주십시오.
파본은 구매처에서 교환하실 수 있습니다. 책값은 뒤표지에 표시되어 있습니다.
홈페이지 www.hanbit.co.kr / 이메일 question@hanbit.co.kr

STEM@COOKBOOK

$\mathrm{div}\vec{F} = \nabla \cdot \vec{F}$

$\vec{A} = \begin{bmatrix} a_{11} & a_{12} \\ a_{21} & a_{22} \end{bmatrix}$

$M(x,y)dx + N(x,y)dy$

$\mathcal{L}[f(t)]$

$D_{\vec{u}}f = \nabla f \cdot \vec{u}$

응용이 보이는 공학수학

ENGINEERING MATHEMATICS

소상균 지음

한빛아카데미
Hanbit Academy, Inc.

지은이 머리말

두려움이 아닌 자신감으로, 포기가 아닌 열정으로!

공학수학은 공학 분야의 다양한 전공이 꽃을 피우고 풍성한 열매를 맺도록 돕는 토양과 같다. 토양의 비옥도에 따라 그 토양에 심은 산물의 열매 질이 달라지듯이, 공학수학을 얼마나 잘 학습했는지에 따라 이후에 접할 공학 전공 교과목에 대한 이해도와 문제해결력이 달라진다.

그렇다면 공학에서 이처럼 중요한 수학을 잘하려면 어떻게 해야 할까? 누구나 처음부터 수학을 잘하는 것은 아니다. 가장 기초적인 것부터 차근차근 단계적으로 이해해 나간다면, 어느 순간 수학 실력이 향상됐음을 스스로 깨닫게 된다. 이렇게 성장하는 과정에 어려움이 많겠지만 포기하지 않고 끈기 있게 다양한 문제를 풀어 보는 것이 가장 중요하다.

필자는 오래전 대학 학부와 대학원 시절 수학의 어려움을 극복했던 경험을 바탕으로, 그리고 대학교수로 재직하며 기초가 부족한 학생들이 수학의 장벽을 넘는 과정을 지켜보며 느낀 바를 담아 이 책을 집필했다. 수학 기초가 부족하거나 수학에 흥미를 느끼지 못하는 학생들도 쉽게 접근할 수 있도록 기초 단계부터 시작해 점진적으로 난도를 높여가며 체계적으로 내용을 구성했고, 공학수학의 본연의 역할인 공학 분야에서의 응용 능력 배양에 중점을 두었다.

이 책을 통해 모든 독자들이 공학수학에 대한 두려움을 떨쳐내어 자신감을 가지고 원만하게 학습해 나가길 바란다. 아울러 필자가 이 책을 집필하며 강조한 의도대로 기초부터 공학적 응용 능력까지 완벽한 실력을 갖출 수 있기를 진심으로 소망한다.

필자는 오랜 기간 교육자로서 후학을 양성했고 이제 명예로운 퇴직을 앞두고 있다. 이 시기에 맞춰 집필을 무사히 마무리하고 힘들게 노력한 결과물을 출간하게 되어 감회가 남다르다. 지난 세월, 삶의 절반 이상을 교육에 헌신해 왔기 때문에 이제 모든 것을 내려놓고 편히 쉬고 싶은 마음도 있었다. 그러나 마지막으로 다시 한 번 힘을 내어 책을 완성하고 나니 더욱 보람되고 만족감이 배가 되는 것 같다. 독자 여러분도 힘들고 포기하고 싶은 순간이 찾아올지라도, 이 책을 발판 삼아 수학의 장벽을 뛰어 넘고 더 멀리 힘차게 도약할 수 있기를 바란다.

이 책의 장점

- 공학수학을 강의한 경험이 있는 76인의 대학교 교강사들을 대상으로 설문조사하여, 공학 응용에 필요하다고 제안된 내용을 최대한 반영해 알차고 핵심적인 내용을 수록했다.
- 공학도가 수학을 왜 배워야 하는지, 배운 수학이 공학에 어떻게 응용되는지 쉽게 이해할 수 있도록 각 장에 공학 응용에 대한 설명을 담았고, 이에 맞는 응용 예제를 일부 수록했다.
- '수학은 어렵다'는 고정관념을 깨기 위해 간단한 문제부터 시작하여 점진적으로 난도를 높이는 방식으로 내용을 구성했다.
- 수학 기초가 부족한 학생들을 위하여, 문제를 해결할 수 있는 공식이나 참고사항을 [각주] 또는 HINT 로 상세하게 제시했다.
- 수학 개념과 공학적 응용을 잘 연계하여 쉽게 설명했다.

감사의 글

이 책의 성공적인 출간을 위해 성심성의껏 협조하고 아낌없는 격려를 보내주신 한빛아카데미(주) 관계자들께 깊이 감사드린다. 특히 알찬 내용을 담은 양질의 책이 되도록 편집 과정에서 많은 제안과 의견을 준 조우리 선임 에디터께 고마운 마음을 전하고 싶다. 마지막으로 언제나 따뜻하게 응원해 준 사랑하는 가족들과 묵묵히 기도하고 용기를 북돋아 준 지인들께 감사의 인사를 전한다.

지은이 소상균

미리보기

누구를 위한 책인가

공학을 전공하는 학생들에게 꼭 필요한 내용 위주로 목차를 구성했다. 고등학교 수학부터 학습에 어려움을 겪은 학생들도 쉽게 이해할 수 있도록, 기초적인 내용부터 시작하여 점진적으로 난도를 높이며 설명했다. 또한 이론에 대한 이해를 돕기 위해 각 장에 충분한 예제와 연습문제를 수록했다.

이 책을 시작하려면

공학수학을 본격적으로 학습하기 전에 알아두어야 할 '미분과 적분'을 [들어가기 전에]에 구성했다. [들어가기 전에]를 통해 수학 기초를 다지고 1장부터 순차적으로 학습하기를 권한다.

이 책의 구성요소

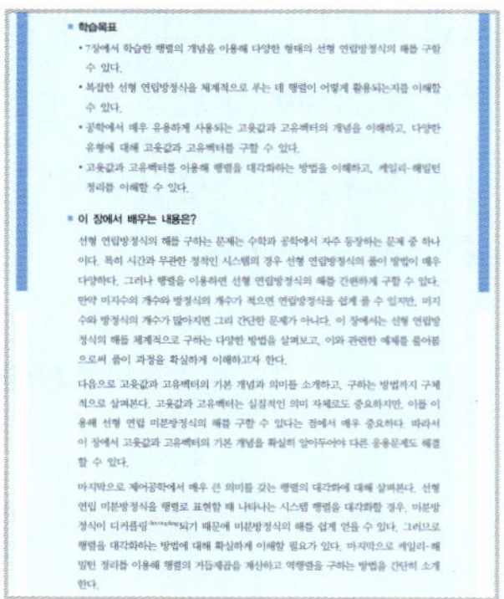

학습목표/도입글

학습목표에서는 해당 장을 학습하여 도달하고자 하는 수준을 제시하고, 도입글에서는 해당 장에서 알아야 할 내용과 관련 공학 분야를 소개한다.

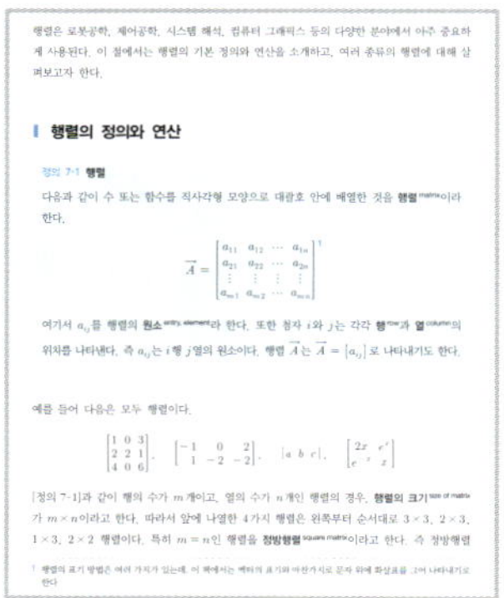

정의

본문에서 기억해야 할 용어와 그 의미를 소개한다.

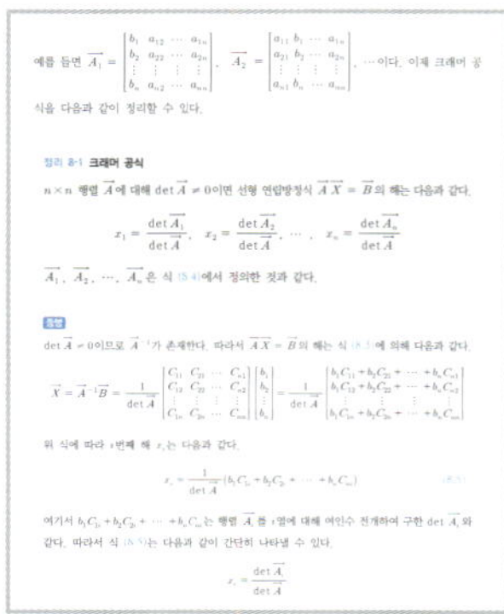

정리/증명

본문에서 기억해 두어야 할 주요 이론을 정리로 소개하고, 증명에서 정리가 성립하는 이유를 논리적으로 설명한다.

이 책의 구성

들어가기 전에 미분과 적분

공학에서 매우 중요한 미분방정식의 기초가 되는 극한과 연속성, 미분과 적분의 정의와 성질을 살펴보고, 다양한 함수의 미분 및 적분 방법을 다룬다.

❶ 미분방정식(1장~2장)

1계 미분방정식의 이해 및 해를 구하는 방법, 고계 미분방정식과 연립 미분방정식의 이해 및 해를 구하는 방법, 멱급수를 이용해 상수계수 또는 변수계수를 갖는 선형 미분방정식의 해를 구하는 방법을 설명한다.

❷ 라플라스 변환(3장)

라플라스 변환의 이해, 다양한 함수의 라플라스 변환 방법, 라플라스 변환된 함수의 역변환을 구하는 방법을 다룬다. 미분방정식과 연립 미분방정식의 해를 구하는 방법을 설명하고, 이와 관련한 다양한 문제를 다룬다.

❸ 벡터와 벡터함수의 미분적분학(4장~6장)

벡터의 기본 개념을 설명하고, 벡터함수의 도함수와 관련한 다양한 이론과 응용을 다룬다. 또한 선적분, 이중적분, 면적분, 스토크스 정리, 가우스 발산 정리, 평면과 공간상에서의 벡터함수의 적분에 대해 다룬다.

❹ 행렬과 응용(7장~9장)

행렬의 기본 개념을 설명하고, 행렬을 이용해 선형 연립방정식의 해를 구하는 방법을 소개한다. 마지막으로 선형 연립 미분방정식의 해를 구하는 문제를 다룬다.

❺ 푸리에 해석(10장)

직교함수, 푸리에 급수 및 푸리에 적분 개념을 설명하고, 무한 시간 구간에서 정의된 임의의 함수에 대해 임의의 주파수에서 함수의 정보를 얻는 푸리에 변환을 다룬다.

❻ 편미분방정식(11장)

편미분방정식의 기본 개념과 풀이 방법을 소개하고, 경곗값과 초깃값 문제를 비롯하여 물리계의 대표적인 편미분방정식의 해를 구하는 방법을 다룬다.

❼ 복소해석(12장)

복소수와 복소함수의 기본 개념을 소개하고, 복소함수의 도함수를 구하는 방법을 설명한다. 또한 복소평면에서 경로의 선적분, 복소함수 표현을 위한 급수와 유수에 대해 다룬다.

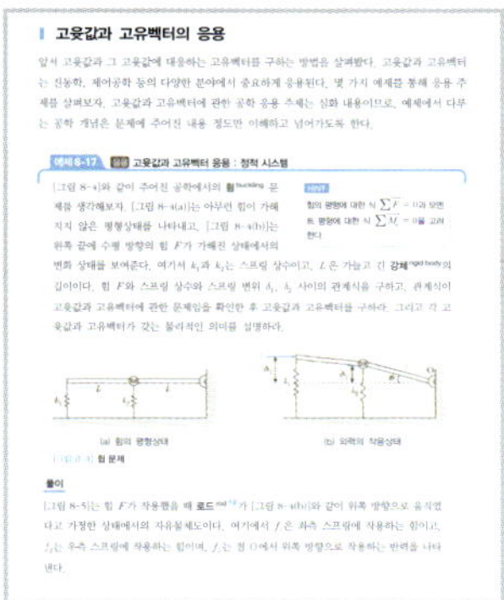

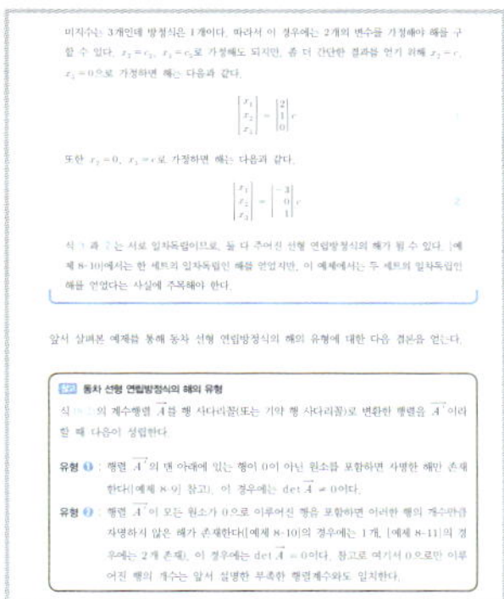

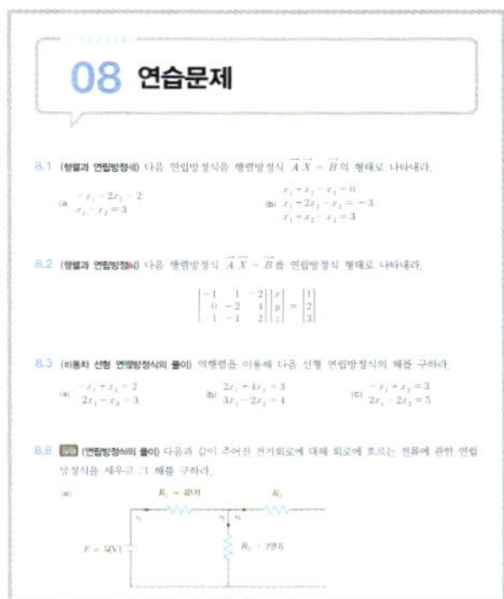

예제

본문 개념을 적용한 문제를 소개하고, 공학 주제를 다루는 문제는 응용으로 구분한다. 문제를 풀 때 도움이 되는 공식이나 내용을 HINT 로 제시한다.

참고

본문에 대한 보충 설명이나 참고하면 좋을 내용을 소개한다.

연습문제

해당 장이 끝날 때마다 본문에서 익힌 내용을 문제를 통해 복습한다. 공학 주제를 다루는 문제는 응용으로 구분한다.

학습 로드맵

이 책은 두 학기 동안 학습할 내용을 수록했으며, 1장부터 순차적으로 학습하는 것을 권장한다. 만약 한 학기용 교재로 사용한다면 해당 전공의 특성이나 강의(또는 학습) 환경을 고려하여 일부 장을 생략해도 무방하다.

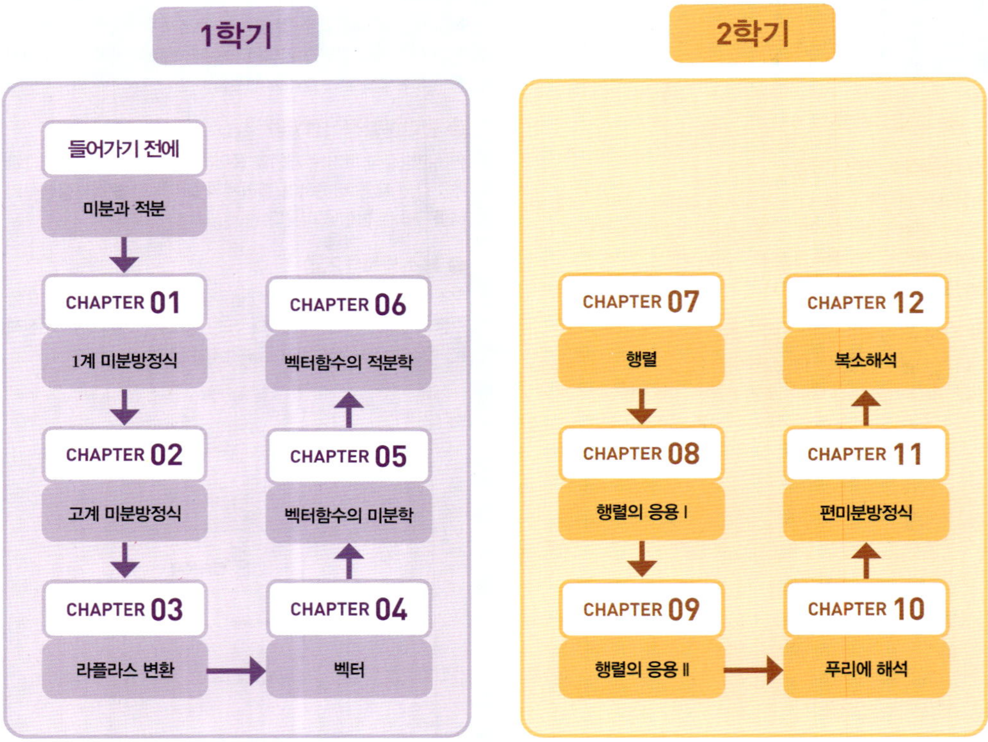

강의 계획

표준 스케줄 표(두 학기 강의)

1학기

주	해당 장	주제
1	들어가기 전에	함수의 극한과 연속성, 미분, 적분
2	1장	미분방정식과 물리적 시스템, 변수분리형 미분방정식, 선형 미분방정식, 베르누이 방정식, 완전미분방정식
3	2장	고계 미분방정식, 상수계수를 갖는 2계 동차 · 비동차 선형 미분방정스
4	2장	코시-오일러 방정식, 고계 선형 미분방정식, 선형 연립 미분방정식
5	2장	선형 미분방정식의 멱급수해, 물리적 시스템에서의 응용
6	3장	라플라스 변환의 정의, 함수의 라플라스 변환, 라플라스 변환의 이동정리
7	3장	라플라스 변환의 특성, 라플라스 역변환, 미분방정식의 해 구하기, 라플라스 변환과 역변환의 공학적 응용
8		중간고사
9	4장	벡터의 기본 개념, 벡터의 내적, 벡터의 성분과 사영
10	4장	벡터의 외적, 벡터공간
11	5장	벡터함수, 곡선운동
12	5장	편도함수와 방향도함수, 발산과 회전
13	6장	선적분, 이중적분
14	6장	그린 정리, 면적분, 스토크스 정리, 가우스 발산 정리
15		기말고사

2학기

주	해당 장	주제
1	7장	행렬의 기본 개념, 행렬식
2	7장	역행렬, 행렬과 선형변환
3	8장	선형 연립방정식의 해 구하기
4	8장	고윳값과 고유벡터
5	8장	행렬의 대각화, 케일리-해밀턴 정리
6	9장	행렬과 선형 연립 미분방정식, 동차 선형 연립 미분방정식
7	9장	비동차 선형 연립 미분방정식, 행렬의 지수함수
8		중간고사
9	10장	직교함수, 푸리에 급수
10	10장	푸리에 적분, 푸리에 변환
11	11장	편미분방정식의 기본 개념, 변수분리법, 파동 방정식, 열전도 방정식
12	11장	라플라스 방정식, 라플라스 변환 · 푸리에 변환에 의한 해 구하기
13	12장	복소수, 복소함수, 복소함수의 도함수
14	12장	복소함수의 선적분, 급수와 유수
15		기말고사

강의 및 학습 보조자료와 참고문헌

강의 및 학습 보조자료

- **강의자용** : **강의 보조자료 다운로드**
  한빛아카데미(https://www.hanbit.co.kr/academy) 접속 → [교수전용공간] 클릭

- **학습자용** : **공개용 정답 다운로드**
  한빛아카데미(https://www.hanbit.co.kr/academy) 접속 → [도서명] 검색 → 도서 상세 페이지의 [부록/예제소스]

참고문헌

- 장윤석 (2006). 전기전자공학의 기초. 밴프레스.
- 김찬중 (2008). 길잡이 공업수학(4판). 범한서적.
- 소상균 (2018). MATLAB으로 배우는 공학수학(개정판). 한빛아카데미.
- M. R. Spiegel (1997). Schaum's Outline of Fourier Analysis. McGraw-Hill.
- A. Croft, R. Davison and M. Hargreaves (2001). Engineering Mathematics(3rd, ed.). Prentice Hall.
- E. Kreyszig (2011). Advanced Engineering Mathematics(10th, ed.). Wiley.

목차

CHAPTER 03 라플라스 변환

CHAPTER 04 벡터

CHAPTER 05 벡터함수의 미분학

CHAPTER 06 벡터함수의 적분학

CHAPTER 07 행렬

CHAPTER 08 행렬의 응용 I

CHAPTER 09 행렬의 응용 II

CHAPTER 10 푸리에 해석

CHAPTER 11 편미분방정식

CHAPTER 12 복소해석

들어가기 전에

미분과 적분

Contents

대학교에서 배우는 공학수학은 고등학교에서 배운 기초 수학지식을 바탕으로 하여, 공학 분야의 전공에 직간접적으로 응용할 수 있도록 좀 더 심화되고 구체적인 내용을 다룬다. 공학수학에서 다루는 모든 영역이 중요하지만, 이공계열에서는 시간에 따라 시스템이 변하는 동적 시스템을 많이 다루기 때문에 이와 관련한 미분방정식의 해를 구하는 문제와 응용이 특히 중요하다.

[들어가기 전에]에서는 미분방정식을 본격적으로 접하기 전에 미분방정식을 이해하는 데 기초가 되는 미분과 적분의 개념을 간략히 설명한다. 먼저 미분과 적분이 성립하기 위한 조건이라 할 수 있는 함수의 극한과 연속성을 살펴보고, 극한과 연속성이 미분, 적분과 어떻게 연결되는지를 설명한다. 그리고 정의를 통해 함수의 미분과 적분의 기본 규칙을 살펴보고, 이를 응용하여 공학에서 주로 사용되는 다양한 함수의 미분과 적분을 직접 계산해본다.

SECTION 0.1

함수의 극한과 연속성

함수의 미분과 적분을 이해하려면 우선 함수의 극한과 연속성에 대한 개념을 정립해야 한다. 따라서 이 절에서는 극한과 연속성에 대한 기본 정의와 극한을 구하는 방법을 살펴볼 것이다.

함수의 극한

[그림 0-1]과 같이 주어진 함수 $y=f(x)$를 생각해보자.

$$f(x)=\begin{cases}2 & (x\neq -1)\\ 0 & (x=-1)\end{cases}$$

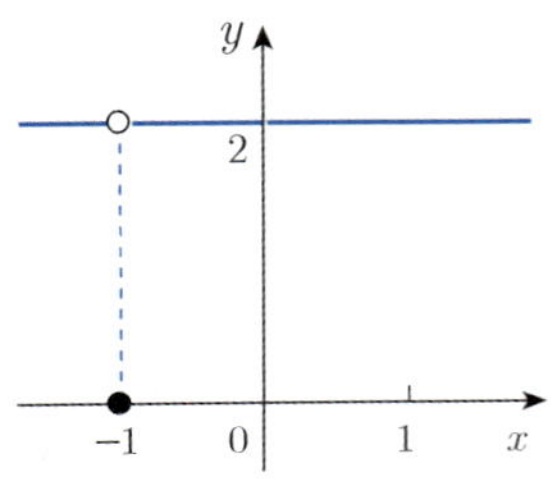

[그림 0-1] $x=-1$에서의 $f(x)$의 극한

$x=-1$을 제외한 모든 x에 대해 함숫값은 $f(x)=2$이다. 이 경우 $x=-1$에서 함수의 극한이 존재하는지 아닌지를 살펴보고자 한다. 함수의 극한이 존재하는지 확인하기 위해 x가 -1의 오른쪽에서 -1로 접근할 때의 함숫값과 -1의 왼쪽에서 -1로 접근할 때의 함숫값을 비교해보자. 이 함수의 경우 x가 -1의 오른쪽과 왼쪽에서 -1로 접근할 때의 함숫값은 모두 2이다. 따라서 $x=-1$에서 극한이 존재함을 알 수 있다. 이때 'x가 -1로 접근할 때 함수 $f(x)$의 극한은 2이다'라 하고 다음과 같이 표기한다.

$$\lim_{x\to -1} f(x)=2$$

정의 0-1 극한

x가 임의의 값 c의 오른쪽과 왼쪽에서 각각 c로 접근할 때, 함수 $f(x)$가 하나의 유한한 값 L로 접근하면 'x가 c로 접근할 때 함수 $f(x)$의 **극한** limit은 L이다'라 하고 다음과 같이 표기한다.

$$\lim_{x\to c} f(x)=L$$ [1]

1 이 식에서 c는 x가 접근하는 값이고, L은 함수 $f(x)$의 극한이다.

여기서 주목해야 할 것은 극한의 존재 여부가 함수 $f(c)$의 존재 여부, 연속성과는 무관하다는 사실이다. 다음 예제들을 통해 이 사실을 확인해보자.

예제 0-1 극한이 존재하는 경우

다음 함수에 대해 $x=1$에서의 극한을 구하라.

$$f(x)=x+1 \quad (x \neq 1)$$

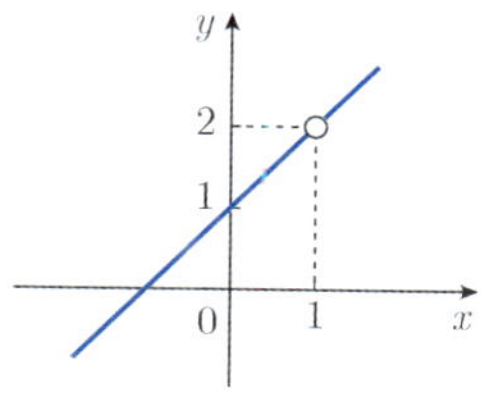

[그림 0-2]

풀이

$x=1$에서 함숫값은 존재하지 않는다. 함수의 극한이 존재하는지 확인하기 위해 x가 1의 오른쪽에서 1로 접근할 때의 함숫값과 1의 왼쪽에서 1로 접근할 때의 함숫값을 비교해보자. 이 함수의 경우 비록 $x=1$에서는 함숫값이 존재하지 않지만, x가 1의 오른쪽과 왼쪽에서 1로 접근할 때의 함숫값은 모두 2이다([그림 0-2] 참고). 따라서 $x=1$에서 극한이 존재함을 알 수 있다. 즉 $\lim_{x \to 1} f(x)=2$이다.

예제 0-2 극한이 존재하지 않는 경우

다음 함수에 대해 $x=0$에서의 극한을 구하라.

$$f(x)=\begin{cases} -1 & (x<0) \\ 1 & (x \geq 0) \end{cases}$$

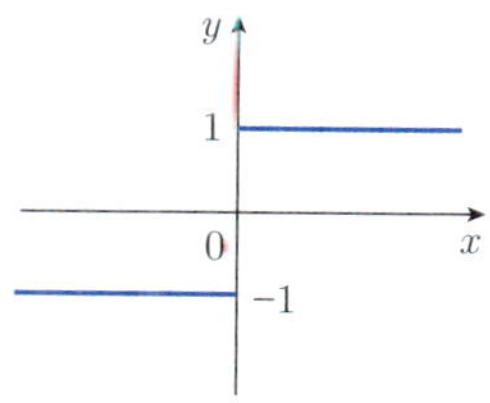

[그림 0-3]

풀이

$f(0)=1$이므로 $x=0$에서 함숫값은 존재한다. 함수의 극한이 존재하는지 확인하기 위해 x가 0의 오른쪽에서 0으로 접근할 때의 함숫값과 0의 왼쪽에서 0으로 접근할 때의 함숫값을 비교해보자. x가 오른쪽에서 0으로 접근할 때의 함숫값은 $f(0)=1$이고, 왼쪽에서 0으로 접근할 때의 함숫값은 $f(0)=-1$이므로, x가 0의 오른쪽과 왼쪽에서 0으로 접근할 때의 함숫값은 서로 다르다([그림 0-3] 참고). 따라서 $x=0$에서 극한은 존재하지 않는다.

예제 0-3 **극한이 존재하지 않는 경우**

다음 함수에 대해 $x=0$에서의 극한을 구하라.

$$f(x)=\frac{1}{x^2}$$

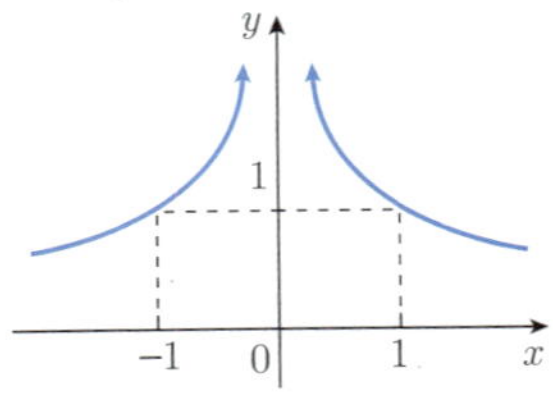

[그림 0-4]

풀이

x가 0의 양쪽에서 0으로 접근할 때의 함숫값이 모두 ∞이다 ([그림 0-4] 참고). 그러나 이 값은 유한한 값이 아니므로 $\lim_{x\to 0} f(x)$는 존재하지 않는다.

다음과 같은 극한의 기본 성질을 적용하여 함수의 극한을 구할 수 있다. 참고로 [들어가기 전에]는 공학수학의 본론에 들어가기 전에 알아두어야 할 내용이므로 모든 정리의 증명을 생략한다.

정리 0-1 **극한의 기본 성질**

b, c는 실수, n은 양의 정수이고, $\lim_{x\to c} f(x)=L$, $\lim_{x\to c} g(x)=K$이면 함수의 극한은 다음과 같은 성질을 갖는다.

(1) $\lim_{x\to c}[bf(x)]=bL$

(2) $\lim_{x\to c}[f(x)\pm g(x)]=L\pm K$

(3) $\lim_{x\to c}[f(x)g(x)]=LK$

(4) $\lim_{x\to c}[f(x)]^n=L^n$

(5) $\lim_{x\to c}\frac{f(x)}{g(x)}=\frac{L}{K}\quad (K\neq 0)$

예제 0-4 **극한 계산 : 극한의 성질 이용**

극한 $\lim_{x\to 0}\frac{x^2+x+2}{x-2}$를 구하라.

HINT $x=0$을 바로 대입한다.

풀이

[정리 0-1]의 (5)를 이용하면 다음과 같이 극한을 구할 수 있다.

$$\lim_{x\to 0}\frac{x^2+x+2}{x-2}=\frac{\lim_{x\to 0}(x^2+x+2)}{\lim_{x\to 0}(x-2)}=\frac{2}{-2}=-1$$

예제 0-5 극한 계산 : 인수분해 이용

극한 $\lim_{x \to 2} \frac{x^2 - x - 2}{x - 2}$ 를 구하라.

> **HINT**
> 분자와 분모를 인수분해하고 약분한 뒤 $x = 2$를 대입한다.

풀이

x가 2로 접근할 때, 분자가 $\lim_{x \to 2}(x^2 - x - 2) = 0$이 되고 분모도 $\lim_{x \to 2}(x-2) = 0$이 되어 $\frac{0}{0}$ 꼴이 된다. 따라서 x에 2를 바로 대입하여 극한을 얻을 수 없다. 이럴 때는 다음과 같이 x에 2를 직접 대입하기 전에 분자와 분모를 인수분해하고 공통인자를 약분한 뒤, x에 2를 대입하면 된다.

$$\lim_{x \to 2} \frac{x^2 - x - 2}{x - 2} = \lim_{x \to 2} \frac{(x-2)(x+1)}{(x-2)} = \lim_{x \to 2}(x+1) = 3$$

예제 0-6 극한 계산 : 분모 유리화 이용

극한 $\lim_{x \to 0} \frac{x}{\sqrt{x+1} - \sqrt{2x+1}}$ 를 구하라.

> **HINT**
> 분모와 분자에 각각 $\sqrt{x+1} + \sqrt{2x+1}$ 을 곱하여 분모를 유리화한 뒤 약분하고 $x = 0$을 대입한다.

풀이

분모의 유리화를 이용해 극한을 구하면 다음과 같다.

$$\begin{aligned}
\lim_{x \to 0} \frac{x}{\sqrt{x+1} - \sqrt{2x+1}} &= \lim_{x \to 0} \frac{x(\sqrt{x+1} + \sqrt{2x+1})}{(\sqrt{x+1} - \sqrt{2x+1})(\sqrt{x+1} + \sqrt{2x+1})} \\
&= \lim_{x \to 0} \frac{x(\sqrt{x+1} + \sqrt{2x+1})}{(x+1) - (2x+1)} \\
&= \lim_{x \to 0} \frac{x(\sqrt{x+1} + \sqrt{2x+1})}{-x} = \frac{1+1}{-1} = -2
\end{aligned}$$

지금까지 유리함수의 극한 계산에 대해 살펴봤다. 이제 삼각함수의 극한을 구해보자. 삼각함수의 경우 다음과 같이 극한을 계산할 때 아주 유용한 정리가 있다.

정리 0-2 삼각함수의 특별한 극한

(1) $\lim_{\theta \to 0} \frac{\sin\theta}{\theta} = 1$

(2) $\lim_{\theta \to 0} \frac{1 - \cos\theta}{\theta} = 0$

예제 0-7 **삼각함수의 극한 계산 : [정리 0-2] 이용**

다음 극한을 구하라.

(a) $\lim\limits_{x \to 0} \dfrac{\sin^2(2x)}{x^2}$ (b) $\lim\limits_{x \to 0} \dfrac{1-\cos x}{\sin x}$

풀이

(a) $\lim\limits_{x \to 0} \dfrac{\sin^2(2x)}{x^2} = \lim\limits_{x \to 0} \dfrac{2^2 \sin^2(2x)}{(2x)^2} = 4\lim\limits_{x \to 0}\left[\dfrac{\sin(2x)}{(2x)}\right]^2 = 4(1)^2 = 4$

(b) $\lim\limits_{x \to 0} \dfrac{1-\cos x}{\sin x} = \lim\limits_{x \to 0} \dfrac{x(1-\cos x)}{x \sin x} = \dfrac{\lim\limits_{x \to 0} \dfrac{1-\cos x}{x}}{\lim\limits_{x \to 0} \dfrac{\sin x}{x}} = \dfrac{0}{1} = 0$

함수의 연속성

함수 $f(x)$가 $x=c$에서 연속이라 함은 그 함수의 그래프가 $x=c$에서 끊어지지 않고 이어져 있는 상태를 말한다. [그림 0-5]는 함수 $f(x)$가 $x=c$에서 연속이 아닌 경우들을 보여준다. 이 세 경우가 아니면 함수 $f(x)$는 $x=c$에서 연속이다.

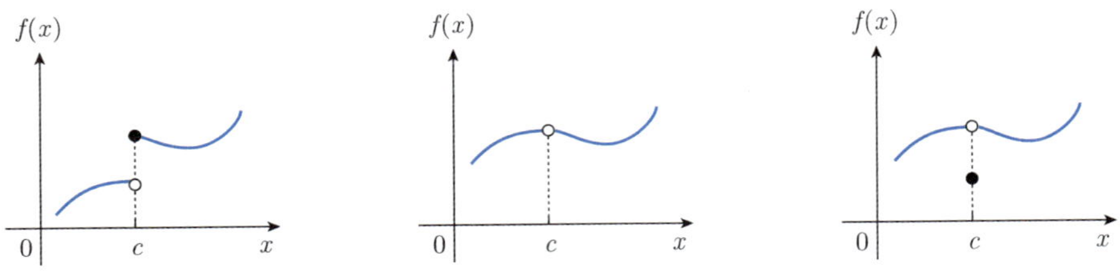

(a) $f(c)$는 정의되나 극한이 존재하지 않음

(b) 극한은 존재하나 $f(c)$가 정의되지 않음

(c) 극한은 존재하나 $f(c)$와 극한이 같지 않음

[그림 0-5] **연속이 아닌 함수의 유형**

위 세 가지 경우를 바탕으로 함수의 연속성을 정의해보자.

정의 0-2 함수의 연속성

함수 $f(x)$가 다음 세 조건을 모두 만족하면 함수 $f(x)$는 $x=c$에서 **연속**continuous이라고 한다.

(1) 극한 $\lim_{x \to c} f(x)$가 존재한다.

(2) $f(c)$가 정의된다.

(3) $\lim_{x \to c} f(x) = f(c)$

예제 0-8 함수의 연속성

다음 함수들의 연속성 여부에 대해 설명하라.

(a) $f(x) = \begin{cases} -x+1 & (x \le 0) \\ x+1 & (x > 0) \end{cases}$ (b) $f(x) = \dfrac{x^2-1}{x-1}$

풀이

(a) $\lim_{x \to 0} f(x) = 1$, $f(0) = 1$이므로([그림 0-6] 참고), $\lim_{x \to 0} f(x) = f(0)$이다. 따라서 함수 $f(x)$는 $x=0$에서 연속이고, 실제로 모든 x에서 연속이다.

(b) 분모가 0이 될 수 없으므로 $f(1)$은 정의되지 않는다. 따라서 함수 $f(x)$는 $x=1$에서 연속이 아니다. 비록 연속은 아니지만 $x=1$에서 함수 $f(x)$의 극한은 $\lim_{x \to 1} f(x) = 2$이다([그림 0-7] 참고).

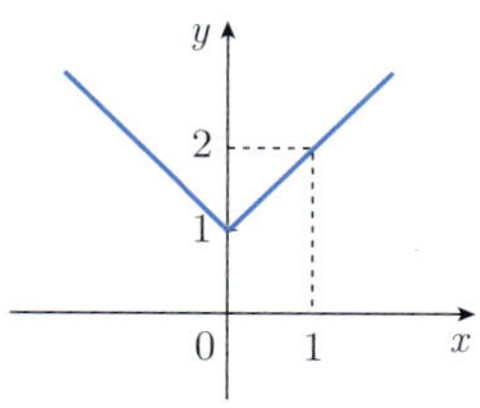

[그림 0-6]

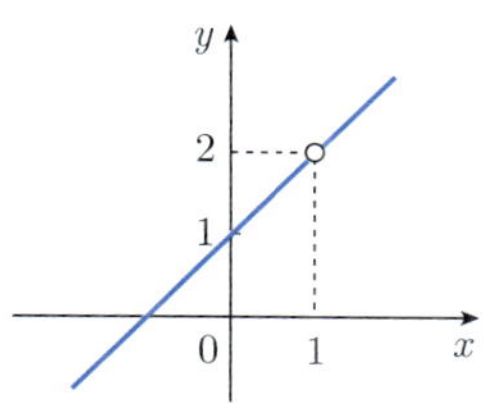

[그림 0-7]

SECTION 0.2

함수의 미분

이 절에서는 다양한 함수들을 미분하는 방법에 대해 설명한다. 이를 위해 먼저 평균변화율, 순간변화율, 도함수에 대한 정의를 소개할 것이다. 그런 다음, 이 정의로부터 얻을 수 있는 미분 공식들을 이용해 다양한 함수들을 미분하고자 한다.

평균변화율, 순간변화율, 도함수

[그림 0-8]과 같이 구간 $[a, a+\Delta x]$에서 연속인 매끄러운 곡선 $f(x)$를 생각해보자. x가 a부터 $a+\Delta x$까지 변하면 y값은 $f(a)$부터 $f(a+\Delta x)$까지 변한다. x의 변화량과 y의 변화량의 비를 평균변화율이라 하고 다음과 같이 정의한다.

정의 0-3 평균변화율

함수 $y=f(x)$에서 x값이 a부터 $a+\Delta x$까지 변할 때, 다음 식을 구간 $[a, a+\Delta x]$에서의 함수 $y=f(x)$의 **평균변화율** average rate of change이라 한다.

$$\frac{\Delta y}{\Delta x}=\frac{f(a+\Delta x)-f(a)}{\Delta x}$$

평균변화율의 기하학적 의미는 [그림 0-8]에 나타낸 것처럼, 곡선 위의 두 점 P와 Q를 지나는 직선의 기울기이다.

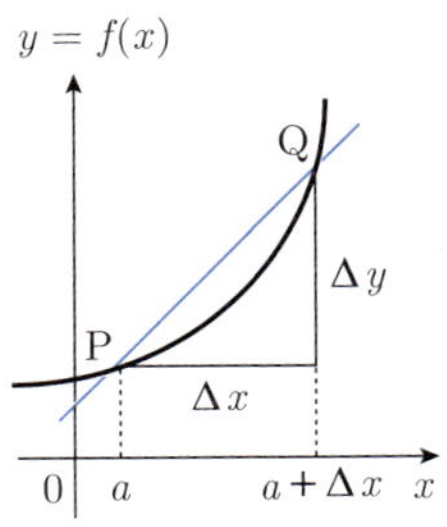

[그림 0-8] 평균변화율의 기하학적 의미

예제 0-9 **평균변화율**

함수 $f(x)=x^2-2x+1$의 구간 $[1, 3]$에서의 평균변화율을 구하라.

풀이

$$\frac{\Delta y}{\Delta x}=\frac{f(3)-f(1)}{3-1}=\frac{(3^2-2\cdot 3+1)-(1^2-2\cdot 1+1)}{2}=2$$

$\Delta x \to 0$일 때 함수 $y=f(x)$의 구간 $[a, a+\Delta x]$에서의 평균변화율의 극한

$$\lim_{\Delta x \to 0}\frac{\Delta y}{\Delta x}=\lim_{\Delta x \to 0}\frac{f(a+\Delta x)-f(a)}{\Delta x}$$

가 존재하면 함수 $f(x)$는 $x=a$에서 **미분가능**differentiable하다고 한다. 미분가능한 함수 $f(x)$의 순간변화율은 다음과 같이 정의한다.

정의 0-4 **순간변화율**

함수 $y=f(x)$가 $x=a$에서 미분가능할 때, 다음과 같은 극한을 $x=a$에서의 함수 $f(x)$의 **순간변화율**instantaneous rate of change이라 한다.

$$\lim_{\Delta x \to 0}\frac{\Delta y}{\Delta x}=\lim_{\Delta x \to 0}\frac{f(a+\Delta x)-f(a)}{\Delta x}$$

순간변화율은 간단히 **변화율**rate of change 또는 **미분계수**differential coefficient라고도 하며, 함수 $f(x)$의 $x=a$에서의 순간변화율은 $f'(a)$로 표기한다. 순간변화율의 기하학적 의미는 [그림 0-9]에 나타낸 것처럼, 곡선 위의 점 P에서의 접선의 기울기이다.

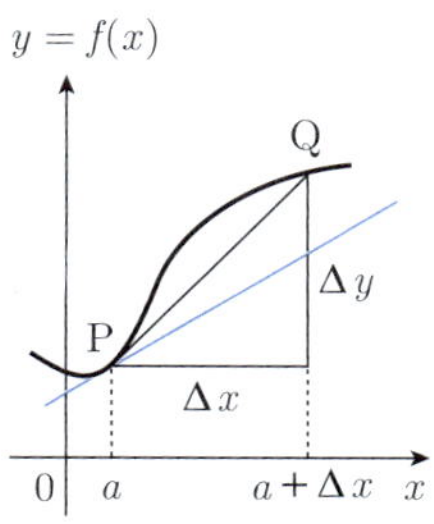

[그림 0-9] 순간변화율의 기하학적 의미

예제 0-10 **순간변화율 : 접선의 기울기**

함수 $f(x)=x^2-2x$의 $x=2$에서의 접선의 기울기를 구하라.

풀이

$$f'(2)=\lim_{\Delta x\to 0}\frac{f(2+\Delta x)-f(2)}{\Delta x}$$

$$=\lim_{\Delta x\to 0}\frac{\left[(2+\Delta x)^2-2(2+\Delta x)\right]-\left[2^2-2(2)\right]}{\Delta x}$$

$$=\lim_{\Delta x\to 0}\frac{4+4(\Delta x)+(\Delta x)^2-4-2\Delta x}{\Delta x}$$

$$=\lim_{\Delta x\to 0}\frac{(\Delta x)^2+2\Delta x}{\Delta x}=2$$

$x=a$에서의 순간변화율은 x가 임의의 상수 a에서 변화하는 정도(변화율)를 의미한다. 여기서 상수 a를 변수 x로 바꾸면 함수 $f(x)$의 도함수를 다음과 같이 정의할 수 있다.

정의 0-5 **도함수**

함수 $y=f(x)$에 대해 다음 식을 x에 관한 y의 **도함수**derivative라 한다.

$$\lim_{\Delta x\to 0}\frac{\Delta y}{\Delta x}=\lim_{\Delta x\to 0}\frac{f(x+\Delta x)-f(x)}{\Delta x}$$

함수 $y=f(x)$의 도함수를 구하는 것은 '$f(x)$를 x에 대해 **미분한다**'라고 하고 y', $f'(x)$, $\frac{dy}{dx}$, $\frac{df(x)}{dx}$와 같은 기호로 표기한다. 도함수 $f'(x)$의 기하학적 의미는 [그림 0-10]에 나타낸 것처럼, 함수 $f(x)$에 대한 곡선 위의 임의의 점 $[x, f(x)]$에서의 접선의 기울기이다.

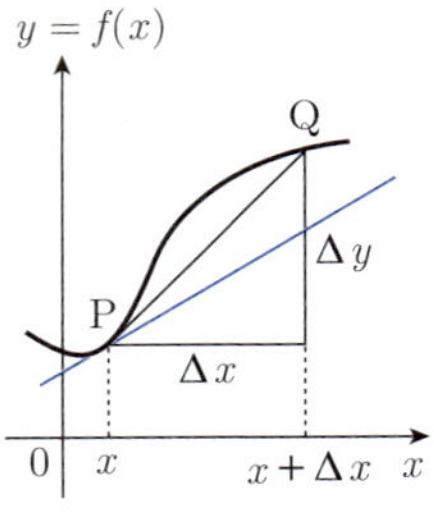

[그림 0-10] 도함수의 기하학적 의미

예제 0-11 도함수

도함수의 정의를 이용해 함수 $f(x)=x^2+2x+1$의 도함수를 구하라.

풀이

$$\begin{aligned} f'(x) &= \lim_{\triangle x\to 0}\frac{f(x+\triangle x)-f(x)}{\triangle x} \\ &= \lim_{\triangle x\to 0}\frac{[(x+\triangle x)^2+2(x+\triangle x)+1]-(x^2+2x+1)}{\triangle x} \\ &= \lim_{\triangle x\to 0}\frac{x^2+2x\triangle x+(\triangle x)^2+2x+2\triangle x+1-x^2-2x-1}{\triangle x} \\ &= \lim_{\triangle x\to 0}\frac{2x\triangle x+(\triangle x)^2+2\triangle x}{\triangle x} \\ &= \lim_{\triangle x\to 0}[2x+\triangle x+2]=2x+2 \end{aligned}$$

미분 공식

앞서 살펴본 바와 같이 도함수의 정의를 이용하면 미분가능한 함수의 도함수를 구할 수 있다. 그러나 이 방법을 이용하면 계산이 복잡해지므로 실제로는 간편한 공식을 이용해 도함수를 구한다. 이 절에서는 다양한 함수들의 도함수를 구할 때 이용할 수 있는 기본 공식들을 유도하고, 그 공식을 이용해 도함수를 구하는 연습을 해보자.

정리 0-3 미분의 기본 공식

c는 상수, n은 임의의 실수일 때, 함수 $f(x)$와 $g(x)$의 도함수가 존재하면 다음 관계식이 성립한다.

(1) $\dfrac{d}{dx}[c]=0$

(2) $\dfrac{d}{dx}[cf(x)]=cf'(x)$

(3) $\dfrac{d}{dx}[x^n]=nx^{n-1}$

(4) $\dfrac{d}{dx}[f(x)\pm g(x)]=f'(x)\pm g'(x)$

(5) $\dfrac{d}{dx}[f(x)g(x)]=f(x)g'(x)+f'(x)g(x)$

(6) $\dfrac{d}{dx}\left[\dfrac{f(x)}{g(x)}\right]=\dfrac{f'(x)g(x)-f(x)g'(x)}{[g(x)]^2}$ $\quad (g(x)\neq 0)$

예제 0-12 도함수 : 미분의 기본 공식 이용

다음 함수의 도함수를 구하라.

(a) $y=(x+1)(2x-1)^2$

(b) $y=\dfrac{(x+1)^2}{x+2}$

풀이

(a) [정리 0-3]을 이용해 도함수를 구하면 다음과 같다.

$$\begin{aligned}\frac{d}{dx}\left[(x+1)(2x-1)^2\right] &= (x+1)\frac{d}{dx}(2x-1)^2+(2x-1)^2\frac{d}{dx}(x+1)\\ &= (x+1)\left[2(2x-1)(2)\right]+(2x-1)^2(1)\\ &= 4(x+1)(2x-1)+(2x-1)^2\end{aligned}$$

(b) [정리 0-3]을 이용해 도함수를 구하면 다음과 같다.

$$\begin{aligned}\frac{d}{dx}\left[\frac{(x+1)^2}{x+2}\right] &= \frac{(x+2)\dfrac{d}{dx}(x+1)^2-(x+1)^2\dfrac{d}{dx}(x+2)}{(x+2)^2}\\ &= \frac{(x+2)2(x+1)-(x+1)^2(1)}{(x+2)^2}\\ &= \frac{x^2+4x+3}{(x+2)^2}\end{aligned}$$

지금까지 **대수함수**algebraic function의 도함수를 구하는 방법에 대해 살펴보았다. 이제 **초월함수**transcendental function의 도함수를 구하는 방법에 대해 살펴보자.[2] 먼저 우리에게 익숙한 초월함수인 삼각함수 중 간단한 함수들의 도함수를 구해보자.

정리 0-4 삼각함수의 도함수

(1) $\dfrac{d}{dx}[\sin x]=\cos x$

(2) $\dfrac{d}{dx}[\cos x]=-\sin x$

2 대수함수란 다항함수 사이의 사칙연산 및 제곱근 등으로 표현된 함수를 말한다. 또한 대수함수가 아닌 함수를 초월함수라 하며, 초월함수에는 삼각함수, 지수함수, 로그함수 등이 있다.

예제 0-13 **도함수 : 삼각함수**

다음 함수의 도함수를 구하라.

(a) $y = \tan x$ (b) $y = \sec x$

풀이

(a)
$$\frac{d}{dx}[\tan x] = \frac{d}{dx}\left[\frac{\sin x}{\cos x}\right]$$
$$= \frac{\frac{d}{dx}(\sin x)\cos x - \sin x\frac{d}{dx}(\cos x)}{\cos^2 x} \quad \cdots ① \text{ [정리 0-3]의 (6) 이용}$$
$$= \frac{\cos x \cos x - \sin x(-\sin x)}{\cos^2 x}$$
$$= \frac{\cos^2 x + \sin^2 x}{\cos^2 x} \quad \cdots ② \cos^2 x + \sin^2 x = 1$$
$$= \frac{1}{\cos^2 x} \quad \cdots ③ \frac{1}{\cos x} = \sec x$$
$$= \sec^2 x$$

(b)
$$\frac{d}{dx}[\sec x] = \frac{d}{dx}\left[\frac{1}{\cos x}\right]$$
$$= \frac{\cos x\frac{d}{dx}(1) - 1\frac{d}{dx}(\cos x)}{\cos^2 x} \quad \cdots ④ \text{ [정리 0-3]의 (6) 이용}$$
$$= \frac{(0)(\cos x) - (1)(-\sin x)}{\cos^2 x}$$
$$= \frac{\sin x}{\cos^2 x}$$
$$= \frac{1}{\cos x}\frac{\sin x}{\cos x} \quad \cdots ⑤ \frac{1}{\cos x} = \sec x,\ \frac{\sin x}{\cos x} = \tan x$$
$$= \sec x \tan x$$

지수함수exponential function의 도함수는 다음과 같다.

정리 0-5 **지수함수의 도함수**

(1) $\frac{d}{dx}[a^x] = a^x \ln a$ (2) $\frac{d}{dx}[e^x] = e^x$

예제 0-14 도함수 : 지수함수

다음 함수의 도함수를 구하라.

(a) $y = 2^x e^x$ (b) $y = \dfrac{e^x + 2}{e^{2x} - 1}$

풀이

(a) $\dfrac{d}{dx}[2^x e^x] = (2^x)(e^x) + (2^x \ln 2)(e^x) = 2^x e^x (1 + \ln 2)$

(b) $\dfrac{d}{dx}\left[\dfrac{e^x + 2}{e^{2x} - 1}\right] = \dfrac{e^x(e^{2x} - 1) - 2(e^x + 2)e^{2x}}{(e^{2x} - 1)^2} = \dfrac{-e^x(e^{2x} + 4e^x + 1)}{(e^{2x} - 1)^2}$

로그함수logarithmic function의 도함수는 다음과 같다.

정리 0-6 로그함수의 도함수

(1) $\dfrac{d}{dx}[\log_a x] = \dfrac{1}{x} \cdot \dfrac{1}{\ln a}$ (2) $\dfrac{d}{dx}[\ln x] = \dfrac{1}{x}$

예제 0-15 도함수 : 로그함수

다음 함수의 도함수를 구하라.

(a) $y = \log_2(\cos x)$ (b) $y = \ln(e^x)$

풀이

(a) $\dfrac{d}{dx}[\log_2(\cos x)] = \dfrac{1}{\cos x}\dfrac{1}{\ln 2}(\cos x)'$ ··· ① $\dfrac{d}{dx}[\log_a x] = \dfrac{1}{x} \cdot \dfrac{1}{\ln a}$

$= \dfrac{1}{\cos x}\dfrac{1}{\ln 2}(-\sin x) = -\dfrac{\tan x}{\ln 2}$

(b) $\dfrac{d}{dx}[\ln(e^x)] = \dfrac{1}{e^x}(e^x)'$ ··· ② $\dfrac{d}{dx}[\ln x] = \dfrac{1}{x}$

$= 1$

이제 합성함수의 도함수에 대해 생각해보자. **합성함수**composite function란 두 함수를 합성하여 얻은 함수로, $y=f(z)$, $z=g(x)$에 대해 $y=f(g(x))$를 말한다. 예를 들어 $y=z^2$, $z=2x$이면 합성함수는 $y=f(g(x))=(2x)^2$이다. 합성함수의 도함수는 다음과 같이 구한다.

정리 0-7 합성함수의 도함수

두 함수 $y=f(u)$와 $u=g(x)$가 각각 미분가능할 때, x에 대한 y의 도함수는 다음과 같다.

$$\frac{dy}{dx}=\frac{dy}{du}\cdot\frac{du}{dx}$$

이 법칙을 **연쇄법칙**chain rule이라 한다.

예제 0-16 도함수 : 합성함수

다음 함수의 도함수를 구하라.

(a) $y=(e^x-\cos x)^2$

(b) $y=\left(\dfrac{e^x}{e^x-1}\right)^2$

풀이

(a) $u=e^x-\cos x$라 하면 $y=u^2$이므로 다음과 같다.

$$\frac{dy}{du}=2u,\quad \frac{du}{dx}=e^x+\sin x$$

따라서 주어진 함수의 도함수는 다음과 같다.

$$\frac{dy}{dx}=\frac{dy}{du}\cdot\frac{du}{dx}=2u(e^x+\sin x)=2(e^x-\cos x)(e^x+\sin x)$$

(b) $u=\dfrac{e^x}{e^x-1}$이라 하면 $y=u^2$이므로 다음과 같다.

$$\frac{dy}{du}=2u,\quad \frac{du}{dx}=\frac{(e^x)'(e^x-1)-e^x(e^x-1)'}{(e^x-1)^2}=\frac{e^x(e^x-1)-e^xe^x}{(e^x-1)^2}=\frac{-e^x}{(e^x-1)^2}$$

따라서 주어진 함수의 도함수는 다음과 같다.

$$\frac{dy}{dx}=\frac{dy}{du}\cdot\frac{du}{dx}=2u\frac{-e^x}{(e^x-1)^2}=2\frac{e^x}{e^x-1}\frac{-e^x}{(e^x-1)^2}=-\frac{2e^{2x}}{(e^x-1)^3}$$

마지막으로 매개변수로 표현된 함수의 도함수를 생각해보자.

정리 0-8 매개변수함수의 도함수

두 매개변수함수 $x=f(t)$와 $y=g(t)$가 각각 t에 대해 미분가능하고 $f'(t)\neq 0$일 때, x에 대한 y의 도함수는 다음과 같다.

$$\frac{dy}{dx}=\frac{dy}{dt}\bigg/\frac{dx}{dt}=\frac{g'(t)}{f'(t)}$$

예제 0-17 도함수 : 매개변수함수

다음 함수의 도함수 $\frac{dy}{dx}$를 구하라.

$$x(t)=t+1,\ y(t)=t-\sin t$$

풀이

$\frac{dx}{dt}=1,\ \frac{dy}{dt}=1-\cos t$이므로 $\frac{dy}{dx}$는 다음과 같다.

$$\frac{dy}{dx}=\frac{dy}{dt}\bigg/\frac{dx}{dt}=\frac{1-\cos t}{1}=1-\cos t$$

극한 계산에 유용한 정리

이제 미분 개념을 이용해 0.1절에서 다룬 함수의 극한을 쉽게 계산하는 방법을 알아보자. 함수의 극한을 구할 때 대수함수와 초월함수 또는 대수함수와 삼각함수 등이 결합되어 나타나는 경우가 종종 있다. 예를 들면 극한

$$\lim_{x\to 0}\frac{x}{e^x-1}$$

는 $x\to 0$일 때 $\frac{0}{0}$ 꼴이 된다. 이러한 형태의 극한을 구하기 위해 다음과 같은 **로피탈[3] 정리** L'Hospital theorem를 이용한다.

3 기욤 드 로피탈(Guillaume de L'Hôpital, 1661~1704)은 프랑스 수학자로, 무한소 미분적분학(infinitesimal calculus)과 미분기하학 분야에 크게 기여했다.

정리 0-9 로피탈 정리

함수 $f(x)$와 $g(x)$가 폐구간 $[a, b]$에서 연속이고 개구간 (a, b)에서 미분가능하며, $g'(x) \neq 0$이라고 가정하자. $x \to a$일 때 $\frac{f(x)}{g(x)}$의 극한이 $\frac{0}{0}$ 꼴이고, $x \to a$일 때 $\frac{f'(x)}{g'(x)}$의 극한이 존재한다면 다음 관계식이 성립한다.

$$\lim_{x \to a} \frac{f(x)}{g(x)} = \lim_{x \to a} \frac{f'(x)}{g'(x)}$$

로피탈 정리는 $\frac{f(x)}{g(x)}$의 극한이 $\frac{\infty}{\infty}$ 꼴인 경우에도 적용할 수 있다.

예제 0-18 극한 계산 : 로피탈 정리 이용 ①

로피탈 정리를 이용해 다음 극한을 구하라.

$$\lim_{x \to 0} \frac{e^x - 1}{\sin x}$$

풀이

분자의 극한이 $\lim_{x \to 0}(e^x - 1) = 0$이고, 분모의 극한이 $\lim_{x \to 0}(\sin x) = 0$이므로 $\frac{0}{0}$ 꼴이 된다. 따라서 로피탈 정리를 적용할 수 있고, 그 결과는 다음과 같다.

$$\lim_{x \to 0} \frac{e^x - 1}{\sin x} = \lim_{x \to 0} \frac{(e^x - 1)'}{(\sin x)'} = \lim_{x \to 0} \frac{e^x}{\cos x} = 1$$

예제 0-19 극한 계산 : 로피탈 정리 이용 ②

로피탈 정리를 이용해 다음 극한을 구하라.

(a) $\lim_{x \to 0} \frac{(x+1)\sin x}{2x}$ (b) $\lim_{x \to 0} \frac{x^2}{e^x - 1}$

풀이

(a) $\lim_{x \to 0} \frac{(x+1)\sin x}{2x} = \lim_{x \to 0} \frac{[(x+1)\sin x]'}{[2x]'} = \lim_{x \to 0} \frac{(x+1)\cos x + \sin x}{2} = \frac{1}{2}$

(b) $\lim_{x \to 0} \frac{x^2}{e^x - 1} = \lim_{x \to 0} \frac{(x^2)'}{(e^x - 1)'} = \lim_{x \to 0} \frac{2x}{e^x} = 0$

SECTION 0.3 함수의 적분

우리는 뉴턴Newton의 운동 제2법칙을 잘 알고 있다. '물체에 작용하는 모든 힘의 합은 물체의 질량과 가속도의 곱과 같다'라는 내용으로, 가속도 법칙이라고도 한다. 여기서 가속도는 속도를 미분한 값이다. 따라서 가속도가 주어질 때 주어진 가속도로부터 속도를 구하려면 미분을 되돌리는 방법이 있어야 하는데, 이 방법이 바로 적분이다.

이 절에서는 적분에 관한 정의, 정리, 공식들을 살펴보고, 다양한 종류의 함수를 적분하는 방법을 알아볼 것이다.

부정적분

함수 $f(x)$에 대해 $F'(x) = f(x)$가 성립한다고 할 때, 함수 F를 f의 **역도함수**antiderivatives 또는 **부정적분**indefinite integral이라 하고, 역도함수를 구하는 것을 '**$f(x)$를 적분한다**'라고 한다. 따라서 부정적분을 다음과 같이 수식으로 정의할 수 있다.

정의 0-6 부정적분

함수 $f(x)$에 대해 $F'(x) = f(x)$의 관계가 성립하면 다음이 성립한다.

$$\int f(x)\,dx = \int F'(x)\,dx = F(x) + c$$ [4]

여기서 c를 적분상수, $f(x)$를 피적분함수, x를 적분변수라 한다.

위에서 정의한 부정적분과 미분(또는 도함수) 사이의 관계를 다음과 같이 정의할 수 있다.

4 $\int$은 적분 기호이고 인테그랄(integral)이라 읽는다.

정의 0-7 부정적분과 미분

(1) $\int \left[\frac{d}{dx} f(x) \right] dx = f(x) + c$ (2) $\frac{d}{dx} \left[\int f(x)\, dx \right] = f(x)$

[정의 0–7]을 통해 알 수 있듯이, 미분은 적분의 역이고 적분은 미분의 역이다.

■ 부정적분의 기본 공식

[정의 0–7]의 (1), (2)를 [정리 0–3]의 미분의 기본 공식과 직접 비교해봄으로써, 다음과 같은 부정적분의 기본 공식이 성립함을 알 수 있다.

정리 0-10 부정적분의 기본 공식

(1) $\int 0\, dx = c$

(2) $\int af(x)\, dx = a \int f(x)\, dx$ (a는 임의의 상수)

(3) $\int x^n dx = \frac{x^{n+1}}{n+1} + c \quad (n \neq -1)$

(4) $\int [f(x) \pm g(x)]\, dx = \int f(x)\, dx \pm \int g(x)\, dx$

예를 들면 함수 $f(x) = 3x^2$의 부정적분을 구하기 위해 [정리 0–10]의 (2), (3)을 이용하여 다음과 같이 나타낼 수 있다.

$$\int 3x^2 dx = 3 \int x^2 dx = \frac{3}{2+1} x^{2+1} + c = x^3 + c$$

따라서 $3x^2$의 부정적분은 $x^3 + c$이고, $x^3 + c$의 미분은 $3x^2$임을 알 수 있다([그림 0–11] 참고).

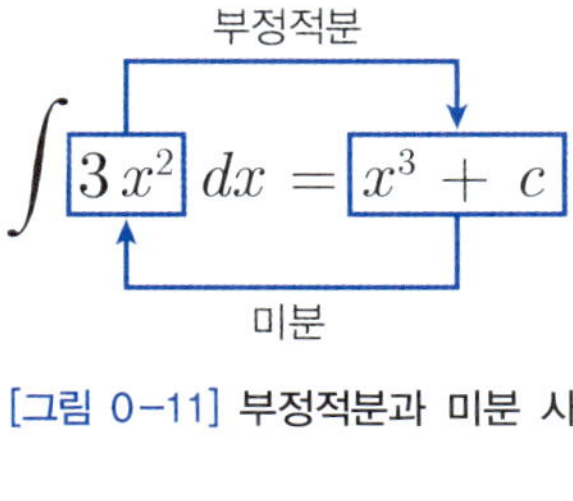

[그림 0–11] 부정적분과 미분 사이의 관계

예제 0-20 부정적분

다음 함수의 부정적분을 구하라.

(a) $\int (x\sqrt{x})\,dx$　　(b) $\int \frac{x^3 - x^2 + 2x - 2}{x-1}\,dx$

풀이

(a) $\int (x\sqrt{x})\,dx = \int \left(x^{\frac{3}{2}}\right) dx = \frac{2}{5}x^{\frac{5}{2}} + c$

Check $\frac{d}{dx}\left(\frac{2}{5}x^{\frac{5}{2}} + c\right) = x^{\frac{3}{2}} = x\sqrt{x}$

(b) $\int \frac{x^3 - x^2 + 2x - 2}{x-1}\,dx = \int \frac{x^2(x-1) + 2(x-1)}{x-1}\,dx = \int (x^2+2)\,dx = \frac{1}{3}x^3 + 2x + c$

Check $\frac{d}{dx}\left(\frac{1}{3}x^3 + 2x + c\right) = x^2 + 2$

[정리 0-10]에서 대수함수의 부정적분을 구하는 방법을 다뤘으므로, 이제 초월함수의 부정적분에 대해 살펴본다. 먼저 삼각함수 중 간단한 함수들의 부정적분값을 구해보자. 좀 더 복잡한 삼각함수의 부정적분을 구하는 문제는 연습문제로 남긴다. [부록 A.5]를 참고하자.

정리 0-11 삼각함수의 부정적분

(1) $\int \sin x\,dx = -\cos x + c$

(2) $\int \cos x\,dx = \sin x + c$

예제 0-21 부정적분 : 삼각함수

다음 함수의 부정적분을 구하라.

(a) $\int (2\sin x - \cos x)\,dx$　　(b) $\int (\cos^2 x \sin x + \sin^3 x)\,dx$

풀이

(a) $\int (2\sin x - \cos x)\,dx = \int (2\sin x)\,dx - \int (\cos x)\,dx = -2\cos x - \sin x + c$

(b) $\int (\cos^2 x \sin x + \sin^3 x)\,dx = \int \sin x(\cos^2 x + \sin^2 x)\,dx = \int \sin x\,dx = -\cos x + c$

다음으로 지수함수와 로그함수의 부정적분을 구하는 방법을 알아보자.

정리 0-12 지수함수의 부정적분

(1) $\int a^x\,dx = \dfrac{a^x}{\ln a} + c$ (단, $a > 0$, $a \neq 1$)

(2) $\int e^x\,dx = e^x + c$

예제 0-22 부정적분 : 지수함수

다음 함수의 부정적분을 구하라.

(a) $\int (2^x - e^x)\,dx$ (b) $\int \dfrac{e^{4x} - 9}{e^{2x} - 3}\,dx$

풀이

(a) $\int (2^x - e^x)\,dx = \int (2^x)\,dx - \int (e^x)\,dx = \dfrac{2^x}{\ln 2} - e^x + c$

(b) $\int \dfrac{e^{4x} - 9}{e^{2x} - 3}\,dx = \int \dfrac{(e^{2x} - 3)(e^{2x} + 3)}{e^{2x} - 3}\,dx = \int (e^{2x} + 3)\,dx = \dfrac{1}{2}e^{2x} + 3x + c$

정리 0-13 로그함수의 부정적분

$\int \dfrac{1}{x}\,dx = \ln x + c$

예제 0-23 부정적분 : 로그함수

다음 함수의 부정적분을 구하라.

(a) $\int \dfrac{x^2 + 2x - 1}{x}\,dx$ (b) $\int \dfrac{x^2 - x - 2}{x^2 - 2x}\,dx$

풀이

(a) $\int \dfrac{x^2 + 2x - 1}{x}\,dx = \int \left(x + 2 - \dfrac{1}{x}\right)dx = \dfrac{1}{2}x^2 + 2x - \ln|x| + c$

(b) $\int \frac{x^2-x-2}{x^2-2x}dx = \int \frac{(x+1)(x-2)}{x(x-2)}dx$

$$= \int \frac{x+1}{x}dx = \int \left(1+\frac{1}{x}\right)dx = x + \ln|x| + c$$

■ 치환적분

함수들의 부정적분을 구할 때 자주 사용하는 방법 중 하나가 **치환적분** integration by substitution 이다. 치환적분은 부정적분의 기본 공식만으로 계산하기에는 복잡한 합성함수의 적분을 구할 때 유용하다. 이 절에서는 치환적분의 공식을 이용해 부정적분을 구하는 연습을 해볼 것이다. 치환적분은 앞서 합성함수를 미분할 때 설명한 연쇄법칙과 관련이 있다.

연쇄법칙을 이용해 합성함수 $f(g(x))$를 미분하면 $\frac{d}{dx}f(g(x)) = f'(g(x))g'(x)$이다. 이 식에 적분 기호를 씌우면 $f(g(x))+c = \int \frac{d}{dx}f(g(x))\,dx = \int f'(g(x))g'(x)\,dx$이다. 여기서 $g(x)=u$로 치환하면 $g'(x) = \frac{du}{dx}$이고 따라서 $g'(x)\,dx = du$이다. 그러므로 $f(u)+c = \int f'(u)du$와 같이 간단히 나타낼 수 있다.

정리 0-14 치환적분을 이용한 부정적분 계산

$y=f(u)$이고 $u=g(x)$이면 다음이 성립한다.

$$\int f'(g(x))g'(x)\,dx = f(u)+c$$

참고 치환적분 절차

1. 치환함수 $u=g(x)$를 찾는다. 보통 합성함수에서 고차함수 혹은 제곱근의 내부를 치환하는 것이 좋다.
2. $du = g'(x)\,dx$를 계산한다.
3. 구하고자 하는 적분을 u에 대한 항으로 다시 쓴다.
4. u에 대해 적분한다.
5. u 대신 $g(x)$를 대입한다.
6. 결과를 미분하여 정답을 확인한다.

예제 0-24 **부정적분 : 치환적분 이용 ①**

다음 함수의 부정적분을 구하라.

$$\int (x^2-1)^2(2x)\,dx$$

풀이

$u=x^2-1$로 치환하면 $du=2x\,dx$이므로 다음과 같다.

$$\int (x^2-1)^2(2x)\,dx = \int u^2 du = \frac{1}{3}u^3+c = \frac{1}{3}(x^2-1)^3+c$$

예제 0-25 **부정적분 : 치환적분 이용 ②**

다음 함수의 부정적분을 구하라.

(a) $\displaystyle\int \frac{2x+1}{x^2+x}\,dx$

(b) $\displaystyle\int \frac{\cos 2x}{\sin 2x}\,dx$

풀이

(a) $u=x^2+x$로 치환하면 $du=(2x+1)\,dx$이므로 다음과 같다.

$$\int \frac{2x+1}{x^2+x}\,dx = \int \frac{1}{u}\,du = \ln|u|+c = \ln|x^2+x|+c$$

(b) $u=\sin 2x$로 치환하면 $du=2\cos 2x\,dx$이므로 다음과 같다.

$$\int \frac{\cos 2x}{\sin 2x}\,dx = \frac{1}{2}\int \frac{1}{u}\,du = \frac{1}{2}\ln|u|+c = \ln\sqrt{\sin 2x}+c$$

■ 부분적분

두 함수가 곱해져 있는 경우에는 치환적분을 이용해 적분값을 구할 수 있다. 그러나 치환적분으로 적분값을 구할 수 없는 경우가 종종 있다. 예를 들면 $\int e^x \sin x\,dx$와 같은 경우이다. 이때 이용할 수 있는 방법이 바로 **부분적분** integration by parts이다. 부분적분은 매우 다양한 함수에 적용할 수 있기 때문에 치환적분과 아울러 명확하게 이해하고 연습을 많이 해야 한다.

정리 0-15 부분적분을 이용한 부정적분 계산

u와 v가 x에 대한 함수이고 미분가능하면 다음이 성립한다.

$$\int u'v\,dx = uv - \int uv'\,dx$$

부분적분은 $u'v$를 적분하기 위해 u'과 v를 적절히 선택하여 또 다른 함수 uv'의 적분을 구하는 방법이므로, uv'의 적분이 $u'v$의 적분보다 더 쉽도록 u'과 v를 선택해야 한다. 이때 u'의 적분이 u보다 더 간단하도록 u'을 선택하고, 남아 있는 함수를 v로 선택한다. 또는 v의 미분 v'이 v보다 더 간단하도록 v를 선택하고, 남아 있는 함수를 u'으로 선택한다.

예제 0-26 부정적분 : 부분적분 이용

다음 함수의 부정적분을 구하라.

(a) $\int e^{2x}x\,dx$　　(b) $\int e^{x}\sin x\,dx$

HINT (b) 부분적분을 2회 적용하여 구한다.

풀이

(a) $u'=e^{2x}$, $v=x$로 선택하면 $u=\frac{1}{2}e^{2x}$, $v'=1$(v'이 v보다 간단함)이다. 따라서 부분적분을 이용하면 다음과 같다.

$$\int \underset{u'}{e^{2x}}\,\underset{v}{x}\,dx = \underset{u}{\frac{1}{2}e^{2x}}\underset{v}{x} - \int\left[\underset{u}{\frac{1}{2}e^{2x}}\,\underset{v'}{(1)}\right]dx = \frac{1}{2}xe^{2x} - \frac{1}{4}e^{2x} + c$$

(b) $u'=e^{x}$, $v=\sin x$로 선택하면 $u=e^{x}$, $v'=\cos x$(이 경우에는 u'과 v를 어떻게 선택하든 상관없음)이므로 다음 식을 얻는다.

$$\int e^{x}\sin x\,dx = e^{x}\sin x - \int e^{x}(\cos x)\,dx \qquad \cdots ①$$

이제 식 ①에서 우변의 $\int e^{x}\cos x\,dx$를 구하려면 부분적분을 다시 한 번 적용해야 한다. 이때 $u'=e^{x}$, $v=\cos x$로 선택하면 $u=e^{x}$, $v'=-\sin x$이므로 다음 식을 얻는다.

$$\int e^{x}\cos x\,dx = e^{x}\cos x + \int e^{x}\sin dx \qquad \cdots ②$$

따라서 식 ②를 식 ①에 대입하여 풀면 다음과 같다.

$$\int e^{x}\sin x\,dx = \frac{1}{2}e^{x}(\sin x - \cos x) + c$$

부분적분의 몇 가지 유형을 요약하면 다음과 같다.

참고 부분적분의 유형

유형 ❶ : $\int x^n e^{ax}\,dx$, $\int x^n \sin ax\,dx$(또는 $\int x^n \cos ax\,dx$)인 경우

$u' = e^{ax}$, $\sin ax$(또는 $\cos ax$)로, $v = x^n$으로 선택하여 부분적분한다.

유형 ❷ : $\int x^n \ln x\,dx$인 경우

$u' = x^n$으로, $v = \ln x$로 선택하여 부분적분한다.

유형 ❸ : $\int e^{ax} \sin ax\,dx$(또는 $\int e^{ax} \cos ax\,dx$)인 경우

두 함수 중 어느 것을 u'과 v로 선택해도 무방하다.

정적분

지금까지 적분 구간이 정해지지 않은 부정적분에 대해 살펴보았다. 이번에는 적분 구간이 정해진 정적분에 대해 살펴볼 것이다.

정의 0-8 정적분

구간 $[a, b]$에서 연속인 함수 $f(x)$에 대해 그 구간을 n등분하여 [그림 0-12]와 같이 나타내고, $\Delta x = \dfrac{b-a}{n}$라 하면

$$\lim_{n\to\infty}\sum_{i=1}^{n} f(x_i)\Delta x = \int_a^b f(x)\,dx$$

를 함수 $f(x)$의 a에서 b까지의 **정적분**definite integral이라 한다. 이때 a를 정적분의 **하한값**lower limit, b를 정적분의 **상한값**upper limit이라 한다.

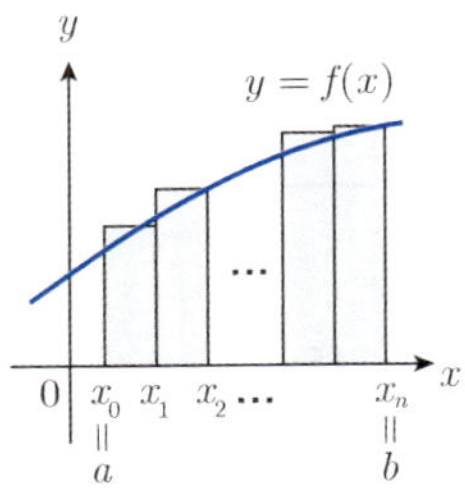

[그림 0-12] 정적분의 정의

정적분에 대해 다음과 같은 관계가 성립한다.

정리 0-16 정적분에 관한 관계식

$\int f(x)\,dx = F(x) + c$이면 다음이 성립한다.

(1) $\int_a^b f(x)\,dx = F(b) - F(a)$

(2) $\int_a^a f(x)\,dx = F(a) - F(a) = 0$

(3) $\int_a^b f(x)\,dx = -\int_b^a f(x)\,dx$

(4) $\int_a^b f(x)\,dx = \int_a^b f(t)\,dt$ (적분변수에 무관하다는 의미)

[정의 0-8]과 [정리 0-16]을 이용해 정적분을 쉽게 계산할 수 있고, 역도함수 $F(x)$를 구할 때 부정적분에서 사용했던 공식들을 그대로 적용한다.

정리 0-17 정적분의 기본 공식

임의의 상수 a, b, c에 대해 다음 공식이 성립한다.

(1) $\int_a^b c f(x)\,dx = c\int_a^b f(x)\,dx$

(2) $\int_a^b [f(x) \pm g(x)]\,dx = \int_a^b f(x)\,dx \pm \int_a^b g(x)\,dx$

(3) $\int_a^b f(x)\,dx = \int_a^c f(x)\,dx + \int_c^b f(x)\,dx$

앞서 살펴본 정적분 정의를 이용해 주어진 함수들의 정적분을 구하는 연습을 해보자.

예제 0-27 정적분

다음 함수의 정적분을 구하라.

(a) $\displaystyle\int_0^1 (x^2+2x+1)\,dx$ (b) $\displaystyle\int_{-1}^1 \frac{x^2+x-2}{x-1}\,dx$

풀이

(a) $$\int_0^1 (x^2+2x+1)dx = \frac{1}{3}x^3+x^2+x\Big|_0^1 = \left[\frac{1}{3}(1)^3+1^2+1\right] = \frac{7}{3}$$

(b) $$\int_{-1}^1 \frac{x^2+x-2}{x-1}\,dx = \int_{-1}^1 \frac{(x+2)(x-1)}{x-1}\,dx = \int_{-1}^1 (x+2)\,dx$$
$$= \frac{1}{2}x^2+2x\Big|_{-1}^1 = \frac{1}{2}(1)^2+2(1)-\left[\frac{1}{2}(-1)^2+2(-1)\right] = 4$$

정적분의 경우에도 부정적분에서 적용한 치환적분과 부분적분의 공식을 다음과 같이 그대로 적용할 수 있다.

정리 0-18 치환적분을 이용한 정적분 계산

$y=f(u)$이고, $u=g(x)$이면 다음이 성립한다.

$$\int_a^b f'(g(x))g'(x)\,dx = f(\beta)-f(\alpha)$$

여기서 $\alpha=g(a)$, $\beta=g(b)$이다.

예제 0-28 정적분 : 치환적분 이용

다음 함수의 정적분을 구하라.

(a) $\displaystyle\int_{\pi/6}^{\pi/2} \frac{\cos x}{1-\cos^2 x}\,dx$ (b) $\displaystyle\int_1^2 \frac{2x+1}{x^2+x}\,dx$

풀이

(a) $\sin^2 x+\cos^2 x=1$을 이용해 식을 정리하면 다음과 같다.

$$\int_{\pi/6}^{\pi/2} \frac{\cos x}{1-\cos^2 x}\,dx = \int_{\pi/6}^{\pi/2} \frac{\cos x}{\sin^2 x}\,dx$$

이때 $\sin x = u$로 치환하면 $\cos x\,dx = du$이다. 그리고 $x = \frac{\pi}{6}$일 때 $u = \frac{1}{2}$이며, $x = \frac{\pi}{2}$일 때 $u = 1$이다. 따라서 다음과 같다.

$$\int_{\pi/6}^{\pi/2} \frac{\cos x}{\sin^2 x}\,dx = \int_{1/2}^{1} \frac{1}{u^2}\,du = -\frac{1}{u}\Big|_{1/2}^{1} = -\frac{1}{1} - (-2) = 1$$

(b) $x^2 + x = u$로 치환하면 $(2x+1)\,dx = du$이다. 그리고 $x = 1$일 때 $u = 2$이며, $x = 2$일 때 $u = 6$이다. 따라서 다음과 같다.

$$\int_1^2 \frac{2x+1}{x^2+x}\,dx = \int_2^6 \frac{1}{u}\,du = [\ln u]_2^6 = \ln 3$$

정리 0-19 부분적분을 이용한 정적분 계산

u와 v가 x에 대한 함수이고 미분가능하면 다음이 성립한다.

$$\int_a^b u'v\,dx = uv\Big|_a^b - \int_a^b uv'\,dx$$

예제 0-29 정적분 : 부분적분 이용

다음 함수의 정적분을 구하라.

(a) $\int_0^{\pi} x\sin x\,dx$

(b) $\int_0^{\infty} xe^{-x}\,dx$

풀이

(a) $u' = \sin x$, $v = x$라 하면 $u = -\cos x$, $v' = 1$이므로 다음과 같다.

$$\int_0^{\pi} x\sin x\,dx = -x\cos x\Big|_0^{\pi} + \int_0^{\pi}\cos x\,dx = \pi + \sin x\Big|_0^{\pi} = \pi$$

(b) $u' = e^{-x}$, $v = x$라 하면 $u = -e^{-x}$, $v' = 1$이므로 다음과 같다.

$$\int_0^{\infty} xe^{-x}\,dx = \left[-xe^{-x}\right]_0^{\infty} + \int_0^{\infty} e^{-x}(1)\,dx = \left[-xe^{-x}\right]_0^{\infty} - \left[e^{-x}\right]_0^{\infty} = 1$$

CHAPTER

01

1계 미분방정식

First Order Differential Equations

Contents

■ 학습목표

- 물리적 시스템으로부터 미분방정식을 유도하는 과정을 이해함으로써, 시스템 모델링에 대한 기초지식을 익힐 수 있다.
- 미분방정식의 가장 기본이 되는 1계 미분방정식을 이해하고 해를 구할 수 있다.
- 가장 간단한 형태인 상수계수를 갖는 미분방정식의 해를 구하는 방법을 알아보고, 변수분리형 미분방정식, 완전미분방정식, 적분인자를 이용하는 미분방정식으로 구분하여 해를 구하는 방법을 이해할 수 있다.
- 베르누이 방정식이라고 하는 비선형 미분방정식을 푸는 방법을 익힐 수 있다.

■ 이 장에서 배우는 내용은?

우리가 살고 있는 세상은 물리적 현상, 화학적 현상, 생물학적 현상, 경제적 현상 등이 모여 있는 커다란 시스템이라 할 수 있다. 이러한 시스템을 정확히 이해하고 해석하기 위해서는 관련 시스템에 대한 수학적 모델을 제시할 수 있어야 한다. 각 시스템에 대해 수학적 모델을 구축하는 것을 수학적 모델링이라 한다. 수학적 모델링을 하려면 먼저 모델링에 필요한 변수들을 정의하고, 정의된 변수에 물리법칙을 적용하여 미분방정식을 유도해야 한다. 이런 시스템에 관한 변수들은 대부분 시간에 따라 변하므로, 수학적 모델링을 하면 주어진 시스템을 미분방정식으로 표현할 수 있다.

미분방정식은 형태에 따라 상미분방정식과 편미분방정식으로 분류하고, 계수에 따라 1계 미분방정식과 고계 미분방정식으로 분류한다. 또한 미분방정식의 계수가 가장 큰 도함수의 차수에 따라 '1계 2차 미분방정식'과 같이 표현한다. 그리고 미분방정식의 선형성 여부에 따라 선형 미분방정식과 비선형 미분방정식으로 구분하기도 한다.

이 장에서는 미분방정식 중 가장 단순한 형태인 1계 선형 상미분방정식을 기준으로, 미분방정식의 여러 조건을 이용해 해를 구하는 방법을 살펴볼 것이다.

SECTION
1.1 미분방정식과 물리적 시스템

이 절에서는 미분방정식이 무엇인지 간략히 소개한다. 그리고 방정식의 형태, 계수, 차수, 선형성 여부에 따라 미분방정식의 종류에 대해 알아본다. 또한 물리적 시스템이 어떻게 미분방정식으로 바뀌게 되는지, 그리고 공학에서 미분방정식의 풀이가 왜 중요한지를 알아본다.

미분방정식의 개요

미분방정식differential equation이란 변수 y와 y의 도함수들로 구성된 방정식을 말한다. 미분방정식은 형태에 따라 다양하게 분류할 수 있다. 먼저 하나의 독립변수로 이루어진 미분방정식을 **상미분방정식**(ODE)Ordinary Differential Equation이라 하고, 2개 이상의 다변수로 이루어진 방정식을 **편미분방정식**(PDE)Partial Differential Equation이라 한다. 예를 들어 $a_2\dfrac{d^2y}{dx^2}+a_1\dfrac{dy}{dx}+a_0y=f(x)$는 상미분방정식이고, $\dfrac{\partial^2u}{\partial x^2}+\dfrac{\partial^2u}{\partial y^2}=f(x, y)$는 편미분방정식이다.

미분방정식은 계수에 따라 구분할 수도 있다. 미분방정식의 **계수**order란 그 방정식에서 가장 많이 미분된 도함수의 미분 횟수를 말한다. 예를 들어 미분 횟수가 1회이면 1계 미분방정식이라고 한다. 일반적으로 미분 횟수가 n회이면 n계 미분방정식이라 하며, n이 2 이상인 경우 **고계 미분방정식**higher order differential equation이라고 한다.

또한 미분방정식에서 계수가 가장 큰 도함수의 **차수**degree에 따라 미분방정식을 표현할 수도 있다. 예를 들어 어떤 미분방정식의 계수가 1이고 계수가 가장 큰 도함수의 차수가 2이면 1계 2차 미분방정식이라고 한다.

마지막으로 미분방정식의 선형성 여부에 따라 미분방정식을 구분한다. 미분방정식이 식 (1.1)과 같은 형태이면 이를 **선형 미분방정식**linear differential equation이라 하고, 선형이 아닐 경우 **비선형 미분방정식**non-linear differential equation이라고 한다.

$$a_n(x)\frac{d^ny}{dx^n}+a_{n-1}(x)\frac{d^{n-1}y}{dx^{n-1}}+\cdots+a_1(x)\frac{dy}{dx}+a_0(x)y=f(x) \tag{1.1}$$

이와 같은 미분방정식의 개념과 종류에 대해 1~2장에서 자세히 살펴볼 것이다.

물리적 시스템

이제 미분방정식이 어디에 활용되는지, 왜 미분방정식의 풀이가 중요한지에 대해 살펴보자. 지구상에 존재하는 시스템은 크게 **정적 시스템**static system과 **동적 시스템**dynamic system으로 나뉜다. 정적 시스템은 시간이 변해도 물리적 특성이 변하지 않는 시스템을 말하고, 동적 시스템은 시간에 따라 물리적 특성이 변하는 시스템을 말한다. 예를 들면, 강의실 안에 있는 교탁은 누군가가 끌거나 미는 힘을 가하지 않으면 시간이 흘러도 위치 혹은 형상의 변화 없이 그 자리에 그대로 있다. 이러한 시스템이 정적 시스템이다. 반면에, 자동차는 사람이나 물건을 이송하는 도구이므로 시간에 따라 위치, 속도, 가속도 등이 변한다. 이러한 시스템이 동적 시스템이다.

정적 시스템을 수학적으로 모델링하면 방정식이나 연립방정식이 유도되고, 동적 시스템에 물리적인 법칙들을 적용해 수학적으로 모델링하면 미분방정식이 유도된다. 따라서 시간에 따라 동적 시스템의 변화를 알아내기 위해서는 유도된 미분방정식을 풀 수 있어야만 한다. 이것이 미분방정식의 풀이가 중요한 이유 중 하나이다. 이제 물리적 현상을 수학적으로 모델링하여 미분방정식을 얻는 과정을 살펴보자.

[그림 1-1]은 물리 교과서에서 자주 등장한다. [그림 1-1(a)]는 스프링(스프링 상수 k로 표기)과 댐퍼(감쇠계수 b로 표기)의 한쪽이 벽과 연결되어 있고, 다른 한쪽이 질량이 m인 수레와 연결되어 있으며 이 질량이 외력 $f(t)$의 작용을 받고 있는 시스템을 보여준다.

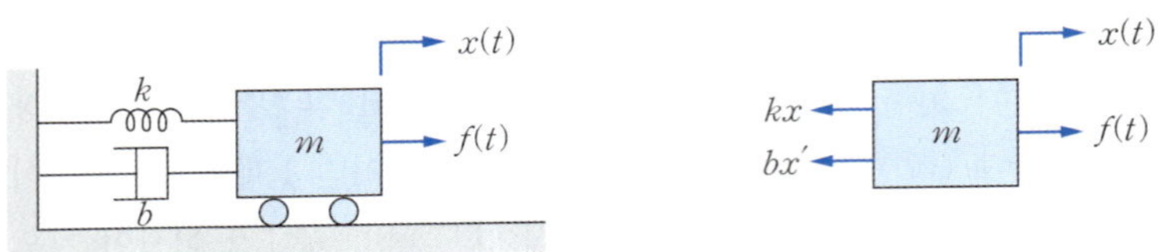

(a) 시스템 (b) 자유물체도

[그림 1-1] 질량-댐퍼-스프링 시스템

이 시스템을 수학적으로 모델링하려면 어떻게 해야 할까? 먼저 필요한 변수와 **매개변수**parameter를 정의한 후, 물리법칙을 적용할 수 있도록 적절한 가정을 해야 한다. 이를 위해 물체가 움직이는 변위를 x라 하고, 정지 위치로부터 오른쪽 방향으로의 변위를 양(+)의 변위, 왼쪽 방향으로의 변위를 음(−)의 변위로 정의하자. 이때 물체와 지면 사이의 마찰을 무시하고, 스프링은 **후크의 법칙**Hooke's law[1]을 적용할 수 있는 **이상적인 스프링**ideal spring이라 가정한다. 댐퍼 역시 속도에 비례하는 힘을 발휘하는 **이상적인 댐퍼**ideal damper라 가정한다. 기계적 시스템

1 탄성체의 경우 물체에 하중을 가하면 하중과 변위는 정비례한다는 물리법칙이다.

을 모델링하기 위해서는 [그림 1-1(b)]와 같은 **자유물체도**free body diagram [2]를 먼저 그리면 유용하다. 자유물체도를 이용하면 [그림 1-1(a)]의 시스템에 **뉴턴의 제2법칙**Newton's second law [3]을 적용할 수 있고, 다음과 같은 시스템의 운동방정식을 얻을 수 있다.

$$m\frac{d^2x}{dt^2} = \sum_{i=1}^{n} F_i \tag{1.2}$$

여기서 F_i는 질량 m에 가해진 모든 힘을 나타내며, 이 시스템의 경우 스프링에 의한 힘 kx와 댐퍼에 의한 힘 bx'과 외력 $f(t)$가 질량 m에 작용하고 있다. 물론 중력 mg도 존재하지만 이 힘은 변위 x에 대해 수직 방향으로 작용하므로 x의 변화에 아무런 영향을 미치지 못한다. 따라서 식 (1.2)는 다음과 같이 나타낼 수 있다.

$$m\frac{d^2x}{dt^2} = -kx - b\frac{dx}{dt} + f(t) \tag{1.3}$$

$$m\frac{d^2x}{dt^2} + b\frac{dx}{dt} + kx = f(t) \tag{1.4}$$

식 (1.3)에서 kx와 bx' 앞에 음의 부호($-$)를 붙인 이유는 kx와 bx'의 작용 방향이 변위 x의 반대 방향, 즉 왼쪽이기 때문이다. 결과적으로 [그림 1-1]의 기계적 시스템에 뉴턴의 제2법칙을 적용하여 식 (1.4)와 같은 운동방정식을 유도했다. 식 (1.4)는 미분방정식이고, 선형[4]이며, 도함수의 최고 계수가 2계이므로 2계 선형 미분방정식이다.

이번에는 [그림 1-2]와 같은 전기적 시스템을 생각해보자.

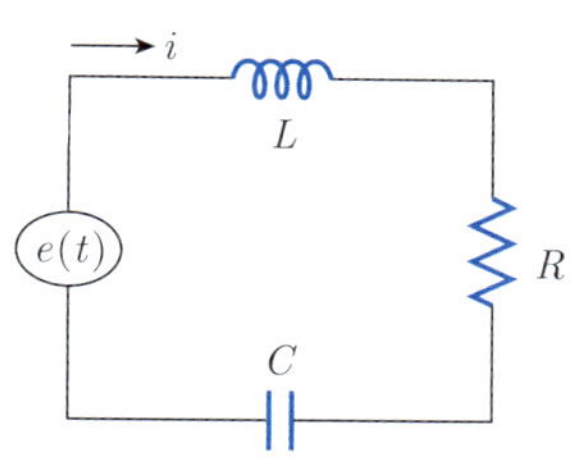

[그림 1-2] *LRC* 전기회로 시스템

입력전압을 $e(t)$, **인덕터**inductor의 인덕턴스를 L, **커패시터**capacitor의 커패시턴스를 C, **저항체**resistor의 저항을 R이라 하고, 회로 내에 전류 i가 시계방향으로 흐른다고 가정하자. 그러면 이 시스템에 **키르히호프 전압법칙**Kirchhoff's voltage law [5]이 적용된다.

2 주위로부터 구속받지 않고 공간에 자유로이 떠 있는 물체를 **자유물체**(free body)라 하고, 자유물체에 작용하는 힘을 모두 표시한 그림을 **자유물체도**라 한다.

3 운동하는 물체의 가속도는 힘이 작용하는 방향으로 일어나며, 그 힘의 크기에 비례한다는 법칙이다.

4 '선형' 미분방정식의 자세한 정의는 1.3절을 참고한다.

5 닫힌 전기회로에서 전압강하량의 대수적인 합은 0이라는 법칙이다.

전류가 저항체, 커패시터, 인덕터를 통과할 때 발생하는 **전압강하량** voltage drop은 각각 다음과 같다.

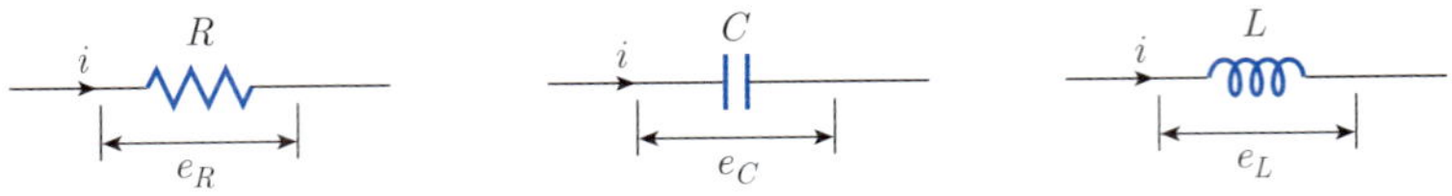

$$e_R = iR \qquad e_C = \frac{1}{C}\int i\,dt \qquad e_L = L\frac{di}{dt}$$

(a) 저항체 (b) 커패시터 (c) 인덕터

[그림 1-3] 저항체, 커패시터, 인덕터에 흐르는 전압강하량

[그림 1-2]의 시스템은 키르히호프 전압법칙에 따라 다음과 같이 수학적으로 모델링된다.

$$L\frac{di}{dt} + Ri + \frac{1}{C}\int i\,dt = e(t) \tag{1.5}$$

식 (1.5)는 적분과 미분이 섞여 있는 방정식이다. 이 식을 미분방정식 형태로 나타내기 위해서는 전류 i를 전하량 q로 바꾸면 된다. 전류와 전하량 사이에는 다음 관계가 성립한다.

$$i = \frac{dq}{dt} \tag{1.6}$$

식 (1.6)을 식 (1.5)에 대입하면 다음과 같다.

$$L\frac{d^2q}{dt^2} + R\frac{dq}{dt} + \frac{1}{C}q = e(t) \tag{1.7}$$

[그림 1-2]의 전기적 시스템은 식 (1.7)과 같이 수학적으로 모델링할 수 있다. 식 (1.7)은 미분방정식이고, 선형이며, 도함수의 최고 계수가 2계이므로 식 (1.4)와 마찬가지로 2계 선형 미분방정식이다.

이 외에도 우리 주변에 존재하는 대부분의 동적 시스템은 물리적인 법칙들을 이용해 수학적으로 모델링할 수 있다. 이러한 모델링 식은 앞의 예와 같이 미분방정식으로 나타난다. 모델링 식 중에는 식 (1.7)과 같은 2계 선형 미분방정식도 있고, 좀 더 복잡한 고계 미분방정식도 있다. 이 장에서는 미분방정식 중 가장 간단한 형태인 1계 선형 미분방정식의 풀이 과정에 대해 먼저 살펴보고, 2장에서 2계 이상의 고계 미분방정식에 대해 살펴보고자 한다.

SECTION 1.2 변수분리형 미분방정식

1계 선형 미분방정식은 미분방정식 중 가장 간단한 형태이다. [그림 1-1]에서 질량 m을 제거하거나 [그림 1-2]에서 인덕터 L을 제거하면 그 시스템들은 1계 선형 미분방정식이 된다. 그렇다면 1계 선형 미분방정식의 해는 어떻게 구할 수 있을까? 만약 미분방정식의 변수를 분리하여 나타낼 수 있다면 주어진 1계 선형 미분방정식의 해를 쉽게 구할 수 있다. 예를 들어 다음과 같이 두 변수 x, y로 이루어진 미분방정식을 생각해보자.

$$\frac{dy}{dx} = h(x,\ y)$$

미분방정식의 변수를 분리한다는 의미는 다음과 같이 양변을 각각 y만의 함수와 x만의 함수로 분리하여 나타내는 것을 말한다.

$$g(y)\,dy = f(x)\,dx$$

이와 같은 유형의 1계 선형 미분방정식을 다음과 같이 정의한다.

정의 1-1 변수분리형 미분방정식

대수적 방법으로 1계 선형 미분방정식을 $g(y)\dfrac{dy}{dx} = f(x)$와 같은 형태로 표현할 수 있으면, 이러한 미분방정식을 **변수분리형**separation of variables 미분방정식이라 하고 다음과 같이 표기한다.

$$\underbrace{g(y)\ dy}_{\text{동일 변수}} = \underbrace{f(x)\ dx}_{\text{동일 변수}}$$

변수분리형 미분방정식을 풀기 위해서는 다음과 같이 [정의 1-1]의 식의 양변을 적분하면 된다. 구체적인 적분 계산 방법은 [들어가기 전에]의 내용을 참고하자.

$$\int g(y)\,dy = \int f(x)\,dx + c \tag{1.8}$$

예를 들어 [그림 1-2]의 시스템에서 커패시터를 제거하고 입력전압 $e(t)$를 인가하지 않으면 시스템에 대한 식 (1.5)는 다음과 같은 1계 선형 미분방정식이 된다.

$$L\frac{di}{dt}+Ri=0 \tag{1.9}$$

그러면 식 (1.9)에 포함된 변수들을 등호를 중심으로 좌변과 우변에 분리하여 다음과 같이 나타낼 수 있다.

$$\frac{di}{i}=-\frac{R}{L}dt \tag{1.10}$$

한편, [그림 1-2]의 시스템에서 인덕터와 커패시터를 제거하면 시스템에 대한 식 (1.7)은 다음과 같이 간단히 나타낼 수 있다.

$$R\frac{dq}{dt}=e(t) \tag{1.11}$$

그러면 식 (1.11)에 포함된 변수들을 다음과 같이 분리할 수 있다.

$$R\,dq=e(t)\,dt \tag{1.12}$$

예제 1-1 변수분리형 미분방정식

다음 변수분리형 미분방정식을 풀어라.

(a) $\dfrac{dy}{dx}+\dfrac{y}{x}=0$　　　(b) $\dfrac{dy}{dx}=\dfrac{2}{x^2-1}$

풀이

(a) $\dfrac{dy}{dx}+\dfrac{y}{x}=0$의 변수를 분리하면 $\dfrac{1}{y}dy=-\dfrac{1}{x}dx$이다. 이제 이 식의 좌변을 적분하면 $\displaystyle\int\frac{1}{y}dy=\ln|y|$이고, 우변을 적분하면 $\displaystyle\int\left(-\frac{1}{x}\right)dx=-\ln|x|$이다. 좌변과 우변이 상수항을 포함하여 같아야 하므로 다음과 같은 일반해를 얻는다.

$$\begin{aligned}\ln|y|=-\ln|x|+c_1 \;&\Rightarrow\; \ln|y|=\ln\left|\frac{1}{x}\right|+\ln|c| \qquad \cdots\; c=e^{c_1}\\ &\Rightarrow\; \ln|y|=\ln\left|\frac{c}{x}\right|\\ &\Rightarrow\; y=\frac{c}{x}\end{aligned}$$

(b) $\dfrac{dy}{dx} = \dfrac{2}{x^2-1}$의 변수를 분리하면 $dy = \dfrac{2}{x^2-1}dx$이고, 이 식의 양변을 적분하면 다음과 같다.

$$\int dy = \int \frac{2}{x^2-1}dx = \int\left(\frac{1}{x-1} - \frac{1}{x+1}\right)dx$$

따라서 다음과 같은 일반해를 얻는다.

$$y = \ln\frac{|x-1|}{|x+1|} + c$$

이제 초깃값이 주어지는 미분방정식과 관련한 예제를 풀어보자.

예제 1-2 변수분리형 미분방정식 : 초깃값 문제

다음 변수분리형 미분방정식을 풀어라.

(a) $\dfrac{dy}{dx} = \dfrac{y}{x+2}\quad (y(0)=1)$

(b) $\dfrac{dy}{dx} = e^{-x}-1\quad (y(0)=1)$

풀이

(a) $\dfrac{dy}{dx} = \dfrac{y}{x+2}$의 변수를 분리하면 $\dfrac{1}{y}dy = \dfrac{1}{x+2}dx$이다. 이제 이 식의 좌변을 적분하면 $\displaystyle\int\frac{1}{y}dy = \ln|y|$이고, 우변을 적분하면 $\displaystyle\int\left(\frac{1}{x+2}\right)dx = \ln|x+2|$이다. 좌변과 우변이 상수항을 포함하여 같아야 하므로 다음과 같은 일반해를 얻는다.

$$\ln|y| = \ln|x+2| + \ln|c| \quad\Rightarrow\quad y = c(x+2)$$

위 결과에 초깃값 $y(0)=1$을 대입하면 $c = \dfrac{1}{2}$이므로, 구하고자 하는 해는 다음과 같다.

$$y = \frac{1}{2}(x+2)$$

(b) $\dfrac{dy}{dx} = e^{-x}-1$의 변수를 분리하면 $dy = (e^{-x}-1)dx$이다. 이 식의 양변을 적분하면 다음과 같은 결과를 얻는다.

$$y = -e^{-x} - x + c$$

위 결과에 초깃값 $y(0)=1$을 대입하면 $c=2$이므로, 구하고자 하는 해는 다음과 같다.

$$y = -e^{-x} - x + 2$$

예제 1-3 응용 자유낙하

[그림 1-4]와 같이 질량이 m인 공이 자유낙하하고 있다. 공기저항을 무시하고, 공의 속도 v를 시간 t에 대해 나타내라.

> **HINT** 운동에 관한 뉴턴의 제2법칙에 대한 식 (1.2)를 이용한다.

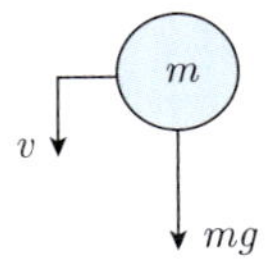

[그림 1-4] 자유낙하

풀이

x를 질량의 변위, v를 속도라 할 때, [그림 1-4]의 시스템에 뉴턴의 제2법칙을 적용하면 다음을 얻는다.

$$m\frac{d^2x}{dt^2}=mg \quad \text{또는} \quad m\frac{dv}{dt}=mg$$

위 식은 변수분리형 미분방정식이다. v에 관한 미분방정식에서 m을 소거한 뒤, 변수를 분리하고 v에 대해 풀면 다음과 같은 결과를 얻는다.

$$dv=g\,dt \quad \Rightarrow \quad \int dv=\int g\,dt$$
$$\Rightarrow \quad v=gt+c$$

예제 1-4 응용 질량-댐퍼 시스템

[그림 1-5]와 같은 질량-댐퍼 시스템에서 질량이 m인 물체가 움직이는 속도 $v(t)$를 구하라. 여기서 질량 $m=1$[kg], 감쇠계수 $b=1$[N·s/m], 외력 $f(t)=5$[N], 초기속도 $v(0)=0$[m/s]이다.

> **HINT** 운동에 관한 뉴턴의 제2법칙에 대한 식 (1.4)를 이용한다.

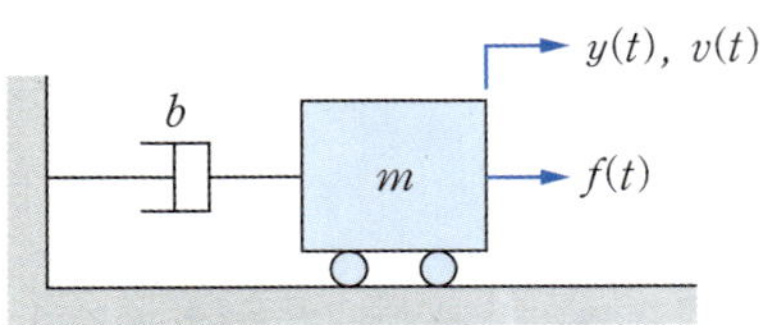

[그림 1-5] 질량-댐퍼 시스템

풀이

[그림 1-5]의 시스템을 수학적으로 모델링하면 다음과 같다.

$$m\frac{d^2y}{dt^2}+b\frac{dy}{dt}=f(t) \quad \text{또는} \quad m\frac{dv}{dt}+bv=f(t)$$

위 식은 속도 $v(t)$에 관한 1계 선형 미분방정식이다. 주어진 값들을 $v(t)$에 관한 미분방정식에 대입하면 다음과 같다.

$$\frac{dv}{dt}+v=5$$

위 식은 변수분리형 미분방정식이므로, 변수를 분리하여 미분방정식을 풀면 다음과 같다.

$$\frac{dv}{dt}=5-v \quad \Rightarrow \quad \frac{dv}{5-v}=dt$$
$$\Rightarrow \quad -\ln|5-v|=t+c$$

초기속도 $v(0)=0$을 대입하면 $c=-\ln 5$이므로 위 식에 대입하여 식을 풀면 다음과 같다.

$$-\ln|5-v|=t-\ln 5 \quad \Rightarrow \quad \ln\left|\frac{5}{5-v}\right|=t$$
$$\Rightarrow \quad \frac{5}{5-v}=e^t$$

따라서 이 물체의 속도는 다음과 같이 구할 수 있다.

$$v(t)=-5e^{-t}+5$$

예제 1-5 응용 RC 전기회로 시스템

[그림 1-6]과 같은 RC 전기회로 시스템에서 회로에 흐르는 전하량 $q(t)$를 구하라. 여기서 입력전압 $e=10[\mathrm{V}]$, $C=0.5[\mathrm{F}]$, $R=4[\Omega]$, 초기 전하량 $q(0)=0$이다.

HINT
키르히호프 전압법칙에 대한 식 (1.5)를 이용한다.

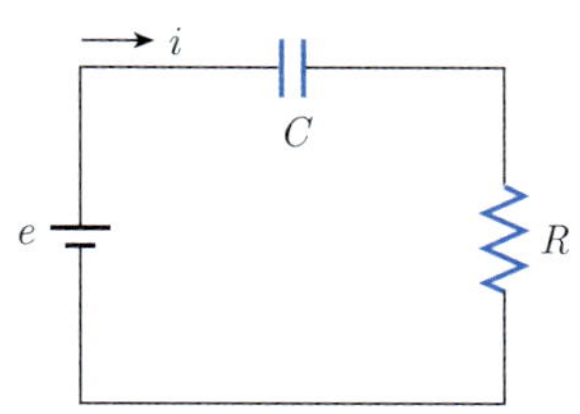

[그림 1-6] RC 전기회로 시스템

풀이

앞서 살펴봤듯이, [그림 1-6]에서 커패시터와 저항체에 흐르는 전압강하량은 다음과 같다.

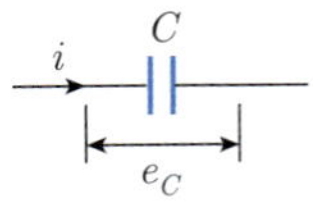

(a) 전압강하량 $e_C = \frac{q}{C}$

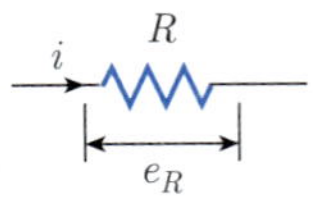

(b) 전압강하량 $e_R = R\frac{dq}{dt}$

[그림 1-7] 전압강하량

[그림 1-6]은 [그림 1-2]의 LRC 시스템 전기회로에서 인덕턴스 L이 빠진 회로이다. [그림 1-2]로부터 유도된 식 (1.5)의 미분방정식에서 L 항을 소거하면 [그림 1-6]에 대한 미분방정식을 다음과 같이 나타낼 수 있다.

$$Ri + \frac{1}{C}\int i\,dt = e$$

$i = \frac{dq}{dt}$이므로 위 식은 다음과 같이 나타낼 수 있다.

$$R\frac{dq}{dt} + \frac{q}{C} = e$$

주어진 값 $e = 10[\text{V}]$, $C = 0.5[\text{F}]$, $R = 4[\Omega]$과 초깃값 $q(0) = 0$을 위 식에 대입하면 다음과 같다.

$$4\frac{dq}{dt} + 2q = 10 \quad (q(0) = 0)$$

위 식은 변수분리형 미분방정식이므로, 변수를 분리하여 적분하면 다음과 같다.

$$\begin{aligned}
2\frac{dq}{dt} = 5 - q \quad &\Rightarrow \quad \frac{dq}{q-5} = -\frac{1}{2}dt \\
&\Rightarrow \quad \ln|q-5| = -\frac{1}{2}t + c_1 \\
&\Rightarrow \quad q - 5 = ce^{-\frac{1}{2}t} \quad (c = e^{c_1})
\end{aligned}$$

$q(0) = 0$이므로 $c = -5$이다. 그러므로 구하고자 하는 전하량은 다음과 같다.

$$q(t) = -5e^{-\frac{1}{2}t} + 5$$

SECTION 1.3 선형 미분방정식

1.1절에서 선형 미분방정식을 간단히 정의했다. 주어진 미분방정식이 선형이면 방정식의 계수 order에 관계없이 해를 쉽게 구할 수 있다. 이 절에서는 1계 선형 미분방정식의 해를 구하는 방법에 대해 알아본다. 먼저 1계 선형 미분방정식의 정의를 살펴보자.

정의 1-2 1계 선형 미분방정식

1계 미분방정식의 형태가 다음과 같으면 이 식을 **1계 선형 미분방정식** first order linear differential equation이라 한다.

$$\frac{dy}{dx} + a(x)y = f(x)$$

여기서 $f(x) = 0$이면 **동차형** homogeneous이라 하고, $f(x) \neq 0$이면 **비동차형** nonhomogeneous이라 한다.

즉 1계 선형 미분방정식은 y와 y에 대한 도함수 $\frac{dy}{dx}$의 차수가 1차이다. 주어진 미분방정식이 선형이 아닌 경우 비선형 미분방정식이다. 예를 들어 $2\frac{dy}{dx} + 3y = x^2$은 선형 미분방정식이다. $\frac{dy}{dx} + 2y^2 = x$의 경우 $\frac{dy}{dx}$는 1차이지만 y^2이 1차가 아니므로 비선형 미분방정식이다.

먼저 해를 구하기 쉬운 동차형에 대해 살펴보자. 동차형의 경우, 1.2절에서 다룬 변수분리형 미분방정식과 같이 해를 구할 수 있다. 따라서 [정의 1-2]의 식에서 $f(x) = 0$으로 놓고, 변수를 분리하여 적분하면 다음과 같은 식을 얻을 수 있다.

$$\int \frac{1}{y}\,dy = -\int a(x)\,dx + c_1 \quad \Rightarrow \quad \ln|y| = -\int a(x)\,dx + c_1$$

$$\Rightarrow \quad y = ce^{-\int a(x)\,dx} \qquad \cdots\ c = e^{c_1} \tag{1.13}$$

이때 식 (1.13)을 [정의 1-2]의 동차 미분방정식의 **일반해** general solution라고 한다. 이미 1.2절에서 동차형과 유사한 형태의 변수분리형 미분방정식 문제를 풀어봤지만, 한 번 더 연습한다고 생각하고 동차 선형 미분방정식에 대한 예제를 풀어보자.

예제 1-6 동차 선형 미분방정식

다음 동차 선형 미분방정식의 해를 구하라.

(a) $\frac{dy}{dx}+\frac{y}{x}=0$

(b) $\frac{dy}{dx}=\frac{y}{(x+1)(x+2)}$ $(y(0)=1)$

HINT

- 선형 미분방정식의 유형
  : $\frac{dy}{dx}+a(x)y=f(x)$
- 동차 선형 미분방정식의 일반해
  : $y=ce^{-\int a(x)dx}$

풀이

(a) [정의 1-2]의 식을 이용해 $\frac{dy}{dx}+\frac{y}{x}=0$을 풀면 $a(x)=\frac{1}{x}$이므로, 구하고자 하는 해는 다음과 같다.

$$y=ce^{-\int \frac{1}{x}dx}=ce^{-\ln|x|}=c\frac{1}{x}$$

(b) $a(x)=-\frac{1}{(x+1)(x+2)}$이므로 주어진 선형 미분방정식을 풀면 다음과 같다.

$$y=ce^{-\int\left(-\frac{1}{(x+1)(x+2)}\right)dx}=ce^{\int\left(\frac{1}{x+1}-\frac{1}{x+2}\right)dx}=ce^{\ln\frac{|x+1|}{|x+2|}}=c\frac{x+1}{x+2}$$

위 식에 초깃값 $y(0)=1$을 대입하면 $c=2$이다. 따라서 해는 다음과 같다.

$$y=2\frac{x+1}{x+2}$$

이제 비동차 선형 미분방정식의 해를 구하는 방법을 알아보자. 동차 선형 미분방정식의 일반해인 식 (1.13)의 양변에 $e^{\int a(x)\,dx}$를 곱하면 다음과 같다.

$$ye^{\int a(x)\,dx}=c \tag{1.14}$$

식 (1.14)의 양변을 미분하면 다음과 같다.

$$\frac{dy}{dx}e^{\int a(x)dx}+y\left(e^{\int a(x)dx}\right)'=0 \quad \cdots \quad \left(e^{\int a(x)dx}\right)'=e^{\int a(x)dx}\frac{d}{dx}\left[\int a(x)dx\right]$$

$$\Rightarrow \quad \frac{dy}{dx}e^{\int a(x)dx}+y\,a(x)e^{\int a(x)dx}=0 \qquad =a(x)e^{\int a(x)dx}$$

$$\Rightarrow \quad \left[\frac{dy}{dx}+a(x)y\right]e^{\int a(x)dx}=0 \tag{1.15}$$

식 (1.15)의 [ ] 안은 [정의 1-2]의 식의 동차형과 같다. 식 (1.15)에 포함된 $e^{\int a(x)\,dx}$를 선형 미분방정식의 **적분인자**integrating factor라 한다. 이 적분인자를 이용해 비동차 선형 미분방정식의 해를 구할 수 있다. 적분인자를 [정의 1-2]의 식의 양변에 곱하면 다음과 같다.

$$\left[\frac{dy}{dx}+a(x)y\right]e^{\int a(x)\,dx}=f(x)e^{\int a(x)\,dx} \tag{1.16}$$

식 (1.16)의 좌변을 변형하면 다음과 같이 나타낼 수 있다.

$$\frac{d}{dx}\left[ye^{\int a(x)\,dx}\right]=f(x)e^{\int a(x)\,dx} \tag{1.17}$$

식 (1.17)을 x에 대해 적분한 후, y에 대해 풀면 최종적으로 다음을 얻는다.

$$\begin{aligned}&\int\frac{d}{dx}\left[ye^{\int a(x)\,dx}\right]dx=\int f(x)e^{\int a(x)\,dx}dx+c\\ \Rightarrow\quad & ye^{\int a(x)\,dx}=\int f(x)e^{\int a(x)\,dx}dx+c\\ \Rightarrow\quad & y=e^{-\int a(x)\,dx}\left[\int f(x)e^{\int a(x)\,dx}dx+c\right]\end{aligned} \tag{1.18}$$

이때 식 (1.18)이 [정의 1-2]의 1계 비동차 선형 미분방정식의 일반해이다.

정리 1-1 1계 비동차 선형 미분방정식의 풀이 공식

1계 비동차 선형 미분방정식 $\dfrac{dy}{dx}+a(x)y=f(x)$의 일반해는 다음과 같다.

$$y=e^{-\int a(x)\,dx}\left[\int f(x)e^{\int a(x)\,dx}dx+c\right]$$

이때 c는 적분상수이고 $e^{\int a(x)\,dx}$는 적분인자이다.

예제 1-7 비동차 선형 미분방정식

다음 비동차 선형 미분방정식의 해를 구하라.

(a) $\dfrac{dy}{dx}-y=e^{x}$

(b) $\dfrac{dy}{dx}=\dfrac{y+x}{x}\quad (y(1)=1)$

풀이

(a) $a(x)=-1$이므로 적분인자는 $e^{\int(-1)\,dx}=e^{-x}$이고 $f(x)=e^{x}$이다. 이를 [정리 1-1]의

식에 대입하면 다음과 같은 일반해를 얻는다.

$$y = e^{-\int a(x)dx}\left[\int f(x)e^{\int a(x)dx}dx + c\right] = e^{x}\left[\int e^{x}e^{-x}dx + c\right] = e^{x}(x+c)$$

(b) $\frac{dy}{dx} = \frac{y+x}{x}$ 를 선형 미분방정식 형태로 변형하면 $\frac{dy}{dx} - \frac{1}{x}y = 1$이다. $a(x) = -\frac{1}{x}$이므로 적분인자는 $e^{\int\left(-\frac{1}{x}\right)dx} = e^{-\ln|x|}$이고 $f(x) = 1$이다. 이를 [정리 1-1]의 식에 대입하면 다음과 같은 일반해를 얻는다.

$$\begin{aligned} y &= e^{-\int a(x)dx}\left[\int f(x)e^{\int a(x)dx}dx + c\right] \\ &= e^{\ln|x|}\left[\int e^{-\ln|x|}dx + c\right] = x\left[\int \frac{1}{x}dx + c\right] = x(\ln|x| + c) \end{aligned}$$

초깃값 $y(1) = 1$을 대입하면 $c = 1$이므로, 구하고자 하는 해는 다음과 같다.

$$y = x(\ln|x| + 1)$$

예제 1-8 응용 댐퍼-스프링 시스템

[그림 1-8]과 같은 댐퍼-스프링 시스템에서 변위 $y(t)$를 구하라. 여기서 감쇠계수 $b = 1[\mathrm{N \cdot s/m}]$, 스프링 상수 $k = 2[\mathrm{N/m}]$, 입력 $f(t) = 1[\mathrm{N}]$, 초기 변위 $y(0) = 0$이다.

HINT 뉴턴의 제2법칙에 대한 식 (1.4)를 이용한다.

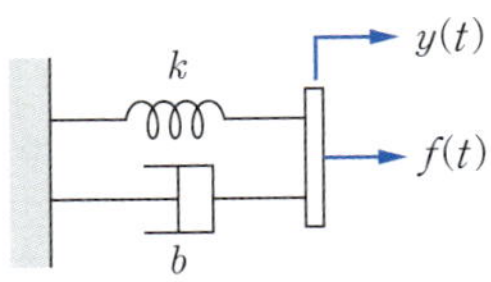

[그림 1-8] 댐퍼-스프링 시스템

풀이

[그림 1-8]의 댐퍼-스프링 시스템을 수학적으로 모델링하면 다음과 같은 1계 비동차 선형 미분방정식과 같다.

$$b\frac{dy}{dt} + ky = f(t)$$

위 식에 주어진 값들을 대입하면 $\frac{dy}{dt} + 2y = 1$이므로, [정리 1-1]의 식을 이용해 풀면 다음과 같은 일반해를 얻는다.

$$y(t)=e^{-\int 2dt}\left[\int (1)e^{\int 2dt}dt+c\right]=e^{-2t}\left(\int e^{2t}dt+c\right)=e^{-2t}\left(\frac{1}{2}e^{2t}+c\right)=ce^{-2t}+\frac{1}{2}$$

위 식에 초깃값 $y(0)=0$을 대입하면 $c=-\frac{1}{2}$이므로, 구하고자 하는 변위는 다음과 같다.

$$y(t)=-\frac{1}{2}e^{-2t}+\frac{1}{2}$$

예제 1-9 응용 LR 전기회로 시스템

[그림 1-9]와 같은 LR 전기회로 시스템에서 회로에 흐르는 전류 $i(t)$를 구하라. 여기서 $L=1[\mathrm{H}]$, $R=1[\Omega]$, $e(t)=5[\mathrm{V}]$, $i(0)=0[\mathrm{A}]$[6]이다.

HINT 키르히호프 전압법칙에 대한 식 (1.5)를 이용한다.

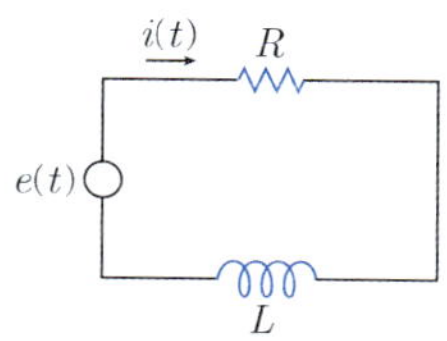

[그림 1-9] LR 전기회로 시스템

풀이

[그림 1-9]의 전기회로 시스템을 수학적으로 모델링하면 다음과 같은 1계 비동차 선형 미분방정식을 얻는다.

$$L\frac{di}{dt}+Ri=e(t)$$

이 전기회로 시스템의 모델링 결과가 [예제 1-8]의 시스템과 유사하다는 사실을 알 수 있다. 이 미분방정식에 주어진 값들을 대입하면 $\frac{di}{dt}+i=5$이므로, [정리 1-1]의 식을 이용해 풀면 다음과 같은 일반해를 얻는다.

$$i(t)=e^{-\int (1)dt}\left[\int (5)e^{\int (1)dt}dt+c\right]=e^{-t}\left(\int 5e^{t}dt+c\right)=e^{-t}(5e^{t}+c)=ce^{-t}+5$$

위 식에 초깃값 $i(0)=0$을 대입하면 $c=-5$이므로, 구하고자 하는 전류는 다음과 같다.

$$i(t)=-5e^{-t}+5$$

6 A는 전류의 단위로 암페어(ampere)라 읽는다.

SECTION 1.4

베르누이 방정식

미분방정식이 선형인 경우에는 앞서 설명한 선형 미분방정식의 풀이법에 따라 해를 구하면 된다. 그러나 일반적으로 미분방정식은 비선형이다. 그렇다면 비선형을 선형으로 변환하는 것이 가능할까? 간혹 어떤 비선형 미분방정식은 변수를 변환하여 비선형을 선형으로 바꿀 수 있기도 하다. 이러한 예로 가장 유명한 방정식이 다음과 같은 베르누이 방정식이다.

정의 1-3 베르누이 방정식

1계 비선형 미분방정식이 다음 형태일 때, 이 식을 **베르누이[7] 방정식**Bernoulli's equation이라 한다.

$$\frac{dy}{dx} + a(x)y = f(x)y^n$$

베르누이 방정식에서 n은 임의의 상수이며, $n = 0$이거나 $n = 1$이면 위 식은 선형이고, 그 밖의 경우에는 비선형이다. 베르누이 방정식을 풀기 위해서는 먼저 비선형 미분방정식을 선형으로 바꿔야 한다. 이를 위해 $u = y^{1-n}$으로 치환하면 다음과 같다.

$$\frac{du}{dx} = (1-n)y^{-n}\frac{dy}{dx}$$

[정의 1-3]의 식의 $\dfrac{dy}{dx}$를 위 식에 대입하여 정리하면 다음과 같다.

$$\begin{aligned}\frac{du}{dx} &= (1-n)y^{-n}\left[f(x)y^n - a(x)y\right] \\ &= (1-n)f(x) - (1-n)a(x)y^{1-n} \\ &= (1-n)f(x) - (1-n)a(x)u\end{aligned}$$

7 야코프 베르누이(Jakob Bernoulli, 1654 ~ 1705)는 스위스 수학자로, '변분법'이라는 계산 방법을 만들어 근대수학에 큰 공헌을 했다.

따라서 앞의 식을 정리하면 다음 결과를 얻는다.

$$\frac{du}{dx} + (1-n)a(x)u = (1-n)f(x) \tag{1.19}$$

식 (1.19)는 [정의 1-2]의 선형 미분방정식과 같은 형태이므로, [정리 1-1]의 선형 미분방정식의 풀이 공식을 이용해 풀면 된다.

예제 1-10 비선형 미분방정식 : 베르누이 방정식

다음 비선형 미분방정식의 해를 구하라.

$$\frac{dy}{dx} + \frac{1}{x}y = xy^2$$

풀이

주어진 식은 $n=2$인 베르누이 방정식이다. $u=y^{1-n}=y^{-1}$으로 두면 다음이 성립한다.

$$\begin{aligned} u' &= \left(\frac{1}{y}\right)' = -\frac{1}{y^2}(y') = -\frac{1}{y^2}\left(-\frac{1}{x}y + xy^2\right) \\ &= \frac{1}{xy} - x = \frac{1}{x}u - x \end{aligned}$$

위 식을 정리하면 다음과 같으며, 이는 선형 미분방정식이 된다.

$$u' - \frac{1}{x}u = -x$$

따라서 [정리 1-1]의 식을 이용해 미분방정식의 해 u를 다음과 같이 구할 수 있다.

$$\begin{aligned} u &= e^{\int \frac{1}{x}dx}\left[\int (-x)e^{-\int \frac{1}{x}dx}dx + c\right] \\ &= e^{\ln|x|}\left[\int (-x)e^{-\ln|x|}dx + c\right] \\ &= x\left[\int (-x)\frac{1}{x}dx + c\right] \\ &= x(-x+c) = -x^2 + cx \end{aligned}$$

위 식에 $u=y^{-1}$을 대입하면 다음과 같은 y의 해를 얻는다.

$$y = \frac{1}{cx - x^2}$$

예제 1-11 **비선형 미분방정식 : 베르누이 방정식**

다음 비선형 미분방정식의 해를 구하라.

$$\frac{dy}{dx} - y = xy^{-1}$$

풀이

주어진 식은 $n = -1$인 베르누이 방정식이다. $u = y^{1-n} = y^{1-(-1)} = y^2$으로 두면 다음이 성립한다.

$$\begin{aligned} u' &= (y^2)' = 2y(y') = 2y(xy^{-1} + y) \\ &= 2x + 2y^2 = 2x + 2u \end{aligned}$$

위 식을 정리하면 다음과 같으며, 이는 선형 미분방정식이 된다.

$$u' - 2u = 2x$$

따라서 [정리 1-1]의 식을 이용해 미분방정식의 해 u를 다음과 같이 구할 수 있다.

$$\begin{aligned} u &= e^{-\int(-2)dx}\left[\int (2x)e^{\int(-2)dx}dx + c\right] \\ &= e^{2x}\left[\int (2x)e^{-2x}dx + c\right] \\ &= 2e^{2x}\left[-\frac{1}{2}xe^{-2x} - \frac{1}{4}e^{-2x} + \frac{c}{2}\right] \quad \cdots \text{ 부분적분 이용} \\ &= -x - \frac{1}{2} + ce^{2x} \end{aligned}$$

위 식에 $u = y^2$을 대입하면 다음과 같은 y의 해를 얻는다.

$$y = \pm\sqrt{ce^{2x} - x - \frac{1}{2}}$$

SECTION 1.5 완전미분방정식

이변수함수 $z = f(x, y)$를 생각해보자. 독립변수 x와 y에 대한 이변수함수 $z = f(x, y)$의 편도함수가 존재하면 이 함수의 **전미분**total differential은 다음과 같다.

$$dz = \frac{\partial f}{\partial x}dx + \frac{\partial f}{\partial y}dy \tag{1.20}$$

만약 $z = f(x, y)$가 상수 c이면 위 식은 다음과 같다.

$$dz = \frac{\partial f}{\partial x}dx + \frac{\partial f}{\partial y}dy = 0 \tag{1.21}$$

한 가지 예로 $f(x, y) = x^2 - xy + y^2 = c$가 주어지면

$$\begin{aligned} dz &= \frac{\partial f}{\partial x}dx + \frac{\partial f}{\partial y}dy \\ &= (2x - y)dx + (2y - x)dy = 0 \end{aligned}$$

이므로, 위 식으로부터 다음과 같은 미분방정식을 얻을 수 있다.

$$\frac{dy}{dx} = \frac{2x - y}{x - 2y}$$

결과적으로 미분방정식 $(2x - y)dx + (2y - x)dy = 0$의 해가 $f(x, y) = x^2 - xy + y^2 = c$임을 알 수 있다. 따라서 전미분 개념은 다음과 같은 형태의 1계 미분방정식의 해를 구할 때 매우 유용하게 쓰인다.

$$M(x, y)\,dx + N(x, y)\,dy = 0$$

정의 1-4 완전미분방정식

1계 미분방정식

$$M(x,\ y)\,dx + N(x,\ y)\,dy = 0 \tag{1.22}$$

에 대해 다음을 만족하는 이변수함수 $f(x,\ y)$가 존재하면 이 함수의 전미분은 $df(x,\ y)=0$이고, $f(x,y)=c$는 식 (1.22)의 일반해이다.

$$\frac{\partial f(x,\ y)}{\partial x} = M(x,\ y), \qquad \frac{\partial f(x,\ y)}{\partial y} = N(x,\ y)$$

이때 $Mdx + Ndy$를 **완전미분**exact differential이라 하고, 식 (1.22)를 **완전미분방정식**exact differential equation이라 한다.

정리 1-2 완전미분방정식의 필요충분조건

M, N, $\dfrac{\partial M}{\partial y}$, $\dfrac{\partial N}{\partial x}$이 연속이면 $M(x,\ y)\,dx + N(x,\ y)\,dy = 0$이 완전미분방정식이 되기 위한 필요충분조건은 다음과 같다.

$$\frac{\partial M}{\partial y} = \frac{\partial N}{\partial x}$$

증명

[정의 1-4]에 의해 $M(x,\ y)\,dx + N(x,\ y)\,dy = 0$이 완전미분방정식이면

$$\frac{\partial f(x,\ y)}{\partial x} = M(x,\ y), \qquad \frac{\partial f(x,\ y)}{\partial y} = N(x,\ y)$$

이므로, 다음과 같이 편도함수를 취할 수 있다.

$$\frac{\partial}{\partial y}\left[\frac{\partial f(x,\ y)}{\partial x}\right] = \frac{\partial}{\partial y}M(x,\ y), \qquad \frac{\partial}{\partial x}\left[\frac{\partial f(x,\ y)}{\partial y}\right] = \frac{\partial}{\partial x}N(x,\ y)$$

위 식을 정리하면 다음과 같다.

$$\frac{\partial^2 f(x,\ y)}{\partial y\,\partial x} = \frac{\partial}{\partial y}M(x,\ y), \qquad \frac{\partial^2 f(x,\ y)}{\partial x\,\partial y} = \frac{\partial}{\partial x}N(x,\ y)$$ [8]

8 편도함수는 도함수를 취하는 독립변수의 순서와 무관하다.

따라서 다음과 같이 증명할 수 있다.

$$\frac{\partial}{\partial y}M(x,\ y)=\frac{\partial^2 f(x,\ y)}{\partial y\,\partial x}=\frac{\partial}{\partial x}N(x,\ y)$$ ■

예제 1-12 완전미분방정식

다음 완전미분방정식의 해를 구하라.

(a) $(2xy+1)\,dx+x^2\,dy=0$

(b) $y^2\,dx+2(xy+1)\,dy=0 \quad (y(0)=1)$

풀이

(a) $M(x,\ y)=2xy+1$, $N(x,\ y)=x^2$이라 하면 다음이 성립하므로, $(2xy+1)\,dx+x^2\,dy=0$은 완전미분방정식이다.

$$\frac{\partial M}{\partial y}=2x=\frac{\partial N}{\partial x}$$

따라서 다음을 만족하는 함수 $f(x,\ y)$가 존재한다.

$$\frac{\partial f(x,\ y)}{\partial x}=M(x,\ y),\quad \frac{\partial f(x,\ y)}{\partial y}=N(x,\ y)$$

그러면 $\dfrac{\partial f(x,\ y)}{\partial x}=M(x,\ y)=2xy+1$이므로, 위 식을 x에 대해 적분하여 $f(x,\ y)$를 구하면 다음과 같다.

$$\int\frac{\partial f(x,\ y)}{\partial x}\,dx=\int(2xy+1)\,dx$$

$$\Rightarrow\ f(x,\ y)=x^2y+x+g(y)$$ ⋯ x에 관한 적분은 y를 상수로 간주하므로 적분상수가 $g(y)$이다.

이제 $f(x,\ y)$를 y에 대해 편미분하여 다음과 같이 적분상수 $g(y)$를 구한다.

$$\frac{\partial f(x,\ y)}{\partial y}=x^2+g'(y)=N(x,\ y)=x^2 \quad\Rightarrow\quad g'(y)=0,\ g(y)=c_1$$

따라서 $f(x,\ y)=x^2y+x+c_1$이며, $f(x,\ y)=c_2$이므로 $c_2-c_1=c$라 하면 미분방정식의 해는 다음과 같다.

$$f(x,\ y)=x^2y+x=c \quad \text{또는} \quad y=\frac{-x+c}{x^2}$$

(b) $M(x,\ y)=y^2$, $N(x,\ y)=2(xy+1)$이라 하면 다음이 성립하므로, $y^2\,dx+2(xy+1)\,dy=0$은 완전미분방정식이다.

$$\frac{\partial M}{\partial y}=2y=\frac{\partial N}{\partial x}$$

따라서 다음을 만족하는 함수 $f(x, y)$가 존재한다.

$$\frac{\partial f(x, y)}{\partial x} = M(x, y), \quad \frac{\partial f(x, y)}{\partial y} = N(x, y)$$

그러면 $\frac{\partial f(x, y)}{\partial x} = y^2$이므로, 위 식을 x에 대해 적분하여 $f(x, y)$를 구하면 다음과 같다.

$$\int \frac{\partial f(x, y)}{\partial x} dx = \int y^2 dx \quad \Rightarrow \quad f(x, y) = xy^2 + g(y)$$

이제 $f(x, y)$를 다시 y에 대해 편미분하면 $\frac{\partial f(x, y)}{\partial y} = 2xy + g'(y)$이고, $\frac{\partial f(x, y)}{\partial y} = N(x, y) = 2(xy+1)$이므로 적분상수 $g(y)$는 다음과 같다.

$$2xy + g'(y) = 2(xy+1) \quad \Rightarrow \quad g'(y) = 2, \ g(y) = 2y + c_1$$

이때 $f(x, y) = c_2$이므로 미분방정식의 일반해는 다음과 같다. 여기서 적분상수 c의 처리는 (a)의 경우와 유사하다.

$$f(x, y) = xy^2 + 2y = c$$

초깃값 $y(0) = 1$을 대입하면 다음과 같이 상수 c를 구할 수 있다.

$$c = (0)(1)^2 + 2(1) = 2$$

따라서 구하고자 하는 미분방정식의 해는 다음과 같다.

$$xy^2 + 2y = 2$$

일반적으로 미분방정식이 완전미분방정식인 경우는 드물다. 그런데 완전미분방정식이 아닌 경우, 주어진 미분방정식에 적분인자를 곱하여 완전미분방정식으로 만들 수도 있다.

예를 들어 미분방정식 $y\,dx + 2x\,dy = 0$의 경우, $\frac{\partial M}{\partial y} = 1$이고 $\frac{\partial N}{\partial x} = 2$이므로 완전미분방정식이 아니다. 그러나 주어진 미분방정식에 y를 곱한 $y^2\,dx + 2xy\,dy = 0$의 경우, $\frac{\partial M}{\partial y} = 2y = \frac{\partial N}{\partial x}$이므로 완전미분방정식이다. $M(x, y)\,dx + N(x, y)dy = 0$이 완전미분방정식이 아닐 때, 주어진 미분방정식을 완전미분방정식으로 만들기 위한 다음과 같은 적분인자 $\mu(x, y)$를 찾을 수 있는 경우가 종종 있다.

$$\mu(x, y)M(x, y)\,dx + \mu(x, y)N(x, y)\,dy = 0 \tag{1.23}$$

식 (1.23)이 완전미분방정식이 되기 위해서는 다음과 같이 [정리 1-2]의 식을 여전히 만족해야 한다.

$$\begin{aligned}
&\frac{\partial}{\partial y}[\mu(x, y)M(x, y)] = \frac{\partial}{\partial x}[\mu(x, y)N(x, y)] \\
\Rightarrow\ &\mu(x, y)\frac{\partial M(x, y)}{\partial y} + \frac{\partial \mu(x, y)}{\partial y}M(x, y) \\
&= \mu(x, y)\frac{\partial N(x, y)}{\partial x} + \frac{\partial \mu(x, y)}{\partial x}N(x, y) \\
\Rightarrow\ &N(x, y)\frac{\partial \mu(x, y)}{\partial x} - M(x, y)\frac{\partial \mu(x, y)}{\partial y} \\
&= \left[\frac{\partial M(x, y)}{\partial y} - \frac{\partial N(x, y)}{\partial x}\right]\mu(x, y)
\end{aligned} \tag{1.24}$$

식 (1.24)에서 $\mu(x, y)$를 구하려면 미분방정식을 풀어야 하는데 풀기가 쉽지 않다. 문제를 간단히 만들기 위해 적분인자 $\mu(x, y)$가 x만의 함수라고 가정하면 $\dfrac{\partial \mu(x, y)}{\partial y} = 0$이므로, 식 (1.24)는 다음과 같이 나타낼 수 있다.

$$\begin{aligned}
&N(x, y)\frac{d\mu(x)}{dx} = \left[\frac{\partial M(x, y)}{\partial y} - \frac{\partial N(x, y)}{\partial x}\right]\mu(x) \\
\Rightarrow\ &\frac{1}{\mu(x)}\frac{d\mu(x)}{dx} = \frac{1}{N(x, y)}\left[\frac{\partial M(x, y)}{\partial y} - \frac{\partial N(x, y)}{\partial x}\right]
\end{aligned} \tag{1.25}$$

식 (1.25)의 좌변이 x만의 함수이므로 우변도 x만의 함수로 간주하여 다음과 같이 나타낼 수 있다.

$$\frac{1}{\mu(x)}\frac{d\mu(x)}{dx} = \frac{1}{N(x, y)}\left[\frac{\partial M(x, y)}{\partial y} - \frac{\partial N(x, y)}{\partial x}\right] = k(x) \tag{1.26}$$

식 (1.26)의 변수를 분리하고 x에 대해 풀면 다음과 같이 적분인자를 구할 수 있다.

$$\begin{aligned}
\frac{1}{\mu(x)}d\mu(x) = k(x)dx \quad &\Rightarrow \quad \int \frac{1}{\mu(x)}d\mu(x) = \int k(x)\,dx \\
&\Rightarrow \quad \ln|\mu(x)| = \int k(x)\,dx \\
&\Rightarrow \quad \mu(x) = e^{\int k(x)\,dx}
\end{aligned} \tag{1.27}$$

여기서 $k(x)$는 앞의 가정에 의해 다음과 같이 나타낼 수 있다.

$$k(x) = \frac{1}{N(x, y)}\left[\frac{\partial M(x, y)}{\partial y} - \frac{\partial N(x, y)}{\partial x}\right] \tag{1.28}$$

한편, $\mu(x, y)$가 y만의 함수라고 가정하면 같은 방법으로 적분인자를 구할 수 있다.

$$\mu(y) = e^{\int k(y)\,dy} \tag{1.29}$$

여기서 $k(y)$는 다음과 같다.

$$k(y) = -\frac{1}{M(x, y)}\left[\frac{\partial M(x, y)}{\partial y} - \frac{\partial N(x, y)}{\partial x}\right] \tag{1.30}$$

예제 1-13 완전미분방정식으로 변환

다음 미분방정식의 해를 구하라.

(a) $2y\,dx + x\,dy = 0$

(b) $xy\,dx + (x^2 + 2y^2)\,dy = 0\ \ (y(0) = 1)$

풀이

(a) $M(x, y) = 2y$, $N(x, y) = x$라 하면 $\dfrac{\partial M(x, y)}{\partial y} = 2$, $\dfrac{\partial N(x, y)}{\partial x} = 1$이므로, 주어진 미분방정식은 완전미분방정식이 아니다. 그러므로 완전미분방정식으로 만들기 위한 적분인자를 구해야 한다. 식 (1.28)에 의해 $k(x)$는 다음과 같다.

$$k(x) = \frac{1}{N(x, y)}\left[\frac{\partial M(x, y)}{\partial y} - \frac{\partial N(x, y)}{\partial x}\right] = \frac{1}{x}[2-1] = \frac{1}{x}$$

따라서 적분인자는 식 (1.27)에 의해 다음과 같다.

$$\mu(x) = e^{\int k(x)\,dx} = e^{\int (1/x)\,dx} = e^{\ln|x|} = x$$

주어진 미분방정식에 적분인자 x를 곱하여 다음과 같은 완전미분방정식을 얻는다.

$$2xy\,dx + x^2\,dy = 0$$

이제 [예제 1-12]와 유사한 방법으로 미분방정식의 해를 구하면 된다. $\dfrac{\partial f(x, y)}{\partial x} = \overline{M} = 2xy$, $\dfrac{\partial f(x, y)}{\partial y} = \overline{N} = x^2$이라 하고, $\dfrac{\partial f(x, y)}{\partial x}$를 x에 대해 적분하면 다음과 같다.

$$f(x, y) = x^2 y + g(y)$$

이제 $f(x, y)$를 다시 y에 대해 편미분하여 $\overline{N}$와 같다고 하면 다음이 성립한다.

$$\frac{\partial f(x, y)}{\partial y} = x^2 + g'(y) = x^2$$

따라서 $g'(y) = 0$이므로 $g(y) = c_1$이고, $f(x, y) = c_2$이므로 주어진 미분방정식의 해

$f(x, y)$는 다음과 같다.

$$f(x, y) = x^2 y = c$$ [9]

(b) $M(x, y) = xy$, $N(x, y) = x^2 + 2y^2$이라 하면 $\dfrac{\partial M(x, y)}{\partial y} = x$, $\dfrac{\partial N(x, y)}{\partial x} = 2x$이므로, 주어진 미분방정식은 완전미분방정식이 아니다. 그러므로 완전미분방정식으로 만들기 위한 적분인자를 구해야 한다. 식 (1.30)에 의해 $k(y)$는 다음과 같다.

$$k(y) = -\frac{1}{M(x, y)}\left[\frac{\partial M(x, y)}{\partial y} - \frac{\partial N(x, y)}{\partial x}\right] = -\frac{1}{xy}(x - 2x) = \frac{1}{y}$$

따라서 적분인자는 식 (1.29)에 의해 다음과 같다.

$$\mu(y) = e^{\int k(y)\,dy} = e^{\int \frac{1}{y}\,dy} = e^{\ln|y|} = y$$

주어진 미분방정식에 적분인자 y를 곱하여 다음과 같은 완전미분방정식을 얻는다.

$$xy^2\,dx + (x^2 + 2y^2)y\,dy = 0$$

이제 [예제 1-12]와 유사한 방법으로 미분방정식의 해를 구하면 된다. $\dfrac{\partial f(x, y)}{\partial x} = \overline{M} = xy^2$, $\dfrac{\partial f(x, y)}{\partial y} = \overline{N} = (x^2 + 2y^2)y$라 하고, $\dfrac{\partial f(x, y)}{\partial x}$를 x에 대해 적분하면 다음과 같다.

$$f(x, y) = \frac{1}{2}x^2y^2 + g(y)$$

이제 $f(x, y)$를 다시 y에 대해 편미분하여 $\overline{N}$와 같다고 하면 다음이 성립한다.

$$\frac{\partial f(x, y)}{\partial y} = x^2y + g'(y) = (x^2 + 2y^2)y$$

따라서 $g'(y) = 2y^3$이므로 $g(y) = \dfrac{1}{2}y^4 + c_1$이고, $f(x, y) = c_2$이므로 주어진 미분방정식의 해 $f(x, y)$는 다음과 같다.

$$f(x, y) = \frac{1}{2}x^2y^2 + \frac{1}{2}y^4 = c$$

위 식에 초깃값 $y(0) = 1$을 대입하면 $c = \dfrac{1}{2}$이므로, 구하고자 하는 해는 다음과 같다.

$$\frac{1}{2}x^2y^2 + \frac{1}{2}y^4 = \frac{1}{2}$$

9 이 문제는 변수분리형 미분방정식의 풀이법으로 풀어도 된다.

CHAPTER

01 연습문제

1.1 **(변수분리형 미분방정식)** 다음 미분방정식의 해를 구하라.

(a) $\dfrac{dy}{dx} = \dfrac{y}{x-1}$

(b) $\dfrac{dy}{dx} = \dfrac{x(y-1)}{x^2-1}$

(c) $\dfrac{dy}{dx} + (x+1)y^2 = 0$

(d) $\dfrac{dy}{dx} - ye^x = 0$

(e) $e^x \dfrac{dy}{dx} = e^{-y}(1+e^x)$

(f) $\dfrac{x}{y}\dfrac{dy}{dx} + x - 2 = 0$

(g) $\dfrac{1}{y}\dfrac{dy}{dx} + 2\cos x = 0$

(h) $\dfrac{dy}{dx} = \dfrac{y}{x}\ln x$

(i) $\dfrac{dy}{dx} = \dfrac{y}{x(x+1)}$ $\quad (y(1)=2)$

(j) $\dfrac{dy}{dx} = e^{-x} - 1$ $\quad (y(0)=1)$

(k) $\dfrac{dy}{dx} + \dfrac{x}{y} = 0$ $\quad (y(0)=-2)$

(l) $y\dfrac{dy}{dx} + x - 1 = 0$ $\quad (y(1)=1)$

(m) $\dfrac{dy}{dx} = xy(y+1)$ $\quad (y(0)=1)$

(n) $\dfrac{dy}{dx} = -\dfrac{y^2}{x^2}$ $\quad (y(1)=2)$

(o) $\dfrac{dy}{dx} = \dfrac{y}{2+x}$ $\quad (y(0)=1)$

(p) $\dfrac{1}{x}\dfrac{dy}{dx} = y^2 - y$ $\quad (y(1)=2)$

1.2 응용 **(변수분리형 미분방정식)** 오른쪽 그림과 같이 질량이 m인 공을 초속 10[m/s]로 위쪽으로 던졌다. 이때 공기저항을 포함한 모든 저항을 무시하면 뉴턴의 제2법칙에 의해 다음과 같은 운동방정식을 유도할 수 있다. 1초가 지났을 때의 공의 속도를 구하라. 여기서 g는 중력가속도로 9.8[m/s^2]이다.

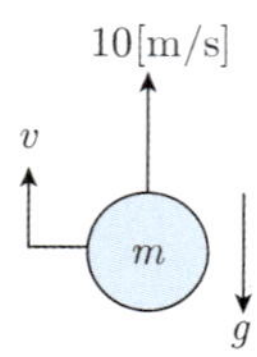

$$m\frac{dv}{dt} = -mg$$

1.3 **응용** **(변수분리형 미분방정식)** 오른쪽 그림은 양 끝단이 베어링에 의해 지지되어 ω의 각속도로 회전하는 로터rotor를 보여준다. 로터의 관성모멘트moment of inertia가 J이고 로터와 베어링 사이의 마찰계수가 c일 때, 뉴턴의 제2법칙에 의해 로터에 관한 운동방정식은 다음과 같다. 로터의 초기 각속도가 $\omega(0)=\omega_0$일 때, 로터의 회전 각속도 $\omega(t)$를 구하라.

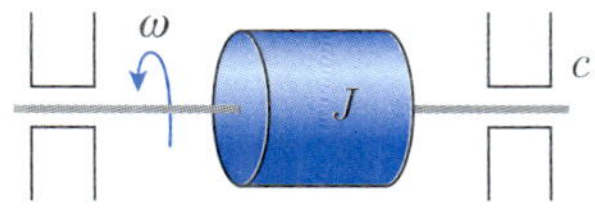

$$J\frac{d\omega}{dt}+c\omega=0 \quad (\omega(0)=\omega_0)$$

1.4 **(동차 선형 미분방정식)** 다음 미분방정식의 해를 구하라.

(a) $\frac{dy}{dx}+y(x-2)=0$

(b) $\frac{dy}{dx}+3x^2y=0$

(c) $\frac{dy}{dx}+\frac{y}{x^2}=0 \quad (y(-1)=e^{-1})$

(d) $\frac{dy}{dx}-y\cos x=0 \quad (y(0)=1)$

1.5 **(비동차 선형 미분방정식)** 다음 미분방정식의 해를 구하라.

(a) $\frac{dy}{dx}+2y=2x$

(b) $\frac{dy}{dx}+y=\cos x$

(c) $\frac{dy}{dx}-2y=1 \quad (y(0)=1)$

(d) $\frac{dy}{dx}-y=x \quad (y(0)=1)$

1.6 **(베르누이 방정식)** 다음 미분방정식의 해를 구하라.

(a) $\frac{dy}{dx}+\frac{1}{x}y=x^2y^2$

(b) $\frac{dy}{dx}+\frac{1}{x}y=x^3y^2$

(c) $\frac{dy}{dx}+y=e^{-x}y^2$

1.7 **(완전미분방정식)** 다음 미분방정식의 해를 구하라.

(a) $(2x+y^2)\,dx+2xy\,dy=0$

(b) $(2xy+y)\,dx+(x^2+x)\,dy=0$

(c) $(2e^x+2y)\,dx+(2x+ye^{-y})\,dy=0$

(d) $(x^2+y^2)\,dx+(2xy+1)\,dy=0$

(e) $-y\,dx+(y^2-x)\,dy=0 \quad (y(0)=1)$

(f) $(x^2+y^2)\,dx+2xy\,dy=0 \quad (y(1)=1)$

1.8 (완전미분방정식으로의 변환) 다음 미분방정식의 해를 구하라.

(a) $y^2\,dx + y\,dy = 0$

(b) $(x^2 + x + y^2)\,dx + 2y\,dy = 0$

(c) $(y+1)\,dx - (x+1)\,dy = 0$

(d) $x^2y^3\,dx + 2x^3y^2\,dy = 0$

(e) $(x^2 + y^2)\,dx + y\,dy = 0 \quad (y(0) = 2)$

(f) $x\,dx + (x^2y + y)\,dy = 0 \quad (y(0) = 2)$

1.9 응용 (질량-댐퍼 시스템) 오른쪽 그림과 같은 질량-댐퍼 시스템에서 질량이 m인 물체가 움직이는 속도 $v(t)$를 구하라. 여기서 질량 $m = 2$[kg], 감쇠계수 $b = 2$[N · s/m], 외력 $f(t) = 2$[N], 초기속도 $v(0) \;= 0$[m/s]이다.

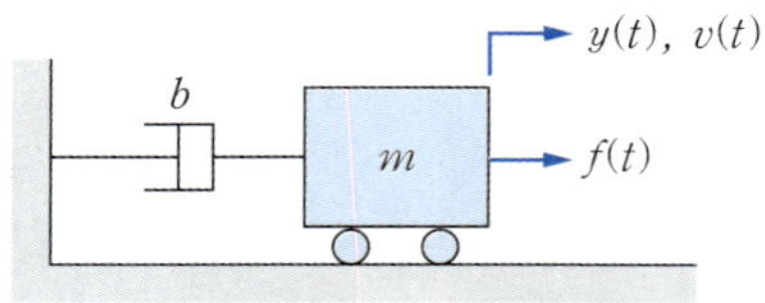

1.10 응용 (LR 전기회로) 오른쪽 그림과 같은 LR 전기회로에서 시간 $t = 0$일 때의 전류가 0[A]일 때, 이 회로에 흐르는 전류를 구하라. 여기서 입력전압 $e = 10$[V], $L = 2$[H], $R = 4$[Ω]이다.

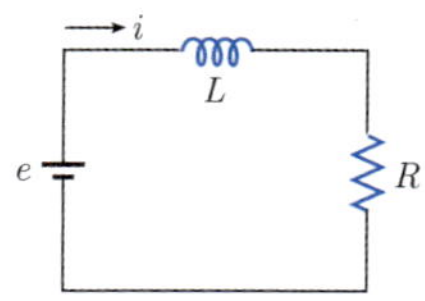

CHAPTER

02

고계 미분방정식

Higher Order Differential Equations

Contents

■ 학습목표

- 고계 선형 미분방정식을 이해하고, 동차 선형 미분방정식과 비동차 선형 미분방정식의 해를 구할 수 있다.
- 코시-오일러 방정식과 멱급수를 이용하여 상수계수가 아닌 변수계수를 갖는 선형 미분방정식의 특별한 경우에 대한 해를 구할 수 있다.
- 물리적 시스템에서 자주 나타나는 선형 연립 미분방정식의 해를 구할 수 있다.
- 실제 물리적 시스템으로부터 상미분방정식 또는 연립 미분방정식을 유도하는 방법과 그 풀이 과정을 이해할 수 있다.

■ 이 장에서 배우는 내용은?

1장에서는 1계 선형 미분방정식에 대해 설명했다. 이 장에서는 2계 이상의 고계 미분방정식에 대해 살펴볼 것이다. 상미분방정식은 크게 선형 미분방정식과 비선형 미분방정식으로 분류되는데, 비선형의 경우에는 풀이 과정이 상당히 어려우므로 여기서는 선형 미분방정식에 중점을 두고 설명하고자 한다.

또한 변수계수를 갖는 미분방정식의 경우에도 풀이 과정이 간단하지 않고 해를 구하기가 어렵다. 그러나 특별한 형태의 변수계수를 갖는 미분방정식의 경우에는 무한급수를 이용해 해를 구할 수 있는데, 이 방법에 대해서도 살펴보고자 한다. 마지막으로 선형 미분방정식과 선형 연립 미분방정식에 관한 응용으로, 여러 물리적 시스템에 대해 알아본다.

먼저 미분방정식과 관련한 기본 개념을 익히기 위해 형태에 따른 방정식의 종류와 각각의 해의 유형에 대한 기본적인 내용들을 설명하고, 이어서 해를 구하는 방법들을 자세히 살펴보자.

SECTION 2.1 고계 미분방정식의 기본 개념

일반적으로 n계 선형 미분방정식을 다음과 같이 나타낼 수 있다.

$$a_n(x)\frac{d^n y}{dx^n}+a_{n-1}(x)\frac{d^{n-1}y}{dx^{n-1}}+\cdots+a_1(x)\frac{dy}{dx}+a_0(x)y=f(x) \tag{2.1}$$

n이 2 이상인 경우에 이 방정식을 **고계 선형 미분방정식** higher order linear differential equation이라 한다.

식 (2.1)과 같이 종속변수 y와 y의 모든 도함수가 1차인 동시에, 도함수의 계수가 모두 x만의 함수인 경우 이를 **선형** linear이라 하고, 그렇지 않은 경우 **비선형** nonlinear이라고 한다. 예를 들어 $\frac{d^2y}{dx^2}+x^2\frac{dy}{dx}+y^2=e^x$은 y항이 1차가 아니고 2차이므로 비선형이다.

만약 식 (2.1)의 선형 미분방정식에서 $f(x)=0$이면 **동차** homogeneous 선형 미분방정식이고, $f(x)\neq 0$이면 **비동차** nonhomogeneous 선형 미분방정식이다.

임의의 함수 $g(x)$를 미분방정식에 대입했을 때 좌변과 우변이 같아지면 함수 $g(x)$가 미분방정식의 해가 된다. 해는 유형에 따라 다양하게 정의할 수 있다. $y=0$은 식 (2.1)의 동차 선형 미분방정식의 해이다. 이러한 해를 **자명한 해** trivial solution라 하는데, 일반적으로 미분방정식을 푼다는 것은 **자명하지 않은 자명해** nontrivial solution를 구하는 것을 말한다.

또한 미분방정식의 해가 $y=g(x)$와 같이 독립변수와 종속변수가 분리된 형태로 나타나면 이를 **양함수 해** explicit solution라 하고, $xy+\frac{1}{3}y^3=c$와 같이 독립변수와 종속변수가 분리되지 않은 형태로 나타나면 **음함수 해** implicit solution라 한다.

식 (2.1)의 비동차 선형 미분방정식의 해를 구할 때 $f(x)=0$이라 가정하고 구한 해, 즉 동차 선형 미분방정식의 해 $y_c(x)$를 **보조해** complementary solution라 하고, $f(x)$를 고려하고 구한 해 $y_p(x)$를 **특수해** particular solution라 한다. 또한 보조해와 특수해를 합한 해를 **일반해** general solution라 하고 다음과 같이 나타낸다.

$$y(x)=y_c(x)+y_p(x)^{1} \tag{2.2}$$

1 (일반해) = (보조해) + (특수해)

미분방정식에서는 종종 $\frac{d}{dx} = D$로 표기하기도 한다. 이때 D를 **미분연산자**differential operator 라 한다. 미분연산자를 이용하면 고계도함수를 간단히 표현할 수 있다는 장점이 있다. 예를 들어 다음과 같이 간단히 표현할 수 있다.

$$\frac{d^3y}{dx^3} = \frac{d}{dx}\left[\frac{d}{dx}\left(\frac{dy}{dx}\right)\right] = D\left[D(Dy)\right] = D^3y$$

식 (2.1)의 미분방정식을 미분연산자를 이용해 나타내면 다음과 같다.

$$a_n(x)D^ny + a_{n-1}(x)D^{n-1}y + \cdots + a_1(x)Dy + a_0(x)y = f(x) \tag{2.3}$$

미분방정식의 해를 구하는 데 있어서 다음과 같은 일차독립과 일차종속의 개념은 매우 중요하다.

정의 2-1 일차독립과 일차종속

다음과 같이 주어진 방정식

$$c_1y_1(x) + c_2y_2(x) + \cdots + c_ny_n(x) = 0 \tag{2.4}$$

을 만족하는 0이 아닌 상수 $c_1, c_2, \cdots, c_n$이 존재하지 않으면, 즉 $c_1 = c_2 = \cdots = c_n = 0$이 식 (2.4)를 만족하는 유일한 경우이면, 함수 $y_1, y_2, \cdots, y_n$들은 서로 **일차독립**linearly independent이라 한다. 그리고 일차독립이 아닌 경우를 **일차종속**linearly dependent이라 한다.

예를 들어 $y_1 = e^{2x}$과 $y_2 = e^{-x}$을 생각해보자. 식 $c_1e^{2x} + c_2e^{-x} = 0$을 만족하는 경우는 오직 $c_1 = c_2 = 0$뿐이고, 그 밖의 어떤 경우에도 식을 만족하지 않는다. 즉 상수 c에 대해 $e^{2x} \neq ce^{-x}$은 결코 성립하지 않는다. 따라서 [정의 2-1]에 의해 e^{2x}과 e^{-x}은 일차독립이다.[2]

정의 2-2 론스키안

정의된 구간에서 $(n-1)$번 미분가능한 함수 $y_1, y_2, \cdots, y_n$에 대해 **론스키안**Wronskian[3] $W(y_1, y_2, \cdots, y_n)$은 다음과 같이 정의된다.

$$W(y_1, y_2, \cdots, y_n) = \begin{vmatrix} y_1 & y_2 & \cdots & y_n \\ y_1' & y_2' & \cdots & y_n' \\ \vdots & \vdots & \vdots & \vdots \\ y_1^{(n-1)} & y_2^{(n-1)} & \cdots & y_n^{(n-1)} \end{vmatrix}$$

2 두 함수가 일차종속이기 위한 조건은 하나의 함수가 다른 함수의 상수배인 경우이다.

즉 첫 번째 행에는 함수를, 두 번째 행에는 1계도함수를, $\cdots$, n번째 행에는 $(n-1)$계도함수를 각각 배치한다. 이렇게 구성된 행렬의 **행렬식**determinant이 $W(y_1,\ y_2,\ \cdots,\ y_n)$이다.

앞서 예로 들었던 두 함수 $y_1 = e^{2x}$과 $y_2 = e^{-x}$의 론스키안은 다음과 같다.

$$W(y_1,\ y_2) = \begin{vmatrix} y_1 & y_2 \\ y_1{}' & y_2{}' \end{vmatrix} = \begin{vmatrix} e^{2x} & e^{-x} \\ 2e^{2x} & -e^{-x} \end{vmatrix} = -3e^{x}$$

론스키안은 미분가능한 함수들이 정의된 구간에서 서로 일차독립인지 일차종속인지를 결정하는 데 쓰인다.

정의 2-3 론스키안과 일차독립

만약 정의된 구간의 한 점에서 함수들의 론스키안 값이 0이 아니면, 그 함수들은 그 구간에서 일차독립이다.

[정의 2-3]은 여러 상황에서 유용하다. 예를 들어 2계 미분방정식의 두 해(함수)가 서로 일차독립인지 판별하고자 할 때 론스키안을 사용하면 된다. 만약 론스키안이 0이 아니면 함수들은 서로 일차독립이다. 그러나 만약 론스키안이 0이면 함수들은 서로 일차독립일 수도 있고 일차종속일 수도 있다. 즉 론스키안이 0일 때 함수들이 서로 일차종속이라고 잘못 이해하지 않도록 주의해야 한다.

앞서 예로 들었던 두 함수 $y_1 = e^{2x}$과 $y_2 = e^{-x}$의 론스키안은 $-3e^{x}$이므로 모든 x에 대해 0이 아니다. 그러므로 $y_1 = e^{2x}$과 $y_2 = e^{-x}$은 서로 일차독립인 함수이다. 일차독립인 해는 **기본해** elementary solution라고도 한다.

이제 일차독립, 일차종속의 개념과 마찬가지로 미분방정식의 해를 구할 대 매우 유용한 **중첩의 원리**principle of superposition를 알아보자.

3 행렬식에 대한 자세한 내용은 7장을 참고한다.

정의 2-4 중첩의 원리

$y_1, y_2, \cdots, y_n$이 n계 동차 선형 미분방정식

$$a_n(x)\frac{d^n y}{dx^n} + a_{n-1}(x)\frac{d^{n-1}y}{dx^{n-1}} + \cdots + a_1(x)\frac{dy}{dx} + a_0(x)y = 0$$

의 일차독립인 해(기본해)이면, 그 함수들의 일차결합도 미분방정식의 해가 된다. 이를 동차 미분방정식의 일반해라 하고 다음과 같이 나타낸다.

$$y = c_1 y_1 + c_2 y_2 + \cdots + c_n y_n \tag{2.5}$$

예제 2-1 2계 미분방정식의 해

$y_1 = e^{-x}$과 $y_2 = e^{2x}$이 $\frac{d^2y}{dx^2} - \frac{dy}{dx} - 2y = 0$의 기본해임을 보이고, 일반해를 구하라.

풀이

$y_1 = e^{-x}$과 $y_2 = e^{2x}$이 기본해가 되기 위해서는 y_1과 y_2가 주어진 미분방정식을 만족해야 한다. 먼저 $y_1 = e^{-x}$을 주어진 미분방정식에 대입하면 다음과 같다.

$$\frac{d^2}{dx^2}(e^{-x}) - \frac{d}{dx}(e^{-x}) - 2e^{-x} = e^{-x} + e^{-x} - 2e^{-x} = 0$$

따라서 $y_1 = e^{-x}$은 주어진 미분방정식의 해이다. 마찬가지로 $y_2 = e^{2x}$을 주어진 미분방정식에 대입하면 다음과 같다.

$$\frac{d^2}{dx^2}(e^{2x}) - \frac{d}{dx}(e^{2x}) - 2e^{2x} = 4e^{2x} - 2e^{2x} - 2e^{2x} = 0$$

따라서 $y_2 = e^{2x}$도 주어진 미분방정식의 해이다. 또한 $y_1 = e^{-x}$과 $y_2 = e^{2x}$의 론스키안은

$$W(y_1, y_2) = \begin{vmatrix} y_1 & y_2 \\ y_1' & y_2' \end{vmatrix} = \begin{vmatrix} e^{-x} & e^{2x} \\ -e^{-x} & 2e^{2x} \end{vmatrix} = e^{-x}(2e^{2x}) - (-e^{-x})(e^{2x}) = 3e^{x} \neq 0$$

이므로, $y_1 = e^{-x}$과 $y_2 = e^{2x}$은 서로 일차독립인 해(기본해)이다. 따라서 주어진 미분방정식의 일반해는 식 (2.5)에 의해 다음과 같다.

$$y = c_1 y_1 + c_2 y_2 = c_1 e^{-x} + c_2 e^{2x}$$

SECTION 2.2 상수계수를 갖는 2계 동차 선형 미분방정식

2.1절에서는 미분방정식과 관련한 기본 개념들을 살펴봤다. 이 절에서는 고계 선형 미분방정식 중 가장 간단하며 널리 응용되는 2계 선형 미분방정식에 대해 알아본다. 2계 선형 미분방정식은 동차형과 비동차형으로 나뉘는데, 여기서는 동차형에 대해 먼저 알아보고, 비동차형은 2.3절에서 다룰 것이다. 식 (2.1)에서 $f(x)=0$이면 다음과 같은 일반적인 n계 동차 선형 미분방정식이 된다.

$$a_n(x)\frac{d^n y}{dx^n}+a_{n-1}(x)\frac{d^{n-1}y}{dx^{n-1}}+\cdots+a_1(x)\frac{dy}{dx}+a_0(x)y=0 \tag{2.6}$$

여기서 $a_0(x)$, $a_1(x)$, $\cdots$, $a_n(x)$가 x의 함수가 아니고 모두 상수이면, 식 (2.6)은 상수계수를 갖는 n계 동차 선형 미분방정식이다. 만약 $n=2$이면 2계 동차 선형 미분방정식이며 다음과 같이 나타낸다. 여기서 a, b, c는 모두 상수이다.

$$a\frac{d^2y}{dx^2}+b\frac{dy}{dx}+cy=0 \tag{2.7}$$

이제 식 (2.7)의 일반해를 구하는 방법을 살펴보자. 식 (2.7)의 기본해의 형태를 $y=e^{\lambda x}$이라 가정하면 $y=e^{\lambda x}$이 식 (2.7)을 만족해야 하므로

$$y=e^{\lambda x},\quad y'=\lambda e^{\lambda x},\quad y''=\lambda^2 e^{\lambda x}$$

을 식 (2.7)에 대입하면 다음과 같다.

$$\begin{aligned} a\lambda^2e^{\lambda x}+b\lambda e^{\lambda x}+ce^{\lambda x}&=0\\ (a\lambda^2+b\lambda+c)e^{\lambda x}&=0\end{aligned}$$

이때 $e^{\lambda x}$은 실수 영역에서 0이 될 수 없으므로 다음이 성립해야 한다.

$$a\lambda^2+b\lambda+c=0 \tag{2.8}$$

이때 식 (2.8)을 식 (2.7)의 **특성방정식**characteristic equation이라 하고, 특성방정식의 근들을 **특성값**characteristic value이라 한다.

$e^{\lambda x}$이 식 (2.7)의 해가 되기 위해서는 λ가 이차방정식인 식 (2.8)을 만족해야 한다. 따라서 특성값은 식 (2.8)에 의해 다음과 같다.

$$\lambda_1 = \frac{-b+\sqrt{b^2-4ac}}{2a}, \quad \lambda_2 = \frac{-b-\sqrt{b^2-4ac}}{2a} \tag{2.9}$$

식 (2.9)의 특성값은 근호 안에 있는 판별식에 따라 다음과 같이 세 가지 유형으로 분류된다.

- **유형 ❶** : $b^2-4ac>0$이면 서로 다른 실수
- **유형 ❷** : $b^2-4ac=0$이면 실수 중복값
- **유형 ❸** : $b^2-4ac<0$이면 복소수

미분방정식의 해는 전적으로 특성값 λ_1과 λ_2에 의존하는데, 특히 λ_1과 λ_2의 근의 유형에 따라 미분방정식의 해도 달라진다. 이제 특성값의 유형별로 미분방정식의 해를 어떻게 구하는지 알아보자.

특성값이 서로 다른 실수인 경우

$b^2-4ac>0$인 경우에는 λ_1과 λ_2가 서로 다르므로 $y_1=e^{\lambda_1 x}$과 $y_2=e^{\lambda_2 x}$이 각각 미분방정식의 해가 된다. 또한 [정의 2-1]에 의해 $y_1=e^{\lambda_1 x}$과 $y_2=e^{\lambda_2 x}$은 서로 일차독립인 함수이므로, y_1과 y_2는 모두 기본해이다. 따라서 미분방정식 (2.7)의 일반해는 다음과 같다.

$$y=c_1e^{\lambda_1 x}+c_2e^{\lambda_2 x}$$

이 내용을 요약하면 다음 정리와 같다.

정리 2-1 2계 미분방정식의 일반해 : 특성값이 서로 다른 실수인 경우

식 (2.8)에서 얻은 특성값이 서로 다른 실수일 때, 미분방정식 (2.7)의 일반해는 다음과 같다.

$$y=c_1e^{\lambda_1 x}+c_2e^{\lambda_2 x}$$

예제 2-2 **2계 미분방정식의 일반해 : 특성값이 서로 다른 실수인 경우**

다음 2계 선형 미분방정식의 해를 구하라.

(a) $\dfrac{d^2y}{dx^2}-2\dfrac{dy}{dx}-3y=0$

(b) $\dfrac{d^2y}{dx^2}+4\dfrac{dy}{dx}-5y=0\quad(y(0)=1,\ y'(0)=1)$

풀이

(a) 주어진 미분방정식의 특성방정식은 $\lambda^2-2\lambda-3=0$이고, 특성값은 $(\lambda+1)(\lambda-3)=0$으로부터 $\lambda_1=-1$과 $\lambda_2=3$이다. 따라서 기본해가 $y_1=e^{-x}$, $y_2=e^{3x}$이므로 일반해는 다음과 같다.

$$y=c_1e^{-x}+c_2e^{3x}$$

이 y를 주어진 미분방정식에 대입하여 검산하면 방정식이 성립하는지 확인할 수 있다.

(b) 주어진 미분방정식의 특성방정식은 $\lambda^2+4\lambda-5=0$이고, 특성값은 $(\lambda-1)(\lambda+5)=0$으로부터 $\lambda_1=1$과 $\lambda_2=-5$이다. 따라서 기본해가 $y_1=e^{x}$, $y_2=e^{-5x}$이므로 일반해는 다음과 같다.

$$y=c_1e^{x}+c_2e^{-5x}$$

적분상수 c_1과 c_2를 구하기 위해 위 식을 미분하여 $y'=c_1e^{x}-5c_2e^{-5x}$을 구하고, 초깃값 $y(0)=1$과 $y'(0)=1$을 y와 y'에 각각 대입하면 다음과 같다.

$$y(0)=c_1+c_2=1,\ y'(0)=c_1-5c_2=1$$

위 두 식을 연립하여 풀면 $c_1=1$, $c_2=0$이므로, 주어진 미분방정식의 해는 다음과 같다.

$$y=e^{x}$$

예제 2-3 응용 2계 미분방정식의 일반해 : 특성값이 서로 다른 실수인 경우

[그림 2-1]과 같은 질량-댐퍼-스프링 시스템에서 질량이 m인 물체가 움직이는 변위 $x(t)$를 구하라. 여기서 질량에 외력이 작용하지 않으며, 질량 $m=1$[kg], 감쇠계수 $b=3$[N · s/m], 스프링 상수 $k=2$[N/m], 초깃값 $x(0)=1$, $x'(0)=0$이다.

HINT 뉴턴의 제2법칙을 이용한다.

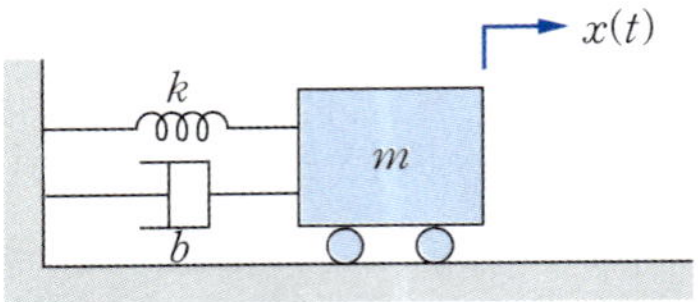

[그림 2-1] 질량-댐퍼-스프링 시스템

풀이

주어진 시스템에 뉴턴의 제2법칙을 적용하면, 식 (1.4)에 의해 수학적 모델링 식이 다음과 같다.

$$m\frac{d^2x}{dt^2}+b\frac{dx}{dt}+kx=0$$

위 식에 주어진 값들을 대입하면 다음과 같은 2계 선형 미분방정식의 해를 구하는 초깃값 문제가 된다.

$$\frac{d^2x}{dt^2}+3\frac{dx}{dt}+2x=0 \quad (x(0)=1,\ x'(0)=0)$$

주어진 미분방정식의 특성방정식은 $\lambda^2+3\lambda+2=0$이고, 특성값은 $(\lambda+1)(\lambda+2)=0$으로부터 $\lambda_1=-1$과 $\lambda_2=-2$이다. 따라서 기본해가 $x_1=e^{-t}$, $x_2=e^{-2t}$이므로 일반해는 다음과 같다.

$$x(t)=c_1e^{-t}+c_2e^{-2t}$$

적분상수 c_1과 c_2를 구하기 위해 위 식을 미분하여 $x'(t)=-c_1e^{-t}-2c_2e^{-2t}$을 구하고, 초깃값 $x(0)=1$과 $x'(0)=0$을 $x(t)$와 $x'(t)$에 각각 대입하면 다음과 같다.

$$x(0)=c_1+c_2=1,\ x'(0)=-c_1-2c_2=0$$

위 두 식을 연립하여 풀면 $c_1=2$, $c_2=-1$이므로, 주어진 미분방정식의 해(질량이 움직이는 변위)는 다음과 같다.

$$x(t)=2e^{-t}-e^{-2t}\,[\text{m}]$$

특성값이 실수 중복값인 경우

$b^2-4ac=0$인 경우에는 특성값이 $\lambda_{1,\,2}=-\dfrac{b}{2a}$이다. 따라서 기본해는 다음과 같이 하나만 얻을 수 있다.

$$y_1=e^{-\frac{b}{2a}x}$$

그러므로 또 하나의 기본해 y_2를 구해야 한다. 이를 위해 $y_2=uy_1$이라 하고, $y_2{}'$과 $y_2{}''$을 구하면 다음과 같다.

$$\begin{aligned}
y_2{}' &= uy_1{}'+u'y_1=-\frac{b}{2a}ue^{-\frac{b}{2a}x}+u'e^{-\frac{b}{2a}x}\\
y_2{}'' &= \left(-\frac{b}{2a}\right)^2ue^{-\frac{b}{2a}x}-\frac{b}{2a}u'e^{-\frac{b}{2a}x}-\frac{b}{2a}u'e^{-\frac{b}{2a}x}+u''e^{-\frac{b}{2a}x}\\
&= u''e^{-\frac{b}{2a}x}-\frac{b}{a}u'e^{-\frac{b}{2a}x}+\left(-\frac{b}{2a}\right)^2ue^{-\frac{b}{2a}x}
\end{aligned}$$

y_2도 기본해이므로 y_2, $y_2{}'$, $y_2{}''$을 식 (2.7)에 대입해도 성립해야 한다. 직접 대입해보면 다음과 같다.

$$\begin{aligned}
ay''+by'+cy = {}& a\left[u''e^{-\frac{b}{2a}x}-\frac{b}{a}u'e^{-\frac{b}{2a}x}+\left(-\frac{b}{2a}\right)^2ue^{-\frac{b}{2a}x}\right]\\
&+b\left[-\frac{b}{2a}ue^{-\frac{b}{2a}x}+u'e^{-\frac{b}{2a}x}\right]+cue^{-\frac{b}{2a}x}=0
\end{aligned}$$

이때 $e^{-\frac{b}{2a}x}\neq 0$이므로 $e^{-\frac{b}{2a}x}$을 소거하고 정리하면 다음과 같다.

$$au''-\frac{b^2-4ac}{4a}u=0$$

$b^2-4ac=0$이고 $a\neq 0$이므로 $u''=0$이다. 따라서 다음 결과를 얻는다.

$$u'=C(\text{상수}),\quad u=Cx$$

특성값이 중복값인 경우에 대한 또 하나의 기본해 y_2를 구해야 하므로, 여기서 상수를 간단하게 $C=1$로 선택해도 된다. 그러면 두 번째 기본해는 다음과 같다.

$$y_2=uy_1=xe^{-\frac{b}{2a}x}$$

따라서 식 (2.7)의 일반해는 다음과 같다.

$$y = c_1 y_1 + c_2 y_2 = c_1 e^{-\frac{b}{2a}x} + c_2 x\, e^{-\frac{b}{2a}x} = (c_1 + c_2 x)\, e^{-\frac{b}{2a}x}$$

이 내용을 요약하면 다음 정리와 같다.

정리 2-2 2계 미분방정식의 일반해 : 특성값이 실수 중복값인 경우

식 (2.8)에서 얻은 특성값이 실수 중복값일 때, 미분방정식 (2.7)의 일반해는 다음과 같다.

$$y = (c_1 + c_2 x)\, e^{-\frac{b}{2a}x}$$

예제 2-4 2계 미분방정식의 일반해 : 특성값이 실수 중복값인 경우

다음 2계 선형 미분방정식의 일반해를 구하라.

(a) $\dfrac{d^2y}{dx^2} - 2\dfrac{dy}{dx} + y = 0$

(b) $\dfrac{d^2y}{dx^2} + 4\dfrac{dy}{dx} + 4y = 0 \quad (y(0) = 1,\ y'(0) = 0)$

HINT
- 실수 중복값인 경우의 기본해
: $y_1 = e^{-\frac{b}{2a}x}$, $y_2 = xe^{-\frac{b}{2a}x}$

풀이

(a) 주어진 미분방정식의 특성방정식은 $\lambda^2 - 2\lambda + 1 = 0$이고, 특성값은 $\lambda_{1,2} = 1$이다. 따라서 기본해가 $y_1 = e^x$, $y_2 = xe^x$이므로 일반해는 다음과 같다.

$$y = c_1 e^x + c_2 x e^x$$

(b) 주어진 미분방정식의 특성방정식은 $\lambda^2 + 4\lambda + 4 = 0$이고, 특성값은 $\lambda_{1,2} = -2$이다. 따라서 기본해가 $y_1 = e^{-2x}$, $y_2 = xe^{-2x}$이므로 일반해는 다음과 같다.

$$y = c_1 e^{-2x} + c_2 x e^{-2x}$$

적분상수 c_1과 c_2를 구하기 위해 위 식을 미분하여 $y' = -2c_1 e^{-2x} + c_2 e^{-2x} - 2c_2 x e^{-2x}$을 구하고, 초깃값 $y(0) = 1$과 $y'(0) = 0$을 y와 y'에 각각 대입하면 다음과 같다.

$$y(0) = c_1 = 1,\ y'(0) = -2c_1 + c_2 = 0$$

위 두 식을 연립하여 풀면 $c_1 = 1$, $c_2 = 2$이므로, 주어진 미분방정식의 해는 다음과 같다.

$$y = e^{-2x} + 2xe^{-2x}$$

예제 2-5 **응용** 2계 미분방정식의 일반해 : 특성값이 실수 중복값인 경우

[그림 2-2]와 같은 LRC 전기회로 시스템에서 회로에 흐르는 전하량 $q(t)$를 구하라. 여기서 입력전압 $e(t)=0[\mathrm{V}]$, $L=1[\mathrm{H}]$, $R=2[\Omega]$, $C=1[\mathrm{F}]$, 초기조건 $q(0)=1$, $q'(0)=1$이다.

HINT 키르히호프 전압법칙을 이용한다.

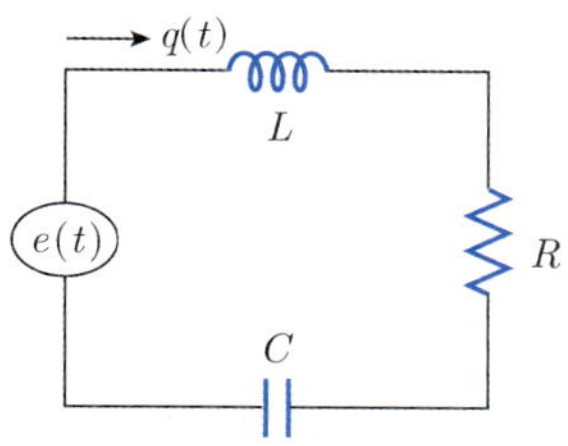

[그림 2-2] LRC 전기회로 시스템

풀이

주어진 시스템에 키르히호프 전압법칙을 적용하면, 식 (1.7)에 의해 수학적 모델링 식이 다음과 같다.

$$L\frac{d^2q}{dt^2}+R\frac{dq}{dt}+\frac{1}{C}q=0$$

위 식에 주어진 값들을 대입하면 다음과 같은 2계 선형 미분방정식의 해를 구하는 초깃값 문제가 된다.

$$\frac{d^2q}{dt^2}+2\frac{dq}{dt}+q=0 \quad (q(0)=1,\ q'(0)=1)$$

주어진 미분방정식의 특성방정식은 $\lambda^2+2\lambda+1=0$이고, 특성값은 $(\lambda+1)^2=0$으로부터 $\lambda_{1,2}=-1$이다. 따라서 기본해가 $q_1=e^{-t}$, $q_2=te^{-t}$이므로 일반해는 다음과 같다.

$$q(t)=c_1e^{-t}+c_2te^{-t}$$

적분상수 c_1과 c_2를 구하기 위해 위 식을 미분하여 $q'(t)=-c_1e^{-t}+c_2e^{-t}-c_2te^{-t}$을 구하고, 초깃값 $q(0)=1$과 $q'(0)=1$을 $q(t)$와 $q'(t)$에 각각 대입하면 다음과 같다.

$$q(0)=c_1=1,\ q'(0)=-c_1+c_2=1$$

위 두 식을 연립하여 풀면 $c_1=1$, $c_2=2$이므로, 주어진 미분방정식의 해(회로에 흐르는 전하량)는 다음과 같다.

$$q(t)=e^{-t}+2te^{-t}[\mathrm{C}]$$

특성값이 복소수인 경우

$b^2-4ac<0$인 경우에는 특성값이 $\lambda_1=\alpha+\beta i$와 $\lambda_2=\alpha-\beta i$이다. 여기서 $\alpha=-\dfrac{b}{2a}$, $\beta=\dfrac{\sqrt{4ac-b^2}}{2a}$이다. 따라서 식 (2.7)의 기본해는 다음과 같다.

$$y_1=e^{\lambda_1 x}=e^{(\alpha+\beta i)x},\quad y_2=e^{\lambda_2 x}=e^{(\alpha-\beta i)x}$$

그러므로 일반해는 다음과 같다.

$$y=c_1y_1+c_2y_2=c_1e^{(\alpha+\beta i)x}+c_2e^{(\alpha-\beta i)x} \tag{2.10}$$

기본해와 일반해가 복소함수이므로, 이를 실함수로 변형하자. 식 (2.10)은 다음과 같이 변형할 수 있다.

$$\begin{aligned}y&=c_1e^{(\alpha+\beta i)x}+c_2e^{(\alpha-\beta i)x}\\&=c_1e^{\alpha x}e^{\beta x i}+c_2e^{\alpha x}e^{-\beta x i}\\&=e^{\alpha x}(c_1e^{\beta x i}+c_2e^{-\beta x i})\end{aligned}$$

오일러 공식 Euler's formula[4]을 이용해 위 식을 정리하면 다음과 같다.

$$\begin{aligned}y&=e^{\alpha x}[c_1(\cos\beta x+i\sin\beta x)+c_2\{\cos(-\beta x)+i\sin(-\beta x)\}]\\&=e^{\alpha x}[c_1(\cos\beta x+i\sin\beta x)+c_2(\cos\beta x-i\sin\beta x)]\\&=e^{\alpha x}[(c_1+c_2)\cos\beta x+i(c_1-c_2)\sin\beta x]\end{aligned}$$

… $\cos(-x)=\cos x$
$\sin(-x)=-\sin x$

c_1과 c_2는 임의의 적분상수이므로 $c_1+c_2=C_1$, $i(c_1-c_2)=C_2$로 두면 식 (2.7)의 일반해는 $y=e^{\alpha x}(C_1\cos\beta x+C_2\sin\beta x)$이다. 이 내용을 요약하면 다음 정리와 같다.

정리 2-3 2계 미분방정식의 일반해 : 특성값이 복소수인 경우

식 (2.8)에서 얻은 특성값이 복소수 $\lambda_{1,2}=\alpha\pm\beta i$일 때, 미분방정식 (2.7)의 일반해는 다음과 같다.

$$y=e^{\alpha x}(C_1\cos\beta x+C_2\sin\beta x)$$

4 오일러 공식은 $e^{ix}=\cos x+i\sin x$이다.

예제 2-6 2계 미분방정식의 일반해 : 특성값이 복소수인 경우

다음 2계 선형 미분방정식의 일반해를 구하라.

(a) $\dfrac{d^2y}{dx^2} - 4\dfrac{dy}{dx} + 5y = 0$

(b) $\dfrac{d^2y}{dx^2} + 2\dfrac{dy}{dx} + 2y = 0 \ \ (y(0) = 1,\ y'(0) = 1)$

풀이

(a) 주어진 미분방정식의 특성방정식은 $\lambda^2 - 4\lambda + 5 = 0$이고, 특성값은 $\lambda_{1,2} = 2 \pm i$이다. 그러면 [정리 2-3]으로부터 $\alpha = 2$, $\beta = 1$이므로, 주어진 미분방정식의 일반해는 다음과 같다.

$$y = e^{2x}(C_1 \cos x + C_2 \sin x)$$

(b) 주어진 미분방정식의 특성방정식은 $\lambda^2 + 2\lambda + 2 = 0$이고, 특성값은 $\lambda_{1,2} = -1 \pm i$이다. 그러면 [정리 2-3]으로부터 $\alpha = -1$, $\beta = 1$이므로, 주어진 미분방정식의 일반해는 다음과 같다.

$$y = e^{-x}(C_1 \cos x + C_2 \sin x)$$

적분상수 C_1과 C_2를 구하기 위해 위 식을 미분하면

$$y' = e^{-x}(-C_1 \sin x + C_2 \cos x) - e^{-x}(C_1 \cos x + C_2 \sin x)$$

이므로, 초깃값 $y(0) = 1$과 $y'(0) = 1$을 대입하면 다음과 같다.

$$y(0) = C_1 = 1, \quad y'(0) = C_2 - C_1 = 1$$

위 두 식을 연립하여 풀면 $C_1 = 1$, $C_2 = 2$이므로, 주어진 미분방정식의 해는 다음과 같다.

$$y = e^{-x}(\cos x + 2 \sin x)$$

예제 2-7 응용 2계 미분방정식의 일반해 : 특성값이 복소수인 경우

[그림 2-3]과 같은 질량-스프링 시스템에서 질량이 m인 물체가 움직이는 변위 $x(t)$를 구하라. 여기서 질량에 외력이 작용하지 않으며, 질량 $m=1[\mathrm{kg}]$, 스프링 상수 $k=4[\mathrm{N/m}]$, 초깃값 $x(0)=1$, $x'(0)=2$이다.

HINT 뉴턴의 제2법칙을 이용한다.

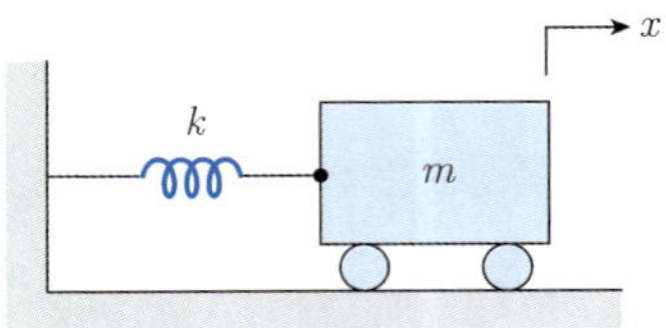

[그림 2-3] 질량-스프링 시스템

풀이

주어진 시스템에 뉴턴의 제2법칙을 적용하면, 식 (1.4)에 의해 수학적 모델링 식이 다음과 같다.

$$m\frac{d^2x}{dt^2}+kx=0$$

위 식에 주어진 값들을 대입하면 다음과 같은 2계 선형 미분방정식의 해를 구하는 초깃값 문제가 된다.

$$\frac{d^2x}{dt^2}+4x=0 \quad (x(0)=1,\ x'(0)=2)$$

주어진 미분방정식의 특성방정식은 $\lambda^2+4=0$이고, 특성값은 $(\lambda+2i)(\lambda-2i)=0$으로부터 $\lambda_1=2i$과 $\lambda_2=-2i$이다. 따라서 일반해는 다음과 같다.

$$x(t)=C_1\cos 2t+C_2\sin 2t$$

적분상수 C_1과 C_2를 구하기 위해 위 식을 미분하여 $x'(t)=-2C_1\sin 2t+2C_2\cos 2t$를 구하고, 초깃값 $x(0)=1$과 $x'(0)=2$를 $x(t)$와 $x'(t)$에 각각 대입하면 다음과 같다.

$$x(0)=C_1=1,\ x'(0)=2C_2=2$$

따라서 구하고자 하는 미분방정식의 해(질량의 움직이는 변위)는 다음과 같다.

$$x(t)=\cos 2t+\sin 2t[\mathrm{m}]$$

SECTION 2.3 상수계수를 갖는 2계 비동차 선형 미분방정식

2.2절에서는 상수계수를 갖는 2계 동차 선형 미분방정식을 살펴봤다. 이 절에서는 상수계수를 갖는 2계 비동차 선형 미분방정식의 해를 구하는 방법인 미정계수법과 매개변수 변환법을 살펴볼 것이다. 상수계수를 갖는 2계 비동차 선형 미분방정식의 일반형은 다음과 같다.

$$a_2 \frac{d^2 y}{dx^2} + a_1 \frac{dy}{dx} + a_0 y = f(x) \tag{2.11}$$

식 (2.11)의 일반해는 식 (2.2)에 의해 $y = y_c + y_p$이다. 이때 2.2절에서 구한 동차 선형 미분방정식의 일반해가 비동차 선형 미분방정식의 보조해 y_c가 된다. 비동차 선형 미분방정식의 일반해를 구하기 위해서는 특수해 y_p를 결정해야 한다. y_p를 구하는 방법 중 먼저 미정계수법에 대해 알아보자.

미정계수법

미정계수법method of undetermined coefficients은 입력함수 $f(x)$와 유사한 형태로 특수해 y_p를 가정하는 방법이다. 식 (2.11)에서 함수 $f(x)$가 취할 수 있는 형태는 매우 다양하다. $f(x)$가 다항함수, 삼각함수, 지수함수 또는 이들 함수의 곱 형태인 경우에도 미정계수법을 적용할 수 있다. 이러한 함수들의 경우 도함수도 자기 자신과 형태가 유사하므로 y_p를 가정할 수 있다. 예를 들어 $f(x) = \sin x$이면 $f'(x) = \cos x$이므로 특수해 y_p를 다음과 같이 가정할 수 있다.

$$y_p = A\cos x + B\sin x$$

y_p가 미분방정식 (2.11)의 해이므로, y_p를 식 (2.11)에 대입하면 등식이 성립해야 한다. 이렇게 좌변과 우변이 같다고 두고, y_p의 계수 A와 B를 구하는 방법이 미정계수법이다. 미정계수법으로 특수해 y_p를 구하는 다양한 예제를 풀어봄으로써 개념을 확실히 이해해보자.

예제 2-8 미정계수법 : $f(x)$ 가 지수함수인 경우

다음 2계 선형 미분방정식의 일반해를 구하라.

$$\frac{d^2y}{dx^2} - \frac{dy}{dx} - 2y = e^x$$

> **HINT**
> $f(x) = ce^{bx}$ 이면 $y_p = ae^{bx}$ 으로 가정한다.

풀이

먼저 다음과 같은 동차 선형 미분방정식으로부터 보조해 y_c를 구해야 한다.

$$\frac{d^2y}{dx^2} - \frac{dy}{dx} - 2y = 0$$

위 미분방정식의 특성방정식은 $\lambda^2 - \lambda - 2 = 0$이고, 특성값은 $\lambda_1 = -1$, $\lambda_2 = 2$이다. 그러므로 보조해는 다음과 같다.

$$y_c = c_1 e^{-x} + c_2 e^{2x}$$

이제 미정계수법을 이용해 특수해 y_p를 구해보자. 입력함수가 $f(x) = e^x$이므로 y_p를 입력함수와 유사하게 $y_p = ae^x$ (a는 상수)으로 가정하고, 이를 미분방정식에 대입하여 상수 a를 구하면 다음과 같다.

$$(ae^x)'' - (ae^x)' - 2(ae^x) = e^x \quad \Rightarrow \quad ae^x - ae^x - 2ae^x = e^x$$
$$\Rightarrow \quad a = -\frac{1}{2}$$

따라서 $y_p = -\frac{1}{2}e^x$이다. $y = y_c + y_p$이므로 주어진 미분방정식의 일반해는 다음과 같다.

$$y = c_1 e^{-x} + c_2 e^{2x} - \frac{1}{2}e^x$$

예제 2-9 미정계수법 : $f(x)$ 가 다항함수인 경우

다음 2계 선형 미분방정식의 일반해를 구하라.

$$\frac{d^2y}{dx^2} + 2\frac{dy}{dx} - 3y = x^2$$

> **HINT**
> $f(x) = x^2$이면 $y_p = ax^2 + bx + c$로 가정한다.

풀이

동차 선형 미분방정식 $\frac{d^2y}{dx^2} + 2\frac{dy}{dx} - 3y = 0$의 특성방정식은 $\lambda^2 + 2\lambda - 3 = 0$이고, 특성값은 $\lambda_1 = 1$, $\lambda_2 = -3$이므로, 보조해 y_c는 다음과 같다.

$$y_c = c_1 e^x + c_2 e^{-3x}$$

미정계수법을 이용해 특수해 y_p를 구하기 위해 $y_p = ax^2 + bx + c$ (a, b, c는 상수)라 가정하면 다음과 같다.

$$y_p{}' = 2ax + b, \quad y_p{}'' = 2a$$

따라서 y_p, $y_p{}'$, $y_p{}''$을 주어진 미분방정식에 대입하면 다음과 같다.

$$2a + 2(2ax + b) - 3(ax^2 + bx + c) = x^2$$

이 식을 x에 대해 정리하면 다음과 같다.

$$(-3a - 1)x^2 + (4a - 3b)x + (2a + 2b - 3c) = 0$$

이 식이 x와 관계없이 항상 성립하려면 모든 계수가 0이어야 하므로 다음이 성립한다.

$$-3a - 1 = 0, \quad 4a - 3b = 0, \quad 2a + 2b - 3c = 0$$

위 식들을 연립하여 풀면 $a = -\dfrac{1}{3}$, $b = -\dfrac{4}{9}$, $c = -\dfrac{14}{27}$이므로 특수해는 다음과 같다.

$$y_p = -\frac{1}{3}x^2 - \frac{4}{9}x - \frac{14}{27}$$

따라서 $y = y_c + y_p$이므로 주어진 미분방정식의 일반해는 다음과 같다.

$$y = c_1 e^x + c_2 e^{-3x} - \frac{1}{3}x^2 - \frac{4}{9}x - \frac{14}{27}$$

예제 2-10 미정계수법 : $f(x)$가 삼각함수인 경우

다음 2계 선형 미분방정식의 일반해를 구하라.

$$\frac{d^2y}{dx^2} - 3\frac{dy}{dx} + 2y = 2\sin x$$

HINT
$f(x) = \cos x$ 또는 $f(x) = \sin x$이면 $y_p = a\cos x + b\sin x$로 가정한다.

풀이

동차 선형 미분방정식 $\dfrac{d^2y}{dx^2} - 3\dfrac{dy}{dx} + 2y = 0$의 특성방정식은 $\lambda^2 - 3\lambda + 2 = 0$이고, 특성값은 $\lambda_1 = 1$, $\lambda_2 = 2$이므로 보조해는 다음과 같다.

$$y_c = c_1 e^x + c_2 e^{2x}$$

특수해를 $y_p = a\cos x + b\sin x$ (a, b는 상수)로 가정하면 다음과 같다.

$$y_p{}' = -a\sin x + b\cos x, \quad y_p{}'' = -a\cos x - b\sin x$$

따라서 y_p, y_p', y_p''을 주어진 미분방정식에 대입하면 다음과 같다.

$$-a\cos x - b\sin x - 3(-a\sin x + b\cos x) + 2(a\cos x + b\sin x) = 2\sin x$$

이 식을 $\sin x$와 $\cos x$의 항으로 묶으면 다음과 같다.

$$(-a - 3b + 2a)\cos x + (-b + 3a + 2b - 2)\sin x = 0$$

이 식이 x와 관계없이 항상 성립하려면 모든 계수가 0이어야 하므로 다음이 성립한다.

$$-a - 3b + 2a = 0, \quad -b + 3a + 2b - 2 = 0$$

위 식들을 연립하여 풀면 $a = \frac{3}{5}$, $b = \frac{1}{5}$이므로 특수해는 다음과 같다.

$$y_p = \frac{3}{5}\cos x + \frac{1}{5}\sin x$$

따라서 $y = y_c + y_p$이므로 주어진 미분방정식의 일반해는 다음과 같다.

$$y = c_1 e^x + c_2 e^{2x} + \frac{3}{5}\cos x + \frac{1}{5}\sin x$$

예제 2-11 미정계수법 : $f(x)$에 여러 함수가 섞여 있는 경우 ①

다음 2계 선형 미분방정식의 일반해를 구하라.

$$\frac{d^2y}{dx^2} - 3\frac{dy}{dx} + 2y = 2e^{-x} - x$$

풀이

주어진 미분방정식에 대한 동차 선형 미분방정식의 특성방정식은 $\lambda^2 - 3\lambda + 2 = 0$이고, 특성값은 $\lambda_1 = 1$, $\lambda_2 = 2$이므로 보조해는 다음과 같다.

$$y_c = c_1 e^x + c_2 e^{2x}$$

특수해를 $y_p = ae^{-x} + bx + c$ (a, b, c는 상수)로 가정하면 다음과 같다.

$$y_p' = -ae^{-x} + b, \quad y_p'' = ae^{-x}$$

따라서 y_p, y_p', y_p''을 주어진 미분방정식에 대입하면 다음과 같다.

$$ae^{-x} - 3(-ae^{-x} + b) + 2(ae^{-x} + bx + c) = 2e^{-x} - x$$

위 식을 정리하면 다음과 같다.

$$(6a - 2)e^{-x} + (2b + 1)x + (-3b + 2c) = 0$$

이 식이 x와 관계없이 항상 성립하려면 모든 계수가 0이어야 하므로 다음이 성립한다.

$$6a-2=0,\ 2b+1=0,\ -3b+2c=0$$

위 식들을 연립하여 풀면 $a=\frac{1}{3},\ b=-\frac{1}{2},\ c=-\frac{3}{4}$이므로 특수해는 다음과 같다.

$$y_p=\frac{1}{3}e^{-x}-\frac{1}{2}x-\frac{3}{4}$$

따라서 $y=y_c+y_p$이므로 주어진 미분방정식의 일반해는 다음과 같다.

$$y=c_1e^{x}+c_2e^{2x}+\frac{1}{3}e^{-x}-\frac{1}{2}x-\frac{3}{4}$$

예제 2-12 미정계수법 : $f(x)$에 여러 함수가 섞여 있는 경우 ②

다음 2계 선형 미분방정식의 일반해를 구하라.

$$\frac{d^2y}{dx^2}-2\frac{dy}{dx}-3y=e^{x}\sin x$$

HINT
$f(x)=e^{x}\cos x$ 또는 $f(x)=e^{x}\sin x$이면 $y_p=e^{x}(a\cos x+b\sin x)$로 가정한다.

풀이

주어진 미분방정식에 대한 동차 선형 미분방정식의 특성방정식은 $\lambda^2-2\lambda-3=0$이고, 특성값은 $\lambda_1=-1,\ \lambda_2=3$이므로 보조해는 다음과 같다.

$$y_c=c_1e^{-x}+c_2e^{3x}$$

특수해를 $y_p=e^{x}(a\cos x+b\sin x)$($a$, b는 상수)로 가정하면 다음과 같다.

$$\begin{aligned}y_p'&=e^{x}(-a\sin x+b\cos x)+e^{x}(a\cos x+b\sin x)\\ y_p''&=e^{x}(-a\cos x-b\sin x)+e^{x}(-a\sin x+b\cos x)\\ &\quad+e^{x}(-a\sin x+b\cos x)+e^{x}(a\cos x+b\sin x)\end{aligned}$$

따라서 $y_p,\ y_p',\ y_p''$을 주어진 미분방정식에 대입하면 다음과 같다.

$$\begin{aligned}&e^{x}(-a\cos x-b\sin x)+e^{x}(-a\sin x+b\cos x)+e^{x}(-a\sin x+b\cos x)\\ &+e^{x}(a\cos x+b\sin x)-2\left[e^{x}(-a\sin x+b\cos x)+e^{x}(a\cos x+b\sin x)\right]\\ &-3e^{x}(a\cos x+b\sin x)=e^{x}\sin x\end{aligned}$$

위 식을 정리하면 다음과 같다.

$$(-5a)e^{x}\cos x+(-5b-1)e^{x}\sin x=0$$

앞의 식이 x와 관계없이 항상 성립하려면 모든 계수가 0이어야 하므로 다음이 성립한다.

$$-5a=0, \quad -5b-1=0$$

위 식을 연립하여 풀면 $a=0$, $b=-\dfrac{1}{5}$이므로 특수해는 다음과 같다.

$$y_p=-\frac{1}{5}e^x \sin x$$

따라서 주어진 미분방정식의 일반해는 다음과 같다.

$$y=c_1e^{-x}+c_2e^{3x}-\frac{1}{5}e^x \sin x$$

지금까지 예제를 통해 살펴본 내용을 정리해보자. 미정계수법을 이용해 2계 비동차 선형 미분방정식의 특수해를 구하기 위해서는 입력함수 $f(x)$에 따라 특수해 y_p를 가정해야 하며, 가정하는 방법은 [표 2-1]과 같다.

[표 2-1] 미정계수법에 의한 특수해 가정

입력함수 유형	입력함수 $f(x)$	특수해 y_p의 가정
상수	k	K
다항함수	$a_nx^n+\cdots+a_1x+a_0$	$b_nx^n+\cdots+b_1x+b_0$
삼각함수	$a\cos\omega x$ 또는 $a\sin\omega x$	$A\cos\omega x+B\sin\omega x$
지수함수	ae^{bx}	Ae^{bx}
혼합형	$ae^{bx}\sin\omega x$ 또는 $ae^{bx}\cos\omega x$	$e^{bx}(A\sin\omega x+B\cos\omega x)$

그러나 [표 2-1]과 같은 방법으로 y_p를 가정하면 문제가 발생하는 경우가 있다. 다음 예제들은 y_p를 가정할 때 주의가 필요한 경우를 보여준다.

예제 2-13 미정계수법 : y_p를 가정할 때 주의해야 하는 경우 ①

다음 2계 선형 미분방정식의 일반해를 구하라.

$$\frac{d^2y}{dx^2}+\frac{dy}{dx}-6y=e^{2x}$$

HINT
$f(x)=e^{\alpha x}$의 α가 특성값의 하나와 일치하면 $y_p=ae^{\alpha x}$ 대신 $y_p=axe^{\alpha x}$으로 가정한다.

풀이

동차 선형 미분방정식의 특성방정식은 $\lambda^2+\lambda-6=0$이고, 특성값은 $\lambda_1=2$, $\lambda_2=-3$이므로 보조해는 다음과 같다.

$$y_c=c_1e^{2x}+c_2e^{-3x}$$

입력함수 $f(x)=e^{2x}$이 동차 선형 미분방정식의 보조해 중 하나와 같음을 알 수 있다. 이 경우 $y_p=ae^{2x}$ (a는 상수)으로 가정하고 주어진 미분방정식에 대입해보면 다음과 같다.

$$\frac{d^2y_p}{dx^2}+\frac{dy_p}{dx}-6y_p=(ae^{2x})''+(ae^{2x})'-6(ae^{2x})=0\neq e^{2x}$$

따라서 $y_p=ae^{2x}$은 주어진 미분방정식의 해가 될 수 없다. 따라서 y_p를 변경해야 한다. 앞서 특성값이 실수 중복값 $\lambda=\lambda_1$일 때 기본해가 e^{λ_1x}과 xe^{λ_1x}임을 살펴봤다. 입력함수 $f(x)$가 동차 선형 미분방정식의 보조해 중 하나와 같은 경우에도 같은 방법으로 y_p를 가정하면 된다. 이 예제에서는 $y_p=ae^{2x}$ 대신 $y_p=axe^{2x}$이라 가정하자. 그러면 다음과 같다.

$$y_p'=2axe^{2x}+ae^{2x},\quad y_p''=4axe^{2x}+4ae^{2x}$$

따라서 y_p, y_p', y_p''을 주어진 미분방정식에 대입하면 다음과 같다.

$$(4axe^{2x}+4ae^{2x})+(2axe^{2x}+ae^{2x})-6(axe^{2x})=e^{2x}$$

이 식이 x와 관계없이 항상 성립하려면 $a=\frac{1}{5}$이어야 하므로 특수해는 다음과 같다.

$$y_p=\frac{1}{5}xe^{2x}$$

따라서 주어진 미분방정식의 일반해는 다음과 같다.

$$y_c=c_1e^{2x}+c_2e^{-3x}+\frac{1}{5}xe^{2x}$$

예제 2-14 미정계수법 : y_p를 가정할 때 주의해야 하는 경우 ②

다음 2계 선형 미분방정식의 일반해를 구하라.

$$\frac{d^2y}{dx^2}+4y=\sin 2x$$

HINT

$f(x)=\sin x$(또는 $f(x)=\cos x$)가 동차 선형 미분방정식의 해들 중 하나와 일치한다면 $y_p=a\cos x+b\sin x$ 대신 $y_p=x(a\cos x+b\sin x)$로 가정한다.

풀이

주어진 미분방정식에 대한 동차 선형 미분방정식의 특성방정식은 $\lambda^2+4=0$이고, 특성값은

$\lambda_1 = 2i$, $\lambda_2 = -2i$로 복소수이다. 그러므로 보조해는 다음과 같다.

$$y_c = c_1 \cos 2x + c_2 \sin 2x$$

이 경우에도 [예제 2-13]과 마찬가지로 입력함수 $f(x) = \sin 2x$가 동차 선형 미분방정식의 보조해 중 하나와 같음을 알 수 있다. 따라서 $y_p = a\cos 2x + b\sin 2x$($a$, b는 상수) 대신 $y_p = ax\cos 2x + bx\sin 2x$로 가정하면 다음과 같다.

$$\begin{aligned} y_p' &= -2ax\sin 2x + a\cos 2x + 2bx\cos 2x + b\sin 2x \\ y_p'' &= -4ax\cos 2x - 2a\sin 2x - 2a\sin 2x - 4bx\sin 2x + 2b\cos 2x + 2b\cos 2x \end{aligned}$$

따라서 y_p와 y_p''을 주어진 미분방정식에 대입하면 다음과 같다.

$$\begin{aligned} &-4ax\cos 2x - 2a\sin 2x - 2a\sin 2x - 4bx\sin 2x + 2b\cos 2x + 2b\cos 2x \\ &+ 4ax\cos 2x + 4bx\sin 2x = \sin 2x \end{aligned}$$

위 식을 정리하면 다음과 같다.

$$4b\cos 2x - (4a+1)\sin 2x = 0$$

이 식이 x와 관계없이 항상 성립하려면 $a = -\dfrac{1}{4}$, $b = 0$이어야 하므로 특수해는 다음과 같다.

$$y_p = -\frac{1}{4}x\cos 2x$$

따라서 주어진 미분방정식의 일반해는 다음과 같다.

$$y = c_1\cos 2x + c_2\sin 2x - \frac{1}{4}x\cos 2x$$

예제 2-15 미정계수법 : y_p를 가정할 때 주의해야 하는 경우 ③

다음 2계 선형 미분방정식의 일반해를 구하라.

$$\frac{d^2y}{dx^2} - 2\frac{dy}{dx} + y = 4e^x$$

HINT
동차 선형 미분방정식의 특성값이 실수 중복값이고 $f(x) = e^x$이 보조해 중 하나와 일치하면 $y_p = ax^2e^x$으로 가정한다.

풀이

동차 선형 미분방정식의 특성방정식은 $\lambda^2 - 2\lambda + 1 = 0$이고, 특성값은 $\lambda_{1,2} = 1$로 실수 중복값인 경우이다. 그러므로 보조해는 다음과 같다.

$$y_c = c_1e^x + c_2xe^x$$

이 경우에도 입력함수 $f(x) = e^x$이 동차 선형 미분방정식의 보조해 중 하나임을 알 수 있다. 그러므로 [예제 2-13]과 마찬가지로 특수해를 $y_p = axe^x$ (a는 상수)으로 가정해야 하지만 xe^x 역시 보조해에 포함되므로, 이러한 경우에는 특수해를 $y_p = ax^2e^x$으로 가정해야 한다. 그러면 다음과 같다.

$$y_p{}' = ax^2e^x + 2axe^x$$
$$y_p{}'' = ax^2e^x + 2axe^x + 2axe^x + 2ae^x$$

따라서 y_p, $y_p{}'$, $y_p{}''$을 주어진 미분방정식에 대입한 후 정리하면 다음과 같다.

$$ax^2e^x + 2axe^x + 2axe^x + 2ae^x - 2(ax^2e^x + 2axe^x) + ax^2e^x = 4e^x \quad \Rightarrow \quad (2a-4)e^x = 0$$

이 식이 x와 관계없이 항상 성립하려면 $a=2$이어야 하므로 특수해는 다음과 같다.

$$y_p = 2x^2e^x$$

따라서 주어진 미분방정식의 일반해는 다음과 같다.

$$y = c_1e^x + c_2xe^x + 2x^2e^x$$

[예제 2-13] ~ [예제 2-15]에서 살펴봤듯이, 미분방정식의 특수해 y_p를 가정해서 미정계수법으로 풀 때 [표 2-1]을 적용할 수 없는 경우가 종종 있다. 이러한 경우에 y_p를 가정하는 방법을 앞의 예제에서 제시했고, 이를 요약하면 다음과 같다.

참고 특수해의 예외적인 가정

가정하고자 하는 특수해 $\overline{y_p}$의 임의의 함수가 동차 선형 미분방정식의 보조해 중 하나와 일치하면, 그 보조해의 어느 항과도 일치하지 않을 때까지 $\overline{y_p}$에 x를 곱한 함수를 특수해 y_p로 가정한다. 즉 특수해 y_p는 다음과 같다. 여기서 n은 자연수이다.

$$y_p = x^n\,\overline{y_p}$$

매개변수 변환법

앞서 설명한 미정계수법은 풀이 과정이 쉽다는 장점이 있다. 하지만 미정계수가 많아지면 미정계수를 구하기 위해 연립방정식을 푸는 시간이 오래 걸린다. 또한 [예제 2-13] ~ [예제 2-15]에서 살펴본 바와 같이, 경우에 따라서는 [표 2-1]을 변형시켜 y_p를 가정해야 하는 복잡한 경우도 발생한다. 따라서 가정에 의해 계수를 정하는 방법이 아닌, 공식을 통해 직접 구하는 방법이 더 편리한 경우가 많다. 이 방법이 바로 지금부터 설명할 **매개변수 변환법**method of variation of parameters이다. 이 방법은 수학자 라그랑주[5]가 제안했다.

앞서 살펴보았던 상수계수를 갖는 2계 동차 선형 미분방정식 (2.11)을 다시 살펴보자.

$$a_2 \frac{d^2y}{dx^2} + a_1 \frac{dy}{dx} + a_0 y = f(x)$$

위 식을 계수 a_2로 나눈 방정식을 생각해보자.

$$\frac{d^2y}{dx^2} + b\frac{dy}{dx} + cy = g(x) \quad \cdots \quad \frac{a_1}{a_2} = b,\ \frac{a_0}{a_2} = c,\ \frac{f(x)}{a_2} = g(x) \tag{2.12}$$

식 (2.12)의 동차 선형 미분방정식의 보조해인

$$y_c = c_1 y_1(x) + c_2 y_2(x)$$

에서 상수 c_1과 c_2를 함수 $u(x)$와 $v(x)$로 바꾼 형태인 다음과 같은 식을 식 (2.12)의 특수해라 가정하고 $u(x)$와 $v(x)$를 정함으로써 특수해를 구하는 방법이 바로 매개변수 변환법이다.

$$y_p = u(x)y_1(x) + v(x)y_2(x) \tag{2.13}$$

이제 매개변수 변환법을 이용해 식 (2.12)의 특수해를 구해보자. 식 (2.13)을 미분하면 다음과 같다.

$$y_p' = uy_1' + u'y_1 + vy_2' + v'y_2$$

이때 u와 v의 2계도함수가 나타나지 않도록 다음과 같이 가정하면 편리하다.

$$u'y_1 + v'y_2 = 0 \tag{2.14}$$

그러면 y_p'에 대한 식은 다음과 같이 변형된다.

$$y_p' = uy_1' + vy_2' \tag{2.15}$$

식 (2.15)를 한 번 더 미분하면 다음과 같다.

$$y_p'' = uy_1'' + u'y_1' + vy_2'' + v'y_2' \tag{2.16}$$

5 조제프루이 라그랑주(Joseph-Louis Lagrange, 1736~1813)는 이탈리아 수학자로, 해석역학과 천체역학 분야에 크게 기여했다.

식 (2.13)의 y_p는 미분방정식의 해이므로 식 (2.13), (2.15), (2.16)을 식 (2.12)에 대입했을 때 관계식이 성립해야 한다. 따라서 다음과 같다.

$$(uy_1'' + u'y_1' + vy_2'' + v'y_2') + b(uy_1' + vy_2') + c(uy_1 + vy_2) = g(x)$$

위 식을 정리하면 다음과 같다.

$$u(y_1'' + by_1' + cy_1) + v(y_2'' + by_2' + cy_2) + (u'y_1' + v'y_2') = g(x) \quad (2.17)$$

그런데 y_1과 y_2는 동차 미분방정식의 해이므로, 식 (2.17)의 처음 두 항은 모두 0이다. 그러므로 다음 결과를 얻는다.

$$u'y_1' + v'y_2' = g(x) \quad (2.18)$$

식 (2.14)와 (2.18)을 연립하여 풀면 다음과 같이 u'과 v'을 구할 수 있다.

$$u' = \frac{-y_2}{y_1 y_2' - y_1' y_2} g(x) \quad (2.19)$$

$$v' = \frac{y_1}{y_1 y_2' - y_1' y_2} g(x) \quad (2.20)$$

여기서 u'과 v'의 분모인 $y_1 y_2' - y_1' y_2$는 항상 0이 아니다. 왜냐하면 y_1과 y_2가 동차 선형 미분방정식의 서로 일차독립인 기본해이고, [정의 2-3]에서 설명한 바와 같이 서로 일차독립인 기본해들의 론스키안은 결코 0이 될 수 없기 때문이다.

$$W(y_1,\ y_2) = \begin{vmatrix} y_1 & y_2 \\ y_1' & y_2' \end{vmatrix} = y_1 y_2' - y_1' y_2 \neq 0$$

결과적으로 식 (2.19)와 (2.20)을 적분하여 u와 v를 구할 수 있고, u와 v를 식 (2.13)에 대입하면 특수해 y_p를 얻는다.

이제 매개변수 변환법을 적용해 해를 구하는 예제들을 살펴보자.

예제 2-16 매개변수 변환법 : y_p가 다항함수인 경우

다음 2계 선형 미분방정식의 일반해를 구하라.

$$\frac{d^2y}{dx^2}-4y=x$$

풀이

동차 선형 미분방정식의 특성방정식은 $\lambda^2-4=0$이고, 특성값은 $\lambda_1=2$, $\lambda_2=-2$이다. 따라서 기본해가 $y_1=e^{2x}$, $y_2=e^{-2x}$이므로 보조해는 다음과 같다.

$$y_c=c_1e^{2x}+c_2e^{-2x}$$

y_1과 y_2의 론스키안이 $W(y_1, y_2)=y_1y_2'-y_1'y_2=e^{2x}(-2e^{-2x})-2e^{2x}(e^{-2x})=-4$이고, $g(x)=x$이므로 식 (2.19)에 의해 다음과 같다.

$$u'=\frac{-y_2}{y_1y_2'-y_1'y_2}g(x)=\frac{-e^{-2x}}{-4}(x)=\frac{1}{4}xe^{-2x}$$

부분적분을 이용해 위 식을 적분하면 다음과 같다.

$$u=-\frac{1}{8}xe^{-2x}-\frac{1}{16}e^{-2x}$$

또한 식 (2.20)에 의해 다음과 같다.

$$v'=\frac{y_1}{y_1y_2'-y_1'y_2}g(x)=\frac{e^{2x}}{-4}(x)=-\frac{1}{4}xe^{2x}$$

부분적분을 이용해 위 식을 적분하면 다음과 같다.

$$v=-\frac{1}{8}xe^{2x}+\frac{1}{16}e^{2x}$$

따라서 식 (2.13)에 의해 특수해는 다음과 같다.

$$y_p=uy_1+vy_2=\left(-\frac{1}{8}xe^{-2x}-\frac{1}{16}e^{-2x}\right)e^{2x}+\left(-\frac{1}{8}xe^{2x}+\frac{1}{16}e^{2x}\right)e^{-2x}=-\frac{1}{4}x$$

그러므로 주어진 미분방정식의 일반해는 다음과 같다.

$$y=c_1e^{2x}+c_2e^{-2x}-\frac{1}{4}x$$

예제 2-17 매개변수 변환법 : y_p가 지수함수인 경우

다음 2계 선형 미분방정식의 일반해를 구하라.

$$\frac{d^2y}{dx^2} - 2\frac{dy}{dx} - 3y = e^x$$

풀이

동차 선형 미분방정식의 특성방정식은 $\lambda^2 - 2\lambda - 3 = 0$이고, 특성값은 $\lambda_1 = -1$, $\lambda_2 = 3$이다. 따라서 기본해가 $y_1 = e^{-x}$, $y_2 = e^{3x}$이므로 보조해는 다음과 같다.

$$y_c = c_1 e^{-x} + c_2 e^{3x}$$

y_1과 y_2의 론스키안이 $W(y_1, y_2) = y_1 y_2' - y_1' y_2 = e^{-x}(3e^{3x}) - (-e^{-x})(e^{3x}) = 4e^{2x}$이고, $g(x) = e^x$이므로 식 (2.19)에 의해 다음과 같다.

$$u' = \frac{-y_2}{y_1 y_2' - y_1' y_2} g(x) = \frac{-e^{3x}}{4e^{2x}}(e^x) = -\frac{1}{4}e^{2x}$$

위 식을 적분하면 $u = -\frac{1}{8}e^{2x}$이다. 또한 식 (2.20)에 의해 다음과 같다.

$$v' = \frac{y_1}{y_1 y_2' - y_1' y_2} g(x) = \frac{e^{-x}}{4e^{2x}}(e^x) = \frac{1}{4}e^{-2x}$$

위 식을 적분하면 $v = -\frac{1}{8}e^{-2x}$이다. 따라서 식 (2.13)에 의해 특수해는 다음과 같다.

$$y_p = uy_1 + vy_2 = \left(-\frac{1}{8}e^{2x}\right)e^{-x} + \left(-\frac{1}{8}e^{-2x}\right)e^{3x} = -\frac{1}{4}e^x$$

그러므로 주어진 미분방정식의 일반해는 다음과 같다.

$$y = c_1 e^{-x} + c_2 e^{3x} - \frac{1}{4}e^x$$

SECTION

2.4 코시-오일러 방정식

2.2절과 2.3절에서는 상수계수를 갖는 미분방정식에 대해 살펴보았다. 이 절에서는 변수계수를 갖는 미분방정식에 대해 설명한다. 상수계수와 달리 변수계수를 갖는 미분방정식은 풀이 과정이 매우 복잡하고 어려우며, 풀 수 있다고 해도 2.7절에서 살펴볼 무한급수를 이용하는 방법으로만 가능하다.

그러나 변수계수를 갖는 미분방정식 중 코시-오일러 방정식이라고 하는 특별한 경우는 상수계수를 갖는 미분방정식과 유사한 방법으로 방정식의 해를 구할 수 있다. 다음과 같은 변수계수를 갖는 2계 선형 미분방정식을 생각해보자.

$$ax^2\frac{d^2y}{dx^2} + bx\frac{dy}{dx} + cy = f(x) \tag{2.21}$$

식 (2.21)의 좌변에 있는 각 항들의 변수계수 x의 차수와 y의 도함수의 계수가 모두 동일하다는 점에 주목하자. 이와 같은 형태의 미분방정식을 **코시-오일러 방정식**Cauchy-Euler equation이라 한다.

식 (2.21)은 비동차 미분방정식이지만, 동차 미분방정식의 보조해를 구하면 2.3절에서 설명한 방법으로 비동차 미분방정식의 특수해를 구할 수 있다. 따라서 여기서는 다음과 같은 동차 미분방정식의 보조해를 구하는 방법만 설명할 것이다.

$$ax^2\frac{d^2y}{dx^2} + bx\frac{dy}{dx} + cy = 0 \tag{2.22}$$

식 (2.22)의 첫 번째 기본해를

$$y_1 = x^{\lambda} \tag{2.23}$$

이라 가정하고, 이를 식 (2.22)에 대입하면 다음과 같다.

$$ax^2\{\lambda(\lambda-1)x^{\lambda-2}\} + bx\lambda x^{\lambda-1} + cx^{\lambda} = 0$$

이제 앞의 식을 정리하면 다음과 같다.

$$[a\{\lambda(\lambda-1)\}+b\lambda+c]x^{\lambda}=0$$

이 식이 x와 관계없이 항상 성립하려면 다음이 성립해야 한다.

$$a\lambda^2+(b-a)\lambda+c=0 \tag{2.24}$$

x^{λ}이 식 (2.22)의 해가 되려면 λ가 이차방정식 (2.24)의 해여야 하므로 λ는 다음과 같다.

$$\lambda_{1,\,2}=\frac{(a-b)\pm\sqrt{(b-a)^2-4ac}}{2a} \tag{2.25}$$

2.2절에서와 마찬가지로 λ값이 다음과 같이 세 가지 유형으로 나타난다.

- **유형 ❶** : $(b-a)^2-4ac>0$이면 서로 다른 실수
- **유형 ❷** : $(b-a)^2-4ac=0$이면 실수 중복값
- **유형 ❸** : $(b-a)^2-4ac<0$이면 복소수

λ값이 서로 다른 실수인 경우

$(b-a)^2-4ac>0$인 경우에는 λ_1과 λ_2가 서로 다르므로, $y_1=x^{\lambda_1}$과 $y_2=x^{\lambda_2}$이 각각 미분방정식의 기본해가 된다. 따라서 미분방정식 (2.22)의 일반해는 $y=c_1x^{\lambda_1}+c_2x^{\lambda_2}$이다.

정리 2-4 코시-오일러 방정식의 해 : λ 값이 서로 다른 실수인 경우

식 (2.24)에서 얻은 λ값이 서로 다른 실수이면 미분방정식 (2.22)의 일반해는 다음과 같다.

$$y=c_1x^{\lambda_1}+c_2x^{\lambda_2}$$

예제 2-18 코시-오일러 방정식의 해 : λ 값이 서로 다른 실수인 경우

다음과 같이 변수계수를 갖는 2계 선형 미분방정식의 일반해를 구하라.

$$x^2\frac{d^2y}{dx^2}-4x\frac{dy}{dx}+4y=0$$

풀이

주어진 미분방정식은 코시-오일러 방정식이고, $(b-a)^2-4ac=(-4-1)^2-4(1)(4)=9$ 이므로 이 방정식은 유형 ❶에 해당한다. 또한 식 (2.25)로부터 해를 구하면 다음과 같다.

$$\lambda_1=\frac{(1+4)+\sqrt{(-4-1)^2-4(1)(4)}}{2(1)}=4$$

$$\lambda_2=\frac{(1+4)-\sqrt{(-4-1)^2-4(1)(4)}}{2(1)}=1$$

따라서 주어진 미분방정식의 기본해는 다음과 같다.

$$y_1=x^{\lambda_1}=x^4,\ \ y_2=x^{\lambda_2}=x^1$$

그러므로 [정리 2-4]에 의해 미분방정식의 일반해는 다음과 같다.

$$y=c_1y_1+c_2y_2\ =c_1x^4+c_2x$$

λ값이 실수 중복값인 경우

$(b-a)^2-4ac=0$인 경우에는 식 (2.25)로부터 특성값이 $\lambda_{1,\,2}=\dfrac{(a-b)}{2a}$이고, 기본해는 다음과 같이 하나만 얻을 수 있다.

$$y_1=x^{(a-b)/2a} \tag{2.26}$$

따라서 또 하나의 기본해 y_2를 구해야 한다. 이를 위해

$$y_2=uy_1 \tag{2.27}$$

이라 하고, y_2'과 y_2''을 구하면 다음과 같다.

$$y_2'=uy_1'+u'y_1,\quad y_2''=uy_1''+2u'y_1'+u''y_1$$

y_2, y_2', y_2''을 식 (2.22)에 대입하면 다음과 같다.

$$ax^2y_2''+bxy_2'+cy_2=ax^2(uy_1''+2u'y_1'+u''y_1)+bx(uy_1'+u'y_1)+cuy_1=0$$

위 식을 정리하면 다음과 같다.

$$u(ax^2y_1''+bxy_1'+cy_1)+ax^2y_1u''+xu'(2axy_1'+by_1)=0 \tag{2.28}$$

이때 y_1이 식 (2.22)의 기본해이므로, 식 (2.28)의 첫 번째 괄호 안은 0이다. 또한 식 (2.26)을 식 (2.28)의 두 번째 괄호 안의 식에 대입하면 다음이 성립한다.

$$\begin{aligned} 2axy_1{}' + by_1 &= 2ax\left(\frac{a-b}{2a}x^{(a-b)/2a-1}\right) + bx^{(a-b)/2a} \\ &= (a-b)x^{(a-b)/2a} + bx^{(a-b)/2a} = ax^{(a-b)/2a} = ay_1 \end{aligned}$$

따라서 식 (2.28)은 다음과 같다.

$$axy_1(xu'' + u') = 0$$

a, x, y_1은 0이 아니므로 위 식의 괄호 안이 0이어야 한다. 즉 다음이 성립해야 한다.

$$xu'' + u' = 0$$

이제 두 번째 기본해를 찾기 위해 u를 구해야 하므로, 위 식의 변수를 분리하여 적분하면 다음을 얻는다.

$$\int \frac{1}{u'}\,du' = -\int \frac{1}{x}\,dx \quad \Rightarrow \quad \ln|u'| = -\ln|x| \quad \Rightarrow \quad u' = \frac{1}{x}$$

마지막 식을 다시 한 번 적분하면 $u = \ln|x|$이므로, 또 다른 기본해는 식 (2.27)에 의해 다음과 같다.

$$y_2 = uy_1 = (\ln|x|)\,x^{(a-b)/2a}$$

결과적으로 미분방정식 (2.22)의 일반해는 다음과 같다.

$$y = x^{(a-b)/2a}(c_1 + c_2\ln|x|)$$

정리 2-5 코시-오일러 방정식의 해 : λ 값이 실수 중복값인 경우

식 (2.24)에서 얻은 λ값이 실수 중복값이면 미분방정식 (2.22)의 일반해는 다음과 같다.

$$y = x^{(a-b)/2a}(c_1 + c_2\ln|x|)$$

예제 2-19 코시-오일러 방정식의 해 : λ 값이 실수 중복값인 경우

다음과 같이 변수계수를 갖는 2계 선형 미분방정식의 일반해를 구하라.

$$x^2\frac{d^2y}{dx^2}-x\frac{dy}{dx}+y=0$$

풀이

주어진 미분방정식은 코시-오일러 방정식이고, $(b-a)^2-4ac=(-1-1)^2-4(1)(1)=0$ 이므로 이 방정식은 유형 ❷에 해당한다. 또한 식 (2.25)로부터 해를 구하면 다음과 같다.

$$\lambda=\frac{a-b}{2a}=\frac{1-(-1)}{2(1)}=1$$

따라서 주어진 미분방정식의 기본해는 다음과 같다.

$$y_1=x$$

그러므로 [정리 2-5]에 의해 미분방정식의 일반해는 다음과 같다.

$$y=x(c_1+c_2\ln|x|)$$

λ값이 복소수인 경우

$(b-a)^2-4ac<0$인 경우에는 식 (2.25)의 해가 $\lambda_1=\alpha+\beta i$와 $\lambda_2=\alpha-\beta i$이다. 여기서 $\alpha=\dfrac{(a-b)}{2a}$이고 $\beta=\dfrac{\sqrt{4ac-(b-a)^2}}{2a}$이다. 따라서 식 (2.22)의 기본해는 다음과 같다.

$$y_1=x^{\lambda_1}=x^{(\alpha+\beta i)},\quad y_2=x^{\lambda_2}=x^{(\alpha-\beta i)} \tag{2.29}$$

따라서 일반해는 다음과 같다.

$$y=c_1y_1+c_2y_2=c_1x^{(\alpha+\beta i)}+c_2x^{(\alpha-\beta i)} \tag{2.30}$$

위의 기본해와 일반해는 복소함수이므로 이를 실함수로 변형하자. 식 (2.30)은 다음과 같이 변형할 수 있다.

$$y=c_1x^{(\alpha+\beta i)}+c_2x^{(\alpha-\beta i)}=x^{\alpha}\left(c_1x^{\beta i}+c_2x^{-\beta i}\right) \tag{2.31}$$

또한 지수함수는 $x^n=e^{\ln x^n}=e^{n\ln|x|}$의 관계를 만족하므로, 식 (2.31)은 다음과 같이 나타낼 수 있다.

$$y=x^{\alpha}\left(c_1x^{\beta i}+c_2x^{-\beta i}\right)=x^{\alpha}\left(c_1e^{\beta i\ln|x|}+c_2e^{-\beta i\ln|x|}\right)$$

오일러 공식을 이용해 위 식을 정리하면 다음과 같다.

$$\begin{aligned} y &= x^{\alpha}[c_1\{\cos(\beta \ln|x|) + i\sin(\beta \ln|x|)\} + c_2\{\cos(\beta \ln|x|) - i\sin(\beta \ln|x|)\}] \\ &= x^{\alpha}[(c_1 + c_2)\cos(\beta \ln|x|) + i(c_1 - c_2)\sin(\beta \ln|x|)] \end{aligned}$$

여기서 c_1과 c_2는 임의의 적분상수이므로 $c_1 + c_2 = C_1$, $i(c_1 - c_2) = C_2$라 하면 식 (2.22)의 일반해는 다음과 같다.

$$y = x^{\alpha}[C_1\cos(\beta \ln|x|) + C_2\sin(\beta \ln|x|)]$$

정리 2-6 코시-오일러 방정식의 해 : λ 값이 복소수인 경우

식 (2.24)에서 얻은 λ값이 복소수 $\alpha \pm \beta i$이면 미분방정식 (2.22)의 일반해는 다음과 같다.

$$y = x^{\alpha}[C_1\cos(\beta \ln|x|) + C_2\sin(\beta \ln|x|)]$$

여기서 $\alpha = \dfrac{(a-b)}{2a}$, $\beta = \dfrac{\sqrt{4ac-(b-a)^2}}{2a}$이다.

예제 2-20 코시-오일러 방정식의 해 : λ 값이 복소수인 경우

다음과 같이 변수계수를 갖는 2계 선형 미분방정식의 일반해를 구하라.

$$x^2\frac{d^2y}{dx^2} + x\frac{dy}{dx} + y = 0$$

풀이

주어진 미분방정식은 코시-오일러 방정식이고, $(b-a)^2 - 4ac = (1-1)^2 - 4(1)(1) = -4$ 이므로 이 방정식은 유형 ❸에 해당한다. 또한 식 (2.25)로부터 해를 구하면 다음과 같다.

$$\begin{aligned} \lambda_{1,2} = \alpha \pm \beta i &= \frac{a-b}{2a} \pm \frac{\sqrt{4ac-(b-a)^2}}{2a}i \\ &= \frac{1-1}{2(1)} \pm \frac{\sqrt{4(1)(1)-(1-1)^2}}{2(1)}i = 0 \pm i \end{aligned}$$

즉 $\alpha = 0$, $\beta = 1$이다. 따라서 [정리 2-6]에 의해 미분방정식의 일반해는 다음과 같다.

$$\begin{aligned} y &= x^0[C_1\cos(\ln|x|) + C_2\sin(\ln|x|)] \\ &= C_1\cos(\ln|x|) + C_2\sin(\ln|x|) \end{aligned}$$

SECTION 2.5

고계 선형 미분방정식

지금까지는 1계와 2계 선형 미분방정식에 대해 살펴보았다. 이 절에서는 3계 이상의 고계 선형 미분방정식에 대해 살펴본다. 3계 이상의 선형 미분방정식은 2계 선형 미분방정식을 확장한 형태이므로, 2계인 경우에 적용한 이론을 유사하게 적용할 수 있다. 변수계수를 갖는 고계 미분방정식은 풀이 과정이 복잡하고 어려우므로 상수계수를 갖는 미분방정식으로 제한해 설명할 것이다. 다만 고계에서도 코시-오일러 방정식의 경우에는 2계에서처럼 변수계수를 갖는 미분방정식의 해를 어렵지 않게 구할 수 있다.

다음과 같이 상수계수를 갖는 n계 비동차 선형 미분방정식을 생각해보자.

$$a_n y^{(n)}(x) + a_{n-1} y^{(n-1)}(x) + \cdots + a_1 y' + a_0 y = f(x) \tag{2.32}$$

식 (2.32)의 비동차 미분방정식의 일반해는 식 (2.2)에서 설명한 바와 같이 보조해와 특수해를 합하여 다음과 같이 구할 수 있다.

$$y(x) = y_c(x) + y_p(x)$$

식 (2.32)의 보조해 $y_c(x)$를 구할 때, 먼저 각 해들이 서로 일차독립인지 확인하여 기본해를 구하는 것이 매우 중요하다. 그다음 2.1절에서 설명한 [정의 2-1](일차독립과 일차종속), [정의 2-2](론스키안), [정의 2-3](론스키안과 일차독립)을 이용해 구한 해들이 기본해임을 반드시 확인해야 한다. 예를 들어 보조해를 다음과 같이 구했다고 가정하자.

$$y_c(x) = c_1 y_1 + c_2 y_2 + \cdots + c_{n-1} y_{n-1} + c_n y_n \tag{2.33}$$

그러면 식 (2.33)이 진정한 보조해임을 확인하기 위해, 즉 각각의 해 $y_1,\ y_2,\ \cdots,\ y_{n-1},\ y_n$들이 서로 일차독립임을 확인하기 위해 다음 론스키안 값이 0인지 아닌지를 검토해야 한다.

$$W(y_1,\ y_2,\ \cdots,\ y_n) = \begin{vmatrix} y_1 & y_2 & \cdots & y_n \\ y_1' & y_2' & \cdots & y_n' \\ \vdots & \vdots & \vdots & \vdots \\ y_1^{(n-1)} & y_2^{(n-1)} & \cdots & y_n^{(n-1)} \end{vmatrix}$$

이때 $W(y_1, y_2, \cdots, y_n) \neq 0$이면 각각의 해들은 서로 일차독립이므로, 식 (2.33)이 식 (2.32)의 보조해가 된다.

일차독립, 일차종속의 개념과 마찬가지로, 중첩의 원리도 고계 미분방정식의 해를 구할 때 2계에서의 방식을 그대로 적용할 수 있다. 따라서 $y_1, y_2, \cdots, y_{n-1}, y_n$이 식 (2.32)의 n계 동차 미분방정식

$$a_n \frac{d^n y}{dx^n} + a_{n-1} \frac{d^{n-1} y}{dx^{n-1}} + \cdots + a_1 \frac{dy}{dx} + a_0 y = 0 \tag{2.34}$$

의 서로 일차독립인 해(기본해)이면, 이 해들의 일차결합도 동일한 미분방정식의 해가 된다. 이러한 해를 동차 선형 미분방정식 (2.34)의 **일반해** general solution 또는 비동차 선형 미분방정식 (2.32)의 **보조해** complementary solution 라 하고 다음과 같이 나타낸다. 다음 식은 식 (2.5)와 같다.

$$y_c = c_1 y_1 + c_2 y_2 + \cdots + c_n y_n$$

이제 고계 미분방정식의 풀이 과정에 대해 살펴보자. 동차 미분방정식 (2.34)의 기본해가 $y = e^{\lambda x}$이라 가정하고, 이를 식 (2.34)에 대입하면 다음과 같다.

$$a_n \lambda^n e^{\lambda x} + a_{n-1} \lambda^{n-1} e^{\lambda x} + \cdots + a_1 \lambda^1 e^{\lambda x} + a_0 e^{\lambda x} = 0$$

위 식을 공통인자 $e^{\lambda x}$으로 묶으면 다음과 같다.

$$\left[a_n \lambda^n + a_{n-1} \lambda^{n-1} + \cdots + a_1 \lambda^1 + a_0\right] e^{\lambda x} = 0$$

한편, $e^{\lambda x}$은 항상 0보다 크므로 위 식은 다음을 만족해야 한다.

$$a_n \lambda^n + a_{n-1} \lambda^{n-1} + \cdots + a_1 \lambda^1 + a_0 = 0 \tag{2.35}$$

식 (2.35)는 식 (2.34)의 특성방정식이고, 특성방정식의 근들이 특성값이 된다. 따라서 식 (2.35)의 λ에 관한 n차방정식의 근(특성값)에 따라 미분방정식의 해의 유형이 결정된다. 2계에서와 마찬가지로 고계에서도 세 종류의 유형이 복합적으로 나타난다. 고계 미분방정식의 경우에는 특성방정식이 고차이므로 특성값을 구하는 것이 굉장히 어렵다.

특성값 $\lambda_1, \lambda_2, \cdots, \lambda_n$이 모두 서로 다른 실수이면 각각의 해 $e^{\lambda_1 x}, e^{\lambda_2 x}, \cdots, e^{\lambda_n x}$들은 서로 일차독립이다. 따라서 각각의 해가 기본해이므로 식 (2.34)의 일반해는 다음과 같다.

$$y = c_1 e^{\lambda_1 x} + c_2 e^{\lambda_2 x} + \cdots + c_n e^{\lambda_n x} \tag{2.36}$$

예제 2-21 **고계 선형 미분방정식의 해 : λ 값이 서로 다른 실수인 경우**

다음 3계 선형 미분방정식의 일반해를 구하라.

$$\frac{d^3y}{dx^3}+5\frac{d^2y}{dx^2}+6\frac{dy}{dx}=0$$

풀이

주어진 미분방정식의 특성방정식은 $\lambda^3+5\lambda^2+6\lambda=0$이고, 특성값은 $\lambda(\lambda+2)(\lambda+3)=0$으로부터 $\lambda_1=0$, $\lambda_2=-2$, $\lambda_3=-3$이므로 기본해는 $y_1=e^{0x}=1$, $y_2=e^{-2x}$, $y_3=e^{-3x}$이다. 이 기본해들은 서로 일차독립이다. 따라서 식 (2.36)에 의해 일반해는 다음과 같다.

$$y=c_1+c_2e^{-2x}+c_3e^{-3x}$$

특성값 λ_1, λ_2, $\cdots$, λ_n 중 실수 중복값이 나타나는 경우, 즉 $\lambda_1=\lambda_2$이면 2.2절에서 설명한 바와 같이 중복된 부분을 처리하여 보조해를 다음과 같이 구할 수 있다.

$$y_c=(c_1+c_2x)e^{\lambda_1x}+c_3e^{\lambda_3x}+\ \cdots\ +c_ne^{\lambda_nx} \tag{2.37}$$

예제 2-22 **고계 선형 미분방정식의 해 : λ 값이 실수 중복값인 경우**

다음 3계 선형 미분방정식의 일반해를 구하라.

$$\frac{d^3y}{dx^3}+2\frac{d^2y}{dx^2}+\frac{dy}{dx}=0$$

풀이

주어진 미분방정식의 특성방정식은 $\lambda^3+2\lambda^2+\lambda=0$이다. 따라서 특성값은 $\lambda(\lambda+1)^2=0$으로부터 $\lambda_1=0$, $\lambda_{2,3}=-1$이므로, 중복도 2인 실수 중복값 $\lambda_{2,3}=-1$을 갖는다. 그러므로 식 (2.37)에 의해 일반해는 다음과 같다.

$$y=c_1e^{0x}+(c_2+c_3x)e^{-x}=c_1+c_2e^{-x}+c_3xe^{-x}$$

중복된 특성값의 수가 늘어나면 같은 방법으로 늘어난 수만큼 x를 곱하여 일반해를 구하면 된다. 예를 들어 특성값의 **중복도**multiplicity가 m이면 다음과 같다.

$$y_c=(c_1+c_2x+\ \cdots\ +c_mx^{m-1})e^{\lambda_1x}+c_{m+1}e^{\lambda_{m+1}x}+\ \cdots\ +c_ne^{\lambda_nx} \tag{2.38}$$

예제 2-23 **고계 선형 미분방정식의 해 : λ 값이 중복도 $m=3$ 인 실수 중복값인 경우**

다음 4계 선형 미분방정식의 일반해를 구하라.

$$\frac{d^4y}{dx^4}-3\frac{d^3y}{dx^3}+3\frac{d^2y}{dx^2}-\frac{dy}{dx}=0$$

풀이

주어진 미분방정식의 특성방정식은 $\lambda^4-3\lambda^3+3\lambda^2-\lambda=0$이다. 따라서 특성값은 $\lambda(\lambda-1)^3=0$으로부터 $\lambda_1=0$, $\lambda_2=\lambda_3=\lambda_4=1$이므로, 중복도 3인 실수 중복값 $\lambda_2=\lambda_3=\lambda_4=1$을 갖는다. 중복도가 $m=3$이므로 식 (2.38)에 의해 일반해는 다음과 같다.

$$y=c_1+\left(c_2+c_3x+c_4x^2\right)e^x$$

마지막으로 특성값 λ_1, λ_2, $\cdots$, λ_n 중 복소수가 나타나는 경우, 즉 $\lambda_{1,\,2}=\alpha\pm\beta i$ 이면 2.2절에서 설명한 바와 같이 복소수 부분을 처리하여 다음과 같이 보조해를 구할 수 있다.

$$y_c=e^{\alpha x}\left(c_1\cos\beta x+c_2\sin\beta x\right)+c_3e^{\lambda_3 x}+\cdots+c_ne^{\lambda_n x} \tag{2.39}$$

예제 2-24 **고계 선형 미분방정식의 해 : λ 값 중 2개가 복소수인 경우**

다음 3계 선형 미분방정식의 일반해를 구하라.

$$\frac{d^3y}{dx^3}-3\frac{d^2y}{dx^2}+\frac{dy}{dx}+5y=0$$

풀이

주어진 미분방정식의 특성방정식은 $\lambda^3-3\lambda^2+\lambda+5=0$이다. 따라서 특성값은 $(\lambda+1)(\lambda^2-4\lambda+5)=0$으로부터 $\lambda_1=-1$, $\lambda_{2,\,3}=2\pm i$이므로, 실수 1개와 복소수 2개를 갖는다. 그러므로 식 (2.39)에 의해 일반해는 다음과 같다.

$$y=c_1e^{-x}+e^{2x}\left(c_2\cos x+c_3\sin x\right)$$

복소근의 수가 더 늘어나는 경우에도, 복소근은 항상 쌍으로 존재하므로 복소근에 해당되는 부분을 식 (2.39)의 첫 번째 항처럼 처리하면 된다. 예를 들어 복소근이 4개 존재하면, 즉 λ 값이 복소근 $\lambda_{1,\,2}=\alpha_1\pm\beta_1 i$, $\lambda_{3,\,4}=\alpha_2\pm\beta_2 i$ 와 실근 λ_5, $\cdots$, λ_n 이면 보조해는 다음과 같다.

$$y_c = e^{\alpha_1 x}(c_1 \cos\beta_1 x + c_2 \sin\beta_1 x) + e^{\alpha_2 x}(c_3 \cos\beta_2 x + c_4 \sin\beta_2 x) \\ + c_5 e^{\lambda_5 x} + \cdots + c_n e^{\lambda_n x} \quad (2.40)$$

예제 2-25 고계 선형 미분방정식의 해 : λ값 중 4개가 복소수인 경우

다음 4계 선형 미분방정식의 일반해를 구하라.

$$\frac{d^4y}{dx^4} + 2\frac{d^3y}{dx^3} + 3\frac{d^2y}{dx^2} + 2\frac{dy}{dx} + 2y = 0$$

풀이

주어진 미분방정식의 특성방정식은 $\lambda^4 + 2\lambda^3 + 3\lambda^2 + 2\lambda + 2 = 0$이다. 따라서 특성값은 $(\lambda^2+1)(\lambda^2+2\lambda+2) = 0$으로부터 $\lambda_{1,2} = \pm i$, $\lambda_{3,4} = -1 \pm i$이므로, 복소수 4개를 갖는다. 그러므로 식 (2.40)에 의해 일반해는 다음과 같다.

$$y = c_1 \cos x + c_2 \sin x + e^{-x}(c_3 \cos x + c_4 \sin x)$$

참고로 4계 이상의 고계 미분방정식은 특성값을 구하기 어려우므로, 공학용 계산기나 컴퓨터를 이용해 일반해를 구한다.

식 (2.32)의 고계 비동차 선형 미분방정식의 일반해를 구하려면 식 (2.36)~(2.40)을 이용해 동차 선형 미분방정식의 보조해를 구한 뒤, 특수해 y_p를 구해야 한다. 특수해를 구하는 방법으로는 미정계수법과 매개변수 변환법이 있다. 두 방법을 활용한 풀이 과정은 2.3절에서 이미 설명했으므로 여기서는 생략한다.

SECTION 2.6

선형 연립 미분방정식

지금까지 독립변수(x)와 종속변수(y)의 미지수가 하나인 선형 미분방정식에 대해 살펴봤다. 그러나 실제 물리적 시스템에서 종속변수는 2개 이상이고, 종속변수들 사이에 서로 영향을 주고받는 미분방정식들이 종종 나타난다. 이러한 미분방정식을 연립 미분방정식이라 하는데, 여기서는 종속변수가 2개인 선형 연립 미분방정식을 살펴볼 것이다. 그리고 지금까지와는 달리 종속변수를 x와 y로 두고, 독립변수를 t로 표기한다. 예를 들어 다음과 같이 나타낸다.

$$x'(t) = 5x(t) + 7y(t)$$
$$y'(t) = 4x(t) - 2y(t)$$

이 절에서는 선형 연립 미분방정식의 해를 구하는 방법만 설명하고, 관련 물리적 시스템에 응용하는 예는 2.8절에서 다룰 것이다.

선형 연립 미분방정식은 주로 행렬을 이용해 풀면 쉽고 간편한데 이 방법은 9장에서 자세히 설명하고, 여기서는 연립방정식을 이용해 미지수를 소거하여 해를 구하는 방법을 다룬다.

상미분방정식과 달리 연립 미분방정식에는 하나의 방정식 안에 미지수가 2개 이상 포함된다. 그러므로 연립 미분방정식의 두 식을 연립하여 미지수 하나를 소거함으로써, 주어진 연립 미분방정식을 상미분방정식으로 바꿔서 해를 구해야 한다. 방정식에 포함된 미지수를 소거할 때는 식 (2.3)에서 사용한 미분연산자[6]를 이용하면 매우 편리하다.

다음 예제를 통해 연립 미분방정식을 상미분방정식으로 변환한 뒤, 2계 동차 선형 미분방정식의 특성값 유형에 따라 해를 구하는 방법을 살펴보자.

6 미분연산자는 $D = \frac{d}{dt}$ 이다.

예제 2-26 동차 선형 연립 미분방정식의 해 : 특성값이 서로 다른 실수인 경우

다음 선형 연립 미분방정식의 일반해를 구하라.

$$x'(t) = 2x(t) - 4y(t)$$
$$y'(t) = x(t) - 3y(t)$$

풀이

미분연산자 $D = \frac{d}{dt}$를 이용해 주어진 식을 변환하면 다음과 같이 연립방정식 형태가 된다.

$$(D-2)x + 4y = 0$$
$$-x + (D+3)y = 0$$

따라서 두 식을 연립하여 y를 소거(또는 x를 소거)하면 다음과 같다.

y를 소거한 경우 : $(D-2)(D+3)x + 4x = 0 \quad \Rightarrow \quad (D^2 + D - 2)x = 0$
x를 소거한 경우 : $(D-2)(D+3)y + 4y = 0 \quad \Rightarrow \quad (D^2 + D - 2)y = 0$

이제 이 식들을 다시 미분방정식으로 바꾸면 다음과 같다.

$$x'' + x' - 2x = 0 \qquad \cdots ①$$
$$y'' + y' - 2y = 0 \qquad \cdots ②$$

즉 연립 미분방정식을 2계 상미분방정식으로 변형했다. 식 ①(또는 식 ②)을 이용해 x(또는 y)를 구하고, 구한 x(또는 y)를 주어진 연립 미분방정식에 대입하여 y(또는 x)를 구하면 된다. 위 상미분방정식의 특성값은 $\lambda_1 = 1$과 $\lambda_2 = -2$이다. 따라서 앞서 설명한 풀이법을 이용해 일반해를 구하면 다음과 같다.

$$x = c_1 e^t + c_2 e^{-2t} \ (\text{또는 } y = c_1 e^t + c_2 e^{-2t})$$

이제 x(또는 y)를 주어진 연립 미분방정식의 첫 번째(또는 두 번째) 식에 대입하면 다음과 같다.

$$c_1 e^t - 2c_2 e^{-2t} = 2(c_1 e^t + c_2 e^{-2t}) - 4y \ (\text{또는 } c_1 e^t - 2c_2 e^{-2t} = x - 3(c_1 e^t + c_2 e^{-2t}))$$

위 식을 정리하면 다음과 같다.

$$y = \frac{1}{4} c_1 e^t + c_2 e^{-2t} \ (\text{또는 } x = 4c_1 e^t + c_2 e^{-2t})$$

그러므로 주어진 연립 미분방정식의 일반해는 다음과 같다.

$$x = c_1 e^t + c_2 e^{-2t}, \ y = \frac{1}{4} c_1 e^t + c_2 e^{-2t}$$
$$(\text{또는 } x = 4c_1 e^t + c_2 e^{-2t}, \ y = c_1 e^t + c_2 e^{-2t})$$

예제 2-27 동차 선형 연립 미분방정식의 해 : 특성값이 실수 중복값인 경우

다음 선형 연립 미분방정식의 일반해를 구하라.

$$x'(t) = 3x(t) - y(t)$$
$$y'(t) = x(t) + y(t)$$

풀이

미분연산자 $D = \dfrac{d}{dt}$를 이용해 위 식을 변환하면 다음과 같이 연립방정식 형태가 된다.

$$(D-3)x + y = 0$$
$$-x + (D-1)y = 0$$

따라서 두 식을 연립하여 x를 소거하면 다음과 같다.[7]

$$(D^2 - 4D + 4)y = 0$$

이제 이 식들을 다시 미분방정식으로 바꾸면 다음과 같다.

$$y'' - 4y' + 4y = 0$$

따라서 [예제 2-26]과 같은 방법으로 풀면 된다. 위 상미분방정식의 특성값은 실수 중복값 $\lambda_{1,2} = 2$이므로, y의 일반해는 다음과 같다.

$$y = e^{2t}(c_1 + c_2 t)$$

이제 y를 주어진 연립 미분방정식의 두 번째 식에 대입하면 다음과 같다.

$$c_2 e^{2t} + 2e^{2t}(c_1 + c_2 t) = x + e^{2t}(c_1 + c_2 t)$$

따라서 $x = c_1 e^{2t} + e^{2t}(c_2 + c_2 t)$이므로, 주어진 연립 미분방정식의 일반해는 다음과 같다.

$$x = e^{2t}(c_1 + c_2 + c_2 t), \quad y = e^{2t}(c_1 + c_2 t)$$

7 이 풀이에서는 y를 소거하는 과정을 생략한다.

예제 2-28 동차 선형 연립 미분방정식의 해 : 특성값이 복소수인 경우

다음 선형 연립 미분방정식의 일반해를 구하라.

$$x'(t) = 2x(t) + y(t)$$
$$y'(t) = -x(t) + 2y(t)$$

풀이

미분연산자 $D = \frac{d}{dt}$를 이용해 위 식을 변환하면 다음과 같이 연립방정식 형태가 된다.

$$(D-2)x - y = 0$$
$$x + (D-2)y = 0$$

따라서 두 식을 연립하여 y를 소거하면 다음과 같다.

$$(D-2)^2 x + x = 0$$

이 식을 다시 미분방정식으로 바꾸면 다음과 같다.

$$x'' - 4x' + 5x = 0$$

위 미분방정식의 특성값은 $\lambda_{1,2} = 2 \pm i$이므로, x의 일반해는 다음과 같다.

$$x = e^{2t}(c_1 \cos t + c_2 \sin t)$$

이제 x를 주어진 연립 미분방정식의 첫 번째 식에 대입하면 다음과 같다.

$$e^{2t}(-c_1 \sin t + c_2 \cos t) + 2e^{2t}(c_1 \cos t + c_2 \sin t) = 2e^{2t}(c_1 \cos t + c_2 \sin t) + y$$

따라서 $y = e^{2t}(-c_1 \sin t + c_2 \cos t)$이므로, 주어진 연립 미분방정식의 일반해는 다음과 같다.

$$x = e^{2t}(c_1 \cos t + c_2 \sin t),\quad y = e^{2t}(-c_1 \sin t + c_2 \cos t)$$

마지막으로 비동차 선형 연립 미분방정식에 대한 예제를 풀어보자.

예제 2-29 비동차 선형 연립 미분방정식의 해

다음 선형 연립 미분방정식의 일반해를 구하라.

$$x'(t) = 2x(t) - 6y(t) + e^t$$
$$y'(t) = 4x(t) - 8y(t) - e^t$$

풀이

미분연산자 $D = \frac{d}{dt}$를 이용해 위 식을 변환하면 다음과 같다.

$$(D-2)x + 6y = e^t$$
$$-4x + (D+8)y = -e^t$$

두 식을 연립하여 y를 소거하면 다음과 같다.

$$(D^2 + 6D - 16)x + 24x = (D+8)e^t + 6e^t$$

이 식을 다시 미분방정식으로 바꾸면 다음과 같다.

$$x'' + 6x' + 8x = 15e^t \qquad \cdots ①$$

동차 선형 미분방정식의 특성값은 $\lambda_1 = -2$와 $\lambda_2 = -4$이므로 보조해는 다음과 같다.

$$x_c = c_1 e^{-2t} + c_2 e^{-4t}$$

특수해 x_p를 미정계수법으로 구하기 위해 $x_p = ae^t$으로 놓고, x_p를 식 ①의 x에 대입하면 다음과 같다.

$$ae^t + 6ae^t + 8ae^t = 15e^t$$

이 식이 t와 관계없이 항상 성립하려면 $a = 1$이어야 한다. 따라서 특수해가 $x_p = e^t$이므로, x의 일반해는 다음과 같다.

$$x = x_c + x_p = c_1 e^{-2t} + c_2 e^{-4t} + e^t$$

x를 주어진 연립 미분방정식의 첫 번째 식에 대입하면 다음과 같이 y의 일반해를 구할 수 있다.

$$y = \frac{2}{3} c_1 e^{-2t} + c_2 e^{-4t} + \frac{1}{3} e^t$$

SECTION 2.7 선형 미분방정식의 멱급수해

멱급수 해법은 무한급수를 이용해 선형 미분방정식의 해를 구하는 방법 중 하나이다. 이 방법을 이용하면 상수계수뿐 아니라 변수계수를 갖는 선형 미분방정식의 해도 구할 수 있다. 풀이 과정이 매우 길지만 이 방법이 변수계수를 갖는 미분방정식을 푸는 표준 방법이다. 멱급수는 다음과 같이 무한급수로 나타낼 수 있다.

$$\sum_{k=0}^{\infty} b_k (x-a)^k = b_0 + b_1(x-a) + b_2(x-a)^2 + \cdots \tag{2.41}$$

여기서 x는 변수이고, b_0, b_1, $\cdots$은 상수로서 이 **멱급수의 계수** coefficients of power series이며, a는 **멱급수의 중심** center of power series이다. 가장 많이 사용되는 멱급수는 **테일러 급수** Taylor series [8]로, 다음과 같이 정의한다.

$$\begin{aligned} f(x) &= \sum_{k=0}^{\infty} \frac{f^{(k)}(a)}{k!}(x-a)^k \\ &= f(a) + f'(a)(x-a) + \frac{f''(a)}{2!}(x-a)^2 + \cdots \end{aligned} \tag{2.42}$$

식 (2.42)에서 만약 $a=0$이면 이 급수를 **매클로린 급수** Maclaurin series [9]라 한다. 주요 매클로린 급수의 예는 다음과 같다.

- $\dfrac{1}{1-x} = \displaystyle\sum_{k=0}^{\infty} x^k = 1 + x + x^2 + \cdots \quad (|x| < 1)$
- $e^x = \displaystyle\sum_{k=0}^{\infty} \frac{x^k}{k!} = 1 + x + \frac{x^2}{2!} + \frac{x^3}{3!} + \cdots$
- $\sin x = \displaystyle\sum_{k=0}^{\infty} \frac{(-1)^k x^{2k+1}}{(2k+1)!} = x - \frac{x^3}{3!} + \frac{x^5}{5!} - \frac{x^7}{7!} + - \cdots$

8 브룩 테일러(Brook Taylor, 1685~1731)는 영국 수학자로, 미분적분학의 발전에 크게 기여했다. 테일러 급수는 테일러의 이름에서 유래된 용어이다.

9 콜린 매클로린(Colin Maclaurin, 1698~1746)은 스코틀랜드 수학자로, 미분적분학, 기하학, 중력에 대한 아이작 뉴턴(Isaac Newton)의 연구를 확장하고 발전시켰다. 매클로린 급수는 매클로린의 이름에서 유래된 용어이다.

- $\cos x = \sum_{k=0}^{\infty} \frac{(-1)^k x^{2k}}{(2k)!} = 1 - \frac{x^2}{2!} + \frac{x^4}{4!} - \frac{x^6}{6!} + - \cdots$
- $\sinh x = \sum_{k=0}^{\infty} \frac{x^{2k+1}}{(2k+1)!} = x + \frac{x^3}{3!} + \frac{x^5}{5!} + \frac{x^7}{7!} + \cdots$
- $\cosh x = \sum_{k=0}^{\infty} \frac{x^{2k}}{(2k)!} = 1 + \frac{x^2}{2!} + \frac{x^4}{4!} + \frac{x^6}{6!} + \cdots$

멱급수를 이용해 미분방정식을 푸는 방법은 미정계수법과 비슷하다. 예를 들어 변수계수를 갖는 미분방정식

$$y'' + a(x)y' + b(x)y = 0 \tag{2.43}$$

의 해를 다음과 같이 멱급수 형태로 나타낼 수 있다고 가정하자.

$$y = \sum_{k=0}^{\infty} b_k x^k = b_0 + b_1 x + b_2 x^2 + \cdots \tag{2.44}$$

그러면 y'과 y''은 다음과 같다.

$$y' = \sum_{k=1}^{\infty} k b_k x^{k-1} = b_1 + 2b_2 x + 3b_3 x^2 + \cdots \tag{2.45}$$

$$y'' = \sum_{k=2}^{\infty} k(k-1) b_k x^{k-2} = 2b_2 + 3 \cdot 2 b_3 x + 4 \cdot 3 b_4 x^2 + \cdots \tag{2.46}$$

식 (2.44)~(2.46)을 주어진 미분방정식 (2.43)에 대입한 후, 관계식들을 이용해 멱급수해의 계수 b_0, b_1, b_2, $\cdots$를 정하면 된다.

멱급수를 이용해 미분방정식의 해를 구하는 방법을 이해하기 위해, 먼저 간단한 상수계수를 갖는 1계 선형 미분방정식과 변수계수를 갖는 1계 선형 미분방정식을 풀어보고, 다음으로 상수계수를 갖는 2계 선형 미분방정식과 변수계수를 갖는 2계 선형 미분탕정식을 풀어보자.

예제 2-30 멱급수해 구하기 : 상수계수를 갖는 1계 선형 미분방정식

다음 1계 선형 미분방정식의 일반해를 구하라.

$$y' - y = 0$$

풀이

주어진 미분방정식의 해가 다음과 같다고 가정하자.

$$y = \sum_{k=0}^{\infty} b_k x^k = b_0 + b_1 x + b_2 x^2 + b_3 x^3 + \cdots$$

그러면 $y' = \sum_{k=1}^{\infty} kb_k x^{k-1} = b_1 + 2b_2 x + 3b_3 x^2 + \cdots$이다. 따라서 y와 y'을 주어진 미분방정식에 대입하면 다음이 성립한다.

$$(b_1 + 2b_2 x + 3b_3 x^2 + \cdots) - (b_0 + b_1 x + b_2 x^2 + \cdots) = 0$$

위 식의 좌변을 x에 대한 다항식으로 정리하면 다음과 같다.

$$(b_1 - b_0) + (2b_2 - b_1)x + (3b_3 - b_2)x^2 + \cdots = 0$$

이 식이 x와 관계없이 항상 성립하려면 모든 계수가 0이어야 한다. 즉 다음 관계식이 성립해야 한다.

$$b_1 - b_0 = 0, \quad 2b_2 - b_1 = 0, \quad 3b_3 - b_2 = 0, \quad \cdots$$

위 방정식들을 풀면 다음을 얻는다.

$$\begin{aligned} b_1 &= b_0 \\ b_2 &= \frac{1}{2}b_1 = \frac{1}{2}b_0 = \frac{1}{2!}b_0 \\ b_3 &= \frac{1}{3}b_2 = \frac{1}{3 \cdot 2}b_0 = \frac{1}{3!}b_0 \\ &\vdots \end{aligned}$$

따라서 주어진 미분방정식의 일반해는 다음과 같다.

$$y = b_0 + b_0 x + \frac{b_0}{2!}x^2 + \frac{b_0}{3!}x^3 + \cdots = b_0\left(1 + x + \frac{1}{2!}x^2 + \frac{1}{3!}x^3 + \cdots\right) = b_0 e^x$$

예제 2-31 멱급수해 구하기 : 상수계수를 갖는 1계 선형 미분방정식의 초깃값 문제

다음 1계 선형 미분방정식의 일반해를 구하라.

$$y' - y = x \quad (y(0) = 1)$$

풀이

주어진 미분방정식의 해가 다음과 같다고 가정하자.

$$y = \sum_{k=0}^{\infty} b_k x^k = b_0 + b_1 x + b_2 x^2 + b_3 x^3 + b_4 x^4 + \cdots$$

그러면 $y' = \sum_{k=1}^{\infty} kb_k x^{k-1} = b_1 + 2b_2 x + 3b_3 x^2 + 4b_4 x^3 + \cdots$이다. 따라서 y와 y'을 주어진 미분방정식에 대입하면 다음과 같다.

$$(b_1 + 2b_2 x + 3b_3 x^2 + 4b_4 x^3 + \cdots) - (b_0 + b_1 x + b_2 x^2 + b_3 x^3 + \cdots) = x$$

앞 식의 좌변을 x에 대한 다항식으로 정리하면 다음과 같다.

$$(b_1-b_0)+(2b_2-b_1-1)x+(3b_3-b_2)x^2+(4b_4-b_3)x^3+\cdots=0$$

이 식이 x와 관계없이 항상 성립하려면 모든 계수가 0이어야 한다. 즉 다음 관계식이 성립해야 한다.

$$b_1-b_0=0,\quad 2b_2-b_1=1,\quad 3b_3-b_2=0,\quad 4b_4-b_3=0,\quad \cdots$$

위 방정식들을 풀면 다음을 얻는다.

$$b_1=b_0,\quad b_2=\frac{1+b_0}{2!},\quad b_3=\frac{1+b_0}{3!},\quad b_4=\frac{1+b_0}{4!},\quad \cdots$$

따라서 주어진 미분방정식의 일반해는 다음과 같다.

$$\begin{aligned}
y&=\sum_{k=0}^{\infty}b_kx^k=b_0+b_1x+b_2x^2+b_3x^3+b_4x^4+\cdots\\
&=b_0+b_0x+\frac{1+b_0}{2!}x^2+\frac{1+b_0}{3!}x^3+\frac{1+b_0}{4!}x^4+\cdots\\
&=b_0\left(1+x+\frac{x^2}{2!}+\frac{x^3}{3!}+\frac{x^4}{4!}+\cdots\right)+\left(\frac{1}{2!}x^2+\frac{1}{3!}x^3+\frac{1}{4!}x^4+\cdots\right)\\
&=b_0\left(1+x+\frac{x^2}{2!}+\frac{x^3}{3!}+\frac{x^4}{4!}+\cdots\right)+\left(1+x+\frac{1}{2!}x^2+\frac{1}{3!}x^3+\frac{1}{4!}x^4+\cdots\right)-1-x\\
&=b_0e^x+e^x-x-1=(b_0+1)e^x-x-1
\end{aligned}$$

이제 $c=b_0+1$이라 하면 주어진 미분방정식의 일반해는 다음과 같다.

$$y=ce^x-x-1$$

위 식에 초깃값 $y(0)=1$을 대입하면 $c=2$이므로 구하고자 하는 해는 다음과 같다.

$$y=2e^x-x-1$$

예제 2-32 멱급수해 구하기 : 변수계수를 갖는 1계 선형 미분방정식

다음과 같이 변수계수를 갖는 1계 선형 미분방정식의 일반해를 구하라.

$$y'-2xy=0$$

풀이

주어진 미분방정식의 해가 다음과 같다고 가정하자.

$$y=\sum_{k=0}^{\infty}b_kx^k=b_0+b_1x+b_2x^2+b_3x^3+b_4x^4+\cdots$$

그러면 $y' = \sum_{k=1}^{\infty} kb_k x^{k-1} = b_1 + 2b_2 x + 3b_3 x^2 + 4b_4 x^3 + \cdots$이다. 따라서 y와 y'을 주어진 미분방정식에 대입하면 다음과 같다.

$$(b_1 + 2b_2 x + 3b_3 x^2 + 4b_4 x^3 + \cdots) - 2x(b_0 + b_1 x + b_2 x^2 + \cdots) = 0$$

위 식의 좌변을 x에 대한 다항식으로 정리하면 다음과 같다.

$$b_1 + (2b_2 - 2b_0)x + (3b_3 - 2b_1)x^2 + (4b_4 - 2b_2)x^3 + \cdots = 0$$

이 식이 x와 관계없이 항상 성립하려면 모든 계수가 0이어야 한다. 즉 다음 관계식이 성립해야 한다.

$$b_1 = 0, \quad 2b_2 - 2b_0 = 0, \quad 3b_3 - 2b_1 = 0, \quad 4b_4 - 2b_2 = 0, \quad \cdots$$

위 방정식들을 풀면 $b_1 = 0$이므로 $b_3 = b_5 = b_7 = \cdots = 0$이고, 다음이 성립한다.

$$b_2 = b_0, \quad b_4 = \frac{1}{2}b_2 = \frac{1}{2!}b_0, \quad b_6 = \frac{1}{3}b_4 = \frac{1}{3!}b_0, \quad \cdots$$

이 계수들을 미분방정식의 해 y에 대입하면 다음과 같다.

$$\begin{aligned} y &= b_0 + b_1 x + b_2 x^2 + b_3 x^3 + \cdots = b_0 + b_0 x^2 + \frac{b_0}{2!}x^4 + \frac{b_0}{3!}x^6 + \cdots \\ &= b_0\left(1 + x^2 + \frac{1}{2!}x^4 + \frac{1}{3!}x^6 + \cdots\right) = b_0 e^{x^2} \end{aligned}$$

위 식이 주어진 미분방정식의 일반해이다. 변수를 분리하여 풀어도 이와 같은 결과를 얻는다.

예제 2-33 멱급수해 구하기 : 상수계수를 갖는 2계 선형 미분방정식

다음 2계 선형 미분방정식의 일반해를 구하라.

$$y'' - y = 0$$

풀이

미분방정식의 해가 다음과 같다고 가정하자.

$$y = \sum_{k=0}^{\infty} b_k x^k = b_0 + b_1 x + b_2 x^2 + b_3 x^3 + \cdots$$

그러면 y'과 y''은 다음과 같다.

$$y' = \sum_{k=1}^{\infty} kb_k x^{k-1} = b_1 + 2b_2 x + 3b_3 x^2 + \cdots$$

$$y'' = \sum_{k=2}^{\infty} k(k-1)b_k x^{k-2} = 2b_2 + 3 \cdot 2b_3 x + 4 \cdot 3b_4 x^2 + \cdots$$

따라서 y와 y''을 주어진 미분방정식에 대입하면 다음과 같다.

$$\left(2b_2 + 3 \cdot 2b_3 x + 4 \cdot 3b_4 x^2 + \cdots\right) - \left(b_0 + b_1 x + b_2 x^2 + \cdots\right) = 0$$

위 식의 좌변을 x에 대한 다항식으로 정리하면 다음과 같다.

$$(2b_2 - b_0) + (3 \cdot 2b_3 - b_1)x + (4 \cdot 3b_4 - b_2)x^2 + \cdots = 0$$

이 식이 x와 관계없이 항상 성립하려면 모든 계수가 0이어야 한다. 즉 다음 관계식이 성립해야 한다.

$$\begin{aligned} 2b_2 - b_0 &= 0 \\ 3 \cdot 2b_3 - b_1 &= 0 \\ 4 \cdot 3b_4 - b_2 &= 0 \\ &\vdots \end{aligned}$$

위 방정식들을 풀면 다음을 얻는다.

$$\begin{aligned} b_2 &= \frac{1}{2!}b_0, \quad b_4 = \frac{1}{4!}b_0, \quad \cdots \\ b_3 &= \frac{1}{3!}b_1, \quad b_5 = \frac{1}{5!}b_1, \quad \cdots \end{aligned}$$

따라서 주어진 미분방정식의 일반해는 다음과 같다.

$$\begin{aligned} y = \sum_{k=0}^{\infty} b_k x^k &= b_0\left(1 + \frac{1}{2!}x^2 + \frac{1}{4!}x^4 + \cdots\right) + b_1\left(x + \frac{1}{3!}x^3 + \frac{1}{5!}x^5 + \cdots\right) \\ &= b_0 \cosh x + b_1 \sinh x \end{aligned}$$

$\cosh x = \dfrac{e^x + e^{-x}}{2}$, $\sinh x = \dfrac{e^x - e^{-x}}{2}$이므로, 위 식은 다음과 같이 나타낼 수도 있다.

$$y = b_0 \frac{e^x + e^{-x}}{2} + b_1 \frac{e^x - e^{-x}}{2} = \frac{b_0 + b_1}{2}e^x + \frac{b_0 - b_1}{2}e^{-x}$$

이제 $c_1 = \dfrac{b_0 + b_1}{2}$, $c_2 = \dfrac{b_0 - b_1}{2}$이라 하면 주어진 미분방정식의 일반해는 다음과 같다.

$$y = c_1 e^x + c_2 e^{-x}$$

이 결과는 2.2절에서 설명한 방법으로 구한 결과와 같음을 알 수 있다.

예제 2-34 멱급수해 구하기 : 변수계수를 갖는 2계 선형 미분방정식

다음과 같이 변수계수를 갖는 2계 선형 미분방정식의 일반해를 구하라.

$$x^2y'' - 2xy' + 2y = 0$$

풀이

주어진 미분방정식의 해가 $y = \sum_{k=0}^{\infty} b_k x^k$이라 하면 $y' = \sum_{k=1}^{\infty} k b_k x^{k-1}$, $y'' = \sum_{k=2}^{\infty} k(k-1) b_k x^{k-2}$이다. 따라서 y, y', y''을 주어진 미분방정식에 대입하면 다음과 같다.

$$x^2 \sum_{k=2}^{\infty} k(k-1) b_k x^{k-2} - 2x \sum_{k=1}^{\infty} k b_k x^{k-1} + 2 \sum_{k=0}^{\infty} b_k x^k = 0$$

위 식을 정리하면 다음과 같다.

$$\begin{aligned} & \sum_{k=2}^{\infty} k(k-1) b_k x^k - 2 \sum_{k=1}^{\infty} k b_k x^k + 2 \sum_{k=0}^{\infty} b_k x^k = 0 \\ \Rightarrow\ & \sum_{k=0}^{\infty} k(k-1) b_k x^k - 2 \sum_{k=0}^{\infty} k b_k x^k + 2 \sum_{k=0}^{\infty} b_k x^k = 0 \\ \Rightarrow\ & \sum_{k=0}^{\infty} [k(k-1) - 2k + 2] b_k x^k = 0 \\ \Rightarrow\ & \sum_{k=0}^{\infty} (k-1)(k-2) b_k x^k = 0 \end{aligned}$$

위 식이 x와 관계없이 항상 성립하려면 x의 모든 계수항이 0이어야 한다. 즉 다음이 성립해야 한다.

$$\sum_{k=0}^{\infty} (k-1)(k-2) b_k = 0$$

위 식은 $k=1$과 $k=2$를 제외한 모든 k에 대해 $b_k = 0$이어야 한다. 그러므로 주어진 미분방정식의 일반해는 다음과 같다.

$$y = b_1 x + b_2 x^2$$

변수계수를 갖는 선형 미분방정식의 경우 그 유형에 따라 **르장드르 방정식**Legendre equation, **베셀 방정식**Bessel equation 등과 같은 다양한 형태가 존재한다. 또한 선형 미분방정식의 또 다른 풀이 방법으로 **프로베니우스 방법**Frobenius method이 존재한다. 이에 관한 구체적인 풀이에 대해서는 『MATLAB으로 배우는 공학수학(개정판)』(한빛아카데미, 2018)을 참고하길 바란다.

SECTION 2.8 물리적 시스템에서의 응용

2.2절~2.7절에서 설명한 동차 및 비동차 선형 미분방정식과 선형 연립 미분방정식은 실제로 존재하는 물리적 동적 시스템으로부터 유도될 수 있다. 지구상에 수많은 물리적 시스템이 존재하지만, 그중에서도 아주 중요한 대표적인 시스템이 있다. 질량-댐퍼-스프링으로 구성된 기계적 시스템과 인덕터-저항체-커패시터로 구성된 전기적 시스템이 바로 그 예이다. 이들 시스템은 나중에 설명하겠지만, 수학적으로 모델링한 식이 매우 흡사하다. 이러한 시스템들을 중요하게 다루는 이유는 모델링 식이 2계 선형 미분방정식이기 때문이다.

이 절에서는 실제 물리적 시스템을 물리적인 법칙을 이용해 수학적으로 모델링하고, 모델링한 미분방정식의 해를 구함과 동시에 물리적 현상을 해석하는 데 중점을 두어 설명할 것이다. 주로 살펴볼 물리적 시스템은 앞서 언급한 질량-댐퍼-스프링 시스템과 인덕터-저항체-커패시터 시스템이며, 기타 시스템들도 부분적으로 살펴보고자 한다.

선형 상미분방정식

■ 응용 1 : 질량-스프링 시스템(자유진동)

[그림 2-4]와 같이 질량과 스프링으로 구성된 시스템을 생각해보자. 실제 스프링은 모두 비선형이지만, 문제를 간단하게 만들기 위해 선형 스프링이라 가정한다. 그러나 스프링이 선형 스프링이 되기 위해서는 많은 가정을 해야 함을 알아두자.

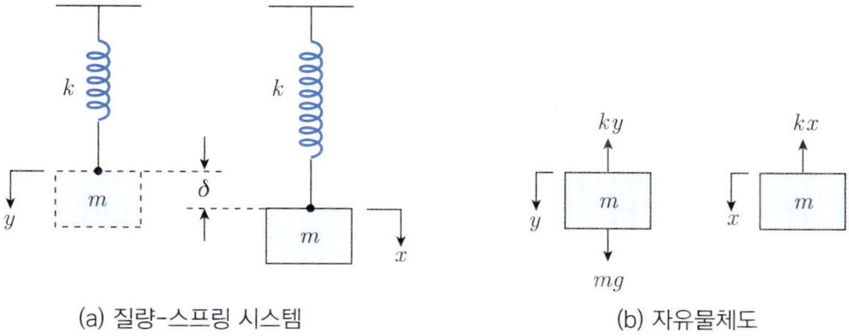

[그림 2-4] 질량-스프링 시스템(자유진동)

스프링이 선형이면 후크의 법칙을 적용할 수 있다. 즉 스프링이 늘어난 길이는 스프링에 작용된 힘에 비례한다. [그림 2-4(a)]의 왼쪽 그림은 스프링에 질량을 매달기 전의 상태로, 이때는 스프링이 전혀 늘어나거나 줄어들지 않고 스프링의 자유길이를 그대로 유지하고 있다. 이 위치를 기준점으로 하여 변위를 측정하는 경우(변위 y)를 생각해보자. 이 상태에서 질량을 매달아 움직이면 시스템은 뉴턴의 제2법칙의 지배를 받으며 운동한다. 운동방정식을 유도하기 위해 자유물체도를 그리면 [그림 2-4(b)]의 왼쪽 그림과 같다.

문제를 간단하게 만들기 위해 운동 중에 나타나는 공기저항 등의 모든 저항은 모두 무시한다. [그림 2-4(b)]의 자유물체도에 뉴턴의 제2법칙을 적용하면 다음 식이 유도된다.

$$my'' = mg - ky$$

여기서 k는 스프링 상수로 단위가 $\mathrm{N/m}$이고, g는 중력가속도로 $9.8\,\mathrm{m/s^2}$이다. 또한 사용되는 독립변수는 시간 t이다. 위 식을 정리하면 다음과 같은 2계 비동차 선형 미분방정식이 된다.

$$my'' + ky = mg \tag{2.47}$$

이제 [그림 2-4(a)]의 오른쪽 그림과 같이 스프링과 질량이 평형을 이룬 지점을 기준점으로 잡고 변위를 측정하는 경우(변위 x)와 식 (2.47)의 시스템을 비교해보자. [그림 2-4(a)]에서 보는 바와 같이, 변위 x와 y 사이에는 $y = x + \delta$라는 관계식이 성립한다. 여기서 δ는 스프링이 질량에 의해 늘어난 길이이다. 따라서 $y = x + \delta$를 식 (2.47)에 대입하면 다음과 같다.

$$m(x+\delta)'' + k(x+\delta) = mg \quad \Rightarrow \quad mx'' + kx + k\delta = mg$$

그런데 $k\delta = mg$라는 관계식이 성립하므로 위 식은 다음과 같이 바뀐다.

$$mx'' + kx = 0 \tag{2.48}$$

식 (2.48)은 2계 동차 선형 미분방정식이며, 우변의 항이 0이므로 입력이 가해지지 않은 경우이다. 이러한 운동을 **자유진동** free vibration이라 하고, 만약 입력이 가해지는 운동이라면 **강제진동** forced vibration이라 한다. 식 (2.47)과 (2.48)로부터 알 수 있듯이, 어느 지점을 기준으로 하여 변위를 측정하느냐에 따라 모델링 식이 다르게 나타난다. 식 (2.48)이 식 (2.47)에 비해 간단하므로 질량체가 중력장 내에서 스프링과 연결되어 있는 시스템인 경우, 질량체와 스프링이 평형을 이룬 지점을 기준점으로 설정하여 변위를 측정([그림 2-4(a)]의 오른쪽 그림)하면 중력항을 고려하지 않아도 되는 장점이 있다.

식 (2.48)은 **댐퍼** damper[10]를 고려하지 않은 **비감쇠 시스템** undamped system이며, **단순조화운동** simple harmonic motion을 하는 시스템이다. 이러한 시스템들은 고유진동수를 갖는다. 식 (2.48)에서 다음과 같이 나타낼 수 있다.

$$\omega_n^2 = \frac{k}{m} \tag{2.49}$$

여기서 ω_n은 1초당 라디안(rad/s)으로 표기하는 **비감쇠 고유진동수** undamped natural frequency이다. 만약 고유진동수가 1초당 사이클 수(cycle/s, Hz)로 측정되면 이는 고유주파수가 되고 기호 f_n으로 표기한다. 고유진동수와 고유주파수 사이에는 다음 관계가 성립한다.

$$\omega_n = 2\pi f_n = \sqrt{\frac{k}{m}} \ [\mathrm{rad/s}] \tag{2.50}$$

또한 시스템이 일정한 주기 T로 진동할 때, 고유진동수와 고유주파수와 주기 사이에는 다음 관계가 성립한다.

$$\omega_n = \frac{2\pi}{T} = 2\pi f_n \tag{2.51}$$

이때 식 (2.51)을 보면 주기는 고유주파수의 역수임을 알 수 있다. 한편, 비감쇠 시스템의 식 (2.48)을 고유진동수의 항으로 나타내면 다음과 같다.

$$x'' + \omega_n^2 x = 0 \tag{2.52}$$

이때 식 (2.52)는 2계 동차 선형 미분방정식이고, 미분방정식의 특성값이 $\lambda_{1,2} = \pm \omega_n i$이므로 일반해는 다음과 같다.

$$x(t) = c_1 \cos \omega_n t + c_2 \sin \omega_n t \tag{2.53}$$

식 (2.53)을 비감쇠운동 또는 단순조화운동에 대한 운동방정식이라 한다. 식 (2.53)은 삼각함수의 합성공식과 [그림 2-5]를 이용해 다음과 같이 표현할 수도 있다.

$$x(t) = A \cos(\omega_n t - \phi)^{11} \tag{2.54}$$

여기서 $A = \sqrt{c_1^2 + c_2^2}$으로 이를 **진폭** amplitude이라 하며, $\phi = \tan^{-1}\left(\frac{c_2}{c_1}\right)$를 **위상각** phase angle이라 한다. 만약 초깃값이 주어진다면 상수 c_1과 c_2가 정해진다.

10 댐퍼는 유체(fluid)의 점성 또는 마찰저항을 이용해 충격이나 진동을 약하게 하는 장치로서, 유체의 유동 속도에 비례하는 감쇠력을 발생시킨다. 즉 댐퍼에 의한 감쇠력은 $F = bx'$이다.

11 $\cos(\alpha - \beta) = \cos\alpha\cos\beta + \sin\alpha\sin\beta$를 이용해 유도한다.

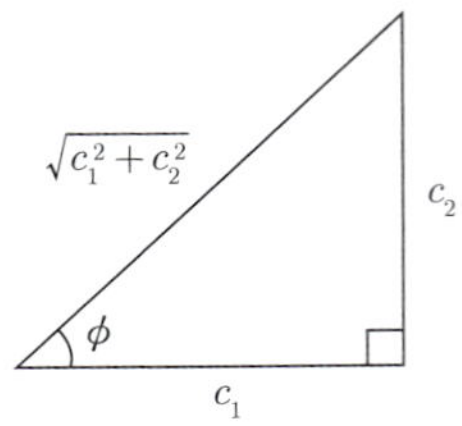

[그림 2-5] 삼각함수의 합성공식

■ 응용 2 : LC 직렬 전기회로 시스템(자유진동)

질량-스프링 시스템 이외에 다른 여러 가지 물리적 시스템도 식 (2.52)와 같은 자유진동의 미분방정식과 유사하게 나타낼 수 있다. [그림 2-6]과 같은 LC 직렬 전기회로를 살펴보자. 이 회로에 흐르는 전류를 $i(t)$라 하면, 전류가 인덕터와 커패시터를 통과할 때 발생하는 전압강하는 키르히호프 전압법칙에 의해 다음과 같은 관계식으로 나타낼 수 있다.

$$L\frac{di}{dt}+\frac{1}{C}\int i\,dt=e(t)$$

그러나 커패시터의 전하량을 $q(t)$라 하면 $i(t)=\dfrac{dq}{dt}$의 관계식이 성립하므로, 위 식은 다시 다음과 같이 나타낼 수 있다.

$$L\frac{d^2q}{dt^2}+\frac{1}{C}q=e(t) \tag{2.55}$$

여기서 $e(t)$는 입력전압이고, 전압이 인가되지 않으면 식 (2.55)는 다음과 같다.

$$L\frac{d^2q}{dt^2}+\frac{1}{C}q=0 \tag{2.56}$$

식 (2.48)과 (2.56)을 비교해보면, 서로 다른 시스템을 수학적으로 모델링한 두 결과가 유사한 미분방정식으로 나타남을 확인할 수 있다. 즉 식 (2.48)의 질량 m이 식 (2.56)의 인덕턴스 L에 대응하고, 식 (2.48)의 스프링 상수 k가 식 (2.56)의 커패시턴스의 역수 $\dfrac{1}{C}$에 대응한다. 이처럼 완전히 서로 다른 시스템이지만 유사한 수학적 모델링 식을 갖는 두 시스템을 **상사 시스템** analogous system이라 한다.

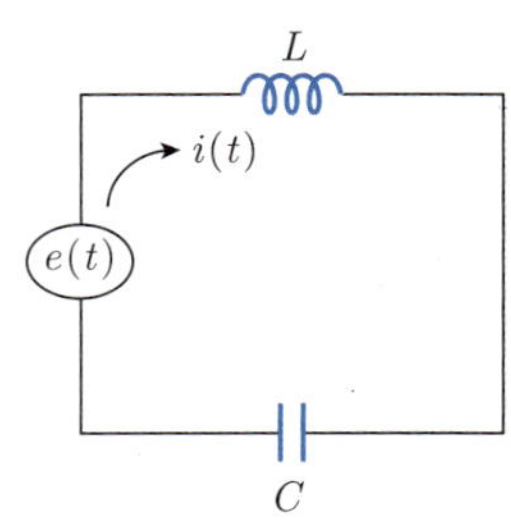

[그림 2-6] LC 직렬 전기회로 시스템(자유진동)

[그림 2-6]의 LC 직렬 전기회로 시스템도 앞서 설명한 자유진동의 질량-스프링 시스템과 같은 방법으로 문제를 풀면 되므로 이에 대한 풀이 과정은 생략한다.

■ 응용 3 : 질량-스프링 시스템(강제진동)

이제 외부에서 입력이 가해지는 시스템을 살펴보자. [그림 2-7]은 외부에서 시스템에 입력이 가해지는 강제진동 시스템과 그 시스템의 자유물체도를 나타낸 것이다. 변위 x는 스프링과 질량이 평형을 이루는 위치로부터 측정된다고 가정한다.

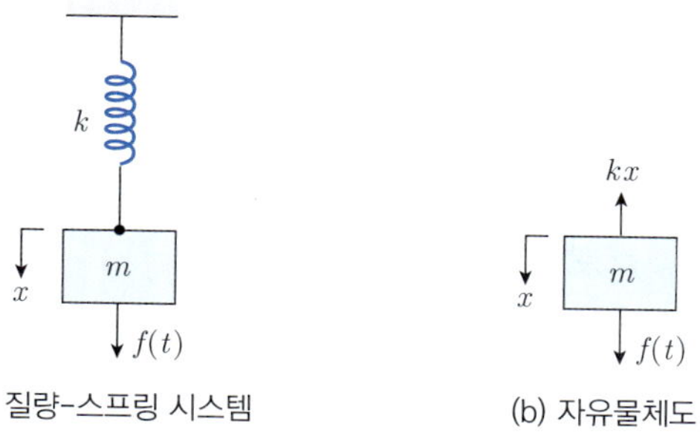

[그림 2-7] 질량-스프링 시스템(강제진동)

[그림 2-7(b)]의 자유물체도를 이용해 뉴턴의 제2법칙을 적용하면 다음 식이 유도된다.

$$mx'' = f(t) - kx \quad \Rightarrow \quad mx'' + kx = f(t) \tag{2.57}$$

여기서 $f(t)$는 외부에서 시스템에 가하는 외력으로, 단위는 N(뉴턴)이다. 고유진동수를 이용해 위 식을 다시 표현하면 다음과 같다.

$$x'' + \omega_n^2 x = \frac{f(t)}{m} \tag{2.58}$$

이제 식 (2.58)의 일반해를 구해보자. 먼저 동차 미분방정식의 특성값이 $\lambda_{1,\,2} = \pm\,\omega_n i$이므로 보조해는 다음과 같다.

$$x_c = c_1 \cos\omega_n t + c_2 \sin\omega_n t \tag{2.59}$$

외부에서 가하는 입력 $f(t)$가 일정한 주기 ω를 갖는 삼각함수 $f(t) = f_0 \cos\omega t$라 가정해보자. 미정계수법에 의해 식 (2.58)의 특수해는 다음과 같이 놓을 수 있다.

$$x_p = A\cos\omega t + B\sin\omega t \tag{2.60}$$

따라서 x_p를 미분하면 다음과 같다.

$$x_p{}' = -A\omega\sin\omega t + B\omega\cos\omega t$$
$$x_p{}'' = -A\omega^2\cos\omega t - B\omega^2\sin\omega t$$

그러므로 x_p, x_p'', $f(t)=f_0\cos\omega t$를 식 (2.58)에 대입하면 다음과 같다.

$$-A\omega^2\cos\omega t-B\omega^2\sin\omega t+\omega_n^2(A\cos\omega t+B\sin\omega t)=\frac{f_0}{m}\cos\omega t$$

$$\Rightarrow\quad \left(A\omega_n^2-A\omega^2-\frac{f_0}{m}\right)\cos\omega t+(B\omega_n^2-B\omega^2)\sin\omega t=0$$

위 식이 t와 관계없이 성립해야 하므로, 다음 식이 성립해야 한다.

$$A\omega_n^2-A\omega^2-\frac{f_0}{m}=0$$

$$B\omega_n^2-B\omega^2=0$$

이제 위 두 식을 연립하여 풀면 다음과 같은 계수들이 구해진다.

$$A=\frac{f_0}{m(\omega_n^2-\omega^2)},\quad B=0$$

따라서 식 (2.60)에 의해 특수해는 다음과 같다.

$$x_p=\frac{f_0}{m(\omega_n^2-\omega^2)}\cos\omega t \tag{2.61}$$

따라서 식 (2.58)의 일반해 x는 식 (2.59)와 (2.61)에 의해 다음과 같이 구해진다.

$$x=c_1\cos\omega_n t+c_2\sin\omega_n t+\frac{f_0}{m(\omega_n^2-\omega^2)}\cos\omega t \tag{2.62}$$

만약 초깃값이 주어진다면 상수 c_1과 c_2가 정해진다.

자유진동의 경우에는 시스템의 고유진동수 ω_n에 의해 응답(또는 출력)이 결정된다. 반면에, $f(t)=f_0\cos\omega t$와 같이 주어지는 강제진동의 경우에는 시스템의 고유진동수 ω_n과 입력 $f(t)$에 포함된 진동수 ω를 조합한 결과에 의해 응답이 결정됨을 알 수 있다.

ω가 시스템의 고유진동수 ω_n과 동일한 경우에 대해 살펴보자. 그러면 식 (2.58)은 다음과 같이 다시 나타낼 수 있다.

$$x''+\omega_n^2x=\frac{f_0}{m}\cos\omega_n t$$

이는 2.3절의 [예제 2-14]와 같이 입력함수가 보조해 중 하나와 동일한 경우로, 미정계수법을 이용해 풀 때 주의가 필요하다. 따라서 이 경우에는 특수해를 다음과 같이 가정해야 한다.

$$x_p = A\,t\cos\omega_n t + B\,t\sin\omega_n t$$

그러면 일반해는 다음과 같다.

$$x = c_1\cos\omega_n t + c_2\sin\omega_n t + t\,(A\cos\omega_n t + B\sin\omega_n t) \tag{2.63}$$

여기서 상수 A와 상수 B는 동일한 방법으로 구하면 된다. 이 경우 $t\to\infty$이면 특수해에 t가 곱해져 있으므로, 진폭이 $x(\infty)=\infty$가 되어 시스템이 파괴되는 경우가 발생한다. 이러한 현상을 **공진**resonance이라 한다. 따라서 진동 시스템을 설계할 때 공진현상으로 인해 시스템이 파괴되지 않도록 신중을 기해야 한다.

■ 응용 4 : LC 직렬 전기회로 시스템(강제진동)

앞서 살펴본 [그림 2-6]과 같은 LC 직렬 전기회로 시스템에 입력전압을 가하면 수학적 모델링 식은 식 (2.55)와 같다. 식 (2.55)와 (2.57)을 비교해보면, 이들 시스템도 서로 상사 시스템임을 알 수 있다. 따라서 풀이 과정은 [응용 3]과 유사하므로 생략한다.

■ 응용 5 : 질량-댐퍼-스프링 시스템(자유진동)

[그림 2-4]와 [그림 2-7]에서는 스프링과 질량에 대한 어떠한 저항이나 마찰도 고려하지 않았다. 그러나 실제 시스템에는 저항이나 마찰 등이 존재한다. 따라서 이러한 요소들을 감쇠 장치인 댐퍼를 이용해 [그림 2-8]과 같이 나타낼 수 있다. 그러면 [그림 2-4(b)]의 자유물체도는 [그림 2-8(b)]와 같이 바뀐다. 지금부터 스프링과 질량이 평형을 이룬 위치를 기준점으로 잡고 변위를 측정한다고 가정해보자.

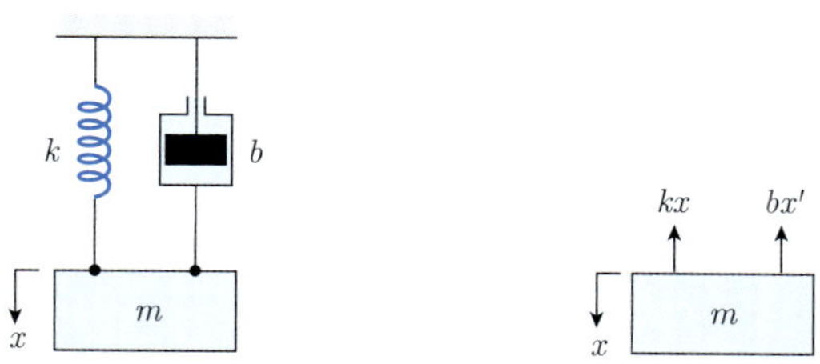

(a) 질량-댐퍼-스프링 시스템 (b) 자유물체도

[그림 2-8] 질량-댐퍼-스프링 시스템(자유진동)

[그림 2-8(b)]의 자유물체도에 뉴턴의 제2법칙을 적용하면 다음 식이 유도된다.

$$mx'' = -bx' - kx$$

앞의 식을 정리하면 다음과 같다.

$$mx'' + bx' + kx = 0 \tag{2.64}$$

이는 **감쇠 시스템** damping system이며, 여기서 b는 **감쇠계수** damping coefficient로 단위는 N · s/m이다. 식 (2.64)의 특성방정식은 다음과 같다.

$$m\lambda^2 + b\lambda + k = 0$$

따라서 특성값은 다음과 같다.

$$\lambda_{1,\,2} = -\frac{b}{2m} \pm \frac{\sqrt{b^2 - 4mk}}{2m}$$

2.2절에서 설명한 바와 같이, 특성값에 따라 식 (2.64)의 일반해는 다음과 같이 세 유형으로 나뉜다.

- **유형 ❶ (부족감쇠** underdamping**)** : $b^2 - 4mk < 0$이면 λ가 복소수
- **유형 ❷ (임계감쇠** critical damping**)** : $b^2 - 4mk = 0$이면 λ가 실수 중복값
- **유형 ❸ (과도감쇠** overdamping**)** : $b^2 - 4mk > 0$이면 λ가 서로 다른 실수

임계감쇠 시에는 $b^2 - 4mk = 0$이므로 $b = 2\sqrt{km}$이다. 여기서 **감쇠비**damping ratio ζ를 다음과 같이 정의하면 편리하다. ζ는 진동이나 제어와 관련한 분야에서 특히 중요하게 사용되므로 잘 기억해야 한다.

$$\zeta = \frac{(\text{감쇠계수})}{(\text{임계감쇠 시 감쇠계수})} = \frac{b}{2\sqrt{km}} \tag{2.65}$$

ζ와 $\omega_n = \sqrt{\dfrac{k}{m}}$를 이용해 식 (2.64)를 다음과 같이 다시 나타낼 수 있다.

$$x'' + \frac{b}{m}x' + \frac{k}{m}x = 0 \quad \Rightarrow \quad x'' + 2\zeta\omega_n x' + \omega_n^2 x = 0 \tag{2.66}$$

마찬가지로 특성방정식과 특성값도 ζ를 이용해 다음과 같이 나타낼 수 있다.

$$\lambda^2 + 2\zeta\omega_n\lambda + \omega_n^2 = 0 \tag{2.67}$$

$$\lambda_{1,\,2} = -\zeta\omega_n \pm \omega_n\sqrt{\zeta^2 - 1} \tag{2.68}$$

따라서 앞의 세 가지 유형은 감쇠비 ζ를 기준으로 다음과 같이 나타낼 수도 있다.

- **유형 ❶ (부족감쇠)** : $0 < \zeta < 1$인 경우
- **유형 ❷ (임계감쇠)** : $\zeta = 1$인 경우
- **유형 ❸ (과도감쇠)** : $\zeta > 1$인 경우

이제 식 (2.66)을 이용해 각 유형에 대한 해를 조사해보자.

- **유형 ❶ (부족감쇠) : $0 < \zeta < 1$인 경우**

  이 경우 일반해는 [정리 2-3]에 의해 다음과 같다.

$$x = e^{\alpha t}(c_1 \cos \beta t + c_2 \sin \beta t)$$

따라서 위 식에 $\alpha = -\zeta\omega_n$과 $\beta = \omega_n\sqrt{1-\zeta^2}$을 대입하면 다음과 같다.

$$x = e^{-\zeta\omega_n t}\left(c_1 \cos \omega_n \sqrt{1-\zeta^2}\, t + c_2 \sin \omega_n \sqrt{1-\zeta^2}\, t\right) \tag{2.69}$$

참고로 $\omega_d = \omega_n\sqrt{1-\zeta^2}$을 일반적으로 **감쇠 고유진동수** damped natural frequency라고 한다. 필요한 매개변수 값과 초깃값이 주어지면 식 (2.69)의 응답 $x(t)$는 [그림 2-9]와 같다.

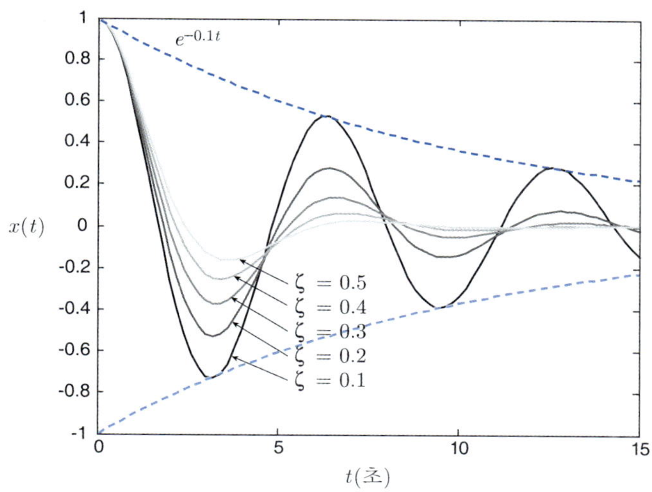

[그림 2-9] 부족감쇠의 응답

- **유형 ❷ (임계감쇠) : $\zeta = 1$인 경우**

이 경우 일반해는 [정리 2-2]에 의해 다음과 같다.

$$x = (c_1 + c_2 t) e^{-\frac{b}{2a} t} = (c_1 + c_2 t) e^{-\zeta \omega_n t} = (c_1 + c_2 t) e^{-\omega_n t} \tag{2.70}$$

필요한 매개변수 값과 초깃값이 주어지면 식 (2.70)의 응답 $x(t)$는 [그림 2-10]과 같다.

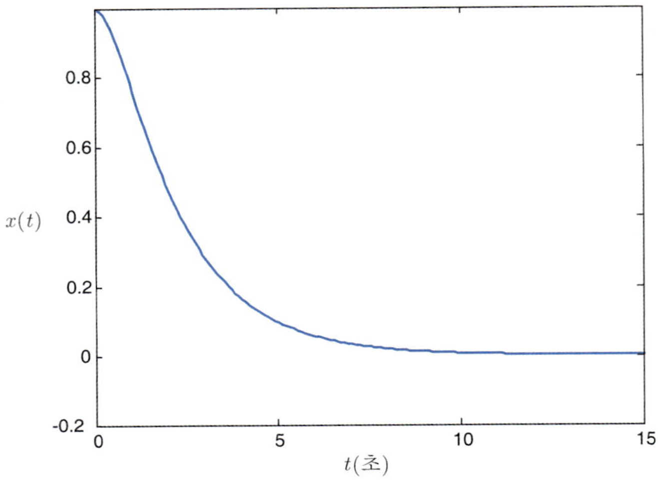

[그림 2-10] **임계감쇠의 응답**

임계감쇠는 $\zeta = 1$인 경우이고 진동이 전혀 일어나지 않음을 알 수 있다. 그러나 이 경우는 진동이 발생하는 경계이므로, 감쇠계수 ζ를 약간만 줄이면 다시 진동이 발생하기 시작한다.

- **유형 ❸ (과도감쇠) : $\zeta > 1$인 경우**

이 경우 일반해는 [정리 2-1]에 의해 다음과 같다.

$$x = c_1 e^{\lambda_1 t} + c_2 e^{\lambda_2 t}$$

식 (2.68)의 특성값을 위 식에 대입하면 다음과 같다.

$$x = c_1 e^{-\zeta \omega_n t + \omega_n \sqrt{\zeta^2 - 1}\, t} + c_2 e^{-\zeta \omega_n t - \omega_n \sqrt{\zeta^2 - 1}\, t}$$

위 식을 정리하면 다음과 같이 나타낼 수 있다.

$$x = e^{-\zeta \omega_n t} \left(c_1 e^{\omega_n \sqrt{\zeta^2 - 1}\, t} + c_2 e^{-\omega_n \sqrt{\zeta^2 - 1}\, t} \right) \tag{2.71}$$

필요한 매개변수 값과 초깃값이 주어지면 식 (2.71)의 응답 $x(t)$는 [그림 2-11]과 같다.

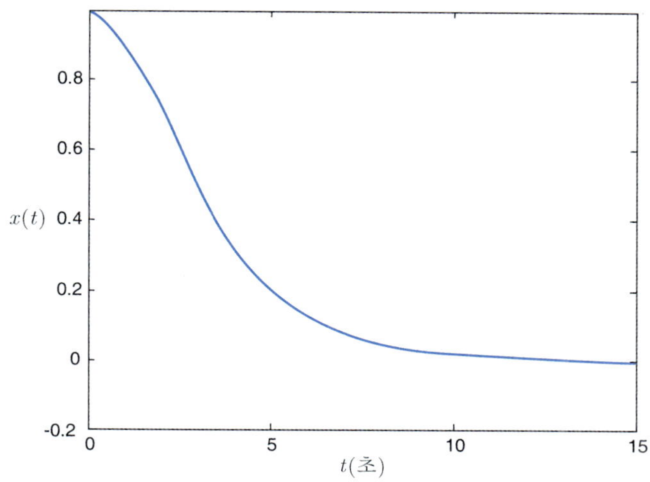

[그림 2-11] 과도감쇠의 응답

[그림 2-12]는 부족감쇠, 임계감쇠, 과도감쇠의 결과를 한눈에 비교할 수 있도록 앞서 도식화한 [그림 2-9]~[그림 2-11]을 하나의 그래프에 다시 나타낸 것이다. [그림 2-9]의 경우에는 $\zeta = 0.5$에 대한 그래프를 사용했다.

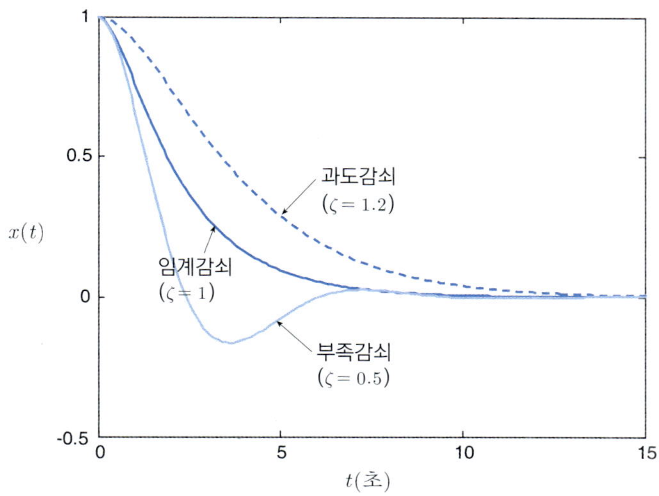

[그림 2-12] 감쇠 시스템의 전형적인 응답

[그림 2-12]를 보면 부족감쇠($0 < \zeta < 1$)는 진동하지만 응답이 빠르고, 과도감쇠($\zeta > 1$)는 진동은 전혀 없지만 응답이 느리다. 임계감쇠($\zeta = 1$)는 그 중간임을 알 수 있다.

■ 응용 6 : LRC 직렬 전기회로 시스템(자유진동)

[그림 2-13]과 같은 LRC 직렬 전기회로 시스템에서 이 회로에 흐르는 전류를 $i(t)$라 하고, 키르히호프 전압법칙을 적용하면 이 시스템의 수학적 모델링 식은 다음과 같다.

$$L\frac{di}{dt}+Ri+\frac{1}{C}\int i\,dt=e(t)$$

커패시터의 전하량 $q(t)$는 $i(t)=\dfrac{dq}{dt}$의 관계를 만족하므로, 위 식을 다음과 같이 나타낼 수 있다.

$$L\frac{d^2q}{dt^2}+R\frac{dq}{dt}+\frac{1}{C}q=e(t) \tag{2.72}$$

만약 입력전압이 인가되지 않으면 $e(t)=0$이므로 식 (2.72)는 다음과 같다.

$$L\frac{d^2q}{dt^2}+R\frac{dq}{dt}+\frac{1}{C}q=0 \tag{2.73}$$

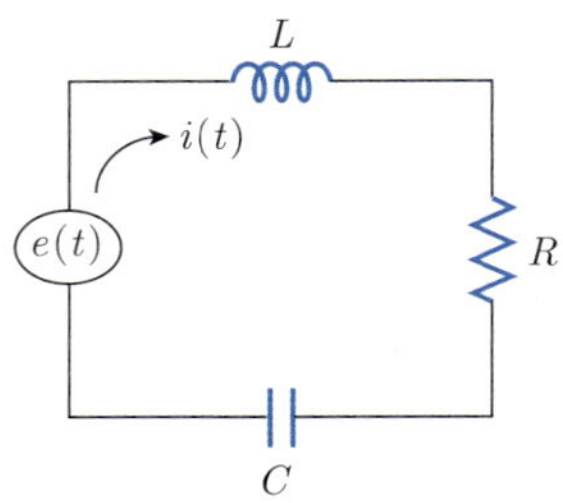

[그림 2-13] LRC 직렬 전기회로 시스템

식 (2.64)와 (2.73)을 비교해보면, 서로 다른 시스템을 수학적으로 모델링한 두 결과가 유사한 미분방정식으로 나타남을 알 수 있다. 따라서 [그림 2-8]과 [그림 2-13]은 서로 상사 시스템이다. 따라서 풀이 과정은 [응용 5]와 유사하므로 생략한다.

■ 응용 7 : 질량-댐퍼-스프링 시스템(강제진동)

[그림 2-14(a)]는 외부에서 시스템에 입력을 가하는 강제진동 질량-댐퍼-스프링 시스템을 나타내고, [그림 2-14(b)]는 그 시스템에 대한 자유물체도이다.

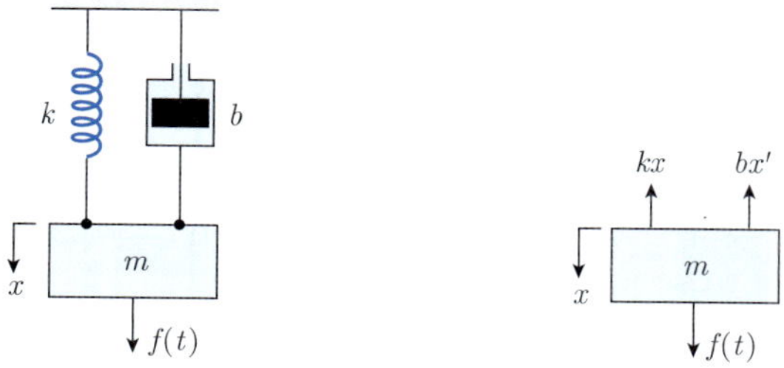

(a) 질량-댐퍼-스프링 시스템

(b) 자유물체도

[그림 2-14] 강제진동 질량-댐퍼-스프링 시스템(강제진동)

[그림 2-14(b)]의 자유물체도에 뉴턴의 제2법칙을 적용하면 다음 식이 유도된다.

$$mx'' = f(t) - kx - bx'$$

위 식을 정리하면 다음과 같다.

$$mx'' + bx' + kx = f(t) \tag{2.74}$$

위 식은 2계 비동차 선형 미분방정식이다. 여기서 $f(t)$는 외부에서 시스템에 가한 입력이다. 식 (2.74)를 감쇠비와 고유진동수에 대한 항으로 나타내면 다음과 같다.

$$x'' + 2\zeta\omega_n x' + \omega_n^2 x = \frac{f(t)}{m} \tag{2.75}$$

식 (2.75)의 동차 선형 미분방정식의 특성방정식은 식 (2.67)과 같고, 특성값은 식 (2.68)과 같으므로 식 (2.75)의 보조해는 다음과 같다.

$$x_c = e^{-\zeta\omega_n t}\left(c_1 e^{\omega_n\sqrt{\zeta^2-1}\,t} + c_2 e^{-\omega_n\sqrt{\zeta^2-1}\,t}\right) \tag{2.76}$$

여기서도 자유진동처럼 감쇠비에 따라 해의 유형을 구분해야 하지만, 앞서 설명한 것과 동일하므로 과도감쇠에 대한 식 하나만 나타냈다.

비동차 선형 미분방정식 (2.75)의 특수해를 x_p라 하면 일반해는 $x = x_c + x_p$이다. 그러나 시간이 충분히 경과하면 x_c는 0이 된다. 왜냐하면 $t \to \infty$일 때 $e^{-\zeta\omega_n t} \to 0$이 되기 때문이다. 따라서 시간이 충분히 경과했을 때는 일반해 x가 특수해 x_p와 같아짐을 알 수 있다. 이때 x_p를 **정상상태응답**steady state response이라 한다. 반면에 입력을 가한 직후의 짧은 시간 동안에는 x_c가 반응을 나타내는데, 이러한 응답을 **과도응답**transient response이라 한다. 이러한 관계를 식으로 나타내면 다음과 같다.

$$x = x_c(\text{보조해}) + x_p(\text{특수해}) = x_t(\text{과도응답}) + x_{ss}(\text{정상상태응답}) \tag{2.77}$$

■ 응용 8 : LRC 직렬 전기회로 시스템(강제진동)

[그림 2-13]과 같은 LRC 직렬 전기회로 시스템에 입력전압을 가하면 수학적 모델링 식은 식 (2.72)와 같은 비동차 선형 미분방정식이 된다. 식 (2.72)와 (2.74)를 비교해보면, 이들 시스템도 서로 상사 시스템임을 알 수 있다. 따라서 풀이 과정은 [응용 7]과 유사하므로 생략한다.

선형 연립 미분방정식

물리적 시스템을 수학적으로 모델링하면 미지수들 사이에 서로 영향을 미치는 연립 미분방정식이 나오는 경우도 종종 있다. 여기서는 어떤 시스템을 수학적으로 모델링했을 때 연립 미분방정식이 되는지를 살펴볼 것이다. 연립 미분방정식에 대한 풀이 과정은 2.6절에서 이미 설명했으므로 여기서는 생략한다.

■ 응용 1 : 액위 시스템

먼저 [그림 2-15]와 같은 **액위 시스템** liquid level system을 생각해보자. 입력관으로부터 q_i의 유량 $(\mathrm{m}^3/\mathrm{s})$이 탱크에 유입되고, 출력관을 통해 q_o의 유량이 탱크를 빠져나가고 있다. 이때 탱크의 물 높이는 $h\,[\mathrm{m}]$이고, 탱크의 단면적은 $C[\mathrm{m}^2]$이며, 물이 출구 쪽의 밸브를 빠져나갈 때 받는 저항은 R이다.

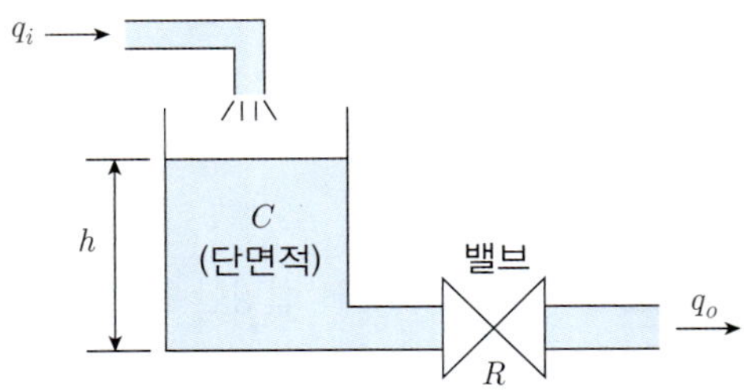

[그림 2-15] 액위 시스템 (1)

시스템이 선형이라고 가정하면, 즉 유동이 **층류유동** laminar flow [12]이면 저항 R은 밸브 양쪽의 물 높이차에 비례하고, 밸브를 빠져나가는 유량 q_o에 반비례한다. 따라서 다음과 같은 관계식으로 나타낼 수 있다.

$$R = \frac{h}{q_o} \tag{2.78}$$

12 층류유동은 유체가 불규칙한 요동인 난류(turbulent flow)와는 반대로, 매끄럽고 규칙적인 경로로 운동하는 유체유동의 한 형태를 말한다.

또한 짧은 시간동안 탱크 안에 저장된 유량은 다음 관계식을 만족한다.

$$C\frac{dh}{dt} = q_i - q_o \tag{2.79}$$

따라서 식 (2.78)을 식 (2.79)에 대입하여 q_o를 소거하면 다음과 같다.

$$C\frac{dh}{dt} + \frac{h}{R} = q_i \tag{2.80}$$

식 (2.80)은 1계 비동차 선형 미분방정식이다.

이제 액위 시스템이 [그림 2-16]과 같이 주어진 경우를 살펴보자.

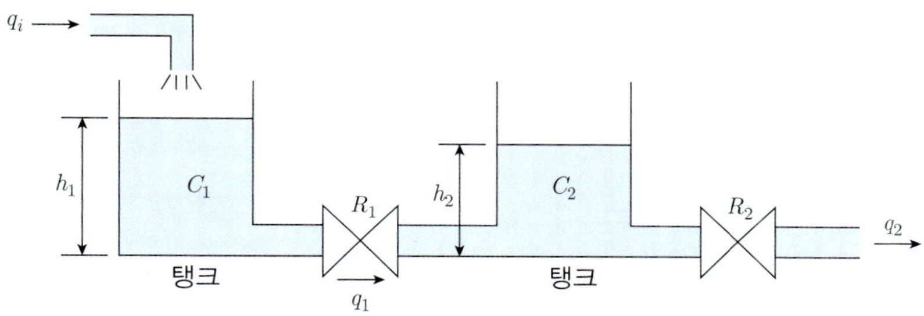

[그림 2-16] **액위 시스템 (2)**

이 시스템은 2개의 탱크가 중간밸브로 연결된 형태이다. 식 (2.78)과 (2.79)에 사용한 식을 여기서도 적용하면, 먼저 좌측 탱크로부터 다음 식을 얻는다.

$$C_1\frac{dh_1}{dt} = q_i - q_1 \tag{2.81}$$

$$R_1 = \frac{h_1 - h_2}{q_1} \tag{2.82}$$

그리고 우측 탱크로부터 다음 식을 얻는다.

$$C_2\frac{dh_2}{dt} = q_1 - q_2 \tag{2.83}$$

$$R_2 = \frac{h_2}{q_2} \tag{2.84}$$

식 (2.81)~(2.84)로부터 q_1과 q_2를 소거하여 정리하면 다음을 얻는다.

$$C_1\frac{dh_1}{dt}+\frac{1}{R_1}h_1-\frac{1}{R_1}h_2=q_i \tag{2.85}$$

$$C_2\frac{dh_2}{dt}-\frac{1}{R_1}h_1+\left(\frac{1}{R_1}+\frac{1}{R_2}\right)h_2=0 \tag{2.86}$$

식 (2.85)와 (2.86)은 좌측 탱크와 우측 탱크의 물 높이 변화를 나타내는 1계 비동차 연립 미분방정식이다.

■ 응용 2 : RC 전기회로 시스템

[그림 2-17]의 RC 전기회로 시스템을 생각해보자.

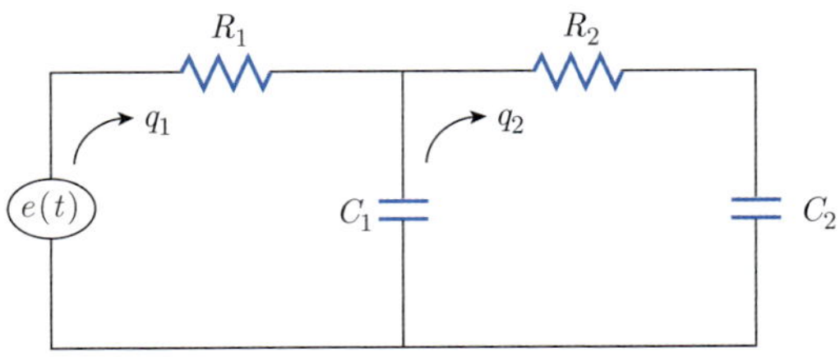

[그림 2-17] RC 전기회로 시스템

여기서 R_1과 R_2는 저항, C_1과 C_2는 커패시터, q_1과 q_2는 회로에 흐르는 전하량이다. 회로의 좌측 루프와 우측 루프에 각각 키르히호프 전압법칙을 적용하면 다음과 같다.

$$R_1q_1'+\frac{1}{C_1}(q_1-q_2)=e(t)$$

$$R_2q_2'+\frac{1}{C_2}q_2+\frac{1}{C_1}(q_2-q_1)=0$$

위 식을 정리하면 다음과 같다.

$$R_1q_1'+\frac{1}{C_1}q_1-\frac{1}{C_1}q_2=e(t) \tag{2.87}$$

$$R_2q_2'-\frac{1}{C_1}q_1+\left(\frac{1}{C_1}+\frac{1}{C_2}\right)q_2=0 \tag{2.88}$$

식 (2.87)과 (2.88)은 전기회로에 흐르는 전하량에 관한 1계 비동차 연립 미분방정식이다. 식 (2.85), (2.86)을 식 (2.87), (2.88)과 비교해보면 알 수 있듯이, [그림 2-16]의 액위 시스템과 [그림 2-17]의 RC 전기회로 시스템은 서로 상사 시스템임을 알 수 있다.

■ 응용 3 : 질량-댐퍼-스프링 시스템

[그림 2-18(a)]와 같이 주어진 질량-댐퍼-스프링 시스템을 생각해보자. [그림 2-18(a)]의 시스템에 대해 자유물체도는 [그림 2-18(b)]와 같다.

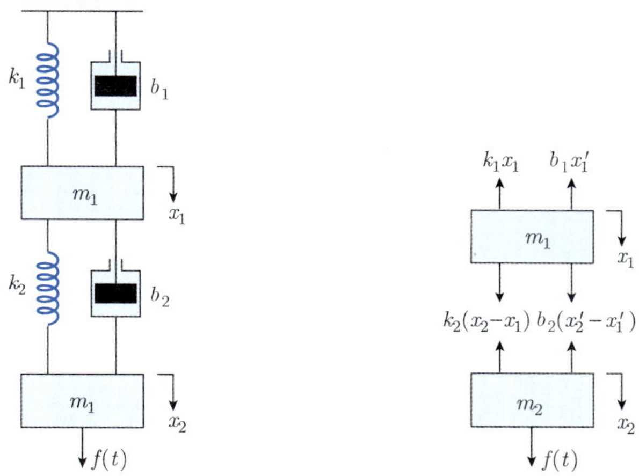

(a) 질량-댐퍼-스프링 시스템 (b) 자유물체도

[그림 2-18] 질량-댐퍼-스프링 시스템

[그림 2-18(b)]의 자유물체도를 이용해 뉴턴의 제2법칙을 적용해보면 다음 식이 유도된다.

$$m_1x_1'' = -k_1x_1 - b_1x_1' + k_2(x_2 - x_1) + b_2(x_2' - x_1')$$
$$m_2x_2'' = -k_2(x_2 - x_1) - b_2(x_2' - x_1') + f(t)$$

위 식을 정리하면 다음과 같다.

$$m_1x_1'' + (b_1 + b_2)x_1' - b_2x_2' + (k_1 + k_2)x_1 - k_2x_2 = 0 \tag{2.89}$$

$$m_2x_2'' - b_2x_1' + b_2x_2' - k_2x_1 + k_2x_2 = f(t) \tag{2.90}$$

여기서 식 (2.89)와 (2.90)은 2계 비동차 연립 미분방정식이다.

■ 응용 4 : *LRC* 전기회로 시스템

[그림 2-19]의 LRC 전기회로 시스템을 생각해보자.

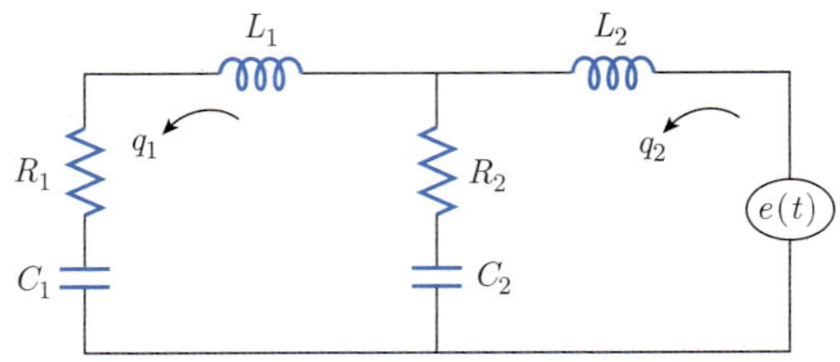

[그림 2-19] *LRC* 전기회로 시스템

[그림 2-19]의 전기회로의 좌측 루프와 우측 루프에 각각 키르히호프 전압법칙을 적용하면 다음 식이 유도된다.

$$L_1 q_1'' + R_1 q_1' + \frac{1}{C_1} q_1 + R_2(q_1' - q_2') + \frac{1}{C_2}(q_1 - q_2) = 0$$

$$L_2 q_2'' + R_2(q_2' - q_1') + \frac{1}{C_2}(q_2 - q_1) = e(t)$$

위 식을 정리하면 다음과 같다.

$$L_1 q_1'' + (R_1 + R_2)q_1' - R_2 q_2' + \left(\frac{1}{C_1} + \frac{1}{C_2}\right)q_1 - \frac{1}{C_2}q_2 = 0 \tag{2.91}$$

$$L_2 q_2'' - R_2 q_1' + R_2 q_2' - \frac{1}{C_2} q_1 + \frac{1}{C_2} q_2 = e(t) \tag{2.92}$$

식 (2.91)과 (2.92) 역시 2계 비동차 연립 미분방정식이다. 그런데 식 (2.89), (2.90)과 식 (2.91), (2.92)를 비교해보면 알 수 있듯이, [그림 2-18]의 질량-댐퍼-스프링 시스템과 [그림 2-19]의 LRC 전기회로 시스템 역시 상사 시스템임을 알 수 있다.

그 밖에도 다양한 형태의 연립 미분방정식이 실제 시스템에 존재한다.

CHAPTER

02 연습문제

2.1 (동차 선형 미분방정식) 다음 미분방정식의 일반해를 구하라.

(a) $\dfrac{d^2y}{dx^2}-y=0$

(b) $\dfrac{d^2y}{dx^2}-4y=0$

(c) $\dfrac{d^2y}{dx^2}-\dfrac{dy}{dx}-2y=0$

(d) $\dfrac{d^2y}{dx^2}-\dfrac{dy}{dx}-6y=0$

(e) $\dfrac{d^2y}{dx^2}+2\dfrac{dy}{dx}+y=0$

(f) $\dfrac{d^2y}{dx^2}-4\dfrac{dy}{dx}+4y=0$

(g) $\dfrac{d^2y}{dx^2}-6\dfrac{dy}{dx}+9y=0$

(h) $\dfrac{d^2y}{dx^2}+4y=0$

(i) $\dfrac{d^2y}{dx^2}+9y=0$

(j) $\dfrac{d^2y}{dx^2}-2\dfrac{dy}{dx}+2y=0$

2.2 (동차 선형 미분방정식의 초깃값 문제) 다음 미분방정식의 해를 구하라.

(a) $\dfrac{d^2y}{dx^2}-9y=0 \quad (y(0)=1,\ y'(0)=1)$

(b) $2\dfrac{d^2y}{dx^2}+\dfrac{dy}{dx}-y=0 \quad (y(0)=-1,\ y'(0)=1)$

(c) $\dfrac{d^2y}{dx^2}-2\dfrac{dy}{dx}-8y=0 \quad (y(0)=-1,\ y'(0)=-1)$

(d) $\dfrac{d^2y}{dx^2}-4\dfrac{dy}{dx}+4y=0 \quad (y(0)=2,\ y'(0)=0)$

(e) $\dfrac{d^2y}{dx^2}-2\dfrac{dy}{dx}+2y=0 \quad (y(0)=-1,\ y'(0)=2)$

(f) $\dfrac{d^2y}{dx^2}-2\dfrac{dy}{dx}+5y=0 \quad (y(0)=2,\ y'(0)=-2)$

2.3 (비동차 선형 미분방정식) 미정계수법을 이용해 다음 미분방정식의 일반해를 구하라.

(a) $\dfrac{d^2y}{dx^2}-y=e^{2x}$

(b) $\dfrac{d^2y}{dx^2}-\dfrac{dy}{dx}-6y=e^{-x}$

(c) $\dfrac{d^2y}{dx^2}-9y=\cos x$

(d) $\dfrac{d^2y}{dx^2}+2\dfrac{dy}{dx}-3y=2\sin x$

(e) $\dfrac{d^2y}{dx^2}+3\dfrac{dy}{dx}+2y=2x+e^x$

(f) $\dfrac{d^2y}{dx^2}+4\dfrac{dy}{dx}+4y=e^x+x$

(g) $\dfrac{d^2y}{dx^2}-y=e^{2x}\cos x$

(h) $\dfrac{d^2y}{dx^2}-\dfrac{dy}{dx}-2y=e^x\cos x$

(i) $\dfrac{d^2y}{dx^2}-y=e^x$

(j) $\dfrac{d^2y}{dx^2}-4y=2e^{2x}$

(k) $\dfrac{d^2y}{dx^2}+y=\cos x$

(l) $\dfrac{d^2y}{dx^2}+4\dfrac{dy}{dx}+4y=e^{-2x}$

(m) $\dfrac{d^2y}{dx^2}-6\dfrac{dy}{dx}+9y=4e^{3x}$

(n) $\dfrac{d^2y}{dx^2}+2\dfrac{dy}{dx}+y=2e^{-x}$

2.4 (비동차 선형 미분방정식의 초깃값 문제) 미정계수법을 이용해 다음 미분방정식의 해를 구하라.

(a) $\dfrac{d^2y}{dx^2}+3\dfrac{dy}{dx}-4y=2e^x \quad (y(0)=0,\ y'(0)=-1)$

(b) $\dfrac{d^2y}{dx^2}+\dfrac{dy}{dx}-6y=e^x\sin x \quad (y(0)=1,\ y'(0)=-1)$

(c) $\dfrac{d^2y}{dx^2}-4\dfrac{dy}{dx}+3y=\cos x+e^{2x} \quad (y(0)=1,\ y'(0)=0)$

(d) $\dfrac{d^2y}{dx^2}-4\dfrac{dy}{dx}+4y=2x^2+2 \quad (y(0)=1,\ y'(0)=-2)$

(e) $\dfrac{d^2y}{dx^2}-2\dfrac{dy}{dx}+2y=2 \quad (y(0)=1,\ y'(0)=2)$

(f) $\dfrac{d^2y}{dx^2}-\dfrac{dy}{dx}-2y=x \quad (y(0)=0,\ y'(0)=1)$

(g) $\dfrac{d^2y}{dx^2}-2\dfrac{dy}{dx}-3y=-1 \quad (y(0)=1,\ y'(0)=0)$

2.5 **(비동차 선형 미분방정식)** 매개변수 변환법을 이용해 다음 미분방정식의 해를 구하라.

(a) $\dfrac{d^2y}{dx^2}-y=4x$

(b) $\dfrac{d^2y}{dx^2}-3\dfrac{dy}{dx}+2y=x+1$

(c) $\dfrac{d^2y}{dx^2}+2\dfrac{dy}{dx}-3y=e^{-x}$

(d) $\dfrac{d^2y}{dx^2}-2\dfrac{dy}{dx}+y=2e^{x}$

(e) $\dfrac{d^2y}{dx^2}-\dfrac{dy}{dx}-2y=2x^2-1$

(f) $\dfrac{d^2y}{dx^2}-4\dfrac{dy}{dx}+3y=\cos x+e^{2x}$

(g) $\dfrac{d^2y}{dx^2}-2\dfrac{dy}{dx}+y=2x$

(h) $\dfrac{d^2y}{dx^2}+6\dfrac{dy}{dx}+9y=xe^{x}-2$

(i) $\dfrac{d^2y}{dx^2}-4y=xe^{-x}+\sin x \quad (y(0)=1,\ y'(0)=0)$

(j) $\dfrac{d^2y}{dx^2}-2\dfrac{dy}{dx}+2y=\cos x+2x \quad (y(0)=1,\ y'(0)=1)$

2.6 **(코시-오일러 방정식)** 다음 미분방정식의 해를 구하라.

(a) $x^2\dfrac{d^2y}{dx^2}-2x\dfrac{dy}{dx}+2y=0$

(b) $x^2\dfrac{d^2y}{dx^2}+4x\dfrac{dy}{dx}+2y=0$

(c) $2x^2\dfrac{d^2y}{dx^2}+5x\dfrac{dy}{dx}+y=0$

(d) $x^2\dfrac{d^2y}{dx^2}+5x\dfrac{dy}{dx}+4y=0$

(e) $x^2\dfrac{d^2y}{dx^2}+3x\dfrac{dy}{dx}+y=0$

(f) $x^2\dfrac{d^2y}{dx^2}+3x\dfrac{dy}{dx}+2y=0$

2.7 **(고계 선형 미분방정식)** 다음 미분방정식의 해를 구하라.

(a) $\dfrac{d^3y}{dx^3}+2\dfrac{d^2y}{dx^2}-\dfrac{dy}{dx}-2y=0$

(b) $\dfrac{d^3y}{dx^3}-2\dfrac{d^2y}{dx^2}-\dfrac{dy}{dx}+2y=0$

(c) $\dfrac{d^3y}{dx^3}-2\dfrac{d^2y}{dx^2}-5\dfrac{dy}{dx}+6y=0$

(d) $\dfrac{d^3y}{dx^3}+\dfrac{d^2y}{dx^2}-4\dfrac{dy}{dx}-4y=0$

(e) $\dfrac{d^3y}{dx^3}+2\dfrac{d^2y}{dx^2}-5\dfrac{dy}{dx}-6y=0$

(f) $2\dfrac{d^3y}{dx^3}+5\dfrac{d^2y}{dx^2}+\dfrac{dy}{dx}-2y=0$

(g) $\dfrac{d^3y}{dx^3}-3\dfrac{dy}{dx}+2y=0$

(h) $\dfrac{d^3y}{dx^3}-3\dfrac{dy}{dx}-2y=0$

(i) $\dfrac{d^3y}{dx^3}-\dfrac{d^2y}{dx^2}=0$

(j) $\dfrac{d^3y}{dx^3}+3\dfrac{d^2y}{dx^2}-4y=0$

(k) $\dfrac{d^4y}{dx^4}-2\dfrac{d^3y}{dx^3}+2\dfrac{dy}{dx}-y=0$

(l) $\dfrac{d^4y}{dx^4}+3\dfrac{d^3y}{dx^3}+3\dfrac{d^2y}{dx^2}+\dfrac{dy}{dx}=0$

(m) $\dfrac{d^4y}{dx^4}+\dfrac{d^3y}{dx^3}-3\dfrac{d^2y}{dx^2}-5\dfrac{dy}{dx}-2y=0$

(n) $\dfrac{d^3y}{dx^3}-\dfrac{d^2y}{dx^2}+2y=0$

(o) $\dfrac{d^3y}{dx^3}+3\dfrac{d^2y}{dx^2}+\dfrac{dy}{dx}-5y=0$

(p) $\dfrac{d^4y}{dx^4}+5\dfrac{d^2y}{dx^2}+4y=0$

2.8 (선형 연립 미분방정식) 다음 미분방정식의 해를 구하라.

(a) $\dfrac{dx}{dt}=-3x+y,\ \dfrac{dy}{dt}=x-3y$

(b) $\dfrac{dx}{dt}=x+3y,\ \dfrac{dy}{dy}=-x+5y$

(c) $\dfrac{dx}{dt}=y,\ \dfrac{dy}{dt}=-x$

(d) $\dfrac{dx}{dt}=x+y,\ \dfrac{dy}{dt}=y$

(e) $\dfrac{dx}{dt}=x-2y,\ \dfrac{dy}{dt}=-2x+y$

(f) $\dfrac{dx}{dt}=3x+y,\ \dfrac{dy}{dt}=-x+y$

(g) $\dfrac{dx}{dt}=x-2y,\ \dfrac{dy}{dt}=2x+y$

(h) $\dfrac{dx}{dt}=x-y,\ \dfrac{dy}{dt}=x+y$

(i) $\dfrac{dx}{dt}=x+y,\ \dfrac{dy}{dt}=-4y$

(j) $\dfrac{dx}{dt}=-5x-4y+t,\ \dfrac{dy}{dt}=4x+5y+2$

2.9 (선형 연립 미분방정식의 초깃값 문제) 다음 미분방정식의 해를 구하라.

(a) $\dfrac{dx}{dt}=2x-6y,\ \dfrac{dy}{dt}=4x-8y\quad(x(0)=2,\ y(0)=1)$

(b) $\dfrac{dx}{dt}=y,\ \dfrac{dy}{dt}=-x\quad(x(0)=-1,\ y(0)=-2)$

(c) $\dfrac{dx}{dt}=x+y,\ \dfrac{dy}{dt}=y\quad(x(0)=1,\ y(0)=2)$

(d) $\dfrac{dx}{dt}=2x+4y,\ \dfrac{dy}{dt}=3x+y\quad(x(0)=3,\ y(0)=-1)$

(e) $\dfrac{dx}{dt}=-5x+y,\ \dfrac{dy}{dt}=-4x\quad(x(0)=-3,\ y(0)=0)$

(f) $\dfrac{dx}{dt}=x+y,\ \dfrac{dy}{dt}=-4y\quad(x(0)=-2,\ y(0)=-2)$

(g) $\dfrac{dx}{dt}=3x+y,\ \dfrac{dy}{dt}=-x+y\quad(x(0)=0,\ y(0)=2)$

2.10 **(선형 미분방정식의 멱급수해)** 멱급수를 이용해 다음 미분방정식의 해를 구하라.

(a) $\frac{dy}{dx}-3y=0$

(b) $\frac{dy}{dx}+y=0$

(c) $\frac{dy}{dx}+y=2x$

(d) $\frac{d^2y}{dx^2}-\frac{dy}{dx}=0$

(e) $\frac{d^2y}{dx^2}-4y=0$

(f) $\frac{d^2y}{dx^2}+9y=0$

(g) $\frac{dy}{dx}-xy=0$

(h) $\frac{d^2y}{dx^2}-x\frac{dy}{dx}+y=0$

2.11 응용 **(질량-스프링 시스템 : 자유진동)** [그림 2-4]와 같은 질량-스프링 시스템에서 질량 $m=1$[kg], 스프링 상수 $k=1$[N/m]라 하자. 변위는 스프링과 질량이 평형을 이루는 지점에서 측정된다고 가정한다. 초깃값이 $x(0)=0.2$[m], $x'(0)=0$[m/s]일 때, 질량이 m인 물체가 움직이는 변위 $x(t)$를 구하라.

2.12 응용 **(질량-스프링 시스템 : 강제진동)** [그림 2-7]과 같은 질량-스프링 시스템에서 질량 $m=1$[kg], 스프링 상수 $k=4$[N/m], 외력 $f(t)=\cos t$라 하자. 변위는 스프링과 질량이 평형을 이루는 지점에서 측정된다고 가정한다. 초깃값이 $x(0)=0.1$[m], $x'(0)=0.2$[m/s]일 때, 질량이 m인 물체가 움직이는 변위 $x(t)$를 구하라.

2.13 응용 **(LC 전기회로)** [그림 2-6]과 같은 LC 전기회로 시스템에서 인덕턴스 $L=1$[H], 커패시턴스 $C=0.5$[F], 입력전압 $e(t)=5$[V]라 하자. 모든 초깃값을 0이라 가정할 때, 커패시턴스에 충전되는 전하량 $q(t)$를 구하라.

2.14 응용 **(질량-댐퍼-스프링 시스템 : 부족감쇠)** [그림 2-8]과 같은 질량-댐퍼-스프링 시스템에서 질량 $m=1$[kg], 감쇠계수 $b=2$[N-s/m], 스프링 상수 $k=2$[N/m]라 하자. 변위는 스프링과 질량이 평형을 이루는 지점에서 측정된다고 가정한다. 초깃값이 $x(0)=0.1$[m], $x'(0)=0.2$[m/s]일 때, 질량이 m인 물체가 움직이는 변위 $x(t)$를 구하라.

2.15 응용 **(질량-댐퍼-스프링 시스템 : 임계감쇠)** [그림 2-8]과 같은 질량-댐퍼-스프링 시스템에서 질량 $m=1$[kg], 감쇠계수 $b=4$[N-s/m], 스프링 상수 $k=4$[N/m]라 하자. 변위는 스프링과 질량이 평형을 이루는 지점에서 측정된다고 가정한다. 초깃값이 $x(0)=0.2$[m], $x'(0)=0.1$[m/s]일 때, 질량이 m인 물체가 움직이는 변위 $x(t)$를 구하라.

2.16 응용 **(질량-댐퍼-스프링 시스템 : 과도감쇠)** [그림 2-8]과 같은 질량-댐퍼-스프링 시스템에서 질량 $m=1$[kg], 감쇠계수 $b=4$[N-s/m], 스프링 상수 $k=3$[N/m]라 하자. 변위는 스프링과 질량이 평형을 이루는 지점에서 측정된다고 가정한다. 초깃값이 $x(0)=0.3$[m], $x'(0)=0.1$[m/s]일 때, 질량이 m인 물체가 움직이는 변위 $x(t)$를 구하라.

2.17 응용 **(LRC 전기회로)** [그림 2-13]과 같은 LRC 전기회로 시스템에서 $L=1$[H], $R=2$[Ω], $C=0.1$[F], 입력전압 $e(t)=5$[V]라 하자. 초깃값이 $q(0)=0.3$[C], $q'(0)=0.5$[C/s]일 때, 커패시터의 충전 전하량 $q(t)$를 구하라.

CHAPTER

03

라플라스 변환

Laplace Transform

Contents

학습목표

- 라플라스 변환을 이해하고 다양한 함수의 라플라스 변환 방법을 배울 수 있다.
- 라플라스 변환된 함수의 역변환을 구하는 방법을 배움으로써, 미분방정식과 연립 미분방정식의 해를 구할 수 있다.
- 다양한 유형의 관련 문제들을 풀어봄으로써, 공학에서 매우 중요한 미분방정식의 해를 구하는 데 자신감을 가질 수 있다.
- 라플라스 변환과 역변환의 공학에서의 응용에 대해 이해할 수 있다.

이 장에서 배우는 내용은?

미분방정식은 공학이나 물리학 등의 분야에서 매우 중요하다. 물리적 시스템을 설명할 수 있는 미분방정식을 유도하는 것도 중요하고, 유도한 미분방정식의 해를 구하는 것도 중요하다. 다만, 비선형 미분방정식은 풀이가 어려우므로, 1~2장에서는 선형 미분방정식에 국한해서 해를 구하는 방법들을 설명했다. 이 장에서는 선형 미분방정식의 해를 구하는 또 다른 방법인 라플라스 변환을 소개한다. 행렬을 이용해 선형 미분방정식의 해를 구하는 방법은 9장을 참고하길 바란다.

라플라스 변환을 미분방정식 문제에 적용하면 미분방정식이 대수방정식으로 바뀌므로 문제를 풀기가 더 쉬워지고, 비동차 미분방정식의 해를 구할 때 일반해와 특수해를 따로 구분하여 구할 필요가 없다. 또한 초깃값 문제에 대해서도 초깃값을 원 미분방정식에 대입하여 적분상수를 구하는 과정 없이 라플라스 변환과 역변환 과정에서 자동적으로 고려되기 때문에 부가적으로 산술 계산을 하는 수고가 줄어든다. 다만, 함수에 대한 라플라스 변환과 변환된 함수의 라플라스 역변환이 가능한 경우에만 미분방정식의 해를 구할 수 있기 때문에, 라플라스 변환과 역변환에 대해 확실하게 이해해둘 것을 당부하고 싶다.

이 장에서는 라플라스 변환과 역변환에 관한 다양한 내용들을 다루고, 라플라스 변환과 역변환에 관한 사전 지식을 바탕으로 다양한 미분방정식의 해를 구하는 방법들을 소개할 것이다. 마지막으로 라플라스 변환과 역변환이 실제 공학에서 어떻게 응용되고 있는지 실례를 들어 설명한다.

SECTION 3.1 라플라스 변환의 정의

여러 공학 분야뿐만 아니라 우리 실생활에는 시간에 따라 위치, 속도, 가속도 등이 변하는 **동적 시스템** dynamic systems이 다양하게 존재한다. 실제로 존재하는 동적 시스템에 대한 **수학적 모델링** mathematical modeling 식을 구해보면 미분방정식 형태로 표현된다. 그러나 미분방정식에는 '미분'이 포함되어 있기 때문에 해를 구하기 어려운 경우가 많다. 이때 미분방정식을 쉽게 풀 수 있는 방법 중 하나가 바로 라플라스[1] 변환이다. 미분방정식에 라플라스 변환을 취하면 시간 t에 대한 미분방정식이 복소변수 s에 대한 대수방정식으로 바뀐다. 미분방정식과 달리 대수방정식은 '미분'을 포함하지 않으므로 훨씬 다루기 쉽다. 이제 대수방정식을 구하고자 하는 변수에 대해 푼 뒤, 라플라스 역변환을 취하면 미분방정식의 해를 구할 수 있다. 즉 구하고자 한 동적 시스템의 해를 구할 수 있다. 이를 도식화하면 [그림 3-1]과 같다.

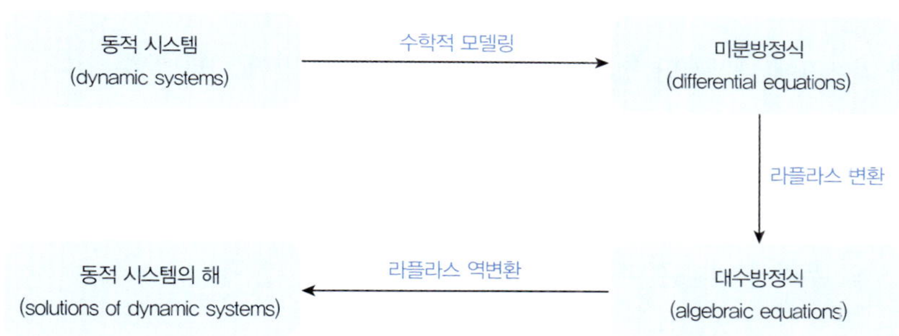

[그림 3-1] 라플라스 변환을 이용해 동적 시스템의 해 구하기

이처럼 선형 미분방정식의 풀이에 있어서, 도함수 형태가 아닌 대수방정식으로 선형 미분방정식의 해를 구할 수 있으므로 라플라스 변환은 매우 널리 사용되고 있다. 이제 라플라스 변환에 대해 자세히 살펴보자.

1 피에르시몽 드 라플라스 후작(Pierre-Simon, Marquis de Laplace, 1749~1827)은 프랑스 수학자이다.

앞서 언급한 바와 같이 선형 미분방정식의 해, 또는 동적 시스템의 해를 구하는 데 매우 유용하게 사용되는 라플라스 변환은 다음과 같이 정의한다.

정의 3-1 라플라스 변환

함수 $f(t)$가 $t \geq 0$에서 정의되고, 무한구간에서 적분가능하다면 함수 $f(t)$의 **라플라스 변환**Laplace transform은 다음과 같이 정의한다.

$$\mathcal{L}[f(t)] = \int_0^\infty e^{-st} f(t)\,dt = F(s)$$

여기서 $\mathcal{L}$ 는 **라플라스 연산자**Laplace operator이며, 시간에 대한 함수는 소문자 f로, f의 라플라스 변환 함수는 대문자 F로 표기한다.

라플라스 변환은 이후 10장에서 설명할 **푸리에 변환**Fourier Transform과 매우 밀접한 관계가 있다. 함수 $f(t)$에 대한 푸리에 변환은 다음과 같이 정의한다.

$$\mathcal{F}[f(t)] = \int_{-\infty}^\infty e^{-i\omega t} f(t)\,dt$$

만약 함수 $f(t)$가 $t \geq 0$에 대해서만 정의된다면 위 식을 다음과 같이 나타낼 수 있다.

$$\int_0^\infty e^{-i\omega t} f(t)\,dt \tag{3.1}$$

그러므로 $f(t)e^{-\sigma t}$의 푸리에 변환은 다음과 같다.

$$\begin{aligned}\mathcal{F}\left[f(t)e^{-\sigma t}\right] &= \int_0^\infty e^{-i\omega t} f(t) e^{-\sigma t}\,dt \\ &= \int_0^\infty e^{-(\sigma + i\omega)t} f(t)\,dt \\ &= \int_0^\infty e^{-st} f(t)\,dt \quad \cdots\ s = \sigma + i\omega\text{는 복소변수}\end{aligned} \tag{3.2}$$

즉 $f(t)e^{-\sigma t}$의 푸리에 변환이 라플라스 변환의 정의와 같다는 사실을 알 수 있다.

다음으로 라플라스 변환을 계산할 때 유용하게 사용되는 성질 하나를 소개한다.

정리 3-1 라플라스 연산자의 선형성

앞서 정의한 바에 따르면 라플라스 연산자는 **선형 연산자**linear operator [2]이다. 즉 라플라스 연산자는 다음 관계식을 만족한다.

$$\mathcal{L}\left[\alpha f(t)+\beta g(t)\right]=\alpha\mathcal{L}\left[f(t)\right]+\beta\mathcal{L}\left[g(t)\right]$$

증명

라플라스 변환의 정의를 이용해 다음과 같이 증명한다.

$$\begin{aligned}\mathcal{L}\left[\alpha f(t)+\beta g(t)\right] &= \int_0^{\infty} e^{-st}\left[\alpha f(t)+\beta g(t)\right]dt \\ &= \int_0^{\infty} e^{-st}\left[\alpha f(t)\right]dt+\int_0^{\infty} e^{-st}\left[\beta g(t)\right]dt \\ &= \alpha\int_0^{\infty} e^{-st}f(t)\,dt+\beta\int_0^{\infty} e^{-st}g(t)\,dt \\ &= \alpha\mathcal{L}\left[f(t)\right]+\beta\mathcal{L}\left[g(t)\right]\end{aligned}$$

■

2 미분가능한 두 함수 $f(x)$, $g(x)$와 실수 α, β에 대해 다음을 만족할 때, $L[D]$를 선형 연산자라고 한다.

$$L[D](\alpha f(x)+\beta g(x))=\alpha L[D]f(x)+\beta L[D]g(x)$$

SECTION 3.2 함수의 라플라스 변환

라플라스 변환은 미분방정식을 푸는 방법 중 하나이면서, 미분방정식으로 표현된 동적 시스템의 시스템 전달함수[3]를 구하기 위한 수단이기도 한다. 라플라스 변환이 이와 같은 기능을 할 수 있으려면 미분방정식 내의 함수에 대한 라플라스 변환을 구할 수 있어야 한다. 따라서 이 절에서는 일반적인 함수와 도함수에 대해 라플라스 변환을 구하는 연습을 할 것이다.

일반적인 함수의 변환

공학문제에서 주로 등장하는 미분방정식의 경우, 입력함수로 **단위계단함수**unit step function, **단위경사함수**unit ramp function, **지수함수**exponential function, **삼각함수**trigonometric function, **펄스함수**pulse function, **임펄스함수**impulse function 등이 많이 사용된다. 입력함수는 시간 t에 대한 함수이므로 $t<0$일 때의 함숫값은 모두 0이다. 지금부터 예제를 통해 이들 입력함수에 대해 라플라스 변환을 구하는 과정을 살펴보자.

예제 3-1 단위계단함수

[그림 3-2]와 같이 주어진 단위계단함수 $f(t)=u(t)$[4]의 라플라스 변환을 구하라.

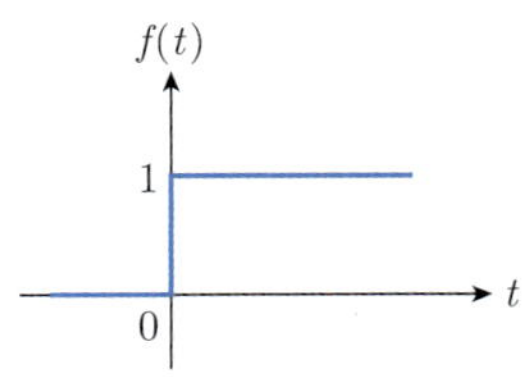

[그림 3-2] 단위계단함수

풀이

라플라스 변환의 정의를 이용하면 다음과 같다.

$$\mathcal{L}[u(t)]=\int_0^\infty e^{-st}(1)\,dt=-\frac{1}{s}\left[e^{-st}\right]_0^\infty=\frac{1}{s}$$

3 어떤 시스템의 입력과 출력 사이의 관계를 나타내는 공학적인 표현 방법으로, 3.7절에서 자세히 설명한다.

4 단위계단함수는 보통 $u(t)$를 이용해 나타내는데, 다른 책에서는 $1(t)$로 표기하기도 한다. 일반적으로 단위계단함수 $u(t-a)$는 $u(t-a)=\begin{cases}0, & t<a\\1, & t\geq a\end{cases}$로 정의한다.

예제 3-2 단위경사함수

[그림 3-3]과 같이 주어진 단위경사함수 $f(t)=t$의 라플라스 변환을 구하라.

HINT 부분적분을 이용한다.

$$\int_a^b u'v\,dt = uv\Big|_a^b - \int_a^b uv'\,dt$$

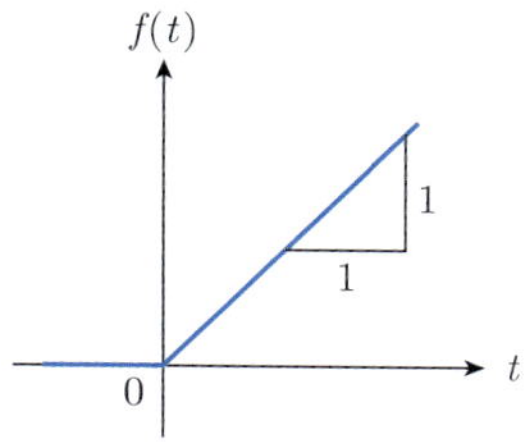

[그림 3-3] 단위경사함수

풀이

라플라스 변환의 정의를 이용하면 다음과 같다.

$$\mathcal{L}[t] = \int_0^\infty e^{-st}(t)\,dt$$

이제 부분적분을 이용해 적분값을 구하면 다음과 같다.

$$\int_0^\infty e^{-st}(t)\,dt = \left[-\frac{t}{s}e^{-st}\right]_0^\infty + \frac{1}{s}\int_0^\infty e^{-st}dt = \frac{1}{s}\mathcal{L}[1] = \frac{1}{s^2}$$

예제 3-3 함수 $f(t)=t^n$

함수 $f(t)=t^n$의 라플라스 변환을 구하라.

풀이

라플라스 변환의 정의를 이용하면 다음과 같다.

$$\mathcal{L}[t^n] = \int_0^\infty e^{-st}(t^n)\,dt$$

이제 부분적분을 반복적으로 적용해 적분값을 구하면 다음과 같다.

$$\begin{aligned}\int_0^\infty e^{-st}(t^n)dt &= \left[-\frac{t^n}{s}e^{-st}\right]_0^\infty + \frac{n}{s}\int_0^\infty e^{-st}t^{n-1}dt \\ &= \frac{n}{s}\mathcal{L}[t^{n-1}] = \frac{n}{s}\frac{n-1}{s}\mathcal{L}[t^{n-2}] \\ &= \frac{n}{s}\frac{n-1}{s}\frac{n-2}{s}\cdots\frac{2}{s}\mathcal{L}[t] = \frac{n}{s}\frac{n-1}{s}\frac{n-2}{s}\cdots\frac{2}{s}\frac{1}{s^2} = \frac{n!}{s^{n+1}}\end{aligned}$$

예제 3-4 **지수함수**

[그림 3-4]와 같이 주어진 지수함수 $f(t)=e^{-at}$의 라플라스 변환을 구하라. 여기서 a는 양의 상수이다.

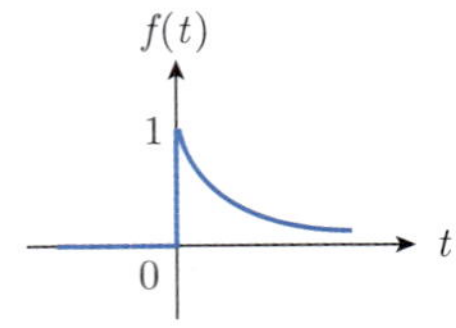

[그림 3-4] 지수함수

풀이

라플라스 변환의 정의를 이용하면 다음과 같다.

$$\mathcal{L}[e^{-at}]=\int_0^\infty e^{-st}(e^{-at})\,dt=\int_0^\infty e^{-(s+a)t}\,dt=\left[-\frac{1}{s+a}e^{-(s+a)t}\right]_0^\infty=\frac{1}{s+a}$$

예제 3-5 **사인함수**

[그림 3-5]와 같이 주어진 삼각함수 $f(t)=\sin at$의 라플라스 변환을 구하라. 여기서 a는 양의 상수이다.

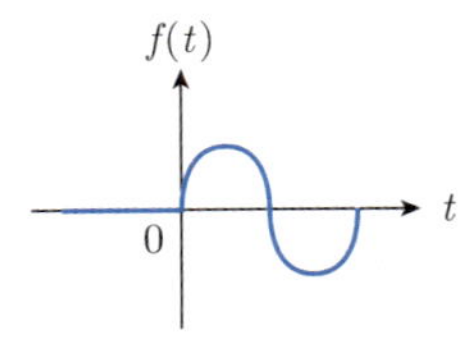

[그림 3-5] 사인함수

풀이

라플라스 변환의 정의를 이용하면 다음과 같다.

$$\mathcal{L}[\sin at]=\int_0^\infty e^{-st}(\sin at)\,dt$$

부분적분을 이용해 위 식을 전개하면 다음과 같다.

$$\begin{aligned}\mathcal{L}[\sin at]&=\int_0^\infty e^{-st}(\sin at)\,dt\\&=\left[\frac{-e^{-st}\sin at}{s}\right]_0^\infty+\frac{a}{s}\int_0^\infty e^{-st}\cos at\,dt=\frac{a}{s}\int_0^\infty e^{-st}\cos at\,dt\end{aligned}$$

이제 $\int_0^\infty e^{-st}\cos at\,dt$를 구하기 위해 부분적분을 다시 한 번 적용하면 다음과 같다.

$$\begin{aligned}\mathcal{L}[\sin at]&=\frac{a}{s}\left[\left[\frac{-e^{-st}\cos at}{s}\right]_0^\infty-\frac{a}{s}\int_0^\infty e^{-st}\sin at\,dt\right]\\&=\frac{a}{s}\left[\frac{1}{s}-\frac{a}{s}\int_0^\infty e^{-st}\sin at\,dt\right]=\frac{a}{s^2}-\frac{a^2}{s^2}\mathcal{L}[\sin at]\end{aligned}$$

위 식을 $\mathcal{L}[\sin at]$에 대해 풀면 다음 결과를 얻는다.

$$\mathcal{L}[\sin at]=\frac{a}{s^2+a^2}$$

예제 3-6 코사인함수

[그림 3-6]과 같이 주어진 삼각함수 $f(t)=\cos at$의 라플라스 변환을 구하라. 여기서 a는 양의 상수이다.

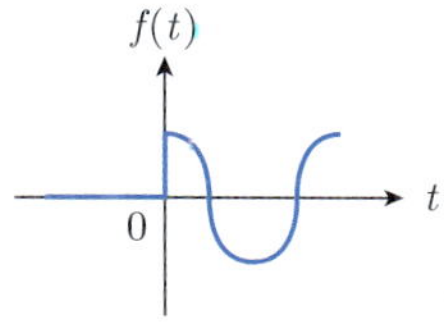

[그림 3-6] 코사인함수

풀이

라플라스 변환의 정의를 이용하면 다음과 같다.

$$\mathcal{L}[\cos at]=\int_0^{\infty} e^{-st}(\cos at)\,dt$$

이 적분도 [예제 3-5]와 유사한 방법으로 구할 수 있으며, 결과는 다음과 같다.

$$\mathcal{L}[\cos at]=\frac{s}{s^2+a^2}$$

[예제 3-7]과 [예제 3-8]에서 펄스함수와 임펄스함수의 라플라스 변환을 구해보자. 펄스함수는 [그림 3-7]에서 보는 바와 같이 일정한 크기의 입력을 일정 시간 동안만 유지시키는 상태를 말한다. 임펄스함수는 펄스함수의 특별한 형태로서, [그림 3-8]과 같이 입력을 유지시키는 시간이 매우 짧은 상태를 말한다. 이러한 의미에서 임펄스함수는 충격함수이며, **델타함수**delta function $\delta(t)$라고도 한다.

예제 3-7 펄스함수

[그림 3-7]과 같이 주어진 펄스함수의 라플라스 변환을 구하라.

$$f(t)=\begin{cases}\dfrac{1}{t_0} & (0\le t<t_0)\\ 0 & (t\ge t_0)\end{cases}$$

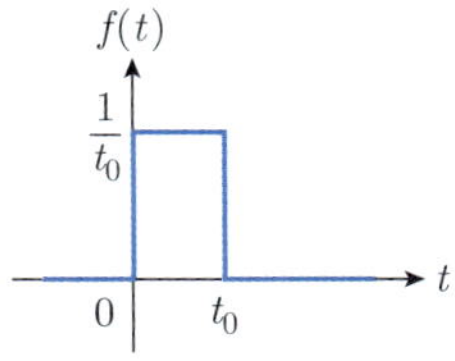

[그림 3-7] 펄스함수

풀이

라플라스 변환의 정의를 이용해 전개하면 다음과 같다.

$$\begin{aligned}\mathcal{L}[f(t)] &= \int_0^{\infty} e^{-st}f(t)\,dt=\int_0^{t_0} e^{-st}\left(\frac{1}{t_0}\right)dt+\int_{t_0}^{\infty} e^{-st}(0)\,dt\\ &=\left[\frac{1}{-t_0 s}e^{-st}\right]_0^{t_0}=\frac{1-e^{-t_0 s}}{t_0 s}\end{aligned}$$

예제 3-8 **임펄스함수**

[그림 3-8]과 같이 주어진 **단위 임펄스함수**unit impulse function(또는 델타함수 $\delta(t)$)의 라플라스 변환을 구하라.

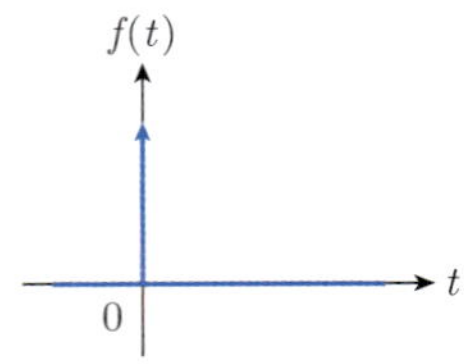

[그림 3-8] **임펄스함수**

풀이

임펄수함수는 펄스함수에서 입력을 가하는 시간이 매우 짧은 경우이므로, [예제 3-7]의 결과에 대해 $t_0 \to 0$으로 극한을 취하여 구하면 되고, 그 결과는 다음과 같다.

$$\mathcal{L}\left[f(t)\right] = \int_0^\infty e^{-st} f(t)\,dt = \lim_{t_0 \to 0} \frac{1-e^{-t_0 s}}{t_0 s}$$

극한을 계산하기 위해 로피탈 정리를 이용하면 다음 결과를 얻는다.

$$\mathcal{L}\left[f(t)\right] = \lim_{t_0 \to 0} \frac{1-e^{-t_0 s}}{t_0 s} = \lim_{t_0 \to 0} \frac{se^{-t_0 s}}{s} = 1$$

지금까지 미분방정식의 입력함수로 자주 이용되는 함수들의 라플라스 변환을 구하는 방법을 설명했다. 앞의 예제들을 참고해 라플라스 변환의 정의와 라플라스 연산자의 선형성을 이용하면 이 밖에도 다양한 함수의 라플라스 변환을 구할 수 있다. 이와 관련한 예제를 풀어보자.

예제 3-9 **함수의 라플라스 변환 구하기 ①**

함수 $f(t) = 2t^2 - t + 1$의 라플라스 변환을 구하라.

풀이

[예제 3-1]에 의하면 $\mathcal{L}\left[1\right] = \frac{1}{s}$이고, [예제 3-2]에 의하면 $\mathcal{L}\left[t\right] = \frac{1}{s^2}$이며, [예제 3-3]에 의하면 $\mathcal{L}\left[t^2\right] = \frac{2}{s^3}$이다. 따라서 라플라스 연산자의 선형성을 이용하면 다음 결과를 얻는다.

$$\mathcal{L}\left[2t^2 - t + 1\right] = \frac{4}{s^3} - \frac{1}{s^2} + \frac{1}{s}$$

예제 3-10 함수의 라플라스 변환 구하기 ②

함수 $f(t)=\sin\left(t+\frac{\pi}{6}\right)$의 라플라스 변환을 구하라.

풀이

[예제 3-5]에 의하면 $\mathcal{L}[\sin t]=\frac{1}{s^2+1}$이고, [예제 3-6]에 의하면 $\mathcal{L}[\cos t]=\frac{s}{s^2+1}$이므로 삼각함수의 합의 공식과 라플라스 연산자의 선형성을 이용하면 다음 결과를 얻는다.

$$\mathcal{L}\left[\sin\left(t+\frac{\pi}{6}\right)\right]=\mathcal{L}\left[\sin t\cos\frac{\pi}{6}+\cos t\sin\frac{\pi}{6}\right]=\mathcal{L}\left[\frac{\sqrt{3}}{2}\sin t+\frac{1}{2}\cos t\right]$$
$$=\frac{\sqrt{3}}{2}\frac{1}{s^2+1}+\frac{1}{2}\frac{s}{s^2+1}=\frac{s+\sqrt{3}}{2(s^2+1)}$$

예제 3-11 함수의 라플라스 변환 구하기 ③

다음 함수의 라플라스 변환을 구하라.

$$f(t)=\begin{cases}0, & 0\le t<1\\ e^{-2t}, & t\ge 1\end{cases}$$

풀이

라플라스 변환의 정의를 이용해 함수 $f(t)$의 라플라스 변환을 구하면 결과는 다음과 같다.

$$\mathcal{L}\{f(t)\}=\int_0^\infty f(t)e^{-st}dt=\int_0^1(0)e^{-st}dt+\int_1^\infty e^{-2t}e^{-st}dt=\int_1^\infty e^{-(s+2)t}dt$$
$$=\left[\frac{1}{-(s+2)}e^{-(s+2)t}\right]_1^\infty=\frac{1}{s+2}e^{-(s+2)}$$

주기함수의 라플라스 변환

[그림 3-9]와 같이 일정한 주기마다 함숫값이 반복되는 함수를 **주기함수** periodic function 라고 한다. 즉 임의의 함수 $f(t)$가 주기 $T>0$을 갖는 주기함수이면 $f(t)=f(t+T)$를 만족한다. 따라서 주기함수의 라플라스 변환은 첫 번째 주기에 대해서만 적분하면 구할 수 있다.

정리 3-2 주기함수의 라플라스 변환

함수 $f(t)$가 구간 $[0, T]$에서 연속이고 주기가 T인 주기함수이면 이 함수의 라플라스 변환은 다음과 같다.

$$\mathcal{L}[f(t)] = \frac{1}{1-e^{-sT}}\int_0^T e^{-st}f(t)\,dt$$

증명

라플라스 변환의 정의에 의해 다음이 성립한다.

$$\mathcal{L}[f(t)] = \int_0^\infty e^{-st}f(t)\,dt = \int_0^T e^{-st}f(t)\,dt + \int_T^\infty e^{-st}f(t)\,dt$$

우변의 두 번째 항을 $t = u + T$로 치환하여 치환적분을 적용하자. 그러면 $dt = du$이고, $t = T$이면 $u = 0$, $t = \infty$이면 $u = \infty$이므로 이러한 관계를 우변의 두 번째 항에 대입하고 정리하면 다음을 얻는다.

$$\int_T^\infty e^{-st}f(t)\,dt = \int_0^\infty e^{-s(u+T)}f(u+T)\,du \quad \cdots\ f\text{가 주기함수이므로, } f(u+T) = f(u)$$

$$= e^{-sT}\int_0^\infty e^{-su}f(u)\,du = e^{-sT}\mathcal{L}[f(t)]$$

따라서 위 결과를 원래의 식에 대입하고 $\mathcal{L}[f(t)]$에 대해 풀면 다음 결과를 얻을 수 있다.

$$\mathcal{L}[f(t)] = \int_0^T e^{-st}f(t)\,dt + e^{-sT}\mathcal{L}[f(t)]$$

그러므로 $\mathcal{L}[f(t)] = \dfrac{1}{1-e^{-sT}}\displaystyle\int_0^T e^{-st}f(t)\,dt$이다. ■

예제 3-12 주기함수의 라플라스 변환

[그림 3-9]와 같은 주기함수의 라플라스 변환을 구하라.

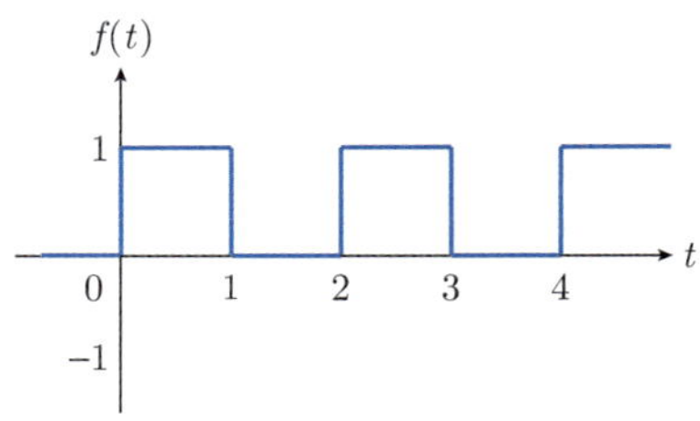

[그림 3-9] 주기함수

풀이

[그림 3-9]에 주어진 함수 $f(t)$는 주기가 $T = 2$인 함수이다. 그리고 $0 \le t < 1$에서는 $f(t) = 1$, $1 \le t \le 2$에서는 $f(t) = 0$이므로, [정리 3-2]를 이용해 함수 $f(t)$의 라플라스 변환을 구하면 다음과 같다.

$$
\begin{aligned}
\mathcal{L}[f(t)] &= \frac{1}{1-e^{-sT}}\int_0^T e^{-st}f(t)\,dt \\
&= \frac{1}{1-e^{-2s}}\left[\int_0^1 e^{-st}(1)\,dt + \int_1^2 e^{-st}(0)\,dt\right] \\
&= \frac{1}{1-e^{-2s}}\left[\frac{e^{-st}}{-s}\right]_0^1 = \frac{1}{1-e^{-2s}}\left(\frac{1-e^{-s}}{s}\right) \\
&= \frac{1}{s(1+e^{-s})}
\end{aligned}
$$

도함수의 라플라스 변환

앞서 언급했듯이, 라플라스 변환의 주요 목적 중 하나는 미분방정식을 푸는 것이다. 이를 위해서는 우선 함수의 도함수에 대한 라플라스 변환을 구할 수 있어야 한다. 먼저 **1계도함수**first order derivative와 **2계도함수**second order derivative의 라플라스 변환을 알아보자.

■ 1계도함수

정리 3-3 1계도함수의 라플라스 변환

초깃값이 $f(0)$인 함수 f의 1계도함수에 대한 라플라스 변환은 다음과 같다.

$$\mathcal{L}\left[\frac{df}{dt}\right] = sF(s) - f(0)$$

증명

라플라스 변환의 정의에 의해 함수 f의 1계도함수 $\dfrac{df}{dt}$의 라플라스 변환은 다음과 같다.

$$\mathcal{L}\left[\frac{df}{dt}\right] = \int_0^\infty e^{-st}\left(\frac{df}{dt}\right)dt$$

따라서 부분적분을 이용해 주어진 적분을 구하면 다음과 같다.

$$
\begin{aligned}
\int_0^\infty e^{-st}\left(\frac{df}{dt}\right)dt &= e^{-st}f(t)\Big]_0^\infty + s\int_0^\infty e^{-st}f(t)\,dt \\
&= sF(s) - f(0)
\end{aligned}
$$

■

■ 2계도함수

정리 3-4 2계도함수의 라플라스 변환

초깃값이 $f(0)$과 $f'(0)$인 함수 f의 2계도함수에 대한 라플라스 변환은 다음과 같다.

$$\mathcal{L}\left[\frac{d^2f}{dt^2}\right] = s^2F(s) - sf(0) - f'(0)$$

증명

라플라스 변환의 정의에 의해 함수 f의 2계도함수 $\dfrac{d^2f}{dt^2}$의 라플라스 변환은 다음과 같다.

$$\mathcal{L}\left[\frac{d^2f}{dt^2}\right] = \int_0^\infty e^{-st}\left(\frac{d^2f}{dt^2}\right)dt$$

[정리 3-3]을 증명할 때와 유사하게 부분적분을 두 번 반복하여 적용하면 다음과 같이 증명할 수 있다.

$$\begin{aligned}\int_0^\infty e^{-st}\left(\frac{d^2f}{dt^2}\right)dt &= e^{-st}\frac{df}{dt}\Big]_0^\infty + s\int_0^\infty e^{-st}\left(\frac{df}{dt}\right)dt \\ &= -f'(0) + s[sF(s) - f(0)] \\ &= s^2F(s) - sf(0) - f'(0)\end{aligned}$$

■

마지막으로 자연수 n에 대해 일반적인 **n계도함수**$^{n\text{th order derivative}}$의 라플라스 변환을 알아보자.

■ n계도함수

정리 3-5 n계 도함수의 라플라스 변환

초깃값이 $f(0)$, $f'(0)$, $\cdots$, $f^{(n-1)}(0)$인 함수 f의 n계도함수에 대한 라플라스 변환은 다음과 같다.

$$\mathcal{L}\left[\frac{d^nf}{dt^n}\right] = s^nF(s) - s^{n-1}f(0) - s^{n-2}f'(0) - \cdots - f^{(n-1)}(0)$$

라플라스 변환의 정의에 의해 함수 f의 n계도함수 $\dfrac{d^nf}{dt^n}$의 라플라스 변환은 다음과 같다.

$$\mathcal{L}\left[\frac{d^nf}{dt^n}\right] = \int_0^\infty e^{-st}\left(\frac{d^nf}{dt^n}\right)dt$$

[정리 3-3]과 [정리 3-4]를 증명할 때와 유사한 방법으로 쉽게 증명할 수 있으므로 이 정리에 대한 증명은 생략한다.

SECTION

3.3 라플라스 변환의 이동정리

함수 $f(t)$의 라플라스 변환을 알고 있을 때, 함수 $f(t)$를 포함하는 형태인 어떤 함수의 경우 라플라스 변환을 쉽게 구할 수 있다. 그 방법이 바로 다음과 같은 이동정리이다. 이 절에서는 두 종류의 **이동정리** translation theorem에 대해 살펴볼 것이다.

정리 3-6 제1 이동정리 first translation theorem

함수 $f(t)$의 라플라스 변환이 $\mathcal{L}[f(t)] = F(s)$이고, a가 임의의 실수이면 다음이 성립한다.

$$\mathcal{L}\left[e^{at}f(t)\right] = F(s-a)$$

증명

라플라스 변환의 정의에 의해 $e^{at}f(t)$의 라플라스 변환은 다음과 같다

$$\begin{aligned}\mathcal{L}\left[e^{at}f(t)\right] &= \int_0^\infty e^{-st}\left(e^{at}f(t)\right)dt \\ &= \int_0^\infty e^{-(s-a)t}f(t)\,dt = F(s-a)\end{aligned}$$ ■

다시 말해 함수 $f(t)$의 라플라스 변환이 $F(s)$일 때, $f(t)$에 지수함수 e^{at}을 곱하면 그 함수의 라플라스 변환은 $f(t)$의 라플라스 변환 $F(s)$를 a만큼 평행이동한 함수 $F(s-a)$라고 생각하면 된다.

$$\mathcal{L}[f(t)] = F(s) \quad \Rightarrow \quad \mathcal{L}\left[e^{\boxed{a}t}f(t)\right] = F(s-\boxed{a})$$

[그림 3-10] 제1 이동정리

예제 3-13 **제1 이동정리**

다음 함수의 라플라스 변환을 구하라.

(a) $f(t) = e^{-t}u(t)$ (b) $f(t) = e^{-t}\cos 2t$

풀이

(a) $\mathcal{L}[u(t)] = \dfrac{1}{s}$ 이므로, 제1이동정리에 의해 주어진 함수의 라플라스 변환은 다음과 같다.

$$\mathcal{L}[e^{-t}u(t)] = \frac{1}{s+1}$$

(b) $\mathcal{L}[\cos 2t] = \dfrac{s}{s^2+2^2}$ 이므로, 제1이동정리에 의해 주어진 함수의 라플라스 변환은 다음과 같다.

$$\mathcal{L}[e^{-t}\cos 2t] = \frac{s+1}{(s+1)^2+2^2}$$

정리 3-7 **제2 이동정리** second translation theorem

함수 $f(t)$의 라플라스 변환이 $\mathcal{L}[f(t)] = F(s)$이고 $a > 0$이면 다음이 성립한다. 여기서 $u(t)$는 단위계단함수이다.

$$\mathcal{L}[f(t-a)u(t-a)] = e^{-as}F(s)$$

증명

라플라스 변환의 정의에 의해 $f(t-a)u(t-a)$의 라플라스 변환은 다음과 같다.

$$\begin{aligned}\mathcal{L}[f(t-a)u(t-a)] &= \int_0^\infty e^{-st}f(t-a)u(t-a)\,dt \\ &= \int_0^a e^{-st}f(t-a)(0)\,dt + \int_a^\infty e^{-st}f(t-a)(1)\,dt \\ &= \int_a^\infty e^{-st}f(t-a)\,dt\end{aligned}$$

치환적분을 이용해 위 적분을 계산할 수 있다. $v = t-a$라 하면 $t = v+a$, $dv = dt$이다. 그리고 $t = a$이면 $v = 0$, $t = \infty$이면 $v = \infty$이다. 따라서 이 관계를 위 식에 대입하면 다음과 같이 이 정리를 증명할 수 있다.

$$
\begin{aligned}
\mathcal{L}\left[f(t-a)u(t-a)\right] &= \int_a^\infty e^{-st} f(t-a)\,dt \\
&= \int_0^\infty e^{-s(v+a)} f(v)\,dv \\
&= e^{-as}\int_0^\infty e^{-sv} f(v)\,dv \\
&= e^{-as}F(s)
\end{aligned}
$$

■

제2이동정리는 함수 $f(t)$를 a만큼 평행이동한 함수에 $u(t-a)$를 곱한 후 라플라스 변환하면 그 결과가 $F(s)$에 지수함수 e^{-as}을 곱한 형태임을 보여준다.

예제 3-14 제2 이동정리

다음 함수의 라플라스 변환을 구하라.

(a) $f(t) = tu(t-1)$

(b) $f(t) = e^{t-1}u(t-1)$

풀이

(a) 주어진 함수의 라플라스 변환식을 정리하면 다음과 같다.

$$
\begin{aligned}
\mathcal{L}\left[tu(t-1)\right] &= \mathcal{L}\left[(t-1+1)u(t-1)\right] \\
&= \mathcal{L}\left[(t-1)u(t-1)\right] + \mathcal{L}\left[u(t-1)\right]
\end{aligned}
$$

$\mathcal{L}[t] = \dfrac{1}{s^2}$, $\mathcal{L}[u(t)] = \dfrac{1}{s}$ 이므로, 제2이동정리에 의해 주어진 함수의 라플라스 변환은 다음과 같다.

$$
\mathcal{L}\left[tu(t-1)\right] = \mathcal{L}\left[(t-1)u(t-1)\right] + \mathcal{L}\left[u(t-1)\right] = \frac{e^{-s}}{s^2} + \frac{e^{-s}}{s}
$$

(b) $\mathcal{L}\left[e^t\right] = \dfrac{1}{s-1}$ 이므로, 제2이동정리에 의해 주어진 함수의 라플라스 변환은 다음과 같다.

$$
\mathcal{L}\left[e^{t-1}u(t-1)\right] = \frac{e^{-s}}{s-1}
$$

SECTION 3.4 라플라스 변환의 부가적인 특성

라플라스 변환의 도함수

함수 $f(t)$에 t를 곱한 함수의 라플라스 변환은 함수 $f(t)$의 라플라스 변환함수 $F(s)$를 s에 대해 미분함으로써 얻을 수 있다. 이 과정을 자세히 살펴보자. 먼저 라플라스 변환의 정의로부터 $F(s)=\int_0^{\infty} e^{-st}f(t)\,dt$이므로 다음이 성립한다.

$$\begin{aligned}\frac{d}{ds}F(s) &= \frac{d}{ds}\int_0^{\infty} e^{-st}f(t)\,dt = \int_0^{\infty}\frac{d}{ds}e^{-st}f(t)\,dt \\ &= -\int_0^{\infty} e^{-st}[tf(t)]\,dt = -\mathcal{L}[tf(t)]\end{aligned}$$

따라서 다음과 같은 관계식을 얻는다.

$$\mathcal{L}[tf(t)] = -\frac{d}{ds}F(s) \tag{3.3}$$

이와 마찬가지로 $f(t)$에 t^2을 곱한 함수의 라플라스 변환을 구하면 다음과 같다.

$$\begin{aligned}\mathcal{L}\left[t^2 f(t)\right] &= \mathcal{L}[t\{tf(t)\}] = -\frac{d}{ds}\mathcal{L}[tf(t)] \\ &= -\frac{d}{ds}\left(-\frac{d}{ds}\mathcal{L}[f(t)]\right) = \frac{d^2}{ds^2}\mathcal{L}[f(t)]\end{aligned}$$

따라서 다음과 같은 관계식을 얻는다.

$$\mathcal{L}\left[t^2 f(t)\right] = (-1)^2\frac{d^2}{ds^2}F(s) \tag{3.4}$$

이러한 방법으로 계속 진행하면 [정리 3-8]과 같이 일반화할 수 있다.

정리 3-8 라플라스 변환의 도함수

함수 $f(t)$의 라플라스 변환이 $\mathcal{L}[f(t)] = F(s)$이고, n이 양의 정수이면 다음이 성립한다.

$$\mathcal{L}\left[t^n f(t)\right] = (-1)^n \frac{d^n}{ds^n} F(s)$$

예제 3-15 라플라스 변환의 도함수

다음 함수의 라플라스 변환을 구하라.

(a) $f(t) = t\cos t$ (b) $f(t) = t^2 e^t$

풀이

(a) $\mathcal{L}(t\cos t) = -\dfrac{d}{ds}\mathcal{L}(\cos t) = -\dfrac{d}{ds}\left(\dfrac{s}{s^2+1}\right) = \dfrac{s^2-1}{(s^2+1)^2}$

(b) $\mathcal{L}(t^2 e^t) = (-1)^2 \dfrac{d^2}{ds^2}\mathcal{L}(e^t) = \dfrac{d^2}{ds^2}\left(\dfrac{1}{s-1}\right) = \dfrac{2}{(s-1)^3}$

이 문제는 제1이동정리를 이용해 계산해도 동일한 결과가 나온다.

합성곱

두 함수 $f(t)$와 $g(t)$의 합성곱은 다음과 같이 정의된다.

정의 3-2 합성곱

함수 $f(t)$와 $g(t)$가 정의된 구간에서 연속함수이면, 두 함수 $f(t)$와 $g(t)$의 **합성곱** convolution $h(t)$를 $f * g$로 표기하며, 다음과 같이 정의한다.

$$h(t) = f(t) * g(t) = \int_0^t f(\tau) g(t-\tau)\, d\tau$$

두 함수의 합성곱은 교환법칙, 즉 $f(t) * g(t) = g(t) * f(t)$를 만족한다. 만약 주어진 두 함수의 라플라스 변환을 알면, 두 함수의 합성곱의 라플라스 변환을 바로 구할 수 있다. [정리 3-9]를 통해 확인해보자.

정리 3-9 합성곱의 라플라스 변환

함수 $f(t)$와 함수 $g(t)$의 라플라스 변환이 각각 $F(s)$와 $G(s)$이면, 두 함수의 합성곱에 대한 라플라스 변환은 다음과 같다.

$$\mathcal{L}[f(t) * g(t)] = \mathcal{L}[f(t)]\,\mathcal{L}[g(t)] = F(s)G(s)$$

합성곱의 라플라스 변환에 관한 증명은 다소 어렵기 때문에 여기서는 생략하고, 그 결과만을 이용해 다음 예제를 풀어보자.

예제 3-16 합성곱

합성곱 $v(t) = t * \sin t$의 라플라스 변환을 구하라.

풀이

$f(t) = t$, $g(t) = \sin t$라 하자. 그러면 $\mathcal{L}[f(t)] = \mathcal{L}[t] = \dfrac{1}{s^2}$, $\mathcal{L}[g(t)] = \mathcal{L}[\sin t] = \dfrac{1}{s^2+1}$ 이므로, [정리 3-9]에 의해 다음을 얻는다.

$$\mathcal{L}[v(t)] = \mathcal{L}(t * \sin t) = \mathcal{L}(t)\,\mathcal{L}(\sin t) = \frac{1}{s^2}\frac{1}{s^2+1} = \frac{1}{s^2(s^2+1)}$$

적분의 라플라스 변환

[정리 3-3]을 이용하면 함수의 적분에 관한 라플라스 변환을 쉽게 얻을 수 있다.

정리 3-10 적분의 라플라스 변환

함수 $f(t)$의 라플라스 변환이 $F(s)$이면 $f(t)$의 적분에 관한 라플라스 변환은 다음과 같다.

$$\mathcal{L}\left[\int_0^t f(\tau)\,d\tau\right] = \frac{F(s)}{s}$$

증명

$g(t)=\int_0^t f(\tau)\,d\tau$라 가정하면 $g'(t)=f(t)$이고, $g(0)=0$이다. [정리 3-3]의 1계도함수의 라플라스 변환 공식에 의하면 다음이 성립한다.

$$\mathcal{L}[g'(t)] = s\mathcal{L}[g(t)]-g(0) = s\mathcal{L}[g(t)]$$

따라서 다음이 성립한다.

$$\mathcal{L}[g(t)] = \frac{\mathcal{L}[g'(t)]}{s}$$

그러므로 함수 $f(t)$의 적분에 관한 라플라스 변환은 다음과 같다.

$$\mathcal{L}\left[\int_0^t f(\tau)d\tau\right] = \mathcal{L}[g(t)] = \frac{\mathcal{L}[g'(t)]}{s} = \frac{\mathcal{L}[f(t)]}{s} = \frac{F(s)}{s}$$ ■

예제 3-17 적분의 라플라스 변환

[정리 3-10]을 이용해 다음 함수의 라플라스 변환을 구하라.

$$g(t) = \int_0^t \cos\tau d\tau$$

풀이

$f(\tau)=\cos\tau$라 하면 $f(\tau)$의 라플라스 변환은 다음과 같다.

$$F(s) = \mathcal{L}[f(\tau)] = \mathcal{L}[\cos\tau] = \frac{s}{s^2+1}$$

따라서 [정리 3-10]에 의해 함수 $g(t)$의 라플라스 변환은 다음과 같다.

$$\mathcal{L}[g(t)] = \frac{F(s)}{s} = \frac{1}{s^2+1}$$

[정리 3-10]의 적분의 라플라스 변환은 [정리 3-3]의 도함수의 라플라스 변환과 함께 동적 시스템의 전달함수를 구할 때 매우 유용하게 사용되므로 반드시 기억해드길 바란다. 이와 관련한 공학문제는 3.7절에서 자세히 알아보자.

SECTION 3.5 라플라스 역변환

앞서 설명한 바와 같이 시간영역의 함수 $f(t)$에 라플라스 변환을 취하면 복소영역의 함수 $F(s)$로 변환된다. 역으로 복소영역의 함수 $F(s)$에 라플라스 역변환을 취하면 원래 시간영역의 함수 $f(t)$가 나오며, 이를 다음과 같이 라플라스 역변환이라 정의한다.

정의 3-3 라플라스 역변환

시간영역의 함수 $f(t)$의 라플라스 변환이 $F(s)$일 때, $F(s)$의 **라플라스 역변환**inverse Laplace transform은 $f(t)$이고 다음과 같이 표기한다.

$$\mathcal{L}^{-1}[F(s)] = f(t)$$

라플라스 역변환의 정의를 통해 시간영역의 함수 $f(t)$에 대한 라플라스 변환 $F(s)$를 구할 수 있으면 $F(s)$의 역변환도 쉽게 구할 수 있음을 알 수 있다. 예를 들어 단위계단함수 $f(t) = u(t)$의 라플라스 변환이 $F(s) = \dfrac{1}{s}$이므로, $F(s)$의 라플라스 역변환은 $\mathcal{L}^{-1}[F(s)] = \mathcal{L}^{-1}\left[\dfrac{1}{s}\right] = f(t) = u(t)$이다. [부록 A.4]의 라플라스 변환표를 이용하면 라플라스 변환뿐만 아니라 라플라스 역변환도 동시에 알 수 있다.

라플라스 변환에서 사용한 기호 $\mathcal{L}$는 선형 연산자이고, 라플라스 역변환에 사용되는 기호 $\mathcal{L}^{-1}$도 선형 연산자이다. 즉 $F(s)$와 $G(s)$가 각각 $f(t)$와 $g(t)$의 라플라스 변환 함수이고, α와 β가 임의의 상수일 때 다음 관계가 성립한다.

$$\mathcal{L}^{-1}[\alpha F(s) + \beta G(s)] = \alpha\mathcal{L}^{-1}[F(s)] + \beta\mathcal{L}^{-1}[G(s)] \tag{3.5}$$

라플라스 역변환의 정의와 연산자 $\mathcal{L}^{-1}$가 선형 연산자라는 사실을 이용해 함수의 라플라스 역변환을 구할 수 있다. 그러나 대부분의 함수들은 라플라스 변환표에 나타난 형태로 주어지지 않는다. 이러한 경우에는 역변환하고자 하는 주어진 함수를 라플라스 변환표에 있는 형태로 바꾼 후 역변환을 구하면 된다.

예제 3-18 **라플라스 역변환**

주어진 라플라스 변환 함수 $F(s)$의 라플라스 역변환을 구하라.

$$F(s)=\frac{s-1}{s^2+s}$$

풀이

주어진 함수의 라플라스 역변환은 라플라스 변환표로부터 직접 구할 수 없으므로, 먼저 다음과 같이 형태를 바꿔야 한다.

$$F(s)=\frac{s-1}{s(s+1)}=\frac{a}{s}+\frac{b}{s+1}$$

위 식을 만족하는 상수 a, b를 구하기 위해 위 식의 우변을 다시 통분하여 분자의 계수를 비교한다.

$$\frac{s-1}{s(s+1)}=\frac{a(s+1)+bs}{s(s+1)}=\frac{(a+b)s+a}{s(s+1)}$$

계수를 비교하면 $a+b=1$, $a=-1$이므로 $b=2$이고, 따라서 $F(s)$는 다음과 같다.

$$F(s)=\frac{-1}{s}+\frac{2}{s+1}$$

이제 라플라스 변환표를 이용해 다음과 같이 $F(s)$의 라플라스 역변환을 구할 수 있다.

$$f(t)=\mathcal{L}^{-1}[F(s)]=-\mathcal{L}^{-1}\left[\frac{1}{s}\right]+2\mathcal{L}^{-1}\left[\frac{1}{s+1}\right]=-u(t)+2e^{-t}$$

그러나 실제 공학문제는 [예제 3-18]과 같이 간단한 형태로만 주어지지 않는다. 따라서 좀 더 복잡한 함수의 라플라스 역변환을 구하기 위해 **부분분수 전개법** partial fraction expansion을 자주 사용한다. 부분분수 전개법은 [예제 3-18]에서와 같이 분수함수 $\frac{s-1}{s(s+1)}$을 $\frac{-1}{s}+\frac{2}{s+1}$와 같이 분모가 쪼개진 형태로 나타내는 것을 말한다. 이렇게 나타내면 주어진 함수의 라플라스 역변환을 쉽게 구할 수 있다.

이제 부분분수 전개법이 무엇인지 자세히 알아보자. 함수 $f(t)$의 라플라스 변환이 $F(s)=\frac{A(s)}{B(s)}$와 같이 유리함수로 주어진다고 가정하자. 여기서 $A(s)$와 $B(s)$는 s에 관한 다항식이고, $A(s)$는 차수가 m, $B(s)$는 차수가 n이며 $n \geq m$이다. 그러면 $F(s)$를 다음과 같이 표현할 수 있다.

$$F(s)=\frac{A(s)}{B(s)}=\frac{K(s-a_1)(s-a_2)\cdots(s-a_k)\cdots(s-a_m)}{(s-b_1)(s-b_2)\cdots(s-b_k)\cdots(s-b_n)} \tag{3.6}$$

이때 K, a_i, b_j는 모두 상수이다. 그런데 $n \geq m$이므로 식 (3.6)은 다음과 같이 나타낼 수 있다.

$$F(s) = K + \frac{R_1}{s-b_1} + \frac{R_2}{s-b_2} + \cdots + \frac{R_k}{s-b_k} + \cdots + \frac{R_n}{s-b_n} \tag{3.7}$$

여기서 K는 $n > m$이면 0이고, $n = m$이면 $A(s)$를 $B(s)$로 나누었을 때의 몫이다. 그리고 R_k는 앞으로 결정해야 할 상수들이다. K와 R_k값들이 결정되면 식 (3.7)을 라플라스 역변환하여 함수 $f(t)$를 구할 수 있다.

$$\begin{aligned} f(t) &= \mathcal{L}^{-1}[F(s)] \\ &= \mathcal{L}^{-1}\left[K + \frac{R_1}{s-b_1} + \frac{R_2}{s-b_2} + \cdots + \frac{R_k}{s-b_k} + \cdots + \frac{R_n}{s-b_n}\right] \\ &= K\delta(t) + R_1 e^{b_1 t} + R_2 e^{b_2 t} + \cdots + R_k e^{b_k t} + \cdots + R_n e^{b_n t} \end{aligned} \tag{3.8}$$

이제 R_k값들을 구해보자. $n = m$인 경우에는 K값을 쉽게 구할 수 있으므로, 여기서는 $n > m$인 경우($k = 0$)에 대해서만 살펴보기로 하자. $B(s)$의 인자 $(s - b_k)$의 형태에 따라 다음과 같이 두 가지 유형으로 구분하여 R_k를 구할 수 있다.

- **유형 ❶ : b_k값이 모두 서로 다른 경우**

식 (3.7)로부터 다음과 같은 식 (3.9)를 얻는다.

$$F(s) = \frac{A(s)}{B(s)} = \frac{R_1}{s-b_1} + \frac{R_2}{s-b_2} + \cdots + \frac{R_k}{s-b_k} + \cdots + \frac{R_n}{s-b_n} \tag{3.9}$$

이제 R_k를 구하는 방법을 살펴보자. 물론 분모를 다시 통분하여 양변의 분자의 계수를 비교하여 R_k를 구할 수도 있다. 그러나 이 방법은 계산이 복잡하므로 좀 더 간편한 방법을 살펴보자. 식 (3.9)의 양변에 R_k의 분모 $(s - b_k)$를 곱한 뒤, s를 b_k로 보내는 극한을 취하면 다음과 같다.

$$\lim_{s \to b_k}\left[\frac{A(s)}{B(s)}(s-b_k)\right] = \lim_{s \to b_k}\left[\frac{R_1(s-b_k)}{s-b_1} + \cdots + \frac{R_k\cancel{(s-b_k)}}{\cancel{s-b_k}} + \cdots + \frac{R_n(s-b_k)}{s-b_n}\right]$$

이때 우변은 R_k 항을 제외하고 모두 0이 된다. 따라서 위 식은 다음과 같이 간단히 나타낼 수 있다.

$$R_k = \left[\frac{A(s)}{B(s)}(s-b_k)\right]_{s=b_k} \tag{3.10}$$

한편, 식 (3.10)에서 $B(s)$는 인자 $(s-b_k)$를 갖고 있으므로, 분자에 곱해진 $(s-b_k)$와 약분된다. 그러므로 실제 계산할 때는 약분한 뒤에 s 대신 b_k를 대입해도 아므 문제가 없다. 따라서 식 (3.10)을 이용하면 모든 R값을 구할 수 있다. 다음 예제를 통해 직접 구해보자.

예제 3-19 라플라스 역변환 : 유형 ❶

주어진 라플라스 변환 함수 $F(s)$의 라플라스 역변환을 구하라.

$$F(s)=\frac{2s-1}{s^2+3s+2}$$

풀이

주어진 함수 $F(s)$를 정리하면 다음과 같다.

$$F(s)=\frac{2s-1}{s^2+3s+2}=\frac{2s-1}{(s+1)(s+2)}=\frac{R_1}{s+1}+\frac{R_2}{s+2}$$

따라서 식 (3.10)을 이용해 R_1, R_2값을 구하면 다음과 같다.

$$R_1=\left[\frac{2s-1}{(s+1)(s+2)}(s+1)\right]_{s=-1}=-3$$

$$R_2=\left[\frac{2s-1}{(s+1)(s+2)}(s+2)\right]_{s=-2}=5$$

따라서 식 (3.8)에 의해 라플라스 역변환은 다음과 같다.

$$f(t)=\mathcal{L}^{-1}[F(s)]=R_1e^{-t}+R_2e^{-2t}=-3e^{-t}+5e^{-2t}$$

- **유형 ❷ : $(s-b)$의 인자가 p개 있는 경우**

$B(s)$의 n개의 인자들 중 인자 $(s-b)$가 p개 존재하면 서로 다른 인자는 $(n-p)$개 존재하고, 식 (3.6)은 다음과 같이 나타낼 수 있다.

$$\frac{A(s)}{B(s)}=\frac{R_1}{s-b}+\frac{R_2}{(s-b)^2}+\cdots+\frac{R_p}{(s-b)^p}+\frac{R_{p+1}}{s-b_{p+1}}+\cdots+\frac{R_n}{s-b_n} \tag{3.11}$$

식 (3.11)에서 $(n-p)$개의 상수 $R_{p+1}\sim R_n$은 식 (3.10)의 방법으로 구하면 되지만, p개의 상수 $R_1\sim R_p$는 식 (3.10)을 적용할 수 없다. 상수 $R_1\sim R_p$를 구하는 공식을 얻기 위해 식 (3.11)을 식 (3.12)와 같이 나타낸다.

$$\frac{A(s)}{B(s)} = \frac{R_1}{s-b} + \frac{R_2}{(s-b)^2} + \cdots + \frac{R_p}{(s-b)^p} + C(s) \tag{3.12}$$

여기서 $C(s)$는 인자가 서로 다른 $R_{p+1} \sim R_n$에 대한 $(n-p)$개의 항을 하나로 묶은 것이다. 식 (3.12)의 양변에 $(s-b)^p$을 곱한 뒤, s를 b로 보내는 극한을 취하면 다음과 같다.

$$\begin{aligned} &\left[\frac{A(s)}{B(s)}(s-b)^p\right]_{s=b} \\ &= \left[\frac{R_1(s-b)^p}{s-b} + \frac{R_2(s-b)^p}{(s-b)^2} + \cdots + \frac{R_p(s-b)^p}{(s-b)^p} + C(s)(s-b)^p\right]_{s=b} \end{aligned} \tag{3.13}$$

식 (3.13)의 우변은 R_p만 남고 그 밖의 모든 항은 0이 된다. 따라서 R_p는 다음과 같다.

$$R_p = \left[\frac{A(s)}{B(s)}(s-b)^p\right]_{s=b} \tag{3.14}$$

R_{p-1}은 식 (3.12)의 양변에 $(s-b)^p$을 곱하고 양변을 s에 대해 한 번 미분한 뒤, s를 b로 보내는 극한을 취하면 구할 수 있다. 즉 R_{p-1}은 다음과 같다.

$$R_{p-1} = \left[\frac{d}{ds}\left\{\frac{A(s)}{B(s)}(s-b)^p\right\}\right]_{s=b} \tag{3.15}$$

이와 같은 과정을 반복하면 상수 $R_1 \sim R_p$를 모두 구할 수 있고, 다음과 같이 일반적인 식으로 나타낼 수 있다. 여기서 $j = 1, 2, \cdots, p$이다.

$$R_j = \frac{1}{(p-j)!}\left[\frac{d^{p-j}}{ds^{p-j}}\left\{\frac{A(s)}{B(s)}(s-b)^p\right\}\right]_{s=b} \tag{3.16}$$

예제 3-20 라플라스 역변환 : 유형 ❷

주어진 라플라스 변환 함수 $F(s)$의 라플라스 역변환을 구하라.

$$F(s) = \frac{1}{s(s-1)^2}$$

풀이

주어진 함수를 정리하면 다음과 같다.

$$F(s) = \frac{1}{s(s-1)^2} = \frac{R_1}{s-1} + \frac{R_2}{(s-1)^2} + \frac{R_3}{s}$$

R_3는 식 (3.10)을 이용해 구할 수 있지만, R_1과 R_2는 식 (3.16)을 이용해야 한다. 이때 $b=1$, $p=2$이다. 그러므로 상수 R_1, R_2, R_3는 다음과 같이 구할 수 있다.

$$R_1=\left[\frac{d}{ds}\left\{\frac{1}{s(s-1)^2}(s-1)^2\right\}\right]_{s=1}=\left[\frac{d}{ds}\left(\frac{1}{s}\right)\right]_{s=1}=\left[\frac{-1}{s^2}\right]_{s=1}=-1$$

$$R_2=\left[\frac{1}{s(s-1)^2}(s-1)^2\right]_{s=1}=1$$

$$R_3=\left[\frac{1}{s(s-1)^2}s\right]_{s=0}=1$$

따라서 식 (3.8)과 제1이동정리에 의해 라플라스 역변환은 다음과 같다.

$$\begin{aligned}f(t)=\mathcal{L}^{-1}[F(s)]&=R_1e^t+R_2te^t+R_3u(t)\\&=-e^t+te^t+u(t)\end{aligned}$$

앞서 살펴본 두 가지 유형 외에도 $F(s)$의 분모의 인자가 $(s-\alpha-\beta i)$와 $(s-\alpha+\beta i)$ 형태의 식을 포함한 경우도 있다. 그러나 이러한 경우도 역시 유형 ❶이나 유형 ❷에 포함되는 경우이므로, 별도로 설명하지 않았다. [예제 3-21]을 통해 이러한 경우의 예를 확인해보자.

예제 3-21 라플라스 역변환 : 분모가 복소수 인자를 갖는 경우

주어진 라플라스 변환 함수 $F(s)$의 라플라스 역변환을 구하라.

$$F(s)=\frac{s-2}{s^2+1}$$

풀이

주어진 함수를 정리하면 다음과 같다.

$$F(s)=\frac{s-2}{s^2+1}=\frac{s-2}{(s+i)(s-i)}=\frac{R_1}{s+i}+\frac{R_2}{s-i}$$

R_1, R_2는 식 (3.10)을 이용해 다음과 같이 구할 수 있다.

$$R_1=\left[\frac{s-2}{(s+i)(s-i)}(s+i)\right]_{s=-i}=\frac{-i-2}{-2i}$$

$$R_2=\left[\frac{s-2}{(s+i)(s-i)}(s-i)\right]_{s=i}=\frac{i-2}{2i}$$

따라서 식 (3.8)에 의해 라플라스 역변환은 다음과 같다.

$$f(t)=\mathcal{L}^{-1}[F(s)]=\frac{i+2}{2i}e^{-it}+\frac{i-2}{2i}e^{it}$$

$f(t)$가 복소함수이므로 오일러 공식 $e^{ix}=\cos x+i\sin x$를 이용해 실함수로 바꾸는 것이 좋다. 따라서 $f(t)$는 다음과 같이 실함수로 나타낼 수 있다.

$$\begin{aligned}f(t)&=\frac{i+2}{2i}(\cos t-i\sin t)+\frac{i-2}{2i}(\cos t+i\sin t)\\&=\frac{1-2i}{2}(\cos t-i\sin t)+\frac{1+2i}{2}(\cos t+i\sin t)\\&=\left(\frac{1-2i+1+2i}{2}\right)\cos t+\left(\frac{-2-i-2+i}{2}\right)\sin t\\&=\cos t-2\sin t\end{aligned}$$

[예제 3-21]의 경우 부분분수 전개법을 이용하지 않고 라플라스 변환표를 이용해 쉽게 구할 수도 있다. 즉 함수 $F(s)$를 다음과 같이 변형하면 가능하다.

$$F(s)=\frac{s-2}{s^2+1}=\frac{s}{s^2+1}-2\frac{1}{s^2+1}$$

따라서 함수 $F(s)$의 라플라스 역변환은 $f(t)=\cos t-2\sin t$이다.

지금까지 부분분수 전개법을 이용해 라플라스 역변환을 구했는데, 앞서 살펴본 이동정리를 이용해 구하는 방법도 있다. 다음 예제로 확인해보자.

예제 3-22 라플라스 역변환 : 제1 이동정리 이용

주어진 라플라스 변환 함수 $F(s)$의 라플라스 역변환을 구하라.

$$F(s)=\frac{s+1}{s^2-2s+5}$$

풀이

주어진 함수의 라플라스 역변환은 라플라스 변환표로부터 직접 구할 수 없으므로, 먼저 다음과 같이 형태를 바꿔야 한다.

$$F(s)=\frac{s+1}{s^2-2s+5}=\frac{(s-1)+2}{(s-1)^2+2^2}=\frac{s-1}{(s-1)^2+2^2}+\frac{2}{(s-1)^2+2^2}$$

이제 제1이동정리를 적용하면 $F(s)$의 라플라스 역변환은 다음과 같다.

$$\begin{aligned} f(t) &= \mathcal{L}^{-1}[F(s)] = \mathcal{L}^{-1}\left[\frac{s-1}{(s-1)^2+2^2} + \frac{2}{(s-1)^2+2^2}\right] \\ &= \mathcal{L}^{-1}\left[\frac{s-1}{(s-1)^2+2^2}\right] + \mathcal{L}^{-1}\left[\frac{2}{(s-1)^2+2^2}\right] && \cdots \text{ 연산자의 선형성} \\ &= e^t\cos 2t + e^t\sin 2t && \cdots \text{ 제1이동정리, 삼각함수의 라플라스 변환 공식} \end{aligned}$$

예제 3-23 라플라스 역변환 : 제2 이동정리 이용

주어진 라플라스 변환 함수 $F(s)$의 라플라스 역변환을 구하라.

$$F(s) = \frac{se^{-s}}{(s+1)(s-1)}$$

풀이

주어진 함수의 라플라스 역변환은 라플라스 변환표로부터 직접 구할 수 없으므로, 먼저 부분분수 전개법을 이용해 다음과 같이 형태를 바꾼다.

$$F(s) = \frac{s}{(s+1)(s-1)}e^{-s} = \left[\frac{1}{2}\frac{1}{s+1} + \frac{1}{2}\frac{1}{s-1}\right]e^{-s} = \frac{1}{2}\frac{1}{s+1}e^{-s} + \frac{1}{2}\frac{1}{s-1}e^{-s}$$

그러면 함수 $F(s)$의 라플라스 역변환은 제2이동정리를 이용해 다음과 같이 구할 수 있다.

$$f(t) = \mathcal{L}^{-1}[F(s)] = \frac{1}{2}e^{-(t-1)}u(t-1) + \frac{1}{2}e^{t-1}u(t-1) = \frac{1}{2}\left[e^{-(t-1)} + e^{t-1}\right]u(t-1)$$

SECTION 3.6 미분방정식의 해 구하기

1~2장에서 미분방정식의 해를 구하는 방법을 자세히 설명했다. 이 절에서는 앞서 설명한 방법과 전혀 다른 방법인, 라플라스 변환과 라플라스 역변환을 이용해 미분방정식의 해를 구할 것이다. 라플라스 변환과 라플라스 역변환을 이용해 미분방정식을 풀면 다음과 같은 장점이 있다.

❶ 1~2장에서는 초깃값 문제를 풀 때 일반해를 먼저 구하고, 구한 일반해에 초깃값을 대입하여 얻은 방정식 또는 연립방정식을 풀어서 적분상수를 찾아야 했다. 그러나 라플라스 변환에서는 도함수를 라플라스 변환할 때 자동으로 초깃값이 고려되므로 적분상수를 매우 간편하게 구할 수 있다.

❷ 1~2장에서는 비동차 미분방정식의 일반해를 구할 때 보조해와 특수해를 각각 구해야 하는 번거로움이 있었으나, 라플라스 변환법의 경우에는 해를 곧바로 구할 수 있다.

❸ 미분방정식에 라플라스 변환을 취하면 대수방정식으로 바뀌기 때문에 상대적으로 계산이 간단해진다.

따라서 주어진 미분방정식에 나타난 모든 함수가 라플라스 변환이 가능하고 변환된 함수에 대해 라플라스 역변환이 가능하면, 미분방정식을 라플라스 변환법으로 구하는 것이 편리하다.

먼저 라플라스 변환법을 활용하여 선형 상미분방정식을 푸는 과정을 살펴보고, 다음으로 선형 연립 미분방정식을 푸는 과정을 알아보자.

선형 상미분방정식의 해 구하기

[정리 3-5]의 식에서 초깃값이 $f(0)$, $f'(0)$, $\cdots$, $f^{(n-1)}(0)$인 함수 f의 n계도함수의 라플라스 변환은 다음과 같았다.

$$\mathcal{L}\left[\frac{d^n f}{dt^n}\right] = s^n F(s) - s^{n-1} f(0) - s^{n-2} f'(0) - \cdots - f^{(n-1)}(0)$$

이 식을 활용해 다음과 같은 n계 선형 미분방정식의 라플라스 변환을 구해보자.

$$a_n \frac{d^n y}{dt^n} + a_{n-1} \frac{d^{n-1} y}{dt^{n-1}} + \cdots + a_1 \frac{dy}{dt} + a_0 y = g(t)$$

$\mathcal{L}[y(t)] = Y(s)$, $\mathcal{L}[g(t)] = G(s)$라 하면 위 식의 라플라스 변환은 다음과 같다.

$$\begin{aligned} & a_n [s^n Y(s) - s^{n-1} y(0) - s^{n-2} y'(0) - \cdots - s\, y^{(n-2)}(0) - y^{(n-1)}(0)] \\ & \quad + a_{n-1} [s^{n-1} Y(s) - s^{n-2} y(0) - s^{n-3} y'(0) - \cdots - s\, y^{(n-3)}(0) - y^{(n-2)}(0)] \\ & \quad + \cdots + a_1 [s\, Y(s) - y(0)] + a_0 Y(s) = G(s) \end{aligned}$$

이 식을 $Y(s)$에 대해 풀면 다음과 같다.

$$\begin{aligned} Y(s) = & \frac{1}{a_n s^n + a_{n-1} s^{n-1} + \cdots + a_1 s + a_0} \Big[a_n \{ s^{n-1} y(0) + \cdots + y^{(n-1)}(0) \} \\ & + a_{n-1} \{ s^{n-2} y(0) + \cdots + y^{(n-2)}(0) \} + \cdots + a_1 y(0) + G(s) \Big] \end{aligned} \tag{3.17}$$

즉 시간 t에 대한 미분방정식이 s에 대한 대수방정식 $Y(s)$로 변환되었음을 알 수 있다. 이제 주어진 미분방정식의 해를 구하기 위해 식 (3.17)의 역변환만 구하면 된다.

라플라스 변환법을 이용한 선형 미분방정식의 풀이 과정을 확실하게 이해하기 위해 먼저 기본 예제들을 풀어보자.

예제 3-24 동차 선형 미분방정식

주어진 미분방정식의 해를 구하라.

$$y'' - y' - 6y = 0 \quad (y(0) = 1,\ y'(0) = 0)$$

풀이

주어진 미분방정식의 양변에 라플라스 변환을 취하면 다음과 같다.

$$[s^2 Y(s) - s\, y(0) - y'(0)] - [s\, Y(s) - y(0)] - 6\, Y(s) = 0$$

앞의 식에 초깃값들을 대입하면 다음과 같다.

$$[s^2Y(s)-s-0]-[sY(s)-1]-6Y(s)=0$$

따라서 위 식을 $Y(s)$에 대해 풀고, 라플라스 역변환을 구하기 위해 3.5절의 부분분수 전개법(유형 ❶)을 적용하면 다음과 같다.

$$Y(s)=\frac{s-1}{s^2-s-6}=\frac{s-1}{(s+2)(s-3)}=\frac{3}{5}\frac{1}{s+2}+\frac{2}{5}\frac{1}{s-3}$$

위 식에 라플라스 역변환을 취하면 주어진 미분방정식의 해는 다음과 같다.

$$y(t)=\mathcal{L}^{-1}[Y(s)]=\mathcal{L}^{-1}\left[\frac{3}{5}\frac{1}{s+2}+\frac{2}{5}\frac{1}{s-3}\right]=\frac{3}{5}e^{-2t}+\frac{2}{5}e^{3t}$$

예제 3-25 비동차 선형 미분방정식

주어진 미분방정식의 해를 구하라.

$$y''-y'=e^{-t}\ \ (y(0)=1,\ y'(0)=0)$$

풀이

주어진 미분방정식의 양변에 라플라스 변환을 취하면 다음과 같다.

$$[s^2Y(s)-sy(0)-y'(0)]-[sY(s)-y(0)]=\frac{1}{s+1}$$

위 식에 초깃값들을 대입하면 다음과 같다.

$$s^2Y(s)-s-0-sY(s)+1=\frac{1}{s+1}$$

따라서 위 식을 $Y(s)$에 대해 풀면 다음과 같다.

$$\begin{aligned}Y(s)&=\frac{1}{s^2-s}\left(s-1+\frac{1}{s+1}\right)=\frac{s^2}{s(s-1)(s+1)}\\&=\frac{s}{(s-1)(s+1)}=\frac{1}{2}\frac{1}{s-1}+\frac{1}{2}\frac{1}{s+1}\end{aligned}$$

위 식에 라플라스 역변환을 취하면 주어진 미분방정식의 해는 다음과 같다.

$$y(t)=\frac{1}{2}e^{t}+\frac{1}{2}e^{-t}$$

기본을 익혔으니 이제 라플라스 변환법을 이용해 공학문제를 해결해보자. 다음 예제들은 실제 공학 분야에서 사용되는 선형 미분방정식의 응용 예제이다.

예제 3-26 응용 LC 전기회로 시스템

[그림 3-11]과 같은 LC 전기회로 시스템에서 주어진 입력전압 $e(t)$에 대한 전하량 $q(t)$를 구하라. 여기서 $L=1[\mathrm{H}]$, $C=0.25[\mathrm{F}]$, $q(0)=0$, $q'(0)=0$이다.

HINT
- 키르히호프 전압법칙을 이용한다.
- 제2이동정리를 이용한다.

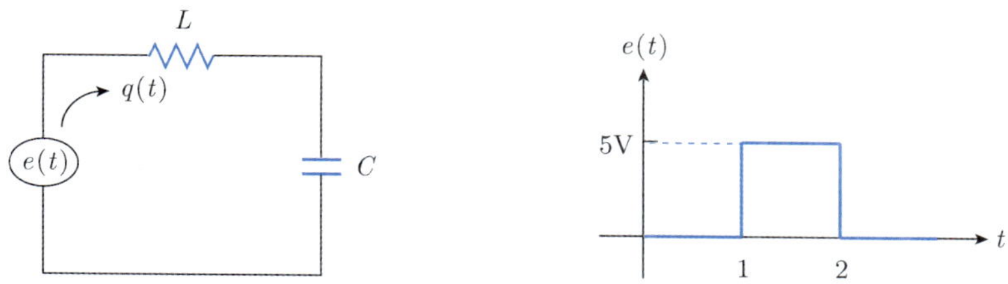

(a) 회로도 (b) 입력전압

[그림 3-11] LC 전기회로 시스템

풀이

이 문제를 풀기 위해 먼저 키르히호프 전압법칙을 이용해 주어진 시스템에 대한 미분방정식을 얻은 뒤, 미분방정식에 라플라스 변환을 취해 구하고자 하는 전하량 $q(t)$에 대한 라플라스 변환 $Q(s)$를 구한다. 그다음 $Q(s)$에 라플라스 역변환을 취해 $q(t)$를 구하면 된다.

[그림 3-11(a)]의 시스템을 모델링한 식은 다음과 같은 2계 비동차 미분방정식이다.

$$Lq''(t)+\frac{1}{C}q(t)=e(t)$$

위 식의 양변에 라플라스 변환을 취하면 다음과 같다.

$$L\left[s^2Q(s)-sq(0)-q'(0)\right]+\frac{1}{C}Q(s)=E(s)$$

위 식에 초깃값 $q(0)=0$, $q'(0)=0$과 $L=1[\mathrm{H}]$, $C=0.25[\mathrm{F}]$를 대입하고 $Q(s)$에 대해 풀면 다음과 같다.

$$Q(s)=\frac{1}{Ls^2+\frac{1}{C}}E(s)=\frac{1}{s^2+4}E(s)$$

한편, [그림 3-11(b)]에 주어진 입력전압 $e(t)$는 [그림 3-12]의 (a)와 (b)의 합, 즉 $e(t) = e_1(t) + e_2(t)$로 나타낼 수 있으며, 이를 수식으로 표현하면 다음과 같다.

$$e(t) = 5u(t-1) - 5u(t-2)$$

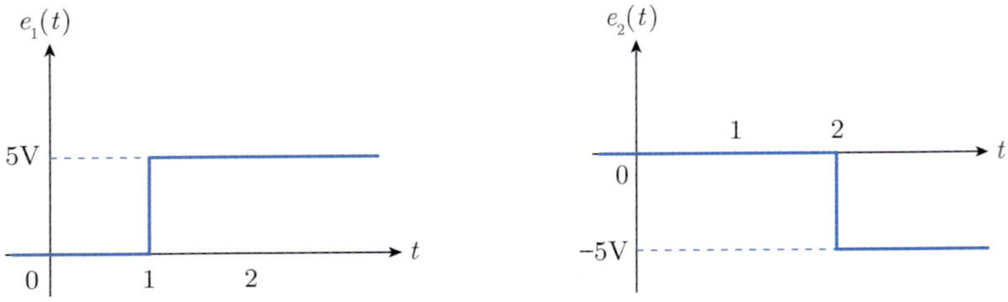

(a) $e_1(t) = 5u(t-1)$ (b) $e_2(t) = -5u(t-2)$

[그림 3-12] $e(t) = e_1(t) + e_2(t)$

따라서 제2이동정리를 적용하면 $e(t)$의 라플라스 변환은 다음과 같다.

$$E(s) = \frac{5e^{-s}}{s} - \frac{5e^{-2s}}{s}$$

그러므로 $Q(s)$는 다음과 같다.

$$\begin{aligned} Q(s) &= \frac{1}{s^2+4}\left(\frac{5e^{-s}}{s} - \frac{5e^{-2s}}{s}\right) = \frac{5}{s(s^2+4)}e^{-s} - \frac{5}{s(s^2+4)}e^{-2s} \\ &= \left(\frac{A}{s} + \frac{Bs+C}{s^2+4}\right)e^{-s} - \left(\frac{A}{s} + \frac{Bs+C}{s^2+4}\right)e^{-2s} \\ &= \left(\frac{5}{4}\frac{1}{s} - \frac{5}{4}\frac{s}{s^2+4}\right)e^{-s} - \left(\frac{5}{4}\frac{1}{s} - \frac{5}{4}\frac{s}{s^2+4}\right)e^{-2s} \end{aligned}$$

따라서 제2이동정리를 다시 한 번 적용해 $Q(s)$의 라플라스 역변환을 구하면 다음과 같다.

$$\begin{aligned} q(t) &= \mathcal{L}^{-1}\left[\frac{5}{4}\frac{1}{s}e^{-s} - \frac{5}{4}\frac{s}{s^2+4}e^{-s}\right] - \mathcal{L}^{-1}\left[\frac{5}{4}\frac{1}{s}e^{-2s} - \frac{5}{4}\frac{s}{s^2+4}e^{-2s}\right] \\ &= \frac{5}{4}u(t-1) - \frac{5}{4}\cos[2(t-1)]u(t-1) - \frac{5}{4}u(t-2) + \frac{5}{4}\cos[2(t-2)]u(t-2) \end{aligned}$$

예제 3-27 응용 질량-스프링 시스템 : 자유진동

[그림 3-13]과 같은 질량-스프링 시스템에서 변위는 질량과 스프링이 평형을 이루고 있는 지점에서 측정된다고 가정한다. 질량에 대한 초깃값이 $x(0)=x_0$, $x'(0)=x_0'$일 때, 질량이 m인 물체가 움직이는 변위를 구하라.

> **HINT** 뉴턴의 제2법칙을 이용한다. 단, mg는 고려하지 않는다.

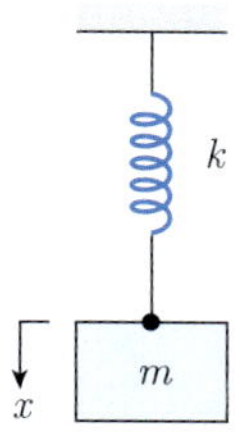

[그림 3-13] 질량-스프링 시스템(자유진동)

풀이

2.8절의 식 (2.48)에 따라, [그림 3-13]의 질량-스프링 시스템을 수학적으로 모델링한 식은 다음과 같다. 여기서 질량이 움직이는 변위는 $x(t)$이다.

$$mx''+kx=0$$

이 문제는 초깃값이 주어진 비감쇠 자유진동 문제로, 위와 같은 미분방정식의 풀이 과정은 2.8절에 이미 설명했다. 여기서는 주어진 미분방정식을 라플라스 변환법으로 풀어볼 것이다. 위 식의 양변에 라플라스 변환을 취하면 다음과 같다.

$$m\left[s^2X(s)-sx(0)-x'(0)\right]+kX(s)=0$$

위 식에 초깃값들을 대입한 뒤, $X(s)$에 대해 풀면 다음과 같다.

$$X(s)=\frac{msx_0+mx_0'}{ms^2+k}=\frac{sx_0+x_0'}{s^2+\omega_n^2} \quad \cdots\ \omega_n^2=\frac{k}{m}$$

$X(s)$의 라플라스 역변환을 구하기 위해 위 식을 다음과 같이 나타낼 수 있다.

$$X(s)=x_0\frac{s}{s^2+\omega_n^2}+\frac{x_0'}{\omega_n}\frac{\omega_n}{s^2+\omega_n^2}$$

위 식의 라플라스 역변환을 구하면 질량이 움직이는 변위는 다음과 같다.

$$x(t)=\mathcal{L}^{-1}\left[x_0\frac{s}{s^2+\omega_n^2}+\frac{x_0'}{\omega_n}\frac{\omega_n}{s^2+\omega_n^2}\right]=x_0\cos\omega_n t+\frac{x_0'}{\omega_n}\sin\omega_n t$$

예제 3-28 응용 질량-스프링 시스템 : 강제진동

[그림 3-14]와 같은 질량-스프링 시스템에서 변위는 질량과 스프링이 평형을 이루고 있는 지점에서 측정된다고 가정한다. 질량이 m인 물체에 외력 $f(t)=\cos\omega t$가 작용할 때, 이 물체가 움직이는 변위를 구하라. 여기서 ω는 상수이고, 모든 초깃값은 0이라 가정한다.

HINT
뉴턴의 제2법칙을 이용한다. 단, mg는 고려하지 않는다.

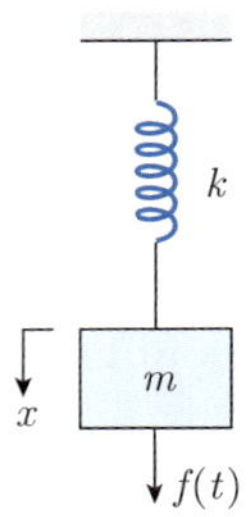

[그림 3-14] 질량-스프링 시스템(강제진동)

풀이

2.8절의 식 (2.57)에 따라, [그림 3-14]의 질량-스프링 시스템을 수학적으로 모델링한 식은 다음과 같다. 여기서 질량이 움직이는 변위는 $x(t)$이다.

$$mx''+kx=f(t)$$

이 문제는 비감쇠 강제진동 문제이다. 초깃값이 $x(0)=0$, $x'(0)=0$임을 고려하여, 위 식의 양변에 라플라스 변환을 취하면 다음과 같다.

$$ms^2X(s)+kX(s)=F(s)$$

위 식을 $X(s)$에 대해 풀고, 입력함수 $f(t)=\cos\omega t$의 라플라스 변환값 $F(s)=\dfrac{s}{s^2+\omega^2}$를 대입하면 다음과 같다.

$$X(s)=\frac{F(s)}{ms^2+k}=\frac{1/m}{s^2+\omega_n^2}\frac{s}{s^2+\omega^2} \quad \cdots\ \omega_n^2=\frac{k}{m}$$

$X(s)$의 라플라스 역변환을 구하기 위해 부분분수 전개법을 적용하면, 위 식을 다음과 같이 나타낼 수 있다.

$$X(s)=\frac{1/m}{s^2+\omega_n^2}\frac{s}{s^2+\omega^2}=\frac{A_1s+A_2}{s^2+\omega_n^2}+\frac{B_1s+B_2}{s^2+\omega^2}$$

앞의 식으로부터 다음과 같은 상수 A_1, A_2, B_1, B_2 사이의 관계식을 얻는다.

$$A_1 + B_1 = 0, \quad A_1\omega^2 + B_1\omega_n^2 = \frac{1}{m}, \quad A_2 + B_2 = 0, \quad A_2\omega^2 + B_2\omega_n^2 = 0$$

위 식들을 연립하여 풀면 다음과 같이 계수들이 구해진다.

$$A_1 = \frac{1}{m(\omega^2 - \omega_n^2)}, \quad B_1 = \frac{1}{m(\omega_n^2 - \omega^2)}, \quad A_2 = B_2 = 0$$

따라서 이 상수들을 $X(s)$에 대입하여 라플라스 역변환을 구하면 된다. 먼저 상수들을 대입하면 $X(s)$는 다음과 같다.

$$X(s) = \frac{A_1 s}{s^2 + \omega_n^2} + \frac{B_1 s}{s^2 + \omega^2}$$

그러므로 위 식의 라플라스 역변환, 즉 주어진 시스템에서 질량이 움직이는 변위 $x(t)$는 다음과 같다.

$$\begin{aligned} x(t) &= \mathcal{L}^{-1}\left[\frac{A_1 s}{s^2 + \omega_n^2} + \frac{B_1 s}{s^2 + \omega^2}\right] \\ &= A_1 \cos\omega_n t + B_1 \cos\omega t \\ &= \frac{1}{m(\omega^2 - \omega_n^2)}\cos\omega_n t - \frac{1}{m(\omega^2 - \omega_n^2)}\cos\omega t \end{aligned}$$

예제 3-29 응용 질량-댐퍼-스프링 시스템 : 자유진동

[그림 3-15]와 같은 질량-댐퍼-스프링 시스템에서 변위는 질량과 스프링이 평형을 이루고 있는 지점에서 측정된다고 가정한다. 질량에 대한 초깃값이 $x(0) = x_0$, $x'(0) = x_0'$일 때, 질량이 움직이는 변위를 구하라. 여기서 b는 감쇠계수이다.

HINT 뉴턴의 제2법칙을 이용한다. 단, mg는 고려하지 않는다.

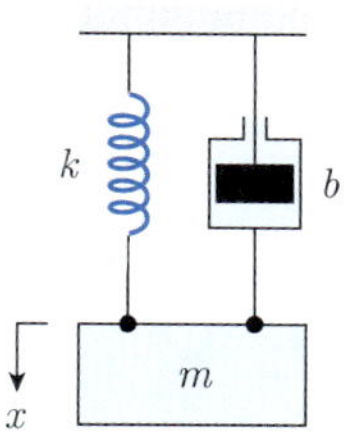

[그림 3-15] 질량-댐퍼-스프링 시스템(자유진동)

풀이

2.8절의 식 (2.64)에 따라, [그림 3-15]의 질량-댐퍼-스프링 시스템을 수학적으로 모델링한 식은 다음과 같다.

$$mx'' + bx' + kx = 0$$

이 문제는 초깃값이 주어진 감쇠 자유진동 문제이다. 위 식의 양변에 라플라스 변환을 취하면 다음과 같다.

$$\begin{aligned}&\mathcal{L}[mx''(t) + bx'(t) + kx(t)] = 0\\ \Rightarrow\ & m[s^2X(s) - sx(0) - x'(0)] + b[sX(s) - x(0)] + kX(s) = 0\end{aligned}$$

주어진 초깃값들을 대입하고 위 식을 $X(s)$에 대해 풀면 다음과 같다. 이때 식 (2.65)에 의해 감쇠비가 $\zeta = \dfrac{b}{2\sqrt{km}}$이고 $\omega_n = \sqrt{\dfrac{k}{m}}$이므로, $\dfrac{b}{m} = 2\zeta\omega_n$임을 기억한다.

$$X(s) = \frac{msx_0 + mx_0' + bx_0}{ms^2 + bs + k} = \frac{sx_0 + x_0' + 2\zeta\omega_n x_0}{s^2 + 2\zeta\omega_n s + \omega_n^2}$$

$X(s)$의 라플라스 역변환을 구하기 위해 위 식을 다음과 같이 나타낼 수 있다.

$$X(s) = \frac{x_0(s + \zeta\omega_n) + x_0' + \zeta\omega_n x_0}{(s + \zeta\omega_n)^2 + \omega_n^2 - \zeta^2\omega_n^2} \tag{3.18}$$

2.8절의 [응용 5]에서 설명한 바와 같이, 식 (3.18)은 감쇠비 ζ값에 따라 세 가지 유형으로 구분하여 라플라스 역변환을 구할 수 있다.

- **유형 ❶ (부족감쇠) : $0 < \zeta < 1$인 경우**

이 경우에는 $0 < \zeta < 1$이므로, 식 (3.18)의 $X(s)$를 다음과 같이 나타낼 수 있다.

$$\begin{aligned}X(s) &= \frac{x_0(s + \zeta\omega_n) + \dfrac{x_0' + \zeta\omega_n x_0}{\omega_n\sqrt{1-\zeta^2}}\omega_n\sqrt{1-\zeta^2}}{(s + \zeta\omega_n)^2 + \left[\omega_n\sqrt{1-\zeta^2}\right]^2}\\ &= \frac{x_0(s + \zeta\omega_n)}{(s + \zeta\omega_n)^2 + \left[\omega_n\sqrt{1-\zeta^2}\right]^2} + \frac{x_0' + \zeta\omega_n x_0}{\omega_n\sqrt{1-\zeta^2}}\frac{\omega_n\sqrt{1-\zeta^2}}{(s + \zeta\omega_n)^2 + \left[\omega_n\sqrt{1-\zeta^2}\right]^2}\end{aligned}$$

제1이동정리를 이용해 위 식에 라플라스 역변환을 취하면, 다음과 같이 질량이 움직이는 변위 $x(t)$를 구할 수 있다.

$$
\begin{aligned}
x(t) &= \mathcal{L}^{-1}[X(s)] \\
&= \mathcal{L}^{-1}\left[\frac{x_0(s+\zeta\omega_n)}{(s+\zeta\omega_n)^2+\left[\omega_n\sqrt{1-\zeta^2}\right]^2} + \frac{x_0'+\zeta\omega_n x_0}{\omega_n\sqrt{1-\zeta^2}}\frac{\omega_n\sqrt{1-\zeta^2}}{(s+\zeta\omega_n)^2+\left[\omega_n\sqrt{1-\zeta^2}\right]^2}\right] \\
&= x_0\mathcal{L}^{-1}\left[\frac{(s+\zeta\omega_n)}{(s+\zeta\omega_n)^2+\left[\omega_n\sqrt{1-\zeta^2}\right]^2}\right] + \frac{x_0'+\zeta\omega_n x_0}{\omega_n\sqrt{1-\zeta^2}}\mathcal{L}^{-1}\left[\frac{\omega_n\sqrt{1-\zeta^2}}{(s+\zeta\omega_n)^2+\left[\omega_n\sqrt{1-\zeta^2}\right]^2}\right]
\end{aligned}
$$

… 연산자의 선형성

$$
= e^{-\zeta\omega_n t}\left[x_0\cos\omega_n\sqrt{1-\zeta^2}\,t + \frac{x_0'+\zeta\omega_n x_0}{\omega_n\sqrt{1-\zeta^2}}\sin\omega_n\sqrt{1-\zeta^2}\,t\right] \tag{3.19}
$$

… 제1이동정리, 삼각함수의 라플라스 변환 공식

- **유형 ❷ (임계감쇠) : $\zeta=1$인 경우**

이 경우에는 $\zeta=1$이므로, 식 (3.18)의 $X(s)$를 다음과 같이 나타낼 수 있다.

$$
X(s) = \frac{x_0(s+\omega_n)+x_0'+\omega_n x_0}{(s+\omega_n)^2} = \frac{x_0}{s+\omega_n} + \frac{x_0'+\omega_n x_0}{(s+\omega_n)^2}
$$

마찬가지로 제1이동정리를 이용해 라플라스 역변환을 취하면, 다음과 같이 질량이 움직이는 변위를 구할 수 있다.

$$
x(t) = e^{-\omega_n t}\left[x_0+(x_0'+\omega_n x_0)t\right] \tag{3.20}
$$

- **유형 ❸ (과도감쇠) : $\zeta>1$인 경우**

이 경우에는 $\zeta>1$이므로, 식 (3.18)의 $X(s)$를 다음과 같이 나타낼 수 있다.

$$
\begin{aligned}
X(s) &= \frac{x_0 s+x_0'+2\zeta\omega_n x_0}{(s+\zeta\omega_n)^2-\omega_n^2(\zeta^2-1)} \\
&= \frac{x_0 s+x_0'+2\zeta\omega_n x_0}{(s+\zeta\omega_n)^2-\left[\omega_n\sqrt{(\zeta^2-1)}\right]^2} \\
&= \frac{x_0 s+x_0'+2\zeta\omega_n x_0}{\left(s+\zeta\omega_n+\omega_n\sqrt{(\zeta^2-1)}\right)\left(s+\zeta\omega_n-\omega_n\sqrt{(\zeta^2-1)}\right)}
\end{aligned}
$$

라플라스 역변환을 구하기 위해, 부분분수 전개법을 이용해 위 식을 다음과 같이 나타낼 수 있다.

$$
\begin{aligned}
X(s) &= \frac{x_0 s+x_0'+2\zeta\omega_n x_0}{\left(s+\zeta\omega_n+\omega_n\sqrt{(\zeta^2-1)}\right)\left(s+\zeta\omega_n-\omega_n\sqrt{(\zeta^2-1)}\right)} \\
&= \frac{A}{s+\zeta\omega_n+\omega_n\sqrt{(\zeta^2-1)}} + \frac{B}{s+\zeta\omega_n-\omega_n\sqrt{(\zeta^2-1)}}
\end{aligned} \tag{3.21}
$$

따라서 상수 A, B는 다음과 같다.

$$A = \left[\frac{(x_0 s + x_0' + 2\zeta\omega_n x_0)\left(s + \zeta\omega_n + \omega_n\sqrt{(\zeta^2-1)}\right)}{\left(s + \zeta\omega_n + \omega_n\sqrt{(\zeta^2-1)}\right)\left(s + \zeta\omega_n - \omega_n\sqrt{(\zeta^2-1)}\right)} \right]_{s = -\zeta\omega_n - \omega_n\sqrt{(\zeta^2-1)}}$$

$$B = \left[\frac{(x_0 s + x_0' + 2\zeta\omega_n x_0)\left(s + \zeta\omega_n - \omega_n\sqrt{(\zeta^2-1)}\right)}{\left(s + \zeta\omega_n + \omega_n\sqrt{(\zeta^2-1)}\right)\left(s + \zeta\omega_n - \omega_n\sqrt{(\zeta^2-1)}\right)} \right]_{s = -\zeta\omega_n + \omega_n\sqrt{(\zeta^2-1)}}$$

따라서 식 (3.21)에 라플라스 역변환을 취하면, 다음과 같이 질량이 움직이는 변위 $x(t)$를 구할 수 있다.

$$\begin{aligned} x(t) &= Ae^{\left(-\zeta\omega_n - \omega_n\sqrt{(\zeta^2-1)}\right)t} + Be^{\left(-\zeta\omega_n + \omega_n\sqrt{(\zeta^2-1)}\right)t} \\ &= e^{-\zeta\omega_n t}\left[Ae^{-\omega_n\sqrt{(\zeta^2-1)}\,t} + Be^{\omega_n\sqrt{(\zeta^2-1)}\,t}\right] \end{aligned} \tag{3.22}$$

감쇠비에 따른 세 가지 유형의 결과가 식 (3.19), (3.20), (3.22)와 같다. 이 식들을 2.8절의 식 (2.69), (2.70), (2.71)과 비교해보면 서로 일치함을 알 수 있다.

예제 3-30 응용 질량-댐퍼-스프링 시스템 : 강제진동

[그림 3-16]과 같은 질량-댐퍼-스프링 시스템에서 변위는 질량과 스프링이 평형을 이루고 있는 지점에서 측정된다고 가정한다. 질량이 m인 물체에 외력 $f(t) = u(t)$가 작용할 때, 이 물체가 움직이는 변위를 구하라. 여기서 $u(t)$는 단위계단함수이고, 모든 초깃값은 0이라 가정한다.

HINT
뉴턴의 제2법칙을 이용한다. 단, mg는 고려하지 않는다.

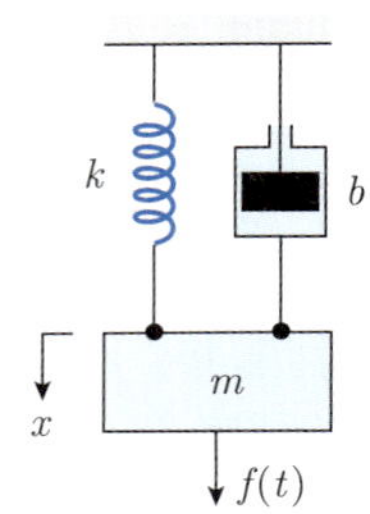

[그림 3-16] 질량-댐퍼-스프링 시스템(강제진동)

풀이

2.8절의 식 (2.74)에 따라, [그림 3-16]의 질량-댐퍼-스프링 시스템을 수학적으로 모델링한 식은 다음과 같다.

$$mx'' + bx' + kx = f(t)$$

이 문제는 감쇠 강제진동 문제이다. 초깃값이 $x(0)=0$, $x'(0)=0$임을 고려하여, 위 식의 양변에 라플라스 변환을 취하면 다음과 같다.

$$\mathcal{L}[mx''(t)+bx'(t)+kx(t)]=\mathcal{L}[f(t)]$$
$$\Rightarrow\ ms^2X(s)+bsX(s)+kX(s)=F(s)$$

위 식을 $X(s)$에 대해 풀고, 입력함수 $f(t)=u(t)$의 라플라스 변환값 $F(s)=\dfrac{1}{s}$을 대입하면 다음과 같다.

$$X(s)=\frac{F(s)}{ms^2+bs+k}=\frac{F(s)/m}{s^2+(b/m)s+(k/m)}=\frac{1/m}{s^2+2\zeta\omega_n s+\omega_n^2}\frac{1}{s} \quad \cdots \ \frac{b}{m}=2\zeta\omega_n$$

[예제 3-29]에서와 같이 유형별로 구분해서 풀어야 하지만, 여기서는 $0<\zeta<1$인 경우에 대해서만 설명한다. $X(s)$의 라플라스 역변환을 구하기 위해 부분분수 전개법을 이용해 위 식을 다음과 같이 나타낼 수 있다.

$$\begin{aligned}
X(s)&=\frac{1/m}{s^2+2\zeta\omega_n s+\omega_n^2}\frac{1}{s}\\
&=\frac{1}{m\omega_n^2}\left[\frac{1}{s}-\frac{s+2\zeta\omega_n}{s^2+2\zeta\omega_n s+\omega_n^2}\right]\\
&=\frac{1}{m\omega_n^2}\left[\frac{1}{s}-\frac{s+2\zeta\omega_n}{(s+\zeta\omega_n)^2+\omega_n^2(1-\zeta^2)}\right]\\
&=\frac{1}{m\omega_n^2}\left[\frac{1}{s}-\frac{\zeta\omega_n}{(s+\zeta\omega_n)^2+\omega_d^2}-\frac{s+\zeta\omega_n}{(s+\zeta\omega_n)^2+\omega_d^2}\right]\\
&=\frac{1}{m\omega_n^2}\left[\frac{1}{s}-\frac{\zeta\omega_n}{\omega_d}\frac{\omega_d}{(s+\zeta\omega_n)^2+\omega_d^2}-\frac{s+\zeta\omega_n}{(s+\zeta\omega_n)^2-\omega_d^2}\right]
\end{aligned}$$

여기서 $\omega_d=\omega_n\sqrt{1-\zeta^2}$이고, 2.8절에서 정의한 것처럼 **감쇠 고유진동수**damped natural frequency라 한다. 위 식에 라플라스 역변환을 취하면, 질량이 움직이는 변위는 다음과 같다.

$$x(t)=\frac{1}{m\omega_n^2}\left[u(t)-\frac{\zeta\omega_n}{\omega_d}e^{-\zeta\omega_n t}\sin\omega_d t-e^{-\zeta\omega_n t}\cos\omega_d t\right] \quad \cdots \ \text{제1이동정리, 삼각함수의 라플라스 변환 공식}$$

$$=\frac{1}{m\omega_n^2}\left[u(t)-e^{-\zeta\omega_n t}\left(\frac{\zeta}{\sqrt{1-\zeta^2}}\sin\omega_d t-\cos\omega_d t\right)\right] \quad \cdots \ \omega_d=\omega_n\sqrt{1-\zeta^2}$$

예제 3-31 응용 LRC 전기회로 시스템

[그림 3-17]과 같은 LRC 전기회로 시스템에서 입력전압 $e(t)$가 [그림 3-17(b)]와 같이 주어질 때, 전하량 $q(t)$를 구하라. 여기서 인덕턴스 $L=1[\mathrm{H}]$, 저항 $R=4[\Omega]$, 커패시턴스 $C=0.05[\mathrm{F}]$, 초깃값 $q(0)=0$, $q'(0)=0$이다.

> **HINT** 키르히호프 전압법칙을 이용한다.

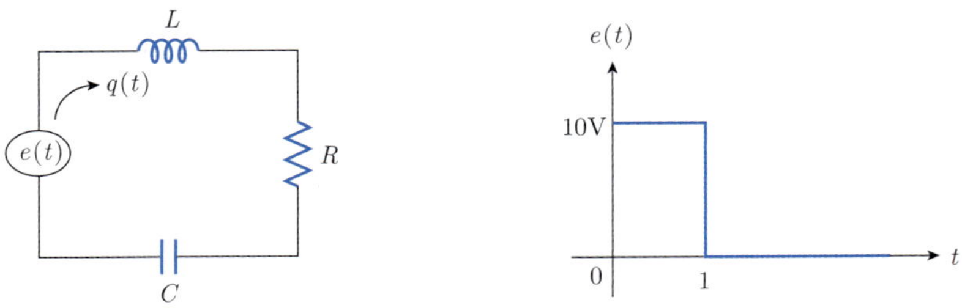

(a) 회로도 (b) 입력전압

[그림 3-17] LRC 전기회로 시스템

풀이

2.8절의 식 (2.72)에 따라, [그림 3-17]의 전기회로 시스템을 수학적으로 모델링한 식은 다음과 같다.

$$Lq'' + Rq' + \frac{1}{C}q = e(t)$$

위 식의 양변에 라플라스 변환을 취하면 다음과 같다.

$$\mathcal{L}\left[Lq''(t) + Rq'(t) + \frac{1}{C}q(t)\right] = \mathcal{L}[e(t)]$$

$$\Rightarrow L[s^2Q(s) - sq(0) - q'(0)] + R[sQ(s) - q(0)] + \frac{1}{C}Q(s) = E(s)$$

초깃값 $q(0)=0$, $q'(0)=0$과 $L=1[\mathrm{H}]$, $R=4[\Omega]$, $C=0.05[\mathrm{F}]$를 대입하여 $Q(s)$에 대해 풀면 다음과 같다.

$$Q(s) = \frac{1}{Ls^2 + Rs + \frac{1}{C}}E(s) = \frac{1}{s^2+4s+20}E(s)$$

한편, [그림 3-17(b)]로 주어진 전압 $e(t)$를 수식으로 표현하면 다음과 같다.

$$e(t) = 10u(t) - 10u(t-1)$$

따라서 제2이동정리를 이용하면 $e(t)$의 라플라스 변환은 다음과 같다.

$$E(s) = \frac{10}{s} - \frac{10}{s}e^{-s}$$

따라서 $Q(s)$는 다음과 같다.

$$Q(s)=\frac{1}{s^2+4s+20}\left(\frac{10}{s}-\frac{10}{s}e^{-s}\right)=\frac{10}{s(s^2+4s+20)}(1-e^{-s})$$

$Q(s)$의 라플라스 역변환을 구하기 위해 부분분수 전개법을 이용해 위 식을 다음과 같이 나타낼 수 있다.

$$Q(s)=\frac{10}{s(s^2+4s+20)}(1-e^{-s})=\left(\frac{A_1}{s}+\frac{A_2s+A_3}{s^2+4s+20}\right)(1-e^{-s})$$

위 식을 풀면 $A_1=\frac{1}{2}$, $A_2=-\frac{1}{2}$, $A_3=-2$이다. 이 값들을 $Q(s)$의 식에 대입하여 정리하면 다음과 같다.

$$\begin{aligned}Q(s)&=\left(\frac{1}{2}\frac{1}{s}+\frac{-s/2-2}{s^2+4s+20}\right)(1-e^{-s})\\&=\left[\frac{1}{2}\frac{1}{s}-\frac{1}{2}\frac{s+2}{(s+2)^2+4^2}-\frac{1}{4}\frac{4}{(s+2)^2+4^2}\right](1-e^{-s})\\&=\frac{1}{2}\frac{1}{s}-\frac{1}{2}\frac{s+2}{(s+2)^2+4^2}-\frac{1}{4}\frac{4}{(s+2)^2+4^2}\\&\quad-\left[\frac{1}{2}\frac{1}{s}-\frac{1}{2}\frac{s+2}{(s+2)^2+4^2}-\frac{1}{4}\frac{4}{(s+2)^2+4^2}\right]e^{-s}\end{aligned}$$

그러므로 제 1이동정리, 제 2이동정리와 삼각함수의 라플라스 변환 공식을 이용해 $Q(s)$의 라플라스 역변환을 구하면 다음과 같다.

$$\begin{aligned}q(t)&=\frac{1}{2}u(t)-\frac{1}{2}e^{-2t}\cos 4t-\frac{1}{4}e^{-2t}\sin 4t\\&\quad-\left[\frac{1}{2}-\frac{1}{2}e^{-2(t-1)}\cos 4(t-1)-\frac{1}{4}e^{-2(t-1)}\sin 4(t-1)\right]u(t-1)\end{aligned}$$

지금까지 라플라스 변환법을 이용해 선형 상미분방정식을 푸는 방법과 공학 관련 응용 예제를 살펴봤다. 이어서 라플라스 변환법을 이용해 선형 연립 미분방정식을 푸는 방법과 그 응용 예제를 알아보자.

선형 연립 미분방정식의 해 구하기

n계 선형 상미분방정식에 라플라스 변환을 취하면 대수방정식으로 바뀐다. 이와 마찬가지로 선형 연립 미분방정식에 라플라스 변환을 취하면 연립 대수방정식으로 바뀐다. 이 연립 대수방정식을 구하고자 하는 변수에 대해 풀어서 각각 라플라스 역변환을 취하면 선형 연립 미분방정식의 해를 구할 수 있다. 라플라스 변환법을 이용한 선형 연립 미분방정식의 풀이 과정을 확실하게 이해하기 위해 먼저 기본 예제들을 풀어보자.

예제 3-32 동차 선형 연립 미분방정식

주어진 선형 연립 미분방정식의 해를 구하라.

$$x'(t) = x + y \quad (x(0) = 1)$$
$$y'(t) = 3x - y \quad (y(0) = 1)$$

풀이

주어진 각 선형 미분방정식에 라플라스 변환을 취하면 다음과 같다.

$$\mathcal{L}[x'(t)] = \mathcal{L}[x(t) + y(t)] \quad \Rightarrow \quad sX(s) - x(0) = X(s) + Y(s)$$
$$\mathcal{L}[y'(t)] = \mathcal{L}[3x(t) - y(t)] \quad \Rightarrow \quad sY(s) - y(0) = 3X(s) - Y(s)$$

위 식에 초깃값들을 대입하고 변수들을 정리하면 다음과 같다.

$$(s-1)X(s) - Y(s) = 1 \qquad \cdots ①$$
$$-3X(s) + (s+1)Y(s) = 1 \qquad \cdots ②$$

식 ①과 ②를 연립하여 풀면 다음과 같다.

$$X(s) = \frac{1}{s-2} \qquad \cdots ③$$
$$Y(s) = \frac{1}{s-2} \qquad \cdots ④$$

식 ③과 ④의 라플라스 역변환을 구하면 선형 연립 미분방정식의 해는 다음과 같다.

$$x(t) = e^{2t}, \quad y(t) = e^{2t}$$

예제 3-33 **비동차 선형 연립 미분방정식**

주어진 선형 연립 미분방정식의 해를 구하라.

$$x'(t) = 2x - 4y + 1 \quad (x(0) = 1)$$
$$y'(t) = x - 3y + 1 \quad (y(0) = 1)$$

풀이

주어진 각 선형 미분방정식에 라플라스 변환을 취하면 다음과 같다.

$$\mathcal{L}[x'(t)] = \mathcal{L}[2x(t) - 4y(t) + 1] \quad \Rightarrow \quad sX(s) - x(0) = 2X(s) - 4Y(s) + \frac{1}{s}$$
$$\mathcal{L}[y'(t)] = \mathcal{L}[x(t) - 3y(t) + 1] \quad \Rightarrow \quad sY(s) - y(0) = X(s) - 3Y(s) + \frac{1}{s}$$

위 식에 초깃값들을 대입하고 변수들을 정리하면 다음과 같다.

$$(s-2)X(s) + 4Y(s) = \frac{s+1}{s} \qquad \cdots ①$$
$$-X(s) + (s+3)Y(s) = \frac{s+1}{s} \qquad \cdots ②$$

식 ①과 ②를 연립하여 풀면 다음과 같다.

$$X(s) = \frac{s+1}{s(s+2)} \qquad \cdots ③$$
$$Y(s) = \frac{s+1}{s(s+2)} \qquad \cdots ④$$

식 ③과 ④의 라플라스 역변환을 구하면 선형 연립 미분방정식의 해는 다음과 같다.

$$x(t) = \frac{1}{2} + \frac{1}{2}e^{-2t}, \quad y(t) = \frac{1}{2} + \frac{1}{2}e^{-2t}$$

선형 상미분방정식과 마찬가지로 선형 연립 미분방정식의 경우에도 실제로 다양한 공학 분야에 응용된다. 이제 라플라스 변환법을 이용해 선형 연립 미분방정식에 관한 공학문제를 풀어보자.

예제 3-34 **응용** **액위 시스템**

> **HINT**
> (탱크의 유량)=(탱크에 들어온 유량)−(탱크에서 나간 유량)

2.8절에서 살펴본 [그림 3-18]의 액위 시스템을 생각해보자. 입력 유량이 q_i[m^3/s], 좌측 탱크를 빠져나가는 출력 유량이 q_1[m^3/s], 우측 탱크를 빠져나가는 출력 유량이 q_2[m^3/s]이다. 이때 좌측 탱크의 물 높이는 h_1[m], 우측 탱크의 물 높이

는 h_2[m]이고, 좌측 탱크의 단면적은 C_1[m^2], 우측 탱크의 단면적은 C_2[m^2]이며, R_1과 R_2는 물이 각 밸브를 빠져나갈 때 받는 저항이다. 물이 층류유동을 한다고 가정하고, 유량 q_1과 q_2를 구하라. 단, 모든 초깃값은 0이라 가정한다.

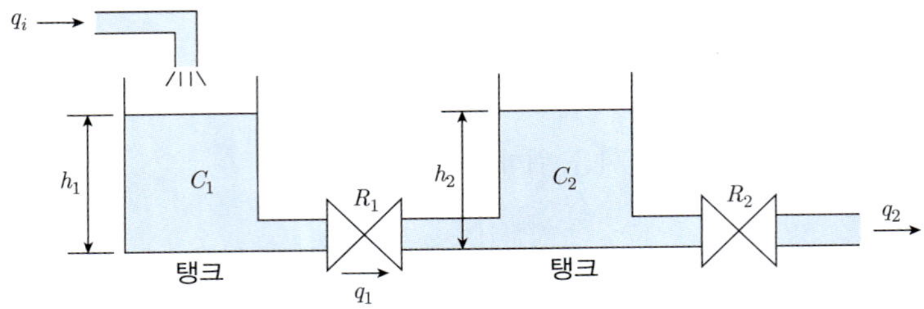

[그림 3-18] **액위 시스템**

풀이

유동이 층류유동이므로 밸브에서의 저항은 밸브 양쪽의 물의 높이 차에 비례하고, 밸브를 빠져나가는 유량에 반비례한다. 따라서 2.8절의 식 (2.78)에 따라, 저항 R_1과 R_2를 다음과 같은 관계식으로 나타낼 수 있다.

$$R_1 = \frac{h_1 - h_2}{q_1} \quad \cdots ①$$

$$R_2 = \frac{h_2}{q_2} \quad \cdots ②$$

또한 식 (2.79)에 의해 짧은 시간 동안 각 탱크 안에 저장된 유량은 다음과 같다.

$$C_1 \frac{dh_1}{dt} = q_i - q_1 \quad \cdots ③$$

$$C_2 \frac{dh_2}{dt} = q_1 - q_2 \quad \cdots ④$$

식 ①~④로부터 h_1과 h_2를 소거하여 정리하면 다음을 얻는다.

$$C_1 R_1 \frac{dq_1}{dt} + C_1 R_2 \frac{dq_2}{dt} = q_i - q_1 \quad \cdots ⑤$$

$$C_2 R_2 \frac{dq_2}{dt} = q_1 - q_2 \quad \cdots ⑥$$

식 ⑤와 ⑥은 좌측 탱크와 우측 탱크의 밸브를 통해 빠져나가는 유량의 변화를 나타내는 1계 선형 연립 미분방정식이다. R_1, R_2, C_1, C_2는 모두 상수이고, 이 상수의 값이 주어지면 식 ⑤와 ⑥은 비동차 선형 연립 미분방정식을 이룬다. [예제 3-33]과 같은 방법으로 풀면 되므로 이하 풀이 과정은 생략한다.

예제 3-35 응용 질량-스프링 시스템

[그림 3-19]와 같은 질량-스프링 시스템에 외력 $f(t)$가 작용할 때, 각 질량에 대한 물체의 변위를 구하라. 단, 모든 변위는 스프링과 질량이 평형을 이루고 있는 지점에서 측정되고, 모든 초깃값은 0이라 가정한다.

> **HINT** 뉴턴의 제2법칙을 이용한다. 단, mg는 고려하지 않는다.

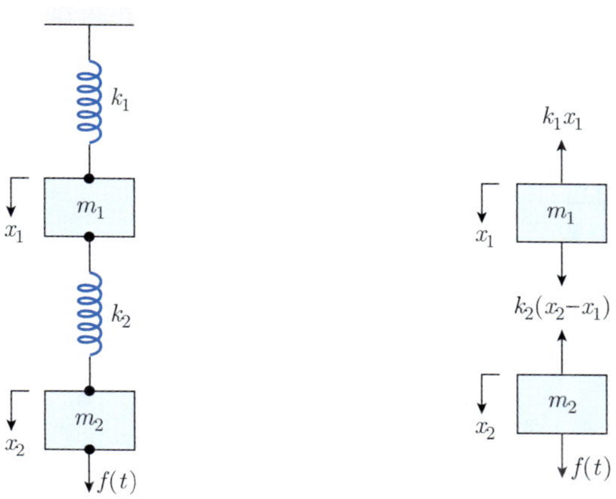

(a) 시스템　　(b) 자유물체도

[그림 3-19] 질량-스프링 시스템

풀이

[그림 3-19(a)]의 시스템에 대한 자유물체도는 [그림 3-19(b)]와 같다. 자유물체도를 이용해 뉴턴의 제2법칙을 적용하면 다음과 같은 관계식으로 나타낼 수 있다.

$$m_1x_1'' = -k_1x_1 + k_2(x_2 - x_1) \quad \cdots ①$$

$$m_2x_2'' = -k_2(x_2 - x_1) + f(t) \quad \cdots ②$$

식 ①과 ②에 라플라스 변환을 취하면 다음과 같다.

$$m_1\left[s^2X_1(s) - sx_1(0) - x_1'(0)\right] = -k_1X_1(s) + k_2\left[X_2(s) - X_1(s)\right] \quad \cdots ③$$

$$m_2\left[s^2X_2(s) - sx_2(0) - x_2'(0)\right] = -k_2\left[X_2(s) - X_1(s)\right] + F(s) \quad \cdots ④$$

초깃값들을 무시하고 먼저 다음과 같이 식을 정리한다.

$$\left(m_1s^2 + k_1 + k_2\right)X_1(s) - k_2X_2(s) = 0 \quad \cdots ⑤$$

$$-k_2X_1(s) + \left(m_2s^2 + k_2\right)X_2(s) = F(s) \quad \cdots ⑥$$

외력 $f(t)$가 주어지면 식 ⑤와 ⑥을 연립하여 $X_1(s)$와 $X_2(s)$에 대해 푼 다음, 라플라스 역변환을 구하면 된다. 라플라스 역변환을 구하는 과정은 [예제 3-33]과 유사하지만, s에 대한 4차식이 나와서 풀이 과정이 복잡하므로 생략한다.

예제 3-36 응용 전기회로망

[그림 3-20]과 같은 전기회로망에서 회로의 각 루프에 흐르는 전류 i_1, i_2, i_3를 구하라. 단, 모든 초깃값은 0이라 가정한다.

> **HINT** 키르히호프 전압법칙과 전류법칙을 이용한다.

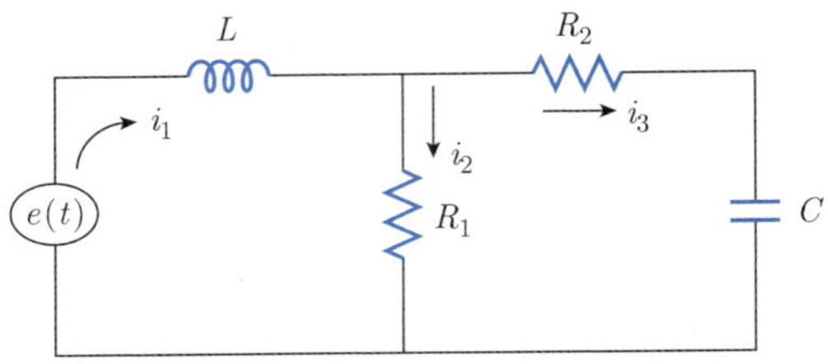

[그림 3-20] 전기회로망

풀이

주어진 회로의 좌측 루프와 우측 루프에 각각 키르히호프 전압법칙을 적용하면 다음과 같다.

$$L\frac{di_1}{dt} + R_1 i_2 = e(t) \quad \cdots ①$$

$$R_2 i_3 + \frac{1}{C}\int i_3 dt - R_1 i_2 = 0 \quad \cdots ②$$

식 ②를 시간 t에 대해 미분하면 다음과 같다.

$$R_2\frac{di_3}{dt} + \frac{1}{C}i_3 - R_1\frac{di_2}{dt} = 0 \quad \cdots ③$$

또한 **키르히호프 전류법칙** Kirchhoff's current law [5]에 의해

$$i_1 = i_2 + i_3 \quad \cdots ④$$

이므로, 식 ③은 다음과 같이 나타낼 수 있다.

$$R_2\frac{di_1}{dt} - (R_1 + R_2)\frac{di_2}{dt} + \frac{1}{C}(i_1 - i_2) = 0 \quad \cdots ⑤$$

따라서 식 ①과 ⑤는 비동차 선형 연립 미분방정식을 이룬다. 따라서 [예제 3-33]과 같은 방법으로 풀어서 $i_1(t)$와 $i_2(t)$를 구한 뒤, $i_1(t)$와 $i_2(t)$를 식 ④에 대입하여 $i_3(t)$를 구하면 된다.

---

5 회로에 분기점이 나타나면 분기점에 들어온 전류의 합과 분기점에서 나가는 전류의 합이 같다는 법칙이다.

SECTION 3.7

라플라스 변환과 역변환의 공학적 응용

라플라스 변환과 라플라스 역변환은 3.6절에서 설명한 것처럼 미분방정식의 해를 구하기 위한 중요한 도구로 사용될 뿐만 아니라, 다양한 공학 분야에서 동적 시스템을 해석하고 응용하기 위한 강력한 수학적 도구로도 사용된다. 이 절에서는 몇 가지 예를 통해 동적 시스템을 해석하고 응용하는 데 라플라스 변환과 라플라스 역변환이 어떻게 활용되는지에 대해 간단히 설명하고자 한다.

■ 동적 시스템의 모델링

여러 공학 분야에 다양한 종류의 동적 시스템이 존재한다. 이러한 실제 동적 시스템을 해석하고 그 시스템의 성능과 안정성을 향상시키기 위해 실제 시스템을 이용해 직접 실험하는 경우도 있다. 그러나 시스템이 너무 복잡하거나 비용이 많이 드는 경우에는 실험 횟수가 증가할수록 부담이 될 뿐 아니라, 최종 결과를 도출하기까지 너무 많은 시간이 소요된다는 문제가 발생한다. 이에 따라 대부분의 경우 시뮬레이션하는 방법을 먼저 수행한다. 이 방법을 위해서는 시스템에 대한 수학적 모델링이 필요하다. 어떤 공학 분야의 시스템이라도 실제 시스템을 수학적으로 모델링하면 유사한 미분방정식 형태로 바뀐다. 여기서는 2.8절에서 소개한 [그림 2-15]의 액위 시스템을 예로 설명하고자 한다.

이 시스템의 목적은 탱크 안의 물 높이를 원하는 높이로 일정하게 유지하거나 탱크 외부로 빠져나가는 유량을 원하는 만큼 일정하게 유지하는 것이다. 이러한 목적을 달성하기 위해 실제 시스템에 대한 수학적 모델링이 필요하다. 실제 시스템으로부터 얻은 탱크 안의 물 높이에 관한 수학적 모델링 결과는 식 (2.80)으로부터 다음과 같다.

$$C\frac{dh}{dt} + \frac{1}{R}h = q_i \tag{3.23}$$

만약 빠져나가는 유량 q_o에 관한 식을 구하고 싶다면 식 (2.78)을 이용해 h를 소거하고 q_o에 대한 식으로 나타내면 된다. 다른 공학 분야의 시스템에서는 $h(t)$나 $q_o(t)$와 같은 변수가 질량의 변위 $y(t)$가 될 수도 있고, 전기회로 내에 흐르는 전류 $i(t)$가 될 수도 있으며, 화학반응에서의 반응물의 농도 $c(t)$가 될 수도 있다.

■ 시스템 전달함수

시스템 전달함수 system transfer function는 [그림 3-21]과 같이 어떤 시스템의 입력과 출력 사이의 관계를 나타내는 공학적인 표현 방법이다. 시스템의 전달함수를 구하기 위해 라플라스 변환을 이용한다. 이때 모든 초깃값은 0이라 가정한다.

[그림 3-21] 시스템 전달함수

[그림 2-15]의 시스템의 경우 입력이 $q_i(t)$이고 출력이 $h(t)$이므로, 전달함수를 구하기 위해 식 (3.23)의 양변에 라플라스 변환을 취하면 다음과 같다.

$$C[sH(s)-h(0)]+\frac{1}{R}H(s)=Q_i(s)$$

이때 초깃값 $h(0)$을 0이라 하면 다음과 같이 시스템 전달함수를 구할 수 있다.

$$\frac{H(s)}{Q_i(s)}=\frac{R}{CRs+1} \tag{3.24}$$

식 (3.24)를 이용해 [그림 3-21]의 시스템 전달함수를 다음과 같이 나타낼 수 있다.

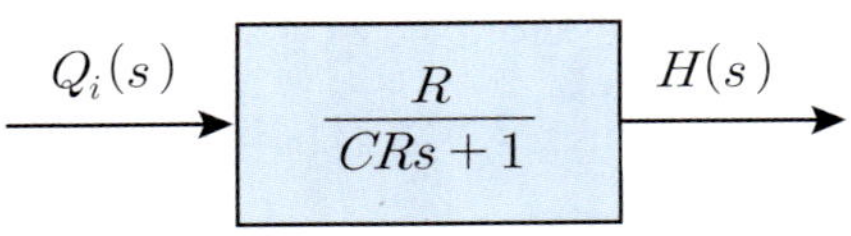

[그림 3-22] 액위 시스템 전달함수

■ 시스템 해석

시스템 해석 system analysis을 하기 위해서는 시스템 전달함수가 꼭 필요하다. 입력이 시스템에 가해졌을 때, 시스템 엔지니어는 입력에 대한 시스템의 반응이 빠르게 나타나기를 원할 것이다. 이러한 시스템의 반응을 결정하는 것이 바로 시스템 전달함수이다. 시스템 전달함수는 s에 관한 분수함수로 표현된다. 이때 분모를 0으로 만드는 s값들과 분자를 0으로 만드는 s값들이 존재하는데, 전자를 **극점** pole이라 하고 후자를 **영점** zero이라 한다. 극점과 영점을 s-평면 위에 나타낸 그림을 **극점-영점 선도** pole-zero diagram라 한다. 식 (3.24)에 대한 극점-영점 선도는 [그림 3-23]과 같다. 식 (3.24)를 보면 영점은 존재하지 않고, 극점은 $s=-\frac{1}{CR}$임을 알 수 있다. 시스템 전달함수로부터 극점-영점 선도를 그릴 때, 일반적으로 극점은 'x'로, 영점은

'o'로 표기한다.

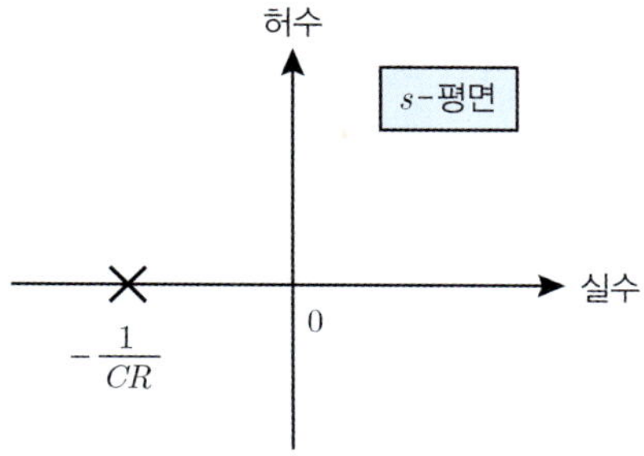

[그림 3-23] 액위 시스템의 극점-영점 선도

선도에서 극점의 위치가 허수축과 가까울수록 반응 속도는 느려지고 허수축으로부터 멀어질수록 반응 속도는 빨라진다. 그러나 극점들 중 하나라도 허수축의 오른쪽에 놓이면 그 시스템은 불안정하다고 한다. 예를 들어 [그림 3-24]와 같이 놓여 있는 세 개의 극점의 응답을 비교해보자.

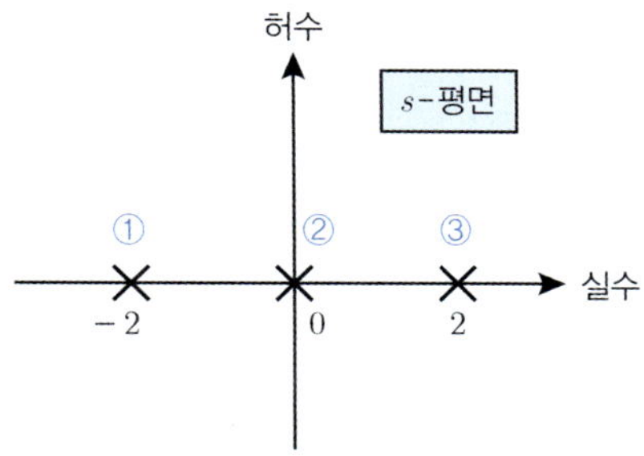

[그림 3-24] 극점들의 응답 비교

극점이 ①의 위치($s=-2$)에 존재하는 경우 시스템 전달함수는 $H_1(s)=\dfrac{1}{s+2}$이고, 극점이 ②의 위치($s=0$)에 존재하는 경우 시스템 전달함수는 $H_2(s)=\dfrac{1}{s}$이며, 극점이 ③의 위치($s=2$)에 존재하는 경우 시스템 전달함수는 $H_3(s)=\dfrac{1}{s-2}$이다. 각 시스템의 응답은 라플라스 역변환을 이용해 다음과 같이 구할 수 있다.

$$① : h_1(t)=e^{-2t},\quad ② : h_2(t)=u(t),\quad ③ : h_3(t)=e^{2t}$$

응답을 비교해보면 시간 t가 증가함에 따라 $h_1(t)$는 0으로 수렴하고(빠른 응답), $h_2(t)$는 응답의 변화가 나타나지 않으며(느린 응답), $h_3(t)$는 무한대로 발산하므로(빠른 응답) 매우 불안정함을 알 수 있다. 그러므로 빠르고 안정적인 응답을 얻기 위해서는 시스템의 극점 위치를 허수축으로부터 왼쪽으로 멀리 이동시켜야 한다.

[그림 2-15]의 액위 시스템의 경우 극점이 $s = -\frac{1}{CR}$ 이다. C와 R은 이미 정해진 고정값이므로 응답 속도를 향상시키기 위해 시스템 자체로는 극점의 위치를 이동시킬 수 없다. 이를 해결하기 위한 방법이 바로 **시스템 제어기**system controller를 추가하는 것이다.

[그림 3-25]는 시스템 제어기 중 하나인 **비례 제어기**proportional controller를 이용한 **폐루프 시스템의 블록 선도**closed loop system block diagram이다. 여기서 $R(s)$는 원하는 탱크의 물 높이 $r(t)$의 라플라스 변환 함수인 입력함수이고, $E(s)$는 출력 $H(s)$와 원하는 입력 $R(s)$의 차이인 오차 함수이다.

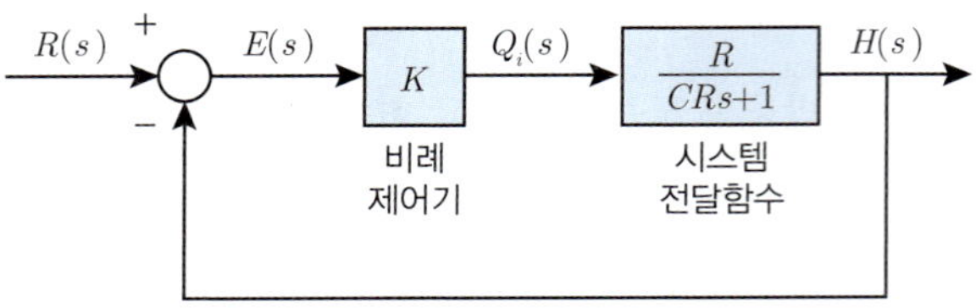

[그림 3-25] 폐루프 시스템의 블록 선도

[그림 3-25]의 블록 선도로부터 다음이 성립한다.

$$H(s) = \frac{R}{CRs+1}Q_i(s) = \frac{R}{CRs+1}KE(s) = \frac{KR}{CRs+1}[R(s) - H(s)]$$

따라서 위 식을 풀면 다음과 같이 **폐루프 시스템 전달함수**closed loop transfer function를 구할 수 있다.

$$\left(1 + \frac{KR}{CRs+1}\right)H(s) = \frac{KR}{CRs+1}R(s) \quad \Rightarrow \quad \frac{H(s)}{R(s)} = \frac{KR}{CRs+1+KR}$$

따라서 폐루프 시스템의 극점은 $CRs + 1 + KR = 0$에 의해 $s = -\frac{1+KR}{CR}$ 이다. $K > 0$이면 시스템 제어기를 사용하지 않은 상태인 원래 시스템의 극점 $s = -\frac{1}{CR}$ 에 비해 폐루프 시스템의 극점이 왼쪽으로 더 이동했음을 알 수 있다. 그러므로 응답 속도를 더 빠르게 향상시킬 수 있다는 사실도 알 수 있다.

지금까지 살펴본 바와 같이 시스템을 해석하고 성능을 향상시키는 데 라플라스 변환과 라플라스 역변환이 매우 유용하게 활용됨을 알 수 있다. 이제 이와 관련한 예제를 풀어보자.

예제 3-37 응용 시스템 전달함수 구하기

어떤 동적 시스템을 수학적으로 모델링하여 얻은 결과가 다음과 같은 미분방정식이라고 할 때, 주어진 물음에 답하라. 여기서 $y(t)$는 시스템 출력변수이고, $f(t)$는 시스템 입력변수이다.

> **HINT** 시스템 전달함수의 정의를 상기한다.

$$\frac{d^2y}{dt^2}+3\frac{dy}{dt}+2y=f(t)$$

(a) 시스템 전달함수를 구하라.

(b) 시스템에 대한 극점-영점 선도를 그려라.

(c) 시스템의 안정성에 대해 설명하라.

풀이

(a) 주어진 미분방정식의 양변에 라플라스 변환을 취하면 다음과 같다.

$$[s^2Y(s)-sy(0)-y'(0)]+3[sY(s)-y(0)]+2Y(s)=F(s)$$

시스템 전달함수는 모든 초깃값이 0인 경우이므로, $y(0)=y'(0)=0$이라 하면 시스템 전달함수는 다음과 같다.

$$\frac{Y(s)}{F(s)}=\frac{1}{s^2+3s+2}=\frac{1}{(s+1)(s+2)}$$

(b) (a)에서 구한 시스템 전달함수로부터 s-평면상에 극점-영점 선도를 그리면 [그림 3-26]과 같다.

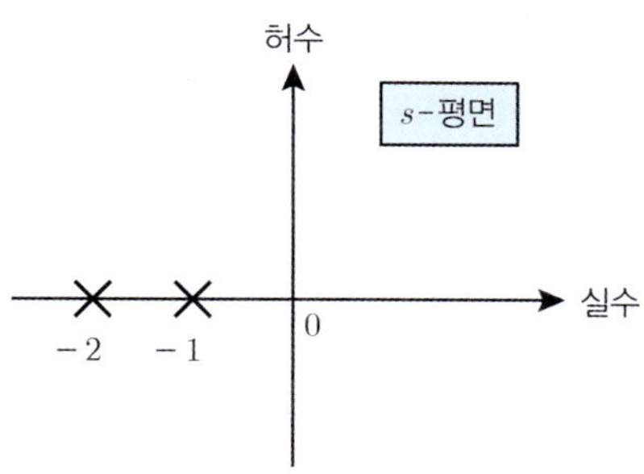

[그림 3-26] 극점-영점 선도

(c) 시스템의 모든 극점이 허수축의 왼쪽에 위치하므로, 이 시스템은 안정적인 시스템이다.

CHAPTER 03 연습문제

3.1 **(일반함수의 라플라스 변환)** 주어진 함수의 라플라스 변환을 구하라.

(a) $f(t)=5t^2+2$

(b) $f(t)=e^{2t-2}$

(c) $f(t)=\cos 2t$

(d) $f(t)=\sin 3t$

(e) $f(t)=te^{-2t}$

(f) $f(t)=t^2e^{2t}$

(g) $f(t)=2t\sin t$

(h) $f(t)=t\cos 2t$

(i) $f(t)=\begin{cases} 2 & (0\le t<2) \\ -2 & (t\ge 2)\end{cases}$

(j) $f(t)=\begin{cases} 1 & (0\le t<1) \\ -2t & (t\ge 1)\end{cases}$

(k) $f(t)=\begin{cases} e^{-t} & (0\le t<1) \\ 0 & (t\ge 1)\end{cases}$

(l) $f(t)=\begin{cases} 2e^{-t} & (0\le t<1) \\ 0 & (t\ge 1)\end{cases}$

(m)

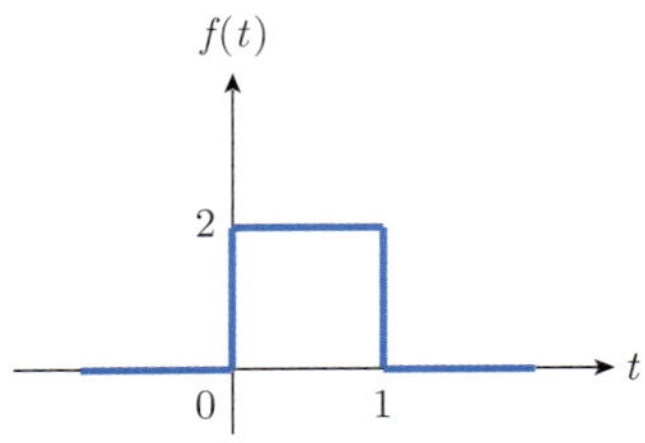

(n)

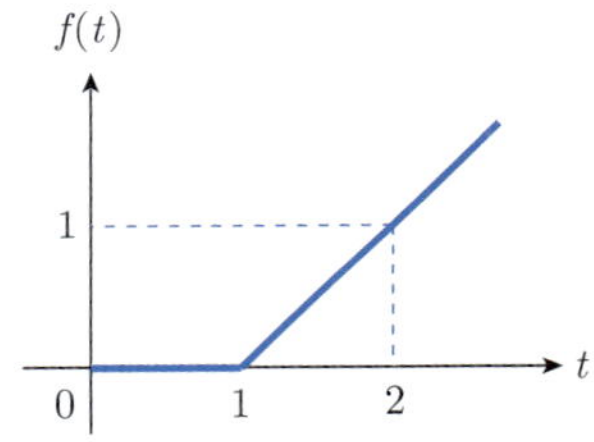

3.2 **(주기함수의 라플라스 변환)** 다음 그림과 같이 주어진 주기함수의 라플라스 변환을 구하라.

(a)

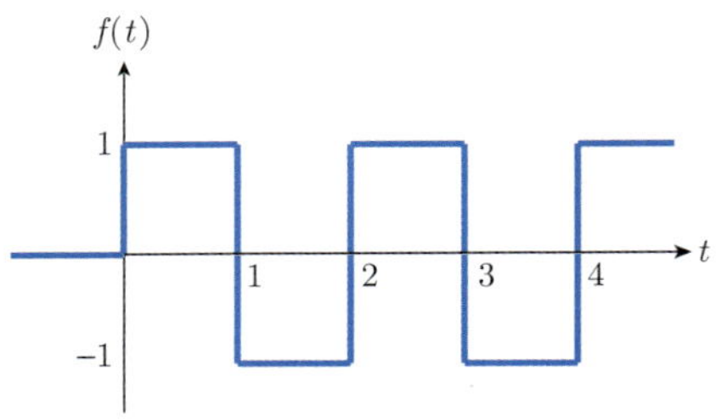

(b)

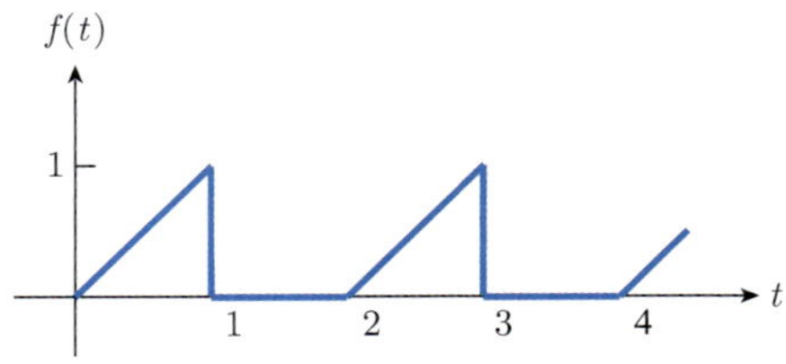

3.3 **(이동정리 이용)** [정리 3-6]과 [정리 3-7]을 이용해 주어진 함수의 라플라스 변환을 구하라.

(a) $f(t)=e^{-2t}t$

(b) $f(t)=e^{-2t}\sin t$

(c) $f(t)=e^{-t}(\cos 2t+\sin 2t)$

(d) $f(t)=e^{-2t}\sin(2t+\theta)$

(e) $f(t)=(t-1)u(t-1)$

(f) $f(t)=tu(t-3)$

(g) $f(t)=e^{2t}u(t-1)$

(h) $f(t)=u(t-\pi)\cos 2t$

3.4 (라플라스 변환의 도함수) [정리 3-8]을 이용해 주어진 함수의 라플라스 변환을 구하라.

(a) $f(t)=te^{-2t}$ (b) $f(t)=t^2e^{2t}$

(c) $f(t)=t\cos 2t$ (d) $f(t)=t^2\sin 2t$

(e) $f(t)=te^{-t}\sin 2t$ (f) $f(t)=te^{t}\cos 2t$

3.5 (합성곱의 라플라스 변환) [정리 3-9]를 이용해 주어진 함수의 라플라스 변환을 구하라.

(a) $f(t)=2*t^2$ (b) $f(t)=e^{-t}*\cos t$

(c) $f(t)=e^{-t}*e^{t}$ (d) $f(t)=2t*e^{2t}$

(e) $f(t)=\sin t*\cos t$ (f) $f(t)=u(t)*\cos t$

3.6 (적분의 라플라스 변환) [정리 3-10]을 이용해 주어진 함수의 라플라스 변환을 구하라.

(a) $f(t)=\int_0^t e^{-\tau}d\tau$ (b) $f(t)=\int_0^t \sin 2\tau d\tau$

3.7 (라플라스 역변환) 주어진 함수의 라플라스 역변환을 구하라.

(a) $F(s)=\dfrac{s+3}{s^2-2s-3}$ (b) $F(s)=\dfrac{s+2}{s^2-4}$

(c) $F(s)=\dfrac{s+3}{s^2+4}$ (d) $F(s)=\dfrac{s+2}{s^2}$

(e) $F(s)=\dfrac{s+2}{s^3-s^2-s+1}$ (f) $F(s)=\dfrac{2}{s}-\dfrac{1}{s^2}+\dfrac{1}{s-3}$

(g) $F(s)=\dfrac{2}{s^3-9s}$ (h) $F(s)=\dfrac{1}{s^2+s-2}$

(i) $F(s)=\dfrac{1}{s^3-s^2+s-1}$ (j) $F(s)=\dfrac{s+1}{s^2+4}$

3.8 (이동정리 이용) 이동정리를 이용해 주어진 함수의 라플라스 역변환을 구하라.

(a) $F(s)=\dfrac{1}{(s+1)^3}$ (b) $F(s)=\dfrac{s+2}{s^2+2s+2}$

(c) $F(s)=\dfrac{s}{s^2+4s+8}$ (d) $F(s)=\dfrac{s+3}{(s+1)^2+4}$

(e) $F(s)=\dfrac{3s+1}{(s+2)^2}$ (f) $F(s)=\dfrac{s+2}{s^2(s+1)^2}$

(g) $F(s)=\dfrac{e^{-2s}}{s(s-1)}$ (h) $F(s)=\dfrac{2+e^{-2s}}{s+1}$

(i) $F(s)=\dfrac{e^{-2s}}{s^2+4}$ (j) $F(s)=\dfrac{e^{2s}}{(s-1)(s+3)}$

3.9 (미분방정식 풀이) 라플라스 변환을 이용해 주어진 미분방정식의 초깃값 문제를 풀어라.

(a) $y''-y'-2y=0$ $(y(0)=1,\ y'(0)=1)$

(b) $y''-y=0$ $(y(0)=1,\ y'(0)=1)$

(c) $y''-2y-3=0$ $(y(0)=-1,\ y'(0)=1)$

(d) $y''-y=e^{-2t}$ $(y(0)=1,\ y'(0)=1)$

(e) $y''-3y'+2y=e^{-t}$ $(y(0)=1,\ y'(0)=0)$

(f) $y'''-3y'+2y=e^{-2t}$ $(y(0)=0,\ y'(0)=0,\ y''(0)=0)$

(g) $y'''+y''-2y'=2$ $(y(0)=0,\ y'(0)=1,\ y''(0)=1)$

3.10 (제1 이동정리 이용) 주어진 미분방정식의 초깃값 문제를 풀어라.

(a) $y'-2y=e^{2t}$ $(y(0)=1)$

(b) $y'+y=e^{-t}$ $(y(0)=1)$

(c) $y''-2y'+5y=0$ $(y(0)=-1,\ y'(0)=1)$

(d) $y''+4y'+4y=t$ $(y(0)=0,\ y'(0)=0)$

(e) $y''+2y'+5y=e^{-t}$ $(y(0)=0,\ y'(0)=1)$

(f) $y''+4y'+4y=e^{-t}$ $(y(0)=0,\ y'(0)=0)$

(g) $y''+y=e^{-t}\sin t$ $(y(0)=0,\ y'(0)=0)$

3.11 (제2 이동정리 이용) 주어진 미분방정식의 초깃값 문제를 풀어라.

(a) $y'-y=f(t)$ $(y(0)=0)$, $f(t)=\begin{cases}0 & (0\le t<2)\\ 2 & (t\ge 2)\end{cases}$

(b) $y'+3y=f(t)$ $(y(0)=0)$, $f(t)=\begin{cases}t & (0\le t<2)\\ 0 & (t\ge 2)\end{cases}$

(c) $y''+y=f(t)$ $(y(0)=0),\ y'(0)=0)$, $f(t)=\begin{cases}-1 & (0\le t<2)\\ 0 & (t\ge 2)\end{cases}$

(d) $y''-y'-2y=u(t-1)$ $(y(0)=1,\ y'(0)=1)$

(e) $y''+y'-6y=u(t-1)-u(t-2)$ $(y(0)=0,\ y'(0)=1)$

(f) $y''+y=\cos t\,u(t-\pi)$ $(y(0)=0,\ y'(0)=1)$

3.12 **(라플라스 변환의 도함수)** [정리 3-8]을 이용해 주어진 미분방정식의 초깃값 문제를 풀어라.

(a) $y' + 2y = t\cos t \qquad (y(0) = 1)$

(b) $y'' + y' - 2y = te^{3t} \qquad (y(0) = 0,\ y'(0) = 0)$

3.13 응용 **(질량-스프링 시스템 : 강제진동)** 오른쪽 그림과 같은 질량-스프링 시스템에서 질량이 m인 물체에 외력 $f(t) = 3$ [N]이 $0 \le t < 2$의 시간 동안 가해진 후 제거될 때, 이 물체가 움직이는 변위 $x(t)$를 구하라. 여기서 변위는 스프링과 질량이 평형을 이루고 있는 지점에서 측정되고, 스프링 상수 $k = 2$ [N/m], 질량 $m = 1$ [kg]이며, 모든 초깃값은 0이라 가정한다.

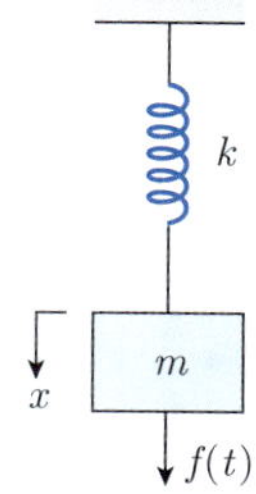

3.14 응용 **(RC 전기회로 시스템)** 다음 그림과 같은 RC 직렬 전기회로 시스템에서 주어진 입력전압에 대한 전하량 $q(t)$를 구하라. 여기서 $R = 2$ [Ω], $C = 0.25$ [F], $q(0) = 0$이다.

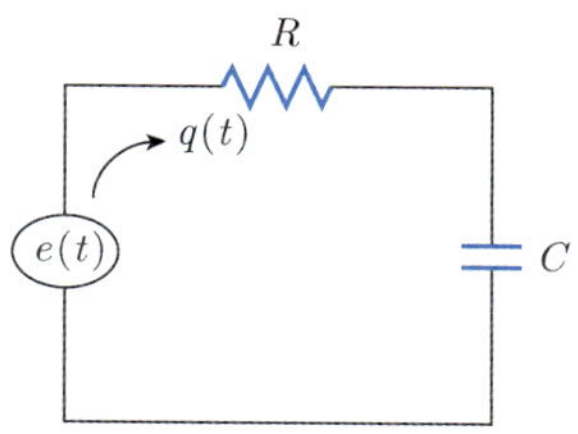

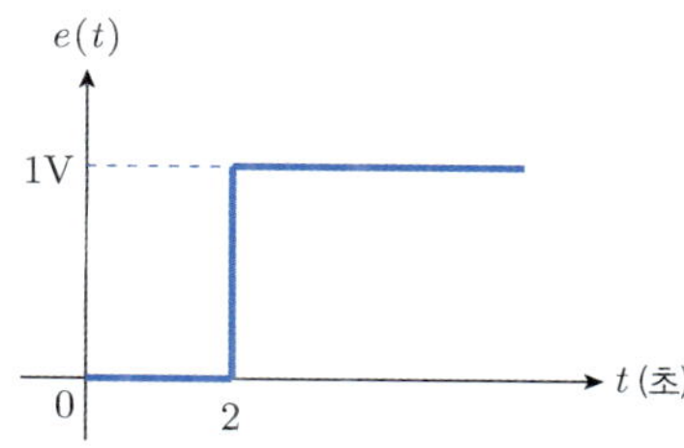

3.15 응용 **(LC 전기회로 시스템)** 다음 그림과 같이 인덕턴스 L, 커패시턴스 C, 입력전압 $e(t)$로 구성된 LC 전기회로 시스템에 전원이 인가되지 않은 상태에서 초깃값이 $q(0) = q_0$, $q'(0) = q_0'$으로 주어질 때, 전하량 $q(t)$를 구하라.

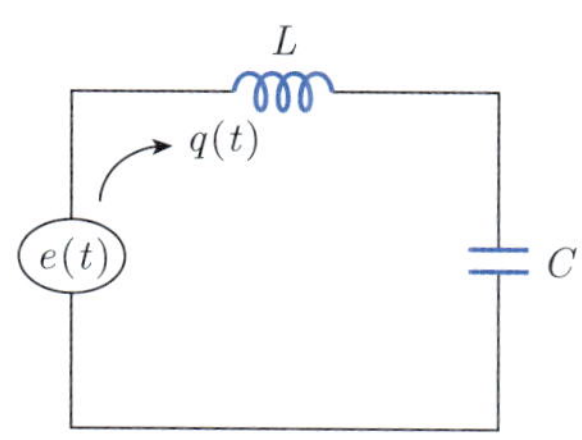

3.16 응용 **(LC 전기회로 시스템)** [연습문제 3.15]의 그림과 같은 시스템에 입력전압 $e(t)$가 인가되는 상태에서 초깃값이 $q(0) = 0$, $q'(0) = 0$으로 주어질 때, 전하량 $q(t)$를 구하라.

3.17 응용 **(LRC 전기회로 시스템)** 다음 그림과 같이 인덕턴스 L, 저항 R, 커패시턴스 C, 입력전압 $e(t)$로 구성된 LRC 전기회로 시스템에 전원이 인가되지 않은 상태에서 초깃값이 $q(0)=q_0$, $q'(0)=q_0'$으로 주어질 때, 전하량 $q(t)$를 구하라.

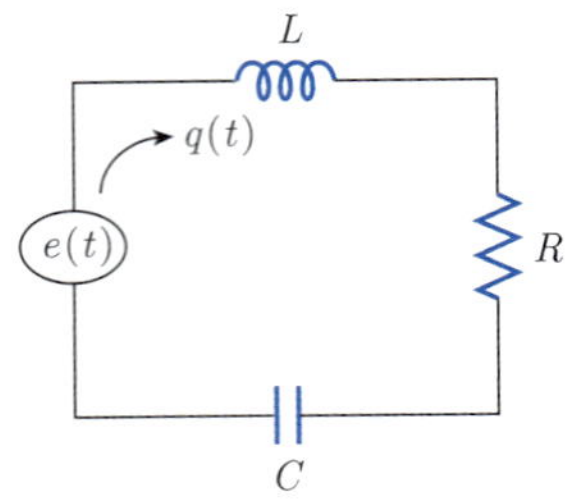

3.18 응용 **(LRC 전기회로 시스템)** [연습문제 3.17]의 그림과 같은 시스템에 입력전압 $e(t)$가 인가되는 상태에서 초깃값이 $q(0)=0$, $q'(0)=0$으로 주어질 때, 전하량 $q(t)$를 구하라.

3.19 **(선형 연립 미분방정식)** 주어진 연립 미분방정식을 풀어라.

(a) $x'(t) = -2x+y, \quad y'(t) = x-2y \qquad (x(0)=1,\ y(0)=-1)$

(b) $x'(t) = 2x+y, \quad y'(t) = 5x-2y \qquad (x(0)=1,\ y(0)=1)$

(c) $x'(t) = 2x+2y+1, \quad y'(t) = 5x-y+1 \qquad (x(0)=1,\ y(0)=1)$

(d) $x'(t) = x+y+e^{-2t}, \quad y'(t) = -4x+y+e^{-2t} \qquad (x(0)=1,\ y(0)=1)$

3.20 응용 **(라플라스 변환의 공학에서의 응용)** 어떤 동적 시스템을 수학적으로 모델링한 결과가 다음과 같은 미분방정식으로 주어졌다고 할 때, 주어진 물음에 답하라. 여기서 $y(t)$는 시스템 출력변수이고, $f(t)$는 시스템 입력변수이다.

$$\frac{d^2y}{dt^2}+4\frac{dy}{dt}+3y = f'(t)+2f(t)$$

(a) 시스템 전달함수를 구하라.

(b) 시스템에 대한 극점-영점 선도를 그려라.

(c) 시스템의 안정성에 대해 설명하라.

CHAPTER

04

벡터

Vector

Contents

학습목표

- 벡터의 기본이 되는 위치벡터, 단위벡터, 기저벡터 등의 개념을 이해할 수 있다.
- 벡터의 내적과 외적의 정의와 성질을 이해하고, 이에 관한 물리적 응용과 기하학적 의미 등을 이해할 수 있다.
- 벡터의 방향코사인, 방향각과 벡터의 성분 및 사영을 구할 수 있다.
- 평면상에서 학습한 내용을 공간상으로 확대하여 유사한 개념들을 이해할 수 있다.
- 공간벡터의 일차결합, 일차독립과 일차종속에 대한 개념을 이해하고, 연립방정식이나 미분방정식의 일차독립 해를 구하는 데 응용할 수 있다.

이 장에서 배우는 내용은?

과학이나 공학에서는 물리량을 스칼라와 벡터로 구분한다. 스칼라는 온도, 속력, 길이 등과 같이 크기만 갖는 물리량으로 실숫값이고, 벡터는 힘, 속도, 모멘트 벡터 등과 같이 크기와 방향을 모두 갖는 물리량이다.

스칼라량의 변화를 이용해 변수, 함수, 미분과 적분 등과 같은 다양한 수학 이론을 전개하듯이, 벡터를 이용해 내적과 외적, 벡터함수, 벡터함수에 대한 도함수 및 방향도함수, 벡터장에서의 발산과 회전, 선적분, 이중적분, 면적분, 삼중적분 등 공학과 물리학에서 널리 응용되는 다양한 이론을 전개할 수 있다.

이 장에서는 공학이나 물리학에서 반드시 알아두어야 할 개념인 벡터를 다루고, 공학에 응용할 수 있는 다양한 예제를 직접 풀어볼 것이다. 벡터함수의 미분학과 적분학에 관한 내용은 5장과 6장에서 자세히 다룰 것이다.

SECTION 4.1 벡터의 기본 개념

벡터 vector는 크기와 방향을 갖는 물리량으로, 항상 시작점과 끝점을 갖는다. 벡터는 크기와 방향을 변경하지 않고도 자유롭게 평행이동할 수 있다. 벡터는 영문자와 화살표를 이용해 $\vec{a}$, $\vec{b}$, $\vec{c}$와 같이 표기한다. 이 절에서는 위치벡터, 단위벡터, 기저벡터의 개념과 성질을 이해하고, 두 벡터의 끝점 사이의 거리를 구하는 방법에 대해 살펴본다.

■ 위치벡터

임의의 벡터의 시작점을 직교좌표축의 원점에 위치시킨 벡터를 **위치벡터** position vector라고 한다. [그림 4-1(a)]에서 $\vec{a} = \langle a_1, a_2 \rangle$는 2차원 평면상의 위치벡터이고, [그림 4-1(b)]의 $\vec{a} = \langle a_1, a_2, a_3 \rangle$는 3차원 공간상의 위치벡터이다. 이때 [그림 4-1]과 같이 시작점이 원점 O이고 끝점이 P인 위치벡터를 $\overrightarrow{OP}$로 표기하기도 한다.

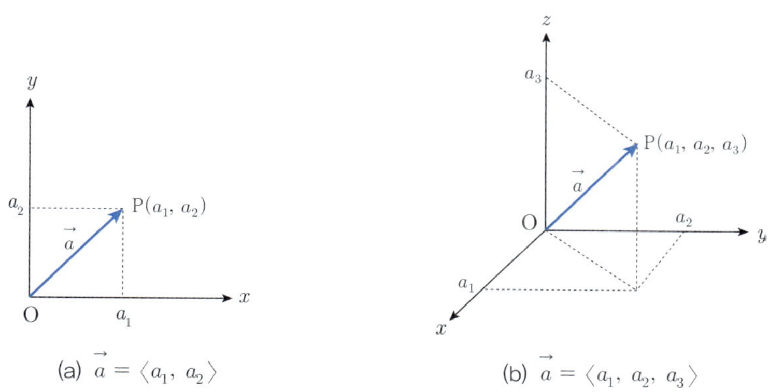

[그림 4-1] 위치벡터

벡터 $\vec{a} = \langle a_1, a_2, a_3 \rangle$의 **크기** magnitude 또는 **노름** norm은 다음과 같이 표기한다.

$$\|\vec{a}\| = \sqrt{a_1^2 + a_2^2 + a_3^2} \tag{4.1}$$

예제 4-1 **벡터의 크기**

두 벡터 $\vec{a}=\langle 2,\ 1,\ -1\rangle$과 $\vec{b}=\langle 1,\ -1,\ 1\rangle$의 크기를 각각 구하라.

풀이

$\|\vec{a}\|=\sqrt{2^2+1^2+(-1)^2}=\sqrt{6},\quad \|\vec{b}\|=\sqrt{1^2+(-1)^2+1^2}=\sqrt{3}$

위치벡터로 정의된 벡터의 주요 기본 성질을 살펴보자.

정리 4-1 **벡터의 기본 성질**

두 벡터 $\vec{a}=\langle a_1,\ a_2,\ a_3\rangle$와 $\vec{b}=\langle b_1,\ b_2,\ b_3\rangle$가 위치벡터이고, k가 임의의 상수이면 다음 관계가 성립한다.

(1) $\vec{a}\pm\vec{b}=\langle a_1\pm b_1,\ a_2\pm b_2,\ a_3\pm b_3\rangle$ (벡터의 합과 차)

(2) $k\vec{a}=\langle ka_1,\ ka_2,\ ka_3\rangle$ (스칼라곱)

(3) $k(\vec{a}+\vec{b})=k\vec{a}+k\vec{b}$ (분배법칙)

(4) $\vec{a}+\vec{b}=\vec{b}+\vec{a}$ (교환법칙)

(5) $\vec{a}+(\vec{b}+\vec{c})=(\vec{a}+\vec{b})+\vec{c}$ (결합법칙)

예제 4-2 **벡터의 기본 성질**

벡터의 기본 성질을 이용해 두 벡터 $\vec{a}=\langle 2,\ 1,\ -1\rangle$과 $\vec{b}=\langle 1,\ -1,\ 1\rangle$에 대해 $\vec{c}=\vec{a}-2\vec{b}$를 구하라.

풀이

$$\begin{aligned}\vec{c}=\vec{a}-2\vec{b}&=\langle 2,\ 1,\ -1\rangle-2\langle 1,\ -1,\ 1\rangle=\langle 2,\ 1,\ -1\rangle-\langle 2,\ -2,\ 2\rangle\\&=\langle 2-2,\ 1+2,\ -1-2\rangle=\langle 0,\ 3,\ -3\rangle\end{aligned}$$

■ 단위벡터

크기가 1인 벡터를 **단위벡터**unit vector라 하고 기호 $\vec{u}$로 표기한다. 크기가 0이 아닌 임의의 $\vec{a}$ 방향으로의 단위벡터 $\vec{u}$는 다음과 같이 $\vec{a}$를 $\vec{a}$의 크기로 나눔으로써 얻는다.

$$\vec{a}\text{ 방향으로의 단위벡터 }\vec{u}=\frac{\vec{a}}{\|\vec{a}\|} \tag{4.2}$$

예를 들어 $\vec{a} = \langle 2,\ 1,\ -1 \rangle$일 때, $\vec{a}$ 방향으로의 단위벡터는 다음과 같다.

$$\vec{u} = \frac{\vec{a}}{\|\vec{a}\|} = \frac{\langle 2,\ 1,\ -1 \rangle}{\sqrt{2^2 + 1^2 + (-1)^2}} = \left\langle \frac{2}{\sqrt{6}},\ \frac{1}{\sqrt{6}},\ \frac{-1}{\sqrt{6}} \right\rangle$$

■ 기저벡터

[정리 4-1]에 따라 임의의 벡터 $\vec{a} = \langle a_1,\ a_2,\ a_3 \rangle$는 다음과 같이 나타낼 수 있다.

$$\vec{a} = \langle a_1,\ a_2,\ a_3 \rangle = a_1\langle 1,\ 0,\ 0 \rangle + a_2\langle 0,\ 1,\ 0 \rangle + a_3\langle 0,\ 0,\ 1 \rangle$$

여기서 $\langle 1,\ 0,\ 0 \rangle$은 x축 방향으로의 단위벡터, $\langle 0,\ 1,\ 0 \rangle$은 y축 방향으로의 단위벡터, $\langle 0,\ 0,\ 1 \rangle$은 z축 방향으로의 단위벡터이다. 이와 같은 특정 방향으로의 단위벡터는 [그림 4-2]로 나타낼 수 있으며, 다음과 같은 기호로 표기한다.

$$\vec{i} = \langle 1,\ 0,\ 0 \rangle, \quad \vec{j} = \langle 0,\ 1,\ 0 \rangle, \quad \vec{k} = \langle 0,\ 0,\ 1 \rangle \tag{4.3}$$

식 (4.3)을 이용하면 3차원 공간상의 임의의 벡터 $\vec{a}$를 다음과 같이 나타낼 수 있다.

$$\vec{a} = \langle a_1,\ a_2,\ a_3 \rangle = a_1\vec{i} + a_2\vec{j} + a_3\vec{k}$$

이때 식 (4.3)의 $\vec{i}$, $\vec{j}$, $\vec{k}$를 3차원 공간상의 벡터에 대한 **기저벡터**basis vector라고 한다.

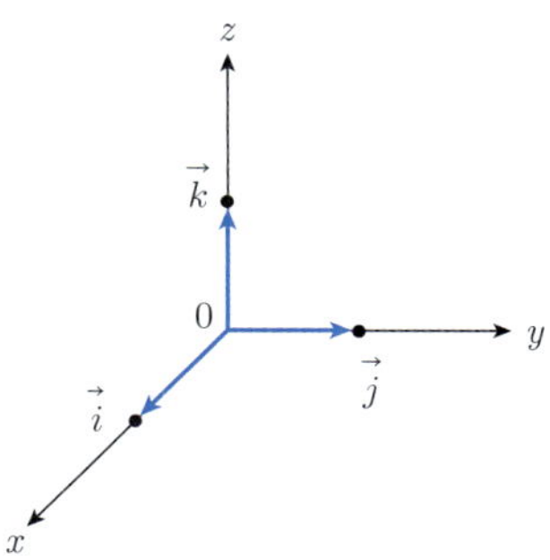

[그림 4-2] 3차원 공간상의 벡터에 대한 기저벡터 $\vec{i}$, $\vec{j}$, $\vec{k}$

■ 두 점 사이의 거리

두 위치벡터 $\overrightarrow{OP_1} = \langle x_1,\ y_1,\ z_1 \rangle$과 $\overrightarrow{OP_2} = \langle x_2,\ y_2,\ z_2 \rangle$의 끝점인 P_1과 P_2 사이의 거리를 구해보자. $\overrightarrow{OP_1}$과 $\overrightarrow{OP_2}$가 위치벡터이므로 [그림 4-3]에서 볼 수 있듯이, $\overrightarrow{P_1P_2}$는 다음과 같다.

$$\overrightarrow{P_1P_2} = \langle (x_2 - x_1),\ (y_2 - y_1),\ (z_2 - z_1) \rangle$$

이때 벡터 $\overrightarrow{P_1P_2}$의 크기가 두 끝점 사이의 거리가 된다. 따라서 두 끝점 P_1과 P_2 사이의 거리는 다음과 같다.

$$\|\overrightarrow{P_1P_2}\| = \sqrt{(x_2-x_1)^2+(y_2-y_1)^2+(z_2-z_1)^2} \tag{4.4}$$

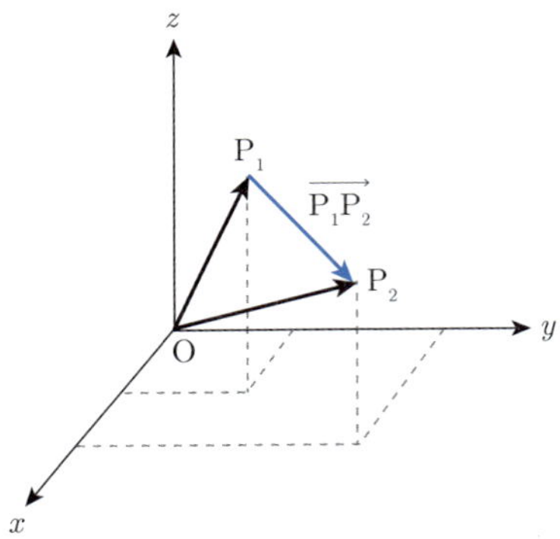

[그림 4-3] 두 점 P_1과 P_2 사이의 거리

예제 4-3 두 점 사이의 거리

두 위치벡터 $\overrightarrow{OP_1} = \langle 1, 2, -1 \rangle$과 $\overrightarrow{OP_2} = \langle 1, 1, -1 \rangle$의 끝점 사이의 거리를 구하라.

풀이

$\overrightarrow{OP_1}$과 $\overrightarrow{OP_2}$가 위치벡터이므로 $\overrightarrow{P_1P_2} = \langle (1-1), (1-2), (-1+1) \rangle = \langle 0, -1, 0 \rangle$이고, 벡터 $\overrightarrow{P_1P_2}$의 크기가 두 위치벡터의 끝점 사이의 거리가 된다. 따라서 두 끝점 사이의 거리는 다음과 같다.

$$\|\overrightarrow{P_1P_2}\| = \sqrt{0^2+(-1)^2+0^2} = 1$$

SECTION 4.2 벡터의 내적

벡터 사이의 곱 연산에는 두 종류가 있다. 하나는 결과가 스칼라인 내적이고 다른 하나는 결과가 벡터인 외적이다. 내적과 외적은 기계역학이나 전기자기학 등의 분야에서 유용하게 사용된다. 이 책에서는 벡터의 내적에 대해 먼저 설명한 후, 벡터의 외적에 대해 다룰 것이다.

정의 4-1 벡터의 내적

두 벡터 $\vec{a}$와 $\vec{b}$의 **내적**dot product, inner product은 다음과 같다.

$$\vec{a} \cdot \vec{b} = \|\vec{a}\| \|\vec{b}\| \cos\theta$$

여기서 θ는 두 벡터의 사잇각으로 $0 \le \theta \le \pi$이다.

$\vec{a}$와 $\vec{b}$가 0이 아닌 벡터이면 내적의 부호는 $\cos\theta$의 부호에 따라 달라진다. 따라서 [정의 4-1]에 의해 다음과 같은 사실을 알 수 있다.

(1) θ가 예각$\left(0 \le \theta < \dfrac{\pi}{2}\right)$이면 $\vec{a} \cdot \vec{b} > 0$이다.

(2) θ가 직각$\left(\theta = \dfrac{\pi}{2}\right)$이면 $\vec{a} \cdot \vec{b} = 0$이다.

(3) θ가 둔각$\left(\dfrac{\pi}{2} < \theta \le \pi\right)$이면 $\vec{a} \cdot \vec{b} < 0$이다.

[정의 4-1]로부터 두 벡터 $\vec{a}$와 $\vec{b}$의 사잇각을 구할 수 있다. 특히 (2)의 경우에 $\theta = \dfrac{\pi}{2}$이면 $\vec{a} \cdot \vec{b} = 0$이므로, $\vec{a}$와 $\vec{b}$의 내적이 0이면 두 벡터가 서로 **직교**orthogonal함을 알 수 있다.

기저벡터 $\vec{i}$, $\vec{j}$, $\vec{k}$ 사이의 내적을 구하면 다음과 같은 관계식을 얻을 수 있다.

$$\vec{i} \cdot \vec{i} = 1, \quad \vec{j} \cdot \vec{j} = 1, \quad \vec{k} \cdot \vec{k} = 1$$
$$\vec{i} \cdot \vec{j} = \vec{j} \cdot \vec{i} = 0, \quad \vec{i} \cdot \vec{k} = \vec{k} \cdot \vec{i} = 0, \quad \vec{j} \cdot \vec{k} = \vec{k} \cdot \vec{j} = 0 \qquad (4.5)$$

두 벡터 $\vec{a} = \langle a_1, a_2, a_3 \rangle$와 $\vec{b} = \langle b_1, b_2, b_3 \rangle$의 내적은 기저벡터와 식 (4.5)를 이용해 다음과 같이 나타낼 수도 있다.

$$\begin{aligned}\vec{a} \cdot \vec{b} &= \langle a_1, a_2, a_3 \rangle \cdot \langle b_1, b_2, b_3 \rangle \\ &= (a_1\vec{i} + a_2\vec{j} + a_3\vec{k}) \cdot (b_1\vec{i} + b_2\vec{j} + b_3\vec{k}) \\ &= a_1b_1 + a_2b_2 + a_3b_3\end{aligned}$$

예제 4-4 두 벡터의 사잇각

두 벡터 $\vec{a} = \sqrt{3}\,\vec{i} + \vec{j}$와 $\vec{b} = \sqrt{3}\,\vec{i} - \vec{j}$의 사잇각을 구하라.

풀이

$\vec{a} = \langle \sqrt{3}, 1 \rangle$, $\vec{b} = \langle \sqrt{3}, -1 \rangle$이므로 $\vec{a} \cdot \vec{b} = 3 - 1 = 2$이고, $\|\vec{a}\| = \sqrt{3+1} = 2$, $\|\vec{b}\| = \sqrt{3+1} = 2$이다. 따라서 [정의 4-1]에 의해 다음과 같다.

$$\cos\theta = \frac{\vec{a} \cdot \vec{b}}{\|\vec{a}\|\|\vec{b}\|} = \frac{2}{2 \cdot 2} = \frac{1}{2}$$

그러므로 두 벡터 $\vec{a}$와 $\vec{b}$의 사잇각은 다음과 같다.

$$\theta = \cos^{-1}\left(\frac{1}{2}\right) = 60°$$

예제 4-5 직교벡터

두 벡터 $\vec{a} = \vec{i} - \vec{j} - \vec{k}$와 $\vec{b} = 2\vec{i} + \vec{j} + \vec{k}$가 서로 직교하는지를 판단하라.

풀이

$\vec{a} = \langle 1, -1, -1 \rangle$, $\vec{b} = \langle 2, 1, 1 \rangle$이므로 $\vec{a} \cdot \vec{b} = 2 - 1 - 1 = 0$이다. 따라서 $\vec{a}$와 $\vec{b}$는 서로 직교한다.

벡터의 내적은 다음과 같은 성질을 만족한다.

정리 4-2 벡터의 내적에 관한 성질

세 벡터 $\vec{a}$, $\vec{b}$, $\vec{c}$에 대해 다음이 성립한다.

(1) $\vec{a} \cdot \vec{b} = \vec{b} \cdot \vec{a}$ (교환법칙)

(2) $\vec{a} \cdot (\vec{b} + \vec{c}) = \vec{a} \cdot \vec{b} + \vec{a} \cdot \vec{c}$ (분배법칙)

(3) $\vec{a} \cdot \vec{a} = \|\vec{a}\|^2 \geq 0$

참고 벡터 내적의 물리적 의미

어떤 물체에 일정한 크기의 힘 $\vec{F}$를 가해서 [그림 4-4(a)]와 같이 힘 $\vec{F}$와 동일한 방향으로 물체를 거리 d만큼 이동시켰다고 하자. 이때 힘 $\vec{F}$가 이 물체에 한 **일**work은 $W = \|\vec{F}\| d$이다. 그러나 힘 $\vec{F}$를 [그림 4-4(b)]와 같은 방향으로 가해서 d만큼 이동시킨다면 힘 $\vec{F}$가 이 물체에 한 일은 다음과 같이 두 벡터의 내적으로 나타낼 수 있다. 내적을 계산할 때는 이동거리 d를 벡터 $\vec{d}$로 환산해야 한다.

$$W = \vec{F} \cdot \vec{d} = \|\vec{F}\| \|\vec{d}\| \cos\theta \tag{4.6}$$

식 (4.6)을 보면 [그림 4-4(a)]는 $\vec{F}$와 $\vec{d}$의 사잇각이 $\theta = 0°$인 특수한 경우임을 알 수 있다.

[그림 4-4] 내적의 물리적 의미

예제 4-6 응용 힘 벡터가 물체에 한 일

어떤 물체에 일정한 크기의 힘 $\vec{F} = \vec{i} - 2\vec{j}$를 가해서, 물체의 위치를 점 $P_1(2, 2)$에서 점 $P_2(-1, -1)$로 이동시켰다. 힘의 단위는 뉴턴(N)이고 물체가 이동한 거리의 단위는 미터(m)일 때, 힘 $\vec{F}$가 이 물체에 한 일을 구하라.

풀이

먼저 물체가 이동한 거리를 벡터로 환산하면 다음과 같다.

$$\vec{d} = \overrightarrow{P_1P_2} = \overrightarrow{OP_2} - \overrightarrow{OP_1} = \langle -1, -1 \rangle - \langle 2, 2 \rangle = \langle -3, -3 \rangle = -3\vec{i} - 3\vec{j}$$

따라서 힘이 이 물체에 한 일은 다음과 같다.

$$W = \vec{F} \cdot \vec{d} = (\vec{i} - 2\vec{j}) \cdot (-3\vec{i} - 3\vec{j}) = 3[\text{Nm}]$$

■ 방향코사인

3차원 공간에서 0이 아닌 임의의 벡터 $\vec{a} = a_1\vec{i} + a_2\vec{j} + a_3\vec{k}$와 기저벡터 $\vec{i}$, $\vec{j}$, $\vec{k}$가 이루는 각 α, β, γ를 $\vec{a}$의 **방향각**directional angles이라고 한다. 그리고 각각의 방향각에 대한 코사인 값, 즉 $\cos\alpha$, $\cos\beta$, $\cos\gamma$를 $\vec{a}$의 **방향코사인**directional cosines이라고 한다.

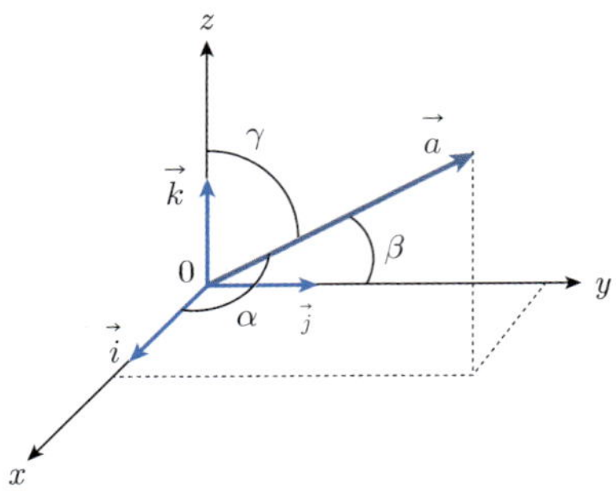

[그림 4-5] **방향코사인**

[정의 4-1]을 이용하면 [그림 4-5]로부터 $\vec{a}$의 방향코사인 값을 다음과 같이 구할 수 있다.

$$\cos\alpha = \frac{\vec{a}\cdot\vec{i}}{\|\vec{a}\|\,\|\vec{i}\|} = \frac{(a_1\vec{i} + a_2\vec{j} + a_3\vec{k})\cdot\vec{i}}{\|\vec{a}\|} = \frac{a_1}{\|\vec{a}\|} \tag{4.7}$$

$$\cos\beta = \frac{\vec{a}\cdot\vec{j}}{\|\vec{a}\|\,\|\vec{j}\|} = \frac{(a_1\vec{i} + a_2\vec{j} + a_3\vec{k})\cdot\vec{j}}{\|\vec{a}\|} = \frac{a_2}{\|\vec{a}\|} \tag{4.8}$$

$$\cos\gamma = \frac{\vec{a}\cdot\vec{k}}{\|\vec{a}\|\,\|\vec{k}\|} = \frac{(a_1\vec{i} + a_2\vec{j} + a_3\vec{k})\cdot\vec{k}}{\|\vec{a}\|} = \frac{a_3}{\|\vec{a}\|} \tag{4.9}$$

한편, $\vec{a}$의 단위벡터와 방향코사인을 이용하면 다음 식을 얻는다.

$$\begin{aligned}\frac{\vec{a}}{\|\vec{a}\|} &= \frac{1}{\|\vec{a}\|}(a_1\vec{i} + a_2\vec{j} + a_3\vec{k}) \\ &= \frac{a_1}{\|\vec{a}\|}\vec{i} + \frac{a_2}{\|\vec{a}\|}\vec{j} + \frac{a_3}{\|\vec{a}\|}\vec{k} \\ &= (\cos\alpha)\vec{i} + (\cos\beta)\vec{j} + (\cos\gamma)\vec{k}\end{aligned}$$

$(\cos\alpha)\vec{i}+(\cos\beta)\vec{j}+(\cos\gamma)\vec{k}$가 단위벡터이고, 단위벡터의 크기가 1이라는 사실을 이용하면 다음과 같은 방향코사인 사이의 관계식을 얻을 수 있다.

$$\cos^2\alpha+\cos^2\beta+\cos^2\gamma=1 \tag{4.10}$$

예제 4-7 방향코사인과 방향각

$\vec{a}=\vec{i}-\vec{j}+2\vec{k}$의 방향코사인과 방향각을 각각 구하라.

풀이

$\vec{a}$의 크기가 $\|\vec{a}\|=\sqrt{1^2+(-1)^2+2^2}=\sqrt{6}$이므로 방향코사인 값은 각각 다음과 같다.

$$\cos\alpha=\frac{1}{\sqrt{6}},\quad \cos\beta=\frac{-1}{\sqrt{6}},\quad \cos\gamma=\frac{2}{\sqrt{6}}$$

따라서 방향각은 각각 다음과 같다.

$$\alpha=\cos^{-1}\left(\frac{1}{\sqrt{6}}\right)\approx 65.9°,\quad \beta=\cos^{-1}\left(\frac{-1}{\sqrt{6}}\right)\approx 114.1°,\quad \gamma=\cos^{-1}\left(\frac{2}{\sqrt{6}}\right)\approx 35.3°$$

SECTION
4.3 벡터의 성분과 사영

벡터의 성분

임의의 벡터 $\vec{a}=a_1\vec{i}+a_2\vec{j}+a_3\vec{k}$에 대해 a_1, a_2, a_3를 $\vec{a}$의 **성분**components이라고 한다. 이때 $\vec{a}=a_1\vec{i}+a_2\vec{j}+a_3\vec{k}$와 기저벡터 $\vec{i}$, $\vec{j}$, $\vec{k}$의 내적을 구하면 다음과 같고, 각각을 $\vec{a}$의 x축 방향, y축 방향, z축 방향으로의 성분이라고 한다.

$$\begin{aligned}&\vec{a}\text{의 } x\text{축 방향으로의 성분 : } comp_{\vec{i}}\,\vec{a}=\vec{a}\cdot\vec{i}=a_1\\&\vec{a}\text{의 } y\text{축 방향으로의 성분 : } comp_{\vec{j}}\,\vec{a}=\vec{a}\cdot\vec{j}=a_2\\&\vec{a}\text{의 } z\text{축 방향으로의 성분 : } comp_{\vec{k}}\,\vec{a}=\vec{a}\cdot\vec{k}=a_3\end{aligned}\tag{4.11}$$

그렇다면 임의의 벡터 $\vec{b}$에 대해 $\vec{a}$의 $\vec{b}$ 방향으로의 성분은 어떻게 구할 수 있을까? [그림 4-6]과 같이 $\vec{a}$의 끝점에서 $\vec{b}$ 위에 수선을 내렸을 때, 수선과 $\vec{b}$가 만나는 점에서 $\vec{a}$의 시작점까지의 길이가 $\vec{a}$의 $\vec{b}$ 방향으로의 성분이 된다. 즉 $\vec{a}$의 x축 방향으로의 성분이 $comp_{\vec{i}}\,\vec{a}=\vec{a}\cdot\vec{i}$임을 고려하면 $\vec{a}$의 $\vec{b}$ 방향으로의 성분 역시 $\vec{a}$와 $\dfrac{\vec{b}}{\|\vec{b}\|}$의 내적에 의해 다음과 같이 구할 수 있다.

$$comp_{\vec{b}}\,\vec{a}=\vec{a}\cdot\frac{\vec{b}}{\|\vec{b}\|}=\frac{\vec{a}\cdot\vec{b}}{\|\vec{b}\|}=\frac{\|\vec{a}\|\,\|\vec{b}\|\cos\theta}{\|\vec{b}\|}=\|\vec{a}\|\cos\theta\tag{4.12}$$

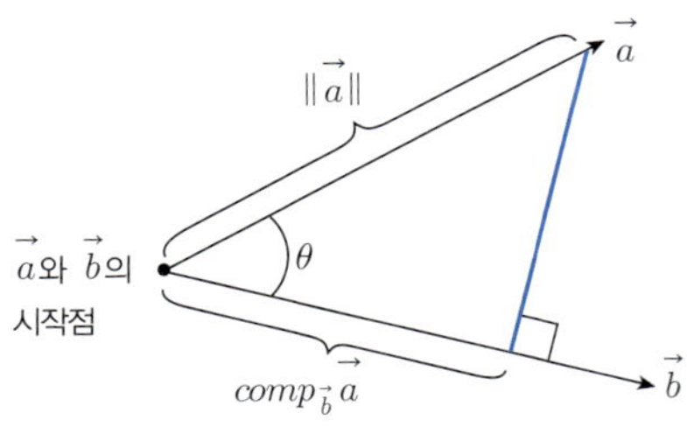

[그림 4-6] $\vec{a}$의 $\vec{b}$ 방향으로의 성분

예제 4-8 벡터의 성분

$\vec{a} = \vec{i} - \vec{j} + \vec{k}$의 $\vec{b} = 2\vec{i} - 2\vec{j} + \vec{k}$ 방향으로의 성분을 구하라.

풀이

$\vec{b}$의 크기가 $\|\vec{b}\| = \sqrt{2^2+(-2)^2+1^2}=3$이므로, $\vec{b}$의 단위벡터는 $\dfrac{\vec{b}}{\|\vec{b}\|} = \dfrac{2\vec{i} - 2\vec{j} + \vec{k}}{3}$이다. 따라서 $\vec{a}$의 $\vec{b}$ 방향으로의 성분은 다음과 같다.

$$comp_{\vec{b}}\vec{a} = \vec{a} \cdot \frac{\vec{b}}{\|\vec{b}\|} = \frac{(\vec{i} - \vec{j} + \vec{k}) \cdot (2\vec{i} - 2\vec{j} + \vec{k})}{3} = \frac{5}{3}$$

벡터의 사영

사영이란 일반적으로 빛을 쏘아 그림자를 비추는 것을 말한다. 예를 들어 빔 프로젝터를 통해 벽에 화면을 비추는 것을 생각할 수 있다. 수학에서 벡터의 사영도 비슷하게 이해할 수 있다. [그림 4-7(a)]와 같이 $\vec{a}$를 x축 위에 수직으로 내린 벡터를 $\vec{a}$의 x축 방향으로의 **사영**projection이라 한다. $\vec{a}$의 x축 방향으로의 사영은 크기가 $\vec{a}$의 x축 방향으로의 성분이고 방향이 $\vec{i} = \langle 1, 0 \rangle$인 벡터를 의미하며, 다음과 같이 $proj_{\vec{i}}\vec{a}$로 표기한다.

$$proj_{\vec{i}}\vec{a} = \left(comp_{\vec{i}}\vec{a}\right)\vec{i} = a_1\vec{i}$$

$\vec{a}$의 y축 방향으로의 사영도 비슷하게 정의할 수 있다.

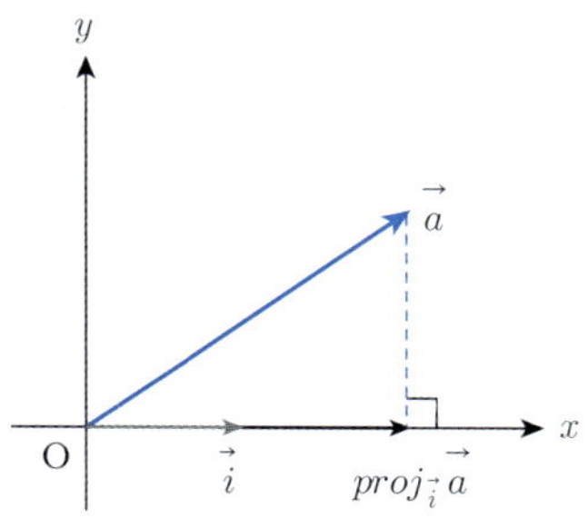

(a) x축 방향으로의 사영

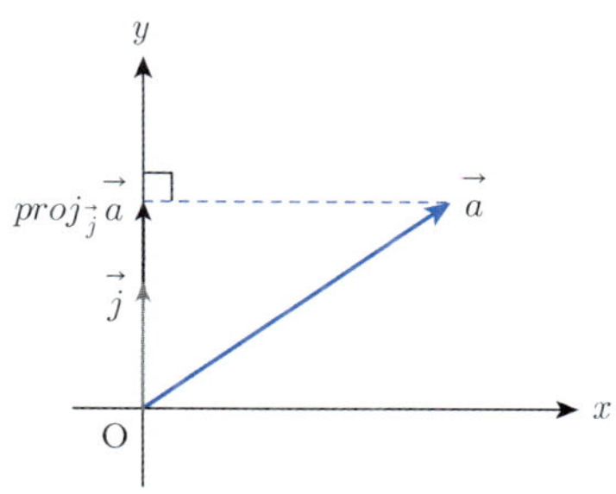

(b) y축 방향으로의 사영

[그림 4-7] 2차원 벡터의 사영

[그림 4-8]을 보면 3차원 공간에서도 $\vec{a}$의 x축, y축, z축 방향으로의 사영을 동일하게 정의할 수 있다.

$$\vec{a}\text{의 } x\text{축 방향으로의 사영 : } proj_{\vec{i}}\vec{a} = \left(comp_{\vec{i}}\vec{a}\right)\vec{i} = a_1\vec{i}$$
$$\vec{a}\text{의 } y\text{축 방향으로의 사영 : } proj_{\vec{j}}\vec{a} = \left(comp_{\vec{j}}\vec{a}\right)\vec{j} = a_2\vec{j}$$
$$\vec{a}\text{의 } z\text{축 방향으로의 사영 : } proj_{\vec{k}}\vec{a} = \left(comp_{\vec{k}}\vec{a}\right)\vec{k} = a_3\vec{k}$$

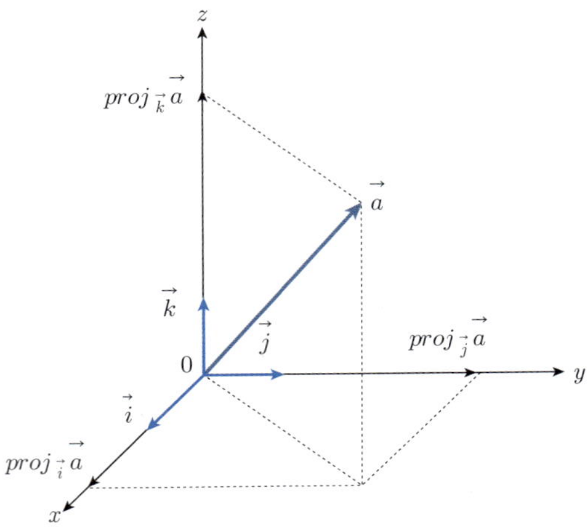

[그림 4-8] **3차원 벡터의 사영**

일반적으로 $\vec{a}$의 $\vec{b}$ 방향으로의 사영은 다음 식을 통해 구한다.

$$proj_{\vec{b}}\vec{a} = \left(comp_{\vec{b}}\vec{a}\right)\frac{\vec{b}}{\|\vec{b}\|} \tag{4.13}$$

또한 $\vec{b}$와 수직인 방향의 벡터를 $\overrightarrow{b^{\perp}}$라 할 때, [그림 4-9]에서 볼 수 있듯이 다음과 같은 관계식이 성립한다.

$$\vec{a} = proj_{\vec{b}}\vec{a} + proj_{\overrightarrow{b^{\perp}}}\vec{a} \tag{4.14}$$

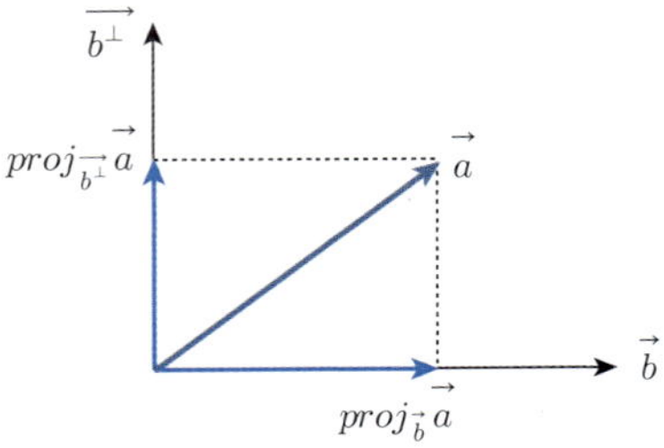

[그림 4-9] $proj_{\vec{b}}\vec{a}$와 $proj_{\overrightarrow{b^{\perp}}}\vec{a}$

예제 4-9 **벡터의 사영 ①**

벡터 $\vec{a} = -\vec{i} - 2\vec{j} - \vec{k}$의 $\vec{b} = 2\vec{i} - \vec{j} + 2\vec{k}$ 방향으로의 사영을 구하라.

풀이

$\vec{a}$의 $\vec{b}$ 방향으로의 성분은 $comp_{\vec{b}}\,\vec{a} = \dfrac{(-\vec{i} - 2\vec{j} - \vec{k}) \cdot (2\vec{i} - \vec{j} + 2\vec{k})}{3} = -\dfrac{2}{3}$이므로, $\vec{a}$의 $\vec{b}$ 방향으로의 사영은 다음과 같다.

$$\begin{aligned} proj_{\vec{b}}\,\vec{a} &= \left(comp_{\vec{b}}\,\vec{a}\right)\frac{\vec{b}}{\|\vec{b}\|} \\ &= \left(-\frac{2}{3}\right)\frac{2\vec{i} - \vec{j} + 2\vec{k}}{3} = \frac{1}{9}(-4\vec{i} + 2\vec{j} - 4\vec{k}) \end{aligned}$$

예제 4-10 **벡터의 사영 ②**

임의의 벡터 $\vec{a} = \vec{i} - \vec{j} + \vec{k}$와 $\vec{b} = 2\vec{i} + \vec{j} + \vec{k}$에 대해 다음을 구하라.

(a) $proj_{\vec{b}}\,\vec{a}$

(b) $proj_{\vec{b^{\perp}}}\,\vec{a}$

풀이

(a) 식 (4.12)와 식 (4.13)에 의해 다음과 같다.

$$\begin{aligned} proj_{\vec{b}}\,\vec{a} &= \left(\vec{a} \cdot \frac{\vec{b}}{\|\vec{b}\|}\right)\frac{\vec{b}}{\|\vec{b}\|} \\ &= \left[(\vec{i} - \vec{j} + \vec{k}) \cdot \frac{2\vec{i} + \vec{j} + \vec{k}}{\sqrt{2^2+1^2+1^2}}\right]\frac{2\vec{i} + \vec{j} + \vec{k}}{\sqrt{2^2+1^2+1^2}} \\ &= \frac{2}{\sqrt{6}}\,\frac{2\vec{i} + \vec{j} + \vec{k}}{\sqrt{6}} = \frac{2\vec{i} + \vec{j} + \vec{k}}{3} \end{aligned}$$

(b) 식 (4.14)에 의해 다음과 같다.

$$proj_{\vec{b^{\perp}}}\,\vec{a} = \vec{a} - proj_{\vec{b}}\,\vec{a} = (\vec{i} - \vec{j} + \vec{k}) - \frac{2\vec{i} + \vec{j} + \vec{k}}{3} = \frac{\vec{i} - 4\vec{j} + 2\vec{k}}{3}$$

예제 4-11 응용 벡터의 사영 ③

[그림 4-10]에 대해 점 A(1, 2)에서 벡터 $\overrightarrow{OB}$까지의 거리 d를 구하라.

HINT 벡터 $\overrightarrow{OA}$의 사영을 이용한다.

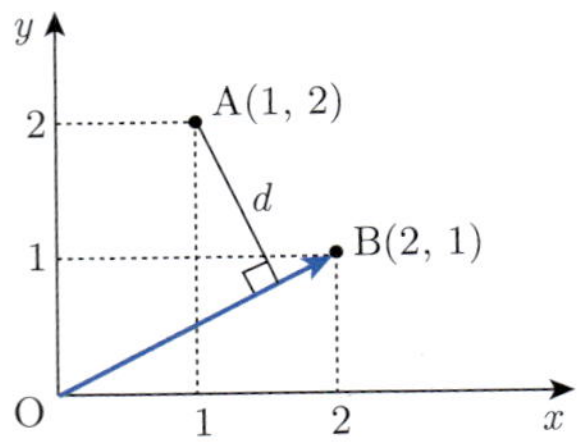

[그림 4-10]

풀이

[그림 4-11]과 같이 점 A에서 벡터 $\overrightarrow{OB}$에 내린 수선과의 교점을 C라 하자. 거리 d를 구하기 위해서는 직선 AC와 직선 OB의 교점 C의 좌표를 구한 뒤, 점 A와 점 C 사이의 거리를 구하면 된다. 여기서는 벡터의 사영을 이용해 거리를 구하는 방법을 살펴보고자 한다.

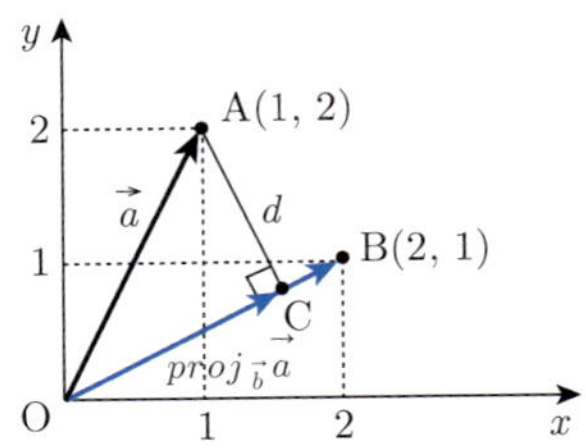

[그림 4-11]

$\overrightarrow{OA}$를 $\vec{a}$라 하면 $\vec{a}=\vec{i}+2\vec{j}$이고, $\overrightarrow{OB}$를 $\vec{b}$라 하면 $\vec{b}=2\vec{i}+\vec{j}$이다. $\overrightarrow{OC}$를 $\vec{c}$라 하면 $\vec{c}$는 $\vec{a}$의 $\vec{b}$ 방향으로의 사영이며 다음과 같다.

$$\begin{aligned}\vec{c}=proj_{\vec{b}}\vec{a}&=\left(\vec{a}\cdot\frac{\vec{b}}{\|\vec{b}\|}\right)\frac{\vec{b}}{\|\vec{b}\|}\\&=\left[(\vec{i}+2\vec{j})\cdot\frac{2\vec{i}+\vec{j}}{\sqrt{2^2+1^2}}\right]\frac{2\vec{i}+\vec{j}}{\sqrt{2^2+1^2}}\\&=\frac{4}{\sqrt{5}}\frac{2\vec{i}+\vec{j}}{\sqrt{5}}=\frac{8\vec{i}+4\vec{j}}{5}\end{aligned}$$

또한 $\overrightarrow{AC}=\overrightarrow{OC}-\overrightarrow{OA}$이므로 $\overrightarrow{AC}=\frac{8\vec{i}+4\vec{j}}{5}-(\vec{i}+2\vec{j})=\frac{3\vec{i}-6\vec{j}}{5}$이고, 구하고자 하는 거리가 $\overrightarrow{AC}$의 크기이므로 다음과 같다.

$$d=\|\overrightarrow{AC}\|=\frac{\sqrt{3^2+(-6)^2}}{5}=\frac{3\sqrt{5}}{5}$$

SECTION 4.4 벡터의 외적

벡터의 외적

이 절에서는 전자기학, 역학 등의 분야에서 다양하게 응용되는 벡터의 외적을 살펴본다. 또한 세 벡터에 대한 연산인 스칼라 삼중곱과 벡터 삼중곱에 대해 알아본다. 앞서 살펴본 벡터 내적의 결과가 스칼라인 것에 반해, 벡터 외적의 결과는 벡터임에 유의하며 다음 정의를 살펴보자.

정의 4-2 벡터의 외적

두 벡터 $\vec{a}$와 $\vec{b}$의 **외적** cross product은 다음과 같이 정의한다.

$$\vec{a} \times \vec{b} = (\|\vec{a}\|\|\vec{b}\| \sin\theta)\vec{\nu}$$

여기서 θ는 두 벡터 $\vec{a}$와 $\vec{b}$의 사잇각으로서 $0 \le \theta \le \pi$이고, $\vec{\nu}$는 두 벡터 $\vec{a}$와 $\vec{b}$가 이루는 평면과 직교하는 단위벡터이고 방향은 [그림 4-12]와 같다.

[그림 4-12(a)]와 같이 오른손 손가락을 $\vec{a}$ 방향으로 향하게 한 다음 $\vec{b}$ 방향으로 감싸듯이 움켜쥘 때, 엄지손가락이 향하는 방향이 $\vec{\nu}$의 방향, 즉 $\vec{a} \times \vec{b}$의 방향이 된다. 마찬가지로 $\vec{b} \times \vec{a}$의 방향은 [그림 4-12(b)]와 같이 구할 수 있다. 이 결과를 **오른손 법칙** right-hand rule이라고 한다.

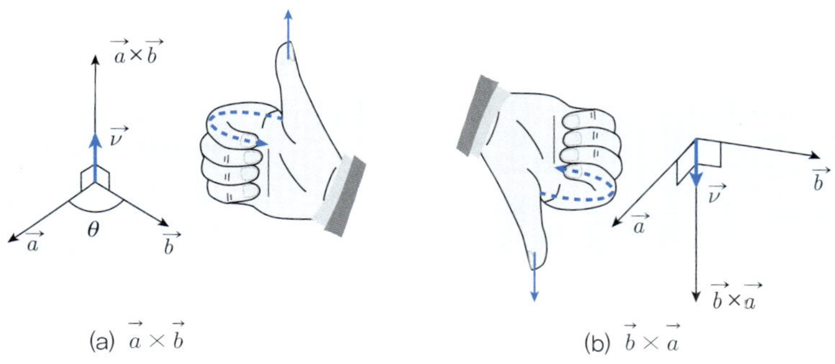

[그림 4-12] 벡터의 외적

[정의 4-2]를 이용해 기저벡터 $\vec{i}$, $\vec{j}$, $\vec{k}$ 사이의 외적을 구해보면 다음과 같다.

$$\begin{aligned} &\vec{i}\times\vec{i}=\vec{0}, \quad &&\vec{j}\times\vec{j}=\vec{0}, \quad &&\vec{k}\times\vec{k}=\vec{0} \\ &\vec{i}\times\vec{j}=\vec{k}, &&\vec{j}\times\vec{k}=\vec{i}, &&\vec{k}\times\vec{i}=\vec{j} \\ &\vec{j}\times\vec{i}=-\vec{k}, &&\vec{k}\times\vec{j}=-\vec{i}, &&\vec{i}\times\vec{k}=-\vec{j} \end{aligned} \tag{4.15}$$

만약 임의의 벡터 $\vec{a}=a_1\vec{i}+a_2\vec{j}+a_3\vec{k}$와 $\vec{b}=b_1\vec{i}+b_2\vec{j}+b_3\vec{k}$가 주어진다면, 두 벡터의 외적은 식 (4.15)를 이용해 다음과 같이 구할 수 있다.

$$\begin{aligned} \vec{a}\times\vec{b} &= \left(a_1\vec{i}+a_2\vec{j}+a_3\vec{k}\right)\times\left(b_1\vec{i}+b_2\vec{j}+b_3\vec{k}\right) \\ &= \left(a_2b_3-a_3b_2\right)\vec{i}+\left(a_3b_1-a_1b_3\right)\vec{j}+\left(a_1b_2-a_2b_1\right)\vec{k} \end{aligned} \tag{4.16}$$

식 (4.16)은 **행렬식**determinant[1]을 이용해 다음과 같이 나타낼 수 있다.

$$\vec{a}\times\vec{b}=\begin{vmatrix} \vec{i} & \vec{j} & \vec{k} \\ a_1 & a_2 & a_3 \\ b_1 & b_2 & b_3 \end{vmatrix}=\begin{vmatrix} a_2 & a_3 \\ b_2 & b_3 \end{vmatrix}\vec{i}-\begin{vmatrix} a_1 & a_3 \\ b_1 & b_3 \end{vmatrix}\vec{j}+\begin{vmatrix} a_1 & a_2 \\ b_1 & b_2 \end{vmatrix}\vec{k} \tag{4.17}$$

예제 4-12 벡터의 외적

두 벡터 $\vec{a}=\vec{i}+2\vec{j}-\vec{k}$와 $\vec{b}=\vec{i}+2\vec{j}-2\vec{k}$의 외적을 구하라.

풀이

식 (4.17)에 의해 두 벡터의 외적은 다음과 같다.

$$\vec{a}\times\vec{b}=\begin{vmatrix} \vec{i} & \vec{j} & \vec{k} \\ 1 & 2 & -1 \\ 1 & 2 & -2 \end{vmatrix}=\begin{vmatrix} 2 & -1 \\ 2 & -2 \end{vmatrix}\vec{i}-\begin{vmatrix} 1 & -1 \\ 1 & -2 \end{vmatrix}\vec{j}+\begin{vmatrix} 1 & 2 \\ 1 & 2 \end{vmatrix}\vec{k}=-2\vec{i}+\vec{j}$$

또한 [정의 4-2]를 이용하면 임의의 두 벡터의 사잇각을 구할 수 있다.

예제 4-13 두 벡터의 사잇각

두 벡터 $\vec{a}=-3\vec{i}-\vec{j}+\vec{k}$와 $\vec{b}=\vec{i}-\vec{j}+2\vec{k}$의 사잇각을 구하라.

1 2×2 행렬 $\begin{bmatrix} a_1 & a_2 \\ b_1 & b_2 \end{bmatrix}$의 행렬식은 $\begin{vmatrix} a_1 & a_2 \\ b_1 & b_2 \end{vmatrix}=a_1b_2-a_2b_1$이다. 행렬식에 대한 자세한 내용은 7장에서 다룬다.

풀이

$\vec{a}$와 $\vec{b}$의 크기는 각각 다음과 같다.

$$\|\vec{a}\| = \sqrt{(-3)^2+(-1)^2+1^2} = \sqrt{11}, \quad \|\vec{b}\| = \sqrt{1^2+(-1)^2+2^2} = \sqrt{6}$$

식 (4.17)에 의해 두 벡터의 외적은 다음과 같다.

$$\vec{a} \times \vec{b} = \begin{vmatrix} \vec{i} & \vec{j} & \vec{k} \\ -3 & -1 & 1 \\ 1 & -1 & 2 \end{vmatrix} = \begin{vmatrix} -1 & 1 \\ -1 & 2 \end{vmatrix} \vec{i} - \begin{vmatrix} -3 & 1 \\ 1 & 2 \end{vmatrix} \vec{j} + \begin{vmatrix} -3 & -1 \\ 1 & -1 \end{vmatrix} \vec{k} = -\vec{i} + 7\vec{j} + 4\vec{k}$$

그러므로 $\vec{a} \times \vec{b}$의 크기는 다음과 같다.

$$\|\vec{a} \times \vec{b}\| = \sqrt{(-1)^2+7^2+4^2} = \sqrt{66}$$

[정의 4-2]의 식에서 양변의 벡터에 대한 크기만을 고려하면 $\|\vec{a} \times \vec{b}\| = \|\vec{a}\|\|\vec{b}\| \sin\theta \|\vec{\nu}\|$이고, $\vec{\nu}$가 단위벡터이므로 다음이 성립한다.

$$\sin\theta = \frac{\|\vec{a} \times \vec{b}\|}{\|\vec{a}\|\|\vec{b}\|} = \frac{\sqrt{66}}{\sqrt{11}\sqrt{6}} = 1$$

따라서 두 벡터의 사잇각은 다음과 같다.

$$\theta = \sin^{-1}(1) = 90°$$

벡터의 외적은 다음과 같은 성질을 만족한다.

정리 4-3 벡터의 외적에 관한 성질

세 벡터 $\vec{a}$, $\vec{b}$, $\vec{c}$와 상수 k에 대해 다음이 성립한다.

(1) $\vec{a} \times \vec{0} = \vec{0} \times \vec{a} = \vec{0}$

(2) $\vec{a} \times \vec{a} = \vec{0}$

(3) $\vec{a} \times \vec{b} = -\vec{b} \times \vec{a}$

(4) $\vec{a} \times (k\vec{b}) = (k\vec{a}) \times \vec{b} = k(\vec{a} \times \vec{b})$

(5) $\vec{a} \times (\vec{b} + \vec{c}) = \vec{a} \times \vec{b} + \vec{a} \times \vec{c}$

(6) $\vec{a} \cdot (\vec{a} \times \vec{b}) = \vec{b} \cdot (\vec{a} \times \vec{b}) = 0$

(7) $\vec{a} \times (\vec{b} \times \vec{c}) \neq (\vec{a} \times \vec{b}) \times \vec{c}$ (외적에 대한 결합법칙이 성립하지 않음)

(8) $\vec{a} \times \vec{b} = \vec{0}$이면 $\vec{a}$와 $\vec{b}$는 평행하다.

[정리 4-3]의 (6)은 $\vec{a} \times \vec{b}$가 $\vec{a}$와 $\vec{b}$를 포함하는 평면과 수직으로 만나기 때문에 성립한다. 또한 $\vec{a}$와 $\vec{b}$가 평행하면 두 벡터의 사잇각이 $0°$ 또는 $180°$이므로 $\sin\theta = 0$이다. 따라서 [정의 4-2]에 의해 $\vec{a} \times \vec{b} = \vec{0}$이 되어 (8)이 성립한다. 그 외의 나머지 성질들은 외적의 정의로부터 쉽게 알 수 있다.

예제 4-14 평행한 두 벡터

두 벡터 $\vec{a} = -3\vec{i} - \vec{j}$와 $\vec{b} = \vec{i} - \vec{j}$에 대해 $\vec{a}$와 $\vec{a} \times \vec{b}$가 평행함을 보여라.

풀이

$\vec{a} \cdot (\vec{a} \times \vec{b}) = (-3\vec{i} - \vec{j}) \cdot [(-3\vec{i} - \vec{j}) \times (\vec{i} - \vec{j})] = (-3\vec{i} - \vec{j}) \cdot (4\vec{k}) = 0$이므로, $\vec{a}$와 $\vec{a} \times \vec{b}$는 평행하다.

참고 벡터 외적의 기하학적 의미

평행하지 않은 두 벡터 $\vec{a}$와 $\vec{b}$를 생각해보자. 두 벡터는 [그림 4-13]과 같이 평행사변형의 두 변으로 생각할 수 있다. 이때 삼각형 ABC의 면적은 다음과 같다.

$$(\text{삼각형 ABC의 면적}) = \frac{\|\vec{b}\|\,\|\vec{a}\|\sin\theta}{2} = \frac{\|\vec{a} \times \vec{b}\|}{2} \tag{4.18}$$

또한 평행사변형 ABCD의 면적은 삼각형 ABC의 면적의 2배이므로 다음과 같다.

$$(\text{평행사변형 ABCD의 면적}) = \|\vec{a} \times \vec{b}\| \tag{4.19}$$

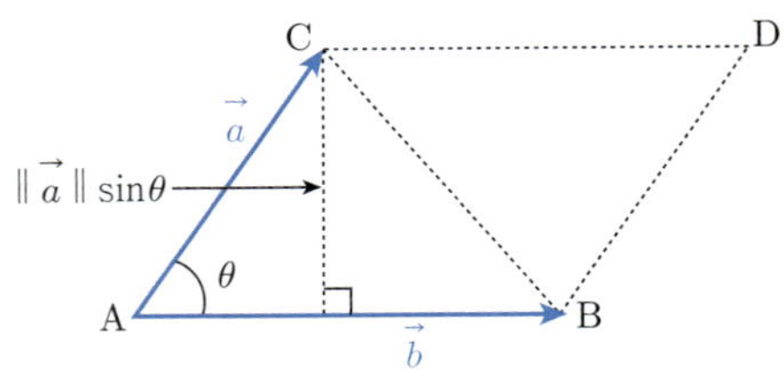

[그림 4-13] 삼각형과 평행사변형의 면적

예제 4-15 평행사변형의 면적

세 점 $P_1(1, -1, -1)$, $P_2(-1, 1, -1)$, $P_3(1, -2, 1)$로 만들어지는 평행사변형의 면적을 구하라.

풀이

$\vec{a} = \overrightarrow{P_2P_1} = 2\vec{i} - 2\vec{j}$와 $\vec{b} = \overrightarrow{P_2P_3} = 2\vec{i} - 3\vec{j} + 2\vec{k}$를 두 변으로 생각하고, 식 (4.17)을 이용해 외적을 구하면 다음과 같다.

$$\vec{a} \times \vec{b} = (2\vec{i} - 2\vec{j}) \times (2\vec{i} - 3\vec{j} + 2\vec{k}) = \begin{vmatrix} \vec{i} & \vec{j} & \vec{k} \\ 2 & -2 & 0 \\ 2 & -3 & 2 \end{vmatrix} = -4\vec{i} - 4\vec{j} - 2\vec{k}$$

그러므로 식 (4.19)에 의해 평행사변형의 면적 A는 다음과 같다.

$$A = \|\vec{a} \times \vec{b}\| = \|-4\vec{i} - 4\vec{j} - 2\vec{k}\| = \sqrt{(-4)^2 + (-4)^2 + (-2)^2} = 6$$

참고 **벡터 외적의 역학적 응용**

벡터의 외적을 역학에 응용한 예를 살펴보자. 역학에서 임의의 한 점 P에 관한 힘 $\vec{F}$의 **모멘트**moment는 힘의 크기와 모멘트 팔의 길이의 곱으로 정의된다. 여기서 모멘트 팔의 길이는 [그림 4-14]에서 힘 $\vec{F}$의 작용선과 점 P의 수직 거리인 d를 의미한다. 그러므로 [그림 4-14]에서 힘 $\vec{F}$의 점 P에 관한 모멘트는 다음과 같이 나타낼 수 있다.

$$M = \|\vec{F}\|d = \|\vec{F}\|\|\vec{r}\|\sin\theta = \|\vec{r} \times \vec{F}\| \tag{4.20}$$

여기서 $\vec{r}$은 점 P에서 $\vec{F}$의 시작점까지의 거리벡터이다. 또한 힘 $\vec{F}$의 점 P에 관한 **모멘트 벡터**moment vector는 다음과 같다.

$$\vec{M} = \vec{r} \times \vec{F} \tag{4.21}$$

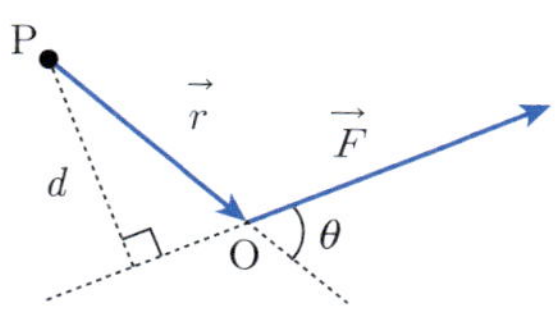

[그림 4-14] 힘의 모멘트

예제 4-16 **응용** **힘의 모멘트 구하기**

[그림 4-15]와 같이 반경이 $R=2\,[\mathrm{m}]$인 원형 디스크에 $\|\vec{F}\|=500\,[\mathrm{N}]$의 힘을 가했다고 하자. 이때 힘 $\vec{F}$의 원의 중심에 관한 모멘트 벡터를 구하라.

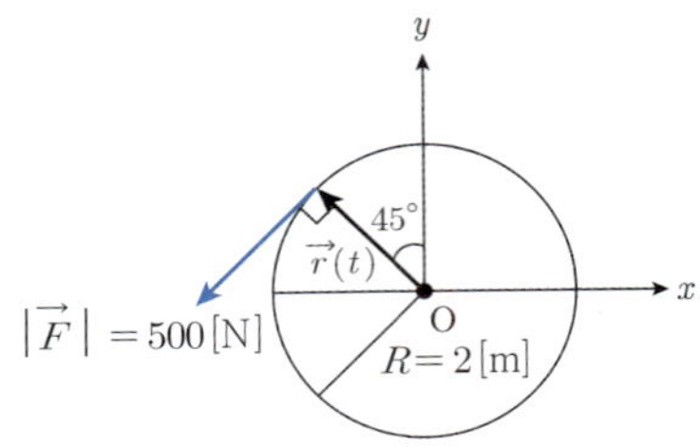

[그림 4-15] 힘의 모멘트

풀이

xy 좌표의 원점을 원의 중심으로 하여 힘과 팔의 길이를 벡터로 나타내면 다음과 같다.

$$\vec{F}=-500\cos 45°\,\vec{i}-500\sin 45°\,\vec{j}$$
$$\vec{r}=-2\cos 45°\,\vec{i}+2\sin 45°\,\vec{j}$$

따라서 식 (4.21)에 의해 모멘트 벡터는 다음과 같다.

$$\begin{aligned}\vec{M}=\vec{r}\times\vec{F}&=\left(-2\cos 45°\,\vec{i}+2\sin 45°\,\vec{j}\right)\times\left(-500\cos 45°\,\vec{i}-500\sin 45°\,\vec{j}\right)\\&=1000\,\vec{k}\ [\mathrm{Nm}]\end{aligned}$$

벡터의 삼중곱

다음으로 앞서 살펴본 내적과 외적을 이용해 세 벡터를 곱하는 방법인 스칼라 삼중곱과 벡터 삼중곱에 대해 알아보자. 먼저 세 벡터 $\vec{a}=a_1\vec{i}+a_2\vec{j}+a_3\vec{k}$, $\vec{b}=b_1\vec{i}+b_2\vec{j}+b_3\vec{k}$, $\vec{c}=c_1\vec{i}+c_2\vec{j}+c_3\vec{k}$에 대해 $\vec{a}\cdot(\vec{b}\times\vec{c})$를 **스칼라 삼중곱**scalar triple product이라 한다. 식 (4.17)을 이용하면 다음이 성립한다.

$$\vec{a}\cdot(\vec{b}\times\vec{c})=\left(a_1\vec{i}+a_2\vec{j}+a_3\vec{k}\right)\cdot\left(\begin{vmatrix}b_2&b_3\\c_2&c_3\end{vmatrix}\vec{i}-\begin{vmatrix}b_1&b_3\\c_1&c_3\end{vmatrix}\vec{j}+\begin{vmatrix}b_1&b_2\\c_1&c_2\end{vmatrix}\vec{k}\right)$$

위 식에서 벡터의 내적을 계산하면 다음과 같다.

$$\vec{a}\cdot(\vec{b}\times\vec{c})=a_1\begin{vmatrix}b_2&b_3\\c_2&c_3\end{vmatrix}-a_2\begin{vmatrix}b_1&b_3\\c_1&c_3\end{vmatrix}+a_3\begin{vmatrix}b_1&b_2\\c_1&c_2\end{vmatrix}=\begin{vmatrix}a_1&a_2&a_3\\b_1&b_2&b_3\\c_1&c_2&c_3\end{vmatrix}\qquad(4.22)$$

또한 벡터의 내적은 교환법칙을 만족하므로, 스칼라 삼중곱도 식 (4.23)과 같이 교환법칙을 만족한다.

$$\vec{a} \cdot (\vec{b} \times \vec{c}) = \begin{vmatrix} a_1 & a_2 & a_3 \\ b_1 & b_2 & b_3 \\ c_1 & c_2 & c_3 \end{vmatrix} = \begin{vmatrix} b_1 & b_2 & b_3 \\ c_1 & c_2 & c_3 \\ a_1 & a_2 & a_3 \end{vmatrix} = (\vec{b} \times \vec{c}) \cdot \vec{a} \qquad (4.23)$$

또한 행렬식의 성질로부터 다음과 같은 결합법칙도 성립한다.

$$\vec{a} \cdot (\vec{b} \times \vec{c}) = (\vec{a} \times \vec{b}) \cdot \vec{c} \qquad (4.24)$$

예제 4-17 스칼라 삼중곱

세 벡터 $\vec{a} = \vec{i} - \vec{j} + \vec{k}$, $\vec{b} = \vec{i} - \vec{j}$, $\vec{c} = -\vec{j} + \vec{k}$에 대해 스칼라 삼중곱 $\vec{a} \cdot (\vec{b} \times \vec{c})$를 구하라.

풀이

$$\vec{a} \cdot (\vec{b} \times \vec{c}) = (\vec{i} - \vec{j} + \vec{k}) \cdot [(\vec{i} - \vec{j}) \times (-\vec{j} + \vec{k})] = (\vec{i} - \vec{j} + \vec{k}) \cdot (-\vec{i} - \vec{j} - \vec{k}) = -1$$

참고 스칼라 삼중곱의 기하학적 의미

동일한 평면상에 있지 않은 세 벡터 $\vec{a}$, $\vec{b}$, $\vec{c}$를 생각해보자. 이 벡터들은 [그림 4-16]에서 볼 수 있듯이, 평행육면체의 세 변을 이룬다. 평행육면체의 부피는 (밑면적)×(높이)인데, 이때 밑면적은 $\vec{a}$와 $\vec{b}$로 만들어지는 평행사변형의 면적이고, 높이는 $\vec{c}$의 $\vec{a} \times \vec{b}$ 방향으로의 성분의 절댓값이다. 그러므로 식 (4.12)와 (4.19)를 이용하면 평행육면체의 부피는 다음과 같다.

$$(\text{평행육면체의 부피}) = \underbrace{\|\vec{a} \times \vec{b}\|}_{\text{밑면적}} \underbrace{\left(\left\| \vec{c} \cdot \frac{\vec{a} \times \vec{b}}{\|\vec{a} \times \vec{b}\|} \right\| \right)}_{\text{높이}} = \|\vec{c} \cdot (\vec{a} \times \vec{b})\| \qquad (4.25)$$

결과적으로 동일한 평면상에 있지 않은 세 벡터 $\vec{a}$, $\vec{b}$, $\vec{c}$를 이웃하는 세 변으로 갖는 평행육면체의 부피는 세 벡터의 스칼라 삼중곱의 절댓값과 같음을 알 수 있다.

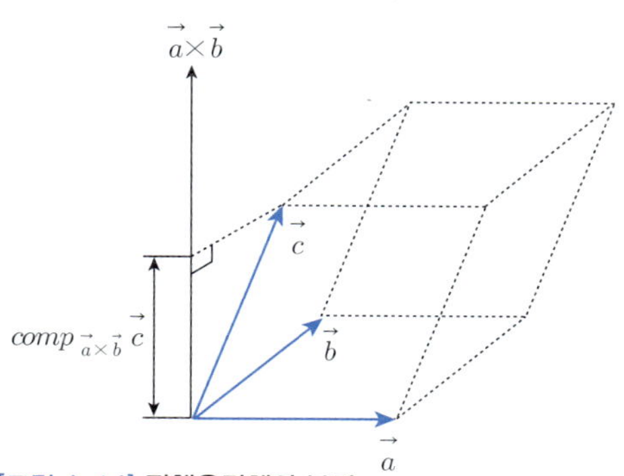

[그림 4-16] 평행육면체의 부피

예제 4-18 평행육면체의 부피

다음과 같이 주어진 세 벡터 $\vec{a}$, $\vec{b}$, $\vec{c}$를 세 변으로 갖는 평행육면체의 부피를 구하라.

$$\vec{a} = -2\vec{i} - \vec{j} + 2\vec{k}, \quad \vec{b} = -\vec{i} + 2\vec{j} - 2\vec{k}, \quad \vec{c} = 2\vec{i} - 2\vec{j} + \vec{k}$$

풀이

$\vec{a}$, $\vec{b}$, $\vec{c}$를 이웃하는 세 변으로 갖는 평행육면체의 부피는 이 세 벡터의 스칼라 삼중곱의 절댓값이다. 따라서 식 (4.25)에 의해 스칼라 삼중곱을 먼저 구하면 다음과 같다.

$$\vec{c} \cdot (\vec{a} \times \vec{b}) = \begin{vmatrix} 2 & -2 & 1 \\ -2 & -1 & 2 \\ -1 & 2 & -2 \end{vmatrix} = 2\begin{vmatrix} -1 & 2 \\ 2 & -2 \end{vmatrix} - (-2)\begin{vmatrix} -2 & 2 \\ -1 & -2 \end{vmatrix} + 1\begin{vmatrix} -2 & -1 \\ -1 & 2 \end{vmatrix} = 3$$

그러므로 평행육면체의 부피 V는 다음과 같다.

$$V = \|\vec{c} \cdot (\vec{a} \times \vec{b})\| = 3$$

참고 동일한 평면상의 벡터가 되기 위한 조건

임의의 세 벡터 $\vec{a}$, $\vec{b}$, $\vec{c}$가 동일한 평면상에 존재하기 위한 필요충분조건은 세 벡터의 스칼라 삼중곱이 0인 것이다.

세 벡터가 동일한 평면상에 있을 경우, 이 세 벡터를 이웃하는 변으로 갖는 평행육면체의 부피는 0이다. 즉 스칼라 삼중곱이 0이므로 위의 필요조건이 성립함을 알 수 있다.

다음으로 벡터 삼중곱에 대해 알아보자. 세 벡터 $\vec{a} = a_1\vec{i} + a_2\vec{j} + a_3\vec{k}$, $\vec{b} = b_1\vec{i} + b_2\vec{j} + b_3\vec{k}$, $\vec{c} = c_1\vec{i} + c_2\vec{j} + c_3\vec{k}$에 대해 $\vec{a} \times (\vec{b} \times \vec{c})$를 **벡터 삼중곱** vector triple product이라 한다. 벡터 삼중곱에 대해 다음과 같은 관계식이 성립한다.

정리 4-4 벡터 삼중곱

세 벡터 $\vec{a}$, $\vec{b}$, $\vec{c}$에 대해 다음이 성립한다.

(1) $(\vec{a} \times \vec{b}) \times \vec{c} = (\vec{a} \cdot \vec{c})\vec{b} - (\vec{b} \cdot \vec{c})\vec{a}$

(2) $\vec{a} \times (\vec{b} \times \vec{c}) = (\vec{a} \cdot \vec{c})\vec{b} - (\vec{b} \cdot \vec{a})\vec{c}$

증명

(1) 세 벡터를 각각 $\vec{a} = a_1\vec{i} + a_2\vec{j} + a_3\vec{k}$, $\vec{b} = b_1\vec{i} + b_2\vec{j} + b_3\vec{k}$, $\vec{c} = c_1\vec{i} + c_2\vec{j} + c_3\vec{k}$라 하면

식 (4.16)에 의해 다음이 성립한다.

$$\vec{a}\times\vec{b}=(a_2b_3-a_3b_2)\vec{i}+(a_3b_1-a_1b_3)\vec{j}+(a_1b_2-a_2b_1)\vec{k}$$

위에서 구한 $\vec{a}\times\vec{b}$와 $\vec{c}$의 외적을 구하면 다음과 같다.

$$\begin{aligned}(\vec{a}\times\vec{b})\times\vec{c}=&\left[(a_3b_1-a_1b_3)\,c_3-(a_1b_2-a_2b_1)\,c_2\right]\vec{i}\\&+\left[(a_1b_2-a_2b_1)\,c_1-(a_2b_3-a_3b_2)\,c_3\right]\vec{j}\\&+\left[(a_2b_3-a_3b_2)\,c_2-(a_3b_1-a_1b_3)\,c_1\right]\vec{k}\end{aligned}$$

위 식을 정리하면 다음과 같이 나타낼 수 있다.

$$\begin{aligned}(\vec{a}\times\vec{b})\times\vec{c}=&\left[(a_1c_1+a_2c_2+a_3c_3)\,b_1-(b_1c_1+b_2c_2+b_3c_3)\,a_1\right]\vec{i}\\&+\left[(a_1c_1+a_2c_2+a_3c_3)\,b_2-(b_1c_1+b_2c_2+b_3c_3)\,a_2\right]\vec{j}\\&+\left[(a_1c_1+a_2c_2+a_3c_3)\,b_3-(b_1c_1+b_2c_2+b_3c_3)\,a_3\right]\vec{k}\end{aligned}$$

또한 내적의 정의를 이용하면 위 식을 다음과 같이 정리할 수 있다.

$$\begin{aligned}(\vec{a}\times\vec{b})\times\vec{c}=&(\vec{a}\cdot\vec{c})\,b_1\vec{i}+(\vec{a}\cdot\vec{c})\,b_2\vec{j}+(\vec{a}\cdot\vec{c})\,b_3\vec{k}\\&-\left[(\vec{b}\cdot\vec{c})\,a_1\vec{i}+(\vec{b}\cdot\vec{c})\,a_2\vec{j}+(\vec{b}\cdot\vec{c})\,a_3\vec{k}\right]\\=&(\vec{a}\cdot\vec{c})(b_1\vec{i}+b_2\vec{j}+b_3\vec{k})-(\vec{b}\cdot\vec{c})(a_1\vec{i}+a_2\vec{j}+a_3\vec{k})\end{aligned}$$

결과적으로 다음이 성립한다.

$$(\vec{a}\times\vec{b})\times\vec{c}=(\vec{a}\cdot\vec{c})\,\vec{b}-(\vec{b}\cdot\vec{c})\,\vec{a}$$

(2)는 (1)과 같은 방법으로 증명할 수 있으므로 증명을 생략한다. ■

[정리 4-4]에서 알 수 있듯이, 벡터 삼중곱은 결합법칙을 만족하지 않는다는 사실에 유의한다.

예제 4-19 벡터 삼중곱

세 벡터 $\vec{a}=\vec{i}-\vec{j}+\vec{k}$, $\vec{b}=\vec{i}-\vec{j}$, $\vec{c}=-\vec{j}+\vec{k}$에 대해 벡터 삼중곱 $(\vec{a}\times\vec{b})\times\vec{c}$를 구하라.

풀이

$$\begin{aligned}(\vec{a}\times\vec{b})\times\vec{c}&=(\vec{a}\cdot\vec{c})\,\vec{b}-(\vec{b}\cdot\vec{c})\,\vec{a}\\&=\left[(\vec{i}-\vec{j}+\vec{k})\cdot(-\vec{j}+\vec{k})\right](\vec{i}-\vec{j})-\left[(\vec{i}-\vec{j})\cdot(-\vec{j}+\vec{k})\right](\vec{i}-\vec{j}+\vec{k})\\&=2(\vec{i}-\vec{j})-(\vec{i}-\vec{j}+\vec{k})=\vec{i}-\vec{j}-\vec{k}\end{aligned}$$

SECTION 4.5 벡터공간

지금까지 2차원 평면 벡터와 3차원 공간 벡터에 대해 살펴봤다. 이 절에서는 n차원 공간 벡터에 대해 설명하고자 한다. 2차원과 3차원 벡터는 좌표평면상에 나타낼 수 있지만, n차원 벡터는 공간좌표상에 나타낼 수 없다. n차원 벡터는 다음과 같은 식으로 표현한다.

$$\vec{x} = \langle x_1,\ x_2,\ \cdots,\ x_n \rangle,\quad \vec{y} = \langle y_1,\ y_2,\ \cdots,\ y_n \rangle \tag{4.26}$$

식 (4.26)과 같이 가로로 표현된 벡터를 **행벡터** row vector 라고 한다. n차원 벡터는 다음과 같이 나타낼 수도 있다.

$$\vec{x} = \begin{pmatrix} x_1 \\ x_2 \\ \vdots \\ x_n \end{pmatrix},\quad \vec{y} = \begin{pmatrix} y_1 \\ y_2 \\ \vdots \\ y_n \end{pmatrix} \tag{4.27}$$

식 (4.27)과 같이 세로로 표현된 벡터를 **열벡터** column vector 라 하며, $x_1,\ x_2,\ \cdots,\ x_n$을 $\vec{x}$의 **성분** components 이라 한다.

2차원, 3차원 벡터와 마찬가지로 n차원 벡터도 다음과 같은 성질을 만족한다.

정리 4-5 n차원 벡터의 기본 성질

두 n차원 벡터 $\vec{a} = \langle a_1,\ a_2,\ \cdots,\ a_n \rangle$, $\vec{b} = \langle b_1,\ b_2,\ \cdots,\ b_n \rangle$과 임의의 상수 k에 대해 다음과 같은 관계가 성립한다.

(1) $\vec{a} \pm \vec{b} = \langle a_1 \pm b_1,\ a_2 \pm b_2,\ \cdots,\ a_n \pm b_n \rangle$ (벡터의 합과 차)

(2) $k\vec{a} = \langle ka_1,\ ka_2,\ \cdots,\ ka_n \rangle$ (스칼라곱)

(3) $k(\vec{a} + \vec{b}) = k\vec{a} + k\vec{b}$ (분배법칙)

(4) $\vec{a} + \vec{b} = \vec{b} + \vec{a}$ (교환법칙)

(5) $\vec{a} + (\vec{b} + \vec{c}) = (\vec{a} + \vec{b}) + \vec{c}$ (결합법칙)

■ 단위벡터

n차원 벡터 $\vec{a} = \langle a_1,\ a_2,\ \cdots,\ a_n \rangle$의 **크기**magnitude 또는 **노름**norm은 다음과 같다.

$$\|\vec{a}\| = \sqrt{a_1^2 + a_2^2 + \cdots + a_n^2} \tag{4.28}$$

또한 크기가 0이 아닌 임의의 $\vec{a}$ 방향으로의 **단위벡터**unit vector $\vec{u}$는 다음과 같다.

$$\vec{u} = \frac{1}{\|\vec{a}\|}\vec{a} \tag{4.29}$$

예를 들어 $\vec{a} = \langle 2,\ 3,\ -1,\ 1 \rangle$의 크기는 $\|\vec{a}\| = \sqrt{2^2 + 3^2 + (-1)^2 + 1^2} = \sqrt{15}$이고, $\vec{a}$ 방향으로의 단위벡터는 식 (4.29)에 의해 다음과 같이 표현할 수 있다.

$$\vec{u} = \frac{1}{\|\vec{a}\|}\vec{a} = \frac{1}{\sqrt{15}}\langle 2,\ 3,\ -1,\ 1 \rangle = \left\langle \frac{2}{\sqrt{15}},\ \frac{3}{\sqrt{15}},\ \frac{-1}{\sqrt{15}},\ \frac{1}{\sqrt{15}} \right\rangle$$

■ 기저벡터

4.1절에서는 3차원 공간에서 $\vec{i},\ \vec{j},\ \vec{k}$를 **기저벡터**basis vector라 정의했다. n차원 벡터공간에서의 기저벡터는 다음과 같은 n개의 벡터로 정의한다.

$$\begin{aligned}\vec{e_1} = \langle 1,\ 0,\ 0,\ \cdots,\ 0 \rangle,\ \vec{e_2} = \langle 0,\ 1,\ 0,\ \cdots,\ 0 \rangle,\\ \cdots,\ \vec{e_n} = \langle 0,\ 0,\ 0,\ \cdots,\ 1 \rangle\end{aligned} \tag{4.30}$$

따라서 임의의 벡터 $\vec{a} = \langle a_1,\ a_2,\ \cdots,\ a_n \rangle$은 다음과 같이 표현할 수 있다.

$$\vec{a} = \langle a_1,\ a_2,\ \cdots,\ a_n \rangle = a_1\vec{e_1} + a_2\vec{e_2} + \cdots + a_n\vec{e_n} \tag{4.31}$$

■ 일차독립과 일차종속

2.1절에서 이미 설명한 개념인 일차독립과 일차종속은 미분방정식뿐만 아니라 벡터에서도 매우 중요하다. 이를 설명하기 위해 먼저 벡터의 일차결합을 다음과 같이 정의한다.

정의 4-3 벡터의 일차결합

벡터공간상의 n개의 벡터 $\vec{x_1},\ \vec{x_2},\ \cdots,\ \vec{x_n}$과 스칼라 $c_1,\ c_2,\ \cdots,\ c_n$에 대해 다음과 같은 형태로 표현된 식을 $\vec{x_1},\ \vec{x_2},\ \cdots,\ \vec{x_n}$의 **일차결합**linear combiration이라고 한다.

$$c_1\vec{x_1} + c_2\vec{x_2} + \cdots + c_n\vec{x_n}$$

예를 들면 $\langle 3, 0, -3, 2\rangle = 2\langle 2, 1, -1, 1\rangle - \langle 1, 2, 1, 0\rangle$이므로, 벡터 $\langle 3, 0, -3, 2\rangle$는 벡터 $\langle 2, 1, -1, 1\rangle$과 $\langle 1, 2, 1, 0\rangle$의 일차결합이다. 벡터의 일차결합을 이용해 다음과 같이 일차독립과 일차종속을 정의할 수 있다.

정의 4-4 벡터의 일차독립과 일차종속

$\overrightarrow{x_1}, \overrightarrow{x_2}, \cdots, \overrightarrow{x_n}$의 일차결합으로 표현된 방정식

$$c_1\overrightarrow{x_1} + c_2\overrightarrow{x_2} + \cdots + c_n\overrightarrow{x_n} = \vec{0} \tag{4.32}$$

을 만족하는 0이 아닌 상수 $c_1, c_2, \cdots, c_n$이 존재하지 않으면, 즉 $c_1 = c_2 = \cdots = c_n = 0$이 식 (4.32)를 만족하는 유일한 경우라면 $\overrightarrow{x_1}, \overrightarrow{x_2}, \cdots, \overrightarrow{x_n}$은 서로 **일차독립** linearly independent이라고 한다. 그리고 일차독립이 아닌 경우를 **일차종속** linearly dependent이라고 한다.

다시 말해 $\overrightarrow{x_1}, \overrightarrow{x_2}, \cdots, \overrightarrow{x_n}$이 일차독립이라는 것은, 이 중 어떤 벡터도 다른 벡터들의 일차결합으로 나타낼 수 없음을 의미한다.

예제 4-20 일차독립과 일차종속 ①

3차원 기저벡터 $\vec{i}, \vec{j}, \vec{k}$가 서로 일차독립인지 일차종속인지를 판별하라.

풀이

식 (4.32)를 이용해 주어진 벡터들이 서로 일차독립인지 일차종속인지를 판별하기 위해 상수 c_1, c_2, c_3에 대해 다음과 같이 나타내자.

$$c_1\vec{i} + c_2\vec{j} + c_3\vec{k} = \vec{0}$$

위 식은 다음과 같이 나타낼 수 있다.

$$c_1\langle 1, 0, 0\rangle + c_2\langle 0, 1, 0\rangle + c_3\langle 0, 0, 1\rangle = \langle 0, 0, 0\rangle$$

위 식을 정리해서 풀면 다음과 같다.

$$\langle c_1, c_2, c_3\rangle = \langle 0, 0, 0\rangle$$

따라서 $c_1 = 0$, $c_2 = 0$, $c_3 = 0$이므로 $\vec{i}, \vec{j}, \vec{k}$는 서로 일차독립이다.

예제 4-21 일차독립과 일차종속 ②

다음과 같은 3차원 벡터 $\vec{a}$, $\vec{b}$, $\vec{c}$가 서로 일차독립인지 일차종속인지를 판별하라.

$$\vec{a} = -\vec{i} + 2\vec{j}, \quad \vec{b} = -2\vec{i} - 2\vec{k}, \quad \vec{c} = -\vec{i} - 2\vec{j} - 2\vec{k}$$

풀이

상수 c_1, c_2, c_3에 대해 다음과 같이 나타내자.

$$c_1\vec{a} + c_2\vec{b} + c_3\vec{c} = \vec{0}$$

위 식에 주어진 값들을 대입하면 다음과 같다.

$$c_1\langle -1,\ 2,\ 0\rangle + c_2\langle -2,\ 0,\ -2\rangle + c_3\langle -1,\ -2,\ -2\rangle = \langle 0,\ 0,\ 0\rangle$$

따라서 다음과 같은 연립방정식을 얻는다.

$$-c_1 - 2c_2 - c_3 = 0, \quad 2c_1 - 2c_3 = 0, \quad -2c_2 - 2c_3 = 0$$

위와 같은 연립방정식을 풀면 $c_1 = -c_2 = c_3 = k$이고, 여기서 k는 임의의 상수이다. 따라서 식 (4.32)를 만족하는 0이 아닌 상수 c_1, c_2, c_3가 존재하므로 $\vec{a}$, $\vec{b}$, $\vec{c}$는 서로 일차종속이다.

예제 4-22 일차독립과 일차종속 ③

다음과 같은 4차원 벡터 $\vec{a}$, $\vec{b}$, $\vec{c}$ 가 서로 일차독립인지 일차종속인지를 판별하라.

$$\vec{a} = \langle 1,\ 1,\ 0,\ 2\rangle, \quad \vec{b} = \langle 0,\ 1,\ -1,\ 2\rangle, \quad \vec{c} = \langle 1,\ 0,\ 2,\ -2\rangle$$

풀이

상수 c_1, c_2, c_3에 대해 다음과 같이 나타내자.

$$c_1\vec{a} + c_2\vec{b} + c_3\vec{c} = \vec{0}$$

위 식에 주어진 값들을 대입하면 다음과 같다.

$$c_1\langle 1,\ 1,\ 0,\ 2\rangle + c_2\langle 0,\ 1,\ -1,\ 2\rangle + c_3\langle 1,\ 0,\ 2,\ -2\rangle = \langle 0,\ 0,\ 0,\ 0\rangle$$

위 식은 다음과 같이 나타낼 수 있다.

$$\langle c_1,\ c_1,\ 0,\ 2c_1\rangle + \langle 0,\ c_2,\ -c_2,\ 2c_2\rangle + \langle c_3,\ 0,\ 2c_3,\ -2c_3\rangle = \langle 0,\ 0,\ 0,\ 0\rangle$$

위 식으로부터 다음과 같은 연립방정식을 얻는다.

$$c_1 + c_3 = 0, \quad c_1 + c_2 = 0, \quad -c_2 + 2c_3 = 0, \quad 2c_1 + 2c_2 - 2c_3 = 0$$

앞의 연립방정식을 풀면 $c_1 = c_2 = c_3 = 0$이므로, $\vec{a}$, $\vec{b}$, $\vec{c}$는 서로 일차독립이다.

■ 내적

두 n차원 벡터 $\vec{a}$와 $\vec{b}$의 내적은 다음과 같이 정의된다.

정의 4-5 n차원 벡터의 내적

두 n차원 벡터 $\vec{a} = \langle a_1, a_2, \cdots, a_n \rangle$과 $\vec{b} = \langle b_1, b_2, \cdots, b_n \rangle$의 내적은 다음과 같다.

$$\begin{aligned}\vec{a} \cdot \vec{b} &= \langle a_1, a_2, \cdots, a_n \rangle \cdot \langle b_1, b_2, \cdots, b_n \rangle \\ &= a_1 b_1 + a_2 b_2 + \cdots + a_n b_n\end{aligned}$$

두 벡터 $\vec{a}$와 $\vec{b}$가 **직교**orthogonal하기 위한 필요충분조건은 $\vec{a} \cdot \vec{b} = 0$이다.

예제 4-23 n차원 벡터의 직교 여부 확인

다음과 같은 두 4차원 벡터 $\vec{a}$와 $\vec{b}$가 서로 직교하는지를 판단하라.

$$\vec{a} = \langle 1, 0, 2, -1 \rangle, \quad \vec{b} = \langle 2, -1, -1, 0 \rangle$$

풀이

두 벡터 $\vec{a}$와 $\vec{b}$의 내적은 다음과 같다.

$$\begin{aligned}\vec{a} \cdot \vec{b} &= \langle 1, 0, 2, -1 \rangle \cdot \langle 2, -1, -1, 0 \rangle \\ &= 1 \times 2 + 0 \times (-1) + 2 \times (-1) + (-1) \times 0 = 0\end{aligned}$$

따라서 두 벡터 $\vec{a}$와 $\vec{b}$는 서로 직교한다.

CHAPTER

04 연습문제

4.1 **(벡터의 기본 연산)** 주어진 벡터 $\vec{a}$, $\vec{b}$, $\vec{c}$에 대해 다음을 구하라.

$$\vec{a} = \langle 2,\ 2,\ -3 \rangle,\quad \vec{b} = \langle 0,\ 1,\ -2 \rangle,\quad \vec{c} = \langle 3,\ -1,\ -4 \rangle$$

(a) $2\vec{a} - \vec{b}$ (b) $-\vec{a} - \vec{b} + 2\vec{c}$ (c) $2\vec{a} + \vec{b} - 2\vec{c}$

(d) $\| \vec{a} - 2\vec{b} \|$ (e) $\| \vec{a} - \vec{b} - 2\vec{c} \|$ (f) $\| -\vec{a} + \vec{b} - 2\vec{c} \|$

4.2 **(두 점 사이의 거리)** 주어진 두 위치벡터의 끝점 사이의 거리를 구하라.

(a) $\overrightarrow{OP_1} = \langle 2,\ 4 \rangle$, $\overrightarrow{OP_2} = \langle 1,\ 3 \rangle$

(b) $\overrightarrow{OP_1} = \langle -2,\ 1 \rangle$, $\overrightarrow{OP_2} = \langle 2,\ -2 \rangle$

(c) $\overrightarrow{OP_1} = \langle 0,\ 1,\ 4 \rangle$, $\overrightarrow{OP_2} = \langle -1,\ 0,\ 3 \rangle$

(d) $\overrightarrow{OP_1} = \langle 1,\ 2,\ -1 \rangle$, $\overrightarrow{OP_2} = \langle 2,\ -1,\ 2 \rangle$

(e) $\overrightarrow{OP_1} = \langle 3,\ -2,\ -1 \rangle$, $\overrightarrow{OP_2} = \langle 2,\ 1,\ -2 \rangle$

4.3 **(벡터의 내적)** 다음 두 벡터의 내적을 구하라.

(a) $\vec{a} = \langle 1,\ 4 \rangle$, $\vec{b} = \langle -1,\ 2 \rangle$ (b) $\vec{a} = \langle 2,\ 2 \rangle$, $\vec{b} = \langle 1,\ -2 \rangle$

(c) $\vec{a} = \langle 1,\ -4 \rangle$, $\vec{b} = \langle 3,\ 3 \rangle$ (d) $\vec{a} = \langle 2,\ -2 \rangle$, $\vec{b} = \langle 3,\ -2 \rangle$

(e) $\vec{a} = \langle 0,\ -1,\ 2 \rangle$, $\vec{b} = \langle 1,\ 1,\ 2 \rangle$ (f) $\vec{a} = \langle 1,\ -2,\ 1 \rangle$, $\vec{b} = \langle 3,\ 3,\ 1 \rangle$

4.4 **(벡터의 내적)** 벡터의 내적을 이용해 다음 두 벡터의 사잇각을 구하라.

(a) $\vec{a} = \langle 1,\ \sqrt{3} \rangle$, $\vec{b} = \langle -2,\ 2\sqrt{3} \rangle$ (b) $\vec{a} = \langle 2,\ -4 \rangle$, $\vec{b} = \langle -4,\ -2 \rangle$

(c) $\vec{a} = \langle 2,\ -3 \rangle$, $\vec{b} = \langle -3,\ -2 \rangle$ (d) $\vec{a} = \langle 0,\ 1,\ -2 \rangle$, $\vec{b} = \langle 1,\ 1,\ -2 \rangle$

(e) $\vec{a} = \langle 2,\ -2,\ 1 \rangle$, $\vec{b} = \langle 3,\ 3,\ 2 \rangle$ (f) $\vec{a} = \langle 3,\ -3,\ 1 \rangle$, $\vec{b} = \langle 1,\ -1,\ -6 \rangle$

4.5 **(벡터의 내적)** 주어진 두 벡터가 서로 직교하도록 상수 c를 결정하라.

(a) $\vec{a} = \langle 2,\ -2 \rangle$, $\vec{b} = \langle c,\ -2 \rangle$ (b) $\vec{a} = \langle 4,\ c \rangle$, $\vec{b} = \langle 1,\ 2 \rangle$

(c) $\vec{a} = \langle c,\ 1,\ 2 \rangle$, $\vec{b} = \langle 1,\ 1,\ -3 \rangle$ (d) $\vec{a} = \langle c,\ 2,\ 1 \rangle$, $\vec{b} = \langle 3,\ -2,\ 2c \rangle$

4.6 **응용** **(벡터의 내적)** 오른쪽 그림과 같이 어떤 물체에 일정한 크기의 힘 $\vec{F}$를 가해서 물체의 위치를 점 P_1에서 점 P_2로 이동시켰다. 힘의 단위는 뉴턴(N)이고 물체가 이동한 거리의 단위는 미터(m)일 때, 힘 $\vec{F}$가 이 물체에 한 일을 구하라.

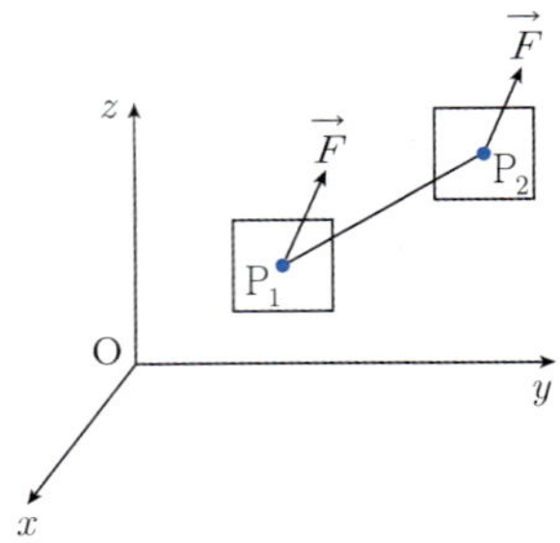

(a) $\vec{F} = 2\vec{i} - 2\vec{j}$, $P_1(-1, 2)$, $P_2(-3, 4)$

(b) $\vec{F} = 3\vec{i} - \vec{j}$, $P_1(-3, 1)$, $P_2(-1, -3)$

(c) $\vec{F} = 2\vec{i} - \vec{j} + 2\vec{k}$, $P_1(-1, -1, 2)$, $P_2(-2, -4, 1)$

4.7 **(방향코사인, 방향각)** 다음 벡터의 방향코사인과 방향각을 구하라.

(a) $\vec{a} = \langle 1, 1, 1 \rangle$

(b) $\vec{a} = \langle 2, 1, 1 \rangle$

(c) $\vec{a} = \langle -2, -2, 1 \rangle$

(d) $\vec{a} = \langle 2, -3, -2 \rangle$

4.8 **응용** **(방향코사인, 방향각)** 오른쪽 그림과 같이 한 비행체가 관찰자로부터 x축으로 8[km], y축으로 10[km], z축으로 4[km] 만큼 떨어진 위치에 있을 때, 이 비행체의 방향코사인과 방향각을 구하라.

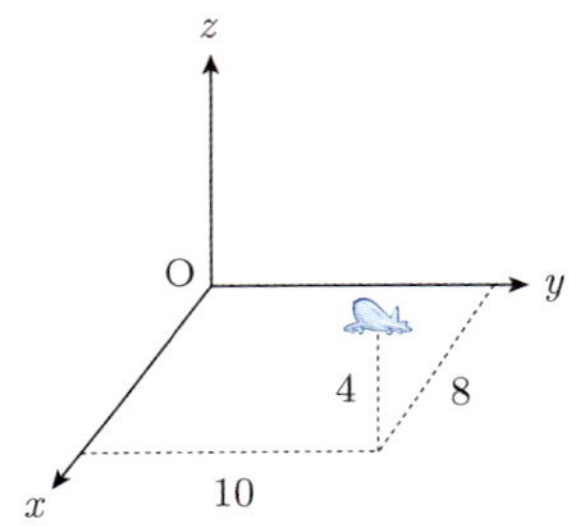

4.9 **(벡터의 성분)** 다음 벡터 $\vec{a}$, $\vec{b}$에 대해 $\vec{a}$의 $\vec{b}$ 방향으로의 성분 $comp_{\vec{b}}\vec{a}$를 구하라.

(a) $\vec{a} = \langle 2, -1, 1 \rangle$, $\vec{b} = \langle 1, -1, 1 \rangle$

(b) $\vec{a} = \langle 2, -1, 3 \rangle$, $\vec{b} = \langle 1, 0, -2 \rangle$

(c) $\vec{a} = \langle 2, -2, 0 \rangle$, $\vec{b} = \langle 3, -1, 2 \rangle$

(d) $\vec{a} = \langle 1, -2, 1 \rangle$, $\vec{b} = \langle -1, -1, 3 \rangle$

4.10 **(벡터의 사영)** 다음 벡터 $\vec{a}$, $\vec{b}$에 대해 $\vec{a}$의 $\vec{b}$ 방향으로의 사영 $proj_{\vec{b}}\vec{a}$를 구하라.

(a) $\vec{a} = \langle 1, -1, 1 \rangle$, $\vec{b} = \langle 1, 1, -2 \rangle$

(b) $\vec{a} = \langle 2, -2, 1 \rangle$, $\vec{b} = \langle 2, -1, 1 \rangle$

(c) $\vec{a} = \langle 1, -2, 1 \rangle$, $\vec{b} = \langle -1, -1, 2 \rangle$

(d) $\vec{a} = \langle 1, -1, -1 \rangle$, $\vec{b} = \langle -1, -1, 2 \rangle$

4.11 **(벡터의 사영)** 두 벡터 $\vec{a} = 2\vec{i} + 2\vec{j} - \vec{k}$와 $\vec{b} = \vec{i} + 2\vec{j} - 2\vec{k}$에 대해 다음을 구하라.

(a) $proj_{\vec{b}}\vec{a}$

(b) $proj_{\vec{b}^{\perp}}\vec{a}$

(c) $proj_{(\vec{a}+\vec{b})}\vec{a}$

(d) $proj_{(\vec{a}-\vec{b})}\vec{a}$

4.12 **(벡터의 외적)** 다음 두 벡터의 외적을 구하라.

(a) $\vec{a} = \vec{i} - 3\vec{j}$, $\vec{b} = 3\vec{i} - 2\vec{j}$

(b) $\vec{a} = 2\vec{i} + 3\vec{j}$, $\vec{b} = -\vec{i} - \vec{j}$

(c) $\vec{a} = 2\vec{i} - 3\vec{j} - 2\vec{k}$, $\vec{b} = 2\vec{i} - 4\vec{j}$

(d) $\vec{a} = \vec{i} + 3\vec{j} - 2\vec{k}$, $\vec{b} = \vec{i} - 2\vec{k}$

4.13 **(벡터의 외적)** 벡터의 외적을 이용해 다음 두 벡터의 사잇각을 구하라.

(a) $\vec{a} = \langle 2, 2 \rangle$, $\vec{b} = \langle 1, -2 \rangle$

(b) $\vec{a} = \langle 1, -4 \rangle$, $\vec{b} = \langle -4, -1 \rangle$

(c) $\vec{a} = \langle 3, -3 \rangle$, $\vec{b} = \langle -1, -2 \rangle$

(d) $\vec{a} = \langle 0, -1, -2 \rangle$, $\vec{b} = \langle -1, 1, 0 \rangle$

4.14 응용 **(벡터의 외적)** 다음 세 점으로 만들어지는 삼각형의 면적을 구하라.

(a) $P_1(2, -1, 1)$, $P_2(-2, 1, 2)$, $P_3(3, 0, -2)$

(b) $P_1(1, -1, 0)$, $P_2(-1, 2, 1)$, $P_3(1, 1, -1)$

4.15 응용 **(벡터의 외적)** 다음 세 점으로 만들어지는 평행사변형의 면적을 구하라.

(a) $P_1(2, -1, 1)$, $P_2(1, 0, -1)$, $P_3(-1, -1, 1)$

(b) $P_1(-2, 3, 2)$, $P_2(-3, -1, -2)$, $P_3(1, -3, -1)$

(c) $P_1(-1, 2, 1)$, $P_2(-2, 1, -2)$, $P_3(1, -1, 1)$

4.16 응용 **(벡터의 외적)** 오른쪽 그림과 같이 반경이 $R = 1\,[\mathrm{m}]$인 원형 디스크에 $\|\vec{F}\| = 100\,[\mathrm{N}]$의 힘을 가했다고 하자. 힘 $\vec{F}$의 원의 중심에 관한 모멘트 벡터를 구하라.

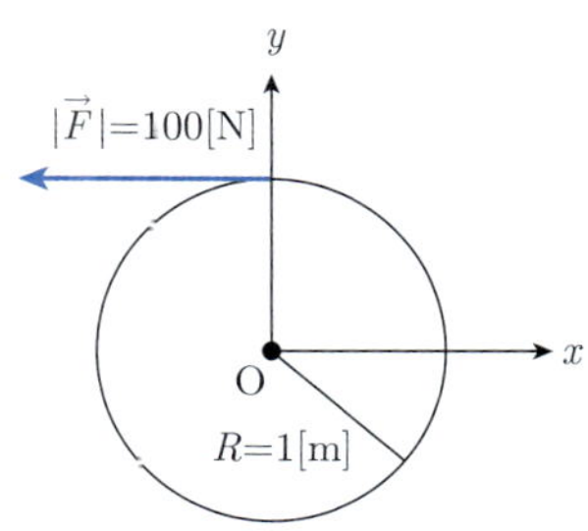

4.17 응용 **(스칼라 삼중곱)** 다음과 같은 세 벡터 $\vec{a}$, $\vec{b}$, $\vec{c}$를 세 변으로 갖는 평행육면체의 부피를 구하라.

(a) $\vec{a} = 2\vec{i} + \vec{j} + 3\vec{k}$, $\vec{b} = \vec{i} + 3\vec{j} + 2\vec{k}$, $\vec{c} = 3\vec{i} + 2\vec{j} + 0\vec{k}$

(b) $\vec{a} = -\vec{i} + \vec{j} - 2\vec{k}$, $\vec{b} = -3\vec{i} - 2\vec{j} - 3\vec{k}$, $\vec{c} = -2\vec{i} - \vec{j} - \vec{k}$

4.18 **응용** **(스칼라 삼중곱)** 다음 세 벡터 $\vec{a}$, $\vec{b}$, $\vec{c}$가 동일한 평면상에 존재하는지를 판단하라.

(a) $\vec{a} = 2\vec{i} - 3\vec{j} + \vec{k}$, $\vec{b} = -\vec{i} - 2\vec{j} - 3\vec{k}$, $\vec{c} = -\vec{i} - 2\vec{j} - \vec{k}$

(b) $\vec{a} = -\vec{i} - \vec{j} - \vec{k}$, $\vec{b} = -2\vec{i} + 2\vec{j} - \vec{k}$, $\vec{c} = \vec{i} + \vec{j} + \vec{k}$

4.19 **(벡터 삼중곱)** 다음 세 벡터 $\vec{a}$, $\vec{b}$, $\vec{c}$에 대해 벡터 삼중곱을 구하라.

(a) $\vec{a} = \vec{i} - \vec{j}$, $\vec{b} = \vec{i} - \vec{j} - \vec{k}$, $\vec{c} = \vec{i} - \vec{j} + \vec{k}$

(b) $\vec{a} = \vec{i} + \vec{j} + \vec{k}$, $\vec{b} = \vec{j} - \vec{k}$, $\vec{c} = -\vec{i} - \vec{k}$

4.20 **(벡터공간)** 다음 세 벡터 $\vec{a}$, $\vec{b}$, $\vec{c}$가 서로 일차독립인지 일차종속인지를 판별하라.

(a) $\vec{a} = 2\vec{i} - 3\vec{j} + \vec{k}$, $\vec{b} = \vec{i} - 2\vec{j} - 2\vec{k}$, $\vec{c} = 4\vec{i} - 6\vec{j} + 2\vec{k}$

(b) $\vec{a} = \vec{i} - \vec{j} + 2\vec{k}$, $\vec{b} = 2\vec{i} + \vec{j} - \vec{k}$, $\vec{c} = \vec{i} + \vec{j} + 2\vec{k}$

(c) $\vec{a} = \vec{i} + \vec{j} - \vec{k}$, $\vec{b} = -3\vec{i} - 2\vec{j} - \vec{k}$, $\vec{c} = \vec{i} - \vec{j} + \vec{k}$

(d) $\vec{a} = 3\vec{i} - 3\vec{k}$, $\vec{b} = 2\vec{i} + \vec{j} - \vec{k}$, $\vec{c} = \vec{i} + 2\vec{j} + \vec{k}$

4.21 **(벡터의 내적)** 다음 두 4차원 벡터 $\vec{a}$와 $\vec{b}$의 내적을 구하라.

(a) $\vec{a} = \langle 2, -1, -2, -3 \rangle$, $\vec{b} = \langle -2, -1, 3, 2 \rangle$

(b) $\vec{a} = \langle -2, -1, -1, 3 \rangle$, $\vec{b} = \langle 2, -2, -1, 1 \rangle$

4.22 **(벡터의 직교성)** 다음 두 4차원 벡터 $\vec{a}$와 $\vec{b}$가 서로 직교하는지를 판단하라.

(a) $\vec{a} = \langle 1, -2, -1, 3 \rangle$, $\vec{b} = \langle -3, 2, -1, 2 \rangle$

(b) $\vec{a} = \langle -3, -2, 1, -2 \rangle$, $\vec{b} = \langle 1, -3, -1, 1 \rangle$

CHAPTER

05

벡터함수의 미분학

Differentiation of Vector Functions

Contents

■ **학습목표**

- 벡터함수의 극한과 연속성, 도함수에 대해 이해할 수 있다.
- 위치벡터함수, 속도벡터함수, 가속도벡터함수의 기본 개념을 이해할 수 있다.
- 벡터함수의 편도함수와 방향도함수, 도함수와 관련한 벡터 연산자, 벡터장에서의 발산과 회전 등 벡터함수의 전반적인 내용을 이해할 수 있다.
- 방향도함수, 발산과 회전의 물리적 및 기하학적 의미를 이해할 수 있다.

■ **이 장에서 배우는 내용은?**

4장에서는 벡터가 공간적인 개념을 나타내거나 물리적 현상을 설명하는 데 매우 유용하다는 것을 살펴봤다. 4장에서 살펴본 벡터는 값이 변하지 않고 고정되어 있었다. 그런데 만약 시간의 흐름에 따라 벡터값이 변한다면 어떻게 될까? 이러한 변화를 나타내는 것이 바로 벡터함수이다. 시간의 변화에 따른 벡터함수의 변화를 이해하려면 스칼라함수와 마찬가지로 벡터함수의 도함수 개념을 반드시 이해해야 한다.

이 장에서는 벡터함수의 극한과 연속성, 도함수 계산 등을 먼저 살펴보고, 곡선을 따라 움직이는 벡터함수의 위치벡터함수, 속도벡터함수, 가속도벡터함수를 구해봄으로써 벡터함수의 곡선운동에 대해 확실하게 이해하고자 한다. 또한 다변수함수에 대한 편도함수를 구하는 방법을 알아보고, 임의의 벡터 방향으로의 도함수인 방향도함수를 구하는 방법과 그 응용에 대해 살펴볼 것이다. 마지막으로 물리학이나 공학 등에서 매우 널리 응용되고 있는 벡터장에서의 발산, 회전과 그 응용에 대해서도 알아보고자 한다.

SECTION 5.1 벡터함수

어떤 물체가 2차원 평면이나 3차원 공간상에서 [그림 5-1]처럼 주어진 경로 C를 따라 이동하는 경우를 생각해보자.

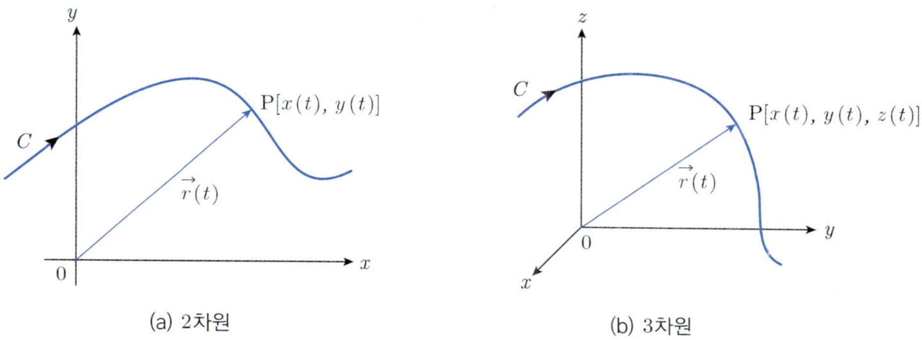

[그림 5-1] 벡터함수

먼저 2차원인 경우에 좌푯값 x, y가 **매개변수**parametric variable t에 대한 함수 $x = f(t)$, $y = g(t)$로 주어진다면, 경로 C를 **매개곡선**parametric curve이라고 한다. 구간 $t_0 \le t \le t_1$에서 연속인 다음과 같은 식을 **매개방정식**parametric equations이라 하며, 함수 $f(t)$와 $g(t)$를 **성분함수**component function라고 한다.

$$x = f(t),\ \ y = g(t) \tag{5.1}$$

3차원인 경우에도 동일하게 정의할 수 있다. 즉 3차원인 경우 매개방정식은

$$x = f(t),\ \ y = g(t),\ \ z = h(t) \tag{5.2}$$

이고, 성분함수는 $f(t)$, $g(t)$, $h(t)$이다. [그림 5-1(b)]에서 볼 수 있듯이, 점 P의 위치벡터는 $\vec{r}(t)$이다. $\vec{r}(t)$는 구간 $t_0 \le t \le t_1$에서의 위치벡터로서, 매개방정식을 이용하면 다음과 같이 나타낼 수 있다.

$$\vec{r}(t) = x\vec{i} + y\vec{j} + z\vec{k} = f(t)\vec{i} + g(t)\vec{j} + h(t)\vec{k} = \langle f(t),\ g(t),\ h(t) \rangle \tag{5.3}$$

이때 $\vec{r}(t)$는 시간 t에 따라 값이 변하므로 이를 **벡터함수** vector function라고 한다. 그리고 벡터함수가 정의되는 공간을 **벡터장** vector field이라고 한다. 또한 함숫값이 실수인 함수를 **스칼라함수** scalar function라 하고, 스칼라함수가 정의되는 공간을 **스칼라장** scalar field이라고 한다.

주어진 벡터함수에서 매개변수 t를 소거하여 x, y, z에 대한 관계식을 구할 수 있는데, 이를 **곡선의 방정식**이라고 한다.

예제 5-1 곡선의 방정식

다음 벡터함수가 나타내는 곡선의 방정식을 구하고 그래프를 그려라.

$$\vec{r}(t) = (t+1)\vec{i} + (t^2 - 2t + 1)\vec{j}$$

풀이

식 (5.1)에 따르면 $x = t+1$, $y = t^2 - 2t + 1$이다. 이제 매개변수 t를 소거하여 x와 y 사이의 관계식을 구하면 된다. $x = t+1$이므로 $t = x-1$이고, 따라서 $y = t^2 - 2t + 1 = (x-1)^2 - 2(x-1) + 1 = x^2 - 4x + 4$이다. 이는 2차 방정식으로 [그림 5-2]와 같다.

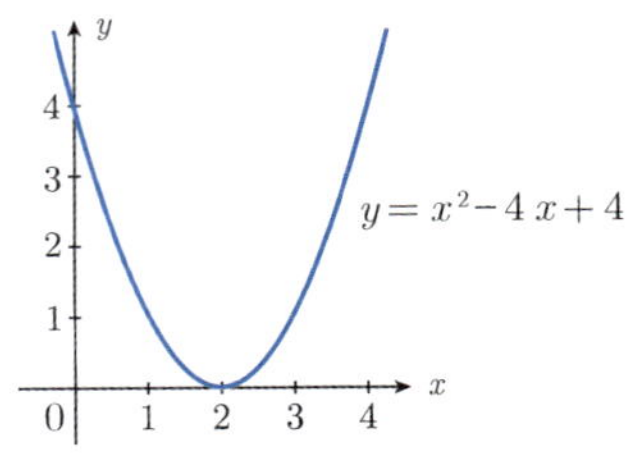

[그림 5-2]

벡터함수의 극한과 연속성

벡터함수의 도함수를 구하기 전에 먼저 벡터함수의 극한과 연속성에 대해 살펴보자. [들어가기 전에]에서 살펴본 함수의 극한과 연속성과 유사하게 전개할 수 있다.

정의 5-1 벡터함수의 극한

3차원 벡터함수 $\vec{r}(t) = f(t)\vec{i} + g(t)\vec{j} + h(t)\vec{k}$에 대해 성분함수의 극한 $\lim_{t \to c} f(t)$, $\lim_{t \to c} g(t)$, $\lim_{t \to c} h(t)$가 존재하면 벡터함수의 **극한** limit은 다음과 같다.

$$\lim_{t \to c} \vec{r}(t) = \lim_{t \to c} f(t)\vec{i} + \lim_{t \to c} g(t)\vec{j} + \lim_{t \to c} h(t)\vec{k}$$

즉 벡터함수의 극한은 성분함수의 극한을 알면 구할 수 있다.

예제 5-2 벡터함수의 극한

다음 벡터함수의 극한 $\lim_{t\to 0}\vec{r}(t)$를 구하라.

$$\vec{r}(t)=\left(\frac{\cos 2t+1}{2}\right)\vec{i}+(t^2+2)\vec{j}+\left(\frac{e^{-t}-1}{2}\right)\vec{k}$$

풀이

[정의 5-1]에 의해 다음이 성립한다.

$$\lim_{t\to 0}\vec{r}(t)=\lim_{t\to 0}\left(\frac{\cos 2t+1}{2}\right)\vec{i}+\lim_{t\to 0}(t^2+2)\vec{j}+\lim_{t\to 0}\left(\frac{e^{-t}-1}{2}\right)\vec{k}$$

성분함수의 극한은 각각 다음과 같다.

$$\lim_{t\to 0}f(t)=\lim_{t\to 0}\left(\frac{\cos 2t+1}{2}\right)=1,\quad \lim_{t\to 0}g(t)=\lim_{t\to 0}(t^2+2)=2,$$
$$\lim_{t\to 0}h(t)=\lim_{t\to 0}\left(\frac{e^{-t}-1}{2}\right)=0$$

따라서 벡터함수의 극한은 다음과 같다.

$$\lim_{t\to 0}\vec{r}(t)=\lim_{t\to 0}f(t)\,\vec{i}+\lim_{t\to 0}g(t)\,\vec{j}+\lim_{t\to 0}h(t)\,\vec{k}=\vec{i}+2\vec{j}$$

벡터함수의 극한은 다음과 같은 성질을 만족한다.

정리 5-1 극한의 성질

a, b가 실수이고 벡터함수 $\overrightarrow{r_1}(t)$와 $\overrightarrow{r_2}(t)$의 극한이 $\lim_{t\to c}\overrightarrow{r_1}(t)=\overrightarrow{R_1}$, $\lim_{t\to c}\overrightarrow{r_2}(t)=\overrightarrow{R_2}$ 일 때, 다음과 같은 관계가 성립한다.

(1) $\lim_{t\to c}\left[a\overrightarrow{r_1}(t)\right]=a\overrightarrow{R_1}$

(2) $\lim_{t\to c}\left[a\overrightarrow{r_1}(t)\pm b\overrightarrow{r_2}(t)\right]=a\overrightarrow{R_1}\pm b\overrightarrow{R_2}$

(3) $\lim_{t\to c}\left[\overrightarrow{r_1}(t)\cdot\overrightarrow{r_2}(t)\right]=\overrightarrow{R_1}\cdot\overrightarrow{R_2}$

[정리 5-1]은 극한 연산자 (lim)가 선형 연산자라는 사실을 이용하면 쉽게 증명할 수 있으므로 생략한다. 벡터함수의 연속성 또한 함수의 연속성과 유사하게 다음과 같이 정의한다.

정의 5-2 벡터함수의 연속성

상수 c에 대해 벡터함수 $\vec{r}(t)$가 다음과 같은 조건을 만족하면 벡터함수 $\vec{r}(t)$는 $t=c$에서 **연속** continuous 이라고 한다.

(1) 극한 $\lim_{t \to c} \vec{r}(t)$가 존재한다.
(2) $\vec{r}(c)$가 정의된다.
(3) $\lim_{t \to c} \vec{r}(t) = \vec{r}(c)$이다.

벡터함수의 도함수

벡터함수의 도함수도 함수의 도함수와 유사하게 다음과 같이 정의할 수 있다.

정의 5-3 벡터함수의 도함수

벡터함수 $\vec{r}(t)$가 연속이며 극한을 갖는 모든 t에 대해 벡터함수 $\vec{r}(t)$의 **도함수** derivative 는 다음과 같다.

$$\frac{d\vec{r}(t)}{dt} = \vec{r}\,'(t) = \lim_{\Delta t \to 0} \frac{\Delta \vec{r}(t)}{\Delta t} = \lim_{\Delta t \to 0} \frac{\vec{r}(t+\Delta t) - \vec{r}(t)}{\Delta t}$$

[정의 5-3]에 따라 벡터함수의 도함수 $\vec{r}\,'(t)$는 다음과 같이 성분함수의 도함수로 나타낼 수 있다.

정리 5-2 벡터함수의 도함수 계산

3차원 벡터함수 $\vec{r}(t) = f(t)\vec{i} + g(t)\vec{j} + h(t)\vec{k}$에 대해 성분함수 $f(t)$, $g(t)$, $h(t)$가 모두 미분가능하면 벡터함수 $\vec{r}(t)$의 도함수는 다음과 같다.

$$\vec{r}\,'(t) = f'(t)\vec{i} + g'(t)\vec{j} + h'(t)\vec{k}$$

증명

$\vec{r}(t) = f(t)\vec{i} + g(t)\vec{j} + h(t)\vec{k}$이므로 벡터함수의 도함수에 관한 [정의 5-3]의 식을 이용하면 다음과 같이 쉽게 증명할 수 있다.

$$\begin{aligned}
\vec{r}\,'(t) &= \lim_{\Delta t \to 0} \frac{\vec{r}(t+\Delta t) - \vec{r}(t)}{\Delta t} \\
&= \lim_{\Delta t \to 0} \frac{\left[f(t+\Delta t)\vec{i} + g(t+\Delta t)\vec{j} + h(t+\Delta t)\vec{k}\right] - \left[f(t)\vec{i} + g(t)\vec{j} + h(t)\vec{k}\right]}{\Delta t} \\
&= \lim_{\Delta t \to 0} \frac{[f(t+\Delta t) - f(t)]\vec{i} + [g(t+\Delta t) - g(t)]\vec{j} + [h(t+\Delta t) - h(t)]\vec{k}}{\Delta t} \\
&= \lim_{\Delta t \to 0} \frac{[f(t+\Delta t) - f(t)]}{\Delta t}\vec{i} + \lim_{\Delta t \to 0} \frac{[g(t+\Delta t) - g(t)]}{\Delta t}\vec{j} \\
&\quad + \lim_{\Delta t \to 0} \frac{[h(t+\Delta t) - h(t)]}{\Delta t}\vec{k} \\
&= f'(t)\vec{i} + g'(t)\vec{j} + h'(t)\vec{k}
\end{aligned}$$

■

예제 5-3 벡터함수의 도함수

다음 벡터함수의 도함수를 구하라.

$$\vec{r}(t) = (e^{-2t}\cos t)\vec{i} + (2 + t\sin t)\vec{j} + (t^2 - 2t + 1)\vec{k}$$

풀이

[정리 5-2]에 의해 벡터함수의 도함수는 다음과 같다.

$$\begin{aligned}
\vec{r}\,'(t) &= \frac{d}{dt}(e^{-2t}\cos t)\vec{i} + \frac{d}{dt}(2 + t\sin t)\vec{j} + \frac{d}{dt}(t^2 - 2t + 1)\vec{k} \\
&= (-e^{-2t}\sin t - 2e^{-2t}\cos t)\vec{i} + (t\cos t + \sin t)\vec{j} + (2t - 2)\vec{k} \\
&= -e^{-2t}(\sin t + 2\cos t)\vec{i} + (t\cos t + \sin t)\vec{j} + (2t - 2)\vec{k}
\end{aligned}$$

■ 도함수의 기하학적 의미

벡터함수의 도함수에 대한 기하학적 의미를 살펴보기 위해 [그림 5-3]과 같이 경로 C를 따라 움직이는 곡선 P_1P_2를 생각해보자.

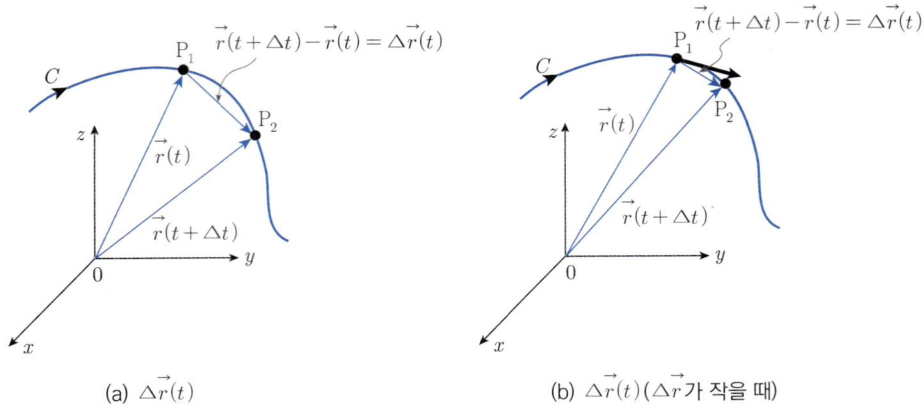

[그림 5-3] 벡터함수의 도함수에 대한 기하학적 해석

[정의 5-3]에 의하면 벡터함수의 도함수는 다음과 같다.

$$\vec{r}\,'(t)=\lim_{\Delta t\to 0}\frac{\Delta\vec{r}(t)}{\Delta t}=\lim_{\Delta t\to 0}\frac{\vec{r}(t+\Delta t)-\vec{r}(t)}{\Delta t}$$

이제 [그림 5-3(a)]에 나타낸 $\vec{r}(t+\Delta t)-\vec{r}(t)$를 살펴보자. 만약 Δt가 충분히 작다면 $\vec{r}(t+\Delta t)$와 $\vec{r}(t)$가 거의 같아지므로, [그림 5-3(b)]와 같이 변한다. 이때 벡터 $\Delta\vec{r}(t)=\vec{r}(t+\Delta t)-\vec{r}(t)$와 벡터 $\vec{r}(t)$가 이루는 각은 수직에 가까워진다. 한편, 도함수 $\vec{r}\,'(t)$의 분모 Δt는 숫자로서 스칼라이므로, 벡터 $\Delta\vec{r}(t)$의 방향을 바꾸지는 못한다. 따라서 벡터함수의 도함수는 $\Delta t\to 0$일 때이므로 점 P_1에서의 접선방향이고, 이에 따라 **접선벡터** tangent vector 임을 알 수 있다.

예제 5-4 벡터함수의 경로와 접선벡터

다음 벡터함수가 나타내는 경로 C를 구하고 $\vec{r}\,'(0)$과 $\vec{r}\,'(\pi)$를 구한 뒤, 그림으로 나타내라.

$$\vec{r}(t)=\cos t\,\vec{i}+\sin t\,\vec{j}\quad(0\le t\le 2\pi)$$

풀이

매개방정식이 $x=\cos t$, $y=\sin t$이므로 $x^2=\cos^2 t$, $y^2=\sin^2 t$이고, 매개변수 t를 소거하면 경로 C는 $x^2+y^2=\cos^2 t+\sin^2 t=1$이 된다. 이는 중심이 원점이고 반경이 1인 원의 경로를 따라 반시계방향으로 움직이는 경로로 [그림 5-4]와 같다. 또한 [정리 5-2]의 식을 이용해 $\vec{r}(t)=\cos t\,\vec{i}+\sin t\,\vec{j}$의 도함수를 구하면 다음과 같다.

$$\vec{r}\,'(t)=-\sin t\,\vec{i}+\cos t\,\vec{j}$$

따라서 $\vec{r}\,'(0)=\vec{j}$, $\vec{r}\,'(\pi)=-\vec{j}$이고, 각각은 [그림 5-4]의 점 P_1과 점 P_2에서의 접선벡터이다. 여기서 점 P_1은 $\vec{r}(0)$이므로 $(1,0)$이고, 점 P_2는 $\vec{r}(\pi)$이므로 $(-1,0)$이다.

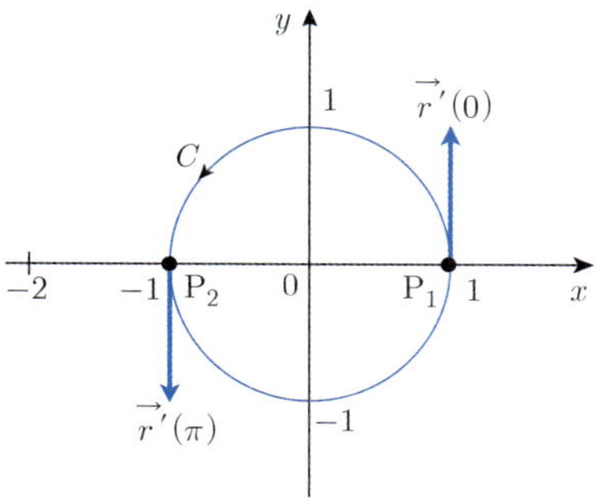

[그림 5-4] 벡터함수의 경로와 접선벡터

■ 도함수의 성질

정리 5-3 벡터함수의 도함수의 성질

$\overrightarrow{r_1}(t)$, $\overrightarrow{r_2}(t)$가 미분가능한 벡터함수, $a(t)$가 미분가능한 스칼라함수, c가 임의의 상수이면 다음과 같은 관계식이 성립한다.

(1) $\dfrac{d}{dt}\left[c\,\overrightarrow{r_1}(t)\right]=c\dfrac{d}{dt}\left[\overrightarrow{r_1}(t)\right]=c\,\overrightarrow{r_1}\,'(t)$

(2) $\dfrac{d}{dt}\left[\overrightarrow{r_1}(t)+\overrightarrow{r_2}(t)\right]=\dfrac{d}{dt}\left[\overrightarrow{r_1}(t)\right]+\dfrac{d}{dt}\left[\overrightarrow{r_2}(t)\right]=\overrightarrow{r_1}\,'(t)+\overrightarrow{r_2}\,'(t)$

(3) $\dfrac{d}{dt}\left[a(t)\,\overrightarrow{r_1}(t)\right]=a(t)\dfrac{d}{dt}\left[\overrightarrow{r_1}(t)\right]+\dfrac{da(t)}{dt}\overrightarrow{r_1}(t)$

(4) $\dfrac{d}{dt}\left[\overrightarrow{r_1}(t)\cdot\overrightarrow{r_2}(t)\right]=\overrightarrow{r_1}(t)\cdot\dfrac{d}{dt}\left[\overrightarrow{r_2}(t)\right]+\dfrac{d}{dt}\left[\overrightarrow{r_1}(t)\right]\cdot\overrightarrow{r_2}(t)$

(5) $\dfrac{d}{dt}\left[\overrightarrow{r_1}(t)\times\overrightarrow{r_2}(t)\right]=\overrightarrow{r_1}(t)\times\dfrac{d}{dt}\left[\overrightarrow{r_2}(t)\right]+\dfrac{d}{dt}\left[\overrightarrow{r_1}(t)\right]\times\overrightarrow{r_2}(t)$

증명

(1)~(3)은 쉽게 증명할 수 있으므로 증명을 생략하고, (4)와 (5)에 대해서만 증명한다. 증명을 위해 $\overrightarrow{r_1}(t)$와 $\overrightarrow{r_2}(t)$는 2차원 벡터함수이고, $\overrightarrow{r_1}(t)=f_1(t)\vec{i}+g_1(t)\vec{j}$, $\overrightarrow{r_2}(t)=f_2(t)\vec{i}+g_2(t)\vec{j}$라고 가정한다.

(4) $\frac{d}{dt}\left[\vec{r_1}(t)\cdot\vec{r_2}(t)\right]=\frac{d}{dt}\left[\left\{f_1(t)\vec{i}+g_1(t)\vec{j}\right\}\cdot\left\{f_2(t)\vec{i}+g_2(t)\vec{j}\right\}\right]$

$$
\begin{aligned}
&=\frac{d}{dt}\left[f_1(t)f_2(t)+g_1(t)g_2(t)\right]\\
&=f_1(t)f_2{}'(t)+f_1{}'(t)f_2(t)+g_1(t)g_2{}'(t)+g_1{}'(t)g_2(t)\\
&=f_1(t)f_2{}'(t)+g_1(t)g_2{}'(t)+f_1{}'(t)f_2(t)+g_1{}'(t)g_2(t)\\
&=\left[f_1(t)\vec{i}+g_1(t)\vec{j}\right]\cdot\left[f_2{}'(t)\vec{i}+g_2{}'(t)\vec{j}\right]\\
&\quad+\left[f_1{}'(t)\vec{i}+g_1{}'(t)\vec{j}\right]\cdot\left[f_2(t)\vec{i}+g_2(t)\vec{j}\right]\\
&=\vec{r_1}(t)\cdot\frac{d}{dt}\left[\vec{r_2}(t)\right]+\frac{d}{dt}\left[\vec{r_1}(t)\right]\cdot\vec{r_2}(t)
\end{aligned}
$$

(5) $\frac{d}{dt}\left[\vec{r_1}(t)\times\vec{r_2}(t)\right]=\frac{d}{dt}\left[\left\{f_1(t)\vec{i}+g_1(t)\vec{j}\right\}\times\left\{f_2(t)\vec{i}+g_2(t)\vec{j}\right\}\right]$

$$
\begin{aligned}
&=\frac{d}{dt}\left[\left\{f_1(t)g_2(t)-f_2(t)g_1(t)\right\}\vec{k}\right]\\
&=\left[f_1(t)g_2{}'(t)+f_1{}'(t)g_2(t)-\left\{g_1(t)f_2{}'(t)+g_1{}'(t)f_2(t)\right\}\right]\vec{k}\\
&=\left[f_1(t)g_2{}'(t)-g_1(t)f_2{}'(t)\right]\vec{k}+\left[f_1{}'(t)g_2(t)-g_1{}'(t)f_2(t)\right]\vec{k}\\
&=\left[f_1(t)\vec{i}+g_1(t)\vec{j}\right]\times\left[f_2{}'(t)\vec{i}+g_2{}'(t)\vec{j}\right]\\
&\quad+\left[f_1{}'(t)\vec{i}+g_1{}'(t)\vec{j}\right]\times\left[f_2(t)\vec{i}+g_2(t)\vec{j}\right]\\
&=\vec{r_1}(t)\times\frac{d}{dt}\left[\vec{r_2}(t)\right]+\frac{d}{dt}\left[\vec{r_1}(t)\right]\times\vec{r_2}(t)
\end{aligned}
$$

■

예제 5-5 벡터함수의 도함수

두 벡터함수 $\vec{r_1}(t)=(t+1)\vec{i}+\cos t\vec{j}$, $\vec{r_2}(t)=(t-1)\vec{i}+\sin t\vec{j}$에 대해 다음을 구하라.

(a) $\frac{d}{dt}\left[\vec{r_1}(t)\cdot\vec{r_2}(t)\right]$

(b) $\frac{d}{dt}\left[\vec{r_1}(t)\times\vec{r_2}(t)\right]$

풀이

$\vec{r_1}(t)=f_1(t)\vec{i}+g_1(t)\vec{j}$, $\vec{r_2}(t)=f_2(t)\vec{i}+g_2(t)\vec{j}$라 하자.

(a) $\frac{d}{dt}\left[\vec{r_1}(t)\cdot\vec{r_2}(t)\right]=\frac{d}{dt}\left[\left\{f_1(t)\vec{i}+g_1(t)\vec{j}\right\}\cdot\left\{f_2(t)\vec{i}+g_2(t)\vec{j}\right\}\right]$

$$
\begin{aligned}
&=\frac{d}{dt}\left[f_1(t)f_2(t)+g_1(t)g_2(t)\right]\\
&=\frac{d}{dt}\left[(t+1)(t-1)+\sin t\cos t\right]\\
&=2t-\sin^2 t+\cos^2 t
\end{aligned}
$$

[정리 5-3]의 (4)를 이용해 계산해도 같은 결과를 얻는다.

(b) $\frac{d}{dt}\left[\vec{r_1}(t)\times\vec{r_2}(t)\right] = \frac{d}{dt}\left[\{f_1(t)\vec{i}+g_1(t)\vec{j}\}\times\{f_2(t)\vec{i}+g_2(t)\vec{j}\}\right]$

$$
\begin{aligned}
&= \frac{d}{dt}\left[\{f_1(t)g_2(t)-f_2(t)g_1(t)\}\vec{k}\right] \\
&= \frac{d}{dt}\left[(t+1)\sin t-(t-1)\cos t\right]\vec{k} \\
&= \left[(t+1)\cos t+\sin t+(t-1)\sin t-\cos t\right]\vec{k} \\
&= (t\cos t+t\sin t)\vec{k}
\end{aligned}
$$

[정리 5-3]의 (5)를 이용해 계산해도 같은 결과를 얻는다.

■ 고계도함수

지금까지 벡터함수의 1계도함수에 대해 살펴보았다. 2계 이상의 고계도함수도 1계도함수와 마찬가지로 각 성분함수를 계속 미분하여 구할 수 있다. 다음 정리를 살펴보자.

정리 5-4 벡터함수의 고계도함수 계산

3차원 벡터함수 $\vec{r}(t)=f(t)\vec{i}+g(t)\vec{j}+h(t)\vec{k}$에 대해 성분함수 $f(t)$, $g(t)$, $h(t)$가 모두 n번 미분가능하면, 벡터함수 $\vec{r}(t)$의 n계도함수는 다음과 같다.

$$\vec{r}^{\,(n)}(t)=f^{(n)}(t)\vec{i}+g^{(n)}(t)\vec{j}+h^{(n)}(t)\vec{k}$$

예제 5-6 벡터함수의 고계도함수

다음 벡터함수의 2계도함수 $\vec{r}''(t)$를 구하라.

$$\vec{r}(t) = (t+e^{-t})\vec{i}+\cos 2t\vec{j}+t^2\vec{k}$$

풀이

1계도함수는 $\vec{r}'(t)=(1-e^{-t})\vec{i}-2\sin 2t\vec{j}+2t\vec{k}$이므로, 2계도함수는 다음과 같다.

$$\vec{r}''(t)=e^{-t}\vec{i}-4\cos 2t\vec{j}+2\vec{k}$$

SECTION
5.2 곡선운동

5.1절에서는 벡터함수의 기본 개념과 벡터함수의 도함수를 구하는 방법을 살펴봤다. 이 절에서는 곡선을 따라 움직이는 벡터함수의 운동에 대해 살펴본다. 벡터함수 $\vec{r}(t)$의 궤적이 그리는 매끄러운 곡선을 C라 할 때, 곡선운동을 설명하기 위해 필요한 몇 가지 개념들을 알아보자.

■ 단위접선벡터

앞서 살펴봤듯이, $\vec{r}(t)$의 도함수 $\vec{r}'(t)$의 기하학적 의미는 곡선 C의 접선방향에 대한 벡터함수이다. 따라서 단위접선벡터를 다음과 같이 정의할 수 있다.

정의 5-4 단위접선벡터

벡터함수 $\vec{r}(t)$의 1계도함수가 $\vec{r}'(t)$이면 **단위접선벡터** unit tangent vector는 다음과 같다.

$$\vec{T}(t) = \frac{\vec{r}'(t)}{\|\vec{r}'(t)\|}$$

예제 5-7 단위접선벡터

다음 벡터함수에 대해 단위접선벡터를 구하라.

$$\vec{r}(t) = -\frac{1}{2}\cos 2t\,\vec{i} + \frac{1}{2}\sin 2t\,\vec{j}$$

풀이

주어진 벡터함수의 접선벡터함수는 $\vec{r}'(t) = \sin 2t\,\vec{i} + \cos 2t\,\vec{j}$이고, 그 크기는 다음과 같다.

$$\|\vec{r}'(t)\| = \sqrt{(\sin 2t)^2 + (\cos 2t)^2} = 1$$

따라서 [정의 5-4]에 의해 단위접선벡터는 다음과 같다.

$$\vec{T}(t) = \frac{\vec{r}'(t)}{\|\vec{r}'(t)\|} = \sin 2t\,\vec{i} + \cos 2t\,\vec{j}$$

호의 길이에 대한 매개변수를 이용하면 단위접선벡터를 다음과 같이 나타낼 수도 있다.

정리 5-5 단위접선벡터

곡선 C가 호의 길이 s를 매개변수로 하여 표현될 수 있다면, 즉 $\vec{r}(s) = x(s)\vec{i} + y(s)\vec{j} + z(s)\vec{k}$로 표현될 수 있다면 $\vec{r}(t)$의 단위접선벡터는 다음과 같다.

$$\vec{T}(t) = \frac{d\vec{r}}{ds}$$

증명

[그림 5-5]에서 볼 수 있듯이, 임의의 경로 C에 대해 위치벡터함수 $\vec{r}(t)$가 주어지면 구간 a에서 t까지의 호의 길이 $s(t)$는 다음과 같이 정의된다.

$$s(t) = \int_a^t \|\vec{r}'(u)\|\,du$$

여기서 $\|\vec{r}'(u)\| = \sqrt{\left(\frac{dx}{du}\right)^2 + \left(\frac{dy}{du}\right)^2 + \left(\frac{dz}{du}\right)^2}$ 이다. 위 식의 양변을 미분하면 접선벡터의 크기는 다음과 같다.

$$\|\vec{r}'(t)\| = \frac{ds}{dt}$$

따라서 [정의 5-4]로부터 다음과 같은 결과를 얻는다.

$$\vec{T}(t) = \frac{\vec{r}'(t)}{\|\vec{r}'(t)\|} = \frac{d\vec{r}}{dt} \Big/ \frac{ds}{dt} = \frac{d\vec{r}}{ds}$$

■

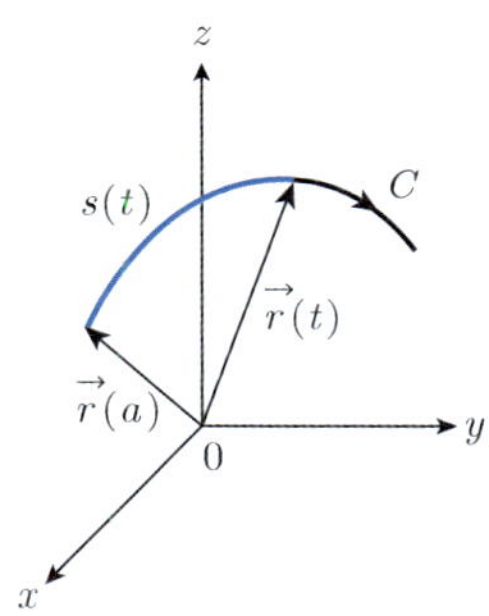

[그림 5-5] 호의 길이

[그림 5-6]과 같은 곡선의 경로 C를 살펴보자. 시간이 경과함에 따라 경로의 방향이 변하고, 이에 따라 단위접선벡터 $\vec{T}(t)$의 방향도 변함을 알 수 있다. 이때 곡선이 심하게 굽은 구간과 완만하게 굽은 구간을 비교해보면 단위접선벡터의 변화 정도에 차이가 있음을 확인할 수 있다. 곡선이 완만하게 굽은 구간에서는 단위접선벡터의 방향이 서서히 작게 변하지만, 곡선이 심하게 굽은 구간에서는 단위접

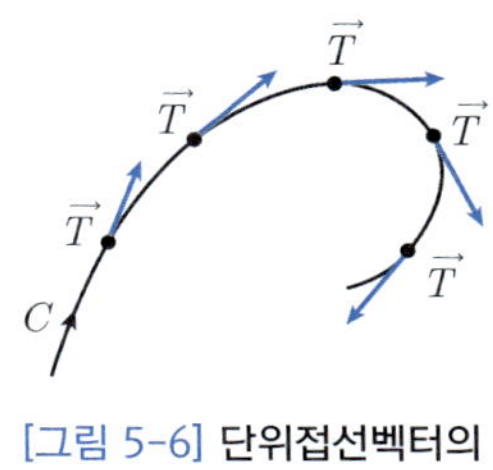

[그림 5-6] 단위접선벡터의 변화

선벡터의 방향이 급격하게 바뀐다. 따라서 단위접선벡터의 변화량은 곡선 경로 C의 굽은 정도를 나타내는 척도로 사용할 수도 있다.

■ 곡률

이번에는 주어진 벡터함수를 이용해 곡선 경로 C의 굽은 정도를 나타내는 척도인 곡률을 정의해보자.

정의 5-5 곡률

$\vec{r}(t)$가 곡선 경로 C를 따라 움직이는 벡터함수이고 s가 호의 길이이면, 곡선상의 임의의 점에서의 **곡률** curvature 은 다음과 같다.

$$\kappa = \|\overrightarrow{T}'(s)\| = \|\vec{r}''(s)\|$$

앞서 설명했듯이 접선벡터의 변화량이 곡선의 굽은 정도를 나타내는 척도이므로, 곡률은 접선벡터의 도함수의 크기로 정의한다. 곡률이 크면 곡선이 심하게 굽은 것이고, 곡률이 작으면 곡선이 완만하게 굽은 것이다. 곡률은 다음과 같이 나타낼 수도 있다.

정리 5-6 곡률

$\vec{r}(t)$가 경로 곡선 C를 따라 움직이는 벡터함수이고 s가 호의 길이이며 $\overrightarrow{T}(t)$가 단위접선벡터이면 곡률 κ는 다음과 같다.

$$\kappa = \frac{\|\overrightarrow{T}'(t)\|}{\|\vec{r}'(t)\|}$$

증명

[정의 5-5]를 이용하면 곡률을 다음과 같이 나타낼 수 있다.

$$\kappa = \|\overrightarrow{T}'(s)\| = \left\| \frac{d\overrightarrow{T}}{ds} \right\| = \left\| \frac{d\overrightarrow{T}/dt}{ds/dt} \right\| = \frac{\|\overrightarrow{T}'(t)\|}{\|\vec{r}'(t)\|}$$ ■

■ 곡률반경

곡선 경로 C 위에 있는 임의의 점에서의 곡률은 [정의 5-5]나 [정리 5-6]의 식에 의해 결정된다. 곡률이 결정되면 다음과 같이 정의되는 곡률반경을 구할 수 있다. 곡률반경이란 해당 곡선을 일부분으로 포함하는 원의 반경을 의미한다.

정의 5-6 곡률반경

곡선 경로 C를 따라 움직이는 벡터함수 $\vec{r}(t)$의 곡률 κ에 대해 **곡률반경** radius of curvature ρ는 다음과 같다.

$$\rho = \frac{1}{\kappa}$$

[정의 5-6]에 따라 곡률반경은 곡률과 반비례함을 알 수 있다. 다시 말해 [그림 5-7]과 같이 곡률이 크면 곡률반경이 작고, 곡률이 작으면 곡률반경이 크다.

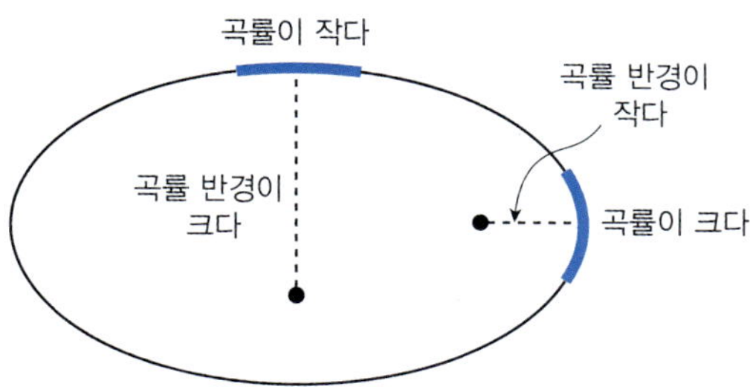

[그림 5-7] **곡률과 곡률반경의 관계**

예제 5-8 곡률과 곡률반경

다음 벡터함수에 대해 곡률과 곡률반경을 구하라.

$$\vec{r}(t) = r\cos t\,\vec{i} + r\sin t\,\vec{j}$$

풀이

주어진 벡터함수의 접선벡터함수는 $\vec{r}\,'(t) = -r\sin t\,\vec{i} + r\cos t\,\vec{j}$이고, 그 크기는 다음과 같다.

$$\|\vec{r}\,'(t)\| = \sqrt{(-r\sin t)^2 + (r\cos t)^2} = r$$

따라서 [정의 5-4]에 의해 단위접선벡터는 다음과 같다.

$$\vec{T}(t) = \frac{\vec{r}'(t)}{\|\vec{r}'(t)\|} = \frac{-r\sin t\vec{i} + r\cos t\vec{j}}{r} = -\sin t\vec{i} + \cos t\vec{j}$$

그러므로 단위접선벡터의 도함수는 $\vec{T}'(t) = -\cos t\vec{i} - \sin t\vec{j}$이고, 단위접선벡터의 크기는 $\|\vec{T}'(t)\| = \sqrt{(-\cos t)^2 + (-\sin t)^2} = 1$이다. 따라서 곡률은 $\kappa = \frac{\|\vec{T}'(t)\|}{\|\vec{r}'(t)\|} = \frac{1}{r}$이고, 곡률반경은 [정의 5-6]에 의해 곡률의 역수이므로 $\rho = \frac{1}{\kappa} = r$이다.

참고로 벡터함수가 $\vec{r}(t) = x(t)\vec{i} + y(t)\vec{j} = r\sin at\vec{i} + r\cos at\vec{j}$일 때, $x(t) = r\sin at$, $y(t) = r\cos at$이므로 $x^2 + y^2 = r^2\sin^2 at + r^2\cos^2 at = r^2$이다. 이는 중심이 원점이고 반경이 r인 원의 궤적이다. 그러므로 이 곡선의 곡률반경은 어디에서나 일정하며 원의 반경 r과 같다. 이 경우 곡률은 $\frac{1}{r}$이므로 원의 반경 r이 크면 곡률반경은 커지고 곡률은 작아진다.

■ 단위법선벡터

[그림 5-8]과 같이 곡선 C 위의 점 P에서 단위접선벡터 $\vec{T}(t)$와 서로 직교하며 크기가 1인 벡터를 **단위법선벡터**unit normal vector라 하고 $\vec{N}(t)$로 표기한다.

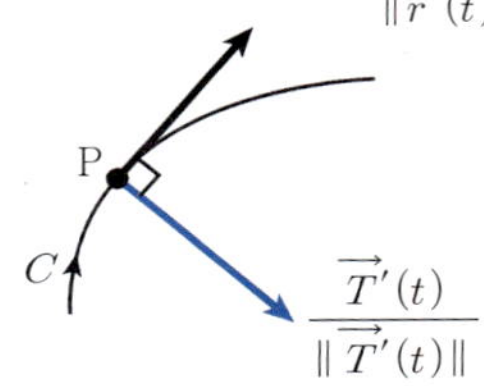

[그림 5-8] 단위법선벡터

정리 5-7 단위법선벡터

$\vec{r}(t)$가 곡선 경로 C를 따라 움직이는 벡터함수이고 $\vec{T}(t)$가 단위접선벡터이면, 단위접선벡터와 서로 직교하는 단위법선벡터는 다음과 같다.

$$\vec{N}(t) = \frac{\vec{T}'(t)}{\|\vec{T}'(t)\|}$$

증명

$\vec{T}(t)$가 단위접선벡터이므로 내적을 구하면 다음과 같다.

$$\vec{T}(t) \cdot \vec{T}(t) = 1$$

앞의 식을 t에 대해 미분하면 다음과 같다.

$$\vec{T}(t) \cdot \vec{T}'(t) + \vec{T}'(t) \cdot \vec{T}(t) = 0 \quad \Rightarrow \quad 2\vec{T}(t) \cdot \vec{T}'(t) = 0$$

$\vec{T}(t)$와 $\vec{T}'(t)$의 내적은 0이므로, $\vec{T}'(t)$가 $\vec{T}(t)$와 직교함을 알 수 있다. 따라서 $\vec{T}(t)$와 직교하며 크기가 1인 단위법선벡터는 다음과 같다.

$$\vec{N}(t) = \frac{\vec{T}'(t)}{\| \vec{T}'(t) \|}$$

■

예제 5-9 **곡률과 단위법선벡터**

다음 벡터함수에 대해 곡률과 단위법선벡터를 구하라.

$$\vec{r}(t) = \frac{1}{2}\sin t\,\vec{i} + \frac{1}{2}\cos t\,\vec{j}$$

풀이

주어진 벡터함수의 접선벡터함수는 $\vec{r}'(t) = \frac{1}{2}\cos t\,\vec{i} - \frac{1}{2}\sin t\,\vec{j}$이고, 그 크기는 다음과 같다.

$$\| \vec{r}'(t) \| = \sqrt{\left(\frac{1}{2}\cos t\right)^2 + \left(-\frac{1}{2}\sin t\right)^2} = \frac{1}{2}$$

따라서 단위접선벡터는 [정의 5-4]에 의해 다음과 같다.

$$\vec{T}(t) = \frac{\vec{r}'(t)}{\| \vec{r}'(t) \|} = \frac{1/2(\cos t\,\vec{i} - \sin t\,\vec{j})}{1/2} = \cos t\,\vec{i} - \sin t\,\vec{j}$$

그러므로 단위접선벡터의 도함수는 $\vec{T}'(t) = -\sin t\,\vec{i} - \cos t\,\vec{j}$이고, 단위접선벡터의 크기는 $\| \vec{T}'(t) \| = \sqrt{(-\sin t)^2 + (-\cos t)^2} = 1$이다.

따라서 곡률은 다음과 같다.

$$\kappa = \frac{\| \vec{T}'(t) \|}{\| \vec{r}'(t) \|} = 2$$

단위법선벡터는 [정리 5-7]에 의해 다음과 같다.

$$\vec{N}(t) = \frac{\vec{T}'(t)}{\| \vec{T}'(t) \|} = \frac{-\sin t\,\vec{i} - \cos t\,\vec{j}}{1} = -\sin t\,\vec{i} - \cos t\,\vec{j}$$

■ 위치, 속도, 가속도벡터함수

곡선 경로 C를 따라 이동하는 물체의 위치가 시간 t에서 $\vec{r}(t) = f(t)\vec{i} + g(t)\vec{j} + h(t)\vec{k}$로 주어지면 $\vec{r}(t)$를 **위치벡터함수** position vector function라고 한다. 또한 위치벡터함수의 1계도함수를 **속도벡터함수** velocity vector function라 하고 $\vec{v}(t)$로 표기하며, 위치벡터함수의 2계도함수를 **가속도벡터함수** acceleration vector function라 하고 $\vec{a}(t)$로 표기한다. 즉 다음과 같은 식으로 나타낼 수 있고, 이들 사이의 관계는 [그림 5-9]와 같다.

$$\vec{v}(t) = \vec{r}\,'(t) = f\,'(t)\vec{i} + g\,'(t)\vec{j} + h\,'(t)\vec{k}$$
$$\vec{a}(t) = \vec{r}\,''(t) = f\,''(t)\vec{i} + g\,''(t)\vec{j} + h\,''(t)\vec{k}$$

$\vec{r}(t) \xrightarrow{\text{미분}} \vec{v}(t) \xrightarrow{\text{미분}} \vec{a}(t)$

위치벡터함수 속도벡터함수 가속도벡터함수

[그림 5-9] **위치, 속도, 가속도벡터함수 사이의 관계**

예제 5-10 속도벡터함수와 가속도벡터함수

다음 위치벡터함수 $\vec{r}(t)$에 대해 속도벡터함수 $\vec{v}(t)$와 가속도벡터함수 $\vec{a}(t)$를 구하라.

$$\vec{r}(t) = \sin 2t\,\vec{i} + t\cos t\,\vec{j}$$

풀이

속도벡터함수 : $\vec{v}(t) = \vec{r}\,'(t) = 2\cos 2t\,\vec{i} - (t\sin t - \cos t)\vec{j}$

가속도벡터함수 : $\vec{a}(t) = \vec{r}\,''(t) = -4\sin 2t\,\vec{i} - (t\cos t + 2\sin t)\vec{j}$

이제 위치벡터함수가 $\vec{r}(t) = a\cos\omega t\,\vec{i} + a\sin\omega t\,\vec{j}$로 주어진 곡선운동에 대해 속도벡터함수와 가속도벡터함수를 생각해보자. 여기서 ω는 상수라 가정한다.

주어진 위치벡터함수 $\vec{r}(t)$는 xy 좌표평면상에서 [그림 5-10]과 같이 중심이 원점이고 반경 a인 원의 경로를 따라 움직인다. 속도벡터함수 $\vec{v}(t)$와 가속도벡터함수 $\vec{a}(t)$는 위치벡터함수를 미분하면 각각 다음과 같이 구할 수 있다.

$$\vec{v}(t) = \vec{r}'(t) = -a\omega\sin\omega t\,\vec{i} + a\omega\cos\omega t\,\vec{j} \quad \cdots\ \vec{v}(t)\text{는 경로의 접선방향}$$

$$\vec{a}(t) = \vec{r}''(t) = -a\omega^2\cos\omega t\,\vec{i} - a\omega^2\sin\omega t\,\vec{j}$$
$$= -\omega^2\left(a\cos\omega t\,\vec{i} + a\sin\omega t\,\vec{j}\right)$$
$$= -\omega^2\vec{r}(t) \quad \cdots\ \vec{r}(t)\text{와 }\vec{a}(t)\text{는 크기는 다르지만 방향은 반대}$$

([그림 5-10] 참고)

또한 속도벡터함수의 크기와 가속도벡터함수의 크기는 다음과 같다.

$$\|\vec{v}(t)\| = v = \sqrt{(-a\omega\sin\omega t)^2 + (a\omega\cos\omega t)^2} = a\omega$$
$$\|\vec{a}(t)\| = \sqrt{(-a\omega^2\cos\omega t)^2 + (-a\omega^2\sin\omega t)^2} = a\omega^2 = \frac{v^2}{a}$$

이와 같은 운동을 **등속원운동**uniform circular motion이라 한다. 등속원운동이란 일정한 각속도로 회전하는 원운동으로, 앞서 살펴봤듯이 등속원운동의 속도는 $a\omega$, 가속도는 $a\omega^2$으로 일정하다.

[그림 5-10]은 등속원운동의 위치벡터함수, 속도벡터함수, 가속도벡터함수 사이의 관계를 보여준다. 속도벡터함수는 항상 경로의 접선방향이다. 또한 가속도벡터함수는 위치벡터함수와 반대 방향이며, 항상 원의 중심을 향하므로 **구심가속도**centripetal acceleration라고 한다.

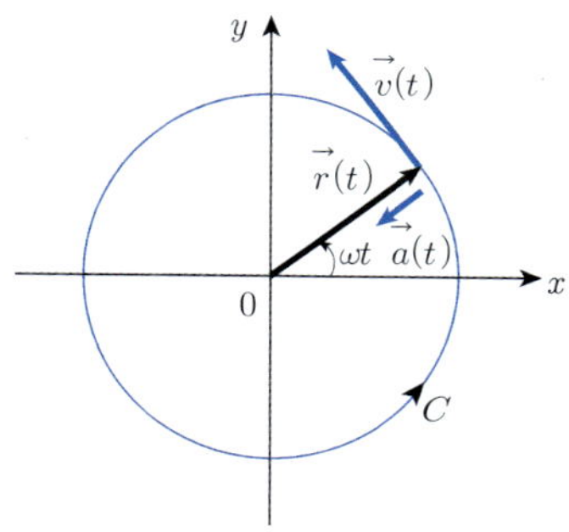

[그림 5-10] 등속원운동의 위치, 속도, 가속도벡터함수

곡선운동을 하는 물체의 가속도는 매우 중요하다. 물체의 가속도는 물체가 받는 힘과 직접적인 관계가 있기 때문이다. 앞서 살펴봤듯이, ω가 일정한 등속원운동의 경우에는 가속도가 구심가속도이다. 그러나 평면상의 일반적인 곡선운동의 경우에는 가속도벡터함수를 다음 정리와 같이 접선성분과 법선성분으로 나타낼 수 있다.

정리 5-8 가속도벡터함수

경로 C를 따라 움직이는 위치벡터함수 $\vec{r}(t)$에 대해 속도벡터함수의 크기를 v라 하고 곡률을 κ라고 하면 가속도벡터함수는 다음과 같다. 여기서 $\overrightarrow{T}$는 단위접선벡터이고, $\overrightarrow{N}$은 단위법선벡터이다.

$$\vec{a}(t) = \frac{dv}{dt}\overrightarrow{T} + \kappa v^2\overrightarrow{N}$$

증명

앞서 설명한 바와 같이 위치벡터함수를 미분하여 얻는 속도벡터함수 $\vec{v}(t)$의 방향은 항상 경로의 접선방향이므로 다음과 같이 나타낼 수 있다.

$$\vec{v}(t) = v\vec{T}$$

또한 속도벡터함수를 미분하면 가속도벡터함수이므로, 가속도벡터함수는 다음과 같다.

$$\vec{a}(t) = \vec{v}'(t) = v\frac{d\vec{T}}{dt} + \frac{dv}{dt}\vec{T} \quad \cdots ①$$

[정리 5-7]에 의해 단위법선벡터가 $\vec{N}(t) = \dfrac{\vec{T}'(t)}{\|\vec{T}'(t)\|}$이므로

$$\vec{T}'(t) = \|\vec{T}'(t)\|\vec{N}(t) \quad \cdots ②$$

이고, [정리 5-6]에 의해 곡률이 $\kappa = \dfrac{\|\vec{T}'(t)\|}{\|\vec{r}'(t)\|}$이므로 다음과 같다.

$$\|\vec{T}'(t)\| = \kappa\|\vec{r}'(t)\| = \kappa v \quad \cdots ③$$

식 ③을 식 ②에 대입하면 다음과 같다.

$$\vec{T}'(t) = \kappa v\vec{N}(t) \quad \cdots ④$$

따라서 식 ④를 식 ①에 대입하면 가속도벡터함수는 다음과 같다.

$$\vec{a}(t) = v\frac{d\vec{T}}{dt} + \frac{dv}{dt}\vec{T} = \kappa v^2\vec{N} + \frac{dv}{dt}\vec{T} \quad ■$$

[정리 5-8]의 가속도벡터함수에 관한 식에서 $\dfrac{dv}{dt}$를 **가속도 접선성분** tangential component of acceleration, κv^2을 **가속도 법선성분** normal component of acceleration이라 한다. 만약 경로 C가 반경이 r인 원을 따라 움직인다면 $\kappa = \dfrac{1}{r}$이므로 가속도 법선성분은 $\dfrac{v^2}{r}$이 된다.

예제 5-11 **응용** **가속도벡터함수**

어떤 물체가 다음과 같은 위치벡터함수 $\vec{r}(t)$의 경로를 따라 이동한다고 하자. 이 물체의 가속도 접선성분과 가속도 법선성분을 구하라.

> **HINT**
> 위치벡터함수 $\vec{r}(t)$는 원의 궤적을 따라 움직인다.

$$\vec{r}(t) = 2\cos 2t\,\vec{i} + 2\sin 2t\,\vec{j}$$

풀이

이 물체는 반경(또는 곡률반경)이 2인 등속원운동을 하므로 곡률이 $\kappa = \frac{1}{2}$이고, 물체의 속도벡터함수와 가속도벡터함수는 다음과 같다.

$$\vec{v}(t) = \vec{r}'(t) = -4\sin 2t\,\vec{i} + 4\cos 2t\,\vec{j}$$

$$v = \|\vec{v}(t)\| = \sqrt{(-4\sin 2t)^2 + (4\cos 2t)^2} = 4,\quad \frac{dv}{dt} = 0$$

$$\vec{a}(t) = \vec{r}''(t) = \vec{v}'(t) = -4\left(2\cos 2t\,\vec{i} + 2\sin 2t\,\vec{j}\right) = -4\vec{r}(t)$$

또한 [정리 5-8]에 의하면 가속도벡터함수는 $\vec{a}(t) = \frac{dv}{dt}\vec{T} + \kappa v^2 \vec{N}$이므로, 구하고자 하는 가속도 접선성분과 법선성분은 다음과 같다.

$$\text{가속도 접선성분 : } \frac{dv}{dt} = 0,\quad \text{가속도 법선성분 : } \kappa v^2 = \frac{1}{2}(4)^2 = 8$$

SECTION
5.3 편도함수와 방향도함수

벡터함수가 2변수 이상인 다변수함수로 주어지는 경우에는 벡터함수의 도함수를 구할 때 각 변수에 관한 도함수를 구하는 **편미분** partial differential을 이용해야 한다. 다변수함수로 주어지는 벡터함수의 편도함수를 구하기 위해, 다변수함수의 편도함수를 구하는 방법을 알아보자.

편도함수

변수 2개로 이루어진 2변수함수의 **편도함수** partial derivative는 다음과 같이 정의한다. 3변수 이상인 다변수함수의 경우에도 비슷하게 정의한다.

정의 5-7 1계 편도함수 first order partial derivative

벡터함수가 $z = f(x, y)$와 같은 2변수함수라 하자.

(1) z의 x에 관한 1계 편도함수는 다음과 같다.

$$z_x = f_x = \frac{\partial z}{\partial x} = \frac{\partial f}{\partial x} = \lim_{\triangle x \to 0} \frac{f(x + \triangle x,\, y) - f(x,\, y)}{\triangle x}$$

(2) z의 y에 관한 1계 편도함수는 다음과 같다.

$$z_y = f_y = \frac{\partial z}{\partial y} = \frac{\partial f}{\partial y} = \lim_{\triangle y \to 0} \frac{f(x,\, y + \triangle y) - f(x,\, y)}{\triangle y}$$

단, 편도함수는 위의 극한이 존재하는 경우에만 정의된다.

위의 극한을 보면 알 수 있듯이 x에 관한 편도함수를 구하는 경우, y는 극한을 취하는 과정에서 변하지 않고 일정한 것으로 간주하므로 y를 상수로 가정하고 미분하면 된다. 반대로 y에 관한 편도함수를 구할 경우, x는 극한을 취하는 과정에서 변하지 않고 일정한 것으로 간주하므로 x를 상수로 가정하고 미분하면 된다.

예제 5-12 **2 변수함수의 1 계 편도함수**

다음 2변수함수 z에 대해 편도함수 z_x와 z_y를 구하라.

$$z = 2xy^2 - x^3y + x^2y^2$$

풀이

[정의 5-7]을 이용해 x와 y에 관한 편도함수를 구하면 다음과 같다.

$$z_x = 2y^2 - 3x^2y + 2xy^2, \quad z_y = 4xy - x^3 + 2x^2y$$

정의 5-8 **2 계 편도함수** second order partial derivative

벡터함수가 $z = f(x, y)$와 같은 2변수함수라 하자.

(1) z의 x에 관한 2계 편도함수는 다음과 같다.

$$z_{xx} = \frac{\partial}{\partial x}\left(\frac{\partial z}{\partial x}\right) = \frac{\partial^2 z}{\partial x^2}$$

(2) z의 y에 관한 2계 편도함수는 다음과 같다.

$$z_{yy} = \frac{\partial}{\partial y}\left(\frac{\partial z}{\partial y}\right) = \frac{\partial^2 z}{\partial y^2}$$

(3) z의 x와 y가 혼합된 2계 편도함수는 다음과 같다.

$$z_{xy} = \frac{\partial}{\partial y}\left(\frac{\partial z}{\partial x}\right), \quad z_{yx} = \frac{\partial}{\partial x}\left(\frac{\partial z}{\partial y}\right)$$

[정의 5-8]에서 z의 x와 y가 혼합된 2계 편도함수는 미분하는 순서와 관계없이 동일하다. 즉 $z_{xy} = z_{yx}$이다. [정의 5-8]에는 2계 편도함수까지만 나타냈으나, 3계 이상의 고계 편도함수도 비슷하게 정의할 수 있다.

예제 5-13 2 변수함수의 2 계 편도함수

다음 2변수함수 z에 대해 편도함수 z_{xx}, z_{yy}, z_{xy}, z_{yx}를 구하라.

$$z = 2\cos y + x^2y^2 - 4$$

풀이

x에 관한 1계 편도함수가 $z_x = \frac{\partial z}{\partial x} = 2xy^2$이므로, 2계 편도함수는 다음과 같다.

$$z_{xx} = \frac{\partial}{\partial x}\left(\frac{\partial z}{\partial x}\right) = 2y^2, \quad z_{xy} = \frac{\partial}{\partial y}\left(\frac{\partial z}{\partial x}\right) = 4xy$$

y에 관한 1계 편도함수가 $z_y = \frac{\partial z}{\partial y} = -2\sin y + 2x^2y$이므로, 2계 편도함수는 다음과 같다.

$$z_{yy} = \frac{\partial}{\partial y}\left(\frac{\partial z}{\partial y}\right) = -2\cos y + 2x^2, \quad z_{yx} = \frac{\partial}{\partial x}\left(\frac{\partial z}{\partial y}\right) = 4xy$$

여기서 $z_{xy} = z_{yx}$임을 알 수 있다.

■ 연쇄법칙

2변수함수의 편도함수를 구할 때 다음과 같은 **연쇄법칙** chain rule을 이용할 수 있다.

정리 5-9 연쇄법칙 I

$z = f(x, y)$가 미분가능한 2변수함수이고, $x = g(u, v)$와 $y = h(u, v)$가 1계 편도함수를 갖는다면 다음과 같은 관계가 성립한다.

$$\frac{\partial z}{\partial u} = \frac{\partial z}{\partial x}\frac{\partial x}{\partial u} + \frac{\partial z}{\partial y}\frac{\partial y}{\partial u}, \qquad \frac{\partial z}{\partial v} = \frac{\partial z}{\partial x}\frac{\partial x}{\partial v} + \frac{\partial z}{\partial y}\frac{\partial y}{\partial v}$$

[정리 5-9]에서는 x와 y도 각각 u와 v에 대한 2변수함수였다. 그런데 만약 x와 y가 모두 t에 대한 함수이면, 즉 1변수함수이면 [정리 5-9]는 다음과 같이 간단히 나타낼 수 있다.

정리 5-10 연쇄법칙 II

$z = f(x, y)$가 미분가능한 2변수함수이고, $x = g(t)$, $y = h(t)$이면 다음과 같다.

$$\frac{dz}{dt} = \frac{\partial z}{\partial x}\frac{dx}{dt} + \frac{\partial z}{\partial y}\frac{dy}{dt}$$

예제 5-14 **연쇄법칙 I**

다음 2변수함수 z에 대해 편도함수 $\frac{\partial z}{\partial u}$와 $\frac{\partial z}{\partial v}$를 구하라.

$$z = 2xy + x^2y^2, \quad x = uv + e^{-u}, \quad y = uv + e^{-v}$$

풀이

[정리 5-9]를 이용하면 편도함수는 각각 다음과 같다.

$$\frac{\partial z}{\partial u} = \frac{\partial z}{\partial x}\frac{\partial x}{\partial u} + \frac{\partial z}{\partial y}\frac{\partial y}{\partial u} = (2y + 2xy^2)(v - e^{-u}) + (2x + 2x^2y)(v)$$

$$\frac{\partial z}{\partial v} = \frac{\partial z}{\partial x}\frac{\partial x}{\partial v} + \frac{\partial z}{\partial y}\frac{\partial y}{\partial v} = (2y + 2xy^2)(u) + (2x + 2x^2y)(u - e^{-v})$$

예제 5-15 **연쇄법칙 II**

다음 2변수함수 z에 대해 $\frac{dz}{dt}$를 구하라.

$$z = x^2 + y^2, \quad x = \sin t + \cos t, \quad y = \sin t - \cos t$$

풀이

[정리 5-10]을 이용하면 편도함수는 다음과 같다.

$$\frac{dz}{dt} = \frac{\partial z}{\partial x}\frac{dx}{dt} + \frac{\partial z}{\partial y}\frac{dy}{dt} = (2x)(\cos t - \sin t) + 2y(\cos t + \sin t)$$

■ 그래디언트 또는 기울기

그래디언트는 스칼라함수를 벡터함수로 바꿔주는 연산자로 다음과 같이 정의한다.

정의 5-9 그래디언트 또는 기울기

미분가능한 2변수함수 $f(x, y)$ 또는 3변수함수 $f(x, y, z)$의 **그래디언트**gradient 또는 **기울기**는 다음과 같다.

$$\nabla f(x, y) = grad\, f = \frac{\partial f}{\partial x}\vec{i} + \frac{\partial f}{\partial y}\vec{j}$$

$$\nabla f(x, y, z) = grad\, f = \frac{\partial f}{\partial x}\vec{i} + \frac{\partial f}{\partial y}\vec{j} + \frac{\partial f}{\partial z}\vec{k}$$

여기서 그래디언트를 나타내는 데 사용된 **벡터 미분연산자**vector differential operator ∇을 **델**del 또는 **나블라**nabla라 하고 다음과 같이 나타낸다.

$$\nabla = \frac{\partial}{\partial x}\vec{i} + \frac{\partial}{\partial y}\vec{j} \quad \text{또는} \quad \nabla = \frac{\partial}{\partial x}\vec{i} + \frac{\partial}{\partial y}\vec{j} + \frac{\partial}{\partial z}\vec{k}$$

벡터 미분적분학에서 스칼라함수 f의 그래디언트는 함수 f가 가장 빠르게 증가하는 방향으로의 벡터를 의미한다. 그래디언트를 나타내는 벡터장을 화살표로 표시할 때, 화살표의 방향은 f가 가장 빠르게 증가하는 방향이며, 화살표의 길이는 f가 가장 빠르게 증가할 때의 증가율을 나타낸다.

그래디언트가 물리적으로 어떤 의미인지 좀 더 쉽게 이해할 수 있도록 다음 예를 살펴보자. 어떤 공간의 온도 분포가 스칼라함수 $T(x, y, z)$로 주어지고, 이 온도가 시간에 따라 변하지 않는다고 가정하자. 이때 이 공간 안에 있는 어느 한 점 $\mathrm{P}(x_0, y_0, z_0)$에서의 온도는 $T(x_0, y_0, z_0)$로 나타낼 수 있다. 이때 점 $\mathrm{P}(x_0, y_0, z_0)$에서의 그래디언트는 $\nabla T(x_0, y_0, z_0)$이며, 벡터 $\nabla T(x_0, y_0, z_0)$의 방향은 그 지점에서 온도가 가장 빠르게 증가하는 방향이며, 벡터 $\nabla T(x_0, y_0, z_0)$의 크기는 그 지점에서 온도가 가장 빠르게 증가할 때의 증가율을 나타낸다.

2변수함수의 그래디언트에 대한 기하학적 의미는 [그림 5-11]과 같다.

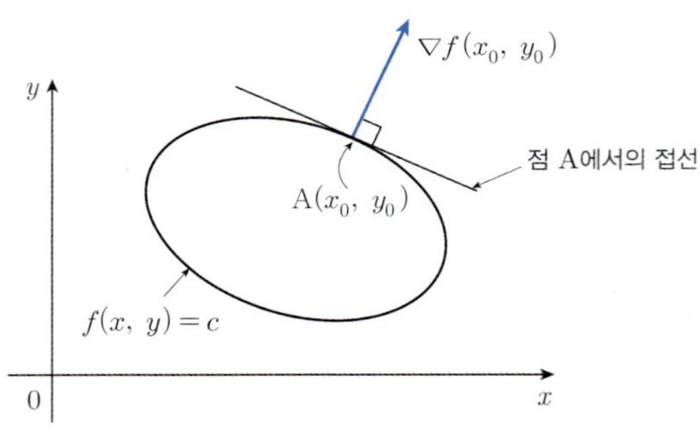

[그림 5-11] 그래디언트의 기하학적 의미

예제 5-16 그래디언트

다음 스칼라함수에 대해 점 (1, 0, 1)에서의 ∇f를 구하라.

$$f(x,\ y,\ z) = xyz + x^2 + y^2 + z^2$$

풀이

스칼라함수 $f(x,\ y,\ z)$의 그래디언트는 다음과 같다.

$$\begin{aligned}\nabla f(x,\ y,\ z) &= \frac{\partial f}{\partial x}\vec{i} + \frac{\partial f}{\partial y}\vec{j} + \frac{\partial f}{\partial z}\vec{k} \\ &= (yz + 2x)\vec{i} + (xz + 2y)\vec{j} + (xy + 2z)\vec{k}\end{aligned}$$

따라서 주어진 점 (1, 0, 1)에서의 그래디언트는 다음과 같다.

$$\nabla f(1,\ 0,\ 1) = [(0)(1) + 2(1)]\vec{i} + [(1)(1) + 2(0)]\vec{j} + [(1)(0) + 2(1)]\vec{k} = 2\vec{i} + \vec{j} + 2\vec{k}$$

■ 라플라시안

라플라시안에 대해 다음 정리가 성립한다.

정리 5-11 라플라시안

n차원 실수 공간의 스칼라함수 $f(x_1,\ x_2,\ \cdots,\ x_n)$에 대해 다음과 같은 관계가 성립하고, 이를 **라플라시안** Laplacian이라 한다.

$$\nabla \cdot \nabla f = \nabla^2 f = \frac{\partial^2 f}{\partial x_1^2} + \frac{\partial^2 f}{\partial x_2^2} + \cdots + \frac{\partial^2 f}{\partial x_n^2}$$

증명

함수 f의 그래디언트는

$$\nabla f = \frac{\partial f}{\partial x_1}\vec{e_1} + \frac{\partial f}{\partial x_2}\vec{e_2} + \cdots + \frac{\partial f}{\partial x_n}\vec{e_n} \qquad \cdots\ \vec{e_j}\text{는 기저벡터 (식 (4.30) 참고)}$$

이므로 다음이 성립한다.

$$\begin{aligned}\nabla \cdot \nabla f &= \left(\frac{\partial}{\partial x_1}\vec{e_1} + \frac{\partial}{\partial x_2}\vec{e_2} + \cdots + \frac{\partial}{\partial x_n}\vec{e_n}\right) \cdot \left(\frac{\partial f}{\partial x_1}\vec{e_1} + \frac{\partial f}{\partial x_2}\vec{e_2} + \cdots + \frac{\partial f}{\partial x_n}\vec{e_n}\right) \\ &= \frac{\partial^2 f}{\partial x_1^2} + \frac{\partial^2 f}{\partial x_2^2} + \cdots + \frac{\partial^2 f}{\partial x_n^2} \qquad \cdots\ \vec{e_j} \cdot \vec{e_j} = 1\end{aligned}$$

■

일반적으로 다음과 같은 3차원 공간 좌표 x, y, z에 대한 라플라시안을 자주 사용한다.

$$\nabla^2 f = \frac{\partial^2 f}{\partial x^2} + \frac{\partial^2 f}{\partial y^2} + \frac{\partial^2 f}{\partial z^2}$$

또한 $\nabla^2 f = 0$을 만족하는 스칼라함수 f를 **조화함수**harmonic function라 하고, 방정식 $\nabla^2 f = 0$을 **라플라스 방정식**Laplace equation이라 한다. 라플라스 방정식은 전기공학, 유체역학, 열역학 등의 다양한 분야에서 분포를 예측하고 모델링하는 데 유용하게 사용되므로 꼭 알아두어야 한다.

예제 5-17 라플라시안

다음 스칼라함수에 대해 라플라시안 $\nabla^2 f$를 구하라.

$$f(x, y, z) = x^2 + y^2 + z^2$$

풀이

스칼라함수 $f(x, y, z)$의 그래디언트는 다음과 같다.

$$\nabla f(x, y, z) = \frac{\partial f}{\partial x}\vec{i} + \frac{\partial f}{\partial y}\vec{j} + \frac{\partial f}{\partial z}\vec{k} = 2x\vec{i} + 2y\vec{j} + 2z\vec{k}$$

따라서 스칼라함수 $f(x, y, z)$의 라플라시안은 다음과 같다.

$$\begin{aligned}\nabla \cdot \nabla f = \nabla^2 f &= \left(\frac{\partial}{\partial x}\vec{i} + \frac{\partial}{\partial y}\vec{j} + \frac{\partial}{\partial z}\vec{k}\right) \cdot \nabla f(x, y, z) \\ &= \left(\frac{\partial}{\partial x}\vec{i} + \frac{\partial}{\partial y}\vec{j} + \frac{\partial}{\partial z}\vec{k}\right) \cdot (2x\vec{i} + 2y\vec{j} + 2z\vec{k}) \\ &= \frac{\partial(2x)}{\partial x} + \frac{\partial(2y)}{\partial y} + \frac{\partial(2z)}{\partial z} = 6\end{aligned}$$

방향도함수

앞서 벡터함수의 편도함수에서는 x 방향, y 방향과 같은 특정한 방향에 관한 도함수를 구했다. 여기서는 편도함수의 일반적인 표현으로서, 임의의 방향으로의 편도함수인 방향도함수를 다음과 같이 정의한다.

정의 5-10 방향도함수

미분가능한 2변수함수 $f(x,\ y)$ 또는 3변수함수 $f(x,\ y,\ z)$의 단위벡터 $\vec{u}$ 방향으로의 **방향도함수** directional derivatives는 다음과 같다.

$$D_{\vec{u}} f = \nabla f \cdot \vec{u}$$

즉 다변수함수 f의 단위벡터 $\vec{u}$ 방향으로의 방향도함수는 f의 그래디언트와 단위벡터 $\vec{u}$를 내적하면 구할 수 있다. x 방향으로의 단위벡터는 $\vec{i}$, y 방향으로의 단위벡터는 $\vec{j}$, z 방향으로의 단위벡터는 $\vec{k}$이므로 x 방향, y 방향, z 방향으로의 방향도함수는 다음과 같다.

$$D_{\vec{i}} f = \nabla f \cdot \vec{i} = \left(\frac{\partial f}{\partial x}\vec{i} + \frac{\partial f}{\partial y}\vec{j} + \frac{\partial f}{\partial z}\vec{k}\right) \cdot \vec{i} = \frac{\partial f}{\partial x}$$

$$D_{\vec{j}} f = \nabla f \cdot \vec{j} = \left(\frac{\partial f}{\partial x}\vec{i} + \frac{\partial f}{\partial y}\vec{j} + \frac{\partial f}{\partial z}\vec{k}\right) \cdot \vec{j} = \frac{\partial f}{\partial y}$$

$$D_{\vec{k}} f = \nabla f \cdot \vec{k} = \left(\frac{\partial f}{\partial x}\vec{i} + \frac{\partial f}{\partial y}\vec{j} + \frac{\partial f}{\partial z}\vec{k}\right) \cdot \vec{k} = \frac{\partial f}{\partial z}$$

즉 f의 단위벡터 $\vec{i}$, $\vec{j}$, $\vec{k}$ 방향으로의 방향도함수가 f의 x, y, z에 관한 편도함수이다.

예제 5-18 2변수함수의 방향도함수

다음 함수 $f(x,\ y)$에 대해 점 $(1,\ -1)$에서 $\vec{a} = -\vec{i} + \vec{j}$ 방향으로의 방향도함수를 구하라.

$$f(x,\ y) = x^2y + xy^2$$

풀이

$\vec{a}$의 단위벡터는 $\dfrac{\vec{a}}{\|\vec{a}\|} = \dfrac{-\vec{i} + \vec{j}}{\sqrt{2}}$이고, 그래디언트는 다음과 같다.

$$\nabla f(x,\ y) = \frac{\partial f}{\partial x}\vec{i} + \frac{\partial f}{\partial y}\vec{j} = (2xy + y^2)\vec{i} + (x^2 + 2xy)\vec{j}$$

$$\nabla f(1,\ -1) = \left[2(1)(-1) + (-1)^2\right]\vec{i} + \left[(1)^2 + 2(1)(-1)\right]\vec{j} = -\vec{i} - \vec{j}$$

따라서 방향도함수의 정의에 따라 $\vec{a}$ 방향으로의 방향도함수는 다음과 같다.

$$D_{\vec{a}} f = \nabla f(1,\ -1) \cdot \frac{\vec{a}}{\|\vec{a}\|} = (-\vec{i} - \vec{j}) \cdot \frac{-\vec{i} + \vec{j}}{\sqrt{2}} = 0$$

예제 5-19 **3 변수함수의 방향도함수**

다음 함수 $f(x, y, z)$에 대해 점 $(1, 1, -1)$에서 벡터 $\vec{a} = -\vec{i} + \vec{j}$ 방향으로의 방향도함수를 구하라.

$$f(x, y, z) = x^2y + xy^2 + yz^2$$

풀이

$\vec{a}$의 단위벡터는 $\dfrac{\vec{a}}{\|\vec{a}\|} = \dfrac{-\vec{i} + \vec{j}}{\sqrt{2}}$이고, 그래디언트는 다음과 같다.

$$\nabla f(x, y, z) = \frac{\partial f}{\partial x}\vec{i} + \frac{\partial f}{\partial y}\vec{j} + \frac{\partial f}{\partial z}\vec{k} = (2xy + y^2)\vec{i} + (x^2 + 2xy + z^2)\vec{j} + (2yz)\vec{k}$$

$$\begin{aligned}\nabla f(1, 1, -1) &= [2(1)(1) + (1)^2]\vec{i} + [(1)^2 + 2(1)(1) + (-1)^2]\vec{j} + [2(1)(-1)]\vec{k} \\ &= 3\vec{i} + 4\vec{j} - 2\vec{k}\end{aligned}$$

따라서 방향도함수의 정의에 따라 $\vec{a}$ 방향으로의 방향도함수는 다음과 같다.

$$D_{\vec{a}}f = \nabla f(1, 1, -1) \cdot \frac{\vec{a}}{\|\vec{a}\|} = (3\vec{i} + 4\vec{j} - 2\vec{k}) \cdot \left(\frac{-\vec{i} + \vec{j}}{\sqrt{2}}\right) = \frac{1}{\sqrt{2}}$$

참고 **방향도함수의 기하학적 의미**

[그림 5-12]에서처럼 그래디언트 ∇f와 θ의 각을 이루는 방향으로의 단위벡터를 $\vec{u}$라 할 때, 식 (4.12)에 의해 ∇f의 $\vec{u}$ 방향으로의 성분은 다음과 같다.

$$comp_{\vec{u}}\nabla f = \nabla f \cdot \vec{u} \tag{5.4}$$

따라서 ∇f의 $\vec{u}$ 방향으로의 방향도함수는 ∇f의 $\vec{u}$ 방향으로의 성분과 같다.

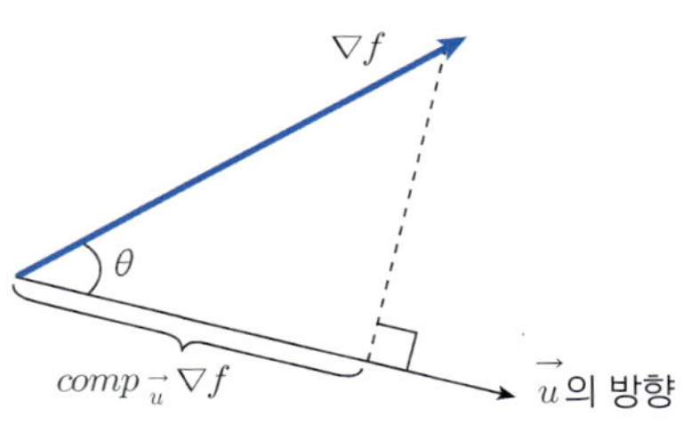

[그림 5-12] 방향도함수의 기하학적 의미

참고 방향도함수의 물리적 의미

∇f의 $\vec{u}$ 방향으로의 방향도함수는 ∇f와 $\vec{u}$의 내적이므로 다음과 같다.

$$\nabla f \cdot \vec{u} = \|\nabla f\| \|\vec{u}\| \cos\theta = \|\nabla f\| \cos\theta \tag{5.5}$$

따라서 방향도함수는 $\cos\theta = 1\,(\theta = 0°)$일 때 최댓값 $\|\nabla f\|$를 갖고, $\cos\theta = -1$ $(\theta = 180°)$일 때 최솟값 $-\|\nabla f\|$를 가지며, $\theta = 90°$일 때 0이 된다. 이를 다르게 표현하면, 함수 f가 가장 급격하게 증가하는 방향은 $\theta = 0°$일 때이므로 ∇f의 방향이 되고, 함수 f가 가장 급격하게 감소하는 방향은 $\theta = 180°$일 때이므로 ∇f와 반대 방향이 된다. ∇f와 직교하는 방향에서는 함수 f가 증가하지도 감소하지도 않는다.

예제 5-20 응용 방향도함수

해발고도 $H(x, y)$가 다음과 같이 주어질 때, 위치 $\mathrm{P}(1, 3)$에서 해발고도가 가장 급격하게 증가하는 방향과 가장 급격하게 감소하는 방향을 구하고, 그 방향에서 해발고도가 최대로 증가하는 크기와 최소로 감소하는 크기를 구하라.

HINT 가장 급격하게 증가하는 방향은 ∇H 방향이고, 가장 급격하게 감소하는 방향은 $-\nabla H$ 방향이다.

$$H(x, y) = -x^2y + xy^2 + 500$$

풀이

해발고도가 가장 급격하게 증가하는 방향은 ∇H의 방향이므로 다음과 같다.

$$\nabla H(x, y) = \frac{\partial H}{\partial x}\vec{i} + \frac{\partial H}{\partial y}\vec{j} = (-2xy + y^2)\vec{i} + (-x^2 + 2xy)\vec{j}$$

위 식에 위치 $\mathrm{P}(1, 3)$을 대입하면 다음과 같다.

$$\nabla H(1, 3) = [-2(1)(3) + (3)^2]\vec{i} + [-(1)^2 + 2(1)(3)]\vec{j} = 3\vec{i} + 5\vec{j}$$

또한 해발고도가 가장 급격하게 감소하는 방향은 $-\nabla H(1, 3) = -3\vec{i} - 5\vec{j}$이다. 그리고 $\|\nabla H(1, 3)\| = \sqrt{3^2 + 5^2} = \sqrt{34}$이므로, 해발고도가 최대로 증가하는 크기는 $\|\nabla H(1, 3)\| = \sqrt{34}$이고, 최소로 감소하는 크기는 $-\|\nabla H(1, 3)\| = -\sqrt{34}$이다.

SECTION 5.4 발산과 회전

벡터 미분적분학에서 살펴볼 또 다른 중요한 특성이 발산과 회전이다. 발산과 회전은 앞서 살펴본 델 연산자 $\nabla = \frac{\partial}{\partial x}\vec{i} + \frac{\partial}{\partial y}\vec{j}$ 또는 $\nabla = \frac{\partial}{\partial x}\vec{i} + \frac{\partial}{\partial y}\vec{j} + \frac{\partial}{\partial z}\vec{k}$와 임의의 벡터장

$$\vec{F}(x,\ y,\ z) = P(x,\ y,\ z)\vec{i} + Q(x,\ y,\ z)\vec{j} + R(x,\ y,\ z)\vec{k}$$

의 연산을 통해 각각 만들어지며, 중요한 물리적 특성을 갖는다.

발산

발산은 델 연산자와 벡터장 $\vec{F}(x,\ y,\ z)$의 연산을 통해 스칼라함수를 만들어내는 경우로서, 다음과 같이 정의된다.

정의 5-11 발산

벡터장 $\vec{F}(x,\ y,\ z) = P(x,\ y,\ z)\vec{i} + Q(x,\ y,\ z)\vec{j} + R(x,\ y,\ z)\vec{k}$의 **발산**[divergence]은 다음과 같이 정의하며 $\operatorname{div}\vec{F}$로 표기한다.

$$\operatorname{div}\vec{F} = \nabla \cdot \vec{F} = \frac{\partial P}{\partial x} + \frac{\partial Q}{\partial y} + \frac{\partial R}{\partial z}$$

예를 들어 벡터장 $\vec{F}(x,\ y,\ z) = 2xyz\,\vec{i} + y^3z\,\vec{j} + x^2z\,\vec{k}$의 발산은 다음과 같다.

$$\operatorname{div}\vec{F} = \frac{\partial P}{\partial x} + \frac{\partial Q}{\partial y} + \frac{\partial R}{\partial z} = 2yz + 3y^2z + x^2$$

예제 5-21 벡터장의 발산

다음 벡터장 $\vec{F}$에 대해 div $\vec{F}$를 구하라.

$$\vec{F}(x,\ y,\ z) = xy\vec{i} + yz\vec{j} + xz\vec{k}$$

풀이

$$\text{div}\,\vec{F} = \frac{\partial}{\partial x}(xy) + \frac{\partial}{\partial y}(yz) + \frac{\partial}{\partial z}(xz) = x + y + z$$

발산의 물리적 의미를 알아보기 위해 [그림 5-13]과 같이 세 변의 길이가 각각 Δx, Δy, Δz이고, 부피가 $\Delta V = \Delta x \Delta y \Delta z$인 작은 직육면체의 요소로부터 유출되는 유체의 양을 생각해보자.

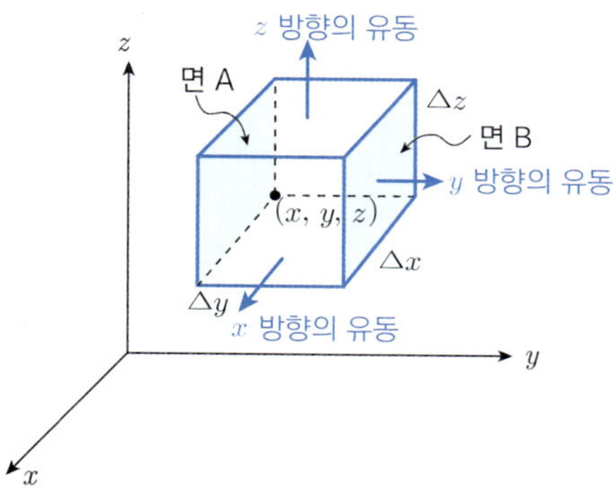

[그림 5-13] 유체의 3차원 유동

이때 유체는 **압축성 유체** compressible fluid라고 가정하고, 유체의 **속도장** velocity field은 $\vec{v} = v_1\vec{i} + v_2\vec{i} + v_3\vec{k}$ [m/s]라고 하자. 그리고 유체의 단위체적당 질량을 나타내는 **밀도** density를 ρ [kg/m^3]라 하고, 새로운 벡터장 $\vec{u}$를 다음과 같이 정의하자.

$$\vec{u} = \rho\vec{v} = u_1(x,\ y,\ z)\vec{i} + u_2(x,\ y,\ z)\vec{j} + u_3(x,\ y,\ z)\vec{k} \ \ [\text{kg}/(\text{m}^2\cdot\text{s})]$$

먼저 y축 방향으로의 유출량을 계산해보자. 면 A(면적 $\Delta x \Delta z$)를 통과하여 Δt시간 동안 직육면체 안으로 들어오는 유체의 양은 근사적으로 다음과 같다.

$$u_2(x,\ y,\ z)\Delta x \Delta z \Delta t \ \ [\text{kg}]$$

그리고 반대쪽 면 B를 통해 흘러나가는 유체의 양은 근사적으로 다음과 같다.

$$u_2(x,\ y + \Delta y,\ z)\Delta x \Delta z \Delta t \ \ [\text{kg}]$$

두 값의 차가 y축 방향으로 직육면체로부터 흘러나간 유체의 양이고 다음과 같다.

$$u_2(x, y+\triangle y, z)\triangle x\triangle z\triangle t - u_2(x, y, z)\triangle x\triangle z\triangle t$$

따라서 위 식에서 $\triangle y \to 0$이라 하면 y축 방향으로 흘러나간 유체의 양은 다음과 같다.

$$\begin{aligned}
&\lim_{\triangle y\to 0}\frac{u_2(x, y+\triangle y, z)\triangle x\triangle y\triangle z\triangle t - u_2(x, y, z)\triangle x\triangle y\triangle z\triangle t}{\triangle y}\\
&= \lim_{\triangle y\to 0}\frac{u_2(x, y+\triangle y, z) - u_2(x, y, z)}{\triangle y}\triangle V\triangle t \quad (\triangle V = \triangle x\triangle y\triangle z)\\
&= \frac{\partial u_2}{\partial y}\triangle V\triangle t
\end{aligned}$$

같은 방법으로 x축과 z축 방향으로 흘러나간 유체의 양도 구할 수 있으며, x축 방향으로의 유출량은 $\frac{\partial u_1}{\partial x}\triangle V\triangle t$이고, z축 방향으로의 유출량 $\frac{\partial u_3}{\partial z}\triangle V\triangle t$이다. 따라서 총 유출량은 x축, y축, z축 방향으로의 유출량을 합한 값이므로 다음과 같다.

$$\left(\frac{\partial u_1}{\partial x} + \frac{\partial u_2}{\partial y} + \frac{\partial u_3}{\partial z}\right)\triangle V\triangle t$$

한편, 직육면체 안에서 질량의 손실은 밀도의 시간에 대한 변화율로 나타나므로 다음과 같다.

$$-\frac{\partial \rho}{\partial t}\triangle V\triangle t$$

이 값이 x축, y축, z축 방향으로의 총 유출량과 같다. 따라서 이러한 관계를 식으로 정리하면 다음과 같다.

$$\begin{aligned}
&\left(\frac{\partial u_1}{\partial x} + \frac{\partial u_2}{\partial y} + \frac{\partial u_3}{\partial z}\right)\triangle V\triangle t = -\frac{\partial \rho}{\partial t}\triangle V\triangle t\\
&\Rightarrow \frac{\partial u_1}{\partial x} + \frac{\partial u_2}{\partial y} + \frac{\partial u_3}{\partial z} + \frac{\partial \rho}{\partial t} = 0\\
&\Rightarrow \operatorname{div}\vec{u} + \frac{\partial \rho}{\partial t} = 0\\
&\Rightarrow \operatorname{div}\left(\rho\vec{v}\right) + \frac{\partial \rho}{\partial t} = 0 \qquad (5.6)
\end{aligned}$$

식 (5.6)을 압축성 유체 유동의 **연속방정식** continuous equation이라 한다. 만약 유체 유동이 **정상 유동** steady flow이면 밀도가 시간에 따라 변하지 않으므로 $\frac{\partial \rho}{\partial t} = 0$이고, 식 (5.6)으로부터 $\operatorname{div}\left(\rho\vec{v}\right) = 0$이다. 유체가 **비압축성 유체** incompressible fluid이면 밀도 ρ가 상수이므로 다음과 같다.

$$\operatorname{div}\vec{v} = 0 \qquad (5.7)$$

식 (5.7)은 유동하는 유체가 비압축성 유체이기 위한 필요충분조건이다.

지금까지 임의의 점 $P(x, y, z)$에서 속도장 $\vec{v}$의 발산은 단위체적당 유출되는 유체의 양임을 살펴봤다. 이로부터 발산의 유체 유동에 대한 물리적 의미를 다음과 같이 정리할 수 있다.

참고 **발산의 물리적 의미**

발산의 유체 유동에 관한 물리적인 의미를 생각해보자. [그림 5-14]에서 볼 수 있듯이, 만약 $\text{div}\,\vec{v} < 0$이면 점 $P(x, y, z)$의 근방에서 유체가 안으로 유입되는 양이 많다는 의미이고, $\text{div}\,\vec{v} > 0$이면 유체 밖으로 유출되는 양이 많다는 의미이며, $\text{div}\,\vec{v} = 0$이면 유출되거나 유입되는 유량의 변화가 없다는 의미이다.

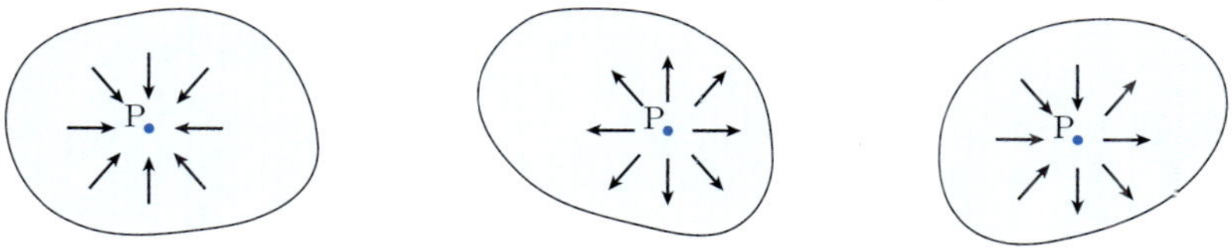

[그림 5-14] 발산과 유체의 유동

예제 5-22 **응용** **비압축성 유체**

다음 속도장 $\vec{v}$에 대해 유체가 비압축성임을 보여라.

$$\vec{v} = x^2y\,\vec{i} + 2xy^2z\,\vec{j} - (2xyz + 2xyz^2)\,\vec{k}$$

HINT
$\text{div}\,\vec{v} = 0$임을 확인한다.

풀이

비압축성 유체임을 보이기 위해서는 $\text{div}\,\vec{v} = 0$임을 보이면 된다.

$$\begin{aligned}\text{div}\,\vec{v} &= \frac{\partial}{\partial x}(x^2y) + \frac{\partial}{\partial y}(2xy^2z) - \frac{\partial}{\partial z}(2xyz + 2xyz^2) \\ &= 2xy + 4xyz - 2xy - 4xyz = 0\end{aligned}$$

따라서 $\text{div}\,\vec{v} = 0$이므로 비압축성 유체이다.

예제 5-23 응용 **압축성 유체**

다음 속도장 $\vec{v}$에 대해 유체가 압축성임을 보여라.

$$\vec{v}(x, y, z) = 2x^2y\vec{i} + (x^2+yz)\vec{j} + 2x^3\vec{k}$$

HINT
$\operatorname{div}\vec{v} \neq 0$임을 확인한다.

풀이

압축성 유체임을 보이기 위해서는 $\operatorname{div}\vec{v} \neq 0$임을 보이면 된다.

$$\begin{aligned}\operatorname{div}\vec{v} &= \frac{\partial}{\partial x}(2x^2y) + \frac{\partial}{\partial y}(x^2+yz) + \frac{\partial}{\partial z}(2x^3) \\ &= 4xy+z \neq 0\end{aligned}$$

따라서 $\operatorname{div}\vec{v} \neq 0$이므로 압축성 유체이다.

회전

회전은 델 연산자와 벡터장 $\vec{F}(x, y, z)$의 연산을 통해 벡터함수를 만들어내는 경우로서, 다음과 같이 정의된다.

정의 5-12 회전

벡터장 $\vec{F}(x, y, z) = P(x, y, z)\vec{i} + Q(x, y, z)\vec{j} + R(x, y, z)\vec{k}$의 **회전**curl은 다음과 같이 정의하며 $\operatorname{curl}\vec{F}$로 표기한다.

$$\operatorname{curl}\vec{F} = \nabla\times\vec{F} = \left(\frac{\partial R}{\partial y} - \frac{\partial Q}{\partial z}\right)\vec{i} + \left(\frac{\partial P}{\partial z} - \frac{\partial R}{\partial x}\right)\vec{j} + \left(\frac{\partial Q}{\partial x} - \frac{\partial P}{\partial y}\right)\vec{k}$$

참고로 [정의 5-12]의 식은 다음과 같이 3×3 행렬의 행렬식(7.2절 참고)으로 나타낼 수 있다.

$$\nabla\times\vec{F} = \begin{vmatrix} \vec{i} & \vec{j} & \vec{k} \\ \dfrac{\partial}{\partial x} & \dfrac{\partial}{\partial y} & \dfrac{\partial}{\partial z} \\ P & Q & R \end{vmatrix}$$

예제 5-24 **벡터장의 회전**

다음 벡터장 $\vec{F}$의 회전을 구하라.

$$\vec{F} = xy\vec{i} + yz\vec{j} + xz\vec{k}$$

풀이

$P=xy$, $Q=yz$, $R=xz$이므로 벡터장 $\vec{F}$의 회전은 다음과 같다.

$$\begin{aligned}\text{curl}\,\vec{F} = \nabla\times\vec{F} &= \begin{vmatrix} \vec{i} & \vec{j} & \vec{k} \\ \dfrac{\partial}{\partial x} & \dfrac{\partial}{\partial y} & \dfrac{\partial}{\partial z} \\ xy & yz & xz \end{vmatrix} \\ &= \left[\frac{\partial(xz)}{\partial y} - \frac{\partial(yz)}{\partial z}\right]\vec{i} + \left[\frac{\partial(xy)}{\partial z} - \frac{\partial(xz)}{\partial x}\right]\vec{j} + \left[\frac{\partial(yz)}{\partial x} - \frac{\partial(xy)}{\partial y}\right]\vec{k} \\ &= -y\vec{i} - z\vec{j} - x\vec{k}\end{aligned}$$

참고 회전의 물리적 의미

유체의 흐름과 관련하여 회전의 물리적인 의미를 생각해보자. 벡터장의 회전은 유체가 회전하려는 경향의 척도로 사용된다. 벡터장 $\vec{F}$가 유체의 유동장일 때, $\text{curl}\,\vec{F} \neq \vec{0}$이면 **회전적 유동** rotational flow이라 하고, $\text{curl}\,\vec{F} = \vec{0}$이면 **비회전적 유동** irrotational flow이라 한다. [그림 5-15]는 유체의 흐름에 대한 비회전적 유동과 회전적 유동의 예를 보여준다. 흐르는 유체 위에 'x' 형상의 물체를 띄웠을 때, [그림 5-15(a)]와 같이 ①과 ②의 위치 변화가 없이 흐른다면 유체의 유동은 비회전적이고, [그림 5-15(b)와 같이 ①과 ②의 위치 변화가 있으면 유체의 유동은 회전적이다. 비회전적 유동은 유체가 자체적으로 회전하지 않는다는 의미가 아니고, 흐름에 **소용돌이** whirlpool, vortex가 없다는 뜻이다.

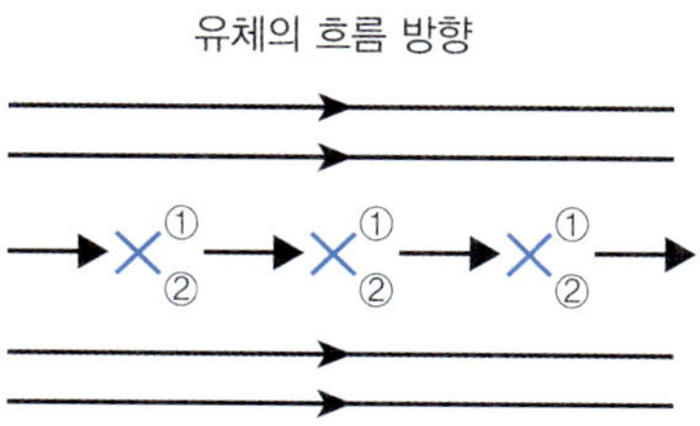

(a) 비회전적 유동

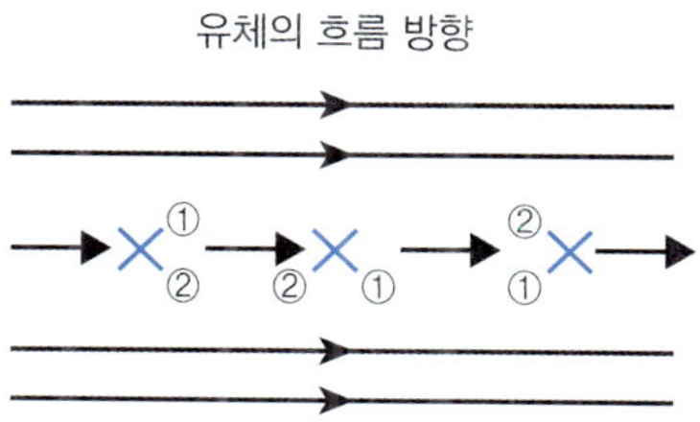

(b) 회전적 유동

[그림 5-15] 회전과 유체의 유동

예제 5-25 응용 **비회전적 유동**

다음 속도장 $\vec{v}$에 대해 점 $(1, 1, 1)$에서의 유동이 비회전적임을 보여라.

$$\vec{v} = y^2z\,\vec{i} + x^2z\,\vec{j} + xy\,\vec{k}$$

HINT
$\text{curl}\,\vec{v}\,(1, 1, 1) = \vec{0}$임을 확인한다.

풀이

속도장 $\vec{v}$의 x, y, z 성분을 각각 $v_x = y^2 z$, $v_y = x^2 z$, $v_z = xy$라 하면 속도장 $\vec{v}$에 대한 회전은 다음과 같다.

$$\begin{aligned}\text{curl}\,\vec{v} &= \begin{vmatrix} \vec{i} & \vec{j} & \vec{k} \\ \dfrac{\partial}{\partial x} & \dfrac{\partial}{\partial y} & \dfrac{\partial}{\partial z} \\ v_x & v_y & v_z \end{vmatrix} = \left(\frac{\partial v_z}{\partial y} - \frac{\partial v_y}{\partial z}\right)\vec{i} + \left(\frac{\partial v_x}{\partial z} - \frac{\partial v_z}{\partial x}\right)\vec{j} + \left(\frac{\partial v_y}{\partial x} - \frac{\partial v_x}{\partial y}\right)\vec{k} \\ &= \left[\frac{\partial(xy)}{\partial y} - \frac{\partial(x^2 z)}{\partial z}\right]\vec{i} + \left[\frac{\partial(y^2 z)}{\partial z} - \frac{\partial(xy)}{\partial x}\right]\vec{j} + \left[\frac{\partial(x^2 z)}{\partial x} - \frac{\partial(y^2 z)}{\partial y}\right]\vec{k} \\ &= (x - x^2)\vec{i} + (y^2 - y)\vec{j} + (2xz - 2yz)\vec{k}\end{aligned}$$

위 식에 $(1,\ 1,\ 1)$을 대입하면 점 $(1,\ 1,\ 1)$에서의 회전은 다음과 같다.

$$\text{curl}\,\vec{v}(1,\ 1,\ 1) = \vec{0}$$

그러므로 속도장 $\vec{v}$는 점 $(1,\ 1,\ 1)$에서 비회전적 유동이다.

예제 5-26 응용 회전적 유동

다음 속도장 $\vec{v}$에 대해 점 $(1,\ 1,\ 1)$에서의 유동이 회전적임을 보여라.

$$\vec{v} = 2x^2 y\,\vec{i} + (x^2 + yz)\,\vec{j} + 2x^3\,\vec{k}$$

HINT

$\text{curl}\,\vec{v}(1,\ 1,\ 1) \neq \vec{0}$임을 확인한다.

풀이

속도장 $\vec{v}$의 x, y, z 성분을 각각 $v_x = 2x^2 y$, $v_y = x^2 + yz$, $v_z = 2x^3$이라고 할 때, [예제 5-25]와 같이 속도장 $\vec{v}$에 대한 회전을 구하면 다음과 같다.

$$\begin{aligned}\text{curl}\,\vec{v} &= \left(\frac{\partial v_z}{\partial y} - \frac{\partial v_y}{\partial z}\right)\vec{i} + \left(\frac{\partial v_x}{\partial z} - \frac{\partial v_z}{\partial x}\right)\vec{j} + \left(\frac{\partial v_y}{\partial x} - \frac{\partial v_x}{\partial y}\right)\vec{k} \\ &= \left[\frac{\partial(2x^3)}{\partial y} - \frac{\partial(x^2 + yz)}{\partial z}\right]\vec{i} + \left[\frac{\partial(2x^2 y)}{\partial z} - \frac{\partial(2x^3)}{\partial x}\right]\vec{j} + \left[\frac{\partial(x^2 + yz)}{\partial x} - \frac{\partial(2x^2 y)}{\partial y}\right]\vec{k} \\ &= -y\,\vec{i} - 6x^2\,\vec{j} + (2x - 2x^2)\,\vec{k}\end{aligned}$$

위 식에 $(1,\ 1,\ 1)$을 대입하면 점 $(1,\ 1,\ 1)$에서의 회전은 다음과 같다.

$$\text{curl}\,\vec{v}(1,\ 1,\ 1) = -\vec{i} - 6\vec{j} \neq \vec{0}$$

그러므로 속도장 $\vec{v}$는 점 $(1,\ 1,\ 1)$에서 회전적 유동이다.

CHAPTER

05 연습문제

5.1 **(벡터함수의 궤적)** 다음 벡터함수에 의해 그려지는 곡선의 궤적에 관한 방정식을 구하고, 좌표평면상에 그려라.

(a) $\vec{r}(t) = t\vec{i} + 2t^2\vec{j}$

(b) $\vec{r}(t) = \cos t\vec{i} + 2\sin t\vec{j}$

(c) $\vec{r}(t) = 3\sin t\vec{i} + 3\cos t\vec{j} + 2\vec{k}$

(d) $\vec{r}(t) = 2\vec{i} + \cos t\vec{j} + \sin t\vec{k}$

5.2 **(벡터함수의 극한)** 다음 벡터함수의 극한 $\lim_{t\to 0}\vec{r}(t)$를 구하라.

(a) $\vec{r}(t) = t\vec{i} + (2t^2 - 1)\vec{j}$

(b) $\vec{r}(t) = (t^2 - 2t + 1)\vec{i} + \left(\frac{\sin 2t}{t}\right)\vec{j} + \left(\frac{e^{-t} - 1}{2t}\right)\vec{k}$

(c) $\vec{r}(t) = \left(\frac{\cos 2t - 1}{2t}\right)\vec{i} + \left(\frac{t^2}{2\cos t - 2}\right)\vec{j} + \left(\frac{t+2}{2}\right)\vec{k}$

5.3 **(벡터함수의 극한)** 다음 벡터함수의 극한 $\lim_{t\to \infty}\vec{r}(t)$를 구하라.

(a) $\vec{r}(t) = \left(\frac{2t^2 - 2t + 1}{t^2 - 1}\right)\vec{i} + \left(\frac{2}{t-1}\right)\vec{j} + (2e^{-t})\vec{k}$

(b) $\vec{r}(t) = \left(\frac{\ln t + 1}{t - 1}\right)\vec{i} + \left(\frac{2t}{e^t - 1}\right)\vec{j} - \vec{k}$

(c) $\vec{r}(t) = \left(\frac{e^{-2t} - 1}{e^{-t} + 1}\right)\vec{i} + \left(\frac{2t}{t+3}\right)\vec{j} + \left(\frac{e^{-t} - 2t - 1}{t + 1}\right)\vec{k}$

5.4 **(벡터함수의 도함수)** 다음 벡터함수의 도함수 $\vec{r}'(t)$와 $\vec{r}'(0)$을 구하라.

(a) $\vec{r}(t) = (t^2 + 2t)\vec{i} + \left(\frac{2}{t-1}\right)\vec{j} + (2e^{-2t})\vec{k}$

(b) $\vec{r}(t) = (e^{-2t}\cos 2t)\vec{i} + (2t^2 + 2)\vec{j} + (e^{-2t} + 2)\vec{k}$

5.5 **(벡터함수의 도함수)** 주어진 두 벡터함수에 대해 다음을 계산하라.

$$\vec{r_1}(t) = \sin t\vec{i} + \cos t\vec{j}, \qquad \vec{r_2}(t) = e^{-t}\vec{i} + e^{-t}\vec{j}$$

(a) $\frac{d}{dt}\left[\vec{r_1}(t) \cdot \vec{r_2}(t)\right]$

(b) $\frac{d}{dt}\left[\vec{r_1}(t) \times \vec{r_2}(t)\right]$

5.6 **(벡터함수의 도함수)** 벡터함수 $\vec{r}(t)$, $\vec{r}\,'(t)$가 모두 미분가능할 때, 다음 도함수를 구하라.

(a) $\dfrac{d}{dt}\left[\vec{r}\,'(t) \times t\,\vec{r}(t)\right]$

(b) $\dfrac{d}{dt}\left[\vec{r}\,'(t) \times e^t\,\vec{r}(t)\right]$

(c) $\dfrac{d}{dt}\left[\vec{r}\,(t) \cdot \{\vec{r}\,(t) \times \vec{r}\,'(t)\}\right]$

(d) $\dfrac{d}{dt}\left[\vec{r}\,'(t^2) + t\,\vec{r}(t^2)\right]$

5.7 **(벡터함수의 도함수)** 다음 벡터함수의 2계도함수 $\vec{r}\,''(t)$를 구하라.

(a) $\vec{r}(t) = (e^{-2t}\cos t)\,\vec{i} + (t^2 + 2t)\,\vec{j} + e^{-2t}\,\vec{k}$

(b) $\vec{r}(t) = e^{-2t}\,\vec{i} + \sin 2t\,\vec{j} + t^2\,\vec{k}$

5.8 **(곡률과 곡률반경)** 다음 벡터함수에 대해 곡률과 곡률반경을 구하라.

$$\vec{r}(t) = \sin t\,\vec{i} + \cos t\,\vec{j}$$

5.9 **(곡률과 단위법선벡터)** 다음 벡터함수에 대해 곡률과 단위법선벡터를 구하라.

$$\vec{r}(t) = -\frac{1}{2}\cos 2t\,\vec{i} + \frac{1}{2}\sin 2t\,\vec{j} + t\,\vec{k}$$

5.10 **(속도 및 가속도벡터함수)** 다음 위치벡터함수 $\vec{r}(t)$에 대해 속도벡터함수와 가속도벡터함수를 구하라.

(a) $\vec{r}(t) = (t^2 - 2t)\,\vec{i} + (te^{-2t})\,\vec{j}$

(b) $\vec{r}(t) = (2t^2 - 2)\,\vec{i} + \left(\dfrac{2}{t-1}\right)\vec{j}$

(c) $\vec{r}(t) = (t^2 e^{-t})\,\vec{i} + (2t\sin t - e^t)\,\vec{j} + (e^{-2t}\cos t)\,\vec{k}$

5.11 **(1계 편도함수)** 다음 2변수함수 z에 대해 편도함수 z_x와 z_y를 구하라.

(a) $z = x^2\cos y + 5x^3y^2 + 2y^3 + 6$

(b) $z = 2x^3y + x^2y^2 + 2xy - y^3$

(c) $z = \dfrac{x^2y + 2x}{y^2 + 1}$

(d) $z = 3\cos^3 2x - x^2\sin^3 2y$

5.12 **(2계 편도함수)** 다음 2변수함수 z에 대해 편도함수 z_{xx}, z_{xy}, z_{yy}를 구하라.

(a) $z = 2x^2\sin y - 2x^2y^3 - 2xy$

(b) $z = 2xy - x^4y^2 - xy - xy^3 + 2y$

(c) $z = 2x\sin^2 2y - y^2\cos^2 2x$

(d) $z = (x^2 - xy + 2y^2)^2 + x^2 + y^2$

5.13 **(연쇄법칙)** 다음 2변수함수 z에 대해 편도함수 $\frac{\partial z}{\partial u}$와 $\frac{\partial z}{\partial v}$를 구하라.

(a) $z=x^2-x^2y^2+y^2,\ x=u^2v-ue^{-v},\ y=2u^2v-u^2$

(b) $z=2x^2y-xy^2,\ x=-u^2+2u^2v-v^3,\ y=2u^3v+u^2v^2+2uv$

5.14 **(연쇄법칙)** 다음 2변수함수 z에 대해 $\frac{dz}{dt}$를 구하라.

(a) $z=x^2-x^2y^2,\ x=2\sin 2t+2\cos 2t,\ y=2\cos t-\sin t$

(b) $z=ye^{-x}-xe^{-y},\ x=e^{-2t}\cos t-e^{-2t}\sin t,\ y=2t^2-t$

5.15 **(그래디언트)** 다음 다변수함수 f에 대해 주어진 점에서 그래디언트를 계산하라.

(a) $f(x,\ y)=2xy-xy^3+2y$, 점 $(1,\ 2)$

(b) $f(x,\ y,\ z)=x^2-xyz+2xy^2+z^2$, 점 $(1,\ 2,\ 1)$

5.16 **(방향도함수)** 다음 다변수함수에 대해 주어진 점에서 $\vec{a}$ 방향으로의 방향도함수를 구하라.

(a) $f(x,\ y)=3x^2-2xy-y^2$, 점 $(1,\ 1)$, $\vec{a}=\vec{i}-\vec{j}$

(b) $f(x,\ y,\ z)=xyz+x^2+y^2+z^2$, 점 $(1,\ -1,\ 2)$, $\vec{a}=\vec{i}+\vec{j}-\vec{k}$

5.17 응용 **(벡터함수의 방향도함수)** 해발고도 $H(x,\ y)$가 다음과 같이 주어질 때, 위치 $\mathrm{P}(5,\ 1)$에서 가장 가파른 비탈길의 방향이 어디인지를 결정하라.

$$H(x,\ y)=-2x^2-3y^2+1000$$

5.18 응용 **(벡터함수의 방향도함수)** 어떤 물체 표면의 온도 분포 $T(x,\ y,\ z)$가 다음과 같이 주어질 때, 점 $(1,\ 1,\ 1)$에서 온도가 가장 급격히 증가하는 방향과 가장 급격히 감소하는 방향을 구하고, 각 방향에서 온도가 최대로 증가하는 크기와 최소로 감소하는 크기를 구하라.

$$T(x,\ y,\ z)=3x^2y-xy^2z-xyz+5$$

5.19 **(벡터함수의 발산)** 다음 벡터장 $\vec{F}$의 발산을 구하라.

(a) $\vec{F}(x,\ y,\ z)=x\vec{i}+y\vec{j}+z\vec{k}$

(b) $\vec{F}(x,\ y,\ z)=xe^y\vec{i}+e^{-x}z\vec{j}+xyz\vec{k}$

(c) $\vec{F}(x,\ y,\ z)=xe^{-z}\vec{i}+ye^{-x}\vec{j}+ze^{-y}\vec{k}$

5.20 **응용** **(벡터함수의 발산)** 다음 벡터장 $\vec{F}$가 비압축성임을 보여라.

$$\vec{F} = 2(x-y)^2\vec{i} - 4xy\vec{j} + 2y(x+2z)\vec{k}$$

5.21 **(벡터함수의 회전)** 다음 벡터장 $\vec{F}$의 회전을 구하라.

(a) $\vec{F}(x,\ y,\ z) = x\vec{i} + y\vec{j} + z\vec{k}$

(b) $\vec{F}(x,\ y,\ z) = xe^{y}\vec{i} + e^{-x}z\vec{j} + xyz\vec{k}$

(c) $\vec{F}(x,\ y,\ z) = xe^{-z}\vec{i} + ye^{-x}\vec{j} + ze^{-y}\vec{k}$

5.22 **응용** **(벡터함수의 회전)** 다음과 같은 물의 흐름 속도장 $\vec{v}$가 회전적인지, 비회전적인지를 판단하라.

$$\vec{v}(x,\ y,\ z) = \frac{2x}{x^2+y^2}\vec{i} + \frac{2y}{x^2+y^2}\vec{j} \qquad (x \neq 0,\ y \neq 0)$$

CHAPTER

06

벡터함수의 적분학

Integration of Vector Functions

Contents

학습목표

- 벡터함수의 적분에 대한 개념을 이해하고 계산할 수 있다.
- 경로에 대한 선적분, 이중적분, 면적분의 개념을 이해하고 계산할 수 있다.
- 다양한 적분을 계산할 수 있는 방법인 스토크스 정리와 가우스 발산 정리를 이해할 수 있다.
- 평면과 공간상에서 벡터함수의 적분을 이해할 수 있다.

이 장에서 배우는 내용은?

4장에서는 벡터의 기본 개념을 살펴봤고, 5장에서는 벡터함수의 미분학(또는 도함수)에 대한 전반적인 내용을 다루었다. 이 장에서는 벡터함수의 적분학에 대해 다루고자 한다. 벡터함수의 경우 일반적인 함수와는 다른 방법으로 적분을 계산하며, 적분의 종류 또한 다양하다. 예를 들어 벡터함수의 적분에는 경로에 대한 선적분, 이중적분, 면적분, 삼중적분 등이 있고, 이와 같은 다양한 적분을 구할 수 있는 정리도 여러 가지이다. 따라서 이 장에서는 벡터함수의 적분을 계산하는 데 필요한 개념과 정리를 알아보고자 한다.

벡터함수의 적분은 공학문제를 이해하는 데 기초가 되는 중요한 내용을 많이 담고 있으므로 기초부터 확실하게 이해하고 넘어가야 한다. 이에 따라 벡터함수의 적분과 공학의 연관성을 이해하고 응용력을 습득하는 데 초점을 맞춰 내용을 전개할 것이다. 참고로 벡터함수의 적분은 공학, 물리학 등의 다양한 분야에서 널리 사용되고 있으며, 특히 전자기학 분야에서 매우 중요하게 응용되므로 관련 전공자는 이 장을 확실하게 알아두어야 한다.

SECTION 6.1 선적분

벡터함수의 적분에는 여러 가지 종류가 있다. 그중에서 선적분에 대해 먼저 알아보자. **선적분** line integral은 정적분 $\int_a^b f(x)\,dx$의 자연스러운 확장을 의미한다. 정적분은 함수 $f(x)$를 $x=a$에서 $x=b$까지 적분하지만, 선적분은 평면 또는 공간상의 임의의 곡선 C를 따라 적분한다. 여기서 C를 **적분 경로** path of integration라 하고 적분 경로는 형태에 따라 [그림 6-1]과 같이 나뉜다. **매끄러운 곡선** smooth curve은 [그림 6-1(a)]와 같이 구간 a에서 구간 b까지 곡선이 미분 가능하고 연속인 경우이고, **구간별 매끄러운 곡선** piecewise smooth curve은 [그림 6-1(b)]와 같이 전체 구간은 매끄러운 곡선이 아니지만 구간별로 매끄러운 곡선들의 결합으로 이루어진 경우이다. 또 **닫힌 곡선** closed curve은 [그림 6-1(c)]와 같이 구간의 시작점과 끝점이 같은 경우이다. 닫힌 곡선이 아니면 **열린 곡선** open curve이라고 하며, [그림 6-1(a)]와 [그림 6-1(b)]가 열린 곡선의 예이다.

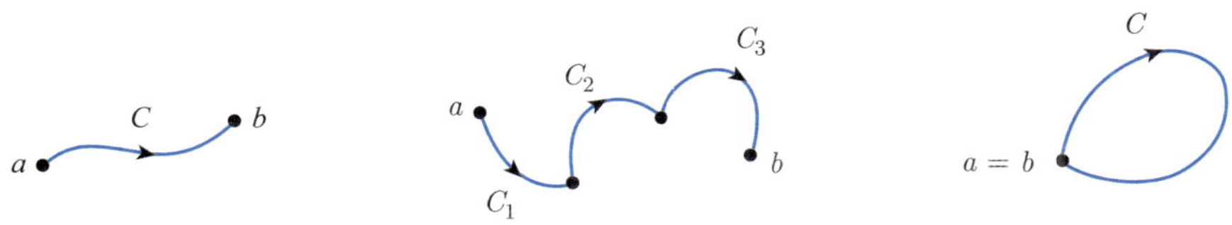

(a) 매끄러운 곡선 (b) 구간별 매끄러운 곡선 (c) 닫힌 곡선

[그림 6-1] 적분 경로 유형

먼저 적분 경로에 대한 선적분은 다음과 같이 정의한다.

정의 6-1 선적분

적분 경로 C가 주어질 때, 벡터함수 $\vec{F}$의 적분 경로 C에 대한 **선적분** line integral은 다음과 같다. 여기서 $\vec{r}$은 경로 C에 의해 주어지는 위치벡터함수이다.

$$\int_C \vec{F} \cdot d\vec{r}$$

만약 적분 경로가 닫힌 곡선이라면 [정의 6-1]의 식을 다음과 같이 나타내기도 한다.

$$\oint_C \vec{F} \cdot d\vec{r}$$

이제 [정의 6-1]을 바탕으로 평면과 공간에서 선적분의 계산 방법을 알아보자.

평면에서의 선적분

벡터함수 $\vec{F} = P(x, y)\vec{i} + Q(x, y)\vec{j}$에 대해 적분 경로 C가 $\vec{r}(t) = x(t)\vec{i} + y(t)\vec{j}$ $(a \le t \le b)$로 주어질 때, [정의 6-1]의 식은 다음과 같이 나타낼 수 있다.

$$\begin{aligned}\int_C \vec{F} \cdot d\vec{r} &= \int_C (P\vec{i} + Q\vec{j}) \cdot (dx\,\vec{i} + dy\,\vec{j}) \\ &= \int_C (P\,dx + Q\,dy) \qquad (6.1)\end{aligned}$$

따라서 이후부터는 평면에서의 선적분을 식 (6.1)과 같이 표기하며, 이를 간단히 다음과 같이 나타낸다.

$$\int_C (P\,dx + Q\,dy) = \int_C P\,dx + Q\,dy$$

식 (6.1)의 선적분값을 구하기 위해서는 선적분을 정적분으로 변환하여 계산해야 한다. 이때 적분 경로가 매개변수 t로 정의되느냐, 아니면 $y = f(x)$ 형태인 **양함수** explicit function로 정의되느냐에 따라 다음과 같이 구분하여 적분을 계산한다.

❶ 경로함수가 매개변수로 주어지는 경우

경로 C가 $\vec{r}(t) = x(t)\vec{i} + y(t)\vec{j}$ $(a \le t \le b)$와 같이 매개변수로 주어지면 벡터함수 $\vec{F} = P(x, y)\vec{i} + Q(x, y)\vec{j}$의 선적분은 다음과 같이 계산할 수 있다.

$$\int_C (P\,dx + Q\,dy) = \int_a^b \left(P\frac{dx}{dt} + Q\frac{dy}{dt}\right)dt \qquad (6.2)$$

❷ 경로함수가 양함수로 주어지는 경우

경로 C가 $y = f(x)$ $(a \le x \le b)$와 같이 양함수로 주어지면 벡터함수 $\vec{F} = P(x, y)\vec{i} + Q(x, y)\vec{j}$의 선적분은 다음과 같이 계산할 수 있다.

$$\int_C P(x, y)\,dx + Q(x, y)\,dy = \int_a^b \left[P(x, f(x))\,dx + Q(x, f(x))\frac{dy}{dx}dx\right] \qquad (6.3)$$

또한 경로 C가 $x = g(y)\,(c \le y \le d)$와 같은 형태의 양함수로 주어지면 벡터함수 $\vec{F} = P(x,\ y)\vec{i} + Q(x,\ y)\vec{j}$의 선적분은 다음과 같이 계산할 수 있다.

$$\int_C P(x,\ y)\,dx + Q(x,\ y)\,dy = \int_c^d \left[P(g(y),\ y)\frac{dx}{dy}dy + Q(g(y),\ y)dy\right] \qquad (6.4)$$

예제 6-1 **경로의 선적분 계산 : 경로가 매개변수로 주어진 경우**

다음과 같은 벡터함수 $\vec{F}$에 대해 경로 $\vec{r}(t)$가 [그림 6-2]와 같을 때, $\vec{F}$의 경로 $\vec{r}(t)$에 따른 선적분을 구하라.

$$\vec{F} = -x\vec{i} + y\vec{j}$$

$$\vec{r}(t) = -\cos t\,\vec{i} - \sin t\,\vec{j} \ \left(0 \le t \le \frac{\pi}{2}\right)$$

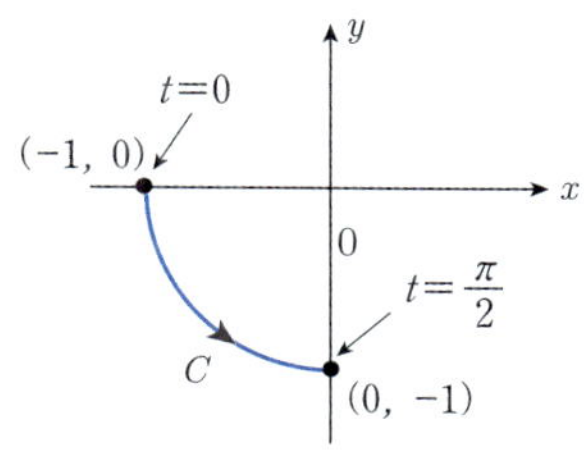

[그림 6-2] 경로적분

풀이

$\vec{r}(t) = x(t)\vec{i} + y(t)\vec{j} = -\cos t\,\vec{i} - \sin t\,\vec{j}$이므로

$x = -\cos t,\ y = -\sin t$이다. 따라서 다음과 같다.

$$\vec{F} = -x\vec{i} + y\vec{j} = \cos t\,\vec{i} - \sin t\,\vec{j}$$

$$\vec{r}'(t) = \sin t\,\vec{i} - \cos t\,\vec{j}$$

그러므로 식 (6.2)에 의해 선적분은 다음과 같다.

$$\int_C \vec{F} \cdot d\vec{r} = \int_a^b \left(P\frac{dx}{dt} + Q\frac{dy}{dt}\right)dt \qquad \cdots\ \vec{F} = P\vec{i} + Q\vec{j} = -x\vec{i} + y\vec{j} = \cos t\,\vec{i} - \sin t\,\vec{j}$$

$$= \int_0^{\frac{\pi}{2}} [(\cos t)(\sin t) + (-\sin t)(-\cos t)]\,dt$$

$$= \int_0^{\frac{\pi}{2}} \sin 2t\,dt \qquad \cdots\ 2\sin t\cos t = \sin 2t$$

$$= \left[-\frac{1}{2}\cos 2t\right]_0^{\frac{\pi}{2}} = 1$$

예제 6-2 경로의 선적분 계산 : 경로가 양함수로 주어진 경우 ①

경로 C가 $y = x^2 (0 \le x \le 1)$으로 주어질 때, 다음 선적분을 구하라.

$$\int_C -y\,dx + xy\,dy$$

풀이

식 (6.3)을 적용하면 선적분은 다음과 같다.

$$\int_C -y\,dx + xy\,dy = \int_0^1 \left[-x^2 dx + x(x^2)(2x\,dx)\right] = \int_0^1 (-x^2 + 2x^4)\,dx$$
$$= \left[-\frac{1}{3}x^3 + \frac{2}{5}x^5\right]_0^1 = \frac{1}{15}$$

예제 6-3 경로의 선적분 계산 : 경로가 양함수로 주어진 경우 ②

경로 C가 $x = -y^2 + 1 (0 \le y \le 1)$로 주어질 때, 다음 선적분을 구하라.

$$\int_C x^2 y\,dx - xy^2\,dy$$

풀이

식 (6.4)를 적용하면 선적분은 다음과 같다.

$$\int_C x^2 y\,dx - xy^2\,dy = \int_0^1 \left[(-y^2+1)^2 y(-2y)\,dy - (-y^2+1)y^2 dy\right]$$
$$= \int_0^1 (-2y^6 + 5y^4 - 3y^2)\,dy$$
$$= \left[-\frac{2}{7}y^7 + y^5 - y^3\right]_0^1 = -\frac{2}{7}$$

만약 경로 C가 구간별 매끄러운 곡선으로 주어지면, 적분 경로 C에 대한 선적분은 각 구간별 선적분의 합으로 나타낸다. 즉 경로 C가 $C = C_1 + C_2 + \cdots + C_n$이면 식 (6.1)의 선적분은 다음과 같다.

$$\int_C P\,dx + Q\,dy = \int_{C_1} P\,dx + Q\,dy + \int_{C_2} P\,dx + Q\,dy + \cdots + \int_{C_n} P\,dx + Q\,dy \tag{6.5}$$

식 (6.5)는 경로 C가 닫힌 곡선이거나 열린 곡선임과 관계없이 항상 성립한다.

예제 6-4 닫힌 경로에 대한 경로의 선적분 계산

적분 경로가 [그림 6-3]과 같이 닫힌 경로로 주어질 때, 다음 선적분을 구하라.

$$\oint_C xy\,dx - y^2\,dy$$

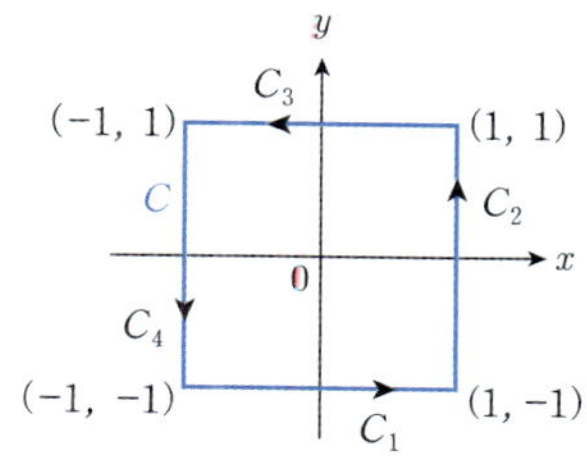

[그림 6-3] 닫힌 경로 적분

풀이

[그림 6-3]에 주어진 경로 C_1, C_2, C_3, C_4는 모두 구간별 매끄러운 곡선이므로 식 (6.5)를 만족한다. 따라서 다음과 같이 나타낼 수 있다.

$$\oint_C xy\,dx - y^2 dy = \int_{C_1} xy\,dx - y^2\,dy + \int_{C_2} xy\,dx - y^2\,dy + \int_{C_3} xy\,dx - y^2\,dy + \int_{C_4} xy\,dx - y^2\,dy$$

C_1은 $y=-1$, $dy=0$이므로 x를 매개변수로 하는 식 (6.3)을 이용하면 다음과 같다.

$$\int_{C_1} xy\,dx - y^2\,dy = \int_{-1}^{1} [x(-1)\,dx - (-1)^2(0)] = 0$$

C_2는 $x=1$, $dx=0$이므로 y를 매개변수로 하는 식 (6.4)를 이용하면 다음과 같다.

$$\int_{C_2} xy\,dx - y^2\,dy = \int_{-1}^{1} [(1)y(0) - (y^2)\,dy] = -\int_{-1}^{1} y^2\,dy = -\frac{2}{3}$$

C_3는 $y=1$, $dy=0$이므로 x를 매개변수로 하는 식 (6.3)을 이용하면 다음과 같다.

$$\int_{C_3} xy\,dx - y^2\,dy = \int_{1}^{-1} [x(1)\,dx - (1)^2(0)] = 0$$[1]

C_4는 $x=-1$, $dx=0$이므로 y를 매개변수로 하는 식 (6.4)를 이용하면 다음과 같다.

$$\int_{C_4} xy\,dx - y^2\,dy = \int_{1}^{-1} [(-1)y(0) - (y^2)\,dy] = -\int_{1}^{-1} y^2\,dy = \frac{2}{3}$$

경로 C에 대한 선적분은 경로 C_1, C_2, C_3, C_4에 대한 선적분들의 합이므로 다음과 같다.

$$\oint_C xy\,dx - y^2\,dy = 0 - \frac{2}{3} + 0 + \frac{2}{3} = 0$$

1 경로 C_3의 경우 매개변수 x는 1에서 -1로 이동하므로, 적분 구간이 $\int_{1}^{-1}$이다.

정적분의 경우 적분 구간에 따라 다음과 같은 관계가 성립한다.

$$\int_a^b f(x)\,dx = -\int_b^a f(x)\,dx$$

이와 유사하게 선적분의 경우에도 [그림 6-4]와 같이 적분 경로의 방향이 반대이면 다음과 같은 관계가 성립한다.

$$\int_C P\,dx + Q\,dy = -\int_{-C} P\,dx + Q\,dy \tag{6.6}$$

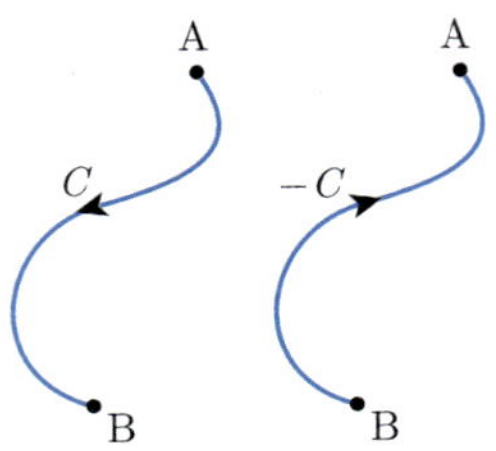

[그림 6-4] 반대 방향의 경로에 대한 선적분

예제 6-5 **경로의 선적분 계산 : 경로가 반대 방향인 경우**

경로 C가 각각 [그림 6-5]의 (a), (b)와 같을 때, 각 경로에 대해 다음 선적분을 구하라.

$$\oint_C xy^2\,dx + (xy+1)\,dy$$

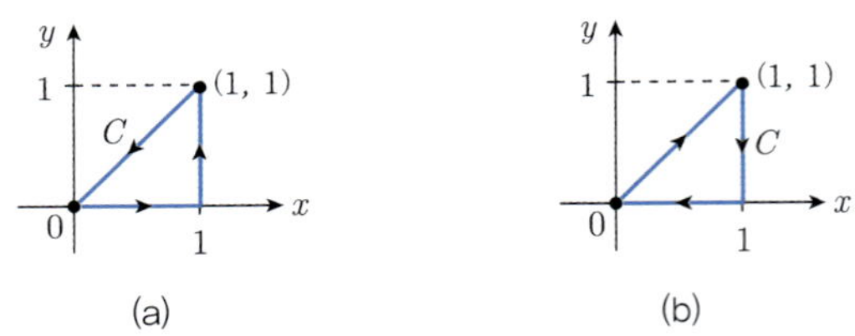

[그림 6-5] 반대 방향의 경로에 대한 선적분

풀이

(a) [예제 6-4]와 같은 방법으로 경로의 선적분을 구하면 다음과 같다.

$$\begin{aligned}\oint_C xy^2\,dx + (xy+1)\,dy &= \int_0^1 x(0)^2 dx + [x(0)+1](0) + \int_0^1 (1)y^2(0) + [(1)y+1]\,dy \\ &\quad + \int_1^0 x(x)^2 dx + [x(x)+1]dx \\ &= 0 + \left[\frac{1}{2}y^2 + y\right]_0^1 + \left[\frac{1}{4}x^4 + \frac{1}{3}x^3 + x\right]_1^0 = -\frac{1}{12}\end{aligned}$$

(b) (a)와 같은 방법으로 경로의 선적분을 구하면 다음과 같다.

$$\oint_C xy^2\,dx + (xy+1)\,dy = \int_0^1 x(x^2)\,dx + [x(x)+1]\,dx + \int_1^0 (1)y^2(0) + [(1)y+1]\,dy$$
$$+\int_1^0 x(0)^2\,dx + [x(0)+1](0)$$
$$= \left[\frac{1}{4}x^4 + \frac{1}{3}x^3 + x\right]_0^1 + \left[\frac{1}{2}y^2 + y\right]_1^0 + 0 = \frac{1}{12}$$

(b)는 (a)와 경로가 반대인 경우이므로, (a)와 (b)의 선적분 결과를 비교해보면 식 (6.6)과 같음을 알 수 있다.

공간에서의 선적분

공간에서의 선적분의 경우에도 평면에서의 선적분에서 성립한 내용들이 동일하게 적용된다. 다만 벡터함수와 경로에서 각각 z축 방향으로 $\vec{k}$ 성분이 추가되는 부분에간 차이가 있다. 즉 벡터함수는 $\vec{F} = P(x, y, z)\vec{i} + Q(x, y, z)\vec{j} + R(x, y, z)\vec{k}$이고, 적분 경로 C는 $\vec{r}(t) = x(t)\vec{i} + y(t)\vec{j} + z(t)\vec{k}\,(a \le t \le b)$이다. 이때 공간에서의 선적분은 다음과 같다.

$$\int_C \vec{F}\cdot d\vec{r} = \int_C P\,dx + Q\,dy + R\,dz \tag{6.7}$$

식 (6.7)은 다음과 같이 계산할 수 있다.

$$\int_C P\,dx + Q\,dy + R\,dz = \int_a^b \left(P\frac{dx}{dt} + Q\frac{dy}{dt} + R\frac{dz}{dt}\right)dt \tag{6.8}$$

예제 6-6 공간에서의 경로의 선적분 계산

경로 C가 $\vec{r}(t) = \sin t\,\vec{i} + \cos t\,\vec{j} + t\,\vec{k}\,(0 \le t \le \frac{\pi}{2})$로 주어질 때, 다음 경로의 선적분을 구하라.

$$\int_C y\,dx + x\,dy + xy\,dz$$

풀이

경로 C에 대해 $\vec{r}(t) = x(t)\vec{i} + y(t)\vec{j} + z(t)\vec{k} = \sin t\,\vec{i} + \cos t\,\vec{j} + t\,\vec{k}$이므로 다음과 같다.

$$x = \sin t,\ y = \cos t,\ z = t,\ \frac{dx}{dt} = \cos t,\ \frac{dy}{dt} = -\sin t,\ \frac{dz}{dt} = 1$$

따라서 경로의 선적분은 다음과 같다.

$$\begin{aligned}\int_C y\,dx + x\,dy + xy\,dz &= \int_0^{\pi/2}\left(y\frac{dx}{dt} + x\frac{dy}{dt} + xy\frac{dz}{dt}\right)dt \\ &= \int_0^{\pi/2}[\cos^2 t - \sin^2 t + (\sin t)(\cos t)(1)]\,dt \\ &= \int_0^{\pi/2}\left[\frac{1+\cos 2t}{2} - \frac{1-\cos 2t}{2} + \frac{\sin 2t}{2}\right]dt \\ &= \frac{1}{2}\sin 2t - \frac{1}{4}\cos 2t\Big|_0^{\pi/2} = \frac{1}{2}\end{aligned}$$

힘의 벡터장에 의한 일

4.2절에서 일정한 크기의 힘 $\vec{F}$를 물체에 가해서 물체를 변위 $\vec{d}$만큼 이동시켰을 때, 힘 $\vec{F}$가 물체에 한 일을 $W = \vec{F} \cdot \vec{d}$라고 했다. 이 결과를 바탕으로 경로를 따라 힘의 벡터장이 한 일을 생각해보자. 매끄러운 곡선 C를 따라 작용하는 힘의 벡터장 $\vec{F} = P(x, y, z)\vec{i} + Q(x, y, z)\vec{j} + R(x, y, z)\vec{k}$는 C의 위치에 따라 크기와 방향이 모두 변한다. 이러한 경우에 경로 C를 따라 힘의 벡터장 $\vec{F}$가 한 일은 다음과 같다.

정의 6-2 힘의 벡터장이 한 일

곡선의 경로 C가 $\vec{r}(t) = x(t)\vec{i} + y(t)\vec{j} + z(t)\vec{k}\ (a \le t \le b)$로 주어질 때, 경로 C를 따라 힘의 벡터장 $\vec{F} = P(x, y, z)\vec{i} + Q(x, y, z)\vec{j} + R(x, y, z)\vec{k}$가 한 일은 다음과 같다.

$$W = \int_C \vec{F} \cdot d\vec{r} = \int_C P\,dx + Q\,dy + R\,dz$$

예제 6-7 응용 힘의 벡터장이 한 일

경로 C가 [그림 6-6]과 같을 때, 힘의 벡터장 $\vec{F}=(x-y)\vec{i}+(y-x)\vec{j}$가 경로를 따라 한 일을 구하라. 이때 힘의 단위는 뉴턴(N)이다.

HINT 원의 경로에 대한 위치벡터함수 $\vec{r}(t)$를 구한 후, [정의 6-2]를 이용한다.

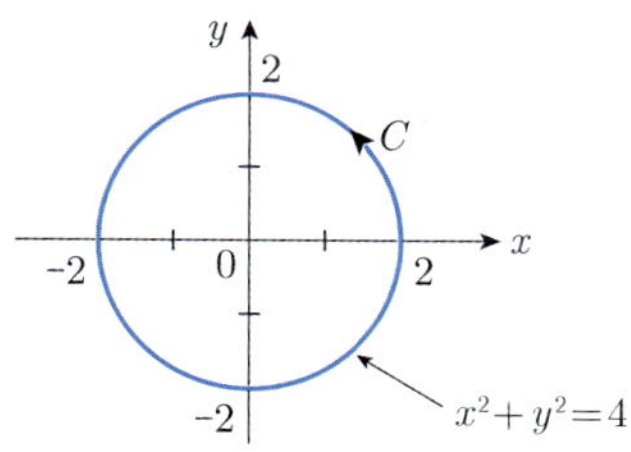

[그림 6-6] 경로 C를 따라 힘의 벡터장이 한 일

풀이

경로 C가 중심이 원점이고 반경이 2인 원이므로 다음 관계식을 얻을 수 있다.

$$\vec{r}(t)=2\cos t\,\vec{i}+2\sin t\,\vec{j}\quad(0\le t\le 2\pi)$$

$$x=2\cos t,\quad y=2\sin t,\quad \frac{dx}{dt}=-2\sin t,\quad \frac{dy}{dt}=2\cos t$$

힘의 벡터장은 $\vec{F}=(x-y)\vec{i}+(y-x)\vec{j}$이므로 $P=x-y$, $Q=y-x$이다. 따라서 경로 C를 따라 힘의 벡터장 $\vec{F}$가 한 일은 [정의 6-2]에 의해 다음과 같다.

$$\begin{aligned} W&=\int_C P\,dx+Q\,dy=\int_0^{2\pi}\left[(x-y)\frac{dx}{dt}+(y-x)\frac{dy}{dt}\right]dt\\ &=\int_0^{2\pi}[(2\cos t-2\sin t)(-2\sin t)+(2\sin t-2\cos t)(2\cos t)]\,dt\\ &=\int_0^{2\pi}\left(-4\cos t\sin t+4\sin^2 t+4\sin t\cos t-4\cos^2 t\right)dt\\ &=\int_0^{2\pi}[2(1-\cos 2t)-2(1+\cos 2t)]\,dt \qquad \cdots\ \sin^2 t=\frac{1-\cos 2t}{2},\ \cos^2 t=\frac{1+\cos 2t}{2}\\ &=[-2\sin 2t]_0^{2\pi}=0\,[\mathrm{N}] \end{aligned}$$

적분 경로에 대해 독립인 선적분

일반적으로 선적분은 적분 경로에 따라 그 결과가 다르게 나타난다. 즉 [그림 6-7]처럼 적분 경로가 다양할 때, 적분의 시작점과 끝점 사이의 어느 경로를 따라 적분했느냐에 따라 결과가 달라진다. 이러한 사실은 다음 예제에서 확인할 수 있다.

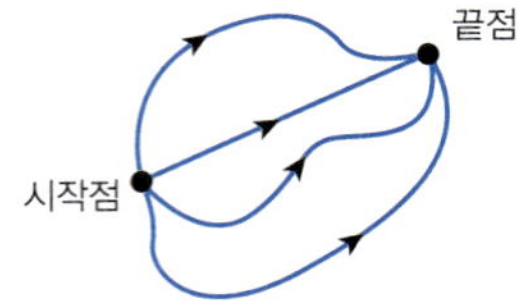

[그림 6-7] 다양한 적분 경로

예제 6-8 경로에 따라 적분 결과가 다른 경우

[그림 6-8]과 같이 주어진 경로에 대해 다음 선적분을 구하고, 선적분값이 경로에 따라 서로 다른지의 여부를 확인하라.

(a) $\int_{C_1} (xy-2)\,dx + x^2\,dy$

(b) $\int_{C_2} (xy-2)\,dx + x^2\,dy$

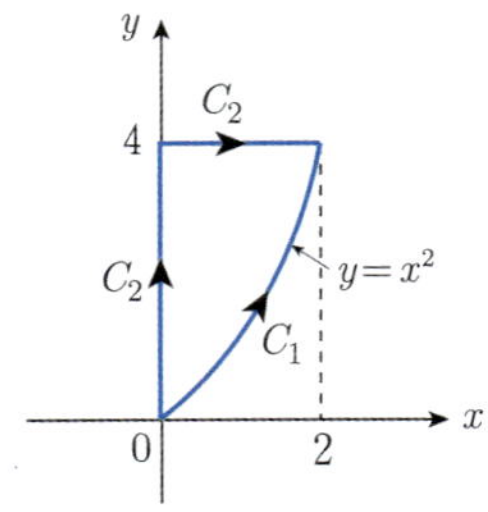

[그림 6-8]

풀이

(a) 경로 C_1은 양함수 $y=x^2\,(0 \le x \le 2)$으로 주어진 경우이다. 따라서 경로 C_1에 대한 선적분은 식 (6.3)을 이용해 다음과 같이 구할 수 있다.

$$\begin{aligned}\int_{C_1} (xy-2)\,dx + x^2\,dy &= \int_0^2 \left[x(x^2)-2\right]dx + x^2(2x\,dx)\\ &= \int_0^2 (3x^3-2)\,dx = \left[\frac{3}{4}x^4 - 2x\right]_0^2 = 8\end{aligned}$$

(b) 경로 C_2에 대한 선적분은 두 직선 경로에 대한 선적분의 합으로 구할 수 있으며, 그 결과는 다음과 같다.

$$\begin{aligned}\int_{C_2} (xy-2)\,dx + x^2\,dy &= \int_0^4 [(0)y-2](0)+(0)^2\,dy + \int_0^2 [x(4)-2]\,dx + x^2(0)\\ &= [2x^2-2x]_0^2 = 4\end{aligned}$$

(a)와 (b)의 결과를 보면 동일한 함수의 선적분값이 경로에 따라 다름을 알 수 있다.

그렇다면 선적분값이 경로와 관계없이 항상 같은 경우가 과연 존재할까? 그렇다. 다음 예제를 통해 알아보자.

예제 6-9 경로와 관계없이 적분 결과가 같은 경우

[그림 6-9]와 같이 경로 C가 네 개의 경로로 주어질 때, 각 경로에 대해 다음 선적분을 구하고, 적분 결과를 비교하라.

$$\int_C y^2\,dx + 2xy\,dy$$

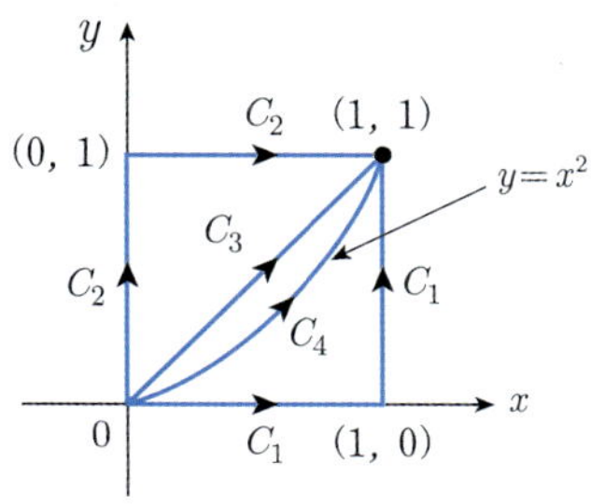

[그림 6-9]

풀이

경로 C_1과 C_2에 대한 선적분은 [예제 6-8(b)]와 유사한 방법으로 다음과 같이 구한다.

$$\int_{C_1} y^2\,dx + 2xy\,dy = \underbrace{\int_0^1 0^2\,dx + 2x(0)(0)}_{x\text{축상 경로의 선적분}} + \underbrace{\int_0^1 y^2(0) + 2(1)y\,dy}_{\text{수직축상 경로의 선적분}} = \int_0^1 2y\,dy = 1$$

$$\int_{C_2} y^2\,dx + 2xy\,dy = \underbrace{\int_0^1 y^2(0) + 2(0)y\,dy}_{y\text{축상 경로의 선적분}} + \underbrace{\int_0^1 1^2\,dx + 2(1)(1)(0)}_{\text{수평축상 경로의 선적분}} = \int_0^1 1^2\,dx = 1$$

또한 경로 C_3는 양함수 $y = x\ (0 \le x \le 1)$, 경로 C_4는 양함수 $y = x^2\ (0 \le x \le 1)$으로 주어진 경우이다. 따라서 선적분은 식 (6.3)을 이용해 다음과 같이 구할 수 있다.

$$\int_{C_3} y^2\,dx + 2xy\,dy = \int_0^1 x^2\,dx + 2xx\,dx = \int_0^1 3x^2\,dx = \left[\frac{3}{3}x^3\right]_0^1 = 1$$

$$\int_{C_4} y^2\,dx + 2xy\,dy = \int_0^1 (x^2)^2\,dx + 2x(x^2)(2x)\,dx = \int_0^1 5x^4\,dx = \left[\frac{5}{5}x^5\right]_0^1 = 1$$

결과적으로 네 경로에 대한 선적분값이 모두 동일함을 알 수 있다.

[예제 6-9]의 결과는 우연이 아니다. [예제 6-9]에서와 같이 선적분값이 적분 경로와 관계없이 일정한 경우, 이러한 선적분을 **적분 경로에 대해 독립인 선적분** line integral independent of path 또는 **적분 경로와 무관한 선적분**이라 한다. 그러면 이제 어떤 경우에 선적분이 적분 경로에 대해 독립이 되는지를 살펴보자. 우선 2변수함수 $\phi(x, y)$의 미분은 다음과 같다.

$$d\phi = \frac{\partial\phi}{\partial x}dx + \frac{\partial\phi}{\partial y}dy$$

또 3변수함수 $\phi(x, y, z)$의 미분은 다음과 같다.

$$d\phi = \frac{\partial\phi}{\partial x}dx + \frac{\partial\phi}{\partial y}dy + \frac{\partial\phi}{\partial z}dz$$

이와 같은 미분 함수에 대해 다음과 같이 완전미분을 정의할 수 있다.

정의 6-3 완전미분

다음을 만족하는 2변수함수 $\phi(x, y)$가 존재하면 $d\phi$를 **완전미분** exact differential 이라 한다.

$$d\phi = P(x, y)\,dx + Q(x, y)\,dy$$

또 다음을 만족하는 3변수함수 $\phi(x, y, z)$가 존재하면 $d\phi$를 **완전미분**이라 한다.

$$d\phi = P(x, y, z)\,dx + Q(x, y, z)\,dy + R(x, y, z)\,dz$$

3변수함수 ϕ에 대해 $d\phi = P(x, y, z)\,dx + Q(x, y, z)\,dy + R(x, y, z)\,dz$가 완전미분이기 위해서는 다음과 같은 관계가 성립해야만 한다.

$$P = \frac{\partial\phi}{\partial x}, \quad Q = \frac{\partial\phi}{\partial y}, \quad R = \frac{\partial\phi}{\partial z} \tag{6.9}$$

예를 들어 $d\phi = 2y\,dx + 2x\,dy$는 완전미분이다. 왜냐하면 $d\phi = 2y\,dx + 2x\,dy$를 만족하는 2변수함수 $\phi(x, y) = 2xy$가 존재하기 때문이다.

선적분의 적분 경로에 대한 독립과 완전미분 사이에는 다음 [정리 6-1]과 같은 관계가 성립한다.

정리 6-1 적분 경로에 대해 독립인 선적분과 완전미분

2변수함수 $\phi(x, y)$에 대해 $d\phi = P\,dx + Q\,dy$가 완전미분이면 $\int_C P\,dx + Q\,dy$는 적분 경로에 대해 독립이고, 다음과 같이 적분 경로 C의 양끝점 a와 b에만 의존한다.

$$\int_C P\,dx + Q\,dy = \phi(b) - \phi(a) \tag{6.10}$$

3변수함수 $\phi(x, y, z)$에 대해서도 같은 결과가 성립한다.

$$\int_C P\,dx + Q\,dy + R\,dz = \phi(b) - \phi(a) \tag{6.11}$$

증명

3변수함수 $\phi(x, y, z)$에 대해 증명해보자. $d\phi = P\,dx + Q\,dy + R\,dz$가 완전미분이므로 다음 관계가 성립한다.

$$\int_C P\,dx + Q\,dy + R\,dz = \int_a^b d\phi = [\phi]_a^b = \phi(b) - \phi(a) \quad ■$$

예제 6-10 완전미분인 경우

$y^2\,dx + 2xy\,dy$가 완전미분임을 보이고, 적분 경로를 잇는 두 점 $a(0, 0)$과 $b(1, 1)$에 대해 $\int_C y^2\,dx + 2xy\,dy$를 계산하라.

풀이

$d(xy^2) = y^2\,dx + 2xy\,dy$가 성립하므로 $y^2\,dx + 2xy\,dy$는 완전미분이고, $\phi(x, y) = xy^2$이다(ϕ를 구하는 방법은 [예제 6-11]과 [예제 6-12]에서 자세히 설명한다). 따라서 식 (6.10)을 이용해 선적분을 구하면 다음과 같다.

$$\int_C y^2\,dx + 2xy\,dy = \int_a^b d(xy^2) = \int_{(0,0)}^{(1,1)} d(xy^2) = \Big[xy^2\Big]_{(0,0)}^{(1,1)} = 1 \quad \text{([예제 6-9]와 동일)}$$

[정리 6-1]에 의하면 선적분 $\int_C P\,dx + Q\,dy + R\,dz$가 적분 경로에 대해 독립이기 위한 필요충분조건은 $P\,dx + Q\,dy + R\,dz$가 완전미분인 것이다. 따라서 $P\,dx + Q\,dy + R\,dz$가 완전미분인지 아닌지를 판별하는 방법을 알아내는 것이 무엇보다 필요하다.

정리 6-2 완전미분(적분 경로에 대한 독립성) 판정법

(1) 2변수함수의 경우 $P\,dx + Q\,dy$가 완전미분이 되기 위한 필요충분조건은 다음과 같다.

$$\frac{\partial P}{\partial y} = \frac{\partial Q}{\partial x} \tag{6.12}$$

(2) 3변수함수의 경우 $P\,dx + Q\,dy + R\,dz$가 완전미분이 되기 위한 필요충분조건은 다음과 같다.

$$\frac{\partial P}{\partial y} = \frac{\partial Q}{\partial x},\quad \frac{\partial P}{\partial z} = \frac{\partial R}{\partial x},\quad \frac{\partial Q}{\partial z} = \frac{\partial R}{\partial y} \tag{6.13}$$

증명

(1) 2변수함수가 완전미분이 되기 위해서는 식 (6.9)의 $P = \frac{\partial \phi}{\partial x}$, $Q = \frac{\partial \phi}{\partial y}$가 성립해야 한다. 이는 벡터함수 $\vec{F} = P(x, y)\vec{i} + Q(x, y)\vec{j}$에 대해 다음이 성립함을 의미한다.

$$\vec{F} = \text{grad}\,\phi$$ [2]

한편, $\text{curl}\,(\text{grad}\,\phi) = \vec{0}$ [3]이므로 다음이 성립한다.

$$\text{curl}\,(\text{grad}\,\phi) = \text{curl}\,\vec{F} = \left(\frac{\partial P}{\partial y} - \frac{\partial Q}{\partial x}\right)\vec{k} = \vec{0}$$

따라서 위 식이 성립하려면 다음을 만족해야 한다.

$$\frac{\partial P}{\partial y} = \frac{\partial Q}{\partial x}$$

(2) 3변수함수가 완전미분이 되기 위해서는 식 (6.9)의 $P = \frac{\partial \phi}{\partial x}$, $Q = \frac{\partial \phi}{\partial y}$, $R = \frac{\partial \phi}{\partial z}$가 성립해야 한다. 이는 벡터함수 $\vec{F} = P(x, y, z)\vec{i} + Q(x, y, z)\vec{j} + R(x, y, z)\vec{k}$에 대해 다음이 성립함을 의미한다.

$$\vec{F} = \text{grad}\,\phi$$ [4]

---

2 $\text{grad}\,\phi = \frac{\partial \phi}{\partial x}\vec{i} + \frac{\partial \phi}{\partial y}\vec{j}$

3 $\text{curl}\,(\text{grad}\,\phi) = \left(\frac{\partial}{\partial x}\vec{i} + \frac{\partial}{\partial y}\vec{j}\right) \times \left(\frac{\partial \phi}{\partial x}\vec{i} + \frac{\partial \phi}{\partial y}\vec{j}\right) = \left(\frac{\partial^2 \phi}{\partial x\,\partial y} - \frac{\partial^2 \phi}{\partial y\,\partial x}\right)\vec{k} = \vec{0}$

4 $\text{grad}\,\phi = \frac{\partial \phi}{\partial x}\vec{i} + \frac{\partial \phi}{\partial y}\vec{j} + \frac{\partial \phi}{\partial z}\vec{k}$

한편, $\text{curl}\,(\text{grad}\,\phi)=\vec{0}$이므로 다음이 성립한다.

$$\begin{aligned}\text{curl}\,(\text{grad}\,\phi) &= \text{curl}\,\vec{F}\\ &= \left(\frac{\partial}{\partial x}\vec{i}+\frac{\partial}{\partial y}\vec{j}+\frac{\partial}{\partial z}\vec{k}\right)\times\left(P\vec{i}+Q\vec{j}+R\vec{k}\right)\\ &= \left(\frac{\partial R}{\partial y}-\frac{\partial Q}{\partial z}\right)\vec{i}+\left(\frac{\partial P}{\partial z}-\frac{\partial R}{\partial x}\right)\vec{j}+\left(\frac{\partial Q}{\partial x}-\frac{\partial P}{\partial y}\right)\vec{k}=\vec{0}\end{aligned}$$

따라서 위 식이 성립하려면 다음을 만족해야 한다.

$$\frac{\partial P}{\partial y}=\frac{\partial Q}{\partial x},\quad \frac{\partial P}{\partial z}=\frac{\partial R}{\partial x},\quad \frac{\partial Q}{\partial z}=\frac{\partial R}{\partial y}$$ ■

예제 6-11 평면에서 적분 경로에 대해 독립인 선적분

경로 C 위의 두 점 $a(2,\ 1)$과 $b(-2,\ -1)$에 대해 a에서 b까지 다음 선적분값을 구하라.

$$\int_C (2xy+1)\,dx+(x^2-1)\,dy$$

풀이

먼저 식 (6.12)를 이용해 $(2xy+1)\,dx+(x^2-1)\,dy$가 완전미분인지를 판별해보자. $P=2xy+1$, $Q=x^2-1$이므로 $\dfrac{\partial P}{\partial y}=2x=\dfrac{\partial Q}{\partial x}$이다. 따라서 [정리 6-2]에 의해 $(2xy+1)\,dx+(x^2-1)\,dy$는 완전미분이다. 그러므로 주어진 선적분은 적분 경로에 대해 독립이고, 다음을 만족하는 ϕ가 존재한다.

$$d\phi=(2xy+1)\,dx+(x^2-1)\,dy \qquad \cdots ①$$

적분 경로가 주어지지 않고 양 끝점의 좌표만 주어졌으므로, 선적분값을 얻기 위해서는 ϕ를 구해야 한다. $\phi(x,\,y)$의 미분은 다음과 같다.

$$d\phi=\frac{\partial\phi}{\partial x}dx+\frac{\partial\phi}{\partial y}dy \qquad \cdots ②$$

식 ①과 ②를 비교하면 다음과 같음을 알 수 있다.

$$\frac{\partial\phi}{\partial x}=2xy+1=P \qquad \cdots ③$$

$$\frac{\partial\phi}{\partial y}=x^2-1=Q \qquad \cdots ④$$

식 ③과 ④를 이용해 ϕ를 구해보자. 우선 식 ③을 x에 대해 적분하면 다음과 같다.

$$\phi(x,\,y)=x^2y+x+c(y) \qquad \cdots ⑤$$

여기서 $c(y)$는 적분상수이다. 식 ⑤를 다시 y에 대해 편미분하면 다음과 같다.

$$\frac{\partial \phi}{\partial y} = x^2 + c'(y) \qquad \cdots ⑥$$

따라서 식 ④와 ⑥에 의해 다음과 같이 적분상수 $c(y)$가 구해진다.

$$c'(y) = -1, \quad c(y) = -y + C\,(C\text{는 상수}) \qquad \cdots ⑦$$

식 ⑦을 식 ⑤에 대입하면 다음을 얻는다.

$$\phi(x, y) = x^2y + x - y + C \qquad \cdots ⑧$$

이때 $d\phi = d(x^2y + x - y + C)$와 $d\phi = d(x^2y + x - y)$ 모두 $d\phi = (2xy+1)\,dx + (x^2-1)\,dy$를 만족하므로, $C=0$인 경우를 선택한다. 그러면 다음과 같다.

$$\phi(x, y) = x^2y + x - y \qquad \cdots ⑨$$

따라서 식 (6.10)에 의해 선적분값이 다음과 같다.

$$\int_C (2xy+1)\,dx + (x^2-1)\,dy = \int_{(2,1)}^{(-2,-1)} d\phi = \left[x^2y + x - y\right]_{(2,\,1)}^{(-2,\,-1)} = -10$$

예제 6-12 공간에서 적분 경로에 대해 독립인 선적분

경로 C 위의 두 점 $a(0, 0, 0)$과 $b(1, 1, 1)$에 대해 a에서 b까지 다음 선적분값을 구하라.

$$\int_C x\,dx + y\,dy + z\,dz$$

풀이

$P = x$, $Q = y$, $R = z$이므로 다음과 같다.

$$\frac{\partial P}{\partial y} = 0 = \frac{\partial Q}{\partial x}, \quad \frac{\partial P}{\partial z} = 0 = \frac{\partial R}{\partial x}, \quad \frac{\partial Q}{\partial z} = 0 = \frac{\partial R}{\partial y}$$

따라서 [정리 6-2]의 식 (6.13)을 모두 만족하므로 $x\,dx + y\,dy + z\,dz$는 완전미분이다. 그러므로 $\int_C x\,dx + y\,dy + z\,dz$는 적분 경로에 대해 독립이고, 다음을 만족하는 ϕ가 존재한다.

$$d\phi = x\,dx + y\,dy + z\,dz$$

이제 선적분값을 얻기 위해 ϕ를 구해야 한다. $\phi(x, y, z)$의 미분은 다음과 같다.

$$d\phi = \frac{\partial \phi}{\partial x}dx + \frac{\partial \phi}{\partial y}dy + \frac{\partial \phi}{\partial z}dz$$

$d\phi$에 대한 두 식을 비교하면 다음이 성립함을 알 수 있다.

$$\frac{\partial \phi}{\partial x} = x = P, \quad \frac{\partial \phi}{\partial y} = y = Q, \quad \frac{\partial \phi}{\partial z} = z = R$$

이 세 관계식을 이용해 ϕ를 구해보자. 먼저 $\dfrac{\partial \phi}{\partial x} = x$를 x에 대해 적분하면 다음과 같다.

$$\phi = \frac{1}{2}x^2 + c(y, z)$$

여기서 $c(y, z)$는 적분상수이다. ϕ를 다시 y에 대해 편미분하면 다음과 같다.

$$\frac{\partial \phi}{\partial y} = \frac{\partial}{\partial y} c(y, z)$$

이 결과는 $Q(=y)$와 같아야 하므로 다음을 얻는다.

$$\frac{\partial}{\partial y} c(y, z) = y$$

위 식을 y에 대해 적분하면 다음과 같다.

$$c(y, z) = \frac{1}{2}y^2 + c(z)$$

여기서 $c(z)$는 적분상수이다. $c(y, z)$를 위의 ϕ에 관한 식에 대입하면 다음과 같다.

$$\phi = \frac{1}{2}x^2 + \frac{1}{2}y^2 + c(z)$$

마지막으로 ϕ를 다시 z에 대해 편미분하면 다음과 같다.

$$\frac{\partial \phi}{\partial z} = c'(z)$$

이 결과는 $R(=z)$과 같아야 하므로 $c'(z) = z$이고, 따라서 $c(z) = \dfrac{1}{2}z^2 + C$ (C는 상수)이다. 결과적으로 다음과 같다.

$$\phi(x, y, z) = \frac{1}{2}x^2 + \frac{1}{2}y^2 + \frac{1}{2}z^2 + C \quad \text{또는} \quad \phi(x, y, z) = \frac{1}{2}x^2 + \frac{1}{2}y^2 + \frac{1}{2}z^2$$

그러면 식 (6.11)에 의해 선적분값이 다음과 같다.

$$\int_C x\,dx + y\,dy + z\,dz = \int_a^b d\phi = \left[\frac{1}{2}x^2 + \frac{1}{2}y^2 + \frac{1}{2}z^2\right]_{(0,\,0,\,0)}^{(1,\,1,\,1)} = \frac{3}{2}$$

선적분이 경로에 대해 독립인 경우, $d\phi = P\,dx + Q\,dy$를 만족하는 ϕ가 존재함을 알았다. 이 식은 벡터장 $\vec{F} = P\vec{i} + Q\vec{j}$와 위치벡터함수 $\vec{r} = x\,\vec{i} + y\,\vec{j}$를 이용해 다음과 같이 나타낼 수도 있다.

$$\begin{aligned} d\phi &= \frac{\partial \phi}{\partial x}dx + \frac{\partial \phi}{\partial y}dy = P\,dx + Q\,dy \\ &= \left(P\vec{i} + Q\vec{j}\right) \cdot \left(dx\,\vec{i} + dy\,\vec{j}\right) = \vec{F} \cdot d\vec{r} \end{aligned}$$

또한 $P = \dfrac{\partial \phi}{\partial x}$, $Q = \dfrac{\partial \phi}{\partial y}$이므로 다음과 같은 관계가 성립한다.

$$\vec{F} = \frac{\partial \phi}{\partial x}\vec{i} + \frac{\partial \phi}{\partial y}\vec{j} = \text{grad}\,\phi = \nabla \phi \tag{6.14}$$

이때 ϕ를 $\vec{F}$의 **퍼텐셜함수** potential function라 한다. $\vec{F}$가 **힘의 장** force field일 경우 이 힘에 의해 물체가 A에서 B의 위치로 움직일 때, 이 힘이 물체에 한 일은 경로와 관계없이 일정하다. 그러므로 $\vec{F}$는 **보존장** conservative field이고, 보존장에서는 **에너지 보존 법칙** law of energy conservation [5]이 성립한다.

식 (6.14)는 3차원 공간에서도 동일하게 적용된다.

예제 6-13 응용 퍼텐셜 함수

$\vec{F} = (x + 2xy)\,\vec{i} + x^2\vec{j}$의 퍼텐셜함수를 구하라.

> **HINT**
> 퍼텐셜함수의 존재 여부를 판단하기 위해 curl $\vec{F} = \vec{0}$임을 확인한다.

풀이

퍼텐셜함수가 존재한다면 식 (6.12)를 만족하거나 curl $\vec{F} = \vec{0}$이다. [예제 6-11]에서는 식 (6.12)를 이용했으므로, 여기서는 curl $\vec{F} = \vec{0}$을 이용해 퍼텐셜함수의 존재 여부를 확인해보자.

$$\begin{aligned} \text{curl}\,\vec{F} &= \nabla \times \vec{F} \\ &= \left(\frac{\partial}{\partial x}\vec{i} + \frac{\partial}{\partial y}\vec{j}\right) \times \left[(x + 2xy)\,\vec{i} + x^2\vec{j}\right] \\ &= \frac{\partial}{\partial x}(x^2)\,\vec{k} - \frac{\partial}{\partial y}(x + 2xy)\,\vec{k} = \vec{0} \end{aligned}$$

5 에너지 보존 법칙 중 **역학적 에너지 보존 법칙**(law of mechanical energy conservation)은 운동에너지(kinetic energy)와 퍼텐셜에너지(potential energy)의 합인 역학적 에너지(mechanical energy)가 항상 일정하게 보존된다는 법칙이다. 즉 운동에너지와 퍼텐셜에너지가 각각 변하더라도 그 총량은 항상 일정하다는 의미이다.

따라서 $\vec{F}$의 퍼텐셜함수가 존재한다. 이제 퍼텐셜함수를 구하면 되는데, 구하는 방법은 [예제 6-11]과 같다. 우선 다음 식을 살펴보자.

$$\frac{\partial \phi}{\partial x} = x + 2xy = P \qquad \cdots ①$$

$$\frac{\partial \phi}{\partial y} = x^2 = Q \qquad \cdots ②$$

식 ①을 x에 대해 적분하면 다음과 같다.

$$\phi = \frac{1}{2}x^2 + x^2y + c(y) \qquad \cdots ③$$

식 ③을 다시 y에 대해 편미분하여 식 ②와 같다고 하면 다음이 성립한다.

$$\frac{\partial \phi}{\partial y} = x^2 + c'(y) = x^2 \qquad \cdots ④$$

따라서 다음이 성립한다.

$$c'(y) = 0, \quad c(y) = C \qquad \cdots ⑤$$

식 ⑤를 식 ③에 대입하면 퍼텐셜함수 ϕ는 다음과 같다.

$$\phi = \frac{1}{2}x^2 + x^2y + C$$

SECTION 6.2 이중적분

이 절에서 다룰 **이중적분** double integral은 정적분의 정의와 유사하다. 그러나 정적분은 함수 $f(x)$를 x축의 구간에서 적분하는 것이고, 이중적분은 함수 $f(x,\ y)$를 [그림 6-10]과 같은 xy 평면 내의 **닫힌 유계 영역** closed and bounded region에서 적분하는 것이다. 여기서 **닫힌 영역** closed region이란 경계 부분이 적분 영역에 포함되는 영역을 의미하고, **유계 영역** bounded region이란 영역이 유한한 영역을 의미한다.

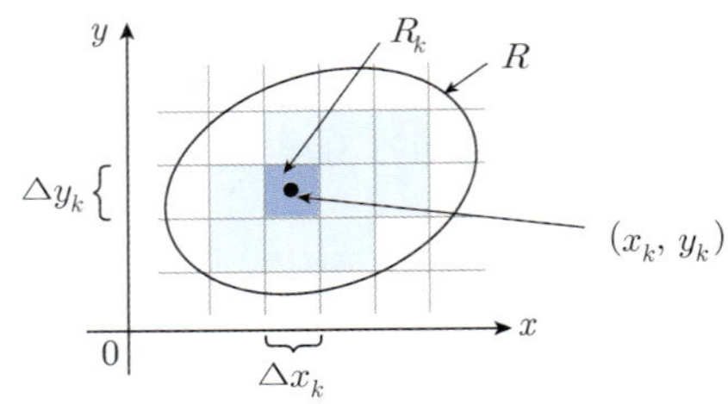

[그림 6-10] 닫힌 영역 R의 분할

[그림 6-10]의 닫힌 영역 R 위에 x축, y축과 평행한 선을 각각 그어 여러 부분으로 분할한 뒤, R 안에 완전히 포함되는 직사각형에 번호를 1부터 n까지 부여한다($R_1,\ R_2,\ \cdots,\ R_n$). 이들 중 임의의 직사각형 R_k 내의 한 점 $(x_k,\ y_k)$를 선택하자. 그 점을 포함하는 사각형의 면적을 $\Delta A_k (= \Delta x_k \Delta y_k)$라 하고, 사각형의 대각선의 길이를 $\Delta s \left(= \sqrt{(\Delta x_k)^2 + (\Delta y_k)^2} \right)$라 하면 다음과 같은 극한이 존재한다.

$$\lim_{\Delta s \to 0} \sum_{k=1}^{n} f(x_k,\ y_k)\, \Delta A_k$$

만약 이 극한이 점 $(x_k,\ y_k)$의 선택과 무관하다면 이중적분은 다음과 같이 정의한다.

정의 6-4 이중적분

2변수함수 $f(x,\ y)$가 닫힌 영역 R에서 정의될 때, R에 대한 함수 $f(x,\ y)$의 **이중적분** double integral은 다음과 같다.

$$\iint_R f(x,\ y)\, dA = \iint_R f(x,\ y)\, dx\, dy = \lim_{\Delta s \to 0} \sum_{k=1}^{n} f(x_k,\ y_k)\, \Delta A_k$$

함수 $f(x, y)$와 $g(x, y)$가 닫힌 영역 R에서 정의된 연속함수이고, 영역 R이 [그림 6-11]과 같이 서로 중복되지 않는 부분 영역 R_1과 R_2의 합이면 [정의 6-4]로부터 이중적분은 다음과 같은 성질을 만족한다.

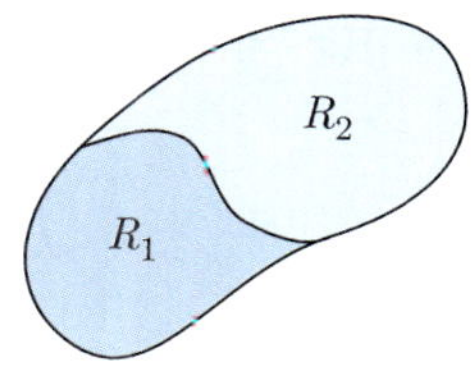

[그림 6-11] 닫힌 영역 R ($R = R_1 \cup R_2$)

정리 6-3 이중적분의 성질

(1) $\iint_R c\, f(x, y)\, dA = c \iint_R f(x, y)\, dA$ (c는 상수)

(2) $\iint_R [f(x, y) \pm g(x, y)]\, dA = \iint_R f(x, y)\, dA \pm \iint_R g(x, y)\, dA$

(3) $\iint_R f(x, y)\, dA = \iint_{R_1} f(x, y)\, dA + \iint_{R_2} f(x, y)\, dA$

또한 다음과 같이 이중적분에 대한 **평균값 정리** mean value theorem가 성립한다.

정리 6-4 이중적분의 평균값 정리

함수 $f(x, y)$가 닫힌 영역 R에서 연속이고, R의 면적이 A이면 다음을 만족하는 점 (x_0, y_0)가 R 내에 적어도 하나 존재한다.

$$\iint_R f(x, y)\, dA = f(x_0, y_0)\, A$$

이중적분 계산

닫힌 영역 R 내에서의 이중적분은 정적분을 두 번 계산하여 얻을 수 있는데, 이때 주어진 영역 R의 형태에 따라 다르게 계산할 수 있다. 먼저 영역 R이 [그림 6-12]와 같이 주어진다면 R은 다음과 같이 표현된다.

$$a \le x \le b, \quad g(x) \le y \le h(x)$$

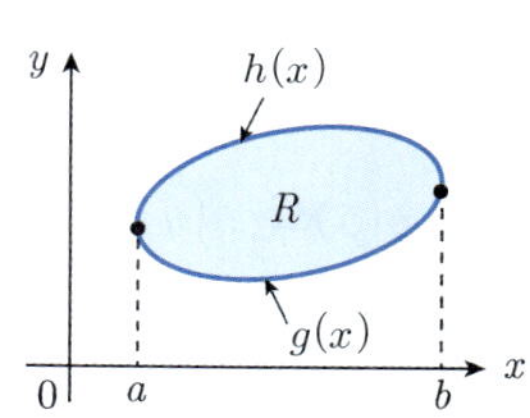

[그림 6-12] 식 (6.15)를 적용할 수 있는 경우

여기서 $g(x)$와 $h(x)$는 R의 경계를 나타낸다. 이때 이중적분은 다음과 같이 구할 수 있다.

$$\iint_R f(x, y)\,dA = \int_a^b \left[\int_{g(x)}^{h(x)} f(x, y)\,dy \right] dx \tag{6.15}$$

즉 x를 상수로 간주하고 위 식의 대괄호 안의 적분을 구간 $g(x) \le y \le h(x)$에서 수행한 뒤, 얻은 x만의 함수를 다시 x에 대해 구간 $a \le x \le b$에서 적분하면 된다.

예제 6-14 이중적분 계산 ①

[그림 6-13]과 같이 영역 R이 $0 \le x \le 1$, $x^2 \le y \le x$로 주어질 때, 다음 함수의 이중적분을 구하라.

$$f(x, y) = x + y$$

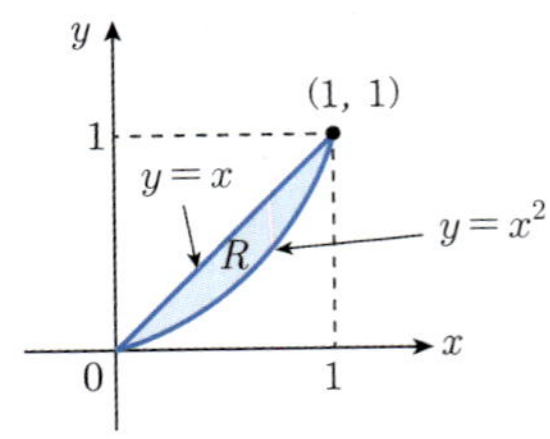

[그림 6-13]

풀이

식 (6.15)를 이용해 이중적분을 계산하면 다음과 같다.

$$\begin{aligned}\iint_R f(x, y)\,dA &= \int_a^b \left[\int_{g(x)}^{h(x)} f(x, y)\,dy \right] dx \\ &= \int_0^1 \left[\int_{x^2}^{x} (x+y)\,dy \right] dx = \int_0^1 \left(\left[xy + \frac{1}{2}y^2 \right]_{x^2}^{x} \right) dx \\ &= \int_0^1 \left(x^2 + \frac{1}{2}x^2 - x^3 - \frac{1}{2}x^4 \right) dx \\ &= \left[\frac{1}{2}x^3 - \frac{1}{4}x^4 - \frac{1}{10}x^5 \right]_0^1 = \frac{3}{20}\end{aligned}$$

만약 영역 R이 [그림 6-14]와 같이 주어진다면 R은 다음과 같이 표현된다.

$$a \le y \le b, \quad p(y) \le x \le q(y)$$

여기서 $p(y)$와 $q(y)$는 R의 경계를 나타낸다. 이때 이중적분은 다음과 같이 구할 수 있다.

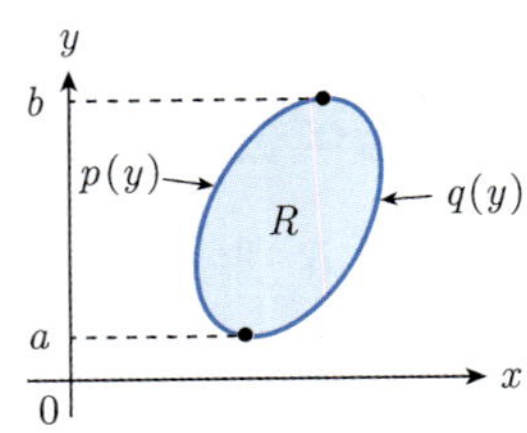

[그림 6-14] 식 (6.16)을 적용할 수 있는 경우

$$\iint_R f(x, y)\,dA = \int_a^b \left[\int_{p(y)}^{q(y)} f(x, y)\,dx \right] dy \tag{6.16}$$

이제 y를 상수로 간주하고 위 식의 대괄호 안의 적분을 구간 $p(y) \le x \le q(y)$에서 수행한 뒤, 얻은 y만의 함수를 다시 y에 대해 구간 $a \le y \le b$에서 적분하면 된다.

예제 6-15 이중적분 계산 ②

[그림 6-15]와 같이 영역 R이 $y \le x \le \sqrt{y}$, $0 \le y \le 1$로 주어질 때, 다음 함수에 대해 이중적분을 구하라.

$$f(x, y) = x + y$$

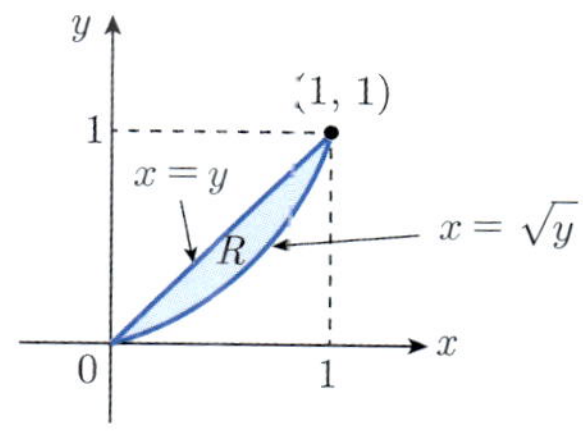

[그림 6-15]

풀이

식 (6.16)을 이용해 이중적분을 계산하면 다음과 같다.

$$\begin{aligned}\iint_R f(x, y)\,dA &= \int_a^b \left[\int_{p(y)}^{q(y)} f(x, y)\,dx\right] dy \\ &= \int_0^1 \left[\int_y^{\sqrt{y}} (x+y)\,dx\right] dy \\ &= \int_0^1 \left(\left[\frac{1}{2}x^2 + xy\right]_y^{\sqrt{y}}\right) dy \\ &= \int_0^1 \left(\frac{1}{2}y + y\sqrt{y} - \frac{1}{2}y^2 - y^2\right) dy \\ &= \left[\frac{1}{4}y^2 + \frac{2}{5}y^{5/2} - \frac{1}{2}y^3\right]_0^1 = \frac{3}{20}\end{aligned}$$

따라서 [예제 6-14]와 결과가 동일함을 알 수 있다.

이중적분의 변수변환

[예제 6-14]와 [예제 6-15]의 결과에서 볼 수 있듯이, 이중적분의 경우 적분 순서를 바꿔서 계산해도 동일한 결과를 얻을 수 있으며, 적분 순서를 바꿈으로써 적분값을 더 쉽게 구할 수 있는 경우가 종종 있다. 또한 적분변수의 변환이 필요한 경우도 있다. 이중적분의 변수변환에 대해 알아보기 전에 먼저 정적분의 경우를 살펴보자. 정적분에서 적분변수 x를 적분변수 v로 치환하고자 할 때, 다음과 같은 방법을 사용한다.

$$\int_a^b f(x)\,dx = \int_\alpha^\beta f(x(v))\,\frac{dx}{dv}\,dv$$

여기서 α와 β는 변수 v로 치환했을 때 적분 구간의 양 끝점을 나타낸다. 정적분과 마찬가지로 이중적분의 경우에도 적분변수를 바꿀 수 있는데, 이를 **변수변환** change of variables 이라 하고 다음과 같은 방법으로 수행한다.

정리 6-5 이중적분의 변수변환

함수 $f(x, y)$가 닫힌 영역 R에서 연속이면 변수 x, y를 변수 u, v로 치환하는 공식은 다음과 같다.

$$\iint_R f(x, y)\,dx\,dy = \iint_{R^*} f[x(u, v), y(u, v)] \left| \frac{\partial(x, y)}{\partial(u, v)} \right| du\,dv$$

여기서 R^*는 xy 평면의 영역 R에 대응하는 uv 평면의 영역이다.

[정리 6-5]에서 $\dfrac{\partial(x, y)}{\partial(u, v)}$를 **자코비안 행렬**Jacobian matrix[6]이라 하고 J로 표기하며 다음과 같이 정의한다.

$$J = \frac{\partial(x, y)}{\partial(u, v)} = \begin{bmatrix} \dfrac{\partial x}{\partial u} & \dfrac{\partial x}{\partial v} \\ \dfrac{\partial y}{\partial u} & \dfrac{\partial y}{\partial v} \end{bmatrix} \tag{6.17}$$

그러므로 **자코비안 행렬의 행렬식**determinant of Jacobian matrix은 다음과 같다.

$$|J| = \left| \frac{\partial(x, y)}{\partial(u, v)} \right| = \begin{vmatrix} \dfrac{\partial x}{\partial u} & \dfrac{\partial x}{\partial v} \\ \dfrac{\partial y}{\partial u} & \dfrac{\partial y}{\partial v} \end{vmatrix} = \frac{\partial x}{\partial u}\frac{\partial y}{\partial v} - \frac{\partial x}{\partial v}\frac{\partial y}{\partial u} \tag{6.18}$$

예제 6-16 자코비안 행렬의 행렬식 계산

다음 식에 대해 직교좌표계 x, y를 극좌표계 r, θ로 변환하는 데 필요한 자코비안 행렬의 행렬식을 구하라.

$$x = r\cos\theta, \quad y = r\sin\theta$$

풀이

식 (6.18)을 이용하면 자코비안 행렬의 행렬식은 다음과 같다.

$$\begin{aligned} |J| = \left| \frac{\partial(x, y)}{\partial(r, \theta)} \right| &= \begin{vmatrix} \dfrac{\partial x}{\partial r} & \dfrac{\partial x}{\partial \theta} \\ \dfrac{\partial y}{\partial r} & \dfrac{\partial y}{\partial \theta} \end{vmatrix} = \frac{\partial x}{\partial r}\frac{\partial y}{\partial \theta} - \frac{\partial x}{\partial \theta}\frac{\partial y}{\partial r} \\ &= \cos\theta\,(r\cos\theta) - (-r\sin\theta)(\sin\theta) = r\left(\cos^2\theta + \sin^2\theta\right) = r \end{aligned}$$

6 카를 구스타프 자코비(Carl Gustav Jacobi, 1804~1851)는 편미분방정식, 변분법의 해석 등의 업적을 이룬 독일 수학자이다. 자코비안 행렬은 자코비가 고안한 좌표계 변환법이다.

예제 6-17 자코비안 행렬을 이용한 이중적분 계산

영역 R이 [그림 6-16]과 같이 사분원으로 주어질 때, $x=r\cos\theta$, $y=r\sin\theta$를 이용해 변수변환하여 다음 이중적분을 구하라.

$$\iint_R y^2\,dx\,dy$$

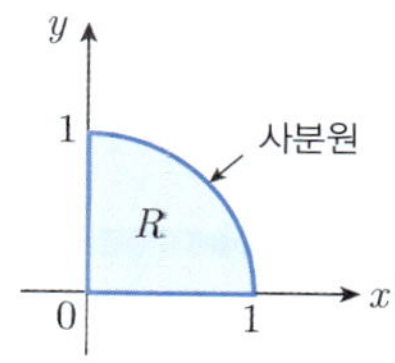

[그림 6-16]

풀이

영역 R이 반경이 1인 사분원이므로, R은 $0\le x\le 1$, $0\le y\le \sqrt{1-x^2}$이다. [예제 6-14] 또는 [예제 6-15]와 같은 방법으로 이중적분을 구하면 다음과 같이 계산이 쉽지 않다.

$$\iint_R y^2\,dx\,dy=\int_0^1\left[\int_0^{\sqrt{1-x^2}} y^2\,dy\right]dx=\int_0^1\left[\frac{1}{3}\left(\sqrt{1-x^2}\right)^3\right]dx$$

이러한 경우 $x=r\cos\theta$, $y=r\sin\theta$를 이용해 변수변환하면 쉽게 적분할 수 있다. [그림 6-16]으로부터 영역 R^*는 $0\le r\le 1$, $0\le\theta\le\frac{\pi}{2}$임을 알 수 있다. 따라서 [정리 6-5]에 의해 다음과 같다.

$$\iint_R y^2\,dx\,dy=\iint_{R^*} f[x(u,v),\,y(u,v)]\left|\frac{\partial(x,y)}{\partial(u,v)}\right|du\,dv$$

여기서 $u=r$, $v=\theta$, $du=dr$, $dv=d\theta$, $f[x(u,v),\,y(u,v)]=y^2=(r\sin\theta)^2$, $\left|\frac{\partial(x,y)}{\partial(u,v)}\right|=r$이므로, 위 식은 다음과 같이 적분할 수 있다.

$$\begin{aligned}\iint_R y^2\,dx\,dy&=\int_0^{\pi/2}\int_0^1\left[(r\sin\theta)^2 r\,dr\right]d\theta\\&=\int_0^{\pi/2}\left\{\left[\frac{1}{4}r^4\sin^2\theta\right]_0^1\right\}d\theta\\&=\frac{1}{4}\int_0^{\pi/2}\sin^2\theta\,d\theta\\&=\frac{1}{4}\int_0^{\pi/2}\frac{1-\cos 2\theta}{2}\,d\theta \quad \cdots \text{ 사인함수의 반각공식 이용}\\&=\frac{1}{4}\left[\frac{1}{2}\theta-\frac{1}{4}\sin 2\theta\right]_0^{\pi/2}=\frac{\pi}{16}\end{aligned}$$

SECTION 6.3 그린 정리

구간별 매끄러운 단순 닫힌 곡선 piecewise simply closed smooth curve에 대한 선적분은 평면에서 그 곡선으로 둘러싸인 영역에 대한 이중적분으로 변환할 수 있고, 그 역의 관계도 성립한다. 여기서 **단순 닫힌 곡선** simply closed curve은 서로 교차하는 점이 없는 닫힌 곡선을 말한다. [그림 6-17]에서 보는 바와 같이 곡선 C로 둘러싸인 영역 R이 C의 좌측에 있으면 **양의 방향**이라 하고, 영역 R이 C의 우측에 있으면 **음의 방향**이라 한다.

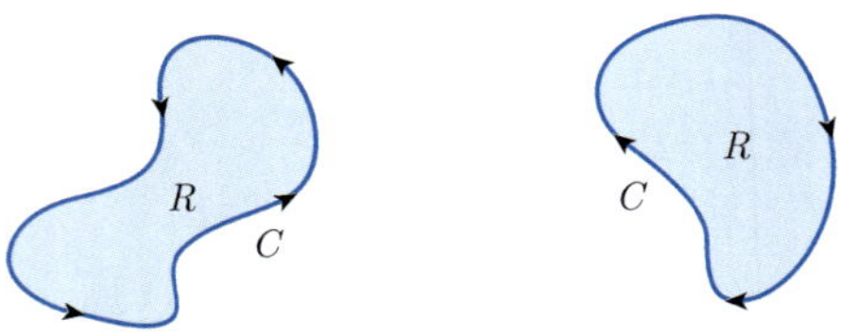

(a) 양의 방향　　(b) 음의 방향

[그림 6-17] 곡선 C의 방향

이 절에서 살펴볼 **그린[7] 정리** Green's theorem는 선적분과 이중적분 사이의 상호 관계를 보여주는 정리이다.

정리 6-6 그린 정리

구간별 매끄러운 단순 닫힌 곡선 C가 영역 R을 둘러싸고 있고, $P(x, y)$와 $Q(x, y)$가 R의 모든 점에서 연속이며, 연속인 편도함수 $\dfrac{\partial P}{\partial y}$와 $\dfrac{\partial Q}{\partial x}$를 가지면 다음이 성립한다.

$$\iint_R \left(\frac{\partial Q}{\partial x} - \frac{\partial P}{\partial y}\right) dA = \oint_C P\,dx + Q\,dy$$

증명

[그림 6-18]과 [그림 6-19]처럼 영역이 주어지는 경우에 한해서 증명해보자. 이때 영역은 다음

7 조지 그린(George Green, 1793 ~ 1841)은 진동, 파동, 탄성이론 등의 업적을 이룬 영국 수학자이다.

과 같이 주어진다.

- 영역 I : $a \le x \le b,\ g(x) \le y \le h(x)$
- 영역 II : $a \le y \le b,\ p(y) \le x \le q(y)$

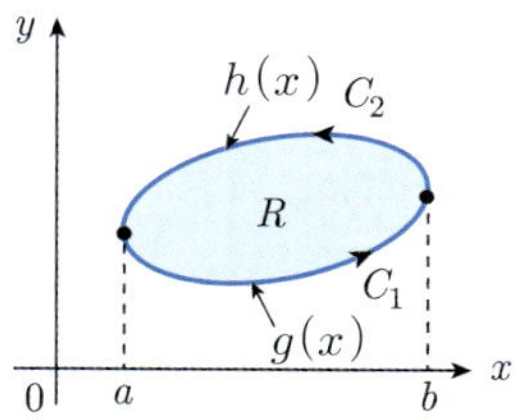

[그림 6-18] **영역 I**

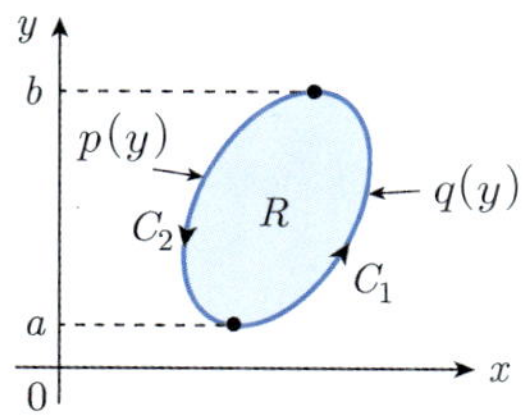

[그림 6-19] **영역 II**

먼저 영역 I에 대해 식 (6.15)를 이용해 계산하면 다음과 같다.

$$\begin{aligned}
-\iint_R \frac{\partial P}{\partial y}\, dA &= -\int_a^b \left[\int_{g(x)}^{h(x)} \frac{\partial P}{\partial y}\, dy\right] dx \\
&= -\int_a^b [P(x, h(x)) - P(x, g(x))]\, dx \\
&= \int_a^b P[x, g(x)]\, dx + \int_b^a P[x, h(x)]\, dx \\
&= \int_{C_1} P(x, y)\, dx + \int_{C_2} P(x, y)\, dx \quad \cdots \text{① 선적분 계산 공식 (6.3) 참고} \\
&= \oint_C P(x, y)\, dx \quad \cdots \text{② [그림 6-18] 참고}
\end{aligned}$$

또한 영역 II에 대해 식 (6.16)을 이용해 계산하면 다음과 같다.

$$\begin{aligned}
\iint_R \frac{\partial Q}{\partial x}\, dA &= \int_a^b \left[\int_{p(y)}^{q(y)} \frac{\partial Q}{\partial x}\, dx\right] dy \\
&= \int_a^b [Q(q(y), y) - Q(p(y), y)]\, dy \\
&= \int_a^b Q[q(y), y]\, dy + \int_b^a Q[p(y), y]\, dy \\
&= \int_{C_1} Q(x, y)\, dy + \int_{C_2} Q(x, y)\, dy \quad \cdots \text{③ 선적분 계산 공식 (6.4) 참고} \\
&= \oint_C Q(x, y)\, dy \quad \cdots \text{④ [그림 6-19] 참고}
\end{aligned}$$

따라서 식 ②와 ④로부터 다음이 성립함을 알 수 있다.

$$\iint_R \left(\frac{\partial Q}{\partial x} - \frac{\partial P}{\partial y}\right) dA = \oint_C P\, dx + Q\, dy \quad \cdots \oint_C P\, dx + \oint_C Q\, dy = \oint_C P\, dx + Q\, dy$$

■

예제 6-18 그린 정리를 이용한 선적분 계산

C가 [그림 6-20]과 같은 타원을 따라 반시계방향으로 움직이는 경로이고, 영역 R이 이 타원의 내부일 때, 그린 정리를 이용해 다음 선적분을 구하라.

$$\oint_C (2x^2-4y)\,dx+(x+e^y)\,dy$$

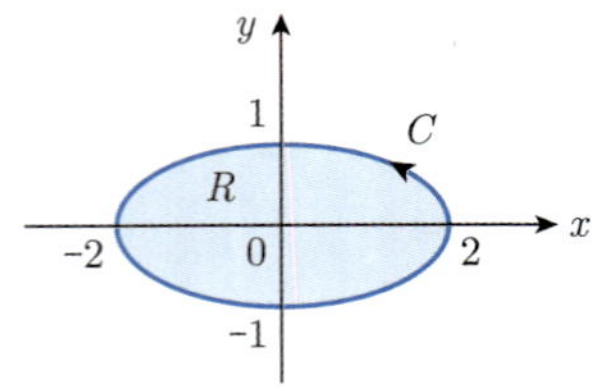

[그림 6-20]

풀이

먼저 그린 정리를 이용하기 위해 다음을 구한다.

$$P(x, y)=2x^2-4y, \quad Q(x, y)=x+e^y, \quad \frac{\partial P}{\partial y}=-4, \quad \frac{\partial Q}{\partial x}=1$$

이제 그린 정리를 이용하면 다음을 얻는다.

$$\begin{aligned}\oint_C (2x^2-4y)\,dx+(x+e^y)\,dy &= \iint_R \left(\frac{\partial Q}{\partial x}-\frac{\partial P}{\partial y}\right)dA \\ &= \iint_R [1-(-4)]\,dA = 5\iint_R dA\end{aligned}$$

한편, $\iint_R dA$는 영역 R의 면적이고, [그림 6-20]과 같은 타원의 면적은 $(\pi)(2)(1)$이므로 다음과 같다.

$$\oint_C (2x^2-4y)\,dx+(x+e^y)\,dy=5\iint_R dA = 5(2\pi) = 10\pi$$

이중적분 $\iint_R dA$는 [정리 6-5]의 식의 변수변환을 이용해 구할 수도 있다.

SECTION 6.4 면적분

지금까지 설명한 선적분과 이중적분은 평면상의 영역에서 적분을 구할 때 사용한다. 이 절에서 설명하고자 하는 **면적분** surface integral은 공간상의 곡면 위에서 적분을 구하는 것이다. 앞 절에서도 언급했듯이 정적분을 일반화한 것이 이중적분이고, 이와 마찬가지로 선적분을 일반화한 것이 면적분이라 할 수 있다.

면적분을 설명하기 전에 먼저 곡면의 면적에 대해 알아보자. 곡선에 대한 호의 길이 s는 정적분에 의해 다음과 같음을 이미 알고 있다.

$$s = \int_a^b \sqrt{1 + \left(\frac{dy}{dx}\right)^2}\, dx$$

이와 유사하게 xy 평면의 영역 R 위에 있는 곡면 $z = f(x, y)$의 면적도 다음과 같이 정의할 수 있다.

정의 6-5 곡면의 면적

함수 $z = f(x, y)$가 xy 평면의 닫힌 영역 R에서 연속인 1계 편도함수 f_x와 f_y를 가지면 영역 R에서 함수 f에 대한 **곡면의 면적** surface area은 다음과 같다.

$$A_S = \iint_R \sqrt{1 + [f_x(x, y)]^2 + [f_y(x, y)]^2}\, dA$$

또한 다음 관계식을 **곡면 면적의 미분** differential of surface area이라 한다.

$$dA_S = \sqrt{1 + [f_x(x, y)]^2 + [f_y(x, y)]^2}\, dA \qquad (6.19)$$

이제 면적분을 정의해보자. [그림 6-21]에서 볼 수 있듯이, 함수 $f(x, y, z)$가 곡면 S를 포함하는 공간에서 정의된다고 하고, 곡면의 xy 평면에 대한 사영이 R이라 하자. 곡면 S를 면적이 각각 $\Delta S_k\,(1 \le k \le n)$인 n개의 부분곡면으로 분할하여, 이를 xy 평면에 사영하면

xy 평면상의 영역 R에서도 면적이 각각 $\triangle A_k(1 \le k \le n)$인 n개의 직사각형 R_k로 분할된다. 이때 R_k의 대각선의 길이를 $\triangle s$라 하면 다음과 같이 면적분을 정의할 수 있다.

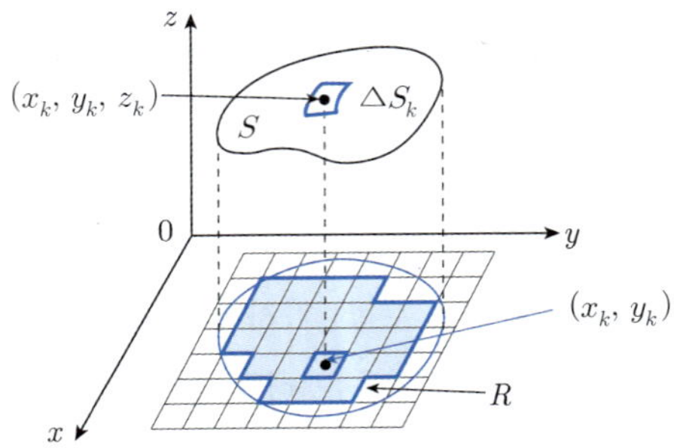

[그림 6-21] 면적분

정의 6-6 면적분

3변수함수 $f(x, y, z)$가 곡면 S를 포함하는 공간에서 정의되면 곡면 S에 대한 $f(x, y, z)$의 **면적분** surface integral은 다음과 같다.

$$\iint_S f(x, y, z)\, dS = \lim_{\triangle s \to 0} \sum_{k=1}^{n} f(x_k, y_k, z_k) \triangle S_k$$

[정의 6-6]의 면적분에 대한 식은 곡면 S가 어느 평면으로 사영되느냐에 따라 다음과 같이 이중적분으로 변환하여 계산할 수 있다.

❶ xy 평면으로 사영된 경우

$$\begin{aligned}&\iint_S f(x, y, z)\, dS \\ &= \iint_R f[x, y, p(x, y)] \sqrt{1 + [p_x(x, y)]^2 + [p_y(x, y)]^2}\, dA \end{aligned} \tag{6.20}$$

여기서 $z = p(x, y)$는 곡면 S로부터 영역 R의 xy 평면으로 사영되는 곡면 S의 방정식이고, p_x와 p_y는 각각 $p(x, y)$의 x와 y에 대한 1계 편도함수이다.

❷ yz 평면으로 사영된 경우

$$\begin{aligned}&\iint_S f(x, y, z)\, dS \\ &= \iint_R f[q(y, z), y, z] \sqrt{1 + [q_y(y, z)]^2 + [q_z(y, z)]^2}\, dA \end{aligned} \tag{6.21}$$

여기서 $x=q(y, z)$는 곡면 S로부터 영역 R의 yz 평면으로 사영되는 곡면 S의 방정식이고, q_y와 q_z는 각각 $q(y, z)$의 y와 z에 대한 1계 편도함수이다.

❸ xz 평면으로 사영된 경우

$$\iint_S f(x, y, z)\,dS = \iint_R f[x, r(x, z), z]\sqrt{1+[r_x(x, z)]^2+[r_z(x, z)]^2}\,dA \tag{6.22}$$

여기서 $y=r(x, z)$는 곡면 S로부터 영역 R의 xz 평면으로 사영되는 곡면 S의 방정식이고, r_x와 r_z는 각각 $r(x, z)$의 x와 z에 대한 1계 편도함수이다.

면적분의 계산을 이해하기 위해 xy 평면으로 사영된 경우의 예제를 풀어보자.

예제 6-19 면적분 계산

[그림 6-22]와 같이 곡면 S가 $z=2-x^2$, $x=0$, $y=0$, $y=2$, $z=0$으로 이루어진 포물기둥인 경우, 다음 면적분을 구하라.

$$\iint_S 3x\,dS$$

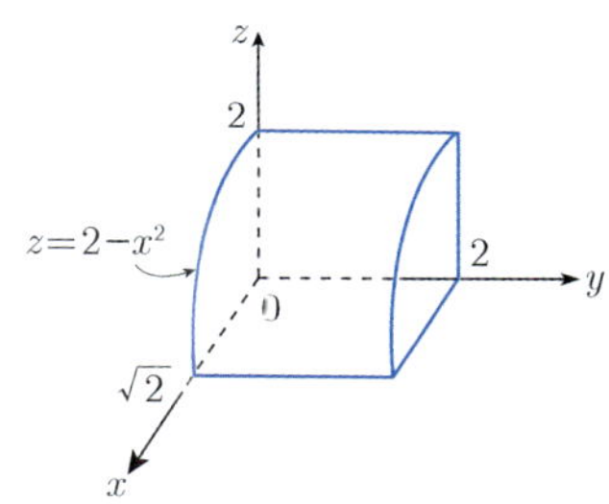

[그림 6-22]

풀이

식 (6.20)에 따라 $z=p(x, y)=2-x^2$이므로

$p_x=-2x$, $p_y=0$이고, $dS=\sqrt{1+z_x^2+z_y^2}\,dA=\sqrt{1+4x^2}\,dA$이다. 따라서 면적분은 다음과 같다.

$$\iint_S 3x\,dS=\iint_R 3x\sqrt{1+4x^2}\,dA=\int_0^2\int_0^{\sqrt{2}} 3x\sqrt{1+4x^2}\,dx\,dy$$

… x에 관한 적분 시, 치환적분 이용

위 식에서 x에 대해 적분한 후, y에 대해 적분하면 결과는 다음과 같다.

$$\iint_S 3x\,dS=13$$

SECTION 6.5 스토크스 정리

6.1절에서 2차원 벡터장 $\vec{F}(x, y) = P(x, y)\vec{i} + Q(x, y)\vec{j}$에 대한 선적분을 다음과 같이 정의했다.

$$\int_C \vec{F} \cdot d\vec{r} = \int_C P\,dx + Q\,dy \tag{6.23}$$

경로 C 방향으로의 단위벡터를 $\vec{T} = \dfrac{d\vec{r}}{ds}$([정리 5-5] 참고)이라 하면, 위 식은 다음과 같이 나타낼 수 있다.

$$\int_C \vec{F} \cdot d\vec{r} = \int_C \vec{F} \cdot \vec{T}\,ds \tag{6.24}$$

이에 따라 식 (6.23)과 (6.24)에 의해 $\int_C P\,dx + Q\,dy$는 $\vec{F}$의 접선성분에 대한 선적분 $\int_C \vec{F} \cdot \vec{T}\,ds$와 같다. 한편, 2차원 벡터장 $\vec{F}$의 회전은 다음과 같다.

$$\text{curl}\,\vec{F} = \nabla \times \vec{F} = \left(\frac{\partial Q}{\partial x} - \frac{\partial P}{\partial y}\right)\vec{k}$$

따라서 [정리 6-6]의 그린 정리에 대한 식은 다음과 같이 나타낼 수 있다.

$$\oint_C P\,dx + Q\,dy = \iint_R \left(\frac{\partial Q}{\partial x} - \frac{\partial P}{\partial y}\right) dA = \iint_R (\text{curl}\,\vec{F}) \cdot \vec{k}\,dA \tag{6.25}$$

따라서 식 (6.25)의 좌변과 우변을 보면 2차원 벡터장에서는 $\vec{F}$의 접선성분에 대한 선적분이 $\text{curl}\,\vec{F}$의 법선성분에 대한 이중적분과 같음을 알 수 있다.

마찬가지로 3차원 벡터장에 대해서도 $\vec{F}$의 접선성분에 대한 선적분을 $\text{curl}\,\vec{F}$의 법선성분에 대한 이중적분으로 나타낼 수 있는데, 이와 관련한 정리를 **스토크스[8] 정리** Stokes' theorem 라고 한다.

정리 6-7 스토크스 정리

[그림 6-23]과 같이 S가 공간에서 구간별 매끄러운 곡면이고, C가 S의 경계가 되는 구간별 매끄러운 단순 닫힌 곡선이라 하자. 벡터장 $\vec{F}(x, y, z)$가 S를 포함하는 3차원 공간 영역에서 연속이고, 연속인 1계 편도함수를 갖는 벡터함수이면 다음이 성립한다.

$$\oint_C \vec{F} \cdot d\vec{r} = \oint_C \vec{F} \cdot \vec{T}\,ds = \iint_S (\text{curl}\,\vec{F}) \cdot \vec{n}\,dS$$

여기서 $\vec{T}$는 경로 C 방향으로의 단위접선벡터이고, $\vec{n}$은 곡면 S의 단위법선벡터이다.

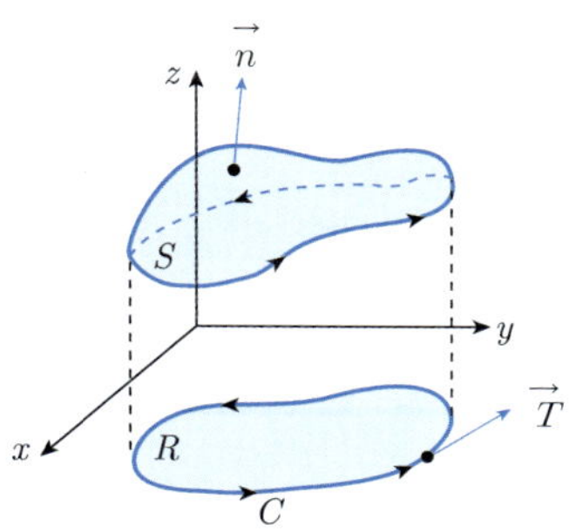

[그림 6-23] 스토크스 정리

예제 6-20 스토크스 정리

[그림 6-24]와 같이 C가 평면 $x+y+z=1$과 좌표평면의 교선이며 위에서 볼 때 반시계방향인 곡선이라 하자. 스토크스 정리를 이용해 3차원 벡터장 $\vec{F}(x, y, z) = (x-2y)\vec{i} + (y-2z)\vec{j} + (z-2x)\vec{k}$에 대해 $\oint_C \vec{F} \cdot d\vec{r}$을 구하라.

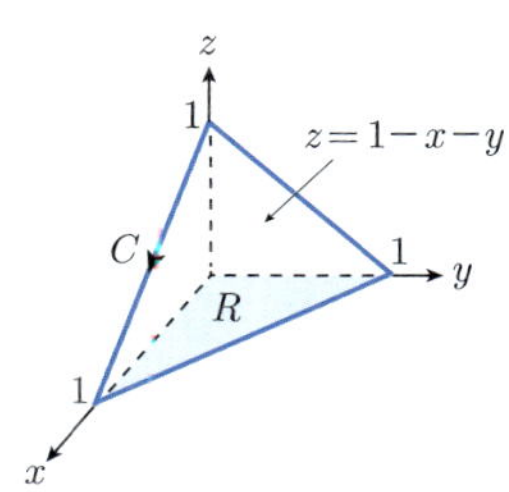

[그림 6-24]

풀이

$h(x, y, z) = x+y+z-1$이라 하면 이 평면의 단위법선벡터는 다음과 같다([그림 5-11] 참고).

$$\vec{n} = \frac{\nabla h}{\|\nabla h\|} = \frac{\vec{i}+\vec{j}+\vec{k}}{\sqrt{3}}$$

8 조지 스토크스(George Stokes, 1819~1903)는 점성유체론, 광학 등의 분야에 공헌한 아일랜드 수학자이자 물리학자이다.

또한 벡터장 $\vec{F}(x, y, z) = (x-2y)\vec{i} + (y-2z)\vec{j} + (z-2x)\vec{k}$에 대해 다음이 성립한다.

$$\operatorname{curl}\vec{F} = \begin{vmatrix} \vec{i} & \vec{j} & \vec{k} \\ \dfrac{\partial}{\partial x} & \dfrac{\partial}{\partial y} & \dfrac{\partial}{\partial z} \\ (x-2y) & (y-2z) & (z-2x) \end{vmatrix} = 2\vec{i} + 2\vec{j} + 2\vec{k}$$

$$\operatorname{curl}\vec{F}\cdot\vec{n} = \frac{6}{\sqrt{3}}$$

따라서 스토크스 정리를 적용하면 다음과 같다.

$$\oint_C \vec{F}\cdot d\vec{r} = \iint_S \operatorname{curl}\vec{F}\cdot\vec{n}\,dS = \iint_S \left(\frac{6}{\sqrt{3}}\right) dS$$

또한 $z = 1 - x - y$로부터 $z_x = -1$, $z_y = -1$이므로, 식 (6.20)을 이용해 면적분을 계산하면 다음과 같다.

$$\begin{aligned} \iint_S \left(\frac{6}{\sqrt{3}}\right) dS &= \iint_R \left(\frac{6}{\sqrt{3}}\right) \sqrt{1 + (z_x)^2 + (z_y)^2}\,dA \\ &= \iint_R \left(\frac{6}{\sqrt{3}}\right) \sqrt{1 + (-1)^2 + (-1)^2}\,dA \\ &= 6\iint_R dA \quad \cdots \iint_R dA\text{는 [그림 6-24]의 영역 } R\text{의 면적} \\ &= 3 \end{aligned}$$

SECTION 6.6
가우스 발산 정리

가우스[9] **발산 정리** Gauss' divergence theorem는 간단히 **가우스 정리** 또는 **발산 정리**라고도 한다. 이 정리는 6.4절에서 다룬 면적분을 삼중적분으로 변환하는 정리이다. 그러므로 가우스 발산 정리를 설명하기에 전에 먼저 삼중적분에 대해 간단히 살펴보고자 한다.

삼중적분은 6.2절에서 다룬 이중적분을 일반화한 것이다. 이중적분에서는 2변수함수를 평면 영역 R에 대해 적분했으나, 삼중적분은 3변수함수를 공간 영역 T에 대해 적분한다. 삼중적분은 이중적분에서와 마찬가지로 다음과 같이 정의한다.

함수 $f(x, y, z)$가 공간상의 닫힌 유계 영역 T에서 정의될 때, 영역 T 안에 완전히 포함되며 부피가 각각 $\Delta V_k (1 \le k \le n)$인 n개의 부분 영역을 만든다. 이때 임의의 한 점 (x_k, y_k, z_k)를 선택하여 그 점이 속하는 부분 영역 T_k의 가장 긴 대각선의 길이를 Δs라 하면 다음과 같은 극한이 존재한다.

$$\lim_{\Delta s \to 0} \sum_{k=1}^{n} f(x_k, y_k, z_k) \Delta V_k$$

만약 이 극한이 점 (x_k, y_k, z_k)의 선택과 무관하다면 삼중적분은 다음과 같이 정의한다.

정의 6-7 삼중적분

3변수함수 $f(x, y, z)$가 닫힌 유계 영역 T에서 정의될 때, T에 대한 함수 $f(x, y, z)$의 **삼중적분** triple integral은 다음과 같다.

$$\iiint_T f(x, y, z)\, dx\, dy\, dz = \lim_{\Delta s \to 0} \sum_{k=1}^{n} f(x_k, y_k, z_k) \Delta V_k$$

이중적분과 유사하게 삼중적분의 경우에도 세 번 연속 적분함으로써 적분값을 구할 수 있다.

9 카를 F. 가우스(Carl F. Gauss, 1777~1855)는 통계학, 해석학, 미분기하학 등의 다양한 분야에 공헌한 독일 수학자이다.

이중적분에서는 적분 순서가 $dx\,dy$와 $dy\,dx$로 두 가지였지만, 삼중적분의 경우에는 dx, dy, dz의 조합에 따라 여섯 가지의 적분 순서가 있다.

예제 6-21 삼중적분 계산

[그림 6-25]와 같이 주어진 입체의 부피를 삼중적분을 이용해 구하라.

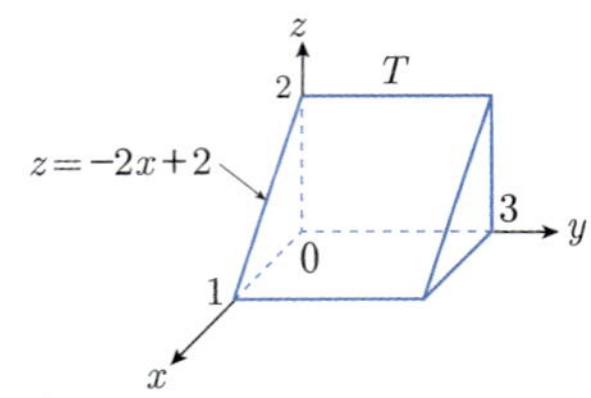

[그림 6-25]

풀이

$dx\,dz\,dy$의 적분 순서에 따라 입체의 부피를 구하면 다음과 같다.

$$V = \iiint_T dV = \int_0^3 \int_0^2 \int_0^{1-\frac{1}{2}z} dx\,dz\,dy$$
$$= \int_0^3 \int_0^2 \left(1 - \frac{1}{2}z\right) dz\,dy = \int_0^3 \left[z - \frac{1}{4}z^2\right]_0^2 dy = \int_0^3 dy = 3$$

이제 가우스 발산 정리에 대해 알아보자. 2차원 벡터장 $\vec{F}(x, y) = P(x, y)\vec{i} + Q(x, y)\vec{j}$에 대해 경로 C에 대한 선적분은 다음과 같이 정의됨을 이미 알고 있다.

$$\int_C \vec{F} \cdot d\vec{r} = \int_C \vec{F} \cdot \vec{T}\,ds = \int_C P\,dx + Q\,dy$$

만약 $\vec{T}$가 경로 C 방향으로의 단위접선벡터이면 $d\vec{r} = \vec{T}\,ds$이므로, $d\vec{r} = dx\,\vec{i} + dy\,\vec{j}$일 때 $\vec{T} = \left(\frac{dx}{ds}\right)\vec{i} + \left(\frac{dy}{ds}\right)\vec{j}$이다. 또한 $\vec{n}$이 T에 대한 단위법선벡터이면 $\vec{n} = \left(\frac{dy}{ds}\right)\vec{i} - \left(\frac{dx}{ds}\right)\vec{j}$가 되므로, 그린 정리에 의해 다음 관계식을 얻을 수 있다.

$$\oint_C \vec{F} \cdot \vec{n}\,ds = \oint_C \left[(P\vec{i} + Q\vec{j}) \cdot \left(\frac{dy}{ds}\vec{i} - \frac{dx}{ds}\vec{j}\right)\right] ds$$
$$= \oint_C P\,dy - Q\,dx \qquad \cdots \text{① 벡터의 내적 이용}$$
$$= \iint_R \left(\frac{\partial P}{\partial x} + \frac{\partial Q}{\partial y}\right) dA \qquad \cdots \text{② 그린 정리 이용}$$
$$= \iint_R \operatorname{div} \vec{F}\,dA \qquad \cdots \text{③ } \operatorname{div}\vec{F} = \nabla \cdot \vec{F} \text{ 이용} \qquad (6.26)$$

식 (6.26)은 가우스 발산 정리의 특별한 경우이고, 이 식을 3차원 공간으로 일반화한 것이 [정리 6-8]의 가우스 발산 정리이다.

정리 6-8 가우스 발산 정리

S가 공간에서 구간별 매끄러운 곡면이고, T가 공간상의 닫힌 유계 영역이라 하자. 벡터장 $\vec{F}(x, y, z) = P(x, y, z)\vec{i} + Q(x, y, z)\vec{j} + R(x, y, z)\vec{k}$가 영역 T에서 연속이고, 연속인 1계 편도함수를 갖는 벡터함수이면 다음이 성립한다.

$$\iint_S \vec{F} \cdot \vec{n}\, dS = \iiint_T \operatorname{div} \vec{F}\, dV$$

여기서 $\vec{n}$은 곡면 S의 바깥 방향으로 향하는 단위법선벡터이다.

가우스 발산 정리의 증명은 복잡하므로 여기서는 생략하고, 다음 예제를 통해 결과를 확인해 보자.

예제 6-22 가우스 발산 정리

공간상의 닫힌 유계 영역 T가 [그림 6-26]과 같이 구 $x^2+y^2+z^2=4$에 의해 둘러싸인 영역일 때, 가우스 발산 정리를 이용해 벡터장 $\vec{F} = (2x+y)\vec{i} + (x+z)\vec{j} + (y+z)\vec{k}$의 바깥 방향으로의 적분 $\iint_S \vec{F} \cdot \vec{n}\, dS$를 구하라.

> **HINT**
> 구의 부피 : $\iiint_T dV = \frac{4}{3}\pi(r^3)$

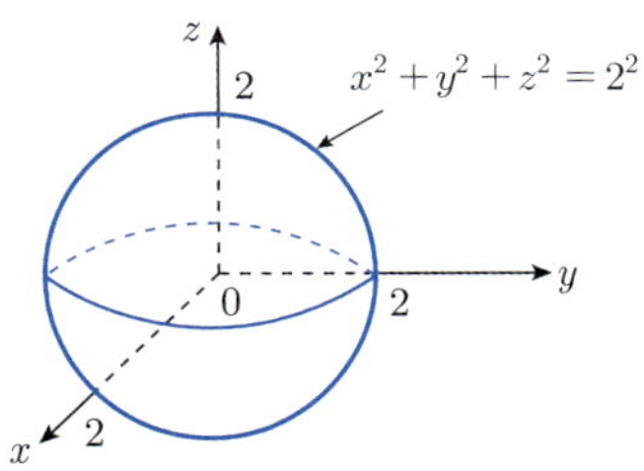

[그림 6-26]

풀이

가우스 발산 정리를 이용해 $\iint_S \vec{F} \cdot \vec{n}\, dS$를 구하기 위해서는 $\iiint_T \operatorname{div} \vec{F}\, dV$를 구하면 된다. 여기서 벡터장 $\vec{F}$의 발산은 다음과 같다.

$$\operatorname{div}\vec{F} = \nabla \cdot \vec{F} = \left[\frac{\partial}{\partial x}\vec{i} + \frac{\partial}{\partial y}\vec{j} + \frac{\partial}{\partial z}\vec{k}\right] \cdot \left[(2x+y)\vec{i} + (x+z)\vec{j} + (y+z)\vec{k}\right] = 3$$

따라서 [정리 6-8]의 식의 우변의 삼중적분은 다음과 같다.

$$\iiint_T \operatorname{div} \vec{F}\, dV = \iiint_T (3)\, dV = 3\left[\frac{4}{3}\pi(2^3)\right] = 32\pi \quad \cdots \text{ 구의 부피 계산}$$

CHAPTER

06 연습문제

6.1 **(선적분 계산 : 매개변수로 주어지는 경우)** 경로 C가 매개변수로 주어지는 다음 선적분을 구하라.

(a) $\int_C (xy-x)\,dx$, $\int_C (xy-x)\,dy$, $\int_C (xy-x)\,ds$

C : $x=t$, $y=2t+1$, $0 \le t \le 2$

(b) $\int_C (x^2+xy+y^2)\,dx$, $\int_C (x^2+xy+y^2)\,dy$, $\int_C (x^2+xy+y^2)\,ds$

C : $x=2t$, $y=-t+1$, $0 \le t \le 1$

6.2 **(선적분 계산 : 양함수로 주어지는 경우)** 경로 C가 양함수로 주어지는 다음 선적분을 구하라.

(a) $\int_C xy\,dx-2xy\,dy$, C : $y=x+1$, $0 \le x \le 1$

(b) $\int_C x^2y\,dx+xy\,dy$, C : $y=x^2+1$, $0 \le x \le 1$

6.3 **(선적분 계산 : 열린 경로)** 경로 C가 (a), (b)와 같을 때, 각 경로에 대해 다음 선적분을 구하라.

$$\int_C 2x^2y\,dx-xy\,dy$$

(a)

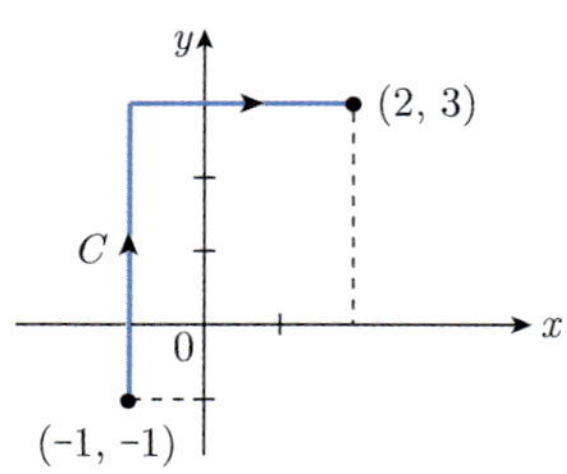

(b)

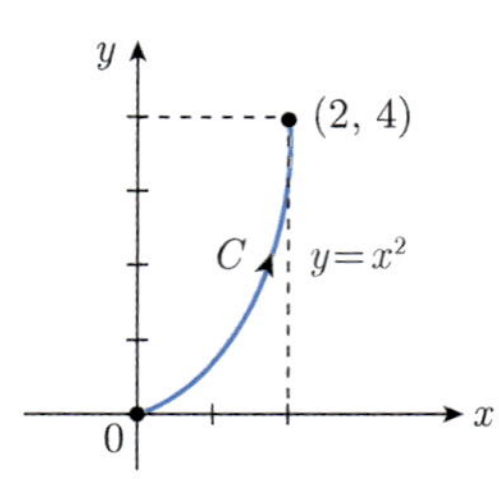

6.4 **(선적분 계산 : 닫힌 경로)** 경로 C가 (a), (b)와 같을 때, 각 경로에 대해 다음 선적분을 구하라.

$$\oint_C xy^2\,dx + (2xy+1)\,dy$$

6.5 **(선적분 계산 : 닫힌 경로)** 경로 C가 오른쪽 그림과 같이 C_1, C_2, C_3로 이루어져 있을 때, 다음 선적분을 구하라.

$$\oint_C xy\,dx + x^2\,dy$$

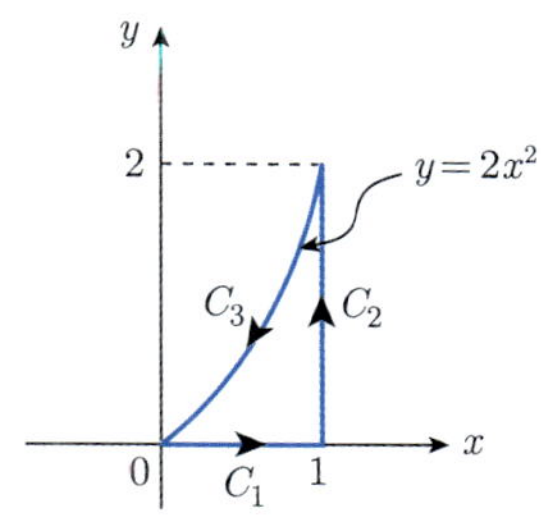

6.6 **(선적분 계산 : 경로가 반대 방향인 경우)** 경로 C가 오른쪽 그림과 같이 $\vec{r}(t) = \cos t\,\vec{i} + \sin t\,\vec{j}\ (0 \le t \le \frac{\pi}{2})$로 주어질 때, 다음 선적분을 구하라.

(a) $\int_C x\,dx + xy\,dy$ (b) $\int_{-C} x\,dx + xy\,dy$

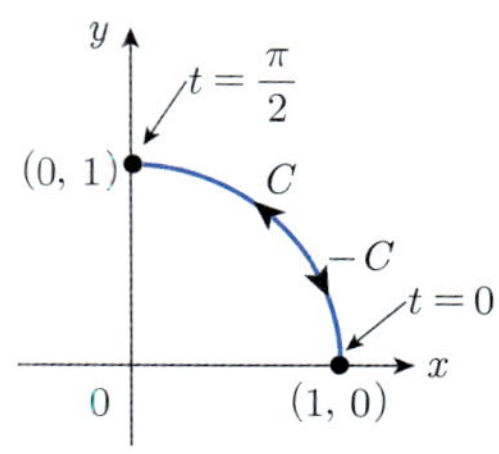

6.7 **(선적분 계산 : 공간에서의 선적분)** 경로 C가 $\vec{r}(t) = \sin t\,\vec{i} + \cos t\,\vec{j} + t\,\vec{k}\ (0 \le t \le 2\pi)$로 주어질 때, 다음 선적분을 구하라.

$$\int_C x\,dx + y\,dy + z\,dz$$

6.8 **응용** **(힘 벡터에 의한 일)** 경로 C가 오른쪽 그림과 같을 때, 힘 벡터 $\vec{F} = -2xy\,\vec{i} + 3y\,\vec{j}$가 경로 C를 따라 한 일을 구하라.

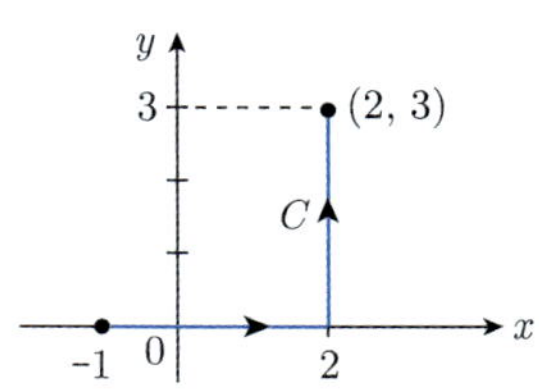

6.9 **응용** **(힘 벡터에 의한 일)** 경로 C가 오른쪽 그림과 같이 $\vec{r}(t) = -\cos t\,\vec{i} + \sin t\,\vec{j}\,(0 \le t \le \pi)$로 주어질 때, 힘 벡터 $\vec{F} = \vec{i} + 2\vec{j}$가 경로 C를 따라 한 일을 구하라.

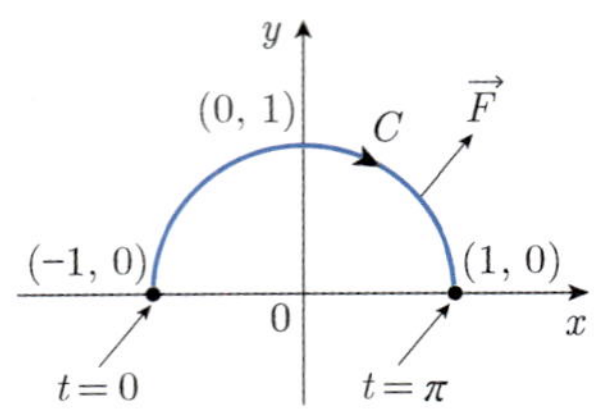

6.10 **응용** **(힘 벡터에 의한 일)** 경로 C가 오른쪽 그림과 같을 때, 힘 벡터 $\vec{F} = 2\vec{i} + 3\vec{j}$가 경로 C를 따라 한 일을 구하라.

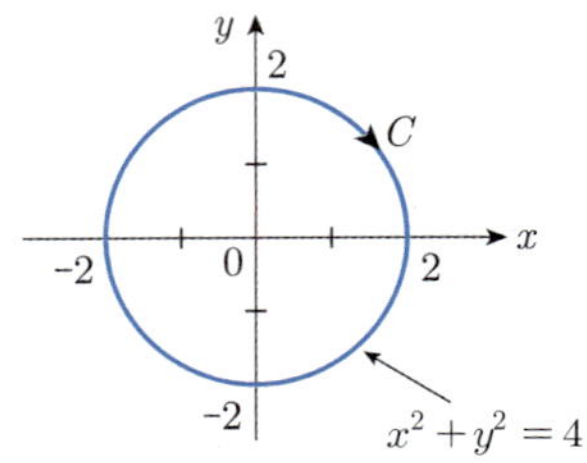

6.11 **(적분 경로에 대해 독립성 확인)** 오른쪽 그림과 같이 주어진 경로에 대해 다음 선적분을 구하고, 선적분값이 경로에 따라 달라지는지를 확인하라.

(a) $\displaystyle\int_{C_1} xy\,dx - y^2\,dy$

(b) $\displaystyle\int_{C_2+C_3} xy\,dx - y^2\,dy$

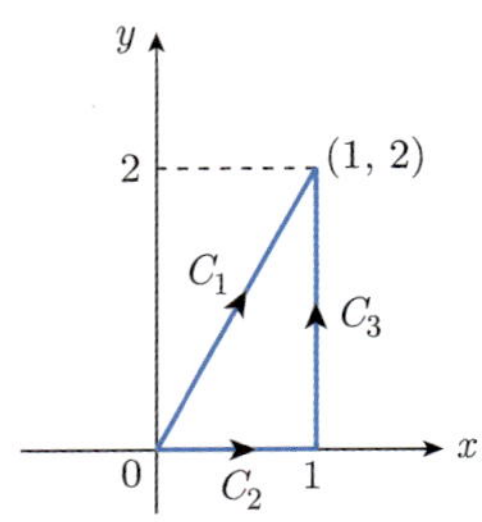

6.12 **(적분 경로에 대해 독립인 선적분)** 다음 선적분이 점 $(1, 0)$과 점 $(2, 2)$ 사이의 적분 경로에 대해 독립임을 보이고, 선적분을 구하라.

(a) $\displaystyle\int_C xy^2\,dx + x^2y\,dy$　　(b) $\displaystyle\int_C -2xy\,dx - x^2\,dy$

6.13 **(적분 경로에 대해 독립인 선적분)** 다음 선적분이 점 $(-1, 0, -1)$과 점 $(2, 1, 1)$ 사이의 적분 경로에 대해 독립임을 보이고, 선적분을 구하라.

$$\int_C (y-z)\,dx + (x+y)\,dy + (-x+z)\,dz$$

6.14 **(퍼텐셜함수)** 다음 벡터장 $\vec{F}$의 퍼텐셜함수를 구하라.

(a) $\vec{F} = (x-y)\,\vec{i} + (-x+y)\,\vec{j}$

(b) $\vec{F} = (x^2 + 2xy^2 + 1)\,\vec{i} + (2x^2y - 2y - 3)\,\vec{j}$

(c) $\vec{F} = (2xy+z)\,\vec{i} + (x^2+z)\,\vec{j} + (x+y)\,\vec{k}$

6.15 **(이중적분의 계산)** 오른쪽 그림과 같이 주어진 영역 R $(0 \le x \le 1,\ x^2 \le y \le x)$에 대해 다음 함수의 이중적분을 계산하라.

$$f(x, y) = 2x - y$$

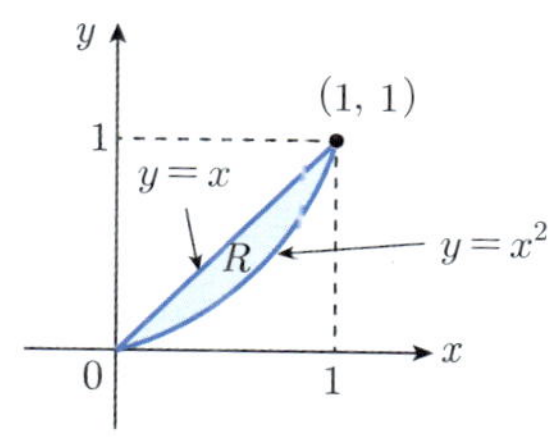

6.16 **(이중적분의 계산)** 오른쪽 그림과 같이 주어진 영역 R $(y \le x \le \sqrt{y},\ 0 \le y \le 1)$에 대해 다음 함수의 이중적분을 구하라.

$$f(x, y) = 2x - y$$

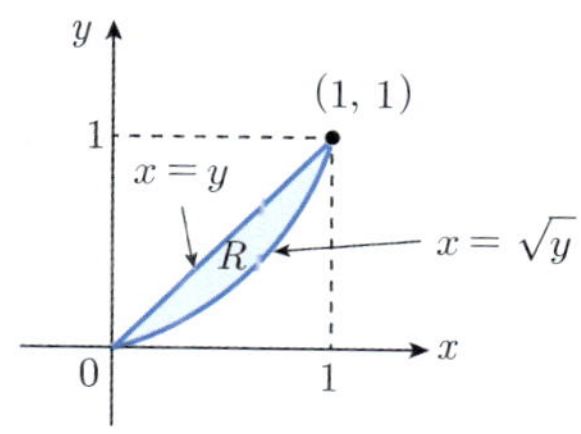

6.17 **(이중적분의 변수변환)** 영역 R이 오른쪽 그림과 같이 반원으로 주어질 때, $x = r\cos\theta$, $y = r\sin\theta$를 이용해 변수변환하여 다음 이중적분을 구하라.

$$\iint_R (x + y^2)\, dx\, dy$$

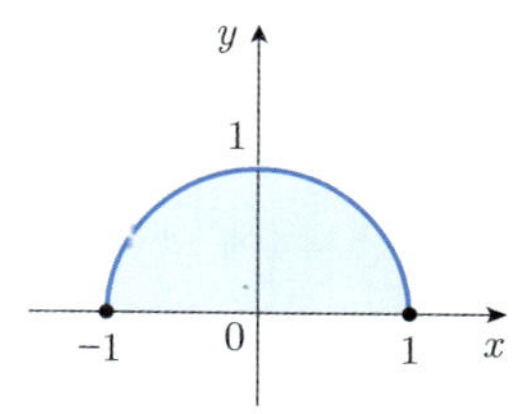

6.18 **(그린 정리)** 경로 C가 오른쪽 그림과 같이 $y = x^2$과 $y = \sqrt{x}$로 둘러싸인 영역의 경계를 나타낼 때, 다음 선적분을 구하라.

$$\oint_C (x^2 + y^2)\, dx + (2x - y)\, dy$$

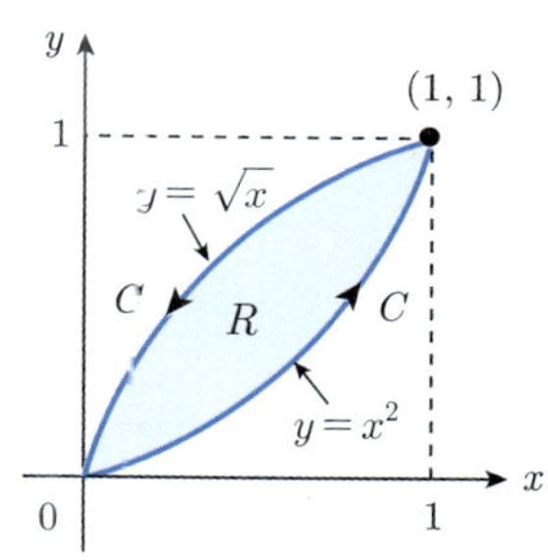

6.19 **(그린 정리)** 경로 C가 오른쪽 그림과 같이 원을 따라 반시계방향으로 움직이는 경로이고, 영역 R이 원의 내부일 때 그린 정리를 이용해 다음 선적분을 구하라.

$$\oint_C (x^3 + 2y)\, dx + (5x - y^2)\, dy$$

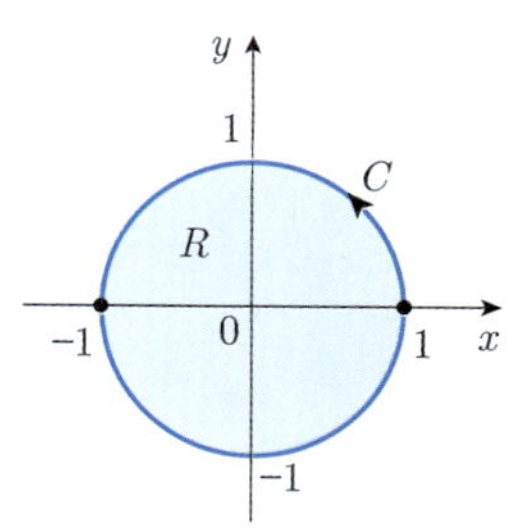

6.20 **(스토크스 정리)** 오른쪽 그림과 같이 C가 평면 $x+y+z=1$과 좌표평면의 교선이며 위에서 볼 때 반시계방향인 곡선이라고 하자. 스토크스 정리를 이용해 3차원 벡터장 $\vec{F}(x, y, z)=(2x+y)\vec{i}+(x+y)\vec{j}+(x-z)\vec{k}$에 대해 $\oint_C \vec{F}\cdot d\vec{r}$을 구하라.

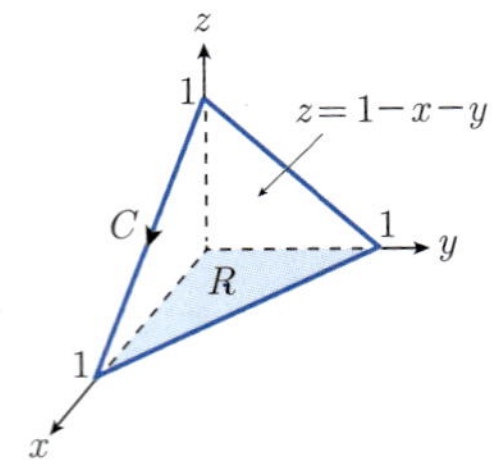

6.21 **(삼중적분의 계산)** 오른쪽 그림과 같이 $x=2$, $y=x$, $z=1-y^2$으로 형성된 입체의 부피를 구하라.

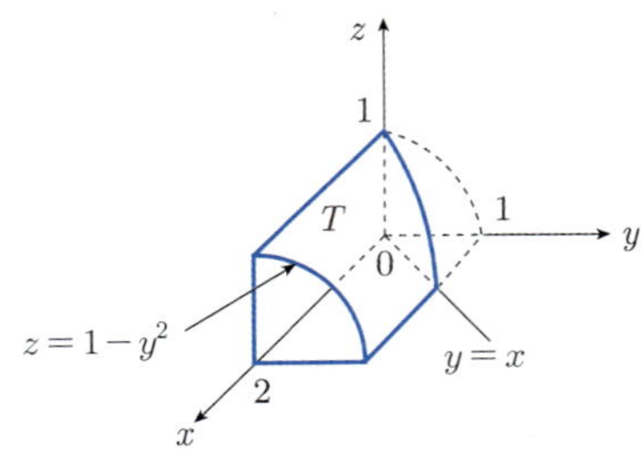

6.22 **(가우스 발산정리)** T가 오른쪽 그림과 같이 구 $x^2+y^2+z^2=4$에 의해 둘러싸인 영역일 때, 벡터장 $\vec{F}=x\vec{i}+y\vec{j}+z\vec{k}$에 대해 가우스 발산 정리가 성립함을 확인하라.

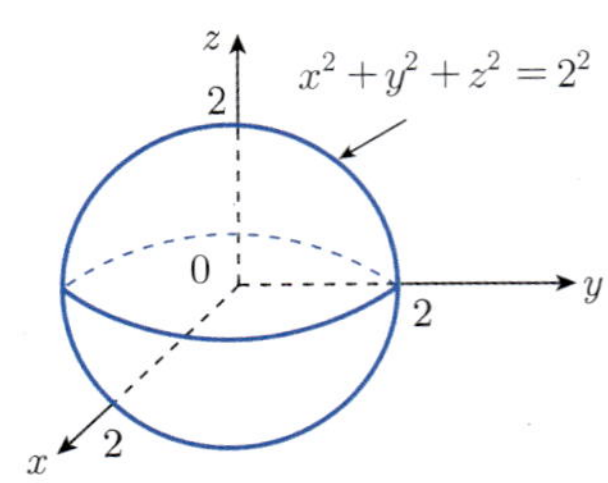

CHAPTER

07

행렬

Matrix

Contents

■ 학습목표

- 행렬의 기본 개념과 연산에 대해 이해할 수 있다.
- 특정한 형태를 갖는 여러 가지 행렬을 알아보고, 행렬계수의 개념을 이해할 수 있다.
- 행렬식의 정의를 이해하고 2×2 행렬, 3×3 행렬, $n\times n$ 행렬의 행렬식을 구할 수 있다.
- 역행렬의 정의와 성질을 살펴보고, 역행렬을 구할 수 있다.
- 행렬의 선형변환에 대한 개념과 유형에 대해 이해하고, 선형변환한 결과를 구할 수 있다.

■ 이 장에서 배우는 내용은?

수 또는 함수의 직사각형 모양의 배열을 행렬이라 한다. 수학에서 행렬은 주로 대수 연립방정식의 해를 구하는 수단으로 사용된다. 뿐만 아니라 통계학, 수치해석, 최적화 이론 등에서도 행렬이 매우 중요하게 사용된다. 특히 선형 연립 미분방정식은 2장과 3장에서 설명한 방법으로도 풀 수도 있지만, 행렬을 이용해서도 풀 수 있다. 이처럼 행렬은 공학 분야에서 매우 유용한 개념이다. 행렬에 관한 이론은 매우 중요하므로 7장에서 행렬의 전반적인 개념을 살펴보고, 8장과 9장에서 행렬의 응용에 대해 다루고자 한다.

이 장에서는 먼저 행렬의 기본 개념을 익힌 후 행렬의 연산을 이해하고, 특정한 형태를 갖는 몇 가지 행렬에 대해 알아본다. 그다음 벡터와 시스템 방정식의 일차독립과 일차종속을 판별하거나 역행렬을 구하는 데 중요하게 사용되는 행렬식에 대해 알아보고, 역행렬 구하는 몇 가지 방법을 소개한다. 마지막으로 행렬의 선형변환 개념과 몇 가지 유형에 대해 알아보고, 선형변환 방법에 대해 살펴보고자 한다.

SECTION 7.1

행렬의 기본 개념

행렬은 로봇공학, 제어공학, 시스템 해석, 컴퓨터 그래픽스 등의 다양한 분야에서 아주 중요하게 사용된다. 이 절에서는 행렬의 기본 정의와 연산을 소개하고, 여러 종류의 행렬에 대해 살펴보고자 한다.

행렬의 정의와 연산

정의 7-1 행렬

다음과 같이 수 또는 함수를 직사각형 모양으로 대괄호 안에 배열한 것을 **행렬** matrix이라 한다.

$$\vec{A} = \begin{bmatrix} a_{11} & a_{12} & \cdots & a_{1n} \\ a_{21} & a_{22} & \cdots & a_{2n} \\ \vdots & \vdots & \vdots & \vdots \\ a_{m1} & a_{m2} & \cdots & a_{mn} \end{bmatrix}$$ [1]

여기서 a_{ij}를 행렬의 **원소** entry, element라 한다. 또한 첨자 i와 j는 각각 **행** row과 **열** column의 위치를 나타낸다. 즉 a_{ij}는 i행 j열의 원소이다. 행렬 $\vec{A}$는 $\vec{A} = [a_{ij}]$로 나타내기도 한다.

예를 들어 다음은 모두 행렬이다.

$$\begin{bmatrix} 1 & 0 & 3 \\ 2 & 2 & 1 \\ 4 & 0 & 6 \end{bmatrix}, \quad \begin{bmatrix} -1 & 0 & 2 \\ 1 & -2 & -2 \end{bmatrix}, \quad [a \ \ b \ \ c], \quad \begin{bmatrix} 2x & e^x \\ e^{-x} & x \end{bmatrix}$$

[정의 7-1]과 같이 행의 수가 m개이고, 열의 수가 n개인 행렬의 경우, **행렬의 크기** size of matrix가 $m \times n$이라고 한다. 따라서 앞에 나열한 4가지 행렬은 왼쪽부터 순서대로 3×3, 2×3, 1×3, 2×2 행렬이다. 특히 $m = n$인 행렬을 **정방행렬** square matrix이라고 한다. 즉 정방행렬

1 행렬의 표기 방법은 여러 가지가 있는데, 이 책에서는 벡터의 표기와 마찬가지로 문자 위에 화살표를 그어 나타내기로 한다.

은 다음과 같이 나타낼 수 있다.

$$\vec{A} = \begin{bmatrix} a_{11} & a_{12} & \cdots & a_{1n} \\ a_{21} & a_{22} & \cdots & a_{2n} \\ \vdots & \vdots & \vdots & \vdots \\ a_{n1} & a_{n2} & \cdots & a_{nn} \end{bmatrix} \tag{7.1}$$

식 (7.1)과 같은 $n \times n$ 정방행렬의 원소들 중 행과 열의 위치가 같은 원소들(a_{11}, a_{22}, $\cdots$, a_{nn})을 **주대각원소** main diagonal element라고 한다. 그리고 다음과 같이 행의 개수가 하나인 $1 \times n$ 행렬을 **행벡터** row vector라 한다.

$$\vec{A} = [a_1 \ a_2 \ \cdots \ a_n]$$

또한 다음과 같이 열의 개수가 하나인 $n \times 1$ 행렬을 **열벡터** column vector라 한다.

$$\vec{A} = \begin{bmatrix} a_1 \\ a_2 \\ \vdots \\ a_n \end{bmatrix}$$

임의의 두 행렬 $\vec{A}$와 $\vec{B}$의 행렬의 크기가 같으면 다음과 같이 덧셈과 뺄셈을 할 수 있다.

정의 7-2 행렬의 덧셈과 뺄셈

행렬 $\vec{A}$와 $\vec{B}$가 $m \times n$ 행렬이면 행렬의 덧셈과 뺄셈은 다음과 같이 정의한다.

$$\vec{A} \pm \vec{B} = (a_{ij} \pm b_{ij})_{m \times n}$$

여기서 a_{ij}와 b_{ij}는 각각 행렬 $\vec{A}$와 $\vec{B}$의 원소를 나타낸다.

다시 말해 행렬의 덧셈과 뺄셈은 두 행렬의 대응하는 원소끼리 서로 더하고 빼면 된다.

예제 7-1 행렬의 덧셈과 뺄셈

두 행렬 $\vec{A} = \begin{bmatrix} -1 & 3 \\ 1 & -2 \end{bmatrix}$, $\vec{B} = \begin{bmatrix} 1 & -2 \\ -3 & 2 \end{bmatrix}$에 대해 $\vec{A} + \vec{B}$와 $\vec{A} - \vec{B}$를 구하라.

풀이

$$\vec{A} + \vec{B} = \begin{bmatrix} -1 & 3 \\ 1 & -2 \end{bmatrix} + \begin{bmatrix} 1 & -2 \\ -3 & 2 \end{bmatrix} = \begin{bmatrix} -1+1 & 3+(-2) \\ 1+(-3) & -2+2 \end{bmatrix} = \begin{bmatrix} 0 & 1 \\ -2 & 0 \end{bmatrix}$$

$$\vec{A} - \vec{B} = \begin{bmatrix} -1 & 3 \\ 1 & -2 \end{bmatrix} - \begin{bmatrix} 1 & -2 \\ -3 & 2 \end{bmatrix} = \begin{bmatrix} -1-1 & 3-(-2) \\ 1-(-3) & -2-2 \end{bmatrix} = \begin{bmatrix} -2 & 5 \\ 4 & -4 \end{bmatrix}$$

행렬 $\overrightarrow{A}$에 임의의 스칼라를 곱하는 연산은 다음과 같이 정의된다.

정의 7-3 행렬의 스칼라곱

임의의 스칼라 k에 대해 행렬 $\overrightarrow{A}$가 [정의 7-1]과 같이 정의되면 다음이 성립하고, 이를 행렬의 **스칼라곱** scalar multiplication이라 한다.

$$k\overrightarrow{A} = \begin{bmatrix} ka_{11} & ka_{12} & \cdots & ka_{1n} \\ ka_{21} & ka_{22} & \cdots & ka_{2n} \\ \vdots & \vdots & \vdots & \vdots \\ ka_{m1} & ka_{m2} & \cdots & ka_{mn} \end{bmatrix}$$

예제 7-2 행렬의 스칼라곱

$k = -1$과 행렬 $\overrightarrow{A} = \begin{bmatrix} 1 & 2 \\ -2 & 3 \end{bmatrix}$에 대해 $k\overrightarrow{A}$를 구하라.

풀이

$k\overrightarrow{A} = (-1)\overrightarrow{A} = (-1)\begin{bmatrix} 1 & 2 \\ -2 & 3 \end{bmatrix} = \begin{bmatrix} -1 & -2 \\ 2 & -3 \end{bmatrix}$

정리 7-1 행렬의 연산

임의의 스칼라 k에 대해 $\overrightarrow{A}$, $\overrightarrow{B}$, $\overrightarrow{C}$가 $m \times n$ 행렬이면 다음과 같은 관계가 성립한다.

(1) $\overrightarrow{A} + \overrightarrow{B} = \overrightarrow{B} + \overrightarrow{A}$ (덧셈에 대한 교환법칙)

(2) $\overrightarrow{A} + (\overrightarrow{B} + \overrightarrow{C}) = (\overrightarrow{A} + \overrightarrow{B}) + \overrightarrow{C}$ (덧셈에 대한 결합법칙)

(3) $\overrightarrow{A} + \overrightarrow{0} = \overrightarrow{A}$ [2]

(4) $1(\overrightarrow{A}) = \overrightarrow{A}$

(5) $\overrightarrow{A} + (-\overrightarrow{A}) = \overrightarrow{0}$

(6) $k(\overrightarrow{A} + \overrightarrow{B}) = k\overrightarrow{A} + k\overrightarrow{B}$ (분배법칙)

2 $\overrightarrow{0}$은 모든 원소가 0인 행렬로 영행렬이라 한다. 영행렬에 대해서는 뒤에서 자세히 소개한다.

행렬의 덧셈, 뺄셈과는 달리 행렬의 곱셈은 다음과 같이 특별하게 정의된다. 계산 과정에서 오류가 발생하기 쉬우므로 주의해야 한다.

정의 7-4 행렬의 곱셈

$\overrightarrow{A} = [a_{ij}]$가 $m \times r$ 행렬이고, $\overrightarrow{B} = [b_{ij}]$가 $r \times n$ 행렬이면 행렬의 곱 $\overrightarrow{A}\,\overrightarrow{B} = \overrightarrow{C}$를 다음과 같이 정의한다.

$$\begin{bmatrix} a_{11} & a_{12} & \cdots & a_{1r} \\ a_{21} & a_{22} & \cdots & a_{2r} \\ \vdots & \vdots & \cdots & \vdots \\ a_{j1} & a_{j2} & & a_{jr} \\ \vdots & \vdots & \cdots & \vdots \\ a_{m1} & a_{m2} & \cdots & a_{mr} \end{bmatrix} \begin{bmatrix} b_{11} & b_{12} & \cdots & b_{1k} & \cdots & b_{1n} \\ b_{21} & b_{22} & \cdots & b_{2k} & \cdots & b_{2n} \\ \vdots & \vdots & \vdots & \vdots & \cdots & \vdots \\ b_{r1} & b_{r2} & \cdots & b_{rk} & \cdots & b_{rn} \end{bmatrix} = \begin{bmatrix} c_{11} & c_{12} & \cdots & c_{1k} & \cdots & c_{1n} \\ c_{21} & c_{22} & \cdots & c_{2k} & \cdots & c_{2n} \\ \vdots & \vdots & \vdots & \vdots & \cdots & \vdots \\ c_{j1} & c_{j2} & \cdots & c_{jk} & \cdots & c_{jn} \\ \vdots & \vdots & \vdots & \vdots & \cdots & \vdots \\ c_{m1} & c_{m2} & \cdots & c_{mk} & \cdots & c_{mn} \end{bmatrix}$$

$\overrightarrow{C} = [c_{ij}]$는 $m \times n$ 행렬이고, $c_{jk} = \sum_{l=1}^{r} a_{jl} b_{lk} = a_{j1} b_{1k} + a_{j2} b_{2k} + \cdots + a_{jr} b_{rk}$이다.

다시 말해, [그림 7-1]과 같이 행렬 $\overrightarrow{A}$의 j행과 행렬 $\overrightarrow{B}$의 k열의 대응하는 원소를 차례로 곱한 후 더하면, 행렬 $\overrightarrow{C}$의 j행 k열 원소 c_{jk}를 구할 수 있다.

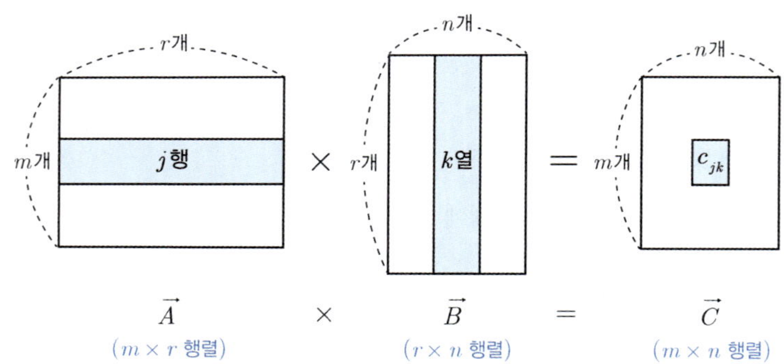

[그림 7-1] 행렬의 곱셈

[그림 7-2]에서 볼 수 있듯이, [정의 7-4]와 같이 행렬 $\vec{A}$와 $\vec{B}$를 곱하는 경우 행렬 $\vec{A}$의 열의 개수(r)와 행렬 $\vec{B}$의 행의 개수(r)가 반드시 같아야만 행렬의 곱이 정의된다. 이때 행렬 $\vec{A}$와 $\vec{B}$를 곱하여 얻는 행렬 $\vec{C}$의 행의 개수는 행렬 $\vec{A}$의 행의 개수(m)이고, 열의 개수는 행렬 $\vec{B}$의 열의 개수(n)이다.

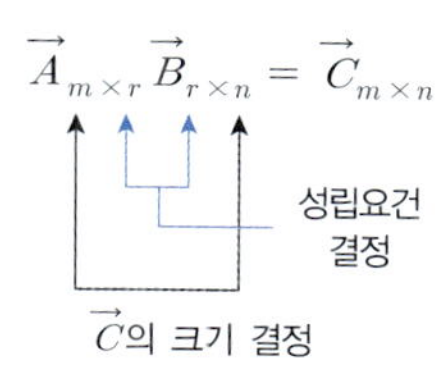

[그림 7-2] **행렬 곱셈의 조건**

예제 7-3 행렬의 곱셈

다음 두 행렬 $\vec{A}$와 $\vec{B}$의 곱 $\vec{A}\vec{B}$를 구하라.

$$\vec{A} = \begin{bmatrix} 2 & 1 \\ -2 & 1 \end{bmatrix}, \quad \vec{B} = \begin{bmatrix} -1 & 1 & 2 \\ 2 & -1 & 2 \end{bmatrix}$$

풀이

행렬 $\vec{A}$의 열의 개수가 2이고, 행렬 $\vec{B}$의 행의 개수도 2이므로 행렬의 곱이 정의된다. 두 행렬 $\vec{A}$와 $\vec{B}$를 곱하여 얻는 행렬 $\vec{C}$는 행의 개수가 $\vec{A}$의 행의 개수(2)이고, 열의 개수가 $\vec{B}$의 열의 개수(3)이므로, 다음과 같은 2×3 행렬이 된다.

$$\vec{C} = \vec{A}\vec{B} = \begin{bmatrix} 2 & 1 \\ -2 & 1 \end{bmatrix}\begin{bmatrix} -1 & 1 & 2 \\ 2 & -1 & 2 \end{bmatrix} = \begin{bmatrix} c_{11} & c_{12} & c_{13} \\ c_{21} & c_{22} & c_{23} \end{bmatrix}$$

따라서 [정의 7-4]에 의해 행렬 $\vec{C}$의 원소들은 다음과 같다.

$$c_{11} = 2\cdot(-1)+(1)\cdot(2) = 0, \qquad c_{12} = 2\cdot(1)+(1)\cdot(-1) = 1,$$
$$c_{13} = 2\cdot(2)+(1)\cdot(2) = 6, \qquad c_{21} = (-2)\cdot(-1)+1\cdot(2) = 4,$$
$$c_{22} = (-2)\cdot(1)+1\cdot(-1) = -3, \qquad c_{23} = (-2)\cdot(2)+1\cdot(2) = -2$$

그러므로 $\vec{A}\vec{B}$는 다음과 같다.

$$\vec{A}\vec{B} = \vec{C} = \begin{bmatrix} 0 & 1 & 6 \\ 4 & -3 & -2 \end{bmatrix}$$

그러나 행렬 $\vec{A}$와 $\vec{B}$가 다음과 같은 경우에는 행렬의 곱 $\vec{A}\vec{B}$가 정의되지 않는다.

$$\vec{A} = \begin{bmatrix} 2 & -1 \\ -2 & 1 \end{bmatrix}, \quad \vec{B} = \begin{bmatrix} -1 & 2 & -1 \end{bmatrix}$$

왜냐하면 $\vec{A}$의 열의 개수가 2이고, $\vec{B}$의 행의 개수가 1이기 때문이다.

[정의 7-4]에 의하면 행렬의 곱셈에 대한 교환법칙은 분명히 성립하지 않는다. 그러나 다음과 같이 결합법칙과 분배법칙은 성립한다.

정리 7-2 행렬의 연산

임의의 스칼라 k에 대해 행렬 $\vec{A}$, $\vec{B}$, $\vec{C}$가 아래와 같은 곱셈이 정의될 수 있는 크기의 행렬이라 가정할 때, 다음 관계가 성립된다.

(1) $\vec{A}(\vec{B}\vec{C}) = (\vec{A}\vec{B})\vec{C}$ (곱셈에 대한 결합법칙)

(2) $\vec{A}(\vec{B} + \vec{C}) = \vec{A}\vec{B} + \vec{A}\vec{C}$ (곱셈에 대한 좌 분배법칙)

(3) $(\vec{B} + \vec{C})\vec{A} = \vec{B}\vec{A} + \vec{C}\vec{A}$ (곱셈에 대한 우 분배법칙)

(4) $k(\vec{A}\vec{B}) = (k\vec{A})\vec{B} = \vec{A}(k\vec{B})$

행렬의 종류

이번에는 특정한 형태를 갖는 여러 가지 행렬에 대해 알아보자. 먼저 다음과 같이 행렬의 모든 원소가 0으로 구성된 행렬을 **영행렬** zero matrix 이라 한다.

$$\vec{0} = \begin{bmatrix} 0 & 0 \\ 0 & 0 \end{bmatrix}, \quad \vec{0} = \begin{bmatrix} 0 & 0 & 0 \\ 0 & 0 & 0 \end{bmatrix}$$

또한 다음과 같이 정방행렬의 주대각원소를 제외한 모든 원소가 0인 행렬을 **대각행렬** diagonal matrix 이라 한다.

$$\vec{A} = \begin{bmatrix} 2 & 0 \\ 0 & 3 \end{bmatrix}, \quad \vec{B} = \begin{bmatrix} 3 & 0 & 0 \\ 0 & 0 & 0 \\ 0 & 0 & 2 \end{bmatrix}, \quad \vec{C} = \begin{bmatrix} a_{11} & 0 & \cdots & 0 \\ 0 & a_{22} & \cdots & 0 \\ \vdots & \vdots & \vdots & \vdots \\ 0 & 0 & \cdots & a_{nn} \end{bmatrix}$$

특히 대각행렬 중 다음과 같이 모든 주대각원소가 1인 행렬을 **단위행렬** identity matrix 이라 한다.

$$\vec{I}_2 = \begin{bmatrix} 1 & 0 \\ 0 & 1 \end{bmatrix}, \quad \vec{I}_3 = \begin{bmatrix} 1 & 0 & 0 \\ 0 & 1 & 0 \\ 0 & 0 & 1 \end{bmatrix}, \quad \vec{I}_n = \begin{bmatrix} 1 & 0 & \cdots & 0 \\ 0 & 1 & \cdots & 0 \\ \vdots & \vdots & \vdots & \vdots \\ 0 & 0 & \cdots & 1 \end{bmatrix}_{n \times n}$$

정방행렬에서 주대각원소의 위쪽에 있는 모든 원소가 0인 행렬을 **하삼각행렬** lower triangular matrix 이라 하고, 주대각원소의 아래쪽에 있는 모든 원소가 0인 행렬을 **상삼각행렬** upper triangular matrix 이라 한다. 그리고 하삼각행렬과 상삼각행렬을 통틀어 **삼각행렬** triangular matrix 이라 한다. 예를 들어 하삼각행렬은 다음과 같이 아래쪽 삼각형 모양을 띈다.

$$\vec{A} = \begin{bmatrix} 2 & 0 & 0 \\ 1 & 1 & 0 \\ 3 & 2 & 2 \end{bmatrix}, \quad \vec{B} = \begin{bmatrix} a_{11} & 0 & \cdots & 0 \\ a_{21} & a_{22} & \cdots & 0 \\ \vdots & \vdots & \ddots & \vdots \\ a_{n1} & a_{n2} & \cdots & a_{nn} \end{bmatrix}$$

마찬가지로 상삼각행렬은 다음과 같이 위쪽 삼각형 모양을 띈다.

$$\vec{C} = \begin{bmatrix} 2 & 1 & 0 & 2 \\ 0 & 1 & 2 & 1 \\ 0 & 0 & 3 & 3 \\ 0 & 0 & 0 & 1 \end{bmatrix}, \quad \vec{D} = \begin{bmatrix} a_{11} & a_{12} & \cdots & a_{1n} \\ 0 & a_{22} & \cdots & a_{2n} \\ \vdots & \vdots & \ddots & \vdots \\ 0 & 0 & \cdots & a_{nn} \end{bmatrix}$$

이제 전치행렬에 대해 알아보자. 주어진 행렬의 행과 열의 위치를 바꾼 행렬을 전치행렬이라고 한다. 전치행렬은 두 벡터의 내적을 행렬의 곱으로 표현할 때 유용하게 사용된다.

정의 7-5 전치행렬

$m \times n$ 행렬 $\vec{A}$의 **전치행렬** transposed matrix $\vec{A}^{\mathrm{T}}$는 다음과 같은 $n \times m$ 행렬이다.

$$\vec{A} = \begin{bmatrix} a_{11} & a_{12} & \cdots & a_{1n} \\ a_{21} & a_{22} & \cdots & a_{2n} \\ \vdots & \vdots & \vdots & \vdots \\ a_{m1} & a_{m2} & \cdots & a_{mn} \end{bmatrix}_{m \times n} \Rightarrow \vec{A}^{\mathrm{T}} = \begin{bmatrix} a_{11} & a_{21} & \cdots & a_{m1} \\ a_{12} & a_{22} & \cdots & a_{m2} \\ \vdots & \vdots & \vdots & \vdots \\ a_{1n} & a_{2n} & \cdots & a_{mn} \end{bmatrix}_{n \times m}$$

즉 행렬 $\vec{A}$의 전치행렬 $\vec{A}^{\mathrm{T}}$에 대해 $\vec{A}$의 첫 번째 행은 $\vec{A}^{\mathrm{T}}$의 첫 번째 열이 되고, $\vec{A}$의 두 번째 행이 $\vec{A}^{\mathrm{T}}$의 두 번째 열이 되며, 마지막으로 $\vec{A}$의 m번째 행은 $\vec{A}^{\mathrm{T}}$의 m번째 열이 된다. 예를 들어 $\vec{A} = \begin{bmatrix} 1 & 2 & 3 \\ 4 & 5 & 6 \end{bmatrix}$이면 $\vec{A}^{\mathrm{T}} = \begin{bmatrix} 1 & 4 \\ 2 & 5 \\ 3 & 6 \end{bmatrix}$이다. 전치행렬은 다음과 같은 성질을 만족한다.

정리 7-3 전치행렬의 성질

임의의 스칼라 k에 대해 $\vec{A}$와 $\vec{B}$가 아래와 같은 연산이 정의될 수 있는 크기의 행렬이라 가정할 때, 다음 관계가 성립된다.

(1) $(\vec{A}^{\mathrm{T}})^{\mathrm{T}} = \vec{A}$

(2) $(k\vec{A})^{\mathrm{T}} = k\vec{A}^{\mathrm{T}}$

(3) $(\vec{A} + \vec{B})^{\mathrm{T}} = \vec{A}^{\mathrm{T}} + \vec{B}^{\mathrm{T}}$

(4) $(\vec{A}\vec{B})^{\mathrm{T}} = \vec{B}^{\mathrm{T}}\vec{A}^{\mathrm{T}}$

예제 7-4 **전치행렬**

다음 두 행렬 $\vec{A}$와 $\vec{B}$에 대해 $(\vec{A}\vec{B})^{\mathrm{T}} = \vec{B}^{\mathrm{T}}\vec{A}^{\mathrm{T}}$임을 확인하라.

$$\vec{A} = \begin{bmatrix} 1 & 0 & -2 \\ -2 & 1 & 1 \\ 1 & -2 & 0 \end{bmatrix}, \quad \vec{B} = \begin{bmatrix} 0 & 1 & -1 \\ -1 & 1 & 2 \\ 1 & -2 & 1 \end{bmatrix}$$

풀이

$\vec{A}\vec{B} = \begin{bmatrix} 1 & 0 & -2 \\ -2 & 1 & 1 \\ 1 & -2 & 0 \end{bmatrix}\begin{bmatrix} 0 & 1 & -1 \\ -1 & 1 & 2 \\ 1 & -2 & 1 \end{bmatrix} = \begin{bmatrix} -2 & 5 & -3 \\ 0 & -3 & 5 \\ 2 & -1 & -5 \end{bmatrix}$이므로, $\vec{A}\vec{B}$의 전치행렬은 다음과 같다.

$$(\vec{A}\vec{B})^{\mathrm{T}} = \begin{bmatrix} -2 & 0 & 2 \\ 5 & -3 & -1 \\ -3 & 5 & -5 \end{bmatrix}$$

또한 $\vec{B}^{\mathrm{T}}\vec{A}^{\mathrm{T}}$를 계산하면 다음과 같다.

$$\vec{B}^{\mathrm{T}}\vec{A}^{\mathrm{T}} = \begin{bmatrix} 0 & -1 & 1 \\ 1 & 1 & -2 \\ -1 & 2 & 1 \end{bmatrix}\begin{bmatrix} 1 & -2 & 1 \\ 0 & 1 & -2 \\ -2 & 1 & 0 \end{bmatrix} = \begin{bmatrix} -2 & 0 & 2 \\ 5 & -3 & -1 \\ -3 & 5 & -5 \end{bmatrix}$$

따라서 $(\vec{A}\vec{B})^{\mathrm{T}} = \vec{B}^{\mathrm{T}}\vec{A}^{\mathrm{T}}$임을 확인할 수 있다.

정방행렬 $\vec{A}$의 전치행렬 $\vec{A}^{\mathrm{T}}$가 $\vec{A}$와 동일할 때, 행렬 $\vec{A}$를 **대칭행렬** symmetric matrix이라 한다. 즉 대칭행렬은 다음 관계식을 만족한다.

$$\vec{A}^{\mathrm{T}} = \vec{A}$$

또한 다음 관계식을 만족하는 행렬을 **반대칭행렬** skew-symmetric matrix, anti-symmetric matrix이라 한다.

$$\vec{A}^{\mathrm{T}} = -\vec{A}$$

예제 7-5 **대칭행렬과 반대칭행렬**

다음 두 행렬 $\vec{A}$와 $\vec{B}$가 대칭행렬인지 반대칭행렬인지를 판단하라.

$$\vec{A} = \begin{bmatrix} 3 & -1 & 2 \\ -1 & 2 & -1 \\ 2 & -1 & 1 \end{bmatrix}, \quad \vec{B} = \begin{bmatrix} 0 & 2 & -1 \\ -2 & 0 & -4 \\ 1 & 4 & 0 \end{bmatrix}$$

풀이

$$\vec{A}^{\mathrm{T}} = \begin{bmatrix} 3 & -1 & 2 \\ -1 & 2 & -1 \\ 2 & -1 & 1 \end{bmatrix} = \vec{A}$$ 이므로, 행렬 $\vec{A}$는 대칭행렬이다.

$$\vec{B}^{\mathrm{T}} = \begin{bmatrix} 0 & -2 & 1 \\ 2 & 0 & 4 \\ -1 & -4 & 0 \end{bmatrix} = -\begin{bmatrix} 0 & 2 & -1 \\ -2 & 0 & -4 \\ 1 & 4 & 0 \end{bmatrix} = -\vec{B}$$ 이므로, 행렬 $\vec{B}$는 반대칭행렬이다.

[예제 7-5]에서 볼 수 있듯이, 대칭행렬은 주대각선을 기준으로 원소들이 대칭을 이루는 형태이고, 반대칭행렬은 주대각선을 기준으로 원소들이 대칭을 이루면서 부호가 반대인 형태이다.

행렬계수

$n \times n$ 행렬 $\vec{A} = \begin{bmatrix} a_{11} & a_{12} & \cdots & a_{1n} \\ a_{21} & a_{22} & \cdots & a_{2n} \\ \vdots & \vdots & \vdots & \vdots \\ a_{n1} & a_{n2} & \cdots & a_{nn} \end{bmatrix}$는 다음과 같은 n개의 행벡터를 갖는다.

$$\vec{r_1} = [a_{11} \ a_{12} \ \cdots \ a_{1n}], \quad \vec{r_2} = [a_{21} \ a_{22} \ \cdots \ a_{2n}], \quad \cdots, \quad \vec{r_n} = [a_{n1} \ a_{n2} \ \cdots \ a_{nn}]$$

또한 행렬 $\vec{A}$는 다음과 같은 n개의 열벡터를 갖는다.

$$\vec{c_1} = \begin{bmatrix} a_{11} \\ a_{21} \\ \vdots \\ a_{n1} \end{bmatrix}, \quad \vec{c_2} = \begin{bmatrix} a_{12} \\ a_{22} \\ \vdots \\ a_{n2} \end{bmatrix}, \quad \cdots \quad , \quad \vec{c_n} = \begin{bmatrix} a_{1n} \\ a_{2n} \\ \vdots \\ a_{nn} \end{bmatrix}$$

이때 각각의 행벡터는 서로 일차독립이거나 일차종속의 관계를 갖는다. 이때 행렬 $\vec{A}$ 안에 있는 서로 일차독립인 행벡터의 최대 개수를 **행렬계수**rank라 하고 $\mathrm{rank}(\vec{A})$로 표기한다. $n \times n$ 행렬의 경우 **최대 행렬계수**full rank는 n이고, 만약 행렬계수가 $m(m < n)$이면 $(n - m)$을 **부족한 행렬계수**rank defect라 한다.

예제 7-6 **행렬계수**

다음 세 행렬 $\vec{A}$, $\vec{B}$, $\vec{C}$의 행렬계수를 구하라.

(a) $\vec{A} = \begin{bmatrix} -1 & 2 & -1 \\ -2 & 2 & 2 \\ 0 & -1 & -2 \end{bmatrix}$ (b) $\vec{B} = \begin{bmatrix} 1 & -1 & -2 \\ -1 & 1 & 2 \\ 2 & -2 & -1 \end{bmatrix}$ (c) $\vec{C} = \begin{bmatrix} 1 & -2 & -1 \\ -2 & 4 & 2 \\ -1 & 2 & 1 \end{bmatrix}$

풀이

(a) 행렬 $\overrightarrow{A}$의 행렬계수를 구하기 위해서는 먼저 $\overrightarrow{A}$의 행벡터(또는 열벡터) 사이의 일차독립성 여부를 확인해야 한다. 행렬 $\overrightarrow{A}$의 행벡터가 각각 다음과 같다고 하자.

$$\overrightarrow{r_1} = [-1 \ \ 2 \ \ -1], \quad \overrightarrow{r_2} = [-2 \ \ 2 \ \ 2], \quad \overrightarrow{r_3} = [0 \ \ -1 \ \ -2]$$

$\overrightarrow{r_1}$, $\overrightarrow{r_2}$, $\overrightarrow{r_3}$ 사이의 일차독립 여부를 결정하기 위해서는 [정의 4-4]에 따라 다음을 만족하는 0이 아닌 k_i가 존재하는지를 확인하면 된다.

$$k_1\overrightarrow{r_1} + k_2\overrightarrow{r_2} + k_3\overrightarrow{r_3} = \overrightarrow{0}$$

따라서 위 식에 $\overrightarrow{r_1}$, $\overrightarrow{r_2}$, $\overrightarrow{r_3}$를 각각 대입하면 다음과 같다.

$$k_1[-1 \ \ 2 \ \ -1] + k_2[-2 \ \ 2 \ \ 2] + k_3[0 \ \ -1 \ \ -2] = [0 \ \ 0 \ \ 0]$$

위 식으로부터 다음 관계식을 얻을 수 있다.

$$-k_1 - 2k_2 = 0, \quad 2k_1 + 2k_2 - k_3 = 0, \quad -k_1 + 2k_2 - 2k_3 = 0$$

위 식을 연립하여 풀면 $k_1 = k_2 = k_3 = 0$인 경우에만 성립하므로, 3개의 행벡터는 서로 일차독립이다. 따라서 $\overrightarrow{A}$의 행렬계수[3]는 3이다. 즉 rank$(\overrightarrow{A}) = 3$이고, 부족한 행렬계수는 0이다.

(b) 행렬 $\overrightarrow{B}$의 경우 $\overrightarrow{r_1}$에 -1을 곱하면 $\overrightarrow{r_2}$가 되므로, $\overrightarrow{r_1}$과 $\overrightarrow{r_2}$는 서로 일차종속이다. 그러나 $\overrightarrow{r_1}$과 $\overrightarrow{r_3}$는 서로 일차독립이므로, 일차독립인 최대 행벡터의 개수는 2이다. 따라서 $\overrightarrow{B}$의 행렬계수는 2이고, 부족한 행렬계수는 1이다.

(c) 행렬 $\overrightarrow{C}$의 경우 $\overrightarrow{r_1}$과 $\overrightarrow{r_2}$, $\overrightarrow{r_2}$와 $\overrightarrow{r_3}$, $\overrightarrow{r_1}$과 $\overrightarrow{r_3}$가 모두 서로 일차종속이므로, 일차독립인 최대 행벡터의 개수는 1이다. 따라서 $\overrightarrow{C}$의 행렬계수는 1이고, 부족한 행렬계수는 2이다.

행렬계수는 8장과 9장에서 매우 유용하게 사용되므로 잘 기억해두어야 한다.

3 참고로 행렬계수는 7.2절에서 다룰 행렬식을 이용하거나, 8.1절에서 다룰 가우스-조르당 소거법을 이용해 구할 수도 있다.

SECTION 7.2 행렬식

임의의 $n \times n$ 행렬 $\overrightarrow{A}$에 대해 $\overrightarrow{A}$의 **행렬식**determinant이라고 하는 어떤 수가 대응된다. 이 행렬식을 기호로 다음과 같이 표현한다.

$$\det \overrightarrow{A} = |\overrightarrow{A}| \tag{7.2}$$

행렬식은 나중에 다룰 역행렬을 구하거나, 연립방정식의 해를 구할 때 유용하게 사용된다.

행렬식의 계산

이제 행렬식을 계산하는 방법을 알아보고자 한다. 먼저 가장 간단한 2×2 행렬의 행렬식 계산 방법을 살펴본 후, 3×3 행렬과 $n \times n$ 행렬에 대해서도 알아보자.

정의 7-6 행렬식 계산 (2×2 행렬)

2×2 행렬 $\overrightarrow{A} = \begin{bmatrix} a_{11} & a_{12} \\ a_{21} & a_{22} \end{bmatrix}$의 행렬식은 다음과 같이 정의된다.

$$\det \overrightarrow{A} = \begin{vmatrix} a_{11} & a_{12} \\ a_{21} & a_{22} \end{vmatrix} = a_{11}a_{22} - a_{12}a_{21}$$

예를 들어 행렬 $\overrightarrow{A} = \begin{bmatrix} -1 & 2 \\ 1 & -3 \end{bmatrix}$의 행렬식은 다음과 같다.

$$\det \overrightarrow{A} = \begin{vmatrix} -1 & 2 \\ 1 & -3 \end{vmatrix} = (-1)(-3) - (2)(1) = 1$$

정의 7-7 행렬식 계산 (3×3 행렬)

3×3 행렬 $\overrightarrow{A}=\begin{bmatrix} a_{11} & a_{12} & a_{13} \\ a_{21} & a_{22} & a_{23} \\ a_{31} & a_{32} & a_{33} \end{bmatrix}$의 행렬식은 다음과 같이 정의된다.

$$\begin{aligned}\det \overrightarrow{A} &= \begin{vmatrix} a_{11} & a_{12} & a_{13} \\ a_{21} & a_{22} & a_{23} \\ a_{31} & a_{32} & a_{33} \end{vmatrix} \\ &= a_{11}a_{22}a_{33}+a_{12}a_{23}a_{31}+a_{13}a_{21}a_{32}-a_{13}a_{22}a_{31}-a_{12}a_{21}a_{33}-a_{11}a_{23}a_{32}\end{aligned}$$

예를 들어 $\overrightarrow{A}=\begin{bmatrix} -1 & 2 & 1 \\ 0 & -1 & 2 \\ 1 & 2 & -1 \end{bmatrix}$의 행렬식은 다음과 같다.

$$\begin{aligned}\det \overrightarrow{A} &= \begin{vmatrix} -1 & 2 & 1 \\ 0 & -1 & 2 \\ 1 & 3 & -1 \end{vmatrix} \\ &= (-1)(-1)(-1)+(2)(2)(1)+(1)(0)(3) \\ &\quad -(1)(-1)(1)-(2)(0)(-1)-(-1)(2)(3)=10\end{aligned}$$

2×2 행렬이나 3×3 행렬의 경우에는 [정의 7-6]과 [정의 7-7]을 이용해 행렬식을 직접 계산할 수 있으며, [그림 7-3]의 방법을 이용하면 쉽게 기억할 수 있다.

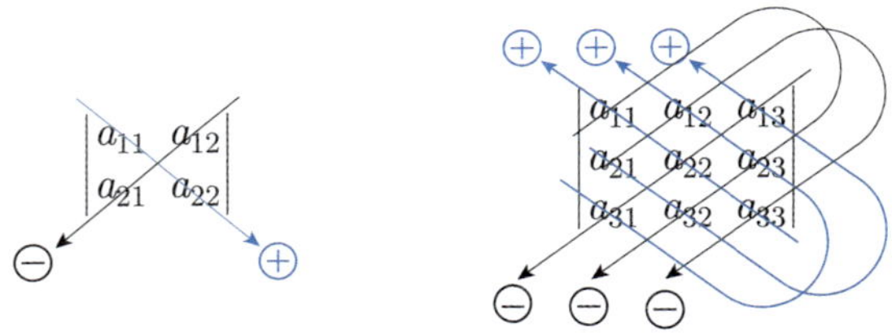

(a) 2×2 행렬 (b) 3×3 행렬

[그림 7-3] **행렬식 계산**

크기가 4×4 이상인 정방행렬의 행렬식을 계산하기 위해서는 [정의 7-6]과 [정의 7-7]을 적용할 수 있도록 주어진 행렬을 쪼개서 2×2 또는 3×3의 소행렬에 대한 행렬식을 구하는 문제로 바꿔야 한다. 이 방법에 대한 이해를 돕기 위해 3×3 행렬의 행렬식을 구하는 [정의 7-7]의 식을 살펴보자.

$$\begin{aligned}\det \overrightarrow{A} &= a_{11}a_{22}a_{33}+a_{12}a_{23}a_{31}+a_{13}a_{21}a_{32}-a_{13}a_{22}a_{31}-a_{12}a_{21}a_{33}-a_{11}a_{23}a_{32} \\ &= a_{11}(a_{22}a_{33}-a_{23}a_{32})+a_{12}(-a_{21}a_{33}+a_{23}a_{31})+a_{13}(a_{21}a_{32}-a_{22}a_{31})\end{aligned}$$

위 식에서 괄호 안의 각 항을 2×2 행렬의 행렬식으로 보면 다음과 같이 나타낼 수 있다.

$$\begin{aligned}\det\vec{A} &= a_{11}\begin{vmatrix}a_{22} & a_{23}\\ a_{32} & a_{33}\end{vmatrix} + a_{12}\left[-\begin{vmatrix}a_{21} & a_{23}\\ a_{31} & a_{33}\end{vmatrix}\right] + a_{13}\begin{vmatrix}a_{21} & a_{22}\\ a_{31} & a_{32}\end{vmatrix}\\ &= a_{11}M_{11} + a_{12}(-M_{12}) + a_{13}M_{13}\end{aligned}$$

여기서 $M_{11}=\begin{vmatrix}a_{22} & a_{23}\\ a_{32} & a_{33}\end{vmatrix}$, $M_{12}=\begin{vmatrix}a_{21} & a_{23}\\ a_{31} & a_{33}\end{vmatrix}$, $M_{13}=\begin{vmatrix}a_{21} & a_{22}\\ a_{31} & a_{32}\end{vmatrix}$이다. [그림 7-4]를 보면 M_{11}은 행렬 $\vec{A}$의 1행과 1열을 제거하여 얻은 2×2 행렬의 행렬식을, M_{12}는 행렬 $\vec{A}$의 1행과 2열을 제거하여 얻은 2×2 행렬의 행렬식을, M_{13}는 행렬 $\vec{A}$의 1행과 3열을 제거하여 얻은 2×2 행렬의 행렬식을 나타낸다는 것을 쉽게 알 수 있다. 일반적으로 행렬 $\vec{A}$의 i행과 j열을 제거하여 얻은 소행렬의 행렬식 M_{ij}를 **소행렬식** minor determinant이라 한다.

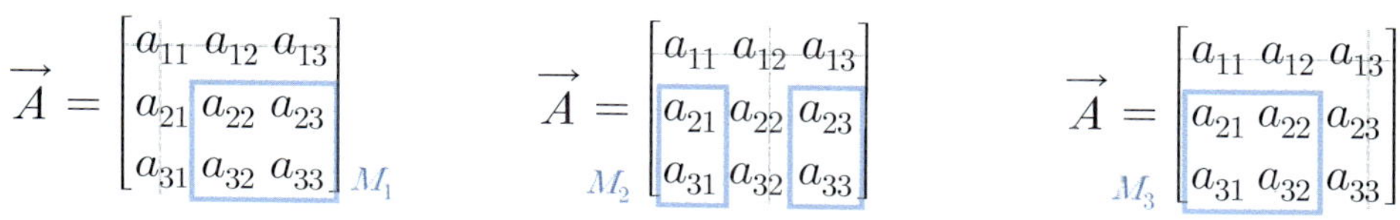

(a) $M_{11}=|M_1|$ (b) $M_{12}=|M_2|$ (c) $M_{13}=|M_3|$

[그림 7-4] **소행렬식**

또한 C_{ij}를

$$C_{ij}=(-1)^{i+j}M_{ij} \qquad (7.3)$$

라 하면 행렬식을 다음과 같이 나타낼 수 있다.

$$\det\vec{A}=a_{11}C_{11}+a_{12}C_{12}+a_{13}C_{13} \qquad (7.4)$$

여기서 C_{1j}를 a_{1j}의 **여인수** cofactor라 하고, 식 (7.4)를 행렬 $\vec{A}$의 1행에 대한 **여인수 전개** cofactor expansion라 한다. 이 식을 이용하면 4×4 이상인 정방행렬의 행렬식도 구할 수 있다. 1행에 대한 여인수 전개뿐만 아니라, 행렬의 임의의 행 또는 열에 대한 여인수 전개[4]를 이용해도 동일하게 행렬식을 구할 수 있으며, 3×3 행렬식의 경우 다음과 같이 9개의 여인수가 존재한다.

$$\begin{aligned}&C_{11}=M_{11}, \quad C_{12}=-M_{12}, \quad C_{13}=M_{13}\\ &C_{21}=-M_{21}, \quad C_{22}=M_{22}, \quad C_{23}=-M_{23}\\ &C_{31}=M_{31}, \quad C_{32}=-M_{32}, \quad C_{33}=M_{33}\end{aligned}$$

4 0을 많이 포함한 행 또는 열을 선택하여 여인수 전개하면 계산이 간편해진다.

예제 7-7 여인수 전개에 의한 행렬식 계산 (3×3 행렬)

행렬 $\vec{A} = \begin{bmatrix} 2 & 1 & -2 \\ -3 & 0 & 1 \\ 1 & -2 & 2 \end{bmatrix}$의 행렬식을 구하라.

풀이

식 (7.4)를 참고하여 2행에 대한 여인수 전개를 통해 행렬식을 구하면 다음과 같다.

$$\det \vec{A} = \begin{vmatrix} 2 & 1 & -2 \\ -3 & 0 & 1 \\ 1 & -2 & 2 \end{vmatrix} = (-3)C_{21} + (0)C_{22} + (1)C_{23}$$

여기서 각 여인수는 다음과 같이 계산한다.

$$C_{21} = (-1)^{2+1}\begin{vmatrix} 2 & 1 & -2 \\ -3 & 0 & 1 \\ 1 & -2 & 2 \end{vmatrix} = -\begin{vmatrix} 1 & -2 \\ -2 & 2 \end{vmatrix} = -[(1)(2)-(-2)(-2)] = 2$$

$$C_{22} = (-1)^{2+2}\begin{vmatrix} 2 & 1 & -2 \\ -3 & 0 & 1 \\ 1 & -2 & 2 \end{vmatrix} = \begin{vmatrix} 2 & -2 \\ 1 & 2 \end{vmatrix} = [(2)(2)-(-2)(1)] = 6$$

$$C_{23} = (-1)^{2+3}\begin{vmatrix} 2 & 1 & -2 \\ -3 & 0 & 1 \\ 1 & -2 & 2 \end{vmatrix} = -\begin{vmatrix} 2 & 1 \\ 1 & -2 \end{vmatrix} = -[(2)(-2)-(1)(1)] = 5$$

따라서 행렬 $\vec{A}$의 행렬식은 다음과 같다.

$$\begin{aligned} \det \vec{A} &= (-3)C_{21} + (0)C_{22} + (1)C_{23} \\ &= (-3)(2) + (0)(6) + (1)(5) = -1 \end{aligned}$$

일반적으로 $n \times n$ 행렬의 경우에도 여인수 전개를 통해 행렬식을 구할 수 있다.

정리 7-4 행렬식 계산 ($n \times n$ 행렬)

$n \times n$ 행렬 $\vec{A}$의 각 원소를 a_{ij}라고 할 때 다음이 성립한다.

(1) i행에 대해 여인수 전개하면 행렬식은 다음과 같다.

$$\det \vec{A} = a_{i1}C_{i1} + a_{i2}C_{i2} + \cdots + a_{in}C_{in}$$

(2) j열에 대해 여인수 전개하면 행렬식은 다음과 같다.

$$\det \vec{A} = a_{1j}C_{1j} + a_{2j}C_{2j} + \cdots + a_{nj}C_{nj}$$

예제 7-8 **여인수 전개에 의한 행렬식 계산 (4 × 4 행렬)**

행렬 $\vec{A} = \begin{bmatrix} 2 & 1 & 1 & 1 \\ 0 & 2 & -1 & 2 \\ -2 & 1 & 0 & 0 \\ 1 & -2 & 0 & -2 \end{bmatrix}$ 의 행렬식을 구하라.

풀이

3행(또는 3열)에 0이 2개 있으므로, 3행(또는 3열)에 대한 여인수 전개를 통해 행렬식을 구하면 계산이 간단해진다. [정리 7-4]의 (1)을 이용하면 다음과 같다.

$$\begin{aligned} \det \vec{A} &= a_{31}C_{31} + a_{32}C_{32} + a_{33}C_{33} + a_{34}C_{34} \\ &= (-2)C_{31} + (1)C_{32} + (0)C_{33} + (0)C_{34} \end{aligned}$$

따라서 C_{33}와 C_{34}는 구하지 않아도 되고, C_{31}과 C_{32}는 [그림 7-3(b)]의 계산법에 의해 다음과 같다([예제 7-7]처럼 여인수 전개를 이용해도 된다).

$$\begin{aligned} C_{31} &= (-1)^{3+1}\begin{vmatrix} 1 & 1 & 1 \\ 2 & -1 & 2 \\ -2 & 0 & -2 \end{vmatrix} \\ &= (1)(-1)(-2) + (1)(2)(-2) + (1)(2)(0) \\ &\quad -(1)(-1)(-2) - (1)(2)(0) - (1)(2)(-2) = 0 \end{aligned}$$

$$\begin{aligned} C_{32} &= (-1)^{3+2}\begin{vmatrix} 2 & 1 & 1 \\ 0 & -1 & 2 \\ 1 & 0 & -2 \end{vmatrix} \\ &= (-1)[(2)(-1)(-2) + (1)(0)(0) + (1)(2)(1) \\ &\quad -(1)(-1)(1) - (1)(0)(-2) - (2)(0)(2)] = -7 \end{aligned}$$

그러므로 구하고자 하는 4×4 행렬의 행렬식은 다음과 같다.

$$\det \vec{A} = (-2)C_{31} + (1)C_{32} = (-2)(0) + (1)(-7) = -7$$

행렬식의 성질

이제 행렬식을 계산하는 데 유용하게 사용할 수 있는 몇 가지 성질을 알아보자.

성질 ❶

$n \times n$ 행렬 $\vec{A}$의 임의의 행(또는 열)이 영벡터이면 $\det \vec{A} = 0$이다.

증명

행렬 $\vec{A}$의 i행이 모든 원소가 0인 영벡터라 하자. 즉 $a_{i1}=a_{i2}=\cdots=a_{in}=0$이므로, [정리 7-4]의 (1)을 이용해 i행에 대해 여인수 전개하여 행렬 $\vec{A}$의 행렬식을 구하면 다음과 같다.

$$\det\vec{A}=a_{i1}C_{i1}+a_{i2}C_{i2}+\cdots+a_{in}C_{in}=(0)C_{i1}+(0)C_{i2}+\cdots+(0)C_{in}=0$$

마찬가지로 행렬 $\vec{A}$의 j열의 모든 원소가 0인 경우에도 [정리 7-4]의 (2)를 이용해 j열에 대해 여인수 전개하면 같은 결과를 얻을 수 있다. ■

예제 7-9 행렬식의 성질 ❶

행렬 $\vec{A}=\begin{bmatrix}1&0&2\\2&0&1\\-3&0&-2\end{bmatrix}$의 행렬식을 구하라.

풀이

행렬 $\vec{A}$의 2열의 모든 원소가 0이므로, [정리 7-4]의 (2)를 이용해 2열에 대해 여인수 전개하여 행렬식을 구하면 다음과 같다.

$$\det\vec{A}=a_{12}C_{12}+a_{22}C_{22}+a_{32}C_{32}=(0)C_{12}+(0)C_{22}+(0)C_{32}=0$$

성질 ❷

행렬 $\vec{B}$가 $n\times n$ 행렬 $\vec{A}$의 임의의 두 행(또는 두 열)을 서로 교환하여 얻은 행렬이면 $\det\vec{A}=-\det\vec{B}$이다.

증명

다음과 같이 행렬 $\vec{B}$가 행렬 $\vec{A}$의 i행과 $(i+1)$행을 교환하여 얻은 행렬인 경우를 생각해보자.

$$\vec{A}=\begin{bmatrix}a_{11}&a_{12}&\cdots&a_{1n}\\a_{21}&a_{22}&\cdots&a_{2n}\\\vdots&\vdots&\vdots&\vdots\\a_{i1}&a_{i2}&\cdots&a_{in}\\a_{(i+1)1}&a_{(i+1)2}&\cdots&a_{(i+1)n}\\\vdots&\vdots&\vdots&\vdots\\a_{n1}&a_{n2}&\cdots&a_{nn}\end{bmatrix},\quad \vec{B}=\begin{bmatrix}a_{11}&a_{12}&\cdots&a_{1n}\\a_{21}&a_{22}&\cdots&a_{2n}\\\vdots&\vdots&\vdots&\vdots\\a_{(i+1)1}&a_{(i+1)2}&\cdots&a_{(i+1)n}\\a_{i1}&a_{i2}&\cdots&a_{in}\\\vdots&\vdots&\vdots&\vdots\\a_{n1}&a_{n2}&\cdots&a_{nn}\end{bmatrix}$$

$\det\vec{A}$를 i행에 대해 여인수 전개하여 구하고, $\det\vec{B}$를 $(i+1)$행에 대해 여인수 전개하여 구하면 다음과 같다.

$$\det\vec{A} = a_{i1}C_{i1} + a_{i2}C_{i2} + \cdots + a_{in}C_{in}$$
$$\det\vec{B} = a_{i1}C_{(i+1)1} + a_{i2}C_{(i+1)2} + \cdots + a_{in}C_{(i+1)n}$$

소행렬식 M_{ij}가 행렬 $\vec{A}$의 i행과 j열을 제거하여 얻은 행렬의 행렬식일 때, 헝렬 $\vec{B}$의 $(i+1)$행과 j열을 제거하여 얻은 행렬의 행렬식도 M_{ij}가 된다는 사실을 감안하면, 식 (7.3)에 의해 다음과 같다.

$$C_{(i+1)j} = (-1)^{i+1+j}M_{ij} = -(-1)^{i+j}M_{ij} = -C_{ij}$$

따라서 다음이 성립한다.

$$\det\vec{B} = -a_{i1}C_{i1} - a_{i2}C_{i2} - \cdots - a_{in}C_{in} = -\det\vec{A}$$

다른 방법으로 행과 열을 교환하는 경우에도 유사하게 증명할 수 있다. ■

예제 7-10 행렬식의 성질 ❷

두 행렬 $\vec{A} = \begin{bmatrix} 3 & 1 & 3 \\ -1 & 2 & 1 \\ 2 & 1 & 2 \end{bmatrix}$, $\vec{B} = \begin{bmatrix} 2 & 1 & 2 \\ -1 & 2 & 1 \\ 3 & 1 & 3 \end{bmatrix}$에 대해 행렬식의 성질 ❷가 성립함을 확인하라.

풀이

행렬 $\vec{B}$는 행렬 $\vec{A}$의 1행과 3행을 교환하여 얻은 행렬이다. [그림 7-3(b)]의 계산법을 이용해 $\det\vec{A}$를 구하면 다음과 같다.

$$\begin{aligned}\det\vec{A} &= \begin{vmatrix} 3 & 1 & 3 \\ -1 & 2 & 1 \\ 2 & 1 & 2 \end{vmatrix} \\ &= (3)(2)(2) + (3)(-1)(1) + (1)(1)(2) - (3)(2)(2) - (1)(-1)(2) - (3)(1)(1) \\ &= -2\end{aligned}$$

같은 방법으로 계산하면 $\det\vec{B} = 2$이다. 그러므로 $\det\vec{A} = -\det\vec{B}$이다.

성질 ❸

$n\times n$ 행렬 $\vec{A}$의 임의의 두 행(또는 두 열)이 같으면 $\det\vec{A} = 0$이다.

증명

행렬 $\overrightarrow{A}$의 i행과 j행이 같다고 하자. 이 두 행을 서로 교환해서 행렬 $\overrightarrow{B}$를 만들면 행렬식의 성질 ❷에 의해 $\det\overrightarrow{B} = -\det\overrightarrow{A}$이다. 한편, 행렬 $\overrightarrow{A}$의 i행과 j행이 같으므로 행렬 $\overrightarrow{A}$와 행렬 $\overrightarrow{B}$는 같은 행렬이다. 따라서 $\det\overrightarrow{A} = \det\overrightarrow{B} = -\det\overrightarrow{A}$가 되어 $2\det\overrightarrow{A} = 0$이므로, 결국 $\det\overrightarrow{A} = 0$이다. ■

예제 7-11 행렬식의 성질 ❸

행렬 $\overrightarrow{A} = \begin{bmatrix} -1 & -2 & -1 \\ 2 & 3 & 2 \\ 3 & 2 & 3 \end{bmatrix}$에 대해 행렬식의 성질 ❸이 성립함을 확인하라.

풀이

[예제 7-10]과 같은 방법으로 $\det\overrightarrow{A}$를 구하면 $\det\overrightarrow{A} = 0$이다. 행렬 $\overrightarrow{A}$의 1열과 3열이 같으므로, 행렬식의 성질 ❸이 성립한다.

성질 ❹

행렬 $\overrightarrow{B}$가 $n \times n$ 행렬 $\overrightarrow{A}$의 임의의 한 행(또는 열)에 스칼라 c를 곱하여 얻은 행렬이면 $\det\overrightarrow{B} = c\det\overrightarrow{A}$이다.

증명

행렬 $\overrightarrow{B}$가 행렬 $\overrightarrow{A}$의 i행에 스칼라 c를 곱하여 얻은 행렬이면 다음과 같다.

$$\overrightarrow{A} = \begin{bmatrix} a_{11} & a_{12} & \cdots & a_{1n} \\ a_{21} & a_{22} & \cdots & a_{2n} \\ \vdots & \vdots & \vdots & \vdots \\ a_{i1} & a_{i2} & \cdots & a_{in} \\ \vdots & \vdots & \vdots & \vdots \\ a_{n1} & a_{n2} & \cdots & a_{nn} \end{bmatrix}, \quad \overrightarrow{B} = \begin{bmatrix} a_{11} & a_{12} & \cdots & a_{1n} \\ a_{21} & a_{22} & \cdots & a_{2n} \\ \vdots & \vdots & \vdots & \vdots \\ ca_{i1} & ca_{i2} & \cdots & ca_{in} \\ \vdots & \vdots & \vdots & \vdots \\ a_{n1} & a_{n2} & \cdots & a_{nn} \end{bmatrix}$$

행렬 $\overrightarrow{B}$의 행렬식을 구하기 위해 행렬 $\overrightarrow{B}$의 i행에 대해 여인수 전개하면 다음과 같다.

$$\begin{aligned} \det\overrightarrow{B} &= ca_{i1}C_{i1} + ca_{i2}C_{i2} + \cdots + ca_{in}C_{in} \\ &= c\left(a_{i1}C_{i1} + a_{i2}C_{i2} + \cdots + a_{in}C_{in}\right) \\ &= c\det\overrightarrow{A} \end{aligned}$$

■

예제 7-12 행렬식의 성질 ❹

행렬 $\vec{A} = \begin{bmatrix} -1 & -1 & 2 \\ 3 & 2 & 1 \\ 1 & 1 & -3 \end{bmatrix}$, $\vec{B} = \begin{bmatrix} -1 & -2 & 2 \\ 3 & 4 & 1 \\ 1 & 2 & -3 \end{bmatrix}$에 대해 행렬식의 성질 ❹가 성립함을 확인하라.

풀이

행렬 $\vec{A}$의 행렬식을 구하면 $\det \vec{A} = -1$이고, 행렬 $\vec{B}$의 행렬식을 구하면 $\det \vec{B} = -2$이다. 따라서 행렬 $\vec{B}$가 행렬 $\vec{A}$의 2열에 스칼라 2를 곱하여 얻은 행렬일 때 $\det \vec{B} = -2 = 2\det \vec{A}$이므로, 행렬식의 성질 ❹가 성립한다.

성질 ❺

$n \times n$ 행렬 $\vec{A}$의 임의의 한 행(또는 열)이 다른 행(또는 열)의 스칼라배이면 $\det \vec{A} = 0$이다.

증명

스칼라 c에 대해 행렬 $\vec{A}$의 j행이 i행의 c배라고 하자. 즉 $(a_{j1}\ a_{j2} \cdots\ a_{jn}) = c(a_{i1}\ a_{i2} \cdots\ a_{in})$이므로 다음이 성립한다.

$$\vec{A} = \begin{bmatrix} a_{11} & a_{12} & \cdots & a_{1n} \\ a_{21} & a_{22} & \cdots & a_{2n} \\ \vdots & \vdots & \vdots & \vdots \\ a_{i1} & a_{i2} & \cdots & a_{in} \\ a_{j1} & a_{j2} & \cdots & a_{jn} \\ \vdots & \vdots & \vdots & \vdots \\ a_{n1} & a_{n2} & \cdots & a_{nn} \end{bmatrix} = \begin{bmatrix} a_{11} & a_{12} & \cdots & a_{1n} \\ a_{21} & a_{22} & \cdots & a_{2n} \\ \vdots & \vdots & \vdots & \vdots \\ a_{i1} & a_{i2} & \cdots & a_{in} \\ ca_{i1} & ca_{i2} & \cdots & ca_{in} \\ \vdots & \vdots & \vdots & \vdots \\ a_{n1} & a_{n2} & \cdots & a_{nn} \end{bmatrix} = c \begin{bmatrix} a_{11} & a_{12} & \cdots & a_{1n} \\ a_{21} & a_{22} & \cdots & a_{2n} \\ \vdots & \vdots & \vdots & \vdots \\ a_{i1} & a_{i2} & \cdots & a_{in} \\ a_{i1} & a_{i2} & \cdots & a_{in} \\ \vdots & \vdots & \vdots & \vdots \\ a_{n1} & a_{n2} & \cdots & a_{nn} \end{bmatrix}$$

따라서 행렬식의 성질 ❹에 의해 $\det \vec{A}$는 i행과 j행이 같은 행렬의 행렬식에 c를 곱한 값이다. 그런데 행렬식의 성질 ❸에 의해 임의의 두 행이 같은 행렬의 행렬식은 0이므로, 결국 $\det \vec{A} = 0$이다. ■

예제 7-13 행렬식의 성질 ❺

행렬 $\vec{A} = \begin{bmatrix} -1 & 2 & 2 \\ -2 & 0 & 4 \\ 2 & -1 & -4 \end{bmatrix}$에 대해 행렬식의 성질 ❺가 성립함을 확인하라.

풀이

행렬 $\vec{A}$는 3열이 1열의 -2배인 행렬이다. 행렬 $\vec{A}$의 행렬식을 구하면 $\det \vec{A} = 0$이므로, 행렬식의 성질 ❺가 성립한다.

성질 ❻

$n\times n$ 행렬 $\vec{A}$, $\vec{B}$, $\vec{C}$가 i행(또는 j열)을 제외한 모든 원소가 같은 행렬이라 하자. 이때 행렬 $\vec{C}$의 i행(또는 j열)이 행렬 $\vec{A}$와 $\vec{B}$의 i행(또는 j열)의 합과 같다면 다음과 같은 관계가 성립한다.

$$\det \vec{C} = \det \vec{A} + \det \vec{B}$$

증명

다음과 같이 행렬 $\vec{A}$, $\vec{B}$, $\vec{C}$가 i행을 제외한 모든 원소가 같고, 행렬 $\vec{C}$의 i행이 행렬 $\vec{A}$와 $\vec{B}$의 i행의 합과 같다고 하자.

$$\vec{A} = \begin{bmatrix} a_{11} & a_{12} & \cdots & a_{1n} \\ a_{21} & a_{22} & \cdots & a_{2n} \\ \vdots & \vdots & \vdots & \vdots \\ a_{i1} & a_{i2} & \cdots & a_{in} \\ \vdots & \vdots & \vdots & \vdots \\ a_{n1} & a_{n2} & \cdots & a_{nn} \end{bmatrix}, \quad \vec{B} = \begin{bmatrix} a_{11} & a_{12} & \cdots & a_{1n} \\ a_{21} & a_{22} & \cdots & a_{2n} \\ \vdots & \vdots & \vdots & \vdots \\ b_{i1} & b_{i2} & \cdots & b_{in} \\ \vdots & \vdots & \vdots & \vdots \\ a_{n1} & a_{n2} & \cdots & a_{nn} \end{bmatrix}, \quad \vec{C} = \begin{bmatrix} a_{11} & a_{12} & \cdots & a_{1n} \\ a_{21} & a_{22} & \cdots & a_{2n} \\ \vdots & \vdots & \vdots & \vdots \\ a_{i1}+b_{i1} & a_{i2}+b_{i2} & \cdots & a_{in}+b_{in} \\ \vdots & \vdots & \vdots & \vdots \\ a_{n1} & a_{n2} & \cdots & a_{nn} \end{bmatrix}$$

행렬 $\vec{C}$의 행렬식을 구하기 위해 i행에 대해 여인수 전개하면 다음과 같이 증명된다.

$$\begin{aligned} \det \vec{C} &= (a_{i1}+b_{i1})\,C_{i1} + (a_{i2}+b_{i2})\,C_{i2} + \cdots + (a_{in}+b_{in})\,C_{in} \\ &= (a_{i1}C_{i1} + a_{i2}C_{i2} + \cdots + a_{in}C_{in}) + (b_{i1}C_{i1} + b_{i2}C_{i2} + \cdots + b_{in}C_{in}) \\ &= \det \vec{A} + \det \vec{B} \end{aligned}$$

■

예제 7-14 행렬식의 성질 ❻

세 행렬 $\vec{A} = \begin{bmatrix} -1 & 1 & -2 \\ 1 & 2 & 1 \\ 3 & 2 & -2 \end{bmatrix}$, $\vec{B} = \begin{bmatrix} -1 & 1 & -2 \\ 1 & 2 & 1 \\ -1 & -1 & 2 \end{bmatrix}$, $\vec{C} = \begin{bmatrix} -1 & 1 & -2 \\ 1 & 2 & 1 \\ 2 & 1 & 0 \end{bmatrix}$에 대해 행렬식의 성질 ❻이 성립함을 확인하라.

풀이

행렬 $\vec{A}$, $\vec{B}$, $\vec{C}$가 3행을 제외한 모든 원소가 같고, 행렬 $\vec{C}$의 3행이 행렬 $\vec{A}$와 $\vec{B}$의 3행의 합과 같다. 행렬 $\vec{A}$, $\vec{B}$, $\vec{C}$의 행렬식을 구하면 $\det \vec{A} = 19$, $\det \vec{B} = -10$, $\det \vec{C} = 9$이므로, $\det \vec{C} = \det \vec{A} + \det \vec{B}$이다. 따라서 행렬식의 성질 ❻이 성립한다.

성질 ❼

행렬 $\vec{B}$가 $n\times n$ 행렬 $\vec{A}$의 임의의 한 행(또는 열)에 0이 아닌 스칼라 c를 곱한 후, 이 결과를 다른 행(또는 열)에 더하여 얻은 행렬이라 하면 $\det\vec{B}=\det\vec{A}$이다.

증명

행렬 $\vec{B}$의 m행이 행렬 $\vec{A}$의 i행에 c를 곱한 후, m행에 더하여 얻은 행렬이라 하자. 그러면 행렬 $\vec{A}$와 $\vec{B}$는 다음과 같다.

$$\vec{A}=\begin{bmatrix} a_{11} & a_{12} & \cdots & a_{1n} \\ a_{21} & a_{22} & \cdots & a_{2n} \\ \vdots & \vdots & \vdots & \vdots \\ a_{i1} & a_{i2} & \cdots & a_{in} \\ \vdots & \vdots & \vdots & \vdots \\ a_{m1} & a_{m2} & \cdots & a_{mn} \\ \vdots & \vdots & \vdots & \vdots \\ a_{n1} & a_{n2} & \cdots & a_{nn} \end{bmatrix},\quad \vec{B}=\begin{bmatrix} a_{11} & a_{12} & \cdots & a_{1n} \\ a_{21} & a_{22} & \cdots & a_{2n} \\ \vdots & \vdots & \vdots & \vdots \\ a_{i1} & a_{i2} & \cdots & a_{in} \\ \vdots & \vdots & \vdots & \vdots \\ a_{m1}+ca_{i1} & a_{m2}+ca_{i2} & \cdots & a_{mn}+ca_{in} \\ \vdots & \vdots & \vdots & \vdots \\ a_{n1} & a_{n2} & \cdots & a_{nn} \end{bmatrix}$$

그러면 행렬식의 성질 ❻에 의해 $\det\vec{B}=\det\vec{A}+\det\vec{C}$이다. 여기서 행렬 $\vec{C}$는 다음과 같다.

$$\vec{C}=\begin{bmatrix} a_{11} & a_{12} & \cdots & a_{1n} \\ a_{21} & a_{22} & \cdots & a_{2n} \\ \vdots & \vdots & \vdots & \vdots \\ a_{i1} & a_{i2} & \cdots & a_{in} \\ \vdots & \vdots & \vdots & \vdots \\ ca_{i1} & ca_{i2} & \cdots & ca_{in} \\ \vdots & \vdots & \vdots & \vdots \\ a_{n1} & a_{n2} & \cdots & a_{nn} \end{bmatrix} \leftarrow m\text{행}$$

또한 행렬 $\vec{C}$의 m행이 i행의 스칼라배이므로 행렬식의 성질 ❺에 의해 $\det\vec{C}=0$이다. 따라서 $\det\vec{B}=\det\vec{A}$가 된다. ■

예제 7-15 행렬식의 성질 ❼

두 행렬 $\vec{A}=\begin{bmatrix} 2 & -2 & -1 \\ -1 & 2 & 1 \\ 1 & 3 & -2 \end{bmatrix}$, $\vec{B}=\begin{bmatrix} 2 & -2 & -1 \\ -1 & 2 & 1 \\ -3 & 7 & 0 \end{bmatrix}$에 대해 행렬식의 성질 ❼이 성립함을 확인하라.

풀이

행렬 $\vec{B}$의 3행은 행렬 $\vec{A}$의 1행에 -2를 곱한 뒤, $\vec{A}$의 3행에 더하여 얻은 행렬임을 알 수 있다. 행렬 $\vec{A}$와 $\vec{B}$의 행렬식을 구하면 $\det\vec{A}=-7$, $\det\vec{B}=-7$이므로, $\det\vec{B}=\det\vec{A}$이다. 따라서 행렬식의 성질 ❼이 성립한다.

성질 ❽

$n \times n$ 행렬 $\overrightarrow{A}$와 $\overrightarrow{B}$에 대해 $\det(\overrightarrow{A}\overrightarrow{B}) = (\det\overrightarrow{A}) \cdot (\det\overrightarrow{B})$이다.

증명

일반적인 행렬은 8.1절에서 설명할 기본 행 연산을 이용하면 대각행렬로 바꿀 수 있다. 그러므로 여기서는 행렬식의 성질 ❽을 간단히 증명하기 위해, 다음과 같이 행렬 $\overrightarrow{A}$가 대각행렬이고 행렬 $\overrightarrow{B}$가 일반적인 행렬이라 가정하고 증명해보자.

$$\overrightarrow{A} = \begin{bmatrix} d_1 & 0 & \cdots & 0 \\ 0 & d_2 & \cdots & 0 \\ \vdots & \vdots & \vdots & \vdots \\ 0 & 0 & \cdots & d_n \end{bmatrix}, \quad \overrightarrow{B} = \begin{bmatrix} b_{11} & b_{12} & \cdots & b_{1n} \\ b_{21} & b_{22} & \cdots & b_{2n} \\ \vdots & \vdots & \vdots & \vdots \\ b_{n1} & b_{n2} & \cdots & b_{nn} \end{bmatrix}$$

그러면 두 행렬의 곱은 $\overrightarrow{A}\overrightarrow{B} = \begin{bmatrix} d_1b_{11} & d_1b_{12} & \cdots & d_1b_{1n} \\ d_2b_{21} & d_2b_{22} & \cdots & d_2b_{2n} \\ \vdots & \vdots & \vdots & \vdots \\ d_nb_{n1} & d_nb_{n2} & \cdots & d_nb_{nn} \end{bmatrix}$이고, $\overrightarrow{A}\overrightarrow{B}$의 행렬식은 다음과 같다.

$$\det(\overrightarrow{A}\overrightarrow{B}) = \begin{vmatrix} d_1b_{11} & d_1b_{12} & \cdots & d_1b_{1n} \\ d_2b_{21} & d_2b_{22} & \cdots & d_2b_{2n} \\ \vdots & \vdots & \vdots & \vdots \\ d_nb_{n1} & d_nb_{n2} & \cdots & d_nb_{nn} \end{vmatrix}$$

행렬식의 성질 ❹를 반복하여 적용하면 다음과 같이 증명이 완성된다.

$$\begin{aligned} \det(\overrightarrow{A}\overrightarrow{B}) &= d_1 \begin{vmatrix} b_{11} & b_{12} & \cdots & b_{1n} \\ d_2b_{21} & d_2b_{22} & \cdots & d_2b_{2n} \\ \vdots & \vdots & \vdots & \vdots \\ d_nb_{n1} & d_nb_{n2} & \cdots & d_nb_{nn} \end{vmatrix} \\ &= d_1d_2 \begin{vmatrix} b_{11} & b_{12} & \cdots & b_{1n} \\ b_{21} & b_{22} & \cdots & b_{2n} \\ \vdots & \vdots & \vdots & \vdots \\ d_nb_{n1} & d_nb_{n2} & \cdots & d_nb_{nn} \end{vmatrix} \\ &= \underbrace{d_1d_2\cdots d_n}_{\det\overrightarrow{A}} \begin{vmatrix} b_{11} & b_{12} & \cdots & b_{1n} \\ b_{21} & b_{22} & \cdots & b_{2n} \\ \vdots & \vdots & \vdots & \vdots \\ b_{n1} & b_{n2} & \cdots & b_{nn} \end{vmatrix} = (\det\overrightarrow{A}) \cdot (\det\overrightarrow{B}) \end{aligned}$$

■

예제 7-16 **행렬식의 성질 ❽**

두 행렬 $\vec{A}=\begin{bmatrix}1&-2&-1\\-2&0&-2\\1&3&1\end{bmatrix}$, $\vec{B}=\begin{bmatrix}-1&0&-1\\1&2&2\\-2&2&-2\end{bmatrix}$에 대해 행렬식의 성질 ❽이 성립함을 확인하라.

풀이

두 행렬 $\vec{A}$와 $\vec{B}$의 곱은 $\vec{A}\vec{B}=\begin{bmatrix}-1&-6&-3\\6&-4&6\\0&8&3\end{bmatrix}$이다. 각 행렬에 대해 행렬식을 구하면 다음과 같다.

$$\det\vec{A}=12,\quad \det\vec{B}=2,\quad (\det\vec{A})\cdot(\det\vec{B})=(12)(2)=24,\quad \det(\vec{A}\vec{B})=24$$

따라서 $\det(\vec{A}\vec{B})=(\det\vec{A})\cdot(\det\vec{B})$이므로, 행렬식의 성질 ❽이 성립한다.

성질 ❾

$n\times n$ 행렬 $\vec{A}$의 전치행렬 $\vec{A}^{\mathrm{T}}$에 대해 $\det\vec{A}^{\mathrm{T}}=\det\vec{A}$이다.

행렬식의 성질 ❾는 수학적 귀납법으로 증명할 수 있으나, 증명이 매우 길어지므로 여기서는 생략한다.

예제 7-17 **행렬식의 성질 ❾**

행렬 $\vec{A}=\begin{bmatrix}-1&1&-2\\2&0&1\\-1&-1&3\end{bmatrix}$에 대해 행렬식의 성질 ❾가 성립함을 확인하라.

풀이

행렬 $\vec{A}$의 전치행렬은 $\vec{A}^{\mathrm{T}}=\begin{bmatrix}-1&2&-1\\1&0&-1\\-2&1&3\end{bmatrix}$이다. $\vec{A}$와 $\vec{A}^{\mathrm{T}}$의 행렬식을 구하면 $\det\vec{A}=-4$, $\det\vec{A}^{\mathrm{T}}=-4$이므로, $\det\vec{A}^{\mathrm{T}}=\det\vec{A}$이다. 따라서 행렬식의 성질 ❾가 성립한다.

성질 ❿

삼각행렬(상삼각행렬 또는 하삼각행렬) $\vec{A}$의 행렬식은 다음과 같다.

$$\det\vec{A}=a_{11}a_{22}\cdots a_{nn}$$

여기서 $a_{11}, a_{22}, \cdots, a_{nn}$은 행렬 $\vec{A}$의 주대각원소이다.

증명

하삼각행렬에 대한 증명은 상삼각행렬의 경우와 유사하므로, 여기서는 상삼각행렬에 대해서만 증명한다. $n \times n$ 상삼각행렬 $\vec{A}$는 다음과 같다.

$$\vec{A} = \begin{bmatrix} a_{11} & a_{12} & \cdots & a_{1n} \\ 0 & a_{22} & \cdots & a_{2n} \\ \vdots & \vdots & \vdots & \vdots \\ 0 & 0 & \cdots & a_{nn} \end{bmatrix}$$

행렬 $\vec{A}$의 행렬식을 구하기 위해 1열에 대해 여인수 전개하면 다음과 같다.

$$\begin{aligned} \det \vec{A} &= a_{11}C_{11} + a_{21}C_{21} + \cdots + a_{n1}C_{n1} \\ &= a_{11}C_{11} + (0)C_{21} + \cdots + (0)C_{n1} \\ &= a_{11}\left[(-1)^{1+1}\det \begin{bmatrix} a_{22} & a_{23} & \cdots & a_{2n} \\ 0 & a_{33} & \cdots & a_{3n} \\ \vdots & \vdots & \vdots & \vdots \\ 0 & 0 & \cdots & a_{nn} \end{bmatrix}\right] = a_{11}\det \begin{bmatrix} a_{22} & a_{23} & \cdots & a_{2n} \\ 0 & a_{33} & \cdots & a_{3n} \\ \vdots & \vdots & \vdots & \vdots \\ 0 & 0 & \cdots & a_{nn} \end{bmatrix} \end{aligned}$$

다시 순차적으로 $a_{22}, a_{33}, \cdots, a_{nn}$을 포함한 열에 대해 여인수 전개하면 $\vec{A}$의 행렬식은 다음과 같다.

$$\det \vec{A} = a_{11}a_{22} \cdots a_{nn}$$

■

예제 7-18 행렬식의 성질 ⑩

행렬 $\vec{A} = \begin{bmatrix} 2 & 2 & -1 \\ 0 & -3 & 2 \\ 0 & 0 & -2 \end{bmatrix}$에 대해 행렬식의 성질 ⑩이 성립함을 확인하라.

풀이

행렬 $\vec{A}$는 상삼각행렬이다. 행렬 $\vec{A}$의 행렬식을 구하기 위해 1열에 대해 여인수 전개하면 다음과 같다.

$$\det \vec{A} = (2)(-1)^{1+1}\det \begin{bmatrix} -3 & 2 \\ 0 & -2 \end{bmatrix} = (2)(-3)(-2) = 12$$

즉 행렬 $\vec{A}$의 주대각원소들의 곱과 같으므로, 행렬식의 성질 ⑩이 성립한다.

정리 7-5 여인수의 성질

$n\times n$ 행렬 $\overrightarrow{A}$에 대해 다음이 성립한다.

(1) a_{i1}, a_{i2}, $\cdots$, a_{in}이 행렬 $\overrightarrow{A}$의 i행 원소이고, C_{j1}, C_{j2}, $\cdots$, C_{jn}이 행렬 $\overrightarrow{A}$의 j행 원소에 대한 여인수라 하면 다음과 같다.

$$a_{i1}C_{j1}+a_{i2}C_{j2}+\ \cdots\ +a_{in}C_{jn}=0\quad (i\neq j)$$

(2) a_{1j}, a_{2j}, $\cdots$, a_{nj}가 행렬 $\overrightarrow{A}$의 j열 원소이고, C_{1k}, C_{2k}, $\cdots$, C_{nk}가 행렬 $\overrightarrow{A}$의 k열 원소에 대한 여인수라 하면 다음과 같다.

$$a_{1j}C_{1k}+a_{2j}C_{2k}+\ \cdots\ +a_{nj}C_{nk}=0\quad (j\neq k)$$

증명

열에 대한 증명은 행에 대한 증명과 유사하므로, 여기서는 행에 대한 결과인 (1)만 증명하겠다. 행렬 $\overrightarrow{A}$의 j행을 i행으로 대치한 행렬을 $\overrightarrow{B}$라 하자. 그러면 행렬 $\overrightarrow{B}$는 i행과 j행이 같은 행렬이므로 $\det\overrightarrow{B}=0$이다. 행렬 $\overrightarrow{B}$의 행렬식을 구하기 위해 j행에 대해 여인수 전개하면 다음과 같다.

$$\det\overrightarrow{B}=a_{j1}C_{j1}+a_{j2}C_{j2}+\ \cdots\ +a_{jn}C_{jn}=0$$

그러나 행렬 $\overrightarrow{B}$의 j행 원소가 i행 원소와 같으므로 다음이 성립한다.

$$a_{i1}C_{j1}+a_{i2}C_{j2}+\ \cdots\ +a_{in}C_{jn}=0$$ ■

SECTION 7.3

역행렬

역행렬은 선형대수학에서 선형방정식의 해를 구하는 데 유용하게 사용될 뿐만 아니라, 공학에서도 로봇공학, 제어공학 등의 다양한 분야에서 매우 중요하게 응용된다. 이 절에서 역행렬의 정의와 성질에 대해 알아보고 직접 계산해보자.

역행렬의 정의와 성질

정의 7-8 역행렬

$n \times n$ 행렬 $\overrightarrow{A}$에 대해 다음 관계를 만족하는 행렬 $\overrightarrow{B}$가 존재하면 $\overrightarrow{B}$를 행렬 $\overrightarrow{A}$의 **역행렬** inverse matrix이라 하고, $\overrightarrow{B} = \overrightarrow{A}^{-1}$로 표기한다.

$$\overrightarrow{A}\overrightarrow{B} = \overrightarrow{B}\overrightarrow{A} = \overrightarrow{I}$$

이때 행렬 $\overrightarrow{A}$를 **가역행렬** invertible matrix 또는 **정칙행렬** nonsingular matrix이라 하고, $\overrightarrow{I}$는 $n \times n$ 단위행렬이다.

예를 들어 다음과 같은 두 행렬을 생각해보자.

$$\overrightarrow{A} = \begin{bmatrix} 1 & -1 \\ -1 & 2 \end{bmatrix}, \quad \overrightarrow{B} = \begin{bmatrix} 2 & 1 \\ 1 & 1 \end{bmatrix}$$

두 행렬의 곱은 각각 다음과 같다.

$$\overrightarrow{A}\overrightarrow{B} = \begin{bmatrix} 1 & -1 \\ -1 & 2 \end{bmatrix}\begin{bmatrix} 2 & 1 \\ 1 & 1 \end{bmatrix} = \begin{bmatrix} 1 & 0 \\ 0 & 1 \end{bmatrix} = \overrightarrow{I}$$

$$\overrightarrow{B}\overrightarrow{A} = \begin{bmatrix} 2 & 1 \\ 1 & 1 \end{bmatrix}\begin{bmatrix} 1 & -1 \\ -1 & 2 \end{bmatrix} = \begin{bmatrix} 1 & 0 \\ 0 & 1 \end{bmatrix} = \overrightarrow{I}$$

따라서 [정의 7-8]에 의해 $\overrightarrow{B}$는 $\overrightarrow{A}$의 역행렬이고 $\overrightarrow{A}$는 $\overrightarrow{B}$의 역행렬이다.

반면에 행렬 $\vec{A} = \begin{bmatrix} -2 & -1 \\ 2 & 1 \end{bmatrix}$의 경우, $\vec{A}\vec{B} = \vec{B}\vec{A} = \vec{I}$를 만족하는 행렬 $\vec{B}$가 존재하지 않으므로 역행렬을 갖지 않는다. 즉 모든 $n \times n$ 행렬의 역행렬이 존재하는 것은 아니며, 역행렬이 존재하지 않는 행렬을 **특이행렬** singular matrix이라 한다. 역행렬의 존재 여부를 확인하는 방법은 나중에 자세히 설명하겠다. 다음으로 역행렬의 성질에 대해 살펴보자.

정리 7-6 역행렬의 성질

$n \times n$ 행렬 $\vec{A}$와 $\vec{B}$에 대해 다음 관계가 성립한다.

(1) $(\vec{A}^{-1})^{-1} = \vec{A}$

(2) $(\vec{A}\vec{B})^{-1} = \vec{B}^{-1}\vec{A}^{-1}$

증명

(1) 역행렬의 정의에 따라 $\vec{B}$가 행렬 $\vec{A}$의 역행렬이면 다음과 같이 나타낼 수 있다.

$$\vec{B} = \vec{A}^{-1}$$

위 식을 역행렬의 정의에 관한 식에 대입하면 다음과 같다.

$$\vec{A}\vec{B} = \vec{A}\vec{A}^{-1} = \vec{I}, \quad \vec{B}\vec{A} = \vec{A}^{-1}\vec{A} = \vec{I}$$

위 식을 정리하면 다음과 같다.

$$\vec{A}^{-1}\vec{A} = \vec{A}\vec{A}^{-1} = \vec{I}$$

따라서 역행렬의 정의에 의해 $\vec{A}^{-1}$의 역행렬은 $\vec{A}$임을 알 수 있다.

(2) 역행렬의 정의를 이용하면 다음과 같은 관계식을 얻을 수 있다.

$$(\vec{B}^{-1}\vec{A}^{-1})(\vec{A}\vec{B}) = \vec{B}^{-1}(\vec{A}^{-1}\vec{A})\vec{B} = \vec{B}^{-1}(\vec{I})\vec{B} = \vec{B}^{-1}\vec{B} = \vec{I}$$
$$(\vec{A}\vec{B})(\vec{B}^{-1}\vec{A}^{-1}) = \vec{A}(\vec{B}\vec{B}^{-1})\vec{A}^{-1} = \vec{A}(\vec{I})\vec{A}^{-1} = \vec{A}\vec{A}^{-1} = \vec{I}$$

따라서 $\vec{A}\vec{B}$의 역행렬은 $\vec{B}^{-1}\vec{A}^{-1}$이다. ■

수반행렬

역행렬을 구하는 공식을 설명하기 전에 먼저 수반행렬의 정의에 대해 이해해야 한다. 식 (7.3)에서 $n \times n$ 행렬 $\overrightarrow{A}$의 원소 a_{ij}의 여인수는 C_{ij}였다. 수반행렬은 여인수 개념을 이용해 다음과 같이 정의한다.

정의 7-9 수반행렬

$n \times n$ 행렬 $\overrightarrow{A}$의 원소 a_{ij}의 여인수 C_{ij}로 구성된 행렬의 전치행렬을 **수반행렬** adjoint matrix 이라 하고 $adj\,\overrightarrow{A}$로 표기한다.

$$adj\,\overrightarrow{A} = \begin{bmatrix} C_{11} & C_{12} & \cdots & C_{1n} \\ C_{21} & C_{22} & \cdots & C_{2n} \\ \vdots & \vdots & \vdots & \vdots \\ C_{n1} & C_{n2} & \cdots & C_{nn} \end{bmatrix}^{\mathrm{T}} = \begin{bmatrix} C_{11} & C_{21} & \cdots & C_{n1} \\ C_{12} & C_{22} & \cdots & C_{n2} \\ \vdots & \vdots & \vdots & \vdots \\ C_{1n} & C_{2n} & \cdots & C_{nn} \end{bmatrix}$$

[정의 7-9]에서 볼 수 있듯이, 수반행렬은 행렬 $\overrightarrow{A}$의 모든 원소에 대한 여인수를 구해야 하기 때문에 계산량이 매우 많으며, 행렬의 크기가 커질수록 계산하기 어려워진다. 그러나 컴퓨터를 이용하면 쉽게 구할 수 있다. 수반행렬을 구하는 방법은 이후 역행렬 계산에 관한 예제에서 연습해보자.

역행렬 공식

역행렬을 구하는 방법에는 공식을 이용하는 방법과 8.1절에서 설명할 기본 행 연산을 이용하는 방법이 있다. 여기서는 공식을 이용해 역행렬을 구하는 방법에 대해 살펴본다. 임의의 $n \times n$ 행렬 $\overrightarrow{A}$의 역행렬은 다음 정리를 이용해 구할 수 있다.

정리 7-7 역행렬 공식

$n \times n$ 행렬 $\overrightarrow{A}$의 역행렬을 구하는 공식은 다음과 같다.

$$\overrightarrow{A}^{-1} = \frac{1}{\det \overrightarrow{A}}\, adj\,\overrightarrow{A}$$

여기서 $\det \overrightarrow{A} \neq 0$이다.

증명

$\det \vec{A} \neq 0$이라 가정하면 다음과 같다.

$$(\vec{A})(adj\,\vec{A}) = [c_{ij}]_{n\times n} = \begin{bmatrix} a_{11} & a_{12} & \cdots & a_{1n} \\ a_{21} & a_{22} & \cdots & a_{2n} \\ \vdots & \vdots & \vdots & \vdots \\ a_{n1} & a_{n2} & \cdots & a_{nn} \end{bmatrix} \begin{bmatrix} C_{11} & C_{21} & \cdots & C_{n1} \\ C_{12} & C_{22} & \cdots & C_{2n} \\ \vdots & \vdots & \vdots & \vdots \\ C_{1n} & C_{2n} & \cdots & C_{nn} \end{bmatrix}$$

여기서 c_{ij}가 다음과 같다고 하자.

$$\begin{aligned} c_{ij} &= (\vec{A}\text{의 } i\text{행}) \cdot (adj\,\vec{A}\text{의 } j\text{열}) = (a_{i1}\ \ a_{i2}\ \cdots\ a_{in}) \cdot \begin{pmatrix} C_{j1} \\ C_{j2} \\ \vdots \\ C_{jn} \end{pmatrix} \\ &= a_{i1}C_{j1} + a_{i2}C_{j2} + \cdots + a_{in}C_{jn} \end{aligned}$$

이때 $i=j$이면 c_{ij}는 $\det \vec{A}$를 구하기 위한 $\vec{A}$의 i행에 대한 여인수 전개와 같으므로

$$c_{ij} = a_{i1}C_{i1} + a_{i2}C_{i2} + \cdots + a_{in}C_{in} = \det \vec{A}$$

이고, $i \neq j$이면 [정리 7-5]에 의해 $c_{ij}=0$이다. 즉 다음이 성립한다.

$$c_{ij} = \begin{cases} \det \vec{A} & (i=j) \\ 0 & (i \neq j) \end{cases}$$

그러므로 다음과 같은 식을 얻을 수 있다.

$$(\vec{A})(adj\,\vec{A}) = [c_{ij}]_{n\times n} = \begin{bmatrix} \det \vec{A} & 0 & \cdots & 0 \\ 0 & \det \vec{A} & \cdots & 0 \\ \vdots & \vdots & \vdots & \vdots \\ 0 & 0 & \cdots & \det \vec{A} \end{bmatrix} = (\det \vec{A})\vec{I} \qquad \cdots ①$$

$\vec{A}\vec{B} = \vec{I}$이면 $\vec{B} = \vec{A}^{-1}$이므로, $\vec{A}^{-1} = \dfrac{1}{\det \vec{A}}\,adj\,\vec{A}$가 성립함을 증명하기 위해 다음이 성립함을 보이면 된다.

$$(\vec{A})\left(\frac{1}{\det \vec{A}}\,adj\,\vec{A}\right) = \vec{I}$$

이 결과는 식 ①을 이용하면 다음과 같이 쉽게 보일 수 있다.

$$\begin{aligned} (\vec{A})\left(\frac{1}{\det \vec{A}}\,adj\,\vec{A}\right) &= \frac{1}{\det \vec{A}}[\vec{A}(adj\,\vec{A})] \\ &= \frac{1}{\det \vec{A}}(\det \vec{A})\vec{I} = \vec{I} \end{aligned}$$

따라서 $\vec{A}^{-1}$는 다음과 같다.

$$\vec{A}^{-1} = \frac{1}{\det \vec{A}}\,adj\,\vec{A}$$

■

예제 7-19 역행렬 계산

다음 행렬 $\vec{A}$의 역행렬을 구하라.

$$\vec{A} = \begin{bmatrix} -1 & 2 & 1 \\ 2 & -1 & 2 \\ 0 & -2 & -1 \end{bmatrix}$$

풀이

[정리 7-7]을 이용해 역행렬을 구하기 위해서는 먼저 $\det\vec{A}$와 $adj\,\vec{A}$를 구해야 한다. [정의 7-7]의 식을 이용하면 $\det\vec{A} = -5$이다. $adj\,\vec{A}$를 구하기 위해 행렬 $\vec{A}$의 모든 원소에 대한 여인수를 구하면 다음과 같다.

$$C_{11} = (-1)^{1+1}\begin{vmatrix} -1 & 2 \\ -2 & -1 \end{vmatrix} = 5, \qquad C_{12} = (-1)^{1+2}\begin{vmatrix} 2 & 2 \\ 0 & -1 \end{vmatrix} = 2,$$

$$C_{13} = (-1)^{1+3}\begin{vmatrix} 2 & -1 \\ 0 & -2 \end{vmatrix} = -4, \qquad C_{21} = (-1)^{2+1}\begin{vmatrix} 2 & 1 \\ -2 & -1 \end{vmatrix} = 0,$$

$$C_{22} = (-1)^{2+2}\begin{vmatrix} -1 & 1 \\ 0 & -1 \end{vmatrix} = 1, \qquad C_{23} = (-1)^{2+3}\begin{vmatrix} -1 & 2 \\ 0 & -2 \end{vmatrix} = -2,$$

$$C_{31} = (-1)^{3+1}\begin{vmatrix} 2 & 1 \\ -1 & 2 \end{vmatrix} = 5, \qquad C_{32} = (-1)^{3+2}\begin{vmatrix} -1 & 1 \\ 2 & 2 \end{vmatrix} = 4,$$

$$C_{33} = (-1)^{3+3}\begin{vmatrix} -1 & 2 \\ 2 & -1 \end{vmatrix} = -3$$

따라서 [정의 7-9]에 의해 수반행렬은 다음과 같다.

$$adj\,\vec{A} = \begin{bmatrix} C_{11} & C_{12} & C_{13} \\ C_{21} & C_{22} & C_{23} \\ C_{31} & C_{32} & C_{33} \end{bmatrix}^{\mathrm{T}} = \begin{bmatrix} C_{11} & C_{21} & C_{31} \\ C_{12} & C_{22} & C_{32} \\ C_{13} & C_{23} & C_{33} \end{bmatrix} = \begin{bmatrix} 5 & 0 & 5 \\ 2 & 1 & 4 \\ -4 & -2 & -3 \end{bmatrix}$$

그러므로 [정리 7-7]에 의해 행렬 $\vec{A}$의 역행렬은 다음과 같다.

$$\vec{A}^{-1} = \frac{1}{\det\vec{A}}\,adj\,\vec{A} = \frac{1}{-5}\begin{bmatrix} 5 & 0 & 5 \\ 2 & 1 & 4 \\ -4 & -2 & -3 \end{bmatrix}$$

검산해보면 다음이 성립함을 확인할 수 있다.

$$\vec{A}\,(\vec{A}^{-1}) = \begin{bmatrix} -1 & 2 & 1 \\ 2 & -1 & 2 \\ 0 & -2 & -1 \end{bmatrix}\frac{1}{-5}\begin{bmatrix} 5 & 0 & 5 \\ 2 & 1 & 4 \\ -4 & -2 & -3 \end{bmatrix} = \begin{bmatrix} 1 & 0 & 0 \\ 0 & 1 & 0 \\ 0 & 0 & 1 \end{bmatrix} = \vec{I}$$

앞서 역행렬이 존재하지 않는 행렬을 특이행렬이라고 정의했다. [정리 7-7]에 의하면 $n \times n$ 행렬 $\vec{A}$의 역행렬이 존재하기 위한 필요충분조건은 $\det\vec{A} \neq 0$임을 알 수 있다. 따라서 $\det\vec{A} = 0$이면 행렬 $\vec{A}$는 역행렬이 존재하지 않는 특이행렬이다.

예제 7-20 특이행렬

다음 행렬 $\vec{A}$가 특이행렬임을 확인하라.

$$\vec{A} = \begin{bmatrix} -1 & 1 & -2 \\ 2 & 4 & 4 \\ 3 & 3 & 6 \end{bmatrix}$$

풀이

[정의 7-7]의 식을 이용해 행렬식을 구하면 $\det\vec{A} = 0$이다. 따라서 $\vec{A}$는 특이행렬이다.

SECTION 7.4 행렬과 선형변환

좌표평면상에서의 변환인 함수 f를 생각해보자. 임의의 벡터 $\vec{x}$, $\vec{x}_1$, $\vec{x}_2$와 임의의 실수 c에 대해 함수 f가

$$f(c\vec{x}) = cf(\vec{x}), \quad f(\vec{x}_1 \pm \vec{x}_2) = f(\vec{x}_1) \pm f(\vec{x}_2)$$

를 만족하면 함수 f를 **선형변환**linear transformation이라 한다. 이제 선형변환을 행렬의 관점에서 생각해보자. 함수 f가 벡터 $\vec{x} = \begin{bmatrix} x_1 \\ x_2 \end{bmatrix}$를 $\vec{A}\vec{x} = \begin{bmatrix} a_{11} & a_{12} \\ a_{21} & a_{22} \end{bmatrix}\begin{bmatrix} x_1 \\ x_2 \end{bmatrix}$로 보내는 변환이라고 하면 $f(\vec{x}) = \vec{A}\vec{x}$로 나타낼 수 있고, 함수 f는 선형변환이다. 이때 행렬 $\vec{A} = \begin{bmatrix} a_{11} & a_{12} \\ a_{21} & a_{22} \end{bmatrix}$를 선형변환 f에 대한 행렬이라고 한다. 예를 들어 선형변환 f를 나타내는 식이

$$\begin{aligned} x_1' &= x_1 - x_2 \\ x_2' &= -x_1 + x_2 \end{aligned}$$

로 주어진다면 다음과 같이 나타낼 수 있다.

$$f(\vec{x}) = \begin{bmatrix} x_1' \\ x_2' \end{bmatrix} = \begin{bmatrix} 1 & -1 \\ -1 & 1 \end{bmatrix}\begin{bmatrix} x_1 \\ x_2 \end{bmatrix}$$

따라서 선형변환 f에 대한 행렬은 다음과 같다.

$$\vec{A} = \begin{bmatrix} 1 & -1 \\ -1 & 1 \end{bmatrix}$$

예를 들어 $x_1 = 2$, $x_2 = 1$인 점 $\mathrm{P}(x_1, x_2)$가 있다고 하자. 이 점을 선형변환 f에 대한 식에 대입하면

$$\begin{bmatrix} x_1' \\ x_2' \end{bmatrix} = \begin{bmatrix} 1 & -1 \\ -1 & 1 \end{bmatrix}\begin{bmatrix} 2 \\ 1 \end{bmatrix} = \begin{bmatrix} 1 \\ -1 \end{bmatrix}$$

이므로, 점 $\mathrm{P}(2, 1)$은 점 $\mathrm{P}(1, -1)$로 옮겨짐을 알 수 있다.

이제 행렬에 의한 몇 가지 선형변환에 대해 알아보고자 한다. 선형변환의 종류로는 닮음변환, 대칭변환, 회전변환 등이 있다.

■ 닮음변환

좌표평면상의 한 도형의 모양은 그대로 유지하고 크기만 변화시키는 변환을 **닮음변환**similar transformation이라 한다. 즉 닮음변환은 점 $\mathrm{P}(x,\ y)$를 $\mathrm{P}'(kx,\ ky)$에 대응시키는 변환이고, 여기서 k는 0이 아닌 임의의 실수이다. 이때 $|k|>1$이면 크기를 k배 확대하는 변환이고, $0<|k|<1$이면 크기를 k배 축소하는 변환이다. 또한 $k>0$이면 같은 방향으로의 변환이고 $k<0$이면 반대 방향으로의 변환이다.

$x'=kx,\ y'=ky$이므로 닮음변환 f는 다음과 같이 나타낼 수 있다.

$$\begin{bmatrix} x' \\ y' \end{bmatrix} = \begin{bmatrix} k & 0 \\ 0 & k \end{bmatrix} \begin{bmatrix} x \\ y \end{bmatrix}$$

따라서 닮음변환 f에 대한 행렬은 다음과 같다.

$$\overrightarrow{A} = \begin{bmatrix} k & 0 \\ 0 & k \end{bmatrix}$$

닮음변환을 그림으로 나타내면 다음과 같다. [그림 7-5]의 닮음변환은 원점으로부터 점 A, B, C까지의 거리를 각각 k배 확대한 점 A$'$, B$'$, C$'$을 보여준다. 이때 삼각형 ABC와 삼각형 A$'$B$'$C$'$의 모양은 그대로 유지된다.

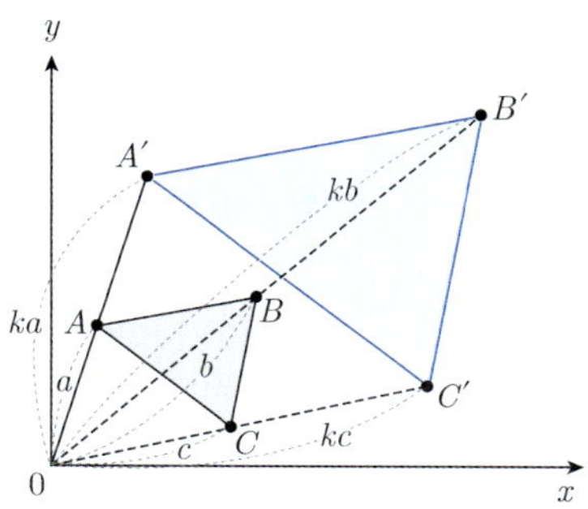

[그림 7-5] 닮음변환

■ 대칭변환

좌표평면상의 한 점을 특정한 선이나 점에 대해 대칭인 점으로 옮기는 변환을 **대칭변환** symmetric transformation이라고 한다. 임의의 점 $P(x,\ y)$를 대칭이동한 점을 $P'(x',\ y')$이라 할 때, 대칭이동한 결과는 다음과 같다.

❶ x축에 대해 대칭인 경우

$x'=x,\ y'=-y$이므로 x축에 대한 대칭변환 f는 다음과 같다.

$$\begin{bmatrix} x' \\ y' \end{bmatrix} = \begin{bmatrix} 1 & 0 \\ 0 & -1 \end{bmatrix}\begin{bmatrix} x \\ y \end{bmatrix}$$

따라서 대칭변환 f에 대한 행렬은 $\overrightarrow{A} = \begin{bmatrix} 1 & 0 \\ 0 & -1 \end{bmatrix}$이다.

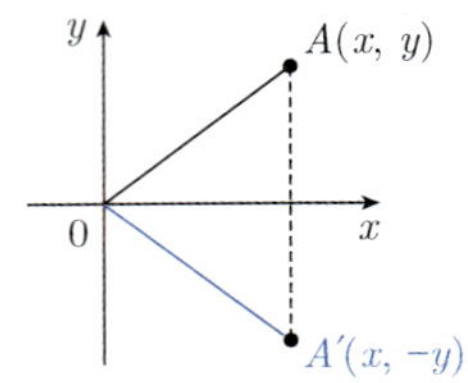

[그림 7-6] x축에 대한 대칭변환

❷ y축에 대해 대칭인 경우

$x'=-x,\ y'=y$이므로 y축에 대한 대칭변환 f는 다음과 같다.

$$\begin{bmatrix} x' \\ y' \end{bmatrix} = \begin{bmatrix} -1 & 0 \\ 0 & 1 \end{bmatrix}\begin{bmatrix} x \\ y \end{bmatrix}$$

따라서 대칭변환 f에 대한 행렬은 $\overrightarrow{A} = \begin{bmatrix} -1 & 0 \\ 0 & 1 \end{bmatrix}$이다.

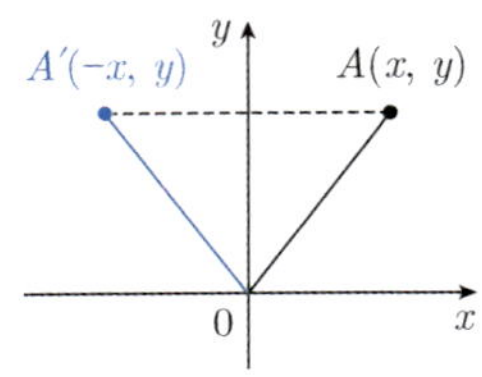

[그림 7-7] y축에 대한 대칭변환

❸ 원점에 대해 대칭인 경우

$x'=-x,\ y'=-y$이므로 원점에 대한 대칭변환 f는 다음과 같다.

$$\begin{bmatrix} x' \\ y' \end{bmatrix} = \begin{bmatrix} -1 & 0 \\ 0 & -1 \end{bmatrix}\begin{bmatrix} x \\ y \end{bmatrix}$$

따라서 대칭변환 f에 대한 행렬은 $\overrightarrow{A} = \begin{bmatrix} -1 & 0 \\ 0 & -1 \end{bmatrix}$이다.

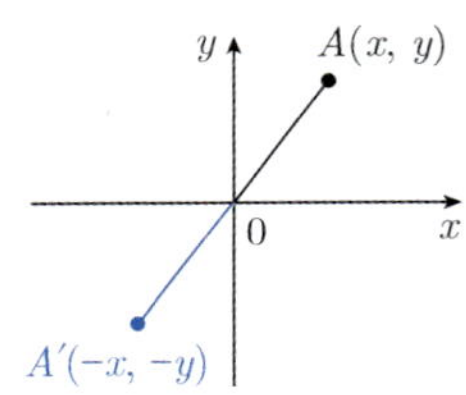

[그림 7-8] 원점에 대한 대칭변환

❹ 직선 $y=x$에 대해 대칭인 경우

$x'=y,\ y'=x$이므로 직선 $y=x$에 대한 대칭변환 f는 다음과 같다.

$$\begin{bmatrix} x' \\ y' \end{bmatrix} = \begin{bmatrix} 0 & 1 \\ 1 & 0 \end{bmatrix}\begin{bmatrix} x \\ y \end{bmatrix}$$

따라서 대칭변환 f에 대한 행렬은 $\overrightarrow{A} = \begin{bmatrix} 0 & 1 \\ 1 & 0 \end{bmatrix}$이다.

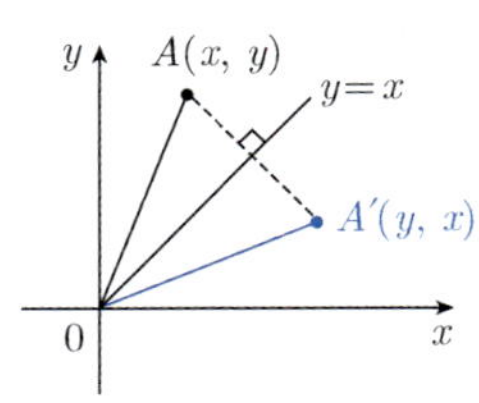

[그림 7-9] 직선 $y=x$에 대한 대칭변환

■ 회전변환

좌표평면상의 임의의 점을 원점을 중심으로 각도 ϕ만큼 반시계방향으로 회전시키는 변환을 **회전변환** rotational transformation이라 한다. [그림 7-10]에서 점 $\mathrm{P}(x, y)$를 원점을 중심으로 각도 ϕ만큼 반시계방향으로 회전시킨 점 $\mathrm{P}'(x', y')$의 변환에 대해 생각해보자.

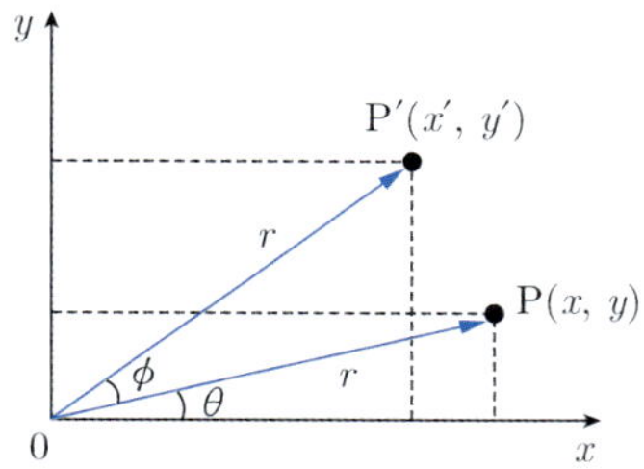

[그림 7-10] 회전변환

주어진 점을 극좌표로 나타내면 $x = r\cos\theta$, $y = r\sin\theta$이고 x'과 y'은 다음과 같다.

$$x' = r\cos(\theta+\phi) = r\cos\theta\cos\phi - r\sin\theta\sin\phi = x\cos\phi - y\sin\phi$$
$$y' = r\sin(\theta+\phi) = r\sin\theta\cos\phi + r\cos\theta\sin\phi = x\sin\phi + y\cos\phi$$

따라서 점 $\mathrm{P}(x, y)$를 원점을 중심으로 각도 ϕ만큼 반시계방향으로 회전시키는 회전변환 f는 다음과 같다.

$$\begin{bmatrix} x' \\ y' \end{bmatrix} = \begin{bmatrix} \cos\phi & -\sin\phi \\ \sin\phi & \cos\phi \end{bmatrix} \begin{bmatrix} x \\ y \end{bmatrix}$$

그러므로 회전변환 f에 대한 행렬은 다음과 같다.

$$\vec{A} = \begin{bmatrix} \cos\phi & -\sin\phi \\ \sin\phi & \cos\phi \end{bmatrix}$$

회전변환은 점뿐만 아니라 도형에 대해서도 적용할 수 있다.

예제 7-21 회전변환

직선 $y = \dfrac{1}{2}x$를 원점을 중심으로 반시계방향으로 $45°$ 회전시킨 직선의 방정식을 구하라.

풀이

반시계방향으로 $45°$ 회전시키는 회전변환에 대한 행렬은 다음과 같다.

$$\vec{A} = \begin{bmatrix} \cos 45° & -\sin 45° \\ \sin 45° & \cos 45° \end{bmatrix} = \begin{bmatrix} 1/\sqrt{2} & -1/\sqrt{2} \\ 1/\sqrt{2} & 1/\sqrt{2} \end{bmatrix}$$

따라서 $\begin{bmatrix} x' \\ y' \end{bmatrix} = \begin{bmatrix} 1/\sqrt{2} & -1/\sqrt{2} \\ 1/\sqrt{2} & 1/\sqrt{2} \end{bmatrix}\begin{bmatrix} x \\ y \end{bmatrix}$로부터 다음을 얻는다.

$$x' = \frac{1}{\sqrt{2}}x - \frac{1}{\sqrt{2}}y, \quad y' = \frac{1}{\sqrt{2}}x + \frac{1}{\sqrt{2}}y \qquad \cdots ①$$

식 ①을 풀면 다음을 얻는다.

$$x = \frac{1}{\sqrt{2}}(x' + y'), \quad y = \frac{1}{\sqrt{2}}(-x' + y') \qquad \cdots ②$$

식 ②를 주어진 직선에 대한 식 $y = \frac{1}{2}x$에 대입하면 $y' = 3x'$이고, ($'$) 표기를 생략하면 $y = 3x$가 된다. 즉 주어진 직선에 대한 식 $y = \frac{1}{2}x$를 원점을 중심으로 반시계방향으로 45° 회전시킨 직선의 방정식은 $y = 3x$이다. 이와 같은 관계를 도식화하면 [그림 7-11]과 같다.

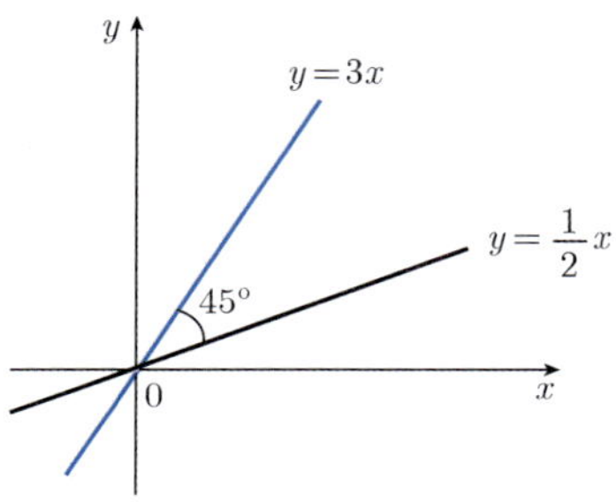

[그림 7-11] 직선 $y = \frac{1}{2}x$에 대한 회전변환

CHAPTER

07 연습문제

7.1 **(행렬의 기본 개념)** 다음 두 행렬이 같도록 상수 a와 b를 결정하라.

(a) $\vec{A}=\begin{bmatrix}2 & -1\\ -2 & 3\end{bmatrix},\ \vec{B}=\begin{bmatrix}2 & a+2\\ -2 & b-1\end{bmatrix}$

(b) $\vec{A}=\begin{bmatrix}4 & -1\\ -2 & a-b\end{bmatrix},\ \vec{B}=\begin{bmatrix}2a & -1\\ -2 & b\end{bmatrix}$

7.2 **(행렬의 덧셈과 뺄셈)** 주어진 행렬 $\vec{A}$, $\vec{B}$, $\vec{C}$에 대해 다음을 구하라.

$$\vec{A}=\begin{bmatrix}2 & -1 & 0\\ -2 & 3 & 2\\ 1 & 2 & -1\end{bmatrix},\quad \vec{B}=\begin{bmatrix}0 & 4 & 2\\ -1 & 3 & -2\\ 2 & -2 & 3\end{bmatrix},\quad \vec{C}=\begin{bmatrix}3 & -1 & 2\\ -1 & 2 & -2\\ 1 & -3 & 0\end{bmatrix}$$

(a) $-2\vec{A}-\vec{B}$ (b) $2\vec{A}+\vec{B}-\vec{C}$ (c) $-2(\vec{A}-\vec{B})-\vec{C}$

(d) $-\vec{A}+\vec{B}^{\mathrm{T}}+\vec{C}$ (e) $(2\vec{A}-\vec{B})^{\mathrm{T}}-\vec{C}$ (f) $(\vec{A}+\vec{B}+\vec{C})^{\mathrm{T}}$

7.3 **(행렬의 곱셈)** 주어진 행렬 $\vec{A}$, $\vec{B}$, $\vec{C}$에 대해 다음을 구하라.

$$\vec{A}=\begin{bmatrix}2 & -1\\ -2 & 3\end{bmatrix},\quad \vec{B}=\begin{bmatrix}0 & 4\\ -1 & -3\end{bmatrix},\quad \vec{C}=\begin{bmatrix}3 & -1\\ -1 & 2\end{bmatrix}$$

(a) $\vec{A}\vec{B}$ (b) $\vec{B}\vec{A}$ (c) $(\vec{A}\vec{B})\vec{C}$

(d) $\vec{A}(\vec{B}\vec{C})$ (e) $\vec{A}^{\mathrm{T}}\vec{B}$ (f) $(\vec{A}\vec{B}\vec{C})^{\mathrm{T}}$

7.4 **(행렬계수)** 다음 행렬의 행렬계수를 구하라.

(a) $\vec{A}=\begin{bmatrix}2 & -2 & 2\\ -3 & 2 & 2\\ 2 & 1 & -1\end{bmatrix}$ (b) $\vec{B}=\begin{bmatrix}2 & 1 & 3\\ -1 & 2 & -1\\ 3 & 4 & 5\end{bmatrix}$ (c) $\vec{C}=\begin{bmatrix}1 & -1 & 2\\ -2 & 2 & -4\\ -1 & 1 & -2\end{bmatrix}$

7.5 **(행렬식)** 다음 행렬의 행렬식을 구하라.

(a) $\vec{A}=\begin{bmatrix}2 & -1\\ -3 & 1\end{bmatrix}$ (b) $\vec{B}=\begin{bmatrix}2 & 3 & 1\\ 2 & 0 & 3\\ -1 & -2 & -1\end{bmatrix}$ (c) $\vec{C}=\begin{bmatrix}1 & 2 & 0 & -2\\ 1 & 0 & -1 & 0\\ 0 & 1 & 2 & 1\\ 2 & -1 & 0 & -2\end{bmatrix}$

7.6 **(행렬식의 성질)** 다음 두 행렬 $\vec{A}$와 $\vec{B}$에 대해 $\det\vec{A} = -\det\vec{B}$임을 확인하라.

$$\vec{A} = \begin{bmatrix} 2 & 1 & -2 \\ -2 & 1 & 0 \\ 1 & -3 & 2 \end{bmatrix}, \quad \vec{B} = \begin{bmatrix} 1 & -3 & 2 \\ -2 & 1 & 0 \\ 2 & 1 & -2 \end{bmatrix}$$

7.7 **(행렬식의 성질)** 다음 두 행렬 $\vec{A}$와 $\vec{B}$에 대해 $\det\vec{B} = 2\det\vec{A}$임을 확인하라.

$$\vec{A} = \begin{bmatrix} 2 & 1 & -2 \\ -2 & 2 & 0 \\ 1 & -2 & 1 \end{bmatrix}, \quad \vec{B} = \begin{bmatrix} 2 & 1 & -2 \\ -2 & 2 & 0 \\ 2 & -4 & 2 \end{bmatrix}$$

7.8 **(행렬식의 성질)** 다음 두 행렬 $\vec{A}$와 $\vec{B}$에 대해 $\det(\vec{A}\vec{B}) = (\det\vec{A})(\det\vec{B})$임을 확인하라.

$$\vec{A} = \begin{bmatrix} 1 & -2 & 0 \\ -1 & 2 & 1 \\ 2 & 0 & -1 \end{bmatrix}, \quad \vec{B} = \begin{bmatrix} 2 & 1 & -2 \\ -2 & 0 & 1 \\ 1 & -2 & 2 \end{bmatrix}$$

7.9 **(행렬식의 성질)** 다음 행렬에 대해 $\det\vec{A}^{\mathrm{T}} = \det\vec{A}$임을 확인하라.

$$\vec{A} = \begin{bmatrix} 1 & 2 & -4 \\ -2 & -1 & 3 \\ -1 & -2 & 2 \end{bmatrix}$$

7.10 **(행렬식의 성질)** 다음 상삼각행렬의 행렬식이 주대각원소의 곱과 같음을 확인하라.

$$\vec{A} = \begin{bmatrix} -3 & 2 & 3 \\ 0 & -1 & -2 \\ 0 & 0 & 2 \end{bmatrix}$$

7.11 **(역행렬)** 다음 두 행렬의 역행렬을 구하라.

$$\vec{A} = \begin{bmatrix} -2 & 5 \\ -1 & -4 \end{bmatrix}, \quad \vec{B} = \begin{bmatrix} -1 & 2 & -1 \\ 2 & 0 & 3 \\ 1 & -3 & -2 \end{bmatrix}$$

7.12 **(특이행렬)** 다음 행렬 $\vec{A}$가 특이행렬임을 확인하라.

$$\vec{A} = \begin{bmatrix} -1 & 1 & -2 \\ 0 & -2 & 4 \\ -1 & -1 & 2 \end{bmatrix}$$

7.13 **(회전변환)** 직선 $x = 0$(y축)을 반시계방향으로 45° 회전시킨 직선의 방정식을 구하라.

CHAPTER

08

행렬의 응용 I

Applications of Matrix I

Contents

■ **학습목표**

- 7장에서 학습한 행렬의 개념을 이용해 다양한 형태의 선형 연립방정식의 해를 구할 수 있다.
- 복잡한 선형 연립방정식을 체계적으로 푸는 데 행렬이 어떻게 활용되는지를 이해할 수 있다.
- 공학에서 매우 유용하게 사용되는 고윳값과 고유벡터의 개념을 이해하고, 다양한 유형에 대해 고윳값과 고유벡터를 구할 수 있다.
- 고윳값과 고유벡터를 이용해 행렬을 대각화하는 방법을 이해하고, 케일리-해밀턴 정리를 이해할 수 있다.

■ **이 장에서 배우는 내용은?**

선형 연립방정식의 해를 구하는 문제는 수학과 공학에서 자주 등장하는 문제 중 하나이다. 특히 시간과 무관한 정적인 시스템의 경우 선형 연립방정식의 풀이 방법이 매우 다양하다. 그러나 행렬을 이용하면 선형 연립방정식의 해를 간편하게 구할 수 있다. 만약 미지수의 개수와 방정식의 개수가 적으면 연립방정식을 쉽게 풀 수 있지만, 미지수와 방정식의 개수가 많아지면 그리 간단한 문제가 아니다. 이 장에서는 선형 연립방정식의 해를 체계적으로 구하는 다양한 방법을 살펴보고, 이와 관련한 예제를 풀어봄으로써 풀이 과정을 확실하게 이해하고자 한다.

다음으로 고윳값과 고유벡터의 기본 개념과 의미를 소개하고, 구하는 방법까지 구체적으로 살펴본다. 고윳값과 고유벡터는 실질적인 의미 자체로도 중요하지만, 이를 이용해 선형 연립 미분방정식의 해를 구할 수 있다는 점에서 매우 중요하다. 따라서 이 장에서 고윳값과 고유벡터의 기본 개념을 확실히 알아두어야 다른 응용문제도 해결할 수 있다.

마지막으로 제어공학에서 매우 큰 의미를 갖는 행렬의 대각화에 대해 살펴본다. 선형 연립 미분방정식을 행렬로 표현할 때 나타나는 시스템 행렬을 대각화할 경우, 미분방정식이 디커플링 decoupling 되기 때문에 미분방정식의 해를 쉽게 얻을 수 있다. 그러므로 행렬을 대각화하는 방법에 대해 확실하게 이해할 필요가 있다. 마지막으로 케일리-해밀턴 정리를 이용해 행렬의 거듭제곱을 계산하고 역행렬을 구하는 방법을 간단히 소개한다.

SECTION 8.1 선형 연립방정식의 해 구하기

여러 미지수와 방정식으로 이루어진 선형 연립방정식은 수학, 공학, 물리학, 화학 등의 다양한 분야에서 자주 나타난다. 선형 연립방정식의 해를 구함으로써, 공학뿐 아니라 우리 실생활의 다양한 문제를 해결할 수 있기 때문에 매우 중요하다. 이에 따라 어떻게 하면 선형 연립방정식의 해를 쉽고 빠르게 구할 수 있는지 궁금할 것이다. 이 절에서는 선형 연립방정식의 해를 구하는 여러 가지 방법을 살펴본다.

역행렬을 이용한 방법

미지수가 n개이고 방정식이 n개인 다음과 같은 선형 연립방정식을 생각해보자.

$$\begin{aligned} a_{11}x_1 + a_{12}x_2 + \cdots + a_{1n}x_n &= b_1 \\ a_{21}x_1 + a_{22}x_2 + \cdots + a_{2n}x_n &= b_2 \\ \vdots \qquad\qquad & \vdots \\ a_{n1}x_1 + a_{n2}x_2 + \cdots + a_{nn}x_n &= b_n \end{aligned} \tag{8.1}$$

여기서 x_1, x_2, $\cdots$, x_n은 미지수이고, a_{ij}와 b_j는 상수이다. 식 (8.1)은 다음과 같은 행렬방정식으로 나타낼 수 있다.

$$\overrightarrow{A}\overrightarrow{X} = \overrightarrow{B} \tag{8.2}$$

여기서 $\overrightarrow{A} = \begin{bmatrix} a_{11} & a_{12} & \cdots & a_{1n} \\ a_{21} & a_{22} & \cdots & a_{2n} \\ \vdots & \vdots & \vdots & \vdots \\ a_{n1} & a_{n2} & \cdots & a_{nn} \end{bmatrix}$, $\overrightarrow{X} = \begin{bmatrix} x_1 \\ x_2 \\ \vdots \\ x_n \end{bmatrix}$, $\overrightarrow{B} = \begin{bmatrix} b_1 \\ b_2 \\ \vdots \\ b_n \end{bmatrix}$이며, $\overrightarrow{A}$를 **계수행렬** coefficient matrix, $\overrightarrow{X}$를 **해벡터** solution vector라고 한다.

행렬 $\overrightarrow{A}$가 가역행렬이면, 즉 역행렬 $\overrightarrow{A}^{-1}$가 존재하면 식 (8.2)의 양변 좌측에 $\overrightarrow{A}^{-1}$를 곱해도 등식이 성립한다. 그러므로 식 (8.2)는 식 (8.3)과 같이 나타낼 수 있다.

$$\vec{A}^{-1}\vec{A}\vec{X} = \vec{A}^{-1}\vec{B} \quad \Rightarrow \quad \vec{X} = \vec{A}^{-1}\vec{B} \tag{8.3}$$

결과적으로 식 (8.3)이 선형 연립방정식 (8.1)의 유일한 해가 된다.

다시 말해 $\vec{A}$가 가역행렬이면, 즉 $\det\vec{A} \neq 0$이면 연립방정식 $\vec{A}\vec{X} = \vec{B}$의 해는 식 (8.3)과 같이 유일하게 존재한다. 이때 $\vec{B} = \vec{0}$이면 해는 분명히 $\vec{X} = \vec{A}^{-1}\vec{B} = \vec{0}$이다. 이와 같이 당연하게 얻는 해 $\vec{X} = \vec{0}$을 **자명한 해**trivial solution라고 한다. $\vec{B} = \vec{0}$일 때, 연립방정식 $\vec{A}\vec{X} = \vec{B}$가 **자명하지 않은 해**nontrivial solution를 갖기 위해서는 반드시 $\det\vec{A} = 0$이어야 한다. 즉 $\vec{A}$가 특이행렬이면 $\vec{B} = \vec{0}$이라고 해도 자명하지 않은 해가 존재한다.

식 (8.2)는 $\vec{B} \neq \vec{0}$인 경우 **비동차**nonhomogeneous **선형 연립방정식**이라 하고, $\vec{B} = \vec{0}$인 경우 **동차** homogeneous **선형 연립방정식**이라 한다.

예제 8-1 $\vec{B} \neq \vec{0}$인 경우

다음 선형 연립방정식의 해를 구하라.

$$\begin{aligned} x_1 + x_2 - x_3 &= 0 \\ -x_1 + 2x_2 + x_3 &= -1 \\ 2x_1 - x_2 - x_3 &= 1 \end{aligned}$$

풀이

주어진 연립방정식을 식 (8.2)와 같은 행렬방정식 형태로 나타내면 다음과 같다.

$$\begin{bmatrix} 1 & 1 & -1 \\ -1 & 2 & 1 \\ 2 & -1 & -1 \end{bmatrix}\begin{bmatrix} x_1 \\ x_2 \\ x_3 \end{bmatrix} = \begin{bmatrix} 0 \\ -1 \\ 1 \end{bmatrix}$$

$\det\begin{bmatrix} 1 & 1 & -1 \\ -1 & 2 & 1 \\ 2 & -1 & -1 \end{bmatrix} = 3 \neq 0$이므로, 식 (8.3)을 이용해 해를 구하면 다음과 같다.

$$\begin{bmatrix} x_1 \\ x_2 \\ x_3 \end{bmatrix} = \begin{bmatrix} 1 & 1 & -1 \\ -1 & 2 & 1 \\ 2 & -1 & -1 \end{bmatrix}^{-1}\begin{bmatrix} 0 \\ -1 \\ 1 \end{bmatrix} \qquad \cdots ①$$

식 ①의 3×3 행렬의 역행렬을 구하면 다음과 같다.

$$\begin{bmatrix} 1 & 1 & -1 \\ -1 & 2 & 1 \\ 2 & -1 & -1 \end{bmatrix}^{-1} = \frac{1}{3}\begin{bmatrix} -1 & 2 & 3 \\ 1 & 1 & 0 \\ -3 & 3 & 3 \end{bmatrix} \qquad \cdots ②$$

그러므로 식 ②를 식 ①에 대입하면 구하고자 하는 해는 다음과 같다.

$$\begin{bmatrix} x_1 \\ x_2 \\ x_3 \end{bmatrix} = \frac{1}{3}\begin{bmatrix} -1 & 2 & 3 \\ 1 & 1 & 0 \\ -3 & 3 & 3 \end{bmatrix}\begin{bmatrix} 0 \\ -1 \\ 1 \end{bmatrix} = \begin{bmatrix} \frac{1}{3} \\ -\frac{1}{3} \\ 0 \end{bmatrix}$$

따라서 $x_1 = \frac{1}{3}$, $x_2 = -\frac{1}{3}$, $x_3 = 0$이다.

예제 8-2 $\vec{B} = \vec{0}$일 때 자명한 해를 갖는 경우

다음 선형 연립방정식의 해를 구하라.

$$\begin{aligned} x_1 + x_2 - x_3 &= 0 \\ -x_1 + 2x_2 + x_3 &= 0 \\ 2x_1 - x_2 - x_3 &= 0 \end{aligned}$$

풀이

$\vec{B} = \vec{0}$이라는 점만 제외하면 [예제 8-1]과 동일하다. 주어진 연립방정식을 식 (8.2)와 같은 행렬방정식 형태로 나타내면 다음과 같다.

$$\begin{bmatrix} 1 & 1 & -1 \\ -1 & 2 & 1 \\ 2 & -1 & -1 \end{bmatrix}\begin{bmatrix} x_1 \\ x_2 \\ x_3 \end{bmatrix} = \begin{bmatrix} 0 \\ 0 \\ 0 \end{bmatrix}$$

식 (8.3)을 이용해 해를 구하면 다음과 같다.

$$\begin{bmatrix} x_1 \\ x_2 \\ x_3 \end{bmatrix} = \begin{bmatrix} 1 & 1 & -1 \\ -1 & 2 & 1 \\ 2 & -1 & -1 \end{bmatrix}^{-1}\begin{bmatrix} 0 \\ 0 \\ 0 \end{bmatrix} = \frac{1}{3}\begin{bmatrix} -1 & 2 & 3 \\ 1 & 1 & 0 \\ -3 & 3 & 3 \end{bmatrix}\begin{bmatrix} 0 \\ 0 \\ 0 \end{bmatrix} = \begin{bmatrix} 0 \\ 0 \\ 0 \end{bmatrix}$$

즉 $x_1 = 0$, $x_2 = 0$, $x_3 = 0$이므로, 주어진 연립방정식은 자명한 해를 갖는다.

예제 8-3 $\vec{B} = \vec{0}$일 때 자명하지 않은 해를 갖는 경우

다음 선형 연립방정식의 해를 구하라.

$$\begin{aligned} x_1 - x_2 - 2x_3 &= 0 \\ -x_1 + x_2 + 2x_3 &= 0 \\ 2x_1 - 2x_2 + 3x_3 &= 0 \end{aligned}$$

풀이

주어진 연립방정식을 식 (8.2)와 같은 행렬방정식 형태로 나타내면 다음과 같다.

$$\begin{bmatrix} 1 & -1 & -2 \\ -1 & 1 & 2 \\ 2 & -2 & 3 \end{bmatrix}\begin{bmatrix} x_1 \\ x_2 \\ x_3 \end{bmatrix} = \begin{bmatrix} 0 \\ 0 \\ 0 \end{bmatrix}$$

이 예제가 [예제 8-2]와 다른 점은 $\det\begin{bmatrix} 1 & -1 & -2 \\ -1 & 1 & 2 \\ 2 & -2 & 3 \end{bmatrix} = 0$이라는 것이다. 따라서 식 (8.3)을 적용할 수 없다. 이러한 유형의 해를 구하는 방법은 나중에 자세히 다루기로 하고[1], 여기서는 다음과 같이 결과만 제시하고자 한다.

$$\begin{bmatrix} x_1 \\ x_2 \\ x_3 \end{bmatrix} = \begin{bmatrix} 1 \\ 1 \\ 0 \end{bmatrix} k$$

즉 $x_1 = k$, $x_2 = k$, $x_3 = 0$이라는 자명하지 않은 해를 구했다. 여기서 k는 임의의 상수이다.

크래머 공식을 이용한 방법

이 절에서는 **크래머[2] 공식**Cramer's formula을 이용해 선형 연립방정식의 해를 구하는 방법을 설명하고자 한다. 앞서 비동차 선형 연립방정식의 경우 $\det \vec{A} \neq 0$이면 유일한 해를 갖는다는 사실을 살펴봤다. 크래머 공식은 이와 같은 유일한 해를 행렬식으로 구하는 방법이다. 예를 들어 다음과 같이 미지수가 2개이고, 방정식이 2개인 선형 연립방정식을 생각해보자.

$$a_{11}x_1 + a_{12}x_2 = b_1 \qquad \cdots ①$$
$$a_{21}x_1 + a_{22}x_2 = b_2 \qquad \cdots ②$$

식 ①과 ②를 행렬방정식으로 나타내면 다음과 같다.

$$\begin{bmatrix} a_{11} & a_{12} \\ a_{21} & a_{22} \end{bmatrix}\begin{bmatrix} x_1 \\ x_2 \end{bmatrix} = \begin{bmatrix} b_1 \\ b_2 \end{bmatrix} \qquad \cdots ③$$

1 8.1절의 뒷부분에서 다룰 가우스 소거법과 가우스-조르당 소거법을 참고한다.

2 가브리엘 크래머(Gabriel Cramer, 1704~1752)는 스위스 수학자로, 선형 연립방정식의 해를 구하는 일반적인 공식인 크래머 공식을 개발했다.

(①$\times a_{22}$)$-$(②$\times a_{12}$)의 연산을 통해 x_2를 소거하여 x_1을 구하면 다음과 같다.

$$x_1 = \frac{a_{22}b_1 - a_{12}b_2}{a_{11}a_{22} - a_{12}a_{21}} \qquad \cdots ④$$

또 (②$\times a_{11}$)$-$(①$\times a_{21}$)의 연산을 통해 x_1을 소거하여 x_2를 구하면 다음과 같다.

$$x_2 = \frac{a_{11}b_2 - a_{21}b_1}{a_{11}a_{22} - a_{12}a_{21}} \qquad \cdots ⑤$$

식 ④, ⑤의 분모를 행렬식으로 표현하면 $a_{11}a_{22} - a_{12}a_{21} = \begin{vmatrix} a_{11} & a_{12} \\ a_{21} & a_{22} \end{vmatrix}$로, 식 ③의 계수행렬의 행렬식과 같다. 따라서 식 ①, ②를 만족하는 유일한 해가 존재하려면 다음이 성립해야 한다.

$$\begin{vmatrix} a_{11} & a_{12} \\ a_{21} & a_{22} \end{vmatrix} \neq 0 \qquad \cdots ⑥$$

이 결과는 앞서 역행렬을 이용해 해를 구하는 방법을 설명할 때도 언급한 바가 있다. 또한 식 ④, ⑤의 분자도 다음과 같이 행렬식으로 나타낼 수 있다.

$$a_{22}b_1 - a_{12}b_2 = \begin{vmatrix} b_1 & a_{12} \\ b_2 & a_{22} \end{vmatrix}, \quad a_{22}b_1 - a_{12}b_2 = \begin{vmatrix} a_{11} & b_1 \\ a_{21} & b_2 \end{vmatrix}$$

그러므로 행렬식을 이용해 식 ①, ②가 유일한 해를 갖는 경우의 해를 나타내면 다음과 같다.

$$x_1 = \frac{\begin{vmatrix} b_1 & a_{12} \\ b_2 & a_{22} \end{vmatrix}}{\begin{vmatrix} a_{11} & a_{12} \\ a_{21} & a_{22} \end{vmatrix}}, \quad x_2 = \frac{\begin{vmatrix} a_{11} & b_1 \\ a_{21} & b_2 \end{vmatrix}}{\begin{vmatrix} a_{11} & a_{12} \\ a_{21} & a_{22} \end{vmatrix}} \qquad \cdots ⑦$$

식 ⑦이 미지수 2개, 방정식 2개인 선형 연립방정식 ①, ②의 해를 구하는 크래머 공식이다.

식 ⑦의 결과를 참고하여, 미지수가 n개이고 방정식이 n개인 식 (8.1) 또는 (8.2)의 일반적인 경우를 생각해보자. 행렬방정식 $\overrightarrow{A}\overrightarrow{X} = \overrightarrow{B}$가 유일한 해를 갖는 경우이므로 $\det\overrightarrow{A} \neq 0$이다. 행렬 $\overrightarrow{A}$의 i열을 행렬 $\overrightarrow{B}$로 대치한 새로운 행렬 $\overrightarrow{A_i}$를 다음과 같이 정의하자.

$$\overrightarrow{A_i} = \begin{bmatrix} a_{11} & a_{12} & \cdots & a_{1(i-1)} & b_1 & a_{1(i+1)} & \cdots & a_{1n} \\ a_{21} & a_{22} & \cdots & a_{2(i-1)} & b_2 & a_{2(i+1)} & \cdots & a_{2n} \\ \vdots & \vdots & \vdots & \vdots & \vdots & \vdots & \vdots & \vdots \\ a_{n1} & a_{n2} & \cdots & a_{n(i-1)} & b_n & a_{n(i+1)} & \cdots & a_{nn} \end{bmatrix} \qquad (8.4)$$

예를 들면 $\overrightarrow{A_1} = \begin{bmatrix} b_1 & a_{12} & \cdots & a_{1n} \\ b_2 & a_{22} & \cdots & a_{2n} \\ \vdots & \vdots & \vdots & \vdots \\ b_n & a_{n2} & \cdots & a_{nn} \end{bmatrix}$, $\overrightarrow{A_2} = \begin{bmatrix} a_{11} & b_1 & \cdots & a_{1n} \\ a_{21} & b_2 & \cdots & a_{2n} \\ \vdots & \vdots & \vdots & \vdots \\ a_{n1} & b_n & \cdots & a_{nn} \end{bmatrix}$, $\cdots$이다. 이제 크래머 공식을 다음과 같이 정리할 수 있다.

정리 8-1 크래머 공식

$n \times n$ 행렬 $\overrightarrow{A}$에 대해 $\det \overrightarrow{A} \neq 0$이면 선형 연립방정식 $\overrightarrow{A}\,\overrightarrow{X} = \overrightarrow{B}$의 해는 다음과 같다.

$$x_1 = \frac{\det \overrightarrow{A_1}}{\det \overrightarrow{A}}, \quad x_2 = \frac{\det \overrightarrow{A_2}}{\det \overrightarrow{A}}, \quad \cdots, \quad x_n = \frac{\det \overrightarrow{A_n}}{\det \overrightarrow{A}}$$

$\overrightarrow{A_1}$, $\overrightarrow{A_2}$, $\cdots$, $\overrightarrow{A_n}$은 식 (8.4)에서 정의한 것과 같다.

증명

$\det \overrightarrow{A} \neq 0$이므로 $\overrightarrow{A}^{-1}$가 존재한다. 따라서 $\overrightarrow{A}\,\overrightarrow{X} = \overrightarrow{B}$의 해는 식 (8.3)에 의해 다음과 같다.

$$\overrightarrow{X} = \overrightarrow{A}^{-1}\overrightarrow{B} = \frac{1}{\det \overrightarrow{A}} \begin{bmatrix} C_{11} & C_{21} & \cdots & C_{n1} \\ C_{12} & C_{22} & \cdots & C_{n2} \\ \vdots & \vdots & \vdots & \vdots \\ C_{1n} & C_{2n} & \cdots & C_{nn} \end{bmatrix} \begin{bmatrix} b_1 \\ b_2 \\ \vdots \\ b_n \end{bmatrix} = \frac{1}{\det \overrightarrow{A}} \begin{bmatrix} b_1 C_{11} + b_2 C_{21} + \cdots + b_n C_{n1} \\ b_1 C_{12} + b_2 C_{22} + \cdots + b_n C_{n2} \\ \vdots \quad\quad \vdots \quad\quad \vdots \quad\quad \vdots \\ b_1 C_{1n} + b_2 C_{2n} + \cdots + b_n C_{nn} \end{bmatrix}$$

위 식에 따라 i번째 해 x_i는 다음과 같다.

$$x_i = \frac{1}{\det \overrightarrow{A}} (b_1 C_{1i} + b_2 C_{2i} + \cdots + b_n C_{ni}) \tag{8.5}$$

여기서 $b_1 C_{1i} + b_2 C_{2i} + \cdots + b_n C_{ni}$는 행렬 $\overrightarrow{A_i}$를 i열에 대해 여인수 전개하여 구한 $\det \overrightarrow{A_i}$와 같다. 따라서 식 (8.5)는 다음과 같이 간단히 나타낼 수 있다.

$$x_i = \frac{\det \overrightarrow{A_i}}{\det \overrightarrow{A}}$$

그러므로 크래머 공식이 성립함을 알 수 있다. ■

예제 8-4 크래머 공식을 이용하여 해 구하기

크래머 공식을 이용해 다음 선형 연립방정식의 해를 구하라.

$$-x_1 - 2x_2 + x_3 = 2$$
$$-2x_1 - 2x_2 + x_3 = 4$$
$$-x_1 - 4x_2 + 3x_3 = 3$$

풀이

위 식을 식 (8.2)와 같은 행렬방정식 형태로 나타내면 다음과 같다.

$$\begin{bmatrix}-1 & -2 & 1\\-2 & -2 & 1\\-1 & -4 & 3\end{bmatrix}\begin{bmatrix}x_1\\x_2\\x_3\end{bmatrix}=\begin{bmatrix}2\\4\\3\end{bmatrix}$$

그러므로 식 (8.4)에 의해 다음과 같다.

$$\vec{A}=\begin{bmatrix}-1 & -2 & 1\\-2 & -2 & 1\\-1 & -4 & 3\end{bmatrix},\quad \vec{B}=\begin{bmatrix}2\\4\\3\end{bmatrix}$$

$$\vec{A_1}=\begin{bmatrix}2 & -2 & 1\\4 & -2 & 1\\3 & -4 & 3\end{bmatrix},\quad \vec{A_2}=\begin{bmatrix}-1 & 2 & 1\\-2 & 4 & 1\\-1 & 3 & 3\end{bmatrix},\quad \vec{A_3}=\begin{bmatrix}-1 & -2 & 2\\-2 & -2 & 4\\-1 & -4 & 3\end{bmatrix}$$

$\det\vec{A}=-2$, $\det\vec{A_1}=4$, $\det\vec{A_2}=-1$, $\det\vec{A_3}=-2$이므로, 크래머 공식을 적용하면 구하고자 하는 해는 다음과 같다.

$$x_1=\frac{\det\vec{A_1}}{\det\vec{A}}=\frac{\det\begin{bmatrix}2 & -2 & 1\\4 & -2 & 1\\3 & -4 & 3\end{bmatrix}}{\det\begin{bmatrix}-1 & -2 & 1\\-2 & -2 & 1\\-1 & -4 & 3\end{bmatrix}}=-2,\quad x_2=\frac{\det\vec{A_2}}{\det\vec{A}}=\frac{\det\begin{bmatrix}-1 & 2 & 1\\-2 & 4 & 1\\-1 & 3 & 3\end{bmatrix}}{\det\begin{bmatrix}-1 & -2 & 1\\-2 & -2 & 1\\-1 & -4 & 3\end{bmatrix}}=\frac{1}{2},$$

$$x_3=\frac{\det\vec{A_3}}{\det\vec{A}}=\frac{\det\begin{bmatrix}-1 & -2 & 2\\-2 & -2 & 4\\-1 & -4 & 3\end{bmatrix}}{\det\begin{bmatrix}-1 & -2 & 1\\-2 & -2 & 1\\-1 & -4 & 3\end{bmatrix}}=1$$

가우스 소거법과 가우스-조르당 소거법

앞서 선형 연립방정식의 풀이 방법으로 역행렬을 이용하는 방법과 크래머 공식을 이용하는 방법을 간단히 설명했다. 이 절에서는 선형 연립방정식을 좀 더 쉽게 풀 수 있는 방법인 가우스 소거법과 가우스-조르당 소거법을 소개한다. 이 두 방법은 모두 행렬의 기본 행 연산을 이용해 해를 구하는 방법이다.

■ 비동차 선형 연립방정식의 풀이

다음과 같이 미지수 2개, 방정식 2개인 간단한 형태의 비동차 선형 연립방정식을 생각해보자.

$$\begin{aligned} a_{11}x + a_{12}y &= b_1 \\ a_{21}x + a_{22}y &= b_2 \end{aligned}$$

두 방정식은 모두 xy 좌표평면상의 직선의 방정식이다. 따라서 두 직선의 형태에 따라 다음과 같이 해의 유형이 세 가지로 나뉜다.

- **유형 ❶** : 두 직선이 한 점에서 만나는 경우(유일한 해가 존재)
- **유형 ❷** : 두 직선이 겹치는 경우(무수히 많은 해가 존재)
- **유형 ❸** : 두 직선이 평행하고 만나지 않는 경우(해가 존재하지 않음)

[그림 8-1]은 각 유형에 해당하는 연립방정식의 예를 xy 좌표평면상에 나타낸 것이다.

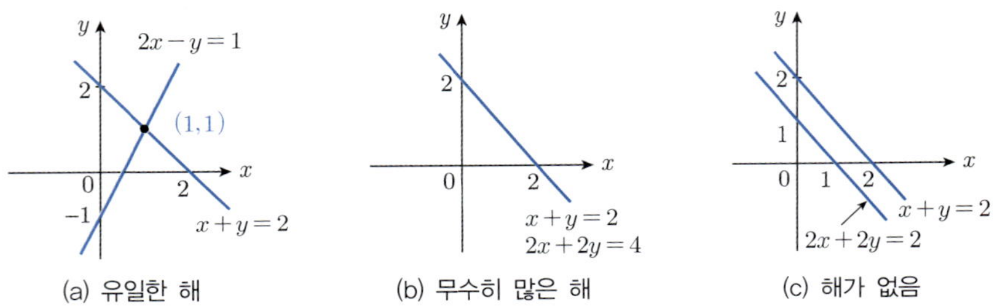

[그림 8-1] 직선의 유형에 따른 해의 유형

유형 ❶인 [그림 8-1(a)]는 두 직선이 xy 좌표평면상의 한 점 $(1,\ 1)$에서 만나는 경우로, 만나는 교점이 연립방정식의 해이다. 유형 ❷인 [그림 8-1(b)]는 두 직선이 정확하게 겹치는 경우로, 직선상의 모든 점이 해이다. 즉 연립방정식의 해가 무수히 많이 존재한다. 유형 ❸인 [그림 8-1(c)]는 두 직선의 교점이 없고 평행한 경우로, 연립방정식의 해가 존재하지 않는다.

일반적으로 미지수가 n개이고 방정식이 n개인 비동차 선형 연립방정식의 경우에도 앞서 살펴본 예와 같이 해의 유형이 세 가지이다. 이제 행렬을 이용해 해를 구하는 과정을 알아보기 위해 다음과 같이 미지수가 n개이고 방정식이 n개인 선형 연립방정식을 생각해보자.

$$\begin{aligned} a_{11}x_1 + a_{12}x_2 + \ \cdots \ + a_{1n}x_n &= b_1 \\ a_{21}x_1 + a_{22}x_2 + \ \cdots \ + a_{2n}x_n &= b_2 \\ \vdots \qquad\qquad & \ \ \vdots \\ a_{n1}x_1 + a_{n2}x_2 + \ \cdots \ + a_{nn}x_n &= b_n \end{aligned} \tag{8.6}$$

먼저 연립방정식의 해를 쉽게 구하기 위해 필요한 몇 가지 연산을 알아보자. 주어진 연립방정식 (8.6)에 다음 연산을 적용한 새로운 연립방정식의 해는 기존 연립방정식의 해와 동일하다.

참고 선형 연립방정식의 해를 쉽게 구하기 위한 연산

(1) 임의의 한 방정식에 0이 아닌 스칼라를 곱한다.

(2) 하나의 미지수를 소거하기 위해 임의의 방정식을 스칼라배한 후, 그 식을 임의의 또 다른 방정식에 더한다.

(3) 임의의 두 방정식을 교환한다.

따라서 복잡한 형태의 연립방정식의 경우, 위와 같은 [참고]의 연산을 적용해 단순한 형태의 연립방정식으로 만들면 더 쉽게 해를 구할 수 있다.

이제 다음과 같이 연립방정식 (8.6)을 행렬방정식으로 나타내보자.

$$\begin{bmatrix} a_{11} & a_{12} & \cdots & a_{1n} \\ a_{21} & a_{22} & \cdots & a_{2n} \\ \vdots & \vdots & \vdots & \vdots \\ a_{n1} & a_{n2} & \cdots & a_{nn} \end{bmatrix} \begin{bmatrix} x_1 \\ x_2 \\ \vdots \\ x_n \end{bmatrix} = \begin{bmatrix} b_1 \\ b_2 \\ \vdots \\ b_n \end{bmatrix} \quad \Leftrightarrow \quad \overrightarrow{A}\,\overrightarrow{X} = \overrightarrow{B} \tag{8.7}$$

직전에 살펴본 [참고]의 세 가지 연산을 행렬방정식 (8.7)에 적용하면 다음과 같이 나타낼 수 있다. 이를 **기본 행 연산** elementary row operation이라 한다.

정의 8-1 기본 행 연산

(1) 임의의 한 행에 0이 아닌 스칼라를 곱한다.

(2) 임의의 한 행을 스칼라배한 후, 그 행을 임의의 또 다른 행에 더한다.

(3) 임의의 두 행을 교환한다.

기본 행 연산을 간단히 나타내기 위해 다음과 같이 기호로 표기한다.

(1) 행렬의 i행에 스칼라 c를 곱한다. : cM_i

(2) 행렬의 i행에 스칼라 c를 곱한 후, 그 결과를 j행에 더한다. : $cM_i + M_j$

(3) i행과 j행을 교환한다. : M_{ij}

기본 행 연산을 수행할 때는 행렬 $\overrightarrow{A}$와 $\overrightarrow{B}$의 값만 바뀌고 $\overrightarrow{X}$에는 변화가 없으므로, 식 (8.7)을 다음과 같이 간단히 나타내면 편리하다. 이를 **확대행렬** augmented matrix이라고 한다.

$$\left[\begin{array}{cccc|c} a_{11} & a_{12} & \cdots & a_{1n} & b_1 \\ a_{21} & a_{22} & \cdots & a_{2n} & b_2 \\ \vdots & \vdots & \vdots & \vdots & \vdots \\ a_{n1} & a_{n2} & \cdots & a_{nn} & b_n \end{array}\right] \tag{8.8}$$

예제 8-5 기본 행 연산

기본 행 연산을 이용해 다음 선형 연립방정식의 해를 구하고, [예제 8-4]의 결과와 비교하라.

$$\begin{aligned} -x_1 - 2x_2 + x_3 &= 2 \\ -2x_1 - 2x_2 + x_3 &= 4 \\ -x_1 - 4x_2 + 3x_3 &= 3 \end{aligned}$$

풀이

주어진 연립방정식을 식 (8.2)와 같은 행렬방정식 형태로 나타내면 다음과 같다.

$$\begin{bmatrix} -1 & -2 & 1 \\ -2 & -2 & 1 \\ -1 & -4 & 3 \end{bmatrix} \begin{bmatrix} x_1 \\ x_2 \\ x_3 \end{bmatrix} = \begin{bmatrix} 2 \\ 4 \\ 3 \end{bmatrix}$$

따라서 확대행렬은 $\left[\begin{array}{ccc|c} -1 & -2 & 1 & 2 \\ -2 & -2 & 1 & 4 \\ -1 & -4 & 3 & 3 \end{array}\right]$이다. 확대행렬에 대해 다음과 같이 기본 행 연산을 수행해보자.

$$\left[\begin{array}{ccc|c} -1 & -2 & 1 & 2 \\ -2 & -2 & 1 & 4 \\ -1 & -4 & 3 & 3 \end{array}\right] \xrightarrow{-M_1} \left[\begin{array}{ccc|c} 1 & 2 & -1 & -2 \\ -2 & -2 & 1 & 4 \\ -1 & -4 & 3 & 3 \end{array}\right] \xrightarrow[M_1+M_3]{2M_1+M_2} \left[\begin{array}{ccc|c} 1 & 2 & -1 & -2 \\ 0 & 2 & -1 & 0 \\ 0 & -2 & 2 & 1 \end{array}\right]$$

$$\xrightarrow{\frac{1}{2}M_2} \left[\begin{array}{ccc|c} 1 & 2 & -1 & -2 \\ 0 & 1 & -1/2 & 0 \\ 0 & -2 & 2 & 1 \end{array}\right] \xrightarrow[2M_2+M_3]{-2M_2+M_1} \left[\begin{array}{ccc|c} 1 & 0 & 0 & -2 \\ 0 & 1 & -1/2 & 0 \\ 0 & 0 & 1 & 1 \end{array}\right]$$

$$\xrightarrow{\frac{1}{2}M_3+M_2} \left[\begin{array}{ccc|c} 1 & 0 & 0 & -2 \\ 0 & 1 & 0 & 1/2 \\ 0 & 0 & 1 & 1 \end{array}\right]$$

마지막 확대행렬을 다시 선형 연립방정식 형태로 나타내면 해는 다음과 같다.

$$x_1 = -2, \quad x_2 = \frac{1}{2}, \quad x_3 = 1$$

이 결과는 [예제 8-4]의 결과와 같다.

행렬을 이용해 선형 연립방정식의 해를 구하기 위해서는 [예제 8-5]에서 살펴본 바와 같이 주어진 연립방정식을 행렬방정식 형태로 바꾼 후, 확대행렬에 대해 기본 행 연산을 수행하여 주어진 확대행렬을 가능한 간단한 형태로 만들어야 한다. 확대행렬을 간단한 형태로 변환할 때, 다음과 같이 행 사다리꼴 또는 기약 행 사다리꼴로 변환할 수 있다.

정의 8-2 행 사다리꼴

다음 조건을 만족하는 행렬을 **행 사다리꼴**row echelon form 행렬이라고 한다.

(i) 모든 원소가 0인 행은 행렬의 맨 아래에 위치한다.

(ii) 0이 아닌 원소를 갖는 각 행에서 0이 아닌 첫 번째 원소[3]는 1이다.

(iii) 모든 원소가 0인 행을 제외하고, 아래쪽 행의 선행 1은 위쪽 행의 선행 1보다 우측에 위치한다.

정의 8-3 기약 행 사다리꼴

다음과 같은 세 조건을 만족하는 행렬을 **기약 행 사다리꼴**reduced row echelon form 행렬이라고 한다.

(i) 행 사다리꼴의 조건을 모두 만족한다.

(ii) 선행 1이 존재하는 열에서 선행 1을 제외한 나머지 모든 원소는 0이다.

행 사다리꼴과 기약 행 사다리꼴의 정의를 이해하기 위해 다음과 같은 확대행렬을 살펴보자.

$$① \left[\begin{array}{ccc|c} 1 & 2 & 0 & 2 \\ 0 & 1 & 1 & 1 \\ 1 & 0 & 1 & 2 \end{array}\right] \quad ② \left[\begin{array}{ccc|c} 1 & 2 & 0 & 2 \\ 0 & 1 & 1 & 1 \\ 0 & 0 & 0 & 2 \end{array}\right] \quad ③ \left[\begin{array}{ccc|c} 1 & 0 & 0 & 2 \\ 0 & 1 & 0 & 1 \\ 0 & 0 & 1 & 3 \end{array}\right]$$

①은 3행의 선행 1이 2행의 선행 1보다 좌측에 위치하므로 행 사다리꼴이 아니다. ②는 모든 원소가 0인 3행이 맨 아래에 위치하고, 0이 아닌 원소를 갖는 행(1행과 2행)이 선행 1로 시작되었으며, 2행의 선행 1이 1행의 선행 1보다 우측에 위치하므로 행 사다리꼴이다. 그러나 ②는 선행 1이 존재하는 2열에서 0이 아닌 원소 2가 1행에 존재하므로 기약 행 사다리꼴은 아니다. 또한 ③은 기약 행 사다리꼴의 조건을 모두 만족한다.

3 0이 아닌 원소를 갖는 각 행에서 0이 아닌 첫 번째 원소가 1인 경우 **선행 1**(leading 1)이라고 한다.

이제 행렬을 이용해 선형 연립방정식의 해를 구하는 방법을 알아보자. 먼저 주어진 선형 연립방정식에 대한 확대행렬에 기본 행 연산을 수행하여 행 사다리꼴로 바꾼 후 **역대입법** back substitution [4]으로 해를 구하는 방법을 **가우스[5] 소거법** Gauss elimination method이라 한다. 또한 주어진 확대행렬에 기본 행 연산을 수행하여 기약 행 사다리꼴로 바꾼 후 해를 구하는 방법을 **가우스-조르당[6] 소거법** Gauss-Jordan elimination method이라 한다. 참고로 앞서 살펴본 [예제 8-5]는 가우스-조르당 소거법을 사용한 경우이다.

두 방법을 이용해 해를 구하는 방법은 예제를 통해 살펴보자. 다음 예제를 통해 살펴보겠지만, 가우스 소거법은 행 사다리꼴로부터 바로 해를 구할 수 없고, 역대입법을 이용해야만 구할 수 있어 다소 번거롭다. 반면, 가우스-조르당 소거법은 변환된 기약 행 사다리꼴의 각 행으로부터 직접 미지수에 대한 값인 해를 얻을 수 있다.

예제 8-6 비동차 선형 연립방정식 : 유일한 해가 존재하는 경우

가우스 소거법과 가우스-조르당 소거법을 이용해 다음 선형 연립방정식의 해를 구하라.

$$x_1 - x_2 + x_3 = 2$$
$$2x_1 - x_2 + x_3 = 1$$
$$x_1 - 2x_2 + x_3 = 2$$

풀이

주어진 선형 연립방정식을 확대행렬로 나타내면 $\left[\begin{array}{ccc|c} 1 & -1 & 1 & 2 \\ 2 & -1 & 1 & 1 \\ 1 & -2 & 1 & 2 \end{array}\right]$이다.

❶ 가우스 소거법

기본 행 연산을 수행하여 행 사다리꼴로 변환하면 다음과 같다.

$$\left[\begin{array}{ccc|c} 1 & -1 & 1 & 2 \\ 2 & -1 & 1 & 1 \\ 1 & -2 & 1 & 2 \end{array}\right] \xrightarrow[-M_1+M_3]{-2M_1+M_2} \left[\begin{array}{ccc|c} 1 & -1 & 1 & 2 \\ 0 & 1 & -1 & -3 \\ 0 & -1 & 0 & 0 \end{array}\right] \xrightarrow{M_2+M_3} \left[\begin{array}{ccc|c} 1 & -1 & 1 & 2 \\ 0 & 1 & -1 & -3 \\ 0 & 0 & -1 & -3 \end{array}\right]$$

3행에 -1을 곱하면($-M_3$ 연산) 행 사다리꼴이다. 3행으로부터 $x_3 = 3$이고, 2행으로부터 $x_2 - x_3 = -3$이므로 $x_3 = 3$을 대입하면 $x_2 = 0$이다. 또한 1행으로부터 $x_1 - x_2 + x_3 = 2$이므로 $x_2 = 0$과 $x_3 = 3$을 대입하면 $x_1 = -1$이다. 따라서 주어진 선형 연립방정식의 해는 $x_1 = -1$, $x_2 = 0$, $x_3 = 3$이다. 이렇게 행 사다리꼴로부터 해를 역으로 구해 나가는 방법이 역대입법이다.

4 계수행렬(또는 확대행렬)을 행 사다리꼴로 변환한 후, 마지막 행으로부터 위로 올라가면서 해를 구하는 기법이다.

5 카를 프리드리히 가우스(Karl Friedrich Gauss, 1777~1855)는 독일 수학자로, 정수론, 해석학, 정전기학 등의 다양한 분야에 크게 공헌했다.

6 빌헬름 조르당(Wilhelm Jordan, 1842~1899)은 독일 측지학자인데, 가우스-조르당 소거법을 제시함으로써 수학자로도 잘 알려져 있다.

❷ 가우스-조르당 소거법

❶의 마지막 결과인 행 사다리꼴을 기약 행 사다리꼴로 변환하면 다음과 같다.

$$\left[\begin{array}{ccc|c} 1 & -1 & 1 & 2 \\ 0 & 1 & -1 & -3 \\ 0 & 0 & 1 & 3 \end{array}\right] \xrightarrow{M_2+M_1} \left[\begin{array}{ccc|c} 1 & 0 & 0 & -1 \\ 0 & 1 & -1 & -3 \\ 0 & 0 & 1 & 3 \end{array}\right] \xrightarrow{M_3+M_2} \left[\begin{array}{ccc|c} 1 & 0 & 0 & -1 \\ 0 & 1 & 0 & 0 \\ 0 & 0 & 1 & 3 \end{array}\right]$$

마지막 확대행렬이 기약 행 사다리꼴이다. 기약 행 사다리꼴로부터 해가 $x_1 = -1$, $x_2 = 0$, $x_3 = 3$임을 바로 알 수 있다.

예제 8-7 비동차 선형 연립방정식 : 무수히 많은 해가 존재하는 경우

가우스-조르당 소거법을 이용해 다음 선형 연립방정식의 해를 구하라.

$$\begin{aligned} x_1 - 2x_2 + x_3 &= 1 \\ 2x_1 + x_2 + 2x_3 &= 2 \\ x_1 + 3x_2 + x_3 &= 1 \end{aligned}$$

풀이

주어진 선형 연립방정식을 확대행렬로 나타낸 후, 기본 행 연산을 수행하여 기약 행 사다리꼴로 변환하면 다음과 같다.

$$\left[\begin{array}{ccc|c} 1 & -2 & 1 & 1 \\ 2 & 1 & 2 & 2 \\ 1 & 3 & 1 & 1 \end{array}\right] \xrightarrow[-M_1+M_3]{-2M_1+M_2} \left[\begin{array}{ccc|c} 1 & -2 & 1 & 1 \\ 0 & 5 & 0 & 0 \\ 0 & 5 & 0 & 0 \end{array}\right] \xrightarrow{\frac{1}{5}M_2} \left[\begin{array}{ccc|c} 1 & -2 & 1 & 1 \\ 0 & 1 & 0 & 0 \\ 0 & 5 & 0 & 0 \end{array}\right]$$

$$\xrightarrow[-5M_2+M_3]{2M_2+M_1} \left[\begin{array}{ccc|c} 1 & 0 & 1 & 1 \\ 0 & 1 & 0 & 0 \\ 0 & 0 & 0 & 0 \end{array}\right]$$

마지막 확대행렬이 기약 행 사다리꼴이다. 이 기약 행 사다리꼴의 3행으로부터는 아무런 정보를 얻을 수 없고, 2행으로부터 $x_2 = 0$이다. 이제 1행으로부터 $x_1 + x_3 = 1$의 관계를 만족하는 모든 x_1과 x_3가 선형 연립방정식의 해가 될 수 있다. 만약 $x_3 = c$ (c는 임의의 상수)라 하면 $x_1 = 1 - c$이다. 그런데 c는 임의의 상수이므로 무수히 많은 해가 존재한다. 따라서 주어진 선형 연립방정식의 해는 다음과 같다.

$$\begin{bmatrix} x_1 \\ x_2 \\ x_3 \end{bmatrix} = \begin{bmatrix} 1-c \\ 0 \\ c \end{bmatrix}$$

예제 8-8 비동차 선형 연립방정식 : 해가 존재하지 않는 경우

가우스-조르당 소거법을 이용해 다음 선형 연립방정식의 해를 구하라.

$$\begin{aligned} 2x_1 - x_2 + 2x_3 &= 1 \\ 3x_1 - 2x_2 + x_3 &= 2 \\ x_1 - x_2 - x_3 &= 3 \end{aligned}$$

풀이

주어진 선형 연립방정식을 확대행렬로 나타낸 후, 기본 행 연산을 수행하여 기약 행 사다리꼴로 변환하면 다음과 같다.

$$\left[\begin{array}{ccc|c} 2 & -1 & 2 & 1 \\ 3 & -2 & 1 & 2 \\ 1 & -1 & -1 & 3 \end{array}\right] \xrightarrow{M_{13}} \left[\begin{array}{ccc|c} 1 & -1 & -1 & 3 \\ 3 & -2 & 1 & 2 \\ 2 & -1 & 2 & 1 \end{array}\right] \xrightarrow[-2M_1+M_3]{-3M_1+M_2} \left[\begin{array}{ccc|c} 1 & -1 & -1 & 3 \\ 0 & 1 & 4 & -7 \\ 0 & 1 & 4 & -5 \end{array}\right]$$

$$\xrightarrow[-M_2+M_3]{M_2+M_1} \left[\begin{array}{ccc|c} 1 & 0 & 3 & -4 \\ 0 & 1 & 4 & -7 \\ 0 & 0 & 0 & 2 \end{array}\right] \xrightarrow{\frac{1}{2}M_3} \left[\begin{array}{ccc|c} 1 & 0 & 3 & -4 \\ 0 & 1 & 4 & -7 \\ 0 & 0 & 0 & 1 \end{array}\right]$$

$$\xrightarrow[7M_3+M_2]{4M_3+M_1} \left[\begin{array}{ccc|c} 1 & 0 & 3 & 0 \\ 0 & 1 & 4 & 0 \\ 0 & 0 & 0 & 1 \end{array}\right]$$

마지막 확대행렬이 기약 행 사다리꼴이다. 이 기약 행 사다리꼴의 3행으로부터 $0x_1 + 0x_2 + 0x_3 = 1$이라는 모순된 식을 얻으므로, 주어진 선형 연립방정식의 해는 존재하지 않는다.

앞서 살펴본 예제를 통해 비동차 선형 연립방정식의 해의 유형에 대한 다음 결론을 얻는다.

참고 비동차 선형 연립방정식의 해의 유형

식 (8.8)의 확대행렬을 행 사다리꼴(또는 기약 행 사다리꼴)로 변환한 행렬을 $\overrightarrow{A'}$이라 할 때 다음이 성립한다.

유형 ❶ : 행렬 $\overrightarrow{A'}$의 맨 아래에 있는 행이 0이 아닌 원소를 포함하면 유일한 해가 존재한다([예제 8-6] 참고).

유형 ❷ : 행렬 $\overrightarrow{A'}$이 모든 원소가 0으로 이루어진 행을 하나 이상 포함하면 무수히 많은 해가 존재한다([예제 8-7] 참고).

유형 ❸ : 행렬 $\overrightarrow{A'}$의 마지막 행이 0이 아닌 임의의 상수 c에 대해 $0 = c$의 관계를 만족하면 해가 존재하지 않는다([예제 8-8] 참고).

■ 동차 선형 연립방정식의 풀이

비동차형과 마찬가지로, 동차형의 경우에도 식 (8.8)의 확대행렬을 행 사다리꼴(또는 기약 행 사다리꼴)로 변환하여 해의 유형을 구분할 수 있다. 그러나 비동차형과 달리 동차형은 두 가지 유형으로 구분된다. 다음 예제를 통해 확인해보자.

예제 8-9 동차 선형 연립방정식 : 해가 존재하지 않는 경우

가우스-조르당 소거법을 이용해 다음 선형 연립방정식의 해를 구하라.

$$\begin{aligned} x_1 + 2x_2 + x_3 &= 0 \\ 2x_1 + x_2 - 2x_3 &= 0 \\ x_1 - x_2 + x_3 &= 0 \end{aligned}$$

풀이

주어진 선형 연립방정식을 확대행렬로 나타낸 후, 기본 행 연산을 수행하여 기약 행 사다리꼴로 변환하면 다음과 같다.

$$\left[\begin{array}{ccc|c} 1 & 2 & 1 & 0 \\ 2 & 1 & -2 & 0 \\ 1 & -1 & 1 & 0 \end{array}\right] \xrightarrow[-M_1+M_3]{-2M_1+M_2} \left[\begin{array}{ccc|c} 1 & 2 & 1 & 0 \\ 0 & -3 & -4 & 0 \\ 0 & -3 & 0 & 0 \end{array}\right] \xrightarrow{-\frac{1}{3}M_2} \left[\begin{array}{ccc|c} 1 & 2 & 1 & 0 \\ 0 & 1 & 4/3 & 0 \\ 0 & -3 & 0 & 0 \end{array}\right]$$

$$\xrightarrow{3M_2+M_3} \left[\begin{array}{ccc|c} 1 & 2 & 1 & 0 \\ 0 & 1 & 4/3 & 0 \\ 0 & 0 & 4 & 0 \end{array}\right] \xrightarrow{-2M_2+M_1} \left[\begin{array}{ccc|c} 1 & 0 & -5/3 & 0 \\ 0 & 1 & 4/3 & 0 \\ 0 & 0 & 1 & 0 \end{array}\right]$$

$$\xrightarrow[-\frac{4}{3}M_3+M_2]{\frac{5}{3}M_3+M_1} \left[\begin{array}{ccc|c} 1 & 0 & 0 & 0 \\ 0 & 1 & 0 & 0 \\ 0 & 0 & 1 & 0 \end{array}\right]$$

마지막 확대행렬이 기약 행 사다리꼴이다. 이 기약 행 사다리꼴의 3행으로부터 $x_3 = 0$이고, 2행으로부터 $x_2 = 0$이며, 1행으로부터 $x_1 = 0$이다. 따라서 주어진 선형 연립방정식은 자명한 해를 갖고, 자명하지 않은 해는 존재하지 않음을 알 수 있다.

동차 선형 연립방정식은 우변이 모두 0이므로, 확대행렬 대신 계수행렬을 이용해 기본 행 연산을 수행해도 된다.

예제 8-10 동차 선형 연립방정식 : 해가 존재하는 경우 ①

가우스-조르당 소거법을 이용해 다음 선형 연립방정식의 해를 구하라.

$$\begin{aligned} 3x_1 - x_2 + x_3 &= 0 \\ -2x_1 - x_2 + x_3 &= 0 \\ x_1 - 2x_2 + 2x_3 &= 0 \end{aligned}$$

풀이

주어진 선형 연립방정식을 확대행렬로 나타낸 후, 기본 행 연산을 수행하여 기약 행 사다리꼴로 변환하면 다음과 같다.

$$\left[\begin{array}{ccc|c} 3 & -1 & 1 & 0 \\ -2 & -1 & 1 & 0 \\ 1 & -2 & 2 & 0 \end{array}\right] \xrightarrow{M_{13}} \left[\begin{array}{ccc|c} 1 & -2 & 2 & 0 \\ -2 & -1 & 1 & 0 \\ 3 & -1 & 1 & 0 \end{array}\right] \xrightarrow[-3M_1+M_3]{2M_1+M_2} \left[\begin{array}{ccc|c} 1 & -2 & 2 & 0 \\ 0 & -5 & 5 & 0 \\ 0 & 5 & -5 & 0 \end{array}\right]$$

$$\xrightarrow{-\frac{1}{5}M_2} \left[\begin{array}{ccc|c} 1 & -2 & 2 & 0 \\ 0 & 1 & -1 & 0 \\ 0 & 5 & -5 & 0 \end{array}\right] \xrightarrow[-5M_2+M_3]{2M_2+M_1} \left[\begin{array}{ccc|c} 1 & 0 & 0 & 0 \\ 0 & 1 & -1 & 0 \\ 0 & 0 & 0 & 0 \end{array}\right]$$

마지막 확대행렬이 기약 행 사다리꼴이다. 이 기약 행 사다리꼴은 3행의 모든 원소가 0이다. 이 경우 2행과 1행으로부터 $x_2 - x_3 = 0$, $x_1 = 0$이므로, 주어진 선형 연립방정식의 해는 다음과 같다.

$$\begin{bmatrix} x_1 \\ x_2 \\ x_3 \end{bmatrix} = \begin{bmatrix} 0 \\ 1 \\ 1 \end{bmatrix} c \ (c\text{는 0이 아닌 임의의 상수})$$

예제 8-11 동차 선형 연립방정식 : 해가 존재하는 경우 ②

가우스-조르당 소거법을 이용해 다음 선형 연립방정식의 해를 구하라.

$$\begin{aligned} -x_1 + 2x_2 - 3x_3 &= 0 \\ 2x_1 - 4x_2 + 6x_3 &= 0 \\ x_1 - 2x_2 + 3x_3 &= 0 \end{aligned}$$

풀이

주어진 선형 연립방정식을 확대행렬로 나타낸 후, 기본 행 연산을 수행하여 기약 행 사다리꼴로 변환하면 다음과 같다.

$$\left[\begin{array}{ccc|c} -1 & 2 & -3 & 0 \\ 2 & -4 & 6 & 0 \\ 1 & -2 & 3 & 0 \end{array}\right] \xrightarrow{-M_1} \left[\begin{array}{ccc|c} 1 & -2 & 3 & 0 \\ 2 & -4 & 6 & 0 \\ 1 & -2 & 3 & 0 \end{array}\right] \xrightarrow[-M_1+M_3]{-2M_1+M_2} \left[\begin{array}{ccc|c} 1 & -2 & 3 & 0 \\ 0 & 0 & 0 & 0 \\ 0 & 0 & 0 & 0 \end{array}\right]$$

마지막 확대행렬이 기약 행 사다리꼴이다. 이 기약 행 사다리꼴은 2행과 3행의 모든 원소가 0이다. 이 경우 1행으로부터 다음 관계식을 얻는다.

$$x_1 - 2x_2 + 3x_3 = 0$$

미지수는 3개인데 방정식은 1개이다. 따라서 이 경우에는 2개의 변수를 가정해야 해를 구할 수 있다. $x_2 = c_2$, $x_3 = c_3$로 가정해도 되지만, 좀 더 간단한 결과를 얻기 위해 $x_2 = c$, $x_3 = 0$으로 가정하면 해는 다음과 같다.

$$\begin{bmatrix} x_1 \\ x_2 \\ x_3 \end{bmatrix} = \begin{bmatrix} 2 \\ 1 \\ 0 \end{bmatrix} c \qquad \cdots ①$$

또한 $x_2 = 0$, $x_3 = c$로 가정하면 해는 다음과 같다.

$$\begin{bmatrix} x_1 \\ x_2 \\ x_3 \end{bmatrix} = \begin{bmatrix} -3 \\ 0 \\ 1 \end{bmatrix} c \qquad \cdots ②$$

식 ①과 ②는 서로 일차독립이므로, 둘 다 주어진 선형 연립방정식의 해가 될 수 있다. [예제 8-10]에서는 한 세트의 일차독립인 해를 얻었지만, 이 예제에서는 두 세트의 일차독립인 해를 얻었다는 사실에 주목해야 한다.

앞서 살펴본 예제를 통해 동차 선형 연립방정식의 해의 유형에 대한 다음 결론을 얻는다.

참고 동차 선형 연립방정식의 해의 유형

식 (8.2)의 계수행렬 $\overrightarrow{A}$를 행 사다리꼴(또는 기약 행 사다리꼴)로 변환한 행렬을 $\overrightarrow{A'}$이라 할 때 다음이 성립한다.

유형 ❶ : 행렬 $\overrightarrow{A'}$의 맨 아래에 있는 행이 0이 아닌 원소를 포함하면 자명한 해만 존재한다([예제 8-9] 참고). 이 경우에는 $\det \overrightarrow{A} \neq 0$이다.

유형 ❷ : 행렬 $\overrightarrow{A'}$이 모든 원소가 0으로 이루어진 행을 포함하면 이러한 행의 개수만큼 자명하지 않은 해가 존재한다([예제 8-10]의 경우에는 1개, [예제 8-11]의 경우에는 2개 존재). 이 경우에는 $\det \overrightarrow{A} = 0$이다. 참고로 여기서 0으로만 이루어진 행의 개수는 앞서 설명한 부족한 행렬계수와도 일치한다.

예제 8-12 응용 전기회로 시스템

가우스-조르당 소거법을 이용해 [그림 8-2]의 전기회로에 흐르는 전류 i_1, i_2, i_3를 구하라. 여기서 저항은 $R_1 = R_2 = R_3 = 1[\Omega]$이고, E는 입력전압이다.

HINT 키르히호프 전압법칙과 전류법칙을 이용한다.

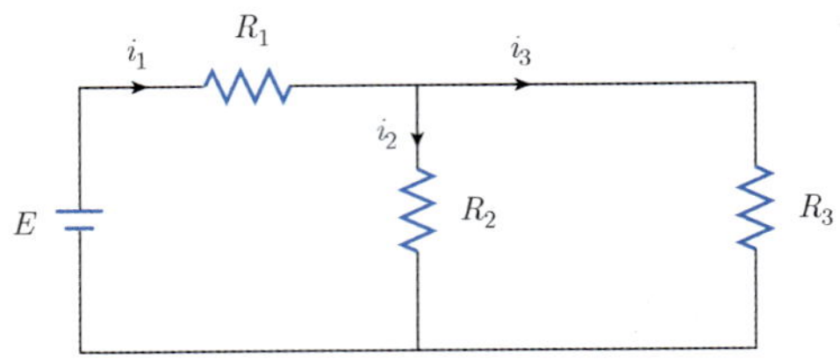

[그림 8-2] 전기회로

풀이

주어진 전기회로에 흐르는 전류들 사이의 관계식을 구하면 다음과 같다.

$$i_1R_1 + i_2R_2 = E \text{ (왼쪽 루프에 키르히호프 전압법칙 적용)}$$
$$i_3R_3 - i_2R_2 = 0 \text{ (오른쪽 루프에 키르히호프 전압법칙 적용)}$$
$$i_1 - i_2 - i_3 = 0 \text{ (키르히호프 전류법칙 적용)}$$

위 식에 $R_1 = R_2 = R_3 = 1[\Omega]$을 대입한 후, 행렬방정식 형태로 표현하면 다음과 같다.

$$\begin{bmatrix} 1 & 1 & 0 \\ 0 & -1 & 1 \\ 1 & -1 & -1 \end{bmatrix} \begin{bmatrix} i_1 \\ i_2 \\ i_3 \end{bmatrix} = \begin{bmatrix} E \\ 0 \\ 0 \end{bmatrix}$$

위 식을 확대행렬로 나타낸 후, 기본 행 연산을 수행하면 다음과 같다.

$$\left[\begin{array}{ccc|c} 1 & 1 & 0 & E \\ 0 & -1 & 1 & 0 \\ 1 & -1 & -1 & 0 \end{array}\right] \xrightarrow[-M_2]{-M_1+M_3} \left[\begin{array}{ccc|c} 1 & 1 & 0 & E \\ 0 & 1 & -1 & 0 \\ 0 & -2 & -1 & -E \end{array}\right] \xrightarrow[2M_2+M_3]{-M_2+M_1} \left[\begin{array}{ccc|c} 1 & 0 & 1 & E \\ 0 & 1 & -1 & 0 \\ 0 & 0 & -3 & -E \end{array}\right]$$

$$\xrightarrow{-\frac{1}{3}M_3} \left[\begin{array}{ccc|c} 1 & 0 & 1 & E \\ 0 & 1 & -1 & 0 \\ 0 & 0 & 1 & E/3 \end{array}\right] \xrightarrow[M_3+M_2]{-M_3+M_1} \left[\begin{array}{ccc|c} 1 & 0 & 0 & 2E/3 \\ 0 & 1 & 0 & E/3 \\ 0 & 0 & 1 & E/3 \end{array}\right]$$

마지막 확대행렬이 기약 행 사다리꼴이다. 따라서 구하고자 하는 전류는 $\begin{bmatrix} i_1 \\ i_2 \\ i_3 \end{bmatrix} = \begin{bmatrix} 2E/3 \\ E/3 \\ E/3 \end{bmatrix}$이다. 즉 $i_1 = \dfrac{2}{3}E$, $i_2 = \dfrac{1}{3}E$, $i_3 = \dfrac{1}{3}E$이다.

■ 기본 행 연산을 이용한 역행렬 계산

7.3절에서는 공식을 이용해 역행렬을 구하는 방법을 설명했다. 여기서는 기본 행 연산을 이용해 역행렬 구하는 방법을 살펴보고자 한다.

참고 $n \times n$ **행렬** $\vec{A}$ **의 역행렬 계산 순서**

단계 ❶ $n \times n$ 단위행렬을 $\vec{I}$라 하고 확대행렬 $(\vec{A} \mid \vec{I})$를 만든다.

단계 ❷ 행렬 $\vec{A}$가 기약 행 사다리꼴이 될 때까지 기본 행 연산을 수행한다.

단계 ❸ (i) 기약 행 사다리꼴로 변환했을 때, '|'의 좌측에 모든 원소가 0인 행이 있으면 행렬 $\vec{A}$의 역행렬은 존재하지 않는다.

(ii) 기약 행 사다리꼴로 변환했을 때, '|'의 좌측에 모든 원소가 0인 행이 없으면 행렬 $\vec{A}$를 단위행렬로 만들 수 있고, 이때 확대행렬은 $(\vec{I} \mid \vec{B})$ 형태가 된다. 그러면 행렬 $\vec{B}$가 행렬 $\vec{A}$의 역행렬이다.

행렬 $\vec{A}$의 역행렬을 구하는 과정을 도식화하면 다음과 같다. 행렬 $\vec{A}$에 기본 행 연산을 수행하여 단위행렬 $\vec{I}$로 변환하면, 이 연산에 따라 행렬 $\vec{I}$는 역행렬 $\vec{A}^{-1}$로 변환되어 역행렬을 구할 수 있다.

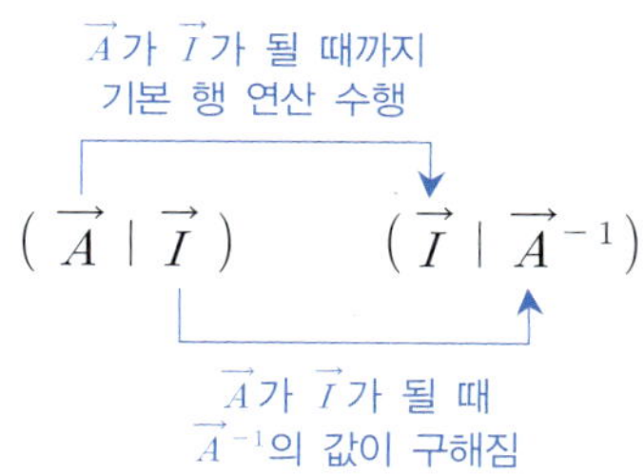

예제 8-13 역행렬 계산 : 기본 행 연산 이용

기본 행 연산을 수행하여 다음 행렬 $\vec{A}$의 역행렬을 구하라.

$$\vec{A} = \begin{bmatrix} -1 & 2 & -3 \\ 2 & -2 & 1 \\ 1 & 0 & 1 \end{bmatrix}$$

풀이

확대행렬 $(\vec{A} \mid \vec{I})$에 대해 기본 행 연산을 수행하면 다음과 같다.

$$(\vec{A} \mid \vec{I}) = \left[\begin{array}{ccc|ccc} -1 & 2 & -3 & 1 & 0 & 0 \\ 2 & -2 & 1 & 0 & 1 & 0 \\ 1 & 0 & 1 & 0 & 0 & 1 \end{array}\right] \xrightarrow{M_{13}} \left[\begin{array}{ccc|ccc} 1 & 0 & 1 & 0 & 0 & 1 \\ 2 & -2 & 1 & 0 & 1 & 0 \\ -1 & 2 & -3 & 1 & 0 & 0 \end{array}\right]$$

$$\xrightarrow[M_1 + M_3]{-2M_1 + M_2} \left[\begin{array}{ccc|ccc} 1 & 0 & 1 & 0 & 0 & 1 \\ 0 & -2 & -1 & 0 & 1 & -2 \\ 0 & 2 & -2 & 1 & 0 & 1 \end{array}\right]$$

$$\xrightarrow{-\frac{1}{2}M_2} \left[\begin{array}{ccc|ccc} 1 & 0 & 1 & 0 & 0 & 1 \\ 0 & 1 & 1/2 & 0 & -1/2 & 1 \\ 0 & 2 & -2 & 1 & 0 & 1 \end{array}\right]$$

$$\xrightarrow{-2M_2 + M_3} \left[\begin{array}{ccc|ccc} 1 & 0 & 1 & 0 & 0 & 1 \\ 0 & 1 & 1/2 & 0 & -1/2 & 1 \\ 0 & 0 & -3 & 1 & 1 & -1 \end{array}\right]$$

$$\xrightarrow{-\frac{1}{3}M_3} \left[\begin{array}{ccc|ccc} 1 & 0 & 1 & 0 & 0 & 1 \\ 0 & 1 & 1/2 & 0 & -1/2 & 1 \\ 0 & 0 & 1 & -1/3 & -1/3 & 1/3 \end{array}\right]$$

$$\xrightarrow[-\frac{1}{2}M_3 + M_2]{-M_3 + M_1} \left[\begin{array}{ccc|ccc} 1 & 0 & 0 & 1/3 & 1/3 & 2/3 \\ 0 & 1 & 0 & 1/6 & -1/3 & 5/6 \\ 0 & 0 & 1 & -1/3 & -1/3 & 1/3 \end{array}\right]$$

마지막 확대행렬의 좌측에 있는 3×3 행렬이 단위행렬이므로, 우측에 있는 3×3 행렬이 다음과 같이 행렬 $\vec{A}$의 역행렬이다.

$$\vec{A}^{-1} = \begin{bmatrix} 1/3 & 1/3 & 2/3 \\ 1/6 & -1/3 & 5/6 \\ -1/3 & -1/3 & 1/3 \end{bmatrix}$$

SECTION 8.2 고윳값과 고유벡터

지금까지 행렬의 기본적인 개념을 알아보고, 행렬을 이용해 선형 연립방정식의 해를 구하는 방법 등을 살펴봤다. 특히 8.1절에서 설명한 기본 행 연산을 이용해 선형 연립방정식의 해를 구하는 문제를 정확하게 이해했다면, 이 절에서 설명할 고윳값과 고유벡터 문제에 쉽게 접근할 수 있다. 왜냐하면 비동차 선형 연립방정식을 푸는 문제의 특별한 형태가 고윳값과 고유벡터 문제이기 때문이다.

고윳값과 고유벡터의 기본 개념

고윳값과 고유벡터는 수학뿐만 아니라 공학의 많은 분야에서 매우 중요하게 사용되는 개념이므로 확실하게 이해하고 넘어가야 한다. $n \times n$ 행렬 $\overrightarrow{A}$를 생각해보자. 식 (8.2)에서 살펴봤듯이, 비동차 선형 연립방정식은 다음과 같은 형태로 나타낼 수 있다.

$$\overrightarrow{A}\,\overrightarrow{X} = \overrightarrow{B}$$

이제 행렬 $\overrightarrow{A}$와 선형 연립방정식의 해벡터 $\overrightarrow{X}$를 곱한 결과가 $\overrightarrow{X}$의 스칼라배가 되는 특별한 경우를 생각해보자. 이와 같은 관계를 만족하는 $\overrightarrow{X}$가 존재하는지를 판정하는 것은 공학을 비롯한 많은 응용 분야에서 매우 중요하다. 이러한 관계를 만족하는 벡터 $\overrightarrow{X}$를 비동차 선형 연립방정식의 해벡터와 구분하기 위해 $\overrightarrow{V}$로 표기하자. 만약 $\overrightarrow{V}$가 존재한다면 식 $\overrightarrow{A}\,\overrightarrow{X} = \overrightarrow{B}$는 다음과 같이 나타낼 수 있다.

$$\overrightarrow{A}\,\overrightarrow{V} = \lambda\,\overrightarrow{V}$$

여기서 λ는 임의의 상수이다. 이러한 결과에 따라 고윳값과 고유벡터를 다음과 같이 정의한다.

정의 8-4 고윳값과 고유벡터

n차 비동차 선형 연립방정식에 관한 $n \times n$ 계수행렬 $\overrightarrow{A}$에 대해 다음을 만족하는 $\overrightarrow{0}$이 아닌 해벡터 $\overrightarrow{V}$가 존재하면, 상수 λ를 행렬 $\overrightarrow{A}$의 **고윳값** eigenvalue [7]이라 하고, $\overrightarrow{V}$를 고윳값 λ에 대응하는 **고유벡터** eigenvector라 한다.

$$\overrightarrow{A}\,\overrightarrow{V} = \lambda\,\overrightarrow{V}$$

예를 들어 $\overrightarrow{V_1} = \begin{bmatrix} 0 \\ 1 \end{bmatrix}$은 행렬 $\overrightarrow{A} = \begin{bmatrix} 2 & 0 \\ 1 & 1 \end{bmatrix}$의 고유벡터이고, 이 경우 고윳값은 1이다. 왜냐하면 다음과 같이 [정의 8-4]의 식을 만족하기 때문이다.

$$\overrightarrow{A}\,\overrightarrow{V_1} = \begin{bmatrix} 2 & 0 \\ 1 & 1 \end{bmatrix}\begin{bmatrix} 0 \\ 1 \end{bmatrix} = (1)\begin{bmatrix} 0 \\ 1 \end{bmatrix} = (1)\overrightarrow{V_1}$$

마찬가지로 다음이 성립하므로 $\overrightarrow{V_2} = \begin{bmatrix} 1 \\ 1 \end{bmatrix}$도 행렬 $\overrightarrow{A} = \begin{bmatrix} 2 & 0 \\ 1 & 1 \end{bmatrix}$의 고유벡터이고, 이 경우 고윳값은 2이다.

$$\overrightarrow{A}\,\overrightarrow{V_2} = \begin{bmatrix} 2 & 0 \\ 1 & 1 \end{bmatrix}\begin{bmatrix} 1 \\ 1 \end{bmatrix} = (2)\begin{bmatrix} 1 \\ 1 \end{bmatrix} = (2)\overrightarrow{V_2}$$

고윳값과 고유벡터에 대해 구체적으로 설명하기에 앞서, [정의 8-4]의 고윳값과 고유벡터에 대한 기하학적 의미를 알아보고자 한다. $\overrightarrow{A}$가 2×2 행렬인 경우로 생각해보자. $\overrightarrow{X} = \begin{bmatrix} x_1 \\ x_2 \end{bmatrix}$와 $\overrightarrow{B} = \begin{bmatrix} b_1 \\ b_2 \end{bmatrix}$에 대해 일반적인 비동차 선형 연립방정식 $\overrightarrow{A}\,\overrightarrow{X} = \overrightarrow{B}$의 경우, $\overrightarrow{A}\,\overrightarrow{X}$는 [그림 8-3(a)]와 같이 원점에서 시작하여 점 (b_1, b_2)까지 이르는 벡터이다. 그러나 [정의 8-4]의 고윳값과 고유벡터에 대한 식을 만족하는 경우에는 $\overrightarrow{A}\,\overrightarrow{V} = \lambda\,\overrightarrow{V}$이므로, [그림 8-3(b)]와 같이 벡터 $\overrightarrow{A}\,\overrightarrow{V}$와 벡터 $\overrightarrow{V} = \begin{bmatrix} v_1 \\ v_2 \end{bmatrix}$의 방향이 일치한다. 다만 두 벡터의 크기는 고윳값 λ에 따라 달라진다.

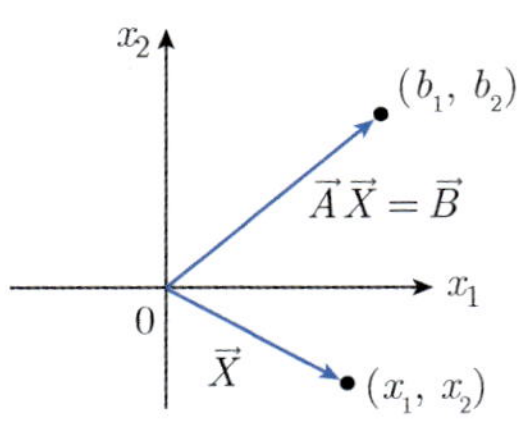

(a) 일반적인 경우

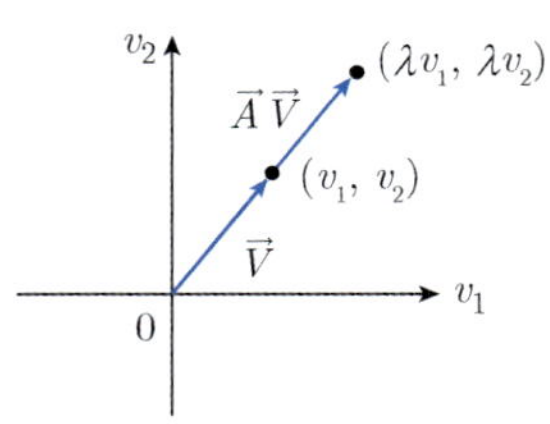

(b) 고윳값, 고유벡터 조건을 만족하는 경우

[그림 8-3] 2×2 행렬 $\overrightarrow{A}$에 대한 고윳값과 고유벡터의 기하학적 의미

7 고윳값은 **특성값**(characteristic value)이라고도 한다.

[정의 8-4]의 고윳값과 고유벡터에 대한 방정식은 비동차 선형 연립방정식이다. 그러나 다음과 같이 변형하면 동차 선형 연립방정식이 된다.

$$\vec{A}\,\vec{V} - \lambda\,\vec{V} = \vec{0}$$

행렬의 성질을 이용하면 위 식을 다음과 같이 나타낼 수 있다.

$$(\vec{A} - \lambda\,\vec{I}\,)\,\vec{V} = \vec{0} \tag{8.9}$$

이제 행렬 $\vec{A}$와 해벡터 $\vec{V}$를

$$\vec{A} = \begin{bmatrix} a_{11} & a_{12} & \cdots & a_{1n} \\ a_{21} & a_{22} & \cdots & a_{2n} \\ \vdots & \vdots & \vdots & \vdots \\ a_{n1} & a_{n2} & \cdots & a_{nn} \end{bmatrix}, \quad \vec{V} = \begin{bmatrix} v_1 \\ v_2 \\ \vdots \\ v_n \end{bmatrix}$$

이라 하고 식 (8.9)에 대입하면 다음과 같다.

$$(\vec{A} - \lambda\,\vec{I}\,)\,\vec{V} = \begin{bmatrix} (a_{11} - \lambda) & a_{12} & \cdots & a_{1n} \\ a_{21} & (a_{22} - \lambda) & \cdots & a_{2n} \\ \vdots & \vdots & \vdots & \vdots \\ a_{n1} & a_{n2} & \cdots & (a_{nn} - \lambda) \end{bmatrix} \begin{bmatrix} v_1 \\ v_2 \\ \vdots \\ v_n \end{bmatrix} = \begin{bmatrix} 0 \\ 0 \\ \vdots \\ 0 \end{bmatrix}$$

위 식을 전개하면 다음과 같다.

$$\begin{aligned} (a_{11} - \lambda)\,v_1 + a_{12}v_2 + \;\cdots\; + a_{1n}v_n &= 0 \\ a_{21}\,v_1 + (a_{22} - \lambda)v_2 + \;\cdots\; + a_{2n}v_n &= 0 \\ \vdots \qquad\qquad\qquad & \vdots \\ a_{n1}\,v_1 + a_{22}v_2 + \;\cdots\; + (a_{nn} - \lambda)v_n &= 0 \end{aligned} \tag{8.10}$$

식 (8.10)의 자명한 해 $v_1 = v_2 = \cdots = v_n = 0$은 별 의미가 없고, 자명하지 않은 해를 구하는 것이 중요하다. 8.1절에서 동차 선형 연립방정식 $\vec{A}\,\vec{X} = \vec{0}$이 자명하지 않은 해를 갖기 위해서는 $\det\vec{A} = 0$이어야 함을 보였다. 그러므로 식 (8.9)가 자명하지 않은 해 $\vec{V}$를 갖기 위해서는 다음이 성립해야 한다.

$$\det(\vec{A} - \lambda\,\vec{I}\,) = 0 \tag{8.11}$$

식 (8.11)은 λ에 관한 n차방정식이며 행렬 $\vec{A}$의 **특성방정식**characteristic equation이라 한다. 특성방정식의 근은 중복을 허용하여 n개 존재하는데, 이 근들이 바로 고윳값(또는 특성값)이다.

이제 고윳값과 고유벡터를 구하는 방법에 대해 자세히 살펴보자. 고윳값과 고유벡터는 다음과 같은 순서로 구하면 된다.

참고 고윳값과 고유벡터를 구하는 순서

❶ 식 (8.11)의 특성방정식을 풀어서 고윳값을 구한다. 이때 고윳값이 모두 실수인 경우 (**중복도** multiplicity[8] $r(r \le n)$인 고윳값을 갖는 경우 포함)와 복소수인 경우로 나뉜다.

❷ 구한 고윳값 $\lambda_i(i=1, 2, \cdots, n)$를 식 (8.9) 혹은 (8.10)에 대입하여 v_1, v_2, $\cdots$, v_n을 구하면, λ_i에 대응하는 고유벡터 $\overrightarrow{V_i}$를 구할 수 있다.

고윳값의 유형에 따라 구분하여 고윳값과 고유벡터를 구하는 예제를 풀어보자.

■ 고윳값이 서로 다른 실수인 경우

고윳값이 서로 다른 실수인 경우, 고유벡터는 모두 실수를 원소로 갖는 벡터이다. 다음 예제에서 고윳값과 고유벡터를 직접 구해보자.

예제 8-14 고윳값과 고유벡터 구하기 : 고윳값이 서로 다른 실수인 경우

다음 행렬 $\overrightarrow{A}$의 고윳값과 고유벡터를 구하라.

$$\overrightarrow{A} = \begin{bmatrix} 2 & 1 & 1 \\ 3 & 0 & 1 \\ -1 & -1 & 0 \end{bmatrix}$$

풀이

특성방정식 $\det(\overrightarrow{A} - \lambda\overrightarrow{I}) = 0$을 정리하면 다음과 같다.

$$\det(\overrightarrow{A} - \lambda\overrightarrow{I}) = \begin{vmatrix} 2-\lambda & 1 & 1 \\ 3 & 0-\lambda & 1 \\ -1 & -1 & 0-\lambda \end{vmatrix}$$
$$= (2-\lambda)(-\lambda)^2 - 3 - 1 - \lambda + 3\lambda + (2-\lambda) = (\lambda-1)(\lambda-2)(\lambda+1) = 0$$

따라서 고윳값은 $\lambda_1 = 1$, $\lambda_2 = 2$, $\lambda_3 = -1$이다.

---

8 특성방정식이 인수 $(\lambda - \lambda_1)^r$을 포함할 때, 고윳값 λ의 중복도를 r이라고 한다.

❶ $\lambda_1 = 1$인 경우

$\lambda_1 = 1$을 식 (8.9)의 λ에 대입하면 다음과 같다.

$$\begin{bmatrix} 2-1 & 1 & 1 \\ 3 & 0-1 & 1 \\ -1 & -1 & 0-1 \end{bmatrix} \begin{bmatrix} v_1 \\ v_2 \\ v_3 \end{bmatrix}_1 {}^{9} = \begin{bmatrix} 0 \\ 0 \\ 0 \end{bmatrix} \Rightarrow \begin{bmatrix} 1 & 1 & 1 \\ 3 & -1 & 1 \\ -1 & -1 & -1 \end{bmatrix} \begin{bmatrix} v_1 \\ v_2 \\ v_3 \end{bmatrix}_1 = \begin{bmatrix} 0 \\ 0 \\ 0 \end{bmatrix} \quad \cdots ①$$

식 ①의 동차 선형 연립방정식을 기약 행 사다리꼴로 변환하면 다음과 같다.

$$\begin{bmatrix} 1 & 0 & 1/2 \\ 0 & 1 & 1/2 \\ 0 & 0 & 0 \end{bmatrix} \begin{bmatrix} v_1 \\ v_2 \\ v_3 \end{bmatrix}_1 = \begin{bmatrix} 0 \\ 0 \\ 0 \end{bmatrix} \quad \cdots ②$$

식 ②의 기약 행 사다리꼴 행렬에서 모든 원소가 0으로 구성된 행이 1개이므로, 식 ②의 해는 1개이다. 식 ②를 풀면

$$v_1 + \frac{1}{2}v_3 = 0, \quad v_2 + \frac{1}{2}v_3 = 0$$

이므로, 임의의 상수 c에 대해 $v_3 = -2c$라 하면 고윳값 $\lambda_1 = 1$에 대응하는 고유벡터는 다음과 같다.

$$\overrightarrow{V_1} = \begin{bmatrix} v_1 \\ v_2 \\ v_3 \end{bmatrix}_1 = \begin{bmatrix} 1 \\ 1 \\ -2 \end{bmatrix} c$$

❷ $\lambda_2 = 2$인 경우

$\lambda_2 = 2$를 식 (8.9)의 λ에 대입하면 다음과 같다.

$$\begin{bmatrix} 2-2 & 1 & 1 \\ 3 & 0-2 & 1 \\ -1 & -1 & 0-2 \end{bmatrix} \begin{bmatrix} v_1 \\ v_2 \\ v_3 \end{bmatrix}_2 = \begin{bmatrix} 0 \\ 0 \\ 0 \end{bmatrix} \Rightarrow \begin{bmatrix} 0 & 1 & 1 \\ 3 & -2 & 1 \\ -1 & -1 & -2 \end{bmatrix} \begin{bmatrix} v_1 \\ v_2 \\ v_3 \end{bmatrix}_2 = \begin{bmatrix} 0 \\ 0 \\ 0 \end{bmatrix} \quad \cdots ③$$

식 ③의 동차 선형 연립방정식을 기약 행 사다리꼴로 변환하면 다음과 같다.

$$\begin{bmatrix} 1 & 0 & 1 \\ 0 & 1 & 1 \\ 0 & 0 & 0 \end{bmatrix} \begin{bmatrix} v_1 \\ v_2 \\ v_3 \end{bmatrix}_2 = \begin{bmatrix} 0 \\ 0 \\ 0 \end{bmatrix} \quad \cdots ④$$

따라서 식 ④의 해는 1개이고, 다음과 같은 관계를 만족한다.

$$v_1 + v_3 = 0, \quad v_2 + v_3 = 0 \quad \cdots ⑤$$

9 고윳값 λ_1에 대응하는 고유벡터라는 의미로, 아래첨자 1을 이용해 $\begin{bmatrix} v_1 \\ v_2 \\ v_3 \end{bmatrix}_1$로 표기한다.

식 ⑤를 풀기 위해 임의의 상수 c에 대해 $v_3 = -c$라 하면 고윳값 $\lambda_2 = 2$에 대응하는 고유벡터는 다음과 같다.

$$\overrightarrow{V_2} = \begin{bmatrix} v_1 \\ v_2 \\ v_3 \end{bmatrix}_2 = \begin{bmatrix} 1 \\ 1 \\ -1 \end{bmatrix} c$$

❸ $\lambda_3 = -1$인 경우

$\lambda_3 = -2$를 식 (8.9)의 λ에 대입하면 다음과 같다.

$$\begin{bmatrix} 2+1 & 1 & 1 \\ 3 & 0+1 & 1 \\ -1 & -1 & 0+1 \end{bmatrix} \begin{bmatrix} v_1 \\ v_2 \\ v_3 \end{bmatrix}_3 = \begin{bmatrix} 0 \\ 0 \\ 0 \end{bmatrix} \quad \Rightarrow \quad \begin{bmatrix} 3 & 1 & 1 \\ 3 & 1 & 1 \\ -1 & -1 & 1 \end{bmatrix} \begin{bmatrix} v_1 \\ v_2 \\ v_3 \end{bmatrix}_3 = \begin{bmatrix} 0 \\ 0 \\ 0 \end{bmatrix} \qquad \cdots ⑥$$

식 ⑥의 동차 선형 연립방정식을 기약 행 사다리꼴로 변환하면 다음과 같다.

$$\begin{bmatrix} 1 & 0 & 1 \\ 0 & 1 & -2 \\ 0 & 0 & 0 \end{bmatrix} \begin{bmatrix} v_1 \\ v_2 \\ v_3 \end{bmatrix}_3 = \begin{bmatrix} 0 \\ 0 \\ 0 \end{bmatrix} \qquad \cdots ⑦$$

따라서 식 ⑦의 해는 1개이고, 다음과 같은 관계를 만족한다.

$$v_1 + v_3 = 0, \quad v_2 - 2v_3 = 0 \qquad \cdots ⑧$$

식 ⑧을 풀기 위해 임의의 상수 c에 대해 $v_3 = c$라 하면 고윳값 $\lambda_3 = -1$에 대응하는 고유벡터는 다음과 같다.

$$\overrightarrow{V_3} = \begin{bmatrix} v_1 \\ v_2 \\ v_3 \end{bmatrix}_3 = \begin{bmatrix} -1 \\ 2 \\ 1 \end{bmatrix} c$$

■ 고윳값이 실수 중복값인 경우

다음은 고윳값이 실수 중복값인 경우이다. 이 경우에는 특성방정식이 중근을 갖는다.

예제 8-15 고윳값과 고유벡터 구하기 : 고윳값이 실수 중복값인 경우

다음 행렬 $\vec{A}$의 고윳값과 고유벡터를 구하라.

$$\vec{A} = \begin{bmatrix} 1 & 1 & -1 \\ -1 & 3 & -1 \\ -1 & 1 & 1 \end{bmatrix}$$

풀이

특성방정식 $\det(\vec{A}-\lambda\vec{I})=0$을 정리하면 다음과 같다.

$$\det(\vec{A}-\lambda\vec{I}) = \begin{vmatrix} 1-\lambda & 1 & -1 \\ -1 & 3-\lambda & -1 \\ -1 & 1 & 1-\lambda \end{vmatrix}$$

$$= (1-\lambda)(3-\lambda)(1-\lambda)+2-(3-\lambda)+2(1-\lambda) = (\lambda-1)(\lambda-2)^2 = 0$$

따라서 고윳값은 $\lambda_1=1$, $\lambda_2=\lambda_3=2$(중복값)이다.

❶ $\lambda_1=1$인 경우

고윳값이 중복되지 않는 경우에는 [예제 8-14]와 풀이 과정이 동일하다. $\lambda_1=1$을 식 (8.9)의 λ에 대입하면 다음과 같다.

$$\begin{bmatrix} 1-1 & 1 & -1 \\ -1 & 3-1 & -1 \\ -1 & 1 & 1-1 \end{bmatrix}\begin{bmatrix} v_1 \\ v_2 \\ v_3 \end{bmatrix}_1 = \begin{bmatrix} 0 \\ 0 \\ 0 \end{bmatrix} \Rightarrow \begin{bmatrix} 0 & 1 & -1 \\ -1 & 2 & -1 \\ -1 & 1 & 0 \end{bmatrix}\begin{bmatrix} v_1 \\ v_2 \\ v_3 \end{bmatrix}_1 = \begin{bmatrix} 0 \\ 0 \\ 0 \end{bmatrix}$$

위와 같은 동차 선형 연립방정식을 기약 행 사다리꼴로 변환하면 다음과 같다.

$$\begin{bmatrix} 1 & 0 & -1 \\ 0 & 1 & -1 \\ 0 & 0 & 0 \end{bmatrix}\begin{bmatrix} v_1 \\ v_2 \\ v_3 \end{bmatrix}_1 = \begin{bmatrix} 0 \\ 0 \\ 0 \end{bmatrix}$$

위 식을 풀면 $v_1=v_3$, $v_2=v_3$이므로, 임의의 상수 c에 대해 $v_3=c$라 하면 고윳값 $\lambda_1=1$에 대응하는 고유벡터는 다음과 같다.

$$\vec{V_1} = \begin{bmatrix} v_1 \\ v_2 \\ v_3 \end{bmatrix}_1 = \begin{bmatrix} 1 \\ 1 \\ 1 \end{bmatrix} c$$

❷ $\lambda_2=\lambda_3=2$인 경우

$\lambda_2=\lambda_3=2$를 식 (8.9)의 λ에 대입하면 다음과 같다.

$$\begin{bmatrix} 1-2 & 1 & -1 \\ -1 & 3-2 & -1 \\ -1 & 1 & 1-2 \end{bmatrix}\begin{bmatrix} v_1 \\ v_2 \\ v_3 \end{bmatrix}_{2,3} = \begin{bmatrix} 0 \\ 0 \\ 0 \end{bmatrix} \Rightarrow \begin{bmatrix} -1 & 1 & -1 \\ -1 & 1 & -1 \\ -1 & 1 & -1 \end{bmatrix}\begin{bmatrix} v_1 \\ v_2 \\ v_3 \end{bmatrix}_{2,3} = \begin{bmatrix} 0 \\ 0 \\ 0 \end{bmatrix}$$

위와 같은 동차 선형 연립방정식을 기약 행 사다리꼴로 변환하면 다음과 같다.

$$\begin{bmatrix} 1 & -1 & 1 \\ 0 & 0 & 0 \\ 0 & 0 & 0 \end{bmatrix}\begin{bmatrix} v_1 \\ v_2 \\ v_3 \end{bmatrix}_{2,3} = \begin{bmatrix} 0 \\ 0 \\ 0 \end{bmatrix}$$

모든 원소가 0으로 이루어진 행의 개수(부족한 행렬계수)가 2개이므로, 위 식의 해는 2개이다.

앞의 식을 풀면 다음 관계를 만족한다.

$$v_1 - v_2 + v_3 = 0 \qquad \cdots ①$$

식 ①을 만족하는 간단한 해를 구하기 위해 $v_3 = 0$이라 하면 식 ①은 $v_1 = v_2$이므로, 고윳값 $\lambda_2 = 2$에 대응하는 고유벡터는 다음과 같다.

$$\overrightarrow{V_2} = \begin{bmatrix} v_1 \\ v_2 \\ v_3 \end{bmatrix}_2 = \begin{bmatrix} 1 \\ 1 \\ 0 \end{bmatrix} c$$

또 하나의 해를 구하기 위해 $v_2 = 0$이라 하면 식 ①은 $v_1 + v_3 = 0$이므로, 고윳값 $\lambda_3 = 2$에 대응하는 또 하나의 고유벡터는 다음과 같다.

$$\overrightarrow{V_3} = \begin{bmatrix} v_1 \\ v_2 \\ v_3 \end{bmatrix}_3 = \begin{bmatrix} -1 \\ 0 \\ 1 \end{bmatrix} c$$

[예제 8-15]에서는 고윳값이 중복값인 경우임에도 불구하고, 중복된 고윳값에 대응하는 서로 다른 고유벡터를 모두 구할 수 있었다. 그러나 중복된 고윳값에 대응하는 서로 다른 고유벡터를 모두 구할 수 없는 경우도 있다. 이러한 경우는 연습문제를 참고하길 바란다.

■ 고윳값이 복소수인 경우

지금까지 고윳값이 실수인 경우에 대해 고유벡터를 구했다. 이제 마지막으로 고윳값이 복소수인 경우에 대해 살펴보고자 한다. 특성방정식 (8.11)의 근이 복소수인 경우에는 항상 근이 켤레복소수의 값을 취하므로 다음 정리가 성립한다.

정리 8-2 고윳값이 복소수인 경우

모든 원소가 실수인 $n \times n$ 행렬 $\vec{A}$에 대해, $\vec{A}$의 고윳값 중 하나가 복소수 $\lambda = \alpha + \beta i$ $(\beta \neq 0)$이고, λ에 대응하는 고유벡터가 $\vec{V}$이면 λ의 켤레복소수 $\bar{\lambda} = \alpha - \beta i$도 $\vec{A}$의 고윳값이고, $\bar{\lambda}$에 대응하는 고유벡터는 $\overline{\vec{V}}$ 이다.

증명

행렬 $\vec{A}$는 모든 원소가 실수인 행렬이므로, 고윳값을 구하기 위한 특성방정식 $\det(\vec{A} - \lambda\vec{I}) = 0$이 실수를 계수로 갖는 방정식이다. 이 방정식의 근이 고윳값인데, 실수 계수를 갖는 방정식의 근이 복소수이면 그 근의 켤레복소수도 방정식의 근이 된다. 즉 $\lambda = \alpha + \beta i\,(\beta \neq 0)$가 특성방정식의 근이므로 $\overline{\lambda} = \alpha - \beta i$도 특성방정식의 근이 된다. 또한 λ에 대응하는 고유벡터가 $\vec{V}$이면 고윳값과 고유벡터의 정의에 의해 다음 관계가 성립한다.

$$\vec{A}\vec{V} = \lambda \vec{V}$$

이 방정식의 양변에 켤레복소수를 취하면 다음과 같다.

$$\overline{\vec{A}}\;\overline{\vec{V}} = \overline{\lambda}\;\overline{\vec{V}}$$

이때 $\vec{A}$의 모든 원소가 실수이므로 $\overline{\vec{A}} = \vec{A}$이다. 따라서 위 식은

$$\vec{A}\;\overline{\vec{V}} = \overline{\lambda}\;\overline{\vec{V}}$$

가 되므로, 결국 $\overline{\lambda}$에 대응하는 고유벡터가 $\overline{\vec{V}}$ 임을 알 수 있다. ■

예제 8-16 고윳값과 고유벡터 구하기 : 고윳값이 복소수인 경우

다음 행렬 $\vec{A}$의 고윳값과 고유벡터를 구하라.

$$\vec{A} = \begin{bmatrix} -1 & -1 \\ 4 & -1 \end{bmatrix}$$

풀이

특성방정식 $\det(\vec{A} - \lambda\vec{I}) = 0$을 정리하면 다음과 같다.

$$\det\begin{bmatrix} -1-\lambda & -1 \\ 4 & -1-\lambda \end{bmatrix} = (-1-\lambda)^2 + 4 = \lambda^2 + 2\lambda + 5 = (\lambda+1-2i)(\lambda+1+2i) = 0$$

따라서 고윳값은 $\lambda_1 = -1+2i$, $\lambda_2 = \overline{\lambda_1} = -1-2i$이다.

❶ $\lambda_1 = -1+2i$인 경우

고윳값이 복소수인 경우이다. $\lambda_1 = -1+2i$를 식 (8.9)의 λ에 대입하면 다음과 같다.

$$\begin{bmatrix} -1+1-2i & -1 \\ 4 & -1+1-2i \end{bmatrix}\begin{bmatrix} v_1 \\ v_2 \end{bmatrix}_1 = \begin{bmatrix} 0 \\ 0 \end{bmatrix} \Rightarrow \begin{bmatrix} -2i & -1 \\ 4 & -2i \end{bmatrix}\begin{bmatrix} v_1 \\ v_2 \end{bmatrix}_1 = \begin{bmatrix} 0 \\ 0 \end{bmatrix} \quad \cdots ①$$

위와 같은 동차 선형 연립방정식을 기약 행 사다리꼴로 변환하면 다음과 같다.

$$\begin{bmatrix} 1 & -i/2 \\ 0 & 0 \end{bmatrix}\begin{bmatrix} v_1 \\ v_2 \end{bmatrix}_1 = \begin{bmatrix} 0 \\ 0 \end{bmatrix} \quad \cdots ②$$

식 ②의 해는 1개이고, 식 ②를 풀면 다음과 같은 관계를 만족한다.

$$v_1 - \frac{i}{2}v_2 = 0 \quad \cdots ③$$

식 ③을 만족하는 해를 구하기 위해 임의의 상수 c에 대해 $v_2 = 2c$라 하면 $v_1 = ci$이므로, 고윳값 $\lambda_1 = -1+2i$에 대응하는 고유벡터는 다음과 같다.

$$\overrightarrow{V_1} = \begin{bmatrix} v_1 \\ v_2 \end{bmatrix}_1 = \begin{bmatrix} i \\ 2 \end{bmatrix} c$$

❷ $\lambda_2 = \overline{\lambda_1} = -1-2i$인 경우

[정리 8-2]를 이용하면 $\lambda_2 = \overline{\lambda_1} = -1-2i$에 대응하는 고유벡터는 다음과 같다.

$$\overrightarrow{V_2} = \overline{\overrightarrow{V_1}} = \begin{bmatrix} v_1 \\ v_2 \end{bmatrix}_2 = \begin{bmatrix} -i \\ 2 \end{bmatrix} c$$

고윳값과 고유벡터의 응용

앞서 고윳값과 그 고윳값에 대응하는 고유벡터를 구하는 방법을 살펴봤다. 고윳값과 고유벡터는 진동학, 제어공학 등의 다양한 분야에서 중요하게 응용된다. 몇 가지 예제를 통해 응용 주제를 살펴보자. 고윳값과 고유벡터에 관한 공학 응용 주제는 심화 내용이므로, 예제에서 다루는 공학 개념은 문제에 주어진 내용 정도만 이해하고 넘어가도록 한다.

예제 8-17 응용 **고윳값과 고유벡터 응용 : 정적 시스템**

[그림 8-4]와 같이 주어진 공학에서의 **휨** buckling 문제를 생각해보자. [그림 8-4(a)]는 아무런 힘이 가해지지 않은 평형상태를 나타내고, [그림 8-4(b)]는 왼쪽 끝에 수평 방향의 힘 F가 가해진 상태에서의 변화 상태를 보여준다. 여기서 k_1과 k_2는 스프링 상수이고, L은 가늘고 긴 **강체** rigid body의 길이이다. 힘 F와 스프링 상수와 스프링 변위 δ_1, δ_2 사이의 관계식을 구하고, 관계식이 고윳값과 고유벡터에 관한 문제임을 확인한 후 고윳값과 고유벡터를 구하라. 그리고 각 고윳값과 고유벡터가 갖는 물리적인 의미를 설명하라.

> **HINT**
> 힘의 평형에 대한 식 $\sum \overrightarrow{F} = 0$과 모멘트 평형에 대한 식 $\sum \overrightarrow{M_o} = 0$을 고려한다.

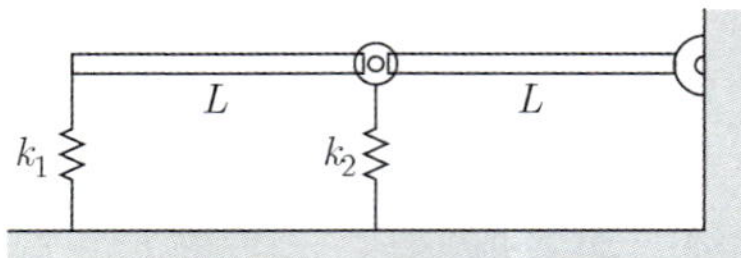

(a) 힘의 평형상태

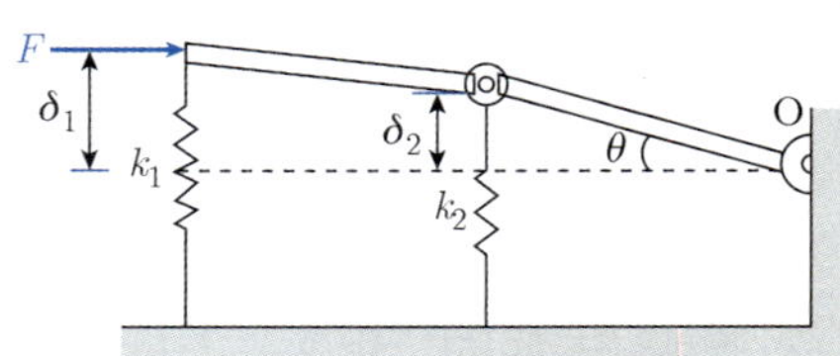

(b) 외력의 작용상태

[그림 8-4] 휨 문제

풀이

[그림 8-5]는 힘 F가 작용했을 때 **로드** rod[10]가 [그림 8-4(b)]와 같이 위쪽 방향으로 움직였다고 가정한 상태에서의 자유물체도이다. 여기에서 f_1은 좌측 스프링에 작용하는 힘이고, f_2는 우측 스프링에 작용하는 힘이며, f_3는 점 O에서 위쪽 방향으로 작용하는 반력을 나타낸다.

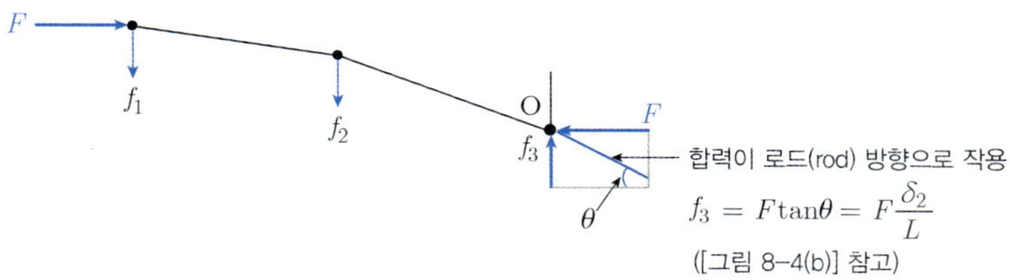

[그림 8-5] 자유물체도

[그림 8-5]에서 위아래 방향으로 움직이는 힘의 평형($\sum \overrightarrow{F} = 0$)과 점 O에 관한 모멘트 평형($\sum \overrightarrow{M_o} = 0$)을 고려하여 방정식을 세우면 다음과 같다.

$$\sum \overrightarrow{F} = 0 \ : \ -f_1 - f_2 + f_3 = 0 \qquad \cdots ①$$

$$\sum \overrightarrow{M_o} = 0 \ : \ -F\delta_1 + f_1(2L) + f_2(L) = 0 \qquad \cdots ②$$

또한 스프링에 작용하는 힘 f_1, f_2는 다음 관계식을 만족한다.

$$f_1 = k_1\delta_1, \quad f_2 = k_2\delta_2 \qquad \cdots ③$$

[그림 8-5]의 점 O에서 기하학적 원리에 의해 반력 f_3와 힘 F의 합력이 강체의 길이 방향으로 작용해야만 하므로 다음 관계가 성립한다.

$$f_3 = F\tan\theta = F\frac{\delta_2}{L} \qquad \cdots ④$$

식 ③과 ④를 식 ①과 ②에 대입하면 다음과 같다.

$$-k_1\delta_1 - k_2\delta_2 + F\frac{\delta_2}{L} = 0 \qquad \cdots ⑤$$

$$-F\delta_1 + k_1\delta_1(2L) + k_2\delta_2(L) = 0 \qquad \cdots ⑥$$

식 ⑤와 ⑥의 순서를 바꾸어 정리하면 다음 관계식을 얻는다.

$$2k_1\delta_1 + k_2\delta_2 = \frac{F}{L}\delta_1 \qquad \cdots ⑦$$

$$k_1\delta_1 + k_2\delta_2 = \frac{F}{L}\delta_2 \qquad \cdots ⑧$$

10 가느다란 원통형의 금속 자재를 말한다.

식 ⑦과 ⑧을 행렬방정식으로 나타내면 다음과 같다.

$$\begin{bmatrix} 2k_1 & k_2 \\ k_1 & k_2 \end{bmatrix} \begin{bmatrix} \delta_1 \\ \delta_2 \end{bmatrix} = \frac{F}{L} \begin{bmatrix} \delta_1 \\ \delta_2 \end{bmatrix} \qquad \cdots ⑨$$

따라서 식 ⑨는 고윳값과 고유벡터 문제이다. 식 ⑨의 상수들을 다음과 같이 정의하자.

$$\frac{k_1}{k_2} = \alpha, \quad \frac{F}{Lk_2} = \lambda \qquad \cdots ⑩$$

식 ⑩의 관계를 식 ⑨에 대입하면 다음과 같다.

$$\begin{bmatrix} 2\alpha & 1 \\ \alpha & 1 \end{bmatrix} \begin{bmatrix} \delta_1 \\ \delta_2 \end{bmatrix} = \lambda \begin{bmatrix} \delta_1 \\ \delta_2 \end{bmatrix} \qquad \cdots ⑪$$

고윳값은 λ로서 외력에 관한 값이고, 고유벡터는 $\begin{bmatrix} \delta_1 \\ \delta_2 \end{bmatrix}$로서 스프링 변위에 관한 값이다. 식 ⑪의 계산을 간단히 하기 위해 스프링 상수 k_1과 k_2가 같다고 하면, 식 ⑩에서 $\alpha = 1$이고 고윳값은 $\det \begin{bmatrix} 2-\lambda & 1 \\ 1 & 1-\lambda \end{bmatrix} = (2-\lambda)(1-\lambda) - 1 = \lambda^2 - 3\lambda + 1 = 0$에 의해 다음과 같다.

$$\lambda_1 = 0.3820, \quad \lambda_2 = 2.6180$$

❶ $\lambda_1 = 0.3820$인 경우

$\lambda_1 = 0.3820$을 식 (8.9)의 λ에 대입하면 다음과 같다.

$$\begin{bmatrix} 2-0.3820 & 1 \\ 1 & 1-0.3820 \end{bmatrix} \begin{bmatrix} \delta_1 \\ \delta_2 \end{bmatrix}_1 = \begin{bmatrix} 0 \\ 0 \end{bmatrix} \qquad \cdots ⑫$$

식 ⑫를 풀면 고유벡터는 다음과 같다.

$$\overrightarrow{V_1} = \begin{bmatrix} \delta_1 \\ \delta_2 \end{bmatrix}_1 = \begin{bmatrix} -0.5257 \\ 0.8507 \end{bmatrix} \qquad \cdots ⑬$$

식 ⑬의 고유벡터는 **정규화**normalization한 값, 즉 벡터의 크기가 $1(\sqrt{\delta_1^2 + \delta_2^2} = 1)$이 되도록 만든 값이다.

❷ $\lambda_2 = 2.6180$인 경우

❶의 경우와 같은 방법으로 고유벡터를 구하면 다음과 같다.

$$\overrightarrow{V_2} = \begin{bmatrix} \delta_1 \\ \delta_2 \end{bmatrix}_2 = \begin{bmatrix} 0.8507 \\ 0.5257 \end{bmatrix} \qquad \cdots ⑭$$

마찬가지로 식 ⑭의 고유벡터 역시 정규화한 값이다.

이 예제에서 고윳값과 그에 대응하는 고유벡터가 중요한 의미를 갖는데, 바로 외력 F의 크기에 따라 스프링 변위가 [그림 8-6]과 같이 특별한 형태를 취한다는 사실이다. 이러한 현상을 스프링의 **휨 모드**buckling mode라고 한다.

[그림 8-6(a)]의 휨 모드 I은 고윳값 λ_1에 대응하는 외력의 크기 F(식 ⑩에 따라 $F = \lambda_1 L k_2 = 0.3820 L k_2$)가 작용했을 때의 스프링 변위 패턴을 보여준다. 또한 [그림 8-6(b)]의 휨 모드 II는 고윳값 λ_2에 대응하는 외력의 크기 $F(F = \lambda_2 L k_2 = 2.6180 L k_2)$가 작용했을 때의 스프링 변위 패턴을 보여준다.

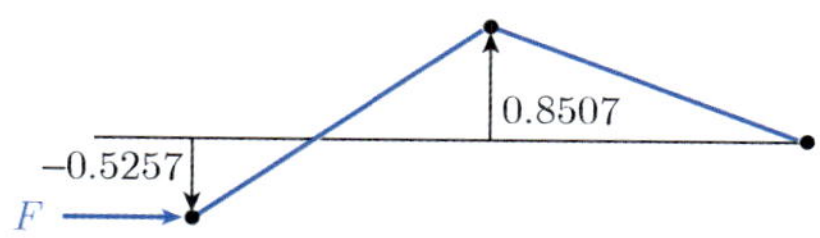

(a) 휨 모드 I $(F = \lambda_1 L k_2 = 0.3820 L k_2)$

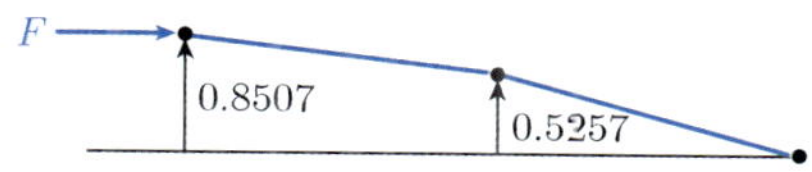

(b) 휨 모드 II $(F = \lambda_2 L k_2 = 2.6180 L k_2)$

[그림 8-6] 휨 모드 유형

예제 8-18 응용 고윳값과 고유벡터 응용 : 동적 시스템

[그림 8-7]의 질량-스프링 시스템을 생각해보자. 이 동적 시스템에 대한 수학적 모델링 식을 구하고, 모델링 식이 고윳값, 고유벡터 문제임을 확인하라. 그리고 고윳값과 고유벡터를 구한 후, 각 고윳값과 고유벡터가 갖는 물리적인 의미를 설명하라.

> **HINT** 뉴턴의 제2법칙을 이용한다.

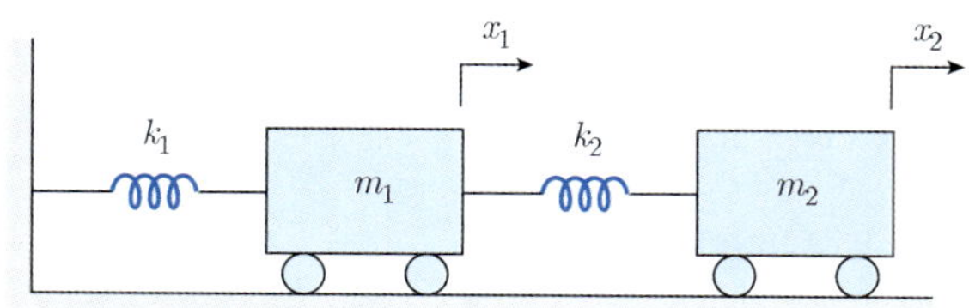

[그림 8-7] 질량-스프링 시스템

풀이

이 시스템에 대한 수학적 모델링 식을 얻기 위한 자유물체도는 [그림 8-8]과 같다.

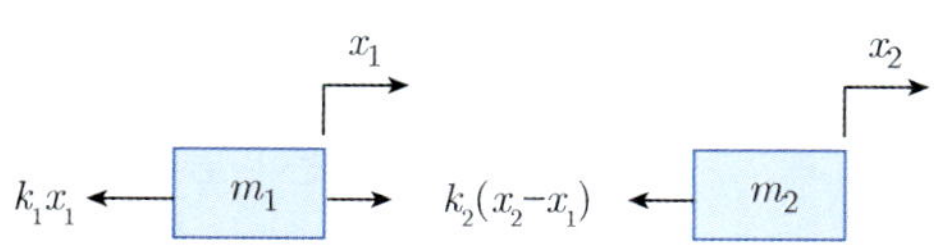

[그림 8-8] 자유물체도

[그림 8-8]에 뉴턴의 제2법칙을 적용하여 운동방정식을 구하면 다음과 같다.

$$m_1 x_1'' = k_2(x_2 - x_1) - k_1 x_1$$
$$m_2 x_2'' = -k_2(x_2 - x_1)$$

두 식을 행렬방정식으로 나타내면 다음과 같다.

$$\begin{bmatrix} m_1 & 0 \\ 0 & m_2 \end{bmatrix} \begin{bmatrix} x_1'' \\ x_2'' \end{bmatrix} = \begin{bmatrix} -k_1 - k_2 & k_2 \\ k_2 & -k_2 \end{bmatrix} \begin{bmatrix} x_1 \\ x_2 \end{bmatrix} \quad \cdots ①$$

여기서 **질량 행렬** mass matrix $\overrightarrow{M}$, **스프링 행렬** stiffness matrix $\overrightarrow{K}$, 가속도벡터 $\vec{x}''$, 변위벡터 $\vec{x}$를 각각 다음과 같이 정의하자.

$$\overrightarrow{M} = \begin{bmatrix} m_1 & 0 \\ 0 & m_2 \end{bmatrix}, \quad \overrightarrow{K} = \begin{bmatrix} k_1 + k_2 & -k_2 \\ -k_2 & k_2 \end{bmatrix}, \quad \vec{x}'' = \begin{bmatrix} x_1'' \\ x_2'' \end{bmatrix}, \quad \vec{x} = \begin{bmatrix} x_1 \\ x_2 \end{bmatrix}$$

그러면 식 ①은 다음과 같이 나타낼 수 있다.

$$\overrightarrow{M}\vec{x}'' = -\overrightarrow{K}\vec{x}, \quad \overrightarrow{M}\vec{x}'' + \overrightarrow{K}\vec{x} = \vec{0} \quad \cdots ②$$

식 ① 또는 ②의 미분방정식을 풀기 위해 미분방정식의 해를

$$\vec{x} = \overrightarrow{V}\cos\omega t \quad \cdots ③$$

라 가정하면 다음이 성립한다.

$$\vec{x}'' = -\omega^2 \overrightarrow{V}\cos\omega t \quad \cdots ④$$

따라서 식 ③과 ④를 식 ②에 대입하면 다음과 같다.

$$-\omega^2 \overrightarrow{M}\,\overrightarrow{V}\cos\omega t + \overrightarrow{K}\,\overrightarrow{V}\cos\omega t = \vec{0} \quad \cdots ⑤$$

$\cos\omega t \neq 0$에 대해 식 ⑤에 따라 다음이 성립한다.

$$-\omega^2 \overrightarrow{M}\,\overrightarrow{V} + \overrightarrow{K}\,\overrightarrow{V} = \vec{0} \quad \Rightarrow \quad \overrightarrow{K}\,\overrightarrow{V} = \omega^2 \overrightarrow{M}\,\overrightarrow{V} \quad \cdots ⑥$$

식 ⑥을 **일반화된 고윳값 문제** generalized eigenvalue problem라고 한다. 만약 식 ⑥에서 $\overrightarrow{M} = \overrightarrow{I}$이고 $\omega^2 = \lambda$이면 다음이 성립하므로 이 문제는 고윳값과 고유벡터에 대한 문제가 된다.

$$\overrightarrow{K}\,\overrightarrow{V} = \lambda \overrightarrow{V} \quad \cdots ⑦$$

풀이 결과를 간단히 만들기 위해 $m_1 = m_2 = 1$, $k_1 = k_2 = 1$이라 하면 식 ⑦은 다음과 같다.

$$\begin{bmatrix} 2 & -1 \\ -1 & 1 \end{bmatrix} \begin{bmatrix} x_1 \\ x_2 \end{bmatrix} = \lambda \begin{bmatrix} x_1 \\ x_2 \end{bmatrix} \quad \cdots ⑧$$

앞서 살펴본 예제와 동일한 방법으로 식 ⑧을 풀면 고윳값과 대응하는 고유벡터를 다음과 같이 얻을 수 있다.

$$\lambda_1 = 2.6180\,(\omega_1 = \sqrt{\lambda_1} = 1.6180), \quad \overrightarrow{V_1} = \begin{bmatrix} x_1 \\ x_2 \end{bmatrix}_1 = \begin{bmatrix} 0.8507 \\ -0.5257 \end{bmatrix}$$

$$\lambda_2 = 0.3820\,(\omega_2 = \sqrt{\lambda_2} = 0.6180), \quad \overrightarrow{V_2} = \begin{bmatrix} x_1 \\ x_2 \end{bmatrix}_2 = \begin{bmatrix} 0.5257 \\ 0.8507 \end{bmatrix}$$

식 ③에서 $\vec{x} = \vec{V}\cos\omega t$라 가정했으므로 $\vec{V}$는 $t=0$일 때의 $\vec{x}$값, 즉 $\vec{V} = \vec{x}(0)$(초깃값)이 된다. 지금까지 얻은 결과로부터 [그림 8-9]와 같은 두 종류의 **진동모드**vibration mode[11]를 생각할 수 있다.

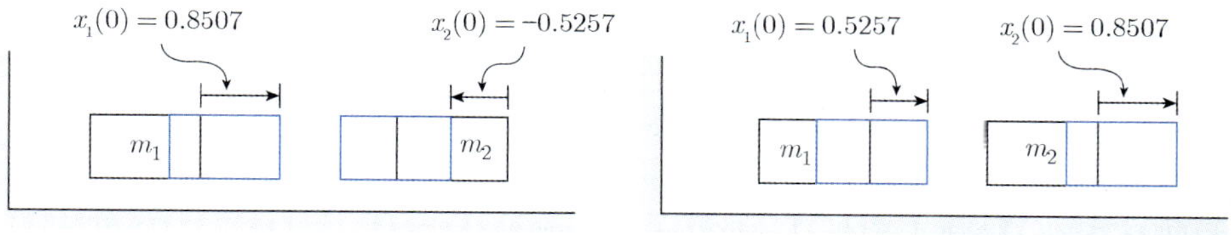

[그림 8-9] 진동모드의 유형

진동모드 I은 초기변위가 $x_1(0) = 0.8507$, $x_2(0) = -0.5257$로 주어질 때 발생한다. 이때 운동방정식 ②의 해는 식 ③에 의해 $\vec{x} = \overrightarrow{V_1}\cos\omega_1 t$이므로 다음과 같다.

$$\begin{bmatrix} x_1 \\ x_2 \end{bmatrix}_1 = \begin{bmatrix} 0.8507 \\ -0.5257 \end{bmatrix}\cos(1.6180t) \quad \cdots ⑨$$

진동모드 II는 초기변위가 $x_1(0) = 0.5257$, $x_2(0) = 0.8507$로 주어질 때 발생한다. 이때 운동방정식 ②의 해는 마찬가지로 식 ③에 의해 $\vec{x} = \overrightarrow{V_2}\cos\omega_2 t$이므로 다음과 같다.

$$\begin{bmatrix} x_1 \\ x_2 \end{bmatrix}_2 = \begin{bmatrix} 0.5257 \\ 0.8507 \end{bmatrix}\cos(0.6180t) \quad \cdots ⑩$$

[그림 8-10]은 식 ⑨와 ⑩을 이용한 진동모드별 시뮬레이션 결과로, [그림 8-9]를 그래프로 나타낸 것이다. 진동모드 I에 해당하는 [그림 8-10(a)]를 보면 질량 m_1인 물체와 질량 m_2인 물체가 진폭은 다르지만 같은 주기를 갖고 서로 반대 방향으로 움직임을 알 수 있다. 진동모드 II에 해당하는 [그림 8-10(b)]를 보면 질량 m_1인 물체와 질량 m_2인 물체가 진폭은 다르지만 같은 주기를 갖고 서로 같은 방향으로 움직임을 알 수 있다

11 일정한 주기를 가지고 움직이는 진동체의 운동 패턴을 말한다.

또한 $\omega_1(=1.6180)$이 $\omega_2(=0.6180)$보다 크므로, 진동모드 I의 주기가 진동모드 II의 주기보다 훨씬 빠르다는 점을 알 수 있다.

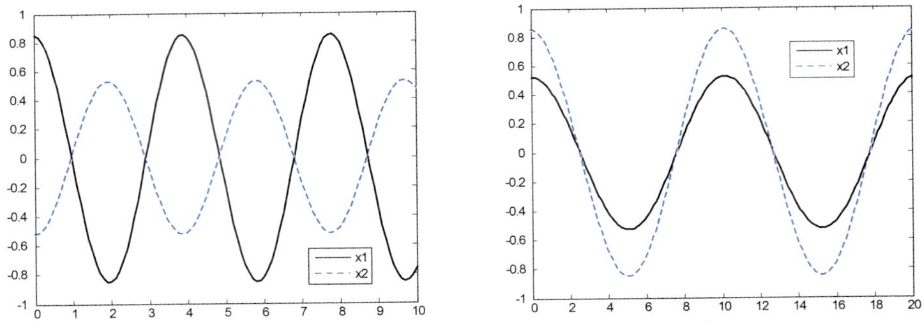

(a) 진동모드 I (b) 진동모드 II

[그림 8-10] **진동모드별 시뮬레이션 결과**

여기서는 정적 시스템과 동적 시스템의 두 가지 예만 다뤘지만, 고윳값과 고유벡터는 이외에도 다양한 공학 분야에서 매우 중요하게 응용된다.

SECTION 8.3 행렬의 대각화

8.2절에서 다룬 고윳값, 고유벡터와 더불어 이 절에서 설명할 행렬의 대각화는 9장에서 다룰 선형 연립 미분방정식의 해를 구하는 데 매우 중요한 역할을 한다. 대각화 가능 행렬은 다음과 같이 정의한다.

정의 8-5 대각화 가능 행렬

$n \times n$ 행렬 $\overrightarrow{A}$에 대해 $\overrightarrow{P}^{-1}\overrightarrow{A}\,\overrightarrow{P} = \overrightarrow{D}$ ($\overrightarrow{D}$는 대각행렬)를 만족하는 가역행렬 $\overrightarrow{P}$가 존재하면 행렬 $\overrightarrow{A}$를 **대각화 가능 행렬**diagonalizable matrix이라 한다.

행렬의 대각화 가능 문제는 8.2절에서 다룬 고유벡터와 관련하여 다음 정리를 만족한다.

정리 8-3 대각화 가능에 대한 조건

$n \times n$ 행렬 $\overrightarrow{A}$의 고윳값 $\lambda_1, \lambda_2, \cdots, \lambda_n$에 대응하는 고유벡터 $\overrightarrow{V}_1, \overrightarrow{V}_2, \cdots, \overrightarrow{V}_n$이 서로 일차독립이면 행렬 $\overrightarrow{A}$는 대각화 가능 행렬이다.

증명

고윳값과 고유벡터 사이에는 다음 관계가 성립한다.

$$\overrightarrow{A}\,\overrightarrow{V}_1 = \lambda_1 \overrightarrow{V}_1, \quad \overrightarrow{A}\,\overrightarrow{V}_2 = \lambda_2 \overrightarrow{V}_2, \cdots, \overrightarrow{A}\,\overrightarrow{V}_n = \lambda_n \overrightarrow{V}_n \qquad \cdots ①$$

$\overrightarrow{V}_1, \overrightarrow{V}_2, \cdots, \overrightarrow{V}_n$은 모두 $n \times 1$ 열벡터이고 서로 일차독립이므로, 이들로 구성된 다음 $n \times n$ 행렬은 역행렬을 갖는 가역행렬이다.

$$\overrightarrow{P} = \left[\overrightarrow{V}_1 \ \overrightarrow{V}_2 \ \cdots \ \overrightarrow{V}_n\right]$$

다음과 같이 행렬 $\overrightarrow{A}$를 $\overrightarrow{P}$에 곱하고 식 ①을 적용해보자.

$$\vec{A}\vec{P} = \vec{A}\left[\vec{V}_1\ \vec{V}_2\ \cdots\ \vec{V}_n\right] = \left[\vec{A}\vec{V}_1\ \vec{A}\vec{V}_2\ \cdots\ \vec{A}\vec{V}_n\right]$$

$$= \left[\lambda_1\vec{V}_1\ \lambda_2\vec{V}_2\ \cdots\ \lambda_n\vec{V}_n\right] = \left[\vec{V}_1\ \vec{V}_2\ \cdots\ \vec{V}_n\right]\begin{bmatrix}\lambda_1 & 0 & \cdots & 0\\ 0 & \lambda_2 & \cdots & 0\\ \vdots & \vdots & \vdots & \vdots\\ 0 & 0 & \cdots & \lambda_n\end{bmatrix}$$

$$= \vec{P}\vec{D} \qquad \cdots ②$$

$\vec{P}$는 가역행렬이므로 식 ②의 왼쪽에 $\vec{P}^{-1}$를 곱하면 다음과 같다.

$$\vec{P}^{-1}\vec{A}\vec{P} = \vec{P}^{-1}\vec{P}\vec{D} = \vec{D} \qquad \cdots ③$$

따라서 $\vec{A}$는 대각화 가능 행렬이다. ■

고윳값 유형에 따른 행렬의 대각화

8.2절에서 $n \times n$ 행렬 $\vec{A}$는 n개의 고윳값을 가지며, 그에 대응하는 고유벡터를 갖는다는 사실을 알았다. 또한 고윳값의 유형이 서로 다른 실수인 경우, 실수 중복값인 경우, 복소수인 경우로 구분된다는 사실도 살펴봤다. 여기서는 고윳값의 세 가지 유형에 대해 행렬을 대각화하는 방법에 대해 알아보고자 한다.

■ 고윳값이 서로 다른 실수인 경우

이 경우에는 각 고윳값에 대응하는 고유벡터를 구할 수 있고, 구한 고유벡터들이 서로 일차독립이므로 [정리 8-3]에 의해 행렬의 대각화가 가능하다.

예제 8-19 행렬의 대각화 : 고윳값이 서로 다른 실수인 경우

다음 행렬 $\vec{A}$를 대각화하라.

$$\vec{A} = \begin{bmatrix}-1 & 2\\ 1 & -2\end{bmatrix}$$

풀이

특성방정식 $\det(\vec{A} - \lambda\vec{I}) = 0$을 이용해 고윳값을 구하면 $\lambda_1 = 0$, $\lambda_2 = -3$이다. 따라서 고윳값이 서로 다른 실수이므로, 각 고윳값에 대응하는 일차독립인 고유벡터는 다음과 같다.

$$\lambda_1 = 0,\quad \vec{V}_1 = \begin{bmatrix}v_1\\ v_2\end{bmatrix}_1 = \begin{bmatrix}2\\ 1\end{bmatrix}$$

$$\lambda_2 = -3,\quad \vec{V}_2 = \begin{bmatrix}v_1\\ v_2\end{bmatrix}_2 = \begin{bmatrix}-1\\ 1\end{bmatrix}$$

··· 고유벡터에 상수 c를 곱해야 하지만, $c = 1$이라 해도 무관하므로 이후부터는 $c = 1$로 간주하여 생략하기로 한다.

가역행렬 $\vec{P}$를 다음과 같이 정의하자.

$$\vec{P} = [\vec{V_1} \ \vec{V_2}] = \begin{bmatrix} 2 & -1 \\ 1 & 1 \end{bmatrix}$$

그러면 $\vec{P}^{-1} = \frac{1}{3}\begin{bmatrix} 1 & 1 \\ -1 & 2 \end{bmatrix}$이므로, 다음과 같이 행렬 $\vec{A}$를 대각화할 수 있다.

$$\vec{D} = \vec{P}^{-1}\vec{A}\,\vec{P} = \frac{1}{3}\begin{bmatrix} 1 & 1 \\ -1 & 2 \end{bmatrix}\begin{bmatrix} -1 & 2 \\ 1 & -2 \end{bmatrix}\begin{bmatrix} 2 & -1 \\ 1 & 1 \end{bmatrix} = \begin{bmatrix} 0 & 0 \\ 0 & -3 \end{bmatrix} = \begin{bmatrix} \lambda_1 & 0 \\ 0 & \lambda_2 \end{bmatrix}$$

만약 가역행렬 $\vec{P}$를 $\vec{P} = [\vec{V_2} \ \vec{V_1}] = \begin{bmatrix} -1 & 2 \\ 1 & 1 \end{bmatrix}$로 정의한다면 대각행렬 $\vec{D}$는 다음과 같이 달라진다는 사실을 기억하자.

$$\vec{D} = \begin{bmatrix} -3 & 0 \\ 0 & 0 \end{bmatrix} = \begin{bmatrix} \lambda_2 & 0 \\ 0 & \lambda_1 \end{bmatrix}$$

■ 고윳값이 실수 중복값인 경우

이 경우에는 중복된 실수 고윳값에 대응하는 고유벡터가 모두 구해지면 구해진 고유벡터들이 서로 일차독립이므로, [정리 8-3]에 의해 행렬의 대각화가 가능하다. 그러나 중복된 실수 고윳값에 대해 서로 일차독립인 고유벡터를 모두 구할 수 없다면 완전한 행렬의 대각화는 불가능하다.

예제 8-20 행렬의 대각화 : 고윳값이 실수 중복값인 경우(대각화 가능)

다음 행렬 $\vec{A}$를 대각화하라.

$$\vec{A} = \begin{bmatrix} 3 & -1 & -1 \\ 1 & 1 & -1 \\ 1 & -1 & 1 \end{bmatrix}$$

풀이

특성방정식 $\det(\vec{A} - \lambda\vec{I}) = 0$을 이용해 고윳값을 구하면 $\lambda_1 = 1$, $\lambda_2 = \lambda_3 = 2$이므로, 2개의 고윳값이 중복된다. 그러나 고윳값이 중복된다고 해도 8.2절에서 설명했듯이, 방정식 $\vec{A} - \lambda_2\vec{I} = \vec{0}$을 기약 행 사다리꼴로 변환했을 때 0으로 구성된 행의 개수가 2개이므로 2개의 고유벡터를 모두 구할 수 있다. 이 값들을 직접 구하면 다음과 같다.

$$\lambda_1 = 1,\ \vec{V_1} = \begin{bmatrix} 1 \\ 1 \\ 1 \end{bmatrix}, \quad \lambda_2 = 2,\ \vec{V_2} = \begin{bmatrix} 1 \\ 1 \\ 0 \end{bmatrix}, \quad \lambda_3 = 2,\ \vec{V_3} = \begin{bmatrix} 1 \\ 0 \\ 1 \end{bmatrix}$$

고유벡터를 이용해 가역행렬 $\vec{P}$를 정의하고 $\vec{P}^{-1}$를 구하면 다음과 같다.

$$\vec{P} = [\vec{V}_1\ \vec{V}_2\ \vec{V}_3] = \begin{bmatrix} 1 & 1 & 1 \\ 1 & 1 & 0 \\ 1 & 0 & 1 \end{bmatrix}, \quad \vec{P}^{-1} = \begin{bmatrix} -1 & 1 & 1 \\ 1 & 0 & -1 \\ 1 & -1 & 0 \end{bmatrix}$$

따라서 다음과 같이 행렬 $\vec{A}$를 대각화할 수 있다.

$$\vec{D} = \vec{P}^{-1}\vec{A}\,\vec{P} = \begin{bmatrix} -1 & 1 & 1 \\ 1 & 0 & -1 \\ 1 & -1 & 0 \end{bmatrix}\begin{bmatrix} 3 & -1 & -1 \\ 1 & 1 & -1 \\ 1 & -1 & 1 \end{bmatrix}\begin{bmatrix} 1 & 1 & 1 \\ 1 & 1 & 0 \\ 1 & 0 & 1 \end{bmatrix} = \begin{bmatrix} 1 & 0 & 0 \\ 0 & 2 & 0 \\ 0 & 0 & 2 \end{bmatrix} = \begin{bmatrix} \lambda_1 & 0 & 0 \\ 0 & \lambda_2 & 0 \\ 0 & 0 & \lambda_3 \end{bmatrix}$$

한편, 행렬 $\vec{A} = \begin{bmatrix} 1 & 1 \\ -1 & 3 \end{bmatrix}$은 고윳값이 $\lambda_1 = \lambda_2 = 2$로, 2개의 중복된 고윳값을 갖는다. 또한 고윳값에 대응하는 고유벡터는 $\vec{V}_1 = \vec{V}_2 = \begin{bmatrix} 1 \\ 1 \end{bmatrix}$로 1개이다. 이 경우 행렬 $\vec{A}$는 대각화가 불가능하다.

■ 고윳값이 복소수인 경우

이 경우에는 각 고윳값에 대응하는 고유벡터를 구할 수 있고, 구한 고유벡터들이 서로 일차독립이므로 [정리 8-3]에 의해 행렬의 대각화가 가능하다.

예제 8-21 행렬의 대각화 : 고윳값이 복소수인 경우

다음 행렬 $\vec{A}$를 대각화하라.

$$\vec{A} = \begin{bmatrix} 1 & -1 \\ 1 & 1 \end{bmatrix}$$

풀이

특성방정식 $\det(\vec{A} - \lambda\vec{I}) = 0$을 이용해 고윳값을 구하면 $\lambda_1 = 1+i$, $\lambda_2 = 1-i$이다. 따라서 고윳값은 복소수이다. 각 고윳값에 대응하는 일차독립인 고유벡터는 다음과 같다.

$$\lambda_1 = 1+i,\ \vec{V}_1 = \begin{bmatrix} i \\ 1 \end{bmatrix}, \quad \lambda_2 = 1-i,\ \vec{V}_2 = \begin{bmatrix} -i \\ 1 \end{bmatrix}$$

고유벡터를 이용해 가역행렬 $\vec{P}$를 정의하고 $\vec{P}^{-1}$를 구하면 다음과 같다.

$$\vec{P} = [\vec{V}_1\ \vec{V}_2] = \begin{bmatrix} i & -i \\ 1 & 1 \end{bmatrix}, \quad \vec{P}^{-1} = \frac{1}{2}\begin{bmatrix} -i & 1 \\ i & 1 \end{bmatrix}$$

따라서 다음과 같이 행렬 $\vec{A}$를 대각화할 수 있다.

$$\vec{D}=\vec{P}^{-1}\vec{A}\,\vec{P}=\frac{1}{2}\begin{bmatrix}-i & 1\\ i & 1\end{bmatrix}\begin{bmatrix}1 & -1\\ 1 & 1\end{bmatrix}\begin{bmatrix}i & -i\\ 1 & 1\end{bmatrix}=\begin{bmatrix}1+i & 0\\ 0 & 1-i\end{bmatrix}=\begin{bmatrix}\lambda_1 & 0\\ 0 & \lambda_2\end{bmatrix}$$

참고 행렬의 대각화 요약

(1) $n\times n$ 행렬 $\vec{A}$가 n개의 서로 다른 고윳값(복소수 고윳값 포함)을 가지면 행렬 $\vec{A}$는 대각화 가능하다.

(2) $n\times n$ 행렬 $\vec{A}$가 $r(r<n)$개의 중복 고윳값을 가질 때, 중복 고윳값에 대응하는 일차독립인 고유벡터 r개를 모두 구할 수 있다면 행렬 $\vec{A}$는 대각화 가능하다. 그러나 구할 수 없다면 대각화 불가능하다.

(3) (1)과 (2)의 결과를 종합하면 $n\times n$ 행렬 $\vec{A}$를 대각화하기 위해서는 행렬 $\vec{A}$가 n개의 일차독립인 고유벡터를 가져야만 한다.

대칭행렬의 대각화

앞서 고윳값의 유형에 따른 행렬의 대각화에 대해 살펴봤다. 이제 특별한 형태의 행렬인 대칭행렬의 대각화에 대해 살펴보고자 한다. 7.1절에서 $n\times n$ 행렬 $\vec{A}$의 전치행렬을 $\vec{A}^{T}$라 할 때, $\vec{A}=\vec{A}^{T}$의 관계가 성립하면 $\vec{A}$를 대칭행렬이라 정의했다. 대칭행렬의 대각화에 관한 다음 정리를 살펴보자.

정리 8-4 대칭행렬의 고윳값

$n\times n$ 행렬 $\vec{A}$가 모든 원소가 실수인 대칭행렬이면 행렬 $\vec{A}$의 고윳값은 모두 실수이다.

증명

행렬 $\vec{A}$의 고윳값 λ에 대응하는 고유벡터를 $\vec{V}$라 하면 다음 관계가 성립한다.

$$\vec{A}\,\vec{V}=\lambda\vec{V} \qquad \cdots ①$$

식 ①에 켤레복소숫값을 취하면 다음과 같다.

$$\overline{\vec{A}\,\vec{V}}=\overline{\lambda}\,\overline{\vec{V}} \qquad \cdots ②$$

행렬 $\vec{A}$는 모든 원소가 실수이므로 $\overline{\vec{A}} = \vec{A}$이다. 따라서 식 ②는 다음과 같이 나타낼 수 있다.

$$\vec{A}\,\overline{\vec{V}} = \overline{\lambda}\,\overline{\vec{V}} \qquad \cdots ③$$

식 ③의 양변에 있는 각 행렬을 전치시키면 다음이 성립한다.

$$\overline{\vec{V}}^{\mathrm{T}}\vec{A}^{\mathrm{T}} = \overline{\lambda}\,\overline{\vec{V}}^{\mathrm{T}} \qquad \cdots ④$$

이때 행렬 $\vec{A}$가 대칭행렬이므로 식 ④를 다음과 같이 나타낼 수 있다.

$$\overline{\vec{V}}^{\mathrm{T}}\vec{A} = \overline{\lambda}\,\overline{\vec{V}}^{\mathrm{T}} \qquad \cdots ⑤$$

이제 식 ⑤의 양변 우측에 $\vec{V}$를 곱하면 다음 식을 얻는다.

$$\overline{\vec{V}}^{\mathrm{T}}\vec{A}\,\vec{V} = \overline{\lambda}\,\overline{\vec{V}}^{\mathrm{T}}\vec{V} \qquad \cdots ⑥$$

식 ①의 양변 좌측에 $\overline{\vec{V}}^{\mathrm{T}}$를 곱하면 다음과 같다.

$$\overline{\vec{V}}^{\mathrm{T}}\vec{A}\,\vec{V} = \lambda\,\overline{\vec{V}}^{\mathrm{T}}\vec{V} \qquad \cdots ⑦$$

따라서 식 ⑥에서 식 ⑦을 빼면 다음과 같다.

$$0 = (\overline{\lambda} - \lambda)\,\overline{\vec{V}}^{\mathrm{T}}\vec{V} \qquad \cdots ⑧$$

고유벡터 $\vec{V}$는 영벡터가 아니며 벡터의 크기가 $n \times 1$이고, 벡터 $\vec{V}^{\mathrm{T}}$의 크기는 $1 \times n$이므로 $\vec{V} = \begin{bmatrix} v_1 \\ v_2 \\ \vdots \\ v_n \end{bmatrix}$이라 하면 다음이 성립한다.

$$\overline{\vec{V}}^{\mathrm{T}}\vec{V} = v_1^2 + v_2^2 + \cdots + v_n^2 \qquad \cdots ⑨$$

식 ⑨는 항상 0보다 크므로 식 ⑧이 성립하기 위해서는 $\lambda = \overline{\lambda}$여야 한다. $\lambda = \overline{\lambda}$를 만족하는 유일한 경우는 λ가 실수일 때이다. ■

예제 8-22 대칭행렬의 대각화

다음 대칭행렬 $\vec{A}$를 대각화하라.

$$\vec{A} = \begin{bmatrix} 1 & -1 & 0 \\ -1 & 0 & 1 \\ 0 & 1 & 1 \end{bmatrix}$$

풀이

특성방정식 $\det(\vec{A} - \lambda\vec{I}) = 0$을 이용해 고윳값을 구하면 $\lambda_1 = 1$, $\lambda_2 = -1$, $\lambda_3 = 2$이다.

따라서 모든 원소가 실수인 대칭행렬의 고윳값이 모두 실수임을 확인할 수 있다. 대칭행렬 $\vec{A}$를 대각화하기 위해 각 고윳값에 대응하는 일차독립인 고유벡터를 구하면 다음과 같다.

$$\lambda_1 = 1,\ \vec{V_1} = \begin{bmatrix} 1 \\ 0 \\ 1 \end{bmatrix}, \quad \lambda_2 = -1,\ \vec{V_2} = \begin{bmatrix} 1 \\ 2 \\ -1 \end{bmatrix}, \quad \lambda_3 = 2,\ \vec{V_3} = \begin{bmatrix} -1 \\ 1 \\ 1 \end{bmatrix}$$

고유벡터를 이용해 가역행렬 $\vec{P}$를 정의하고 $\vec{P}^{-1}$를 구하면 다음과 같다.

$$\vec{P} = \begin{bmatrix} 1 & 1 & -1 \\ 0 & 2 & 1 \\ 1 & -1 & 1 \end{bmatrix}, \quad \vec{P}^{-1} = \frac{1}{6}\begin{bmatrix} 3 & 0 & 3 \\ 1 & 2 & -1 \\ -2 & 2 & 2 \end{bmatrix}$$

따라서 다음과 같이 행렬 $\vec{A}$를 대각화할 수 있다.

$$\begin{aligned} \vec{D} = \vec{P}^{-1}\vec{A}\,\vec{P} &= \frac{1}{6}\begin{bmatrix} 3 & 0 & 3 \\ 1 & 2 & -1 \\ -2 & 2 & 2 \end{bmatrix}\begin{bmatrix} 1 & -1 & 0 \\ -1 & 0 & 1 \\ 0 & 1 & 1 \end{bmatrix}\begin{bmatrix} 1 & 1 & -1 \\ 0 & 2 & 1 \\ 1 & -1 & 1 \end{bmatrix} = \begin{bmatrix} 1 & 0 & 0 \\ 0 & -1 & 0 \\ 0 & 0 & 2 \end{bmatrix} \\ &= \begin{bmatrix} \lambda_1 & 0 & 0 \\ 0 & \lambda_2 & 0 \\ 0 & 0 & \lambda_3 \end{bmatrix} \end{aligned}$$

[정리 8-4]를 통해 모든 원소가 실수인 대칭행렬의 고윳값은 모두 실수임을 살펴봤다. 이번에는 대칭행렬의 고유벡터가 갖는 성질을 알아보자.

정리 8-5 대칭행렬의 고유벡터의 직교성 orthogonality

$n \times n$ 행렬 $\vec{A}$가 대칭행렬이면 $\vec{A}$가 서로 다른 고윳값을 가질 때, 그 고윳값에 대응하는 고유벡터들은 서로 일차독립이고 직교한다.

증명

행렬 $\vec{A}$의 임의의 서로 다른 고윳값 λ_i와 λ_j에 대응하는 고유벡터를 각각 $\vec{V}_i$와 $\vec{V}_j$라 하자. 그러면 고윳값과 고유벡터의 정의에 의해 다음 관계가 성립한다.

$$\vec{A}\,\vec{V}_i = \lambda_i \vec{V}_i \qquad \cdots ①$$

$$\vec{A}\,\vec{V}_j = \lambda_j \vec{V}_j \qquad \cdots ②$$

식 ①의 양변에 있는 행렬을 전치시키면 다음이 성립한다.

$$(\vec{A}\,\vec{V}_i)^{\mathrm{T}} = (\lambda_i \vec{V}_i)^{\mathrm{T}} \quad \Rightarrow \quad \vec{V}_i^{\mathrm{T}}\vec{A}^{\mathrm{T}} = \lambda_i \vec{V}_i^{\mathrm{T}} \qquad \cdots ③$$

$\overrightarrow{A}$는 대칭행렬이므로 $\overrightarrow{A}^{\mathrm{T}} = \overrightarrow{A}$이다. 따라서 식 ③을 다음과 같이 나타낼 수 있다.

$$\overrightarrow{V}_i^{\mathrm{T}} \overrightarrow{A} = \lambda_i \overrightarrow{V}_i^{\mathrm{T}} \quad \cdots ④$$

이제 식 ④의 양변 우측에 $\overrightarrow{V}_j$를 곱하면 다음과 같다.

$$\overrightarrow{V}_i^{\mathrm{T}} \overrightarrow{A} \overrightarrow{V}_j = \lambda_i \overrightarrow{V}_i^{\mathrm{T}} \overrightarrow{V}_j \quad \cdots ⑤$$

식 ⑤의 좌변과 동일한 식을 만들기 위해 식 ②의 양변 좌측에 $\overrightarrow{V}_i^{\mathrm{T}}$를 곱하면 다음과 같다.

$$\overrightarrow{V}_i^{\mathrm{T}} \overrightarrow{A} \overrightarrow{V}_j = \lambda_j \overrightarrow{V}_i^{\mathrm{T}} \overrightarrow{V}_j \quad \cdots ⑥$$

식 ⑤에서 식 ⑥을 빼면 다음과 같다.

$$0 = (\lambda_i - \lambda_j) \overrightarrow{V}_i^{\mathrm{T}} \overrightarrow{V}_j \quad \cdots ⑦$$

그러나 고윳값은 서로 다르기 때문에 $\lambda_i \neq \lambda_j$이므로 다음이 성립한다.

$$\overrightarrow{V}_i^{\mathrm{T}} \overrightarrow{V}_j = 0 \quad \cdots ⑧$$

식 ⑧은 두 n차원 벡터 $\overrightarrow{V}_i = \begin{bmatrix} v_{1i} \\ v_{2i} \\ \vdots \\ v_{ni} \end{bmatrix}$와 $\overrightarrow{V}_j = \begin{bmatrix} v_{1j} \\ v_{2j} \\ \vdots \\ v_{nj} \end{bmatrix}$의 내적 $\overrightarrow{V}_i \cdot \overrightarrow{V}_j = \overrightarrow{V}_i^{\mathrm{T}} \overrightarrow{V}_j$[12]가 0임을 의미하므로 두 벡터는 서로 직교한다. ■

예제 8-23 대칭행렬의 고유벡터의 직교성 (서로 다른 고윳값인 경우)

다음 대칭행렬 $\overrightarrow{A}$의 고유벡터들이 서로 직교함을 보여라.

$$\overrightarrow{A} = \begin{bmatrix} 1 & 1 & 1 \\ 1 & 0 & -1 \\ 1 & -1 & 0 \end{bmatrix}$$

풀이

특성방정식 $\det(\overrightarrow{A} - \lambda \overrightarrow{I}) = 0$을 이용해 고윳값을 구하면 $\lambda_1 = -\sqrt{3}$, $\lambda_2 = \sqrt{3}$, $\lambda_3 = 1$이고, 모두 서로 다른 실수이다. 각 고윳값에 대응하는 고유벡터를 구하면 다음과 같다.

$$\lambda_1 = -\sqrt{3},\ \overrightarrow{V}_1 = \begin{bmatrix} 1-\sqrt{3} \\ 1 \\ 1 \end{bmatrix}, \quad \lambda_2 = \sqrt{3},\ \overrightarrow{V}_2 = \begin{bmatrix} 1+\sqrt{3} \\ 1 \\ 1 \end{bmatrix}, \quad \lambda_3 = 1,\ \overrightarrow{V}_3 = \begin{bmatrix} 0 \\ -1 \\ 1 \end{bmatrix}$$

12 내적과 전치행렬의 정의에 따라 두 벡터 $\overrightarrow{V}_i$와 $\overrightarrow{V}_j$의 내적은 $\overrightarrow{V}_i \cdot \overrightarrow{V}_j = \overrightarrow{V}_i^{\mathrm{T}} \overrightarrow{V}_j$로 나타낼 수 있다.

고유벡터들 사이의 직교성을 알아보기 위해 내적을 구하면 다음과 같다.

$$\vec{V}_1^{\mathrm{T}}\vec{V}_2 = [1-\sqrt{3}\ \ 1\ \ 1]\begin{bmatrix}1+\sqrt{3}\\1\\1\end{bmatrix} = (1-\sqrt{3})(1+\sqrt{3})+(1)(1)+(1)(1)=0$$

$$\vec{V}_2^{\mathrm{T}}\vec{V}_3 = [1+\sqrt{3}\ \ 1\ \ 1]\begin{bmatrix}0\\-1\\1\end{bmatrix} = (1+\sqrt{3})(0)+(1)(-1)+(1)(1)=0$$

$$\vec{V}_1^{\mathrm{T}}\vec{V}_3 = [1-\sqrt{3}\ \ 1\ \ 1]\begin{bmatrix}0\\-1\\1\end{bmatrix} = (1-\sqrt{3})(0)+(1)(-1)+(1)(1)=0$$

따라서 모든 고유벡터가 서로 직교함을 알 수 있다.

8.2절에서 살펴봤듯이, 일반적으로 $n\times n$ 행렬 $\vec{A}$의 고윳값이 r개 중복되는 경우에는 그에 대응하는 고유벡터를 모두 구할 수 없는 경우도 있다. 그러나 $\vec{A}$가 대칭행렬인 경우에는 몇 개의 고윳값이 중복된다고 해도 n개의 일차독립인 고유벡터를 구할 수 있다. 따라서 대칭행렬은 언제나 대각화 가능하다. 그러나 주의해야 할 점은 구한 모든 고유벡터가 서로 직교하는 경우도 있고, 일부 고유벡터는 서로 직교하지 않는 경우도 있다는 사실이다.

예제 8-24 대칭행렬의 고유벡터의 직교성 (중복 고윳값인 경우)

다음 대칭행렬 $\vec{A}$의 고유벡터들이 서로 직교하는지를 확인하라.

$$\vec{A} = \begin{bmatrix}0 & -1 & 1\\-1 & 0 & -1\\1 & -1 & 0\end{bmatrix}$$

풀이

특성방정식 $\det(\vec{A}-\lambda\vec{I})=0$을 이용해 고윳값과 각 고윳값에 대응하는 고유벡터를 구하면 다음과 같다.

$$\lambda_1=-1,\ \vec{V}_1=\begin{bmatrix}-1\\0\\1\end{bmatrix},\quad \lambda_2=-1,\ \vec{V}_2=\begin{bmatrix}1\\1\\0\end{bmatrix},\quad \lambda_3=2,\ \vec{V}_3=\begin{bmatrix}1\\-1\\1\end{bmatrix}$$

고유벡터들 사이의 직교성을 알아보기 위해 $\vec{V}_1^{\mathrm{T}}\vec{V}_2$를 구하면 다음과 같다.

$$\vec{V}_1^{\mathrm{T}}\vec{V}_2 = [-1\ \ 0\ \ 1]\begin{bmatrix}1\\1\\0\end{bmatrix} = (-1)(1)+(0)(1)+(1)(0) = -1$$

따라서 $\vec{V}_1$과 $\vec{V}_2$는 직교하지 않는다.

또한 $\vec{V}_2^{\mathrm{T}}\vec{V}_3$를 구하면 다음과 같다.

$$\vec{V}_2^{\mathrm{T}}\vec{V}_3 = [1\ \ 1\ \ 0]\begin{bmatrix}1\\-1\\1\end{bmatrix} = (1)(1)+(1)(-1)+(0)(1) = 0$$

따라서 $\vec{V}_2$와 $\vec{V}_3$는 직교한다. 마지막으로 $\vec{V}_1^{\mathrm{T}}\vec{V}_3$를 구하면 다음과 같다.

$$\vec{V}_1^{\mathrm{T}}\vec{V}_3 = [-1\ \ 0\ \ 1]\begin{bmatrix}1\\-1\\1\end{bmatrix} = (-1)(1)+(0)(-1)+(1)(1) = 0$$

따라서 $\vec{V}_1$과 $\vec{V}_3$도 직교한다.

고유벡터들 사이의 직교성에 대한 설명에 이어서, 다음과 같이 직교행렬을 정의해보자.

정의 8-6 직교행렬

$n\times n$ 행렬 $\vec{A}$가 다음을 만족하면 $\vec{A}$를 **직교행렬** orthogonal matrix 이라고 한다.

$$\vec{A}^{-1} = \vec{A}^{\mathrm{T}}$$

따라서 $\vec{A}^{-1}\vec{A} = \vec{I}$이므로 $\vec{A}^{\mathrm{T}}\vec{A} = \vec{I}$를 만족하면 $\vec{A}$는 직교행렬이다.

예제 8-25 직교행렬

다음 3×3 단위행렬 $\vec{A}$가 직교행렬임을 보여라.

$$\vec{A} = \begin{bmatrix}1&0&0\\0&1&0\\0&0&1\end{bmatrix}$$

풀이

단위행렬 $\vec{A}$의 역행렬은 $\vec{A}$이고, $\vec{A}$의 전치행렬 $\vec{A}^{\mathrm{T}}$도 $\vec{A}$이다. 따라서 다음이 성립한다.

$$\vec{A}^{\mathrm{T}}\vec{A} = \begin{bmatrix}1&0&0\\0&1&0\\0&0&1\end{bmatrix}\begin{bmatrix}1&0&0\\0&1&0\\0&0&1\end{bmatrix} = \begin{bmatrix}1&0&0\\0&1&0\\0&0&1\end{bmatrix} = \vec{I}$$

그러므로 $\vec{A}$는 직교행렬이다.

다음으로 정규직교벡터 집합을 정의해보자.

정의 8-7 정규직교벡터 집합

n차원 벡터 $\vec{V}_1$, $\vec{V}_2$, $\cdots$, $\vec{V}_n$의 임의의 서로 다른 두 벡터쌍이 서로 직교하고, 각 벡터가 모두 단위벡터이면 이 벡터들의 모임을 **정규직교벡터 집합**orthonormal vector set이라 한다.

i, $j=1$, 2, $\cdots$, n에 대해 [정의 8-7]을 식으로 나타내면 다음과 같다.

$$\begin{cases} \vec{V}_i \cdot \vec{V}_j = 0 & (i \neq j) \\ \vec{V}_i \cdot \vec{V}_j = 1 & (i = j) \end{cases} \tag{8.12}$$

열벡터 $\vec{V}_i$가 $\vec{V}_i = \begin{bmatrix} v_1 \\ v_2 \\ \vdots \\ v_n \end{bmatrix}$으로 정의될 때, 식 (8.12)에서 $\vec{V}_i \cdot \vec{V}_i = 1$이라는 것은 벡터 $\vec{V}_i$의 **노름**norm $\|\vec{V}_i\|$에 대해 다음을 의미한다.

$$\vec{V}_i \cdot \vec{V}_i = \|\vec{V}_i\|^2 = \vec{V}_i^{\mathrm{T}} \vec{V}_i = v_1^2 + v_2^2 + \cdots + v_n^2 = 1$$

참고로 앞서 살펴본 직교행렬의 열벡터들의 모임은 정규직교벡터 집합이다.

예제 8-26 정규직교벡터 집합

다음 세 벡터의 모임이 정규직교벡터 집합임을 보여라.

$$\vec{V}_1 = \begin{bmatrix} 0 \\ -\frac{1}{\sqrt{2}} \\ \frac{1}{\sqrt{2}} \end{bmatrix}, \quad \vec{V}_2 = \begin{bmatrix} 1 \\ 0 \\ 0 \end{bmatrix}, \quad \vec{V}_3 = \begin{bmatrix} 0 \\ \frac{1}{\sqrt{2}} \\ \frac{1}{\sqrt{2}} \end{bmatrix}$$

풀이

세 벡터가 서로 직교하는지 확인해보자.

$$\vec{V}_1 \cdot \vec{V}_2 = \vec{V}_1^{\mathrm{T}} \vec{V}_2 = \begin{bmatrix} 0 & -\frac{1}{\sqrt{2}} & \frac{1}{\sqrt{2}} \end{bmatrix} \begin{bmatrix} 1 \\ 0 \\ 0 \end{bmatrix} = 0$$

$$\overrightarrow{V}_2 \cdot \overrightarrow{V}_3 = \overrightarrow{V}_2^{\mathrm{T}}\overrightarrow{V}_3 = [1\ \ 0\ \ 0]\begin{bmatrix} 0 \\ \frac{1}{\sqrt{2}} \\ \frac{1}{\sqrt{2}} \end{bmatrix} = 0$$

$$\overrightarrow{V}_1 \cdot \overrightarrow{V}_3 = \overrightarrow{V}_1^{\mathrm{T}}\overrightarrow{V}_3 = \begin{bmatrix} 0 & -\frac{1}{\sqrt{2}} & \frac{1}{\sqrt{2}} \end{bmatrix}\begin{bmatrix} 0 \\ \frac{1}{\sqrt{2}} \\ \frac{1}{\sqrt{2}} \end{bmatrix} = 0$$

따라서 세 벡터는 서로 직교함을 알 수 있다. 또한

$$\sqrt{\overrightarrow{V_1} \cdot \overrightarrow{V_1}} = \|\overrightarrow{V}_1\| = \sqrt{\overrightarrow{V}_1^{\mathrm{T}}\ \overrightarrow{V}_1} = \sqrt{0^2 + \left(-\frac{1}{\sqrt{2}}\right)^2 + \left(\frac{1}{\sqrt{2}}\right)^2} = 1$$

$$\sqrt{\overrightarrow{V_2} \cdot \overrightarrow{V_2}} = \|\overrightarrow{V}_2\| = \sqrt{\overrightarrow{V}_2^{\mathrm{T}}\ \overrightarrow{V}_2} = \sqrt{1^2 + 0^2 + 0^2} = 1$$

$$\sqrt{\overrightarrow{V_3} \cdot \overrightarrow{V_3}} = \|\overrightarrow{V}_3\| = \sqrt{\overrightarrow{V}_3^{\mathrm{T}}\ \overrightarrow{V}_3} = \sqrt{0^2 + \left(\frac{1}{\sqrt{2}}\right)^2 + \left(\frac{1}{\sqrt{2}}\right)^2} = 1$$

이므로, 각 벡터는 모두 단위벡터이다. 따라서 [정의 8-7]에 의해 세 벡터의 모임은 정규직교벡터 집합이다.

SECTION 8.4 케일리-해밀턴 정리

2^3, 5^2 등과 같은 수의 거듭제곱은 그동안 많이 접했기 때문에 쉽게 이해할 수 있다. 그러나 $n \times n$ 행렬 $\vec{A}$에 대한 **행렬의 거듭제곱**powers of matrices $\vec{A}^n$(n은 양의 정수)은 다소 생소하기도 하고, 컴퓨터를 이용하지 않으면 계산을 빠르게 할 수 없다. 즉 $\vec{A}^2 = \vec{A}\vec{A}$, $\vec{A}^3 = \vec{A}\vec{A}\vec{A}$인데, 이처럼 $\vec{A}$를 반복해서 곱하는 것은 그다지 효율적인 계산 방법이 아니다.

따라서 이 절에서는 행렬의 거듭제곱 $\vec{A}^n$을 빠르게 계산하는 방법인 **케일리-해밀턴 정리**Cayley-Hamilton theorem[13]를 소개한다. 이 정리는 행렬방정식에 관한 문제를 푸는 데 매우 유용하다.

정리 8-6 케일리-해밀턴 정리

$n \times n$ 행렬 $\vec{A}$의 특성방정식이

$$P(\lambda) = \det(\vec{A} - \lambda\vec{I}) = \lambda^n + a_{n-1}\lambda^{n-1} + \cdots + a_1\lambda + a_0 = 0$$

일 때, 행렬 $\vec{A}$는 다음과 같이 자신의 특성방정식을 만족한다.

$$P(\vec{A}) = \vec{A}^n + a_{n-1}\vec{A}^{n-1} + \cdots + a_1\vec{A} + a_0\vec{I} = \vec{0}$$

즉 $P(\lambda) = 0$이면 $P(\vec{A}) = \vec{0}$이 성립한다.

이제 케일리-해밀턴 정리를 이용해 행렬의 거듭제곱을 구해보자.

13 아서 케일리(Arthur Cayley, 1821~1895)는 영국 수학자로, 14년간 변호사로도 활동했다. 윌리엄 해밀턴(William Hamilton, 1805~1865)은 영국 수학자로, 기하광학과 해석역학의 기초를 확립했다. 해밀턴은 제자인 케일리와 함께 케일리-해밀턴 정리를 발견했다.

예제 8-27 케일리-해밀턴 정리를 이용한 행렬의 거듭제곱 계산

케일리-해밀턴 정리를 이용해 다음 행렬 $\vec{A}$에 대해 $\vec{A}^4$을 구하라.

$$\vec{A} = \begin{bmatrix} 1 & -2 \\ -1 & 2 \end{bmatrix}$$

풀이

행렬 $\vec{A}$의 특성방정식은 다음과 같다.

$$\det(\vec{A} - \lambda\vec{I}) = \det\begin{bmatrix} 1-\lambda & -2 \\ -1 & 2-\lambda \end{bmatrix} = (1-\lambda)(2-\lambda)-2 = \lambda^2 - 3\lambda = 0$$

따라서 케일리-해밀턴 정리에 의해 $\vec{A}^2 - 3\vec{A} = \vec{0}$이므로 다음이 성립한다.

$$\vec{A}^2 = 3\vec{A} \qquad \cdots ①$$

식 ①의 양변에 $\vec{A}$를 곱하면

$$\vec{A}^3 = 3\vec{A}^2 = 3(3\vec{A}) = 9\vec{A} \qquad \cdots ②$$

이고, 식 ②의 양변에 $\vec{A}$를 한 번 더 곱하면 다음과 같다.

$$\vec{A}^4 = 9\vec{A}^2 = 9(3\vec{A}) = 27\vec{A} = \begin{bmatrix} 27 & -54 \\ -27 & 54 \end{bmatrix}$$

이러한 과정을 반복하면 모든 n에 대해 $\vec{A}^n$을 $\vec{A}$의 스칼라배로 나타낼 수 있다.

케일리-해밀턴 정리를 이용하면 행렬 $\vec{A}$의 거듭제곱 $\vec{A}^n$을 간단히 계산할 수 있으며, 아울러 $\vec{A}$의 역행렬도 쉽게 구할 수 있다. 행렬 $\vec{A}$가 가역행렬($\det\vec{A} \neq 0$)이면 $\vec{A}$의 특성방정식이

$$\det(\vec{A} - \lambda\vec{I}) = \lambda^n + a_{n-1}\lambda^{n-1} + \cdots + a_1\lambda + a_0 = 0$$

이고, 케일리-해밀턴 정리에 의해

$$\vec{A}^n + a_{n-1}\vec{A}^{n-1} + \cdots + a_1\vec{A} + a_0\vec{I} = \vec{0}$$

이므로, 위 식의 양변에 $\vec{A}^{-1}$를 곱하면 다음과 같다.

$$\vec{A}^{n-1} + a_{n-1}\vec{A}^{n-2} + \cdots + a_1\vec{I} + a_0\vec{A}^{-1} = \vec{0} \qquad (8.13)$$

따라서 식 (8.13)을 풀면 다음과 같이 역행렬을 구하는 식을 얻는다.

$$\vec{A}^{-1} = \frac{1}{a_0}\left(-\vec{A}^{n-1} - a_{n-1}\vec{A}^{n-2} - \cdots - a_2\vec{A} - a_1\vec{I}\right) \tag{8.14}$$

여기서 $\vec{A}$는 가역행렬이므로 $a_0 \neq 0$이어야 한다.

예제 8-28 케일리-해밀턴 정리를 이용한 역행렬 계산

케일리-해밀턴 정리를 이용해 다음 행렬 $\vec{A}$의 역행렬을 구하라.

$$\vec{A} = \begin{bmatrix} 1 & -1 & 0 \\ -1 & 0 & 1 \\ 2 & 1 & -1 \end{bmatrix}$$

풀이

행렬 $\vec{A}$의 특성방정식은

$$\det(\vec{A} - \lambda\vec{I}) = \lambda^3 - 3\lambda + 2 = 0$$

이므로, 케일리-해밀턴 정리에 의해 다음이 성립한다.

$$\vec{A}^3 - 3\vec{A} + 2\vec{I} = \vec{0} \qquad \cdots ①$$

식 ①의 양변에 $\vec{A}^{-1}$를 곱하면

$$\vec{A}^2 - 3\vec{I} + 2\vec{A}^{-1} = \vec{0} \qquad \cdots ②$$

이므로, 식 ②를 풀면 다음과 같이 역행렬을 얻는다.

$$\begin{aligned} \vec{A}^{-1} = \frac{1}{2}(-\vec{A}^2 + 3\vec{I}) &= -\frac{1}{2}\begin{bmatrix} 1 & -1 & 0 \\ -1 & 0 & 1 \\ 2 & 1 & -1 \end{bmatrix}\begin{bmatrix} 1 & -1 & 0 \\ -1 & 0 & 1 \\ 2 & 1 & -1 \end{bmatrix} + \frac{3}{2}\begin{bmatrix} 1 & 0 & 0 \\ 0 & 1 & 0 \\ 0 & 0 & 1 \end{bmatrix} \\ &= \frac{1}{2}\begin{bmatrix} 1 & 1 & 1 \\ -1 & 1 & 1 \\ 1 & 3 & 1 \end{bmatrix} \end{aligned}$$

CHAPTER

08 연습문제

8.1 **(행렬과 연립방정식)** 다음 연립방정식을 행렬방정식 $\overrightarrow{A}\,\overrightarrow{X}=\overrightarrow{B}$의 형태로 나타내라.

(a) $-x_1-2x_2=2$
$x_1-x_2=3$

(b) $x_1+x_2-x_3=0$
$x_1+2x_2-x_3=-3$
$x_1+x_2-x_3=3$

8.2 **(행렬과 연립방정식)** 다음 행렬방정식 $\overrightarrow{A}\,\overrightarrow{X}=\overrightarrow{B}$를 연립방정식 형태로 나타내라.

$$\begin{bmatrix}-1 & 1 & -2\\ 0 & -2 & 4\\ -1 & -1 & 2\end{bmatrix}\begin{bmatrix}x\\ y\\ z\end{bmatrix}=\begin{bmatrix}1\\ 2\\ 3\end{bmatrix}$$

8.3 **(비동차 선형 연립방정식의 풀이)** 역행렬을 이용해 다음 선형 연립방정식의 해를 구하라.

(a) $-x_1+x_2=2$
$2x_1-x_2=3$

(b) $2x_1+4x_2=3$
$3x_1-2x_2=4$

(c) $-x_1+x_2=3$
$2x_1-2x_2=5$

(d) $3x_1+x_2-x_3=0$
$-x_1+3x_2-x_3=-1$
$x_1-x_2-x_3=-2$

(e) $-x_1+x_2=3$
$2x_1-2x_2+x_3=4$
$3x_1+2x_2-x_3=1$

(f) $-x_1-2x_2+x_3=2$
$-2x_1-2x_2+x_3=4$
$-3x_1-4x_2+2x_3=6$

8.4 **(비동차 선형 연립방정식의 풀이)** 크래머 공식을 이용해 다음 선형 연립방정식의 해를 구하라.

(a) $x_1-2x_2=3$
$2x_1-2x_2=1$

(b) $-2x_1+x_2=2$
$2x_1+2x_2=3$

(c) $-x_1+x_2=3$
$x_1-4x_2=2$

(d) $-x_1+2x_2-2x_3=2$
$2x_1-2x_2-x_3=4$
$x_1-2x_2-3x_3=2$

(e) $2x_1+2x_2-x_3=0$
$-x_1+2x_2-x_3=2$
$x_1+x_2+x_3=2$

(f) $-x_1+2x_2=2$
$x_1-2x_2+x_3=3$
$x_1+x_2+2x_3=4$

8.5 **(비동차 선형 연립방정식의 풀이)** 가우스-조르당 소거법을 이용해 다음 선형 연립방정식의 해를 구하라.

(a) $-x_1+4x_2=-1$
$3x_1-x_2=0$

(b) $2x_1+3x_2=-1$
$2x_1-x_2=1$

(c) $-x_1+x_2=2$
$2x_1-2x_2=1$

(d) $x_1 + 2x_2 + x_3 = -1$
$2x_1 + x_2 - 2x_3 = 0$
$x_1 - x_2 + x_3 = 2$

(e) $2x_1 - x_2 + x_3 = -2$
$-x_1 - 2x_2 - 2x_3 = 3$
$x_1 - 3x_2 - x_3 = 1$

(f) $2x_1 - 2x_2 + x_3 = 2$
$x_1 - x_2 + x_3 = 1$
$x_1 - x_2 + 2x_3 = 3$

8.6 (동차 선형 연립방정식의 풀이) 가우스-조르당 소거법을 이용해 다음 선형 연립방정식의 해를 구하라.

(a) $-x_1 + 4x_2 = 0$
$x_1 - 4x_2 = 0$

(b) $2x_1 - 3x_2 = 0$
$2x_1 - x_2 = 0$

(c) $-x_1 + x_2 = 0$
$2x_1 - 3x_2 = 0$

(d) $x_1 - 2x_2 + x_3 = 0$
$2x_1 - x_2 - 3x_3 = 0$
$3x_1 - 3x_2 - 2x_3 = 0$

(e) $-2x_1 + x_2 + x_3 = 0$
$3x_1 + 2x_2 - 2x_3 = 0$
$x_1 + 3x_2 - x_3 = 0$

(f) $2x_1 - x_2 + 2x_3 = 0$
$3x_1 - 2x_2 + x_3 = 0$
$x_1 - x_2 - x_3 = 0$

8.7 (역행렬 계산) 기본 행 연산을 이용해 다음 행렬의 역행렬을 구하라.

(a) $\vec{A} = \begin{bmatrix} 1 & -1 \\ -2 & 1 \end{bmatrix}$

(b) $\vec{A} = \begin{bmatrix} -2 & 2 & -1 \\ 0 & -2 & 1 \\ 1 & 3 & 2 \end{bmatrix}$

(c) $\vec{A} = \begin{bmatrix} 2 & -1 & 3 \\ -1 & 1 & -2 \\ 2 & 3 & 1 \end{bmatrix}$

(d) $\vec{A} = \begin{bmatrix} 2 & -1 & 3 & 0 \\ -1 & 1 & -2 & 1 \\ 2 & 0 & 1 & -1 \\ 1 & -1 & 0 & -2 \end{bmatrix}$

8.8 응용 (연립방정식의 풀이) 다음과 같이 주어진 전기회로에 대해 회로에 흐르는 전류에 관한 연립방정식을 세우고 그 해를 구하라.

(a)

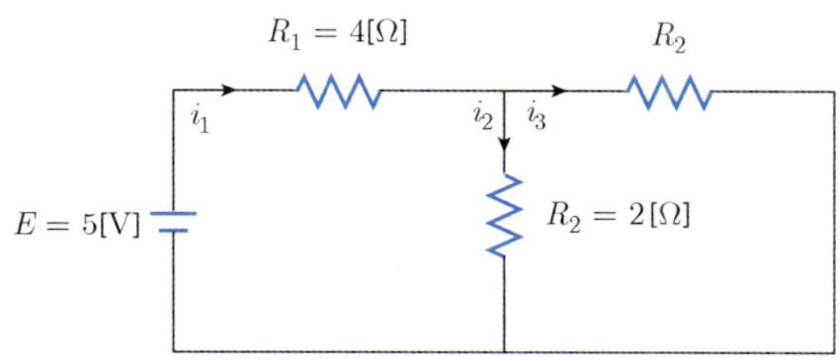

(b)

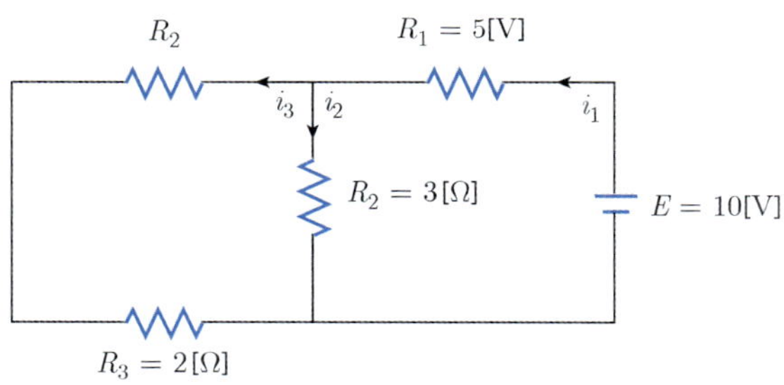

8.9 (고윳값과 고유벡터의 계산) 다음 행렬의 고윳값과 고유벡터를 구하라.

(a) $\vec{A} = \begin{bmatrix} 3 & 2 \\ 4 & 1 \end{bmatrix}$ (b) $\vec{A} = \begin{bmatrix} -1 & 0 \\ 1 & 3 \end{bmatrix}$ (c) $\vec{A} = \begin{bmatrix} 1 & 2 \\ -3 & -6 \end{bmatrix}$

(d) $\vec{A} = \begin{bmatrix} 3 & 0 \\ -1 & 3 \end{bmatrix}$ (e) $\vec{A} = \begin{bmatrix} 1 & 1 \\ -1 & 3 \end{bmatrix}$ (f) $\vec{A} = \begin{bmatrix} 4 & 5 \\ -5 & -6 \end{bmatrix}$

(g) $\vec{A} = \begin{bmatrix} 1 & -1 \\ 1 & 1 \end{bmatrix}$ (h) $\vec{A} = \begin{bmatrix} 2 & -1 \\ 5 & 6 \end{bmatrix}$ (i) $\vec{A} = \begin{bmatrix} 2 & 2 \\ -4 & -2 \end{bmatrix}$

(j) $\vec{A} = \begin{bmatrix} -1 & 1 & 1 \\ 2 & 1 & 0 \\ 1 & 0 & 1 \end{bmatrix}$ (k) $\vec{A} = \begin{bmatrix} 1 & 1 & 4 \\ 0 & 1 & 0 \\ 1 & 1 & 1 \end{bmatrix}$ (l) $\vec{A} = \begin{bmatrix} 2 & 0 & 0 \\ 1 & 3 & -2 \\ -1 & 0 & 1 \end{bmatrix}$

(m) $\vec{A} = \begin{bmatrix} 3 & -1 & -1 \\ 1 & 1 & -1 \\ 1 & -1 & 1 \end{bmatrix}$ (n) $\vec{A} = \begin{bmatrix} 5 & 1 & 1 \\ 1 & 5 & 1 \\ 1 & 1 & 5 \end{bmatrix}$ (o) $\vec{A} = \begin{bmatrix} 2 & 1 & 1 \\ 1 & 2 & 1 \\ 1 & 1 & 2 \end{bmatrix}$

8.10 (행렬의 대각화) 다음 행렬을 대각화하라.

(a) $\vec{A} = \begin{bmatrix} 3 & 2 \\ 4 & 1 \end{bmatrix}$ (b) $\vec{A} = \begin{bmatrix} 2 & -1 \\ 5 & 6 \end{bmatrix}$ (c) $\vec{A} = \begin{bmatrix} 2 & 0 \\ 1 & 2 \end{bmatrix}$

(d) $\vec{A} = \begin{bmatrix} -1 & 1 & 1 \\ 2 & 1 & 0 \\ 1 & 0 & 1 \end{bmatrix}$ (e) $\vec{A} = \begin{bmatrix} 1 & -1 & 0 \\ -1 & 1 & 2 \\ 0 & -1 & 1 \end{bmatrix}$ (f) $\vec{A} = \begin{bmatrix} 4 & 1 & 1 \\ 1 & 4 & 1 \\ 1 & 1 & 4 \end{bmatrix}$

8.11 (대칭행렬의 대각화) 다음 행렬을 대각화하라.

(a) $\vec{A} = \begin{bmatrix} 0 & 1 & 1 \\ 1 & 0 & 1 \\ 1 & 1 & 0 \end{bmatrix}$ (b) $\vec{A} = \begin{bmatrix} 1 & 2 & 0 \\ 2 & 1 & 0 \\ 0 & 0 & 2 \end{bmatrix}$ (c) $\vec{A} = \begin{bmatrix} 2 & 2 & 1 \\ 2 & 1 & 2 \\ 1 & 2 & 2 \end{bmatrix}$

8.12 (고유벡터의 직교성) 다음 대칭행렬의 고유벡터들이 서로 직교함을 보여라.

(a) $\vec{A} = \begin{bmatrix} 0 & -1 & 1 \\ -1 & 0 & -2 \\ 1 & -2 & 0 \end{bmatrix}$ (b) $\vec{A} = \begin{bmatrix} 0 & 1 & 1 \\ 1 & 0 & 1 \\ 1 & 1 & 0 \end{bmatrix}$

8.13 (행렬의 거듭제곱) 케일리-해밀턴 정리를 이용해 다음 행렬에 대해 $\vec{A}^4$을 구하라.

(a) $\vec{A} = \begin{bmatrix} 2 & 1 & 0 \\ -2 & 0 & 1 \\ 0 & -1 & -2 \end{bmatrix}$ (b) $\vec{A} = \begin{bmatrix} 1 & 1 & 4 \\ 0 & 1 & 0 \\ 1 & 1 & 1 \end{bmatrix}$

8.14 (역행렬 계산) 케일리-해밀턴 정리를 이용해 다음 행렬의 역행렬 $\vec{A}^{-1}$를 구하라.

(a) $\vec{A} = \begin{bmatrix} 1 & -1 & 0 \\ -1 & 1 & 2 \\ 0 & -1 & 1 \end{bmatrix}$ (b) $\vec{A} = \begin{bmatrix} 2 & 1 & 0 \\ -2 & 0 & 1 \\ 0 & -1 & -2 \end{bmatrix}$

CHAPTER

09

행렬의 응용 II

Applications of Matrix II

Contents

■ 학습목표

- 행렬과 고윳값, 고유벡터를 이용해 동차 및 비동형 선형 연립 미분방정식의 해를 구할 수 있다.
- 행렬의 지수함수에 대한 계산 과정을 이해할 수 있다.
- 행렬의 지수함수를 이용해 선형 연립 미분방정식의 해를 구할 수 있다.

■ 이 장에서 배우는 내용은?

2장, 3장에서 설명한 선형 연립 미분방정식의 해는 7장에서 설명한 행렬과 8장에서 설명한 고윳값과 고유벡터를 이용해 구할 수도 있다. 구하는 방법에 따라 장단점이 있으므로 선형 연립 미분방정식의 해를 구하는 다양한 방법을 모두 알아둘 필요가 있다.

이 장에서는 행렬과 고윳값, 고유벡터를 이용해 선형 연립 미분방정식의 해를 구하는 방법을 알아본다. 선형 연립 미분방정식은 동차형과 비동차형으로 구분되는데, 먼저 9.1절에서는 선형 연립 미분방정식의 개요를 설명한다. 그다음 9.2절에서 동차 선형 연립 미분방정식의 해를 구하는 방법을 설명하고, 9.3절에서 비동차 선형 연립 미분방정식의 해를 구하는 방법을 설명한다. 마지막으로 9.4절에서는 행렬의 지수함수에 대해 살펴보고, 행렬의 지수함수를 이용해 선형 연립 미분방정식의 해를 구하는 방법을 설명한다.

SECTION 9.1 행렬과 선형 연립 미분방정식

7장과 8장에서는 행렬의 기본 개념과 행렬을 이용해 선형 연립방정식의 해를 구하는 방법을 알아보고, 고윳값과 고유벡터, 행렬의 대각화 및 거듭제곱에 대해 살펴봤다. 이 절에서는 지금까지 살펴본 행렬에 관한 개념을 바탕으로 행렬을 이용해 선형 연립 미분방정식을 푸는 방법을 알아본다. 선형 연립 미분방정식의 풀이에 대해서는 2.6절과 3.6절에서도 다루었으나 부분적인 내용에 국한해 설명했다. 이 절에서는 선형 연립 미분방정식의 풀이에 대해 보다 집중적으로 다루고자 한다.

선형 연립 미분방정식의 해를 결정하는 데 있어 8.2절에서 설명한 고윳값과 고유벡터 개념이 직접 관련되므로 8.2절의 내용을 완전히 이해한 후에 이 절을 공부하길 바란다.

다음은 미지수가 n개이고 방정식이 n개인 일반적인 **1계 연립 미분방정식** first order simultaneous differential equations이다.

$$\begin{aligned}\frac{dx_1}{dt} &= f_1(x_1,\ x_2,\ \cdots,\ x_n,\ t)\\ \frac{dx_2}{dt} &= f_2(x_1,\ x_2,\ \cdots,\ x_n,\ t)\\ &\vdots\\ \frac{dx_n}{dt} &= f_n(x_1,\ x_2,\ \cdots,\ x_n,\ t)\end{aligned} \tag{9.1}$$

만약 식 (9.1)을 다음과 같은 관계식으로 나타낼 수 있다면 **1계 선형 연립 미분방정식** first order linear simultaneous differential equations이라 한다.

$$\begin{aligned}\frac{dx_1}{dt} &= a_{11}x_1 + a_{12}x_2 + \cdots + a_{1n}x_n + u_1(t)\\ \frac{dx_2}{dt} &= a_{21}x_1 + a_{22}x_2 + \cdots + a_{2n}x_n + u_2(t)\\ &\vdots\\ \frac{dx_n}{dt} &= a_{n1}x_1 + a_{n2}x_2 + \cdots + a_{nn}x_n + u_n(t)\end{aligned} \tag{9.2}$$

식 (9.2)를 행렬을 이용해 나타내면 다음과 같다.

$$\frac{d}{dt}\begin{bmatrix} x_1 \\ x_2 \\ \vdots \\ x_n \end{bmatrix} = \begin{bmatrix} a_{11} & a_{12} & \cdots & a_{1n} \\ a_{21} & a_{22} & \cdots & a_{2n} \\ \vdots & \vdots & \vdots & \vdots \\ a_{n1} & a_{n2} & \cdots & a_{nn} \end{bmatrix}\begin{bmatrix} x_1 \\ x_2 \\ \vdots \\ x_n \end{bmatrix} + \begin{bmatrix} u_1(t) \\ u_2(t) \\ \vdots \\ u_n(t) \end{bmatrix} \tag{9.3}$$

여기서 $\overrightarrow{X} = \begin{bmatrix} x_1 \\ x_2 \\ \vdots \\ x_n \end{bmatrix}$, $\overrightarrow{A} = \begin{bmatrix} a_{11} & a_{12} & \cdots & a_{1n} \\ a_{21} & a_{22} & \cdots & a_{2n} \\ \vdots & \vdots & \vdots & \vdots \\ a_{n1} & a_{n2} & \cdots & a_{nn} \end{bmatrix}$, $\overrightarrow{U}(t) = \begin{bmatrix} u_1(t) \\ u_2(t) \\ \vdots \\ u_n(t) \end{bmatrix}$라 하면 식 (9.3)은 다음과 같이 행렬방정식 형태로 나타낼 수 있다.

$$\frac{d\overrightarrow{X}}{dt} = \overrightarrow{A}\,\overrightarrow{X} + \overrightarrow{U}(t) \tag{9.4}$$

식 (9.4)를 **비동차**nonhomogeneous **선형 연립 미분방정식**이라 한다.

만약 $\overrightarrow{U}(t) = \vec{0}$이면 식 (9.4)는 다음과 같이 나타낼 수 있다.

$$\frac{d\overrightarrow{X}}{dt} = \overrightarrow{A}\,\overrightarrow{X} \tag{9.5}$$

식 (9.5)를 **동차**homogeneous **선형 연립 미분방정식**이라 한다.

SECTION

9.2 동차 선형 연립 미분방정식

이 절에서는 동차 선형 연립 미분방정식의 일반해를 구하는 방법에 대해 살펴본다. 예를 들어 다음과 같이 주어진 간단한 선형 연립 미분방정식을 생각해보자.

$$\frac{dx_1}{dt} = x_1 + 2x_2 \qquad \cdots ①$$

$$\frac{dx_2}{dt} = 2x_1 + x_2 \qquad \cdots ②$$

식 ①과 ②를 식 (9.3) 또는 (9.5)의 형태로 나타내면 다음과 같다.

$$\frac{d}{dt}\begin{bmatrix} x_1 \\ x_2 \end{bmatrix} = \begin{bmatrix} 1 & 2 \\ 2 & 1 \end{bmatrix}\begin{bmatrix} x_1 \\ x_2 \end{bmatrix} \qquad \cdots ③$$

이 식은 $\overrightarrow{U}(t) = \overrightarrow{0}$인 경우이므로 동차 선형 연립 미분방정식이다. 식 ③과 같이 상수계수를 갖는 선형 연립 미분방정식의 해는 일반적으로 다음과 같은 지수함수 형태를 취한다.

$$x_1(t) = v_1 e^{\lambda t}, \quad x_2(t) = v_2 e^{\lambda t} \qquad \cdots ④$$

여기서 v_1, v_2, λ는 상수이다. 식 ④가 식 ①과 ②의 해라고 가정하고, 식 ④를 식 ①과 ②에 대입하면 다음과 같다.

$$v_1 \lambda e^{\lambda t} = v_1 e^{\lambda t} + 2v_2 e^{\lambda t} \qquad \cdots ⑤$$

$$v_2 \lambda e^{\lambda t} = 2v_1 e^{\lambda t} + v_2 e^{\lambda t} \qquad \cdots ⑥$$

항상 $e^{\lambda t} > 0$이므로 식 ⑤와 ⑥은 다음과 같이 간략히 나타낼 수 있다.

$$v_1 \lambda = v_1 + 2v_2 \qquad \cdots ⑦$$

$$v_2 \lambda = 2v_1 + v_2 \qquad \cdots ⑧$$

식 ⑦과 ⑧은 행렬을 이용해 다음과 같이 나타낼 수 있다.

$$\begin{bmatrix} 1 & 2 \\ 2 & 1 \end{bmatrix}\begin{bmatrix} v_1 \\ v_2 \end{bmatrix} = \lambda \begin{bmatrix} v_1 \\ v_2 \end{bmatrix} \qquad \cdots ⑨$$

식 ⑨는 고윳값과 고유벡터에 대한 문제이다. 따라서 식 ③의 선형 연립 미분방정식의 해를 구하는 문제는 결국 고윳값과 고유벡터에 대한 문제가 된다. 즉 선형 연립 미분방정식 ③의 해가 식 ④라고 가정할 때 해에 포함된 상수 v_1, v_2, λ는 식 ⑨를 만족해야 하는데, 이때 λ는 식 ③의 계수행렬의 고윳값이고, v_1과 v_2는 λ에 대응하는 고유벡터이다.

예제 9-1 동차 선형 연립 미분방정식의 해

벡터 $\vec{X}_1 = \begin{bmatrix} x_1 \\ x_2 \end{bmatrix}_1 = \begin{bmatrix} -4 \\ 1 \end{bmatrix} e^{-t}$과 $\vec{X}_2 = \begin{bmatrix} x_1 \\ x_2 \end{bmatrix}_2 = \begin{bmatrix} 0 \\ 1 \end{bmatrix} e^{3t}$이 다음 선형 연립 미분방정식의 해가 됨을 보여라.

$$\frac{d}{dt}\begin{bmatrix} x_1 \\ x_2 \end{bmatrix} = \begin{bmatrix} -1 & 0 \\ 1 & 3 \end{bmatrix}\begin{bmatrix} x_1 \\ x_2 \end{bmatrix}$$

풀이

벡터 $\vec{X}_1 = \begin{bmatrix} x_1 \\ x_2 \end{bmatrix}_1 = \begin{bmatrix} -4 \\ 1 \end{bmatrix} e^{-t}$이 해가 됨을 보이기 위해, $\vec{X}_1$과 $\dfrac{d\vec{X}_1}{dt}$을 주어진 연립 미분방정식에 대입하면 미분방정식의 좌변은

$$\frac{d}{dt}\begin{bmatrix} x_1 \\ x_2 \end{bmatrix}_1 = \begin{bmatrix} 4 \\ -1 \end{bmatrix} e^{-t} \quad \cdots ①$$

이고, 우변은 다음과 같다.

$$\begin{bmatrix} -1 & 0 \\ 1 & 3 \end{bmatrix}\begin{bmatrix} -4 \\ 1 \end{bmatrix} e^{-t} = \begin{bmatrix} 4 \\ -1 \end{bmatrix} e^{-t} \quad \cdots ②$$

식 ①과 ②가 같으므로 벡터 $\vec{X}_1$은 주어진 연립 미분방정식의 해이다. 마찬가지로 벡터 $\vec{X}_2 = \begin{bmatrix} x_1 \\ x_2 \end{bmatrix}_2 = \begin{bmatrix} 0 \\ 1 \end{bmatrix} e^{3t}$이 해가 됨을 보이기 위해, $\vec{X}_2$와 $\dfrac{d\vec{X}_2}{dt}$를 주어진 연립 미분방정식에 대입하면 미분방정식의 좌변은

$$\frac{d}{dt}\begin{bmatrix} x_1 \\ x_2 \end{bmatrix}_2 = \begin{bmatrix} 0 \\ 3 \end{bmatrix} e^{3t} \quad \cdots ③$$

이고, 우변은 다음과 같다.

$$\begin{bmatrix} -1 & 0 \\ 1 & 3 \end{bmatrix}\begin{bmatrix} 0 \\ 1 \end{bmatrix} e^{3t} = \begin{bmatrix} 0 \\ 3 \end{bmatrix} e^{3t} \quad \cdots ④$$

식 ③과 ④가 같으므로 벡터 $\vec{X}_2$도 역시 주어진 연립 미분방정식의 해이다.

해벡터와 일반해

[예제 9-1]에서 벡터 $\vec{X}_1 = \begin{bmatrix} -4 \\ 1 \end{bmatrix} e^{-t}$과 $\vec{X}_2 = \begin{bmatrix} 0 \\ 1 \end{bmatrix} e^{3t}$이 주어진 연립 미분방정식의 해임을 확인했다. 이때 행렬 $\begin{bmatrix} -1 & 0 \\ 1 & 3 \end{bmatrix}$의 고윳값은 $\lambda_1 = -1$, $\lambda_2 = 3$이고, $\lambda_1 = -1$에 대응하는 고유벡터는 $\vec{V}_1 = \begin{bmatrix} -4 \\ 1 \end{bmatrix}$, $\lambda_2 = 3$에 대응하는 고유벡터는 $\vec{V}_2 = \begin{bmatrix} 0 \\ 1 \end{bmatrix}$이다. 그러므로 [예제 9-1]에 주어진 연립 미분방정식의 해는 다음과 같이 표현할 수 있다.

$$\vec{X}_1 = \vec{V}_1 e^{\lambda_1 t}, \quad \vec{X}_2 = \vec{V}_2 e^{\lambda_2 t}$$

이제 일반적인 선형 연립미분방정식인 식 (9.5)의 해에 대해 살펴보자. 이 경우에도 마찬가지로

$$\vec{X}_i = \vec{V}_i e^{\lambda_i t} \quad (i = 1,\ 2,\ \cdots,\ n) \tag{9.6}$$

일 때, 식 (9.6)을 식 (9.5)의 해라고 가정하고, 식 (9.5)에 대입하면 다음과 같다.

$$\lambda_i \vec{V}_i e^{\lambda_i t} = \vec{A}\,\vec{V}_i e^{\lambda_i t}$$

위 식에서 $e^{\lambda_i t}$을 소거하면

$$\lambda_i \vec{V}_i = \vec{A}\,\vec{V}_i \tag{9.7}$$

이므로 고윳값, 고유벡터에 대한 문제가 된다. 따라서 선형 연립 미분방정식의 해를 구하기 위해서는 행렬 $\vec{A}$의 고윳값과 그 고윳값에 대응하는 고유벡터를 구하면 된다.

정의 9-1 해벡터

동차 선형 연립 미분방정식 $\dfrac{d\vec{X}}{dt} = \vec{A}\,\vec{X}$를 만족하는 해 $\vec{X}_i = \vec{V}_i e^{\lambda_i t}$ $(i = 1,\ 2,\ \cdots,\ n)$을 **해벡터**solution vector라고 한다. 여기서 λ_i는 행렬 $\vec{A}$의 고윳값이고, $\vec{V}_i$는 λ_i에 대응하는 고유벡터이다.

식 (9.7)로부터 고윳값과 고유벡터를 모두 구할 수 있다면 선형 연립 미분방정식 $\dfrac{d\vec{X}}{dt} = \vec{A}\,\vec{X}$의 해벡터는 식 (9.8)과 같다.

$$\overrightarrow{X}_1 = \overrightarrow{V}_1 e^{\lambda_1 t} = \begin{bmatrix} v_1 \\ v_2 \\ \vdots \\ v_n \end{bmatrix}_1 e^{\lambda_1 t}, \quad \overrightarrow{X}_2 = \overrightarrow{V}_2 e^{\lambda_2 t} = \begin{bmatrix} v_1 \\ v_2 \\ \vdots \\ v_n \end{bmatrix}_2 e^{\lambda_2 t}, \quad \cdots \quad ,$$

$$\overrightarrow{X}_n = \overrightarrow{V}_n e^{\lambda_n t} = \begin{bmatrix} v_1 \\ v_2 \\ \vdots \\ v_n \end{bmatrix}_n e^{\lambda_n t} \tag{9.8}$$

다음은 선형 연립 미분방정식의 일반해를 구할 때 매우 중요하게 이용되는 **중첩의 원리** principle of superposition이다.

정의 9-2 중첩의 원리

식 (9.8)의 해벡터를 구할 수 있다면, 다음과 같은 해벡터들의 일차결합도 동차 선형 연립 미분방정식의 해이다.

$$\overrightarrow{X} = c_1\overrightarrow{X}_1 + c_2\overrightarrow{X}_2 + \cdots + c_n\overrightarrow{X}_n$$

여기서 c_1, c_2, $\cdots$, c_n은 임의의 상수이다.

[예제 9-1]에서 $\overrightarrow{X}_1 = \begin{bmatrix} -4 \\ 1 \end{bmatrix} e^{-t}$과 $\overrightarrow{X}_2 = \begin{bmatrix} 0 \\ 1 \end{bmatrix} e^{3t}$은 다음 선형 연립 미분방정식의 해벡터였다.

$$\frac{d}{dt}\begin{bmatrix} x_1 \\ x_2 \end{bmatrix} = \begin{bmatrix} -1 & 0 \\ 1 & 3 \end{bmatrix}\begin{bmatrix} x_1 \\ x_2 \end{bmatrix}$$

따라서 중첩의 원리에 의해 다음과 같은 $\overrightarrow{X}_1$과 $\overrightarrow{X}_2$의 일차결합도 주어진 선형 연립 미분방정식의 해가 된다.

$$\overrightarrow{X} = c_1\overrightarrow{X}_1 + c_2\overrightarrow{X}_2 = c_1\begin{bmatrix} -4 \\ 1 \end{bmatrix} e^{-t} + c_2\begin{bmatrix} 0 \\ 1 \end{bmatrix} e^{3t} \qquad \cdots ①$$

이를 확인하기 위해 $\overrightarrow{X}$를 주어진 선형 연립 미분방정식에 대입하면 다음과 같다.

$$\frac{d\overrightarrow{X}}{dt} = -c_1\begin{bmatrix} -4 \\ 1 \end{bmatrix} e^{-t} + 3c_2\begin{bmatrix} 0 \\ 1 \end{bmatrix} e^{3t} = c_1\begin{bmatrix} 4 \\ -1 \end{bmatrix} e^{-t} + c_2\begin{bmatrix} 0 \\ 3 \end{bmatrix} e^{3t} \qquad \cdots ②$$

$$\vec{A}\vec{X} = \begin{bmatrix} -1 & 0 \\ 1 & 3 \end{bmatrix} \left\{ c_1 \begin{bmatrix} -4 \\ 1 \end{bmatrix} e^{-t} + c_2 \begin{bmatrix} 0 \\ 1 \end{bmatrix} e^{3t} \right\}$$
$$= c_1 \begin{bmatrix} -1 & 0 \\ 1 & 3 \end{bmatrix} \begin{bmatrix} -4 \\ 1 \end{bmatrix} e^{-t} + c_2 \begin{bmatrix} -1 & 0 \\ 1 & 3 \end{bmatrix} \begin{bmatrix} 0 \\ 1 \end{bmatrix} e^{3t}$$
$$= c_1 \begin{bmatrix} 4 \\ -1 \end{bmatrix} e^{-t} + c_2 \begin{bmatrix} 0 \\ 3 \end{bmatrix} e^{3t} \qquad \cdots ③$$

식 ②과 ③이 동일하므로, 식 ①의 $\vec{X}$도 해가 된다는 것을 확인할 수 있다. 중요한 사실은 $\vec{X}$가 동차 선형 연립 미분방정식의 일반해가 되기 위해서는 중첩의 원리에 포함된 해벡터 $\vec{X}_1$, $\vec{X}_2$, $\cdots$, $\vec{X}_n$이 서로 일차독립이어야 한다는 것이다. 이러한 해벡터들이 일차독립인지 혹은 일차종속인지에 대한 정의는 4.5절 [정의 4-4]와 마찬가지로 다음과 같다.

정의 9-3 해벡터의 일차독립과 일차종속

식 (9.8)이 동차 선형 연립 미분방정식 $\dfrac{d\vec{X}}{dt} = \vec{A}\vec{X}$를 만족하는 해벡터일 때, 해벡터들의 일차결합으로 표현된 방정식

$$c_1\vec{X}_1 + c_2\vec{X}_2 + \cdots + c_n\vec{X}_n = \vec{0} \qquad (9.9)$$

을 만족하는 0이 아닌 상수 c_1, c_2, $\cdots$, c_n이 존재하지 않는다면, 즉 $c_1 = c_2 = \cdots = c_n = 0$이 식 (9.9)를 만족하는 유일한 경우라면 해벡터 $\vec{X}_1$, $\vec{X}_2$, $\cdots$, $\vec{X}_n$은 서로 **일차독립**linearly independent이라고 한다. 그리고 일차독립이 아닌 경우를 **일차종속**linearly dependent이라고 한다.

예를 들어 $\vec{X}_1 = \begin{bmatrix} -1 \\ 2 \end{bmatrix} e^{-t}$과 $\vec{X}_2 = \begin{bmatrix} -2 \\ 4 \end{bmatrix} e^{-t}$은 $\vec{X}_2 = 2\vec{X}_1$을 만족하므로 일차종속이다. 식 (9.9)를 적용해 확인해보면

$$c_1\vec{X}_1 + c_2\vec{X}_2 = c_1 \begin{bmatrix} -1 \\ 2 \end{bmatrix} e^{-t} + c_2 \begin{bmatrix} -2 \\ 4 \end{bmatrix} e^{-t} = \begin{bmatrix} 0 \\ 0 \end{bmatrix}$$

이고, $e^{-t} \neq 0$이므로 위 식을 풀면 다음과 같다.

$$-c_1 - 2c_2 = 0, \quad 2c_1 + 4c_2 = 0$$

위 두 식을 만족하는 c_1과 c_2를 구하면 0이 아닌 임의의 상수 k에 대해 다음과 같다.

$$c_1 = -2k, \quad c_2 = k$$

따라서 0이 아닌 상수 c_1과 c_2를 구할 수 있으므로, $\vec{X}_1$과 $\vec{X}_2$는 서로 일차종속이다.

이번에는 [예제 9-1]의 두 해벡터 $\overrightarrow{X}_1 = \begin{bmatrix} -4 \\ 1 \end{bmatrix} e^{-t}$과 $\overrightarrow{X}_2 = \begin{bmatrix} 0 \\ 1 \end{bmatrix} e^{3t}$을 생각해보자. 다음과 같이 식 (9.9)를 이용해 두 해벡터가 서로 일차독립임을 확인한다.

$$c_1\overrightarrow{X}_1 + c_2\overrightarrow{X}_2 = c_1\begin{bmatrix} -4 \\ 1 \end{bmatrix} e^{-t} + c_2\begin{bmatrix} 0 \\ 1 \end{bmatrix} e^{3t} = \begin{bmatrix} 0 \\ 0 \end{bmatrix}$$

앞의 식을 풀면 다음과 같다.

$$-4c_1e^{-t} + (0)c_2e^{3t} = 0, \quad c_1e^{-t} + c_2e^{3t} = 0$$

두 식을 만족하는 c_1, c_2는 $c_1 = c_2 = 0$이 유일하므로, $\overrightarrow{X}_1$과 $\overrightarrow{X}_2$는 서로 일차독립이다.

2.1절 [정의 2-2], [정의 2-3]과 유사하게 선형 연립 미분방정식의 해벡터들이 서로 일차독립인지를 판별하기 위해 다음 정리를 사용한다.

정리 9-1 해벡터의 일차독립

식 (9.8)과 같이 주어진 해벡터들을 다음과 같이 가정하자.

$$\overrightarrow{X}_1 = \begin{bmatrix} x_{11} \\ x_{21} \\ \vdots \\ x_{n1} \end{bmatrix}, \ \overrightarrow{X}_2 = \begin{bmatrix} x_{12} \\ x_{22} \\ \vdots \\ x_{n2} \end{bmatrix}, \ \cdots, \ \overrightarrow{X}_n = \begin{bmatrix} x_{1n} \\ x_{2n} \\ \vdots \\ x_{nn} \end{bmatrix}$$

이처럼 주어진 해벡터들이 서로 일차독립이려면 다음과 같이 해벡터들로 구성된 **론스키안** Wronskian[1]이 0이 아니어야 한다.

$$W(\overrightarrow{X}_1, \overrightarrow{X}_2, \cdots, \overrightarrow{X}_n) = \begin{vmatrix} x_{11} & x_{12} & \cdots & x_{1n} \\ x_{21} & x_{22} & \cdots & x_{2n} \\ \vdots & \vdots & \vdots & \vdots \\ x_{n1} & x_{n2} & \cdots & x_{nn} \end{vmatrix} \neq 0 \qquad (9.10)$$

앞서 [정의 9-3]을 이용해 두 가지 예에 대해 일차독립 여부를 결정했다. 이번에는 그 두 가지 예를 [정리 9-1]을 이용해 확인해보자. 먼저 $\overrightarrow{X}_1 = \begin{bmatrix} -1 \\ 2 \end{bmatrix} e^{-t}$과 $\overrightarrow{X}_2 = \begin{bmatrix} -2 \\ 4 \end{bmatrix} e^{-t}$에 대해 론스키안을 구하면 다음과 같다.

$$W(\overrightarrow{X}_1, \overrightarrow{X}_2) = \begin{vmatrix} x_{11} & x_{12} \\ x_{21} & x_{22} \end{vmatrix} = \begin{vmatrix} -e^{-t} & -2e^{-t} \\ 2e^{-t} & 4e^{-t} \end{vmatrix} = -4e^{-2t} + 4e^{-2t} = 0$$

1 [정의 2-2]와 달리 여기서는 론스키안 식 안에 도함수가 포함되지 않는다.

그러므로 이 경우에는 [정리 9-1]로 일차독립 여부를 판별하기 어렵다. 다음으로 두 번째 예인 $\vec{X}_1 = \begin{bmatrix} -4 \\ 1 \end{bmatrix} e^{-t}$과 $\vec{X}_2 = \begin{bmatrix} 0 \\ 1 \end{bmatrix} e^{3t}$에 대해 론스키안을 구하면 다음과 같다.

$$W(\vec{X}_1, \vec{X}_2) = \begin{vmatrix} x_{11} & x_{12} \\ x_{21} & x_{22} \end{vmatrix} = \begin{vmatrix} -4e^{-t} & 0 \\ e^{-t} & e^{3t} \end{vmatrix} = -4e^{2t} \neq 0$$

따라서 $\vec{X}_1$과 $\vec{X}_2$는 서로 일차독립이다. 즉 일차독립인 경우에는 [정리 9-1]을 이용해도 [정리 9-3]과 동일한 결과를 얻을 수 있다. 그러나 론스키안이 0인 경우에는 [정리 9-1]을 이용해 결론을 내릴 수 없다.

식 (9.8)이 식 (9.5)의 동차 선형 연립 미분방정식의 n개의 해벡터이고, 이들이 서로 일차독립이면 선형 연립미분방정식 (9.5)의 일반해는 다음과 같다.

정리 9-2 일반해(동차형)

식 (9.8)의 해벡터 $\vec{X}_1, \vec{X}_2, \cdots, \vec{X}_n$이 서로 일차독립이면 동차 선형 연립 미분방정식 $\dfrac{d\vec{X}}{dt} = \vec{A}\vec{X}$의 일반해는 다음과 같다.

$$\vec{X} = c_1\vec{X}_1 + c_2\vec{X}_2 + \cdots + c_n\vec{X}_n \tag{9.11}$$

여기서 $c_1, c_2, \cdots, c_n$은 임의의 상수이다.

앞의 내용에 따라, [예제 9-1]의 동차 선형 연립 미분방정식 $\dfrac{d}{dt}\begin{bmatrix} x_1 \\ x_2 \end{bmatrix} = \begin{bmatrix} -1 & 0 \\ 1 & 3 \end{bmatrix}\begin{bmatrix} x_1 \\ x_2 \end{bmatrix}$의 두 해벡터 $\vec{X}_1 = \begin{bmatrix} -4 \\ 1 \end{bmatrix} e^{-t}$과 $\vec{X}_2 = \begin{bmatrix} 0 \\ 1 \end{bmatrix} e^{3t}$은 서로 일차독립이므로, 주어진 연립 미분방정식의 일반해는 다음과 같음을 알 수 있다.

$$\vec{X} = c_1\vec{X}_1 + c_2\vec{X}_2 = c_1\begin{bmatrix} -4 \\ 1 \end{bmatrix} e^{-t} + c_2\begin{bmatrix} 0 \\ 1 \end{bmatrix} e^{3t}$$

식 (9.5)의 동차 선형 연립 미분방정식 $\dfrac{d\vec{X}}{dt} = \vec{A}\vec{X}$의 일반해를 구하기 위해서는 이 식의 일차독립인 해벡터를 모두 구해야 한다. 그런데 해벡터가 식 (9.6)과 같다고 하면 $\vec{V}_i$와 λ_i 사이에 식 (9.7)과 같은 관계가 성립하므로, 해벡터를 구하는 문제가 고윳값과 고유벡터에 대한 문제가 된다는 것을 앞서 언급했다. 8.2절에서 살펴봤듯이, 고윳값에는 세 가지 유형이 있으므로, 고윳값의 유형별로 동차 선형 연립 미분방정식 (9.5)의 일반해를 구하는 문제를 살펴보자. 그리고 마지막으로 8.3절에서 살펴본 행렬의 대각화를 이용해 동차 선형 연립 미분방정식 (9.5)의 일반해를 구하는 방법을 알아보자.

고윳값 유형에 따른 일반해 구하기

고윳값이 서로 다른 실수인 경우, 실수 중복값인 경우, 복소수인 경우로 나누어 일반해를 구하는 방법을 알아보자.

■ 고윳값이 서로 다른 실수인 경우

식 (9.5)의 $n \times n$ 계수행렬 $\overrightarrow{A}$가 n개의 서로 다른 실수 고윳값 $\lambda_1, \lambda_2, \cdots, \lambda_n$을 가지면 이에 대응하는 고유벡터를 모두 구할 수 있고, 구한 고유벡터들은 모두 서로 일차독립이다. 이 고유벡터들을 $\overrightarrow{V}_1, \overrightarrow{V}_2, \cdots, \overrightarrow{V}_n$이라 하면 식 (9.6)에 의해 해벡터는 다음과 같다.

$$\overrightarrow{X}_1 = \overrightarrow{V}_1 e^{\lambda_1 t}, \quad \overrightarrow{X}_2 = \overrightarrow{V}_2 e^{\lambda_2 t}, \quad \cdots \quad , \quad \overrightarrow{X}_n = \overrightarrow{V}_n e^{\lambda_n t} \tag{9.12}$$

따라서 식 (9.5)의 일반해에 대해 다음 정리가 성립한다.

정리 9-3 일반해(동차형) : 고윳값이 서로 다른 실수인 경우

$\lambda_1, \lambda_2, \cdots, \lambda_n$이 식 (9.5)에 대한 계수행렬 $\overrightarrow{A}$의 서로 다른 실수 고윳값이고, 이에 대응하는 고유벡터가 $\overrightarrow{V}_1, \overrightarrow{V}_2, \cdots, \overrightarrow{V}_n$이면 식 (9.5)의 일반해는 다음과 같다.

$$\overrightarrow{X} = c_1 \overrightarrow{V}_1 e^{\lambda_1 t} + c_2 \overrightarrow{V}_2 e^{\lambda_2 t} + \cdots + c_n \overrightarrow{V}_n e^{\lambda_n t} \tag{9.13}$$

여기서 $c_1, c_2, \cdots, c_n$은 임의의 상수이다.

예제 9-2 일반해(동차형) : 고윳값이 서로 다른 실수인 경우

다음 선형 연립 미분방정식의 일반해를 구하라.

$$\frac{dx}{dt} = 2x + y + z, \quad \frac{dy}{dt} = 3x + z, \quad \frac{dz}{dt} = -x - y$$

풀이

주어진 연립 미분방정식을 식 (9.5)와 같이 행렬을 이용해 표현하면 다음과 같은 동차 선형 연립 미분방정식이다.

$$\frac{d}{dt}\begin{bmatrix} x \\ y \\ z \end{bmatrix} = \begin{bmatrix} 2 & 1 & 1 \\ 3 & 0 & 1 \\ -1 & -1 & 0 \end{bmatrix} \begin{bmatrix} x \\ y \\ z \end{bmatrix}$$

따라서 일반해를 구하기 위해서는 계수행렬의 고윳값과 고유벡터를 구해야 한다. 8.2절에서 설명한 방법에 따라 고윳값과 각 고윳값에 대응하는 고유벡터를 구하면 다음과 같다.

$$\lambda_1 = 1,\ \overrightarrow{V}_1 = \begin{bmatrix} v_1 \\ v_2 \\ v_3 \end{bmatrix}_1 = \begin{bmatrix} 1 \\ 1 \\ -2 \end{bmatrix} c, \quad \lambda_2 = 2,\ \overrightarrow{V}_2 = \begin{bmatrix} v_1 \\ v_2 \\ v_3 \end{bmatrix}_2 = \begin{bmatrix} -1 \\ -1 \\ 1 \end{bmatrix} c,$$

$$\lambda_3 = -1, \quad \overrightarrow{V}_3 = \begin{bmatrix} v_1 \\ v_2 \\ v_3 \end{bmatrix}_3 = \begin{bmatrix} -1 \\ 2 \\ 1 \end{bmatrix} c$$

여기서 c는 임의의 상수이므로 $c=1$을 선택하면 해벡터는 다음과 같다.

$$\overrightarrow{X}_1 = \overrightarrow{V}_1 e^{\lambda_1 t} = \begin{bmatrix} 1 \\ 1 \\ -2 \end{bmatrix} e^t, \quad \overrightarrow{X}_2 = \overrightarrow{V}_2 e^{\lambda_2 t} = \begin{bmatrix} -1 \\ -1 \\ 1 \end{bmatrix} e^{2t}, \quad \overrightarrow{X}_3 = \overrightarrow{V}_3 e^{\lambda_3 t} = \begin{bmatrix} -1 \\ 2 \\ 1 \end{bmatrix} e^{-t}$$

따라서 [정리 9-3]에 의해 주어진 연립 미분방정식의 일반해는 다음과 같다.

$$\overrightarrow{X} = c_1 \overrightarrow{V}_1 e^{\lambda_1 t} + c_2 \overrightarrow{V}_2 e^{\lambda_2 t} + c_3 \overrightarrow{V}_3 e^{\lambda_3 t} = c_1 \begin{bmatrix} 1 \\ 1 \\ -2 \end{bmatrix} e^t + c_2 \begin{bmatrix} -1 \\ -1 \\ 1 \end{bmatrix} e^{2t} + c_3 \begin{bmatrix} -1 \\ 2 \\ 1 \end{bmatrix} e^{-t}$$

위 식을 정리하면 다음과 같다.

$$\begin{aligned} x &= c_1 e^t - c_2 e^{2t} - c_3 e^{-t} \\ y &= c_1 e^t - c_2 e^{2t} + 2c_3 e^{-t} \\ z &= -2c_1 e^t + c_2 e^{2t} + c_3 e^{-t} \end{aligned}$$

일반해를 정확히 구했는지 확인하려면 구한 값을 주어진 연립 미분방정식에 대입해보면 된다.

■ 고윳값이 실수 중복값인 경우

8.2절에서 특성방정식 $\det(\overrightarrow{A} - \lambda \overrightarrow{I}) = 0$의 근인 고윳값이 중복되는 경우에는 이에 대응하는 고유벡터를 중복되는 고윳값의 개수만큼 구할 수 있는 경우도 있고, 그렇지 않은 경우도 있음을 설명했다. 각 경우에 대해 선형 연립 미분방정식의 해를 어떻게 구하는지를 살펴보자.

❶ 중복된 실수 고윳값에 대응하는 고유벡터를 모두 구할 수 있는 경우

식 (9.5)의 행렬 $\overrightarrow{A}$에 대한 m개의 중복된 실수 고윳값 $\lambda_1 = \lambda_2 = \cdots = \lambda_m$(중복도 m)에 대응하는 고유벡터를 모두 구할 수 있으면, 구한 고유벡터들은 모두 서로 일차독립이다. 이와 같은 고유벡터를 $\overrightarrow{V}_1,\ \overrightarrow{V}_2,\ \cdots,\ \overrightarrow{V}_m$이라 하면 식 (9.6)에 의해 해벡터는 다음과 같다.

$$\overrightarrow{X}_1 = \overrightarrow{V}_1 e^{\lambda_1 t}, \quad \overrightarrow{X}_2 = \overrightarrow{V}_2 e^{\lambda_1 t}, \quad \cdots, \quad \overrightarrow{X}_m = \overrightarrow{V}_m e^{\lambda_1 t} \tag{9.14}$$

또한 중복되지 않은 고윳값 λ_{m+1}, λ_{m+2}, $\cdots$, λ_n에 대응하는 고유벡터를 $\overrightarrow{V}_{m+1}$, $\overrightarrow{V}_{m+2}$, $\cdots$, $\overrightarrow{V}_n$이라 하면 식 (9.6)에 의해 해벡터는 다음과 같다.

$$\overrightarrow{X}_{m+1} = \overrightarrow{V}_{m+1} e^{\lambda_{m+1} t}, \quad \overrightarrow{X}_{m+2} = \overrightarrow{V}_{m+2} e^{\lambda_{m+2} t}, \quad \cdots, \quad \overrightarrow{X}_n = \overrightarrow{V}_n e^{\lambda_n t} \tag{9.15}$$

따라서 식 (9.5)의 일반해에 대해 다음 정리가 성립한다.

정리 9-4 일반해(동차형) : 고윳값이 실수 중복값인 경우 ①

식 (9.5)의 행렬 $\overrightarrow{A}$가 m개의 중복된 실수 고윳값 $\lambda_1 = \lambda_2 = \cdots = \lambda_m$을 갖고, 이에 대응하는 고유벡터 $\overrightarrow{V}_1$, $\overrightarrow{V}_2$, $\cdots$, $\overrightarrow{V}_m$을 모두 구할 수 있으면 식 (9.5)의 일반해는 다음과 같다.

$$\overrightarrow{X} = c_1 \overrightarrow{V}_1 e^{\lambda_1 t} + \cdots + c_m \overrightarrow{V}_m e^{\lambda_1 t} + c_{m+1} \overrightarrow{V}_{m+1} e^{\lambda_{m+1} t} + \cdots + c_n \overrightarrow{V}_n e^{\lambda_n t} \tag{9.16}$$

여기서 c_1, $\cdots$, c_m, c_{m+1}, $\cdots$, c_n은 임의의 상수이다.

예제 9-3 일반해(동차형) : 고윳값이 실수 중복값인 경우 ①

다음 선형 연립 미분방정식의 일반해를 구하라.

$$\frac{dx}{dt} = 3x - y - z, \quad \frac{dy}{dt} = x + y - z, \quad \frac{dz}{dt} = x - y + z$$

풀이

주어진 연립 미분방정식을 식 (9.5)와 같이 행렬을 이용해 표현하면 다음과 같은 동차 선형 연립 미분방정식이다.

$$\frac{d}{dt}\begin{bmatrix} x \\ y \\ z \end{bmatrix} = \begin{bmatrix} 3 & -1 & -1 \\ 1 & 1 & -1 \\ 1 & -1 & 1 \end{bmatrix}\begin{bmatrix} x \\ y \\ z \end{bmatrix}$$

위 식에서 계수행렬의 고윳값을 구하면 $\lambda_1 = 1$, $\lambda_2 = \lambda_3 = 2$이므로, 2개의 고윳값이 중복된다(중복도 $m = 2$). 고윳값에 대응하는 고유벡터를 구하면

$$\lambda_1 = 1, \ \overrightarrow{V_1} = \begin{bmatrix} 1 \\ 1 \\ 1 \end{bmatrix}, \quad \lambda_2 = 2, \ \overrightarrow{V_2} = \begin{bmatrix} 1 \\ 1 \\ 0 \end{bmatrix}, \quad \lambda_3 = 2, \ \overrightarrow{V_3} = \begin{bmatrix} 1 \\ 0 \\ 1 \end{bmatrix}$$

이므로, 중복된 고윳값에 대응하는 고유벡터를 모두 구할 수 있다.

따라서 중복되지 않은 고윳값에 대한 해벡터는 식 (9.15)에 의해

$$\vec{X}_1 = \vec{V}_1 e^{\lambda_1 t} = \begin{bmatrix}1\\1\\1\end{bmatrix} e^t$$

이고, 중복된 고윳값에 대한 해벡터는 식 (9.14)에 의해 다음과 같다.

$$\vec{X}_2 = \vec{V}_2 e^{\lambda_2 t} = \begin{bmatrix}1\\1\\0\end{bmatrix} e^{2t}, \quad \vec{X}_3 = \vec{V}_3 e^{\lambda_2 t} = \begin{bmatrix}1\\0\\1\end{bmatrix} e^{2t}$$

그러면 [정리 9-4]에 의해 주어진 연립 미분방정식의 일반해는 다음과 같다.

$$\vec{X} = c_1 \vec{V}_1 e^{\lambda_1 t} + c_2 \vec{V}_2 e^{\lambda_2 t} + c_3 \vec{V}_3 e^{\lambda_2 t} = c_1 \begin{bmatrix}1\\1\\1\end{bmatrix} e^t + c_2 \begin{bmatrix}1\\1\\0\end{bmatrix} e^{2t} + c_3 \begin{bmatrix}1\\0\\1\end{bmatrix} e^{2t}$$

위 식을 정리하면 다음과 같다.

$$\begin{aligned} x &= c_1 e^t + c_2 e^{2t} + c_3 e^{2t} \\ y &= c_1 e^t + c_2 e^{2t} \\ z &= c_1 e^t + c_3 e^{2t} \end{aligned}$$

❷ 중복된 실수 고윳값에 대응하는 고유벡터를 1개만 구할 수 있는 경우

식 (9.5)의 행렬 $\vec{A}$에 대한 m개의 중복된 실수 고윳값 $\lambda_1 = \lambda_2 = \cdots = \lambda_m$(중복도 m)에 대응하는 고유벡터를 단 1개만 구할 수 있으면, 구해지지 않은 고유벡터 $(m-1)$개에 대한 해벡터를 포함하여 m개의 해벡터는 다음과 같다.

$$\begin{aligned} \vec{X}_1 &= \vec{V}_1 e^{\lambda_1 t} \\ \vec{X}_2 &= \vec{V}_1 t e^{\lambda_1 t} + \vec{V}_2 e^{\lambda_1 t} \\ &\ \vdots \\ \vec{X}_m &= \vec{V}_1 \frac{t^{m-1}}{(m-1)!} e^{\lambda_1 t} + \vec{V}_2 \frac{t^{m-2}}{(m-2)!} e^{\lambda_1 t} + \cdots + \vec{V}_m e^{\lambda_1 t} \end{aligned} \tag{9.17}$$

여기서 $\vec{V}_1$은 고윳값 λ_1에 대응하는 고유벡터이고, $\vec{V}_1$을 제외한 벡터 $\vec{V}_i$들은 $\vec{X}_j$를 해벡터로 만드는 벡터들이다($i, j = 2, 3, \cdots, m$인 정수). 예를 들어 $\vec{V}_2$와 $\vec{V}_3$는 $\vec{X}_3$를 해벡터로 만드는 벡터들이다. 이제 $\vec{V}_i$를 구하는 방법을 알아보자.

먼저 λ_1이 중복도 $m=2$인 고윳값이고, 이에 대한 고유벡터를 $\overrightarrow{V}_1$ 하나만 구할 수 있는 경우를 살펴보자. 그러면 식 (9.17)에 의해 해벡터는 다음과 같다.

$$\begin{aligned}\overrightarrow{X}_1 &= \overrightarrow{V}_1 e^{\lambda_1 t}\\ \overrightarrow{X}_2 &= \overrightarrow{V}_1 t e^{\lambda_1 t} + \overrightarrow{V}_2 e^{\lambda_1 t}\end{aligned} \quad \cdots ①$$

식 ①이 식 (9.5)의 해벡터이므로 식 ①을 식 (9.5)에 대입하면 다음과 같다.

$$\begin{aligned}&\frac{d\overrightarrow{X}_2}{dt} = \overrightarrow{A}\,\overrightarrow{X}_2\\ \Rightarrow\ &\frac{d}{dt}\left(\overrightarrow{V}_1 t e^{\lambda_1 t} + \overrightarrow{V}_2 e^{\lambda_1 t}\right) = \overrightarrow{A}\left(\overrightarrow{V}_1 t e^{\lambda_1 t} + \overrightarrow{V}_2 e^{\lambda_1 t}\right)\\ \Rightarrow\ &\lambda_1 \overrightarrow{V}_1 t e^{\lambda_1 t} + \overrightarrow{V}_1 e^{\lambda_1 t} + \lambda_1 \overrightarrow{V}_2 e^{\lambda_1 t} = \overrightarrow{A}\,\overrightarrow{V}_1 t e^{\lambda_1 t} + \overrightarrow{A}\,\overrightarrow{V}_2 e^{\lambda_1 t}\end{aligned} \quad \cdots ②$$

식 ②를 t에 대해 정리하면 다음과 같다.

$$\left(\overrightarrow{A}\,\overrightarrow{V}_1 - \lambda_1 \overrightarrow{V}_1\right) t e^{\lambda_1 t} + \left(\overrightarrow{A}\,\overrightarrow{V}_2 - \lambda_1 \overrightarrow{V}_2 - \overrightarrow{V}_1\right) e^{\lambda_1 t} = \overrightarrow{0} \quad \cdots ③$$

$e^{\lambda_1 t} \neq 0$이므로 식 ③이 t에 관계없이 항상 성립하기 위해서는 다음을 만족해야 한다.

$$\overrightarrow{A}\,\overrightarrow{V}_1 - \lambda_1 \overrightarrow{V}_1 = \overrightarrow{0} \quad \cdots ④$$

$$\overrightarrow{A}\,\overrightarrow{V}_2 - \lambda_1 \overrightarrow{V}_2 - \overrightarrow{V}_1 = \overrightarrow{0} \quad \cdots ⑤$$

식 ④는 중복된 실수 고윳값 λ_1과 이에 대응하는 고유벡터 $\overrightarrow{V}_1$의 관계식으로, 이미 알고 있는 값이다. 또한 식 ⑤로부터 다음과 같은 관계식을 얻을 수 있다.

$$\left(\overrightarrow{A} - \lambda_1 \overrightarrow{I}\right)\overrightarrow{V}_2 = \overrightarrow{V}_1 \quad (9.18)$$

식 (9.18)을 풀면 $\overrightarrow{V}_2$를 구할 수 있다.

다음으로 λ_1이 중복도 $m=3$인 고윳값이고, 이에 대한 고유벡터를 $\overrightarrow{V}_1$ 하나만 구할 수 있는 경우를 살펴보자. 그러면 식 (9.17)에 의해 해벡터는 다음과 같다.

$$\begin{aligned}\overrightarrow{X}_1 &= \overrightarrow{V}_1 e^{\lambda_1 t}\\ \overrightarrow{X}_2 &= \overrightarrow{V}_1 t e^{\lambda_1 t} + \overrightarrow{V}_2 e^{\lambda_1 t}\\ \overrightarrow{X}_3 &= \overrightarrow{V}_1 \frac{t^2}{2} e^{\lambda_1 t} + \overrightarrow{V}_2 t e^{\lambda_1 t} + \overrightarrow{V}_3 e^{\lambda_1 t}\end{aligned} \quad \cdots ⑥$$

식 ⑥이 식 (9.5)의 해벡터이므로, 식 ⑥을 식 (9.5)에 대입하면 다음과 같다.

$$
\begin{aligned}
&\frac{d\vec{X}_3}{dt} = \vec{A}\vec{X}_3 \\
&\Rightarrow \frac{d}{dt}\left(\vec{V}_1\frac{t^2}{2}e^{\lambda_1 t} + \vec{V}_2 t e^{\lambda_1 t} + \vec{V}_3 e^{\lambda_1 t}\right) = \vec{A}\left(\vec{V}_1\frac{t^2}{2}e^{\lambda_1 t} + \vec{V}_2 t e^{\lambda_1 t} + \vec{V}_3 e^{\lambda_1 t}\right) \\
&\Rightarrow \lambda_1\vec{V}_1\frac{t^2}{2}e^{\lambda_1 t} + \vec{V}_1 t e^{\lambda_1 t} + \lambda_1\vec{V}_2 t e^{\lambda_1 t} + \vec{V}_2 e^{\lambda_1 t} + \lambda_1\vec{V}_3 e^{\lambda_1 t} \\
&\quad = \vec{A}\vec{V}_1\frac{t^2}{2}e^{\lambda_1 t} + \vec{A}\vec{V}_2 t e^{\lambda_1 t} + \vec{A}\vec{V}_3 e^{\lambda_1 t} \qquad \cdots ⑦
\end{aligned}
$$

식 ⑦을 t에 대해 정리하면 다음과 같다.

$$
\begin{aligned}
&\left(\vec{A}\vec{V}_1 - \lambda_1\vec{V}_1\right)\frac{t^2}{2}e^{\lambda_1 t} + \left(\vec{A}\vec{V}_2 - \lambda_1\vec{V}_2 - \vec{V}_1\right)t e^{\lambda_1 t} \\
&+ \left(\vec{A}\vec{V}_3 - \lambda_1\vec{V}_3 - \vec{V}_2\right)e^{\lambda_1 t} = \vec{0} \qquad \cdots ⑧
\end{aligned}
$$

$e^{\lambda_1 t} \neq 0$이므로 식 ⑧이 t에 관계없이 항상 성립하기 위해서는 다음을 만족해야 한다.

$$\vec{A}\vec{V}_1 - \lambda_1\vec{V}_1 = \vec{0} \qquad \cdots ⑨$$

$$\vec{A}\vec{V}_2 - \lambda_1\vec{V}_2 - \vec{V}_1 = \vec{0} \qquad \cdots ⑩$$

$$\vec{A}\vec{V}_3 - \lambda_1\vec{V}_3 - \vec{V}_2 = \vec{0} \qquad \cdots ⑪$$

식 ⑨, ⑩은 식 ④, ⑤와 같고, 식 ⑪로부터 다음과 같은 관계식을 얻을 수 있다.

$$\left(\vec{A} - \lambda_1\vec{I}\right)\vec{V}_3 = \vec{V}_2 \qquad (9.19)$$

식 (9.19)를 풀면 $\vec{V}_3$를 구할 수 있다.

중복도가 4 이상인 경우에도 동일한 방법으로 해벡터를 모두 구할 수 있다. 따라서 중복도 m인 고윳값에 대해 고유벡터를 단 1개만 구할 수 있을 때, 식 (9.5)의 일반해에 대해 다음 정리가 성립한다.

정리 9-5 일반해(동차형) : 고윳값이 실수 중복값인 경우 ②

식 (9.5)의 행렬 $\vec{A}$가 m개의 중복된 실수 고윳값 $\lambda_1 = \lambda_2 = \cdots = \lambda_m$을 갖고, 이에 대응하는 고유벡터를 오직 1개만 구할 수 있을 때, 중복된 고윳값에 대한 해벡터가 식 (9.17)과 같고, 중복되지 않은 고윳값에 대한 해벡터가 식 (9.15)와 같으면 식 (9.5)의 일반해는 다음과 같다.

$$\vec{X} = c_1\vec{X}_1 + c_2\vec{X}_2 + \cdots + c_m\vec{X}_m + c_{m+1}\vec{X}_{m+1} + \cdots + c_n\vec{X}_n \qquad (9.20)$$

예제 9-4 일반해(동차형) : 고윳값이 실수 중복값인 경우 ②

다음 선형 연립 미분방정식의 일반해를 구하라.

$$\frac{dx}{dt} = x + y, \quad \frac{dy}{dt} = -x + 3y$$

풀이

주어진 연립 미분방정식을 식 (9.5)와 같이 행렬을 이용해 표현하면 다음과 같다.

$$\frac{d}{dt}\begin{bmatrix} x \\ y \end{bmatrix} = \begin{bmatrix} 1 & 1 \\ -1 & 3 \end{bmatrix}\begin{bmatrix} x \\ y \end{bmatrix}$$

따라서 계수행렬의 고윳값을 구하면 중복도 2인 고윳값을 얻고, 이 고윳값에 대응하는 고유벡터는 다음과 같다.

$$\lambda_1 = \lambda_2 = 2, \quad \vec{V}_1 = \begin{bmatrix} v_1 \\ v_2 \end{bmatrix}_1 = \begin{bmatrix} 1 \\ 1 \end{bmatrix}$$

즉 중복된 고윳값 2에 대응하는 고유벡터를 단 하나만 구할 수 있다. 이러한 경우 첫 번째 해벡터는 다음과 같다.

$$\vec{X}_1 = \vec{V}_1 e^{\lambda_1 t} = \begin{bmatrix} 1 \\ 1 \end{bmatrix} e^{2t}$$

첫 번째 해벡터와 일차독립인 두 번째 해벡터를 구하기 위해, 식 (9.18)로부터 다음과 같이 $\vec{V}_2$를 구할 수 있다.

$$(\vec{A} - \lambda_1 \vec{I})\vec{V}_2 = \vec{V}_1 \quad \Rightarrow \quad \left\{\begin{bmatrix} 1 & 1 \\ -1 & 3 \end{bmatrix} - 2\begin{bmatrix} 1 & 0 \\ 0 & 1 \end{bmatrix}\right\}\begin{bmatrix} v_1 \\ v_2 \end{bmatrix}_2 = \begin{bmatrix} 1 \\ 1 \end{bmatrix}$$

$$\Rightarrow \quad \vec{V}_2 = \begin{bmatrix} v_1 \\ v_2 \end{bmatrix}_2 = \begin{bmatrix} 0 \\ 1 \end{bmatrix}$$

그러므로 두 번째 해벡터는 식 (9.17)로부터 다음과 같다.

$$\vec{X}_2 = \vec{V}_1 t e^{\lambda_1 t} + \vec{V}_2 e^{\lambda_1 t} = \begin{bmatrix} 1 \\ 1 \end{bmatrix} t e^{2t} + \begin{bmatrix} 0 \\ 1 \end{bmatrix} e^{2t}$$

따라서 주어진 연립 미분방정식의 일반해는 식 (9.20)에 의해 다음과 같다.

$$\vec{X} = c_1 \vec{X}_1 + c_2 \vec{X}_2 = c_1 \begin{bmatrix} 1 \\ 1 \end{bmatrix} e^{2t} + c_2 \left\{\begin{bmatrix} 1 \\ 1 \end{bmatrix} t e^{2t} + \begin{bmatrix} 0 \\ 1 \end{bmatrix} e^{2t}\right\}$$

위 식을 정리하면 다음과 같다.

$$x = (c_1 + c_2 t) e^{2t}, \quad y = (c_1 + c_2 + c_2 t) e^{2t}$$

예제 9-5 일반해(동차형) : 고윳값이 실수 중복값인 경우 ②

다음 선형 연립 미분방정식의 일반해를 구하라.

$$\frac{dx}{dt} = -2x, \quad \frac{dy}{dt} = x - 2y, \quad \frac{dz}{dt} = x + y - 2z$$

풀이

주어진 연립 미분방정식을 식 (9.5)와 같이 행렬을 이용해 표현하면 다음과 같다.

$$\frac{d}{dt}\begin{bmatrix} x \\ y \\ z \end{bmatrix} = \begin{bmatrix} -2 & 0 & 0 \\ 1 & -2 & 0 \\ 1 & 1 & -2 \end{bmatrix}\begin{bmatrix} x \\ y \\ z \end{bmatrix}$$

따라서 계수행렬의 고윳값을 구하면 중복도 3인 고윳값 -2를 얻고, 이 고윳값에 대응하는 고유벡터는 다음과 같다.

$$\lambda_1 = \lambda_2 = \lambda_3 = -2, \quad \vec{V}_1 = \begin{bmatrix} v_1 \\ v_2 \\ v_3 \end{bmatrix}_1 = \begin{bmatrix} 0 \\ 0 \\ 1 \end{bmatrix}$$

즉 중복된 고윳값 -2에 대응하는 고유벡터를 단 하나만 구할 수 있다. 이러한 경우 첫 번째 해벡터는 다음과 같다.

$$\vec{X}_1 = \vec{V}_1 e^{\lambda_1 t} = \begin{bmatrix} 0 \\ 0 \\ 1 \end{bmatrix} e^{-2t}$$

첫 번째 해벡터와 일차독립인 두 번째 해벡터를 구하기 위해, 식 (9.18)로부터 다음과 같이 $\vec{V}_2$를 구할 수 있다.

$$(\vec{A} - \lambda_1 \vec{I})\vec{V}_2 = \vec{V}_1 \quad \Rightarrow \quad \left\{\begin{bmatrix} -2 & 0 & 0 \\ 1 & -2 & 0 \\ 1 & 1 & -2 \end{bmatrix} - (-2)\begin{bmatrix} 1 & 0 & 0 \\ 0 & 1 & 0 \\ 0 & 0 & 1 \end{bmatrix}\right\}\begin{bmatrix} v_1 \\ v_2 \\ v_3 \end{bmatrix}_2 = \begin{bmatrix} 0 \\ 0 \\ 1 \end{bmatrix}$$

$$\Rightarrow \quad \vec{V}_2 = \begin{bmatrix} v_1 \\ v_2 \\ v_3 \end{bmatrix}_2 = \begin{bmatrix} 0 \\ 1 \\ 0 \end{bmatrix}$$

그러므로 두 번째 해벡터는 식 (9.17)로부터 다음과 같다.

$$\vec{X}_2 = \vec{V}_1 t e^{\lambda_1 t} + \vec{V}_2 e^{\lambda_1 t} = \begin{bmatrix} 0 \\ 0 \\ 1 \end{bmatrix} t e^{-2t} + \begin{bmatrix} 0 \\ 1 \\ 0 \end{bmatrix} e^{-2t}$$

첫 번째 해벡터, 두 번째 해벡터와 일차독립인 세 번째 해벡터를 구하기 위해, 식 (9.19)로부터 다음과 같이 $\vec{V}_3$를 구할 수 있다.

$$(\vec{A}-\lambda_1\vec{I})\vec{V}_3=\vec{V}_2 \Rightarrow \left\{\begin{bmatrix}-2 & 0 & 0\\ 1 & -2 & 0\\ 1 & 1 & -2\end{bmatrix}-(-2)\begin{bmatrix}1&0&0\\0&1&0\\0&0&1\end{bmatrix}\right\}\begin{bmatrix}v_1\\v_2\\v_3\end{bmatrix}_3=\begin{bmatrix}0\\1\\0\end{bmatrix}$$

$$\Rightarrow \vec{V}_3=\begin{bmatrix}v_1\\v_2\\v_3\end{bmatrix}_3=\begin{bmatrix}1\\-1\\0\end{bmatrix}$$

그러므로 세 번째 해벡터는 식 (9.17)로부터 다음과 같다.

$$\vec{X}_3=\vec{V}_1\frac{t^2}{2}e^{\lambda_1 t}+\vec{V}_2te^{\lambda_1 t}+\vec{V}_3e^{\lambda_1 t}=\begin{bmatrix}0\\0\\1\end{bmatrix}\frac{t^2}{2}e^{-2t}+\begin{bmatrix}0\\1\\0\end{bmatrix}te^{-2t}+\begin{bmatrix}1\\-1\\0\end{bmatrix}e^{-2t}$$

따라서 주어진 연립 미분방정식의 일반해는 식 (9.20)에 의해 다음과 같다.

$$\begin{aligned}\vec{X}&=c_1\vec{X}_1+c_2\vec{X}_2+c_3\vec{X}_3\\&=c_1\begin{bmatrix}0\\0\\1\end{bmatrix}e^{-2t}+c_2\left\{\begin{bmatrix}0\\0\\1\end{bmatrix}te^{-2t}+\begin{bmatrix}0\\1\\0\end{bmatrix}e^{-2t}\right\}+c_3\left\{\begin{bmatrix}0\\0\\1\end{bmatrix}\frac{t^2}{2}e^{-2t}+\begin{bmatrix}0\\1\\0\end{bmatrix}te^{-2t}+\begin{bmatrix}1\\-1\\0\end{bmatrix}e^{-2t}\right\}\end{aligned}$$

위 식을 정리하면 다음과 같다.

$$x=c_3e^{-2t},\quad y=c_2e^{-2t}+c_3te^{-2t}-c_3e^{-2t},\quad z=c_1e^{-2t}+c_2te^{-2t}+c_3\frac{t^2}{2}e^{-2t}$$

■ 고윳값이 복소수인 경우

8.2절에서 특성방정식 $\det(\vec{A}-\lambda\vec{I})=0$의 근인 $\vec{A}$의 고윳값이 복소수인 경우도 살펴봤다. 이에 대응하는 고유벡터 역시 복소수 원소를 갖는다. 2×2 행렬 $\vec{A}$에 대해 고윳값 λ_1이 복소수이고 이에 대응하는 고유벡터가 $\vec{V}$이면, λ_1의 켤레복소수 $\overline{\lambda_1}$ 역시 고윳값이고 이에 대응하는 고유벡터는 $\overline{\vec{V}}$ 이다.[2] 따라서 이 경우 선형 연립 미분방정식의 해벡터는 다음과 같다.

$$\vec{X}_1=\vec{V}e^{\lambda_1 t},\quad \vec{X}_2=\overline{\vec{V}}\,e^{\overline{\lambda_1}t} \tag{9.21}$$

2 [정리 8-2]의 내용을 참고한다.

두 해벡터 $\overrightarrow{X}_1$과 $\overrightarrow{X}_2$는 일차독립이다. 복소수 고윳값을 가질 때는 식 (9.5)의 행렬 $\overrightarrow{A}$가 2×2 행렬인 경우에 대해 다음 정리가 성립한다.

정리 9-6 일반해(동차형) : 고윳값이 복소수인 경우

λ_1과 $\overline{\lambda_1}$가 식 (9.5)의 2×2 행렬 $\overrightarrow{A}$의 복소수 고윳값이고, 이에 대응하는 고유벡터가 각각 $\overrightarrow{V}$와 $\overline{\overrightarrow{V}}$ 이면 식 (9.5)의 일반해는 다음과 같다.

$$\overrightarrow{X} = c_1 \overrightarrow{V} e^{\lambda_1 t} + c_2 \overline{\overrightarrow{V}}\, e^{\overline{\lambda_1} t} \tag{9.22}$$

여기서 c_1, c_2는 임의의 상수이다.

예제 9-6 일반해(동차형) : 고윳값이 복소수인 경우

다음 선형 연립 미분방정식의 일반해를 구하라.

$$\frac{dx}{dt} = -x-y, \quad \frac{dy}{dt} = 4x-y$$

HINT

오일러 공식 $e^{ix} = \cos x + i\sin x$ 를 이용한다.

풀이

주어진 연립 미분방정식을 식 (9.5)와 같이 행렬을 이용해 표현하면 다음과 같다.

$$\frac{d}{dt}\begin{bmatrix} x \\ y \end{bmatrix} = \begin{bmatrix} -1 & -1 \\ 4 & -1 \end{bmatrix}\begin{bmatrix} x \\ y \end{bmatrix}$$

계수행렬의 고윳값을 구하면 다음과 같이 복소수 고윳값과 그에 대응하는 고유벡터를 얻는다.

$$\lambda_1 = -1+2i, \quad \overrightarrow{V}_1 = \begin{bmatrix} v_1 \\ v_2 \end{bmatrix}_1 = \begin{bmatrix} 1 \\ -2i \end{bmatrix}$$

$$\lambda_2 = \overline{\lambda_1} = -1-2i, \quad \overrightarrow{V}_2 = \overline{\overrightarrow{V}_1} = \begin{bmatrix} v_1 \\ v_2 \end{bmatrix}_2 = \begin{bmatrix} 1 \\ 2i \end{bmatrix}$$

따라서 해벡터는 식 (9.21)에 의해 다음과 같다.

$$\overrightarrow{X}_1 = \overrightarrow{V}_1 e^{\lambda_1 t} = \begin{bmatrix} 1 \\ -2i \end{bmatrix} e^{(-1+2i)t}$$

$$\overrightarrow{X}_2 = \overrightarrow{V}_2 e^{\lambda_2 t} = \begin{bmatrix} 1 \\ 2i \end{bmatrix} e^{(-1-2i)t}$$

그러므로 주어진 연립 미분방정식의 일반해는 식 (9.22)에 의해 다음과 같다.

$$\overrightarrow{X} = c_1\overrightarrow{X}_1 + c_2\overrightarrow{X}_2 = c_1\begin{bmatrix} 1 \\ -2i \end{bmatrix} e^{(-1+2i)t} + c_2\begin{bmatrix} 1 \\ 2i \end{bmatrix} e^{(-1-2i)t} \qquad \cdots ①$$

그러나 일반해는 실함수로 구하는 것이 바람직하다. 실함수로 구하기 위해 오일러 공식 $e^{ix} = \cos x + i\sin x$를 적용하면 다음과 같이 나타낼 수 있다.

$$e^{(-1+2i)t} = e^{-t}(\cos 2t + i\sin 2t)$$
$$e^{(-1-2i)t} = e^{-t}(\cos 2t - i\sin 2t) \quad \cdots ②$$

따라서 식 ②를 식 ①에 대입하면 다음과 같다.

$$\begin{aligned}\vec{X} &= c_1\begin{bmatrix}1\\-2i\end{bmatrix}e^{-t}(\cos 2t + i\sin 2t) + c_2\begin{bmatrix}1\\2i\end{bmatrix}e^{-t}(\cos 2t - i\sin 2t)\\ &= \begin{bmatrix}c_1+c_2\\2(c_2-c_1)i\end{bmatrix}e^{-t}\cos 2t + \begin{bmatrix}(c_1-c_2)i\\2(c_1+c_2)\end{bmatrix}e^{-t}\sin 2t \quad \cdots ③\end{aligned}$$

식 ③에 포함된 상수들을 다음과 같이 다시 정의해보자.

$$C_1 = c_1 + c_2, \quad C_2 = (c_1 - c_2)i$$

그러면 식 ③은 $\vec{X} = \begin{bmatrix}C_1\\-2C_2\end{bmatrix}e^{-t}\cos 2t + \begin{bmatrix}C_2\\2C_1\end{bmatrix}e^{-t}\sin 2t$이므로, 다음과 같이 실함수의 일반해를 얻을 수 있다.

$$x = C_1e^{-t}\cos 2t + C_2e^{-t}\sin 2t, \quad y = -2C_2e^{-t}\cos 2t + 2C_1e^{-t}\sin 2t$$

고윳값이 복소수인 경우에는 고유벡터도 복소수로 구성되므로 해벡터와 일반해가 복소수로 나타난다. 그러므로 실함수의 해벡터와 일반해를 구하기 위해서는 [예제 9-6]과 같이 상수들을 다시 정의하면 된다. 이 과정을 일반화하면 다음과 같다.

행렬 $\vec{A}$의 고윳값 $\lambda_1 = \alpha + \beta i$에 대응하는 고유벡터가 $\vec{V}$이면 식 (9.21)에 의해 두 해벡터는 다음과 같다.

$$\begin{aligned}\vec{X}_1 &= \vec{V}e^{\lambda_1 t} = \vec{V}e^{(\alpha+\beta i)t} = \vec{V}e^{\alpha t}(\cos\beta t + i\sin\beta t)\\ \vec{X}_2 &= \overline{\vec{V}}\,e^{\overline{\lambda_1}t} = \overline{\vec{V}}\,e^{(\alpha-\beta i)t} = \overline{\vec{V}}\,e^{\alpha t}(\cos\beta t - i\sin\beta t)\end{aligned} \quad (9.23)$$

또한 식 (9.23)이 해벡터이면 [정의 9-2]의 중첩의 원리에 의해 이들의 선형결합인 다음 벡터들도 역시 해벡터가 된다.

$$\begin{aligned}\vec{Y}_1 &= \frac{1}{2}(\vec{X}_1 + \vec{X}_2)\\ \vec{Y}_2 &= \frac{i}{2}(-\vec{X}_1 + \vec{X}_2)\end{aligned} \quad (9.24)$$

식 (9.23)을 식 (9.24)에 대입하여 정리하면 다음과 같다.

$$\begin{aligned}\vec{Y}_1 &= \frac{1}{2}\left(\vec{X}_1+\vec{X}_2\right)= \frac{1}{2}\left(\vec{V}+\overline{\vec{V}}\right)e^{\alpha t}\cos\beta t-\frac{i}{2}\left(-\vec{V}+\overline{\vec{V}}\right)e^{\alpha t}\sin\beta t\\ \vec{Y}_2 &= \frac{i}{2}\left(-\vec{X}_1+\vec{X}_2\right)= \frac{i}{2}\left(-\vec{V}+\overline{\vec{V}}\right)e^{\alpha t}\cos\beta t+\frac{1}{2}\left(\vec{V}+\overline{\vec{V}}\right)e^{\alpha t}\sin\beta t\end{aligned} \tag{9.25}$$

식 (9.25)에서 $\frac{1}{2}\left(\vec{V}+\overline{\vec{V}}\right)$와 $\frac{i}{2}\left(-\vec{V}+\overline{\vec{V}}\right)$는 모두 실수 원소들로 구성된 벡터이다. 왜냐하면 $\vec{V}=\vec{x}+\vec{y}i$이고 $\overline{\vec{V}}=\vec{x}-\vec{y}i$라고 할 때, $\frac{1}{2}\left(\vec{V}+\overline{\vec{V}}\right)=\vec{x}$이고 $\frac{i}{2}\left(-\vec{V}+\overline{\vec{V}}\right)=\vec{y}$이기 때문이다. 즉 $\frac{1}{2}\left(\vec{V}+\overline{\vec{V}}\right)$는 $\vec{V}$의 실수부 $\vec{x}$이고, $\frac{i}{2}\left(-\vec{V}+\overline{\vec{V}}\right)$는 $\vec{V}$의 허수부 $\vec{y}$이므로 다음과 같이 표기할 수 있다.

$$\vec{P}=\mathrm{Re}\left(\vec{V}\right)=\frac{1}{2}\left(\vec{V}+\overline{\vec{V}}\right)$$

$$\vec{Q}=\mathrm{Im}\left(\vec{V}\right)=\frac{i}{2}\left(-\vec{V}+\overline{\vec{V}}\right)$$

따라서 식 (9.25)는 다음과 같이 나타낼 수 있다.

$$\begin{aligned}\vec{Y}_1 &= \left(\vec{P}\cos\beta t-\vec{Q}\sin\beta t\right)e^{\alpha t}\\ \vec{Y}_2 &= \left(\vec{Q}\cos\beta t+\vec{P}\sin\beta t\right)e^{\alpha t}\end{aligned} \tag{9.26}$$

식 (9.26)은 실함수로 표현된 해벡터이므로, 고윳값이 복소수인 경우 연립 미분방정식의 실함수로 표현된 일반해는 다음과 같이 나타낼 수 있다.

정리 9-7 실함수로 표현된 일반해(동차형) : 고윳값이 복소수인 경우

λ_1과 $\overline{\lambda_1}$가 식 (9.5)의 2×2 행렬 $\vec{A}$의 복소수 고윳값이고, 이에 대응하는 고유벡터가 각각 $\vec{V}$와 $\overline{\vec{V}}$이면 식 (9.5)의 일반해는 다음과 같다.

$$\vec{X}=c_1\vec{Y}_1+c_2\vec{Y}_2 \tag{9.27}$$

여기서 c_1, c_2는 임의의 상수이고, $\vec{Y}_1$, $\vec{Y}_2$는 식 (9.26)과 같다.

예제 9-7 일반해(동차형) : 고윳값이 복소수인 경우

[정리 9-7]을 이용해 다음 선형 연립 미분방정식의 일반해를 구하라.

$$\frac{dx}{dt} = x - y, \quad \frac{dy}{dt} = x + y$$

풀이

고윳값이 $\lambda_1 = 1 + i$이고 이에 대응하는 고유벡터가 $\overrightarrow{V}_1 = \begin{bmatrix} i \\ 1 \end{bmatrix} = \begin{bmatrix} 0 \\ 1 \end{bmatrix} + \begin{bmatrix} 1 \\ 0 \end{bmatrix} i$이므로, $\overrightarrow{V}_1$의 실수부는 $\overrightarrow{P} = \begin{bmatrix} 0 \\ 1 \end{bmatrix}$이고 $\overrightarrow{V}_1$의 허수부는 $\overrightarrow{Q} = \begin{bmatrix} 1 \\ 0 \end{bmatrix}$이다. 따라서 복소함수로 표현된 해벡터는

$$\overrightarrow{X}_1 = \overrightarrow{V}_1 e^{\lambda_1 t} = \begin{bmatrix} i \\ 1 \end{bmatrix} e^{(1+i)t} = \begin{bmatrix} i \\ 1 \end{bmatrix} e^t(\cos t + i \sin t)$$

$$\overrightarrow{X}_2 = \overline{\overrightarrow{V}_1}\, e^{\overline{\lambda_1} t} = \begin{bmatrix} -i \\ 1 \end{bmatrix} e^{(1-i)t} = \begin{bmatrix} -i \\ 1 \end{bmatrix} e^t(\cos t - i \sin t)$$

이므로, 식 (9.26)의 실함수로 표현된 해벡터는 다음과 같다.

$$\overrightarrow{Y}_1 = \left\{\begin{bmatrix} 0 \\ 1 \end{bmatrix} \cos t - \begin{bmatrix} 1 \\ 0 \end{bmatrix} \sin t\right\} e^t, \quad \overrightarrow{Y}_2 = \left\{\begin{bmatrix} 1 \\ 0 \end{bmatrix} \cos t + \begin{bmatrix} 0 \\ 1 \end{bmatrix} \sin t\right\} e^t$$

따라서 식 (9.27)에 의해 주어진 연립 미분방정식의 일반해는 다음과 같다.

$$\overrightarrow{X} = c_1 \overrightarrow{Y}_1 + c_2 \overrightarrow{Y}_2 = c_1 \left\{\begin{bmatrix} 0 \\ 1 \end{bmatrix} \cos t - \begin{bmatrix} 1 \\ 0 \end{bmatrix} \sin t\right\} e^t + c_2 \left\{\begin{bmatrix} 1 \\ 0 \end{bmatrix} \cos t + \begin{bmatrix} 0 \\ 1 \end{bmatrix} \sin t\right\} e^t$$

위 식을 정리하면 다음과 같다.

$$x = -c_1 e^t \sin t + c_2 e^t \cos t, \quad y = c_1 e^t \cos t + c_2 e^t \sin t$$

행렬의 대각화를 이용한 일반해 구하기

이제 8.3절에서 설명한 행렬의 대각화를 이용해 동차 선형 연립 미분방정식의 일반해를 구해보자. 식 (9.5)의 동차 선형 연립 미분방정식 $\dfrac{d\overrightarrow{X}}{dt} = \overrightarrow{A}\,\overrightarrow{X}$는 다음과 같이 표현할 수도 있다.

$$\frac{d}{dt}\begin{bmatrix} x_1 \\ x_2 \\ \vdots \\ x_n \end{bmatrix} = \begin{bmatrix} a_{11} & a_{12} & \cdots & a_{1n} \\ a_{21} & a_{22} & \cdots & a_{2n} \\ \vdots & \vdots & \vdots & \vdots \\ a_{n1} & a_{n2} & \cdots & a_{nn} \end{bmatrix}\begin{bmatrix} x_1 \\ x_2 \\ \vdots \\ x_n \end{bmatrix}$$

이처럼 각 $\dfrac{dx_i}{dt}$가 서로 연결된coupled $x_1, x_2, \cdots, x_n$항으로 표현되는 경우, 이 선형 연립

미분방정식을 **커플 시스템** coupled system 이라 한다. 그러나 행렬 $\vec{A}$를 대각행렬로 나타낼 수 있으면 $\dfrac{dx_i}{dt}$를 오직 x_i항만으로 표현할 수 있는데, 이러한 경우의 선형 연립 미분방정식을 **디커플 시스템** decoupled system 이라 한다.

8.3절에서 이미 설명했듯이 행렬 $\vec{A}$가 n개의 일차독립인 고유벡터 $\vec{V}_1$, $\vec{V}_2$, $\cdots$, $\vec{V}_n$을 가지면, 고유벡터들로 구성된 $n \times n$ 행렬 $\vec{P} = \left[\vec{V}_1 \vec{V}_2 \cdots \vec{V}_n\right]$은 가역행렬이고 $\vec{P}^{-1}\vec{A}\vec{P} = \vec{D}$를 만족하는 대각행렬 $\vec{D}$가 만들어진다. 만약 행렬 $\vec{A}$에 대해 n개의 일차독립인 고유벡터를 구할 수 없다면 행렬의 대각화가 불가능하므로 일반해를 구할 때 대각화를 이용할 수 없다. 행렬 $\vec{A}$가 대각화 가능한 경우, $\vec{X} = \vec{P}\vec{W}$를 식 (9.5)에 대입하면 다음과 같다.

$$\vec{P}\frac{d\vec{W}}{dt} = \vec{A}\vec{P}\vec{W} \quad \Rightarrow \quad \vec{P}^{-1}\vec{P}\frac{d\vec{W}}{dt} = \vec{P}^{-1}\vec{A}\vec{P}\vec{W}$$
$$\Rightarrow \quad \frac{d\vec{W}}{dt} = \vec{D}\vec{W} \tag{9.28}$$

특히 대각행렬 $\vec{D}$는 계수행렬 $\vec{A}$의 고윳값을 주대각원소로 가지므로 다음과 같다.

$$\frac{d}{dt}\begin{bmatrix} w_1 \\ w_2 \\ \vdots \\ w_n \end{bmatrix} = \begin{bmatrix} \lambda_1 & 0 & \cdots & 0 \\ 0 & \lambda_2 & \cdots & 0 \\ \vdots & \vdots & \vdots & \vdots \\ 0 & 0 & \cdots & \lambda_n \end{bmatrix}\begin{bmatrix} w_1 \\ w_2 \\ \vdots \\ w_n \end{bmatrix} \tag{9.29}$$

식 (9.29)가 바로 디커플 시스템이다. 여기서 주의해야 할 점은 고윳값과 고유벡터의 순서가 일치해야 한다는 점이다. 예를 들어 $\vec{P}$에 포함된 고유벡터 $\vec{V}_1$과 $\vec{V}_2$의 순서가 바뀌면 이에 대응하는 $\vec{D}$에 포함된 고윳값 λ_1과 λ_2의 순서도 바뀌어야 한다. 식 (9.29)를 풀어서 나타내면 다음과 같다.

$$\frac{dw_1}{dt} = \lambda_1 w_1, \quad \frac{dw_2}{dt} = \lambda_2 w_2, \quad \cdots \quad , \quad \frac{dw_n}{dt} = \lambda_n w_n \tag{9.30}$$

식 (9.30)의 각 1계 선형 미분방정식의 일반해는

$$w_1 = c_1 e^{\lambda_1 t}, \quad w_2 = c_2 e^{\lambda_2 t}, \quad \cdots \quad , \quad w_n = c_n e^{\lambda_n t} \tag{9.31}$$

이므로, 해벡터는 다음과 같다.

$$\vec{W} = \begin{bmatrix} w_1 \\ w_2 \\ \vdots \\ w_n \end{bmatrix} = \begin{bmatrix} c_1 e^{\lambda_1 t} \\ c_2 e^{\lambda_2 t} \\ \vdots \\ c_n e^{\lambda_n t} \end{bmatrix} \tag{9.32}$$

따라서 식 (9.5)의 일반해는 다음과 같은 계산을 통해 얻을 수 있다.

$$\overrightarrow{X} = \overrightarrow{P}\,\overrightarrow{W} \tag{9.33}$$

예제 9-8 일반해(동차형) : 대각화를 이용한 방법

행렬의 대각화를 이용해 다음 선형 연립 미분방정식의 일반해를 구하라.

$$\frac{dx}{dt} = 2x + y + z, \quad \frac{dy}{dt} = 3x + z, \quad \frac{dz}{dt} = -x - y$$

풀이

주어진 연립 미분방정식을 식 (9.5)와 같이 행렬을 이용해 표현하면 다음과 같다.

$$\frac{d}{dt}\begin{bmatrix} x \\ y \\ z \end{bmatrix} = \begin{bmatrix} 2 & 1 & 1 \\ 3 & 0 & 1 \\ -1 & -1 & 0 \end{bmatrix}\begin{bmatrix} x \\ y \\ z \end{bmatrix} \quad \cdots ①$$

식 ①의 계수행렬 $\overrightarrow{A}$의 고윳값과 고유벡터를 구하면

$$\lambda_1 = 1,\ \overrightarrow{V}_1 = \begin{bmatrix} v_1 \\ v_2 \\ v_3 \end{bmatrix}_1 = \begin{bmatrix} 1 \\ 1 \\ -2 \end{bmatrix}, \quad \lambda_2 = 2,\ \overrightarrow{V}_2 = \begin{bmatrix} v_1 \\ v_2 \\ v_3 \end{bmatrix}_2 = \begin{bmatrix} -1 \\ -1 \\ 1 \end{bmatrix},$$

$$\lambda_3 = -1,\ \overrightarrow{V}_3 = \begin{bmatrix} v_1 \\ v_2 \\ v_3 \end{bmatrix}_3 = \begin{bmatrix} -1 \\ 2 \\ 1 \end{bmatrix}$$

이므로, 대각화를 위한 가역행렬 $\overrightarrow{P}$는 다음과 같다.

$$\overrightarrow{P} = \left[\overrightarrow{V}_1\ \overrightarrow{V}_2\ \overrightarrow{V}_3\right] = \begin{bmatrix} 1 & -1 & -1 \\ 1 & -1 & 2 \\ -2 & 1 & 1 \end{bmatrix} \quad \cdots ②$$

행렬 $\overrightarrow{P}$를 이용해 행렬 $\overrightarrow{A}$를 대각화하면 다음과 같다.

$$\overrightarrow{P}^{-1}\overrightarrow{A}\,\overrightarrow{P} = \overrightarrow{D} = \begin{bmatrix} \lambda_1 & 0 & 0 \\ 0 & \lambda_2 & 0 \\ 0 & 0 & \lambda_3 \end{bmatrix} = \begin{bmatrix} 1 & 0 & 0 \\ 0 & 2 & 0 \\ 0 & 0 & -1 \end{bmatrix}$$

앞서 언급한 바와 같이 $\overrightarrow{P}$에 포함된 고유벡터의 순서를

$$\overrightarrow{P}_1 = \left[\overrightarrow{V}_1\ \overrightarrow{V}_3\ \overrightarrow{V}_2\right] = \begin{bmatrix} 1 & -1 & -1 \\ 1 & 2 & -1 \\ -2 & 1 & 1 \end{bmatrix}$$

로 바꾸면 행렬 $\overrightarrow{A}$를 대각화한 결과는 다음과 같이 바뀐다.

$$\overrightarrow{P}_1^{-1}\overrightarrow{A}\overrightarrow{P}_1 = \overrightarrow{D}_1 = \begin{bmatrix} \lambda_1 & 0 & 0 \\ 0 & \lambda_3 & 0 \\ 0 & 0 & \lambda_2 \end{bmatrix} = \begin{bmatrix} 1 & 0 & 0 \\ 0 & -1 & 0 \\ 0 & 0 & 2 \end{bmatrix}$$

여기서는 행렬 $\overrightarrow{P}$를 선택한다. 주어진 연립 미분방정식 $\dfrac{d\overrightarrow{X}}{dt} = \overrightarrow{A}\overrightarrow{X}$에 식 $\overrightarrow{X} = \overrightarrow{P}\,\overrightarrow{W}$를 대입하면 식 (9.29)에 의해 다음과 같다.

$$\frac{d\overrightarrow{W}}{dt} = \overrightarrow{D}\,\overrightarrow{W} \quad \Rightarrow \quad \frac{d}{dt}\begin{bmatrix} w_1 \\ w_2 \\ w_3 \end{bmatrix} = \begin{bmatrix} 1 & 0 & 0 \\ 0 & 2 & 0 \\ 0 & 0 & -1 \end{bmatrix}\begin{bmatrix} w_1 \\ w_2 \\ w_3 \end{bmatrix} \qquad \cdots ③$$

식 ③을 풀면 식 (9.32)에 의해 $\overrightarrow{W}$를 다음과 같이 구할 수 있다.

$$\overrightarrow{W} = \begin{bmatrix} w_1 \\ w_2 \\ w_3 \end{bmatrix} = \begin{bmatrix} c_1 e^{t} \\ c_2 e^{2t} \\ c_3 e^{-t} \end{bmatrix} \qquad \cdots ④$$

식 ②와 ④를 $\overrightarrow{X} = \overrightarrow{P}\,\overrightarrow{W}$에 대입하면 주어진 연립 미분방정식의 일반해는 다음과 같다.

$$\overrightarrow{X} = \overrightarrow{P}\,\overrightarrow{W} = \begin{bmatrix} 1 & -1 & -1 \\ 1 & -1 & 2 \\ -2 & 1 & 1 \end{bmatrix}\begin{bmatrix} c_1 e^{t} \\ c_2 e^{2t} \\ c_3 e^{-t} \end{bmatrix} = \begin{bmatrix} c_1 e^{t} - c_2 e^{2t} - c_3 e^{-t} \\ c_1 e^{t} - c_2 e^{2t} + 2c_3 e^{-t} \\ -2c_1 e^{t} + c_2 e^{2t} + c_3 e^{-t} \end{bmatrix}$$

위 식을 정리하면 다음과 같다.

$$x = c_1 e^{t} - c_2 e^{2t} - c_3 e^{-t}, \quad y = c_1 e^{t} - c_2 e^{2t} + 2c_3 e^{-t}, \quad z = -2c_1 e^{t} + c_2 e^{2t} + c_3 e^{-t} \qquad \cdots ⑤$$

참고로 식 ⑤를 식 (9.13)과 같은 형태로 나타내면 다음과 같다.

$$\begin{aligned} \overrightarrow{X} = \begin{bmatrix} x \\ y \\ z \end{bmatrix} &= c_1\begin{bmatrix} 1 \\ 1 \\ -2 \end{bmatrix} e^{t} + c_2\begin{bmatrix} -1 \\ -1 \\ 1 \end{bmatrix} e^{2t} + c_3\begin{bmatrix} -1 \\ 2 \\ 1 \end{bmatrix} e^{-t} \\ &= c_1\overrightarrow{V}_1 e^{\lambda_1 t} + c_2\overrightarrow{V}_2 e^{\lambda_2 t} + c_3\overrightarrow{V}_3 e^{\lambda_3 t} \end{aligned}$$

SECTION

9.3 비동차 선형 연립 미분방정식

비동차 선형 연립 미분방정식은 식 (9.2), (9.3), (9.4)와 같이 주어진다. 동차 선형 연립 미분방정식과 다른 점은 $\overrightarrow{U}(t) \neq \overrightarrow{0}$이라는 사실이다. 비동차 선형 연립 미분방정식의 일반해를 구하는 문제는 2.6절과 3.6절에서도 간단히 언급했지만, 행렬을 이용해 푸는 방법이 더 쉽고 보편적이므로 이 절에서 보다 자세히 설명하고자 한다.

2.3절에서는 상수계수를 갖는 비동차 선형 미분방정식의 해를 구하는 방법들 중 **미정계수법** method of undetermined coefficients과 **매개변수 변환법** method of variation of parameters에 대해 살펴봤다. 행렬을 이용해 연립 미분방정식의 해를 구하는 경우에도 마찬가지로 두 가지 방법을 모두 적용할 수 있다. 주어진 문제에 따라 미정계수법이 쉽고 간편한 경우도 있고, 매개변수 변환법이 간단한 경우도 있다. 또한 행렬을 이용하는 경우에는 행렬의 대각화를 이용하는 방법도 있다.

2.1절에서 다음과 같은 식 (2.1)의 비동차 선형 미분방정식

$$a_n(x)\frac{d^n y}{dx^n} + a_{n-1}(x)\frac{d^{n-1}y}{dx^{n-1}} + \cdots + a_1(x)\frac{dy}{dx} + a_0(x)y = f(x)$$

의 해를 구할 때 $f(x)=0$이라 가정하고 구한 해, 즉 동차 선형 미분방정식의 해 $y_c(x)$를 보조해, $f(x)$를 고려하고 구한 해 $y_p(x)$를 특수해, 보조해와 특수해를 합한 해를 일반해라고 정의했다. 비동차 선형 연립 미분방정식의 경우에도 이와 유사하게 일반해를 정의할 수 있다. 이때 보조해, 특수해, 일반해는 스칼라 함수가 아니라 원소가 함수로 구성된 벡터 함수로 표현된다. 다시 말해 식 (9.4)의 비동차 선형 연립 미분방정식

$$\frac{d\overrightarrow{X}}{dt} = \overrightarrow{A}\,\overrightarrow{X} + \overrightarrow{U}(t)$$

에서 $\overrightarrow{U}(t) = \overrightarrow{0}$인 동차 선형 연립 미분방정식의 일반해를 **보조해** complementary solution[3]라고 하고, $\overrightarrow{U}(t)$를 고려하여 구한 해를 **특수해** particular solution라고 하면 비동차 선형 연립 미분방정식의 **일반해** general solution($\overrightarrow{X}$)는 다음과 같이 보조해($\overrightarrow{X}_c$)와 특수해($\overrightarrow{X}_p$)를 합한 것이다.

3 즉 동차형의 일반해가 비동차형의 보조해가 된다.

$$\overrightarrow{X} = \overrightarrow{X}_c + \overrightarrow{X}_p \tag{9.34}$$

보조해 $\overrightarrow{X}_c$는 식 (9.11)에 따라 다음과 같이 구하면 된다.

$$\overrightarrow{X}_c = c_1\overrightarrow{X_1} + c_2\overrightarrow{X_2} + \cdots + c_n\overrightarrow{X_n} \tag{9.35}$$

특수해를 구하는 방법으로는 미정계수법, 매개변수 변환법, 대각화를 이용한 방법이 있다. 이 세 가지 방법에 대해 살펴보자.

미정계수법

미정계수법은 2.3절에서처럼 입력함수 $\overrightarrow{U}(t)$로부터 특수해 $\overrightarrow{X}_p$를 가정하는 방법이다. 함수 $\overrightarrow{U}(t)$의 형태는 매우 다양하다. $\overrightarrow{U}(t)$가 다항함수, 삼각함수, 지수함수 또는 이들 함수의 합 또는 곱 형태인 경우에도 미정계수법을 적용할 수 있다. 이러한 함수는 그 함수의 도함수도 자기 자신과 형태가 유사하므로, $\overrightarrow{X}_p$도 유사한 형태로 가정할 수 있다. 이제 미정계수법을 이용해 특수해 $\overrightarrow{X}_p$를 구해보자.

예제 9-9 일반해(비동차형) : 미정계수법

미정계수법을 이용해 다음 선형 연립 미분방정식의 일반해를 구하라.

HINT
(일반해)=(보조해)+(특수해)

$$\frac{dx}{dt} = -x+1, \quad \frac{dy}{dt} = x+3y+1$$

풀이

주어진 연립 미분방정식을 행렬로 표현하면 다음과 같다.

$$\frac{d}{dt}\begin{bmatrix} x \\ y \end{bmatrix} = \begin{bmatrix} -1 & 0 \\ 1 & 3 \end{bmatrix}\begin{bmatrix} x \\ y \end{bmatrix} + \begin{bmatrix} 1 \\ 1 \end{bmatrix}$$

비동차 선형 연립 미분방정식의 일반해를 구하기 위해서는, 먼저 다음과 같은 동차형의 일반해(비동차형의 보조해)를 구해야 한다.

$$\frac{d}{dt}\begin{bmatrix} x \\ y \end{bmatrix} = \begin{bmatrix} -1 & 0 \\ 1 & 3 \end{bmatrix}\begin{bmatrix} x \\ y \end{bmatrix}$$

9.2절에서 설명한 방법에 따라 고윳값과 고유벡터를 구해서 두 해벡터를 구하면 다음과 같다.

$$\overrightarrow{X}_1 = \begin{bmatrix} -4 \\ 1 \end{bmatrix} e^{-t}, \quad \overrightarrow{X}_2 = \begin{bmatrix} 0 \\ 1 \end{bmatrix} e^{3t}$$

두 해벡터는 서로 일차독립이므로, 식 (9.35)에 의해 보조해는 다음과 같다.

$$\overrightarrow{X_c} = c_1\overrightarrow{X_1} + c_2\overrightarrow{X_2} = c_1\begin{bmatrix}-4\\1\end{bmatrix}e^{-t} + c_2\begin{bmatrix}0\\1\end{bmatrix}e^{3t}$$

이제 미정계수법을 이용해 비동차 선형 연립 미분방정식의 특수해를 구해보자. 함수 $\overrightarrow{U}(t)$는 $\overrightarrow{U}(t) = \begin{bmatrix}1\\1\end{bmatrix}$로서 상수를 원소로 갖는 벡터이므로, 특수해를 다음과 같이 가정할 수 있다.

$$\overrightarrow{X_p} = \begin{bmatrix}a\\b\end{bmatrix}$$

그러면 $\overrightarrow{X_p}$가 비동차형의 해이므로, 주어진 연립 미분방정식에 $\begin{bmatrix}x\\y\end{bmatrix}$ 대신 $\overrightarrow{X_p} = \begin{bmatrix}a\\b\end{bmatrix}$를 대입하면 다음과 같다.

$$\frac{d}{dt}\begin{bmatrix}a\\b\end{bmatrix} = \begin{bmatrix}-1 & 0\\1 & 3\end{bmatrix}\begin{bmatrix}a\\b\end{bmatrix} + \begin{bmatrix}1\\1\end{bmatrix} \quad \Rightarrow \quad \begin{bmatrix}0\\0\end{bmatrix} = \begin{bmatrix}-a\\a+3b\end{bmatrix} + \begin{bmatrix}1\\1\end{bmatrix}$$

그러므로 $-a+1=0$, $a+3b+1=0$이고, 이 식을 풀면 $a=1$, $b=-\frac{2}{3}$이다. 따라서 식 (9.34)에 의해 주어진 비동차 선형 연립 미분방정식의 일반해는 다음과 같다.

$$\overrightarrow{X} = \overrightarrow{X_c} + \overrightarrow{X_p} = c_1\begin{bmatrix}-4\\1\end{bmatrix}e^{-t} + c_2\begin{bmatrix}0\\1\end{bmatrix}e^{3t} + \begin{bmatrix}1\\-2/3\end{bmatrix}$$

위 식을 정리하면 다음과 같다.

$$x = -4c_1e^{-t}+1, \quad y = c_1e^{-t}+c_2e^{3t}-\frac{2}{3}$$

[예제 9-9]는 $\overrightarrow{U}(t)$가 비교적 간단한 형태인 경우이다. 그러나 $\overrightarrow{U}(t)$가 복잡해질수록 미정계수의 개수가 늘어나므로 계산량은 많아진다. 또한 계수행렬의 고윳값과 $\overrightarrow{U}(t)$에 포함된 함수에 따라 특수해 $\overrightarrow{X}_p$를 가정할 때 고려해야 할 부분이 많다. 따라서 비동차 선형 연립 미분방정식의 일반해를 구할 때 미정계수법보다 다음으로 설명할 매개변수 변환법을 이용하는 것이 더 나을 수도 있다.

매개변수 변환법

식 (9.5)의 동차 선형 연립 미분방정식 $\frac{d\overrightarrow{X}}{dt} = \overrightarrow{A}\,\overrightarrow{X}$의 해벡터 $\overrightarrow{X}_1$, $\overrightarrow{X}_2$, $\cdots$, $\overrightarrow{X}_n$이 서로 일차독립이면 $\frac{d\overrightarrow{X}}{dt} = \overrightarrow{A}\,\overrightarrow{X}$의 일반해는 (9.11)에 따라 다음과 같다.

$$\overrightarrow{X} = c_1\overrightarrow{X_1} + c_2\overrightarrow{X_2} + \cdots + c_n\overrightarrow{X_n} \tag{9.36}$$

여기서 $\overrightarrow{X}$는 일반해로서 다음과 같이 나타낸다.

$$\overrightarrow{X} = \begin{bmatrix} x_1 \\ x_2 \\ \vdots \\ x_n \end{bmatrix}$$

만약 각 해벡터를 $\overrightarrow{X}_1 = \begin{bmatrix} x_{11} \\ x_{21} \\ \vdots \\ x_{n1} \end{bmatrix}$, $\overrightarrow{X}_2 = \begin{bmatrix} x_{12} \\ x_{22} \\ \vdots \\ x_{n2} \end{bmatrix}$, $\cdots$, $\overrightarrow{X}_n = \begin{bmatrix} x_{1n} \\ x_{2n} \\ \vdots \\ x_{nn} \end{bmatrix}$이라 하면 식 (9.36)은 다음과 같이 나타낼 수 있다.

$$\overrightarrow{X} = c_1\begin{bmatrix} x_{11} \\ x_{21} \\ \vdots \\ x_{n1} \end{bmatrix} + c_2\begin{bmatrix} x_{12} \\ x_{22} \\ \vdots \\ x_{n2} \end{bmatrix} + \cdots + c_n\begin{bmatrix} x_{1n} \\ x_{2n} \\ \vdots \\ x_{nn} \end{bmatrix} = \begin{bmatrix} x_{11} & x_{12} & \cdots & x_{1n} \\ x_{21} & x_{22} & \cdots & x_{2n} \\ \vdots & \vdots & \vdots & \vdots \\ x_{n1} & x_{n2} & \cdots & x_{nn} \end{bmatrix}\begin{bmatrix} c_1 \\ c_2 \\ \vdots \\ c_n \end{bmatrix} \tag{9.37}$$

여기서 설명을 더 이어가기 위해서는 기본행렬의 정의를 알아야 한다.

정의 9-4 기본행렬

식 (9.37)에서 해벡터로 구성된 $n \times n$ 행렬을 $\frac{d\overrightarrow{X}}{dt} = \overrightarrow{A}\,\overrightarrow{X}$의 **기본행렬** fundamental matrix[4] 이라 하고 다음과 같이 나타낸다.

$$\overrightarrow{\Phi}(t) = \left[\overrightarrow{X}_1 \ \overrightarrow{X}_2 \ \cdots \ \overrightarrow{X}_n\right] = \begin{bmatrix} x_{11} & x_{12} & \cdots & x_{1n} \\ x_{21} & x_{22} & \cdots & x_{2n} \\ \vdots & \vdots & \vdots & \vdots \\ x_{n1} & x_{n2} & \cdots & x_{nn} \end{bmatrix}$$

이제 $\frac{d\overrightarrow{X}}{dt} = \overrightarrow{A}\,\overrightarrow{X}$의 일반해인 식 (9.37)을 기본행렬을 이용해 다음과 같이 나타낼 수 있다.

$$\overrightarrow{X}(t) = \overrightarrow{\Phi}(t)\,\overrightarrow{C} \tag{9.38}$$

여기서 $\overrightarrow{C}$는 상수벡터 $\overrightarrow{C} = \begin{bmatrix} c_1 \\ c_2 \\ \vdots \\ c_n \end{bmatrix}$이다. 이때 기본행렬 $\overrightarrow{\Phi}(t)$의 정의에 따라서 $\overrightarrow{\Phi}(t)$는

4 $\overrightarrow{\Phi}(t)$를 **상태천이행렬**(state transition matrix)이라고도 한다.

$\dfrac{d\overrightarrow{X}}{dt} = \overrightarrow{A}\,\overrightarrow{X}$의 해여야 한다. 즉 다음이 성립해야 한다.

$$\frac{d\overrightarrow{\Phi}(t)}{dt} = \overrightarrow{A}\,\overrightarrow{\Phi}(t) \tag{9.39}$$

또한 $t=0$인 초깃값 문제에서 $\dfrac{d\overrightarrow{X}}{dt} = \overrightarrow{A}\,\overrightarrow{X}$의 해는

$$\overrightarrow{X}(t) = \overrightarrow{\Phi}(t)\,\overrightarrow{X}(0) \tag{9.40}$$

이고, 여기서 $\overrightarrow{X}(0)$은 다음과 같이 초깃값들로 구성된 벡터이다.

$$\overrightarrow{X}(0) = \begin{bmatrix} x_1(0) \\ x_2(0) \\ \vdots \\ x_n(0) \end{bmatrix}$$

식 (9.40)에 $t=0$을 대입하면 다음 관계가 성립함을 알 수 있다.

$$\overrightarrow{X}(0) = \overrightarrow{\Phi}(0)\,\overrightarrow{X}(0) \quad \Rightarrow \quad \overrightarrow{\Phi}(0) = \overrightarrow{I} \tag{9.41}$$

식 (9.5)의 동차 선형 연립 미분방정식의 일반해는 기본행렬을 이용해 식 (9.37)과 같이 표현할 수 있다. 그러나 비동차 선형 연립 미분방정식의 특수해의 경우, 식 (9.37)의 상수벡터 $\overrightarrow{C}$ 대신 함수벡터 $\overrightarrow{W}(t)$로 대치한 다음 식을 만족하는 $\overrightarrow{W}(t)$가 존재하는지를 확인해야 한다.

$$\overrightarrow{X}_p = \overrightarrow{\Phi}(t)\,\overrightarrow{W}(t) \tag{9.42}$$

만약 존재한다고 가정하면 식 (9.42)는 다음과 같은 식 (9.4)를 만족해야 한다.

$$\frac{d\overrightarrow{X}}{dt} = \overrightarrow{A}\,\overrightarrow{X} + \overrightarrow{U}(t)$$

따라서 식 (9.42)를 식 (9.4)에 대입하면 다음이 성립한다.

$$\frac{d}{dt}\left[\overrightarrow{\Phi}(t)\overrightarrow{W}(t)\right] = \overrightarrow{A}\,\overrightarrow{\Phi}(t)\overrightarrow{W}(t) + \overrightarrow{U}(t)$$

$$\Rightarrow \quad \overrightarrow{\Phi}(t)\frac{d\overrightarrow{W}(t)}{dt} + \frac{d\overrightarrow{\Phi}(t)}{dt}\overrightarrow{W}(t) = \overrightarrow{A}\,\overrightarrow{\Phi}(t)\overrightarrow{W}(t) + \overrightarrow{U}(t)$$

식 (9.39)를 앞의 식에 대입하면 다음과 같다.

$$\overrightarrow{\Phi}(t)\frac{d\overrightarrow{W}(t)}{dt} + \overrightarrow{A}\,\overrightarrow{\Phi}(t)\overrightarrow{W}(t) = \overrightarrow{A}\,\overrightarrow{\Phi}(t)\overrightarrow{W}(t) + \overrightarrow{U}(t)$$

따라서 앞의 식을 정리하면 다음을 얻는다.

$$\vec{\Phi}(t)\frac{d\overrightarrow{W}(t)}{dt} = \vec{U}(t) \tag{9.43}$$

이때 $\vec{\Phi}(t)$는 서로 일차독립인 해벡터들로 구성된 $n\times n$ 행렬이므로 가역행렬이다. 따라서 식 (9.43)의 양변 왼쪽에 $\vec{\Phi}^{-1}(t)$를 곱하면 다음과 같다.

$$\frac{d\overrightarrow{W}(t)}{dt} = \vec{\Phi}^{-1}(t)\vec{U}(t) \tag{9.44}$$

식 (9.44)를 적분하면

$$\overrightarrow{W}(t) = \int \vec{\Phi}^{-1}(t)\vec{U}(t)\,dt \tag{9.45}$$

이므로, 식 (9.42)를 만족하는 $\overrightarrow{W}(t)$가 존재한다는 결론을 내릴 수 있다. 따라서 식 (9.45)를 식 (9.42)에 대입하면 비동차 선형 연립 미분방정식의 특수해는 다음과 같다.

$$\vec{X}_p = \vec{\Phi}(t)\int \vec{\Phi}^{-1}(t)\vec{U}(t)\,dt \tag{9.46}$$

그러므로 매개변수 변환법에 의한 비동차 선형 연립 미분방정식의 일반해는 다음과 같다.

$$\vec{X} = \vec{X}_c + \vec{X}_p = \vec{\Phi}(t)\vec{C} + \vec{\Phi}(t)\int \vec{\Phi}^{-1}(t)\vec{U}(t)\,dt \tag{9.47}$$

예제 9-10 일반해(비동차형) : 매개변수 변환법

매개변수 변환법을 이용해 다음 선형 연립 미분방정식의 일반해를 구하라.

> **HINT** 기본행렬과 기본행렬의 역행렬을 구한다.

$$\frac{dx}{dt} = 3x+2y+2, \quad \frac{dy}{dt} = 4x+y+e^{2t}$$

풀이

주어진 연립 미분방정식을 행렬로 표현하면 다음과 같다.

$$\frac{d}{dt}\begin{bmatrix} x \\ y \end{bmatrix} = \begin{bmatrix} 3 & 2 \\ 4 & 1 \end{bmatrix}\begin{bmatrix} x \\ y \end{bmatrix} + \begin{bmatrix} 2 \\ e^{2t} \end{bmatrix} \qquad \cdots ①$$

계수행렬의 고윳값과 고유벡터가

$$\lambda_1 = -1,\ \vec{V}_1 = \begin{bmatrix} -1 \\ 2 \end{bmatrix}, \quad \lambda_2 = 5,\ \vec{V}_2 = \begin{bmatrix} 1 \\ 1 \end{bmatrix} \qquad \cdots ②$$

이므로, 해벡터는 다음과 같다.

$$\overrightarrow{X}_1 = \begin{bmatrix} -1 \\ 2 \end{bmatrix} e^{-t}, \quad \overrightarrow{X}_2 = \begin{bmatrix} 1 \\ 1 \end{bmatrix} e^{5t} \qquad \cdots ③$$

식 ③의 두 해벡터가 서로 일차독립이므로, 식 (9.35)에 의해 보조해는 다음과 같다.

$$\overrightarrow{X}_c = c_1\overrightarrow{X_1} + c_2\overrightarrow{X_2} = c_1 \begin{bmatrix} -1 \\ 2 \end{bmatrix} e^{-t} + c_2 \begin{bmatrix} 1 \\ 1 \end{bmatrix} e^{5t} \qquad \cdots ④$$

이제 식 (9.46)을 이용해 특수해를 구해보자. 먼저 기본행렬 $\overrightarrow{\Phi}(t)$와 $\overrightarrow{\Phi}^{-1}(t)$를 구해야 한다. 식 (9.37)과 식 ③으로부터 기본행렬 $\overrightarrow{\Phi}(t)$는

$$\overrightarrow{\Phi}(t) = \left[\overrightarrow{X}_1 \ \overrightarrow{X}_2\right] = \begin{bmatrix} -e^{-t} & e^{5t} \\ 2e^{-t} & e^{5t} \end{bmatrix} \qquad \cdots ⑤$$

이고, 기본행렬의 역행렬은 다음과 같다.

$$\begin{aligned} \overrightarrow{\Phi}^{-1}(t) &= \frac{1}{\det \overrightarrow{\Phi}(t)} \begin{bmatrix} e^{5t} & -e^{5t} \\ -2e^{-t} & -e^{-t} \end{bmatrix} = \frac{1}{-e^{-t}e^{5t} - 2e^{-t}e^{5t}} \begin{bmatrix} e^{5t} & -e^{5t} \\ -2e^{-t} & -e^{-t} \end{bmatrix} \\ &= \frac{1}{-3e^{4t}} \begin{bmatrix} e^{5t} & -e^{5t} \\ -2e^{-t} & -e^{-t} \end{bmatrix} = \frac{1}{3} \begin{bmatrix} -e^{t} & e^{t} \\ 2e^{-5t} & e^{-5t} \end{bmatrix} \qquad \cdots ⑥ \end{aligned}$$

또한 $\overrightarrow{U}(t)$는

$$\overrightarrow{U}(t) = \begin{bmatrix} 2 \\ e^{2t} \end{bmatrix} \qquad \cdots ⑦$$

이므로, 식 ⑤, ⑥, ⑦을 식 (9.46)에 대입하면 특수해 $\overrightarrow{X}_p$는 다음과 같다.

$$\begin{aligned} \overrightarrow{X}_p &= \overrightarrow{\Phi}(t) \int \overrightarrow{\Phi}^{-1}(t)\overrightarrow{U}(t)\, dt \\ &= \begin{bmatrix} -e^{-t} & e^{5t} \\ 2e^{-t} & e^{5t} \end{bmatrix} \int \left\{ \frac{1}{3} \begin{bmatrix} -e^{t} & e^{t} \\ 2e^{-5t} & e^{-5t} \end{bmatrix} \begin{bmatrix} 2 \\ e^{2t} \end{bmatrix} \right\} dt = \frac{1}{3} \begin{bmatrix} -e^{-t} & e^{5t} \\ 2e^{-t} & e^{5t} \end{bmatrix} \int \begin{bmatrix} -2e^{t} + e^{3t} \\ 4e^{-5t} + e^{-3t} \end{bmatrix} dt \\ &= \frac{1}{3} \begin{bmatrix} -e^{-t} & e^{5t} \\ 2e^{-t} & e^{5t} \end{bmatrix} \begin{bmatrix} -2e^{t} + \frac{1}{3}e^{3t} \\ -\frac{4}{5}e^{-5t} - \frac{1}{3}e^{-3t} \end{bmatrix} = \begin{bmatrix} -\frac{2}{9}e^{2t} + \frac{2}{5} \\ \frac{1}{9}e^{2t} - \frac{8}{5} \end{bmatrix} \qquad \cdots ⑧ \end{aligned}$$

따라서 식 ④와 ⑧을 식 (9.47)에 대입하면 다음과 같이 일반해를 얻는다.

$$\overrightarrow{X} = \overrightarrow{X}_c + \overrightarrow{X}_p = c_1 \begin{bmatrix} -1 \\ 2 \end{bmatrix} e^{-t} + c_2 \begin{bmatrix} 1 \\ 1 \end{bmatrix} e^{5t} + \begin{bmatrix} -\frac{2}{9}e^{2t} + \frac{2}{5} \\ \frac{1}{9}e^{2t} - \frac{8}{5} \end{bmatrix}$$

앞의 식을 정리하면 다음과 같다.

$$x = -c_1 e^{-t} + c_2 e^{5t} - \frac{2}{9}e^{2t} + \frac{2}{5}$$

$$y = 2c_1 e^{-t} + c_2 e^{5t} + \frac{1}{9}e^{2t} - \frac{8}{5}$$

대각화를 이용한 방법

마지막으로 행렬의 대각화를 이용한 비동차 선형 연립 미분방정식의 풀이를 설명한다. 9.2절에서 동차 선형 연립 미분방정식의 계수행렬 $\overrightarrow{A}$가 n개의 일차독립인 고유벡터를 가지면 행렬 $\overrightarrow{A}$는 대각화 가능하고, 대각화를 통해 동차 선형 연립 미분방정식을 디커플 시스템으로 바꿀 수 있다고 설명했다. 마찬가지로 비동차 선형 연립 미분방정식도 행렬의 대각화를 이용해 디커플 시스템으로 바꿀 수 있다. 식 (9.4)의 비동차 선형 연립 미분방정식을 다시 생각해보자.

$$\frac{d\overrightarrow{X}}{dt} = \overrightarrow{A}\,\overrightarrow{X} + \overrightarrow{U}(t)$$

고유벡터를 이용해 만들어지는 $n \times n$ 행렬 $\overrightarrow{P}$는 가역행렬이고 $\overrightarrow{P}^{-1}\overrightarrow{A}\,\overrightarrow{P} = \overrightarrow{D}$에 의해 행렬 $\overrightarrow{A}$를 대각화할 수 있다고 가정하자. 변수 변환을 위해

$$\overrightarrow{X} = \overrightarrow{P}\,\overrightarrow{W} \tag{9.48}$$

라 하고, 식 (9.48)을 식 (9.4)에 대입하면 다음과 같다.

$$\frac{d(\overrightarrow{P}\,\overrightarrow{W})}{dt} = \overrightarrow{A}(\overrightarrow{P}\,\overrightarrow{W}) + \overrightarrow{U}(t) \;\;\Rightarrow\;\; \overrightarrow{P}\frac{d\overrightarrow{W}}{dt} = \overrightarrow{A}\,\overrightarrow{P}\,\overrightarrow{W} + \overrightarrow{U}(t)$$

위 식의 양변 왼쪽에 $\overrightarrow{P}^{-1}$를 곱하면 다음을 얻는다.

$$\frac{d\overrightarrow{W}}{dt} = \overrightarrow{P}^{-1}\overrightarrow{A}\,\overrightarrow{P}\,\overrightarrow{W} + \overrightarrow{P}^{-1}\overrightarrow{U}(t) = \overrightarrow{D}\,\overrightarrow{W} + \overrightarrow{P}^{-1}\overrightarrow{U}(t) \tag{9.49}$$

따라서 식 (9.49)의 디커플 시스템을 풀어서 $\overrightarrow{W}$를 구한 다음, $\overrightarrow{W}$를 식 (9.48)에 대입하면 비동차 선형 연립 미분방정식의 일반해 $\overrightarrow{X}$를 구할 수 있다.

예제 9-11 일반해(비동차형) : 대각화를 이용한 방법

대각화를 이용해 다음 선형 연립 미분방정식의 일반해를 구하라.

> **HINT**
> 고유벡터로 구성된 가역행렬의 역행렬을 이용해 계수행렬을 대각화한다.

$$\frac{dx}{dt} = x + 3y - 3, \quad \frac{dy}{dt} = 3x + y + 2$$

풀이

주어진 연립 미분방정식을 행렬로 표현하면 다음과 같다.

$$\frac{d}{dt}\begin{bmatrix} x \\ y \end{bmatrix} = \begin{bmatrix} 1 & 3 \\ 3 & 1 \end{bmatrix}\begin{bmatrix} x \\ y \end{bmatrix} + \begin{bmatrix} -3 \\ 2 \end{bmatrix} \quad \cdots ①$$

$$\vec{U}(t) = \begin{bmatrix} -3 \\ 2 \end{bmatrix} \quad \cdots ②$$

계수행렬의 고윳값과 고유벡터는 다음과 같다.

$$\lambda_1 = -2,\ \vec{V}_1 = \begin{bmatrix} -1 \\ 1 \end{bmatrix}, \quad \lambda_2 = 4,\ \vec{V}_2 = \begin{bmatrix} 1 \\ 1 \end{bmatrix} \quad \cdots ③$$

따라서 대각화를 위한 가역행렬 $\vec{P}$는

$$\vec{P} = [\vec{V}_1\ \vec{V}_2] = \begin{bmatrix} -1 & 1 \\ 1 & 1 \end{bmatrix} \quad \cdots ④$$

이고, 행렬 $\vec{P}$의 역행렬은 다음과 같다.

$$\vec{P}^{-1} = \frac{1}{\det \vec{P}}\begin{bmatrix} 1 & -1 \\ -1 & -1 \end{bmatrix} = -\frac{1}{2}\begin{bmatrix} 1 & -1 \\ -1 & -1 \end{bmatrix} \quad \cdots ⑤$$

행렬 $\vec{P}$를 이용해 행렬 $\vec{A}$를 대각화하면 다음과 같다.

$$\vec{P}^{-1}\vec{A}\vec{P} = \vec{D} = \begin{bmatrix} \lambda_1 & 0 \\ 0 & \lambda_2 \end{bmatrix} = \begin{bmatrix} -2 & 0 \\ 0 & 4 \end{bmatrix} \quad \cdots ⑥$$

$\vec{W} = \begin{bmatrix} w_1 \\ w_2 \end{bmatrix}$라 하고 식 (9.48)과 같이 변수를 변환한 후, 식 ②, ⑤, ⑥을 식 (9.49)에 대입하여 풀면 다음과 같다.

$$\begin{aligned}\frac{d}{dt}\begin{bmatrix} w_1 \\ w_2 \end{bmatrix} &= \begin{bmatrix} -2 & 0 \\ 0 & 4 \end{bmatrix}\begin{bmatrix} w_1 \\ w_2 \end{bmatrix} + \frac{1}{2}\begin{bmatrix} -1 & 1 \\ 1 & 1 \end{bmatrix}\begin{bmatrix} -3 \\ 2 \end{bmatrix} \\ &= \begin{bmatrix} -2 & 0 \\ 0 & 4 \end{bmatrix}\begin{bmatrix} w_1 \\ w_2 \end{bmatrix} + \frac{1}{2}\begin{bmatrix} 5 \\ -1 \end{bmatrix}\end{aligned} \quad \cdots ⑦$$

식 ⑦을 풀어서 다음과 같이 나타낼 수 있다.

$$\frac{dw_1}{dt} = -2w_1 + \frac{5}{2}, \quad \frac{dw_2}{dt} = 4w_2 - \frac{1}{2} \qquad \cdots ⑧$$

위 식은 1계 선형 미분방정식이다. 1장 [정리 1-1]의 1계 비동차 선형 미분방정식의 풀이 공식을 참고하여 위 식을 풀면 다음과 같다.

$$w_1 = c_1 e^{-2t} + \frac{5}{4}, \quad w_2 = c_2 e^{4t} + \frac{1}{8} \qquad \cdots ⑨$$

따라서 식 ⑨는 다음과 같이 나타낼 수 있다.

$$\vec{W} = \begin{bmatrix} w_1 \\ w_2 \end{bmatrix} = \begin{bmatrix} c_1 e^{-2t} + \frac{5}{4} \\ c_2 e^{4t} + \frac{1}{8} \end{bmatrix} \qquad \cdots ⑩$$

식 ④와 ⑩을 식 (9.48)에 대입하면 주어진 미분방정식의 일반해는 다음과 같다.

$$\vec{X} = \vec{P}\,\vec{W} = \begin{bmatrix} -1 & 1 \\ 1 & 1 \end{bmatrix} \begin{bmatrix} c_1 e^{-2t} + \frac{5}{4} \\ c_2 e^{4t} + \frac{1}{8} \end{bmatrix} = \begin{bmatrix} -c_1 e^{-2t} + c_2 e^{4t} - \frac{9}{8} \\ c_1 e^{-2t} + c_2 e^{4t} + \frac{11}{8} \end{bmatrix}$$

위 식을 정리하면 다음과 같다.

$$x = -c_1 e^{-2t} + c_2 e^{4t} - \frac{9}{8}, \quad y = c_1 e^{-2t} + c_2 e^{4t} + \frac{11}{8}$$

예제 9-12 응용 비동차 선형 연립 미분방정식

[그림 9-1]과 같은 질량-댐퍼-스프링 시스템에 외력 $u(t) = 1$[N]의 힘이 가해질 때, 질량 m이 움직이는 변위 $y(t)$를 구하라. 여기서 질량체와 바닥면 사이의 마찰은 무시하고, $m = 1$[kg], $b = 3$[N · s/m], $k = 2$[N/m]이다.

> **HINT**
> $\vec{X}(t) = \vec{X}_c(t) + \vec{X}_p(t)$

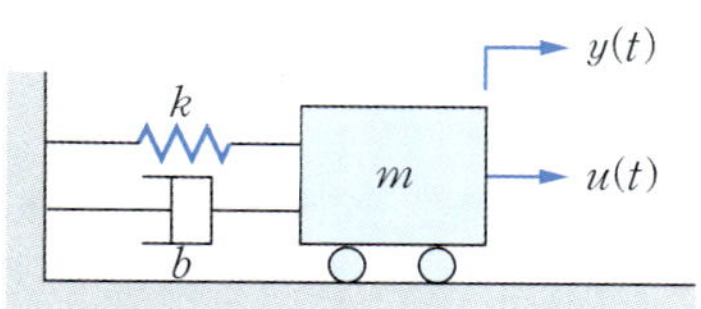

[그림 9-1] 질량-댐퍼-스프링 시스템

풀이

이 예제는 2장에서 설명한 방법으로 풀 수도 있지만, 여기서는 행렬을 이용해 푼다. 먼저 뉴턴의 제2법칙을 적용해 시스템을 수학적으로 모델링하면 다음과 같다.

$$m\frac{d^2y}{dt^2}+b\frac{dy}{dt}+ky=u(t) \qquad \cdots ①$$

식 ①은 2계 비동차 선형 미분방정식이다. 상태변수들을 정의하여 주어진 1개의 2계 미분방정식을 2개의 1계 미분방정식으로 바꿀 수 있다. 일반적으로 1개의 n계 미분방정식을 n개의 1계 미분방정식으로 바꿀 수 있는데, 이렇게 변환된 모델을 **상태변수모델**state variable model이라 한다. 상태변수모델로 변환하는 방법은 너무 복잡하므로 여기서 다루지 않고, 그 결과를 가지고 해를 구하는 것에 초점을 맞춘다. 먼저 상태변수들을 다음과 같이 정의하자.

$$x_1=y,\quad x_2=x_1{'}=y',\quad x_2{'}=y'' \qquad \cdots ②$$

식 ①과 ②를 이용해 y에 관한 식을 다음과 같이 상태변수 x_1과 x_2에 관한 식으로 바꿀 수 있다.

$$\begin{aligned} x_1{'}&=x_2 \\ x_2{'}&=\frac{1}{m}[u(t)-bx_2-kx_1] \end{aligned} \qquad \cdots ③$$

식 ③을 행렬방정식 형태로 나타내면 다음과 같다.

$$\frac{d}{dt}\begin{bmatrix}x_1\\x_2\end{bmatrix}=\begin{bmatrix}0&1\\-k/m&-b/m\end{bmatrix}\begin{bmatrix}x_1\\x_2\end{bmatrix}+\begin{bmatrix}0\\1/m\end{bmatrix}u(t) \qquad \cdots ④$$

식 ④가 식 ①의 상태변수모델이다. 식 ④에 주어진 값들을 대입하면 다음과 같다.

$$\frac{d}{dt}\begin{bmatrix}x_1\\x_2\end{bmatrix}=\begin{bmatrix}0&1\\-2&-3\end{bmatrix}\begin{bmatrix}x_1\\x_2\end{bmatrix}+\begin{bmatrix}0\\1\end{bmatrix} \qquad \cdots ⑤$$

식 ⑤의 비동차 선형 연립 미분방정식의 일반해를 구하기 위해서는, 먼저 다음과 같은 동차형의 일반해(비동차형의 보조해)를 구해야 한다.

$$\frac{d}{dt}\begin{bmatrix}x_1\\x_2\end{bmatrix}=\begin{bmatrix}0&1\\-2&-3\end{bmatrix}\begin{bmatrix}x_1\\x_2\end{bmatrix}$$

9.2절에서 설명한 방법에 따라 고윳값과 고유벡터를 구해서 두 해벡터를 구하면 다음과 같다.

$$\vec{X}_1=\begin{bmatrix}1\\-1\end{bmatrix}e^{-t},\quad \vec{X}_2=\begin{bmatrix}1\\-2\end{bmatrix}e^{-2t}$$

두 해벡터는 서로 일차독립이므로, 식 (9.35)에 의해 보조해는 다음과 같다.

$$\overrightarrow{X}_c = c_1\overrightarrow{X_1} + c_2\overrightarrow{X_2} = c_1\begin{bmatrix} 1 \\ -1 \end{bmatrix} e^{-t} + c_2\begin{bmatrix} 1 \\ -2 \end{bmatrix} e^{-2t}$$

다음으로 특수해를 구해야 하는데, 여기서는 미정계수법을 이용해 구해보자. 함수 $\overrightarrow{U}(t)$는 $\overrightarrow{U}(t) = \begin{bmatrix} 0 \\ 1 \end{bmatrix}$로서 상수를 원소로 갖는 벡터이므로, 특수해를 다음과 같이 가정할 수 있다.

$$\overrightarrow{X}_p = \begin{bmatrix} a \\ b \end{bmatrix}$$

그러면 $\overrightarrow{X}_p$가 비동차형의 해이므로, 주어진 연립 미분방정식에 $\begin{bmatrix} x_1 \\ x_2 \end{bmatrix}$ 대신 $\overrightarrow{X}_p = \begin{bmatrix} a \\ b \end{bmatrix}$를 대입하면 다음과 같다.

$$\frac{d}{dt}\begin{bmatrix} a \\ b \end{bmatrix} = \begin{bmatrix} 0 & 1 \\ -2 & -3 \end{bmatrix}\begin{bmatrix} a \\ b \end{bmatrix} + \begin{bmatrix} 0 \\ 1 \end{bmatrix} \Rightarrow \begin{bmatrix} 0 \\ 0 \end{bmatrix} = \begin{bmatrix} b \\ -2a-3b \end{bmatrix} + \begin{bmatrix} 0 \\ 1 \end{bmatrix}$$

그러므로 $b=0$, $-2a-3b+1=0$이고, 이 식을 풀면 $a=\frac{1}{2}$, $b=0$이다. 따라서 식 (9.34)에 의해 주어진 비동차 선형 연립 미분방정식의 일반해는 다음과 같다.

$$\overrightarrow{X} = \overrightarrow{X}_c + \overrightarrow{X}_p = c_1\begin{bmatrix} 1 \\ -1 \end{bmatrix} e^{-t} + c_2\begin{bmatrix} 1 \\ -2 \end{bmatrix} e^{-2t} + \begin{bmatrix} 1/2 \\ 0 \end{bmatrix}$$

위 식을 정리하면 다음과 같다.

$$x_1 = c_1e^{-t} + c_2e^{-2t} + \frac{1}{2}, \quad x_2 = -c_1e^{-t} - 2c_2e^{-2t}$$

구하고자 하는 변위가 y이므로 다음과 같다.

$$y = x_1 = c_1e^{-t} + c_2e^{-2t} + \frac{1}{2}$$

SECTION
9.4 행렬의 지수함수

마지막으로 행렬의 지수함수에 대해 간단히 설명하고 이 장을 마무리한다. 간단한 선형 미분방정식 $\frac{dx}{dt} = \alpha x$의 일반해는 $x = ce^{\alpha t}$이다. 여기서 α는 임의의 상수이고 $e^{\alpha t}$은 지수함수이다. 2.7절에서 살펴본 매클로린 급수에 의해 지수함수 $e^{\alpha t}$은 다음과 같이 전개된다.

$$e^{\alpha t} = \sum_{k=0}^{\infty} \frac{(\alpha t)^k}{k!} = 1 + \alpha t + \frac{(\alpha t)^2}{2!} + \frac{(\alpha t)^3}{3!} + \cdots$$

만약 $e^{\alpha t}$에서 α를 행렬 $\vec{A}$로 대치하면 $e^{\vec{A}t}$이 되고, 이를 행렬의 지수함수라고 한다. 일반적인 지수함수와 마찬가지로, 행렬의 지수함수도 다음과 같이 급수 형태로 정의할 수 있다.

정의 9-5 행렬의 지수함수

$n \times n$ 행렬 $\vec{A}$에 대해 **행렬의 지수함수** matrix exponential를 다음과 같이 정의한다.

$$e^{\vec{A}t} = \sum_{k=0}^{\infty} \frac{(\vec{A}t)^k}{k!} = 1 + \vec{A}t + \vec{A}^2\frac{t^2}{2!} + \vec{A}^3\frac{t^3}{3!} + \vec{A}^4\frac{t^4}{4!} + \cdots$$

선형 미분방정식 $\frac{dx}{dt} = \alpha x$의 일반해가 $x = ce^{\alpha t}$인 것처럼, 앞서 언급한 동차 선형 연립 미분방정식 $\frac{d\vec{X}}{dt} = \vec{A}\vec{X}$의 일반해도 행렬의 지수함수를 이용해 다음과 같이 나타낼 수 있다.

정리 9-8 일반해(동차형) : 행렬의 지수함수를 이용한 해 구하기

$n \times n$ 행렬 $\vec{A}$에 대해 식 (9.5)의 일반해는 다음과 같다.

$$\vec{X} = e^{\vec{A}t}\vec{C} \tag{9.50}$$ [5]

여기서 $\vec{C}$는 모든 원소가 상수인 $n \times 1$ 벡터이다.

5 식 (9.38)과 식 (9.50)을 비교해보면 $\vec{\Phi}(t) = e^{\vec{A}t}$이므로 $e^{\vec{A}t}$도 기본행렬이다.

증명

이 정리를 증명하기 위해 [정의 9-5]의 식의 양변을 미분하여 행렬의 지수함수에 대한 도함수를 다음과 같이 구한다. 멱급수 전개를 참고하여 수식을 전개해보자.

$$\begin{aligned}\frac{d}{dt}e^{\vec{A}t} &= \vec{A} + \vec{A}^2 t + \frac{1}{2!}\vec{A}^3 t^2 + \frac{1}{3!}\vec{A}^4 t^3 + \cdots \\ &= \vec{A}\left(\vec{I} + \vec{A}t + \frac{1}{2!}\vec{A}^2 t^2 + \frac{1}{3!}\vec{A}^3 t^3 + \cdots\right) \\ &= \vec{A}\, e^{\vec{A}t}\end{aligned}$$

식 (9.50)을 식 (9.5) $\dfrac{d\vec{X}}{dt} = \vec{A}\,\vec{X}$에 대입한 다음, 위 식을 적용하면 다음과 같다.

$$\frac{d}{dt}\left(e^{\vec{A}t}\vec{C}\right) = \vec{A}\left(e^{\vec{A}t}\vec{C}\right) \quad \Rightarrow \quad \vec{A}\,e^{\vec{A}t}\vec{C} = \vec{A}\left(e^{\vec{A}t}\vec{C}\right)$$

따라서 식 (9.50)은 식 (9.5)의 일반해가 된다. ■

동차형과 유사하게 비동차 선형 연립 미분방정식 $\dfrac{d\vec{X}}{dt} = \vec{A}\,\vec{X} + \vec{U}(t)$의 일반해를 다음과 같이 구할 수 있다.

정리 9-9 일반해(비동차형) : 행렬의 지수함수를 이용한 해 구하기

$n \times n$ 행렬 $\vec{A}$에 대해 식 (9.4)의 일반해는 다음과 같다.

$$\vec{X} = \vec{X}_c + \vec{X}_p = e^{\vec{A}t}\vec{C} + e^{\vec{A}t}\int_{t_0}^{t} e^{-\vec{A}v}\,\vec{U}(v)\,dv \qquad (9.51)$$ [6]

여기서 $\vec{C}$는 모든 원소가 상수인 $n \times 1$ 벡터이다.

증명

이 정리를 증명하기 위해 식 (9.51)을 식 (9.4) $\dfrac{d\vec{X}}{dt} = \vec{A}\,\vec{X} + \vec{U}(t)$에 대입하면 식 (9.4)의 좌변은 다음과 같다.

$$\begin{aligned}&\frac{d}{dt}\left\{e^{\vec{A}t}\vec{C} + e^{\vec{A}t}\int_{t_0}^{t} e^{-\vec{A}v}\,\vec{U}(v)\,dv\right\} \\ &= \vec{A}\,e^{\vec{A}t}\vec{C} + e^{\vec{A}t}\frac{d}{dt}\int_{t_0}^{t} e^{-\vec{A}v}\,\vec{U}(v)\,dv + \vec{A}\,e^{\vec{A}t}\int_{t_0}^{t} e^{-\vec{A}v}\,\vec{U}(v)\,dv\end{aligned}$$

6 비동차 선형 미분방정식 $\dfrac{dx}{dt} = \alpha x + u(t)$의 일반해는 $x = x_c + x_p = ce^{\alpha t} + e^{\alpha t}\int_{t_0}^{t} e^{-\alpha v}u(v)\,dv$임을 참고한다.

$$= \vec{A} e^{\vec{A}t} \vec{C} + e^{\vec{A}t} e^{-\vec{A}t} \vec{U}(t) + \vec{A} e^{\vec{A}t} \int_{t_0}^{t} e^{-\vec{A}v} \vec{U}(v)\, dv$$

$$= \vec{A} e^{\vec{A}t} \vec{C} + \vec{U}(t) + \vec{A} e^{\vec{A}t} \int_{t_0}^{t} e^{-\vec{A}v} \vec{U}(v)\, dv \qquad \cdots ①$$

그리고 식 (9.4)의 우변은 다음과 같다.

$$\vec{A}\vec{X} + \vec{U}(t) = \vec{A}\left\{ e^{\vec{A}t} \vec{C} + e^{\vec{A}t} \int_{t_0}^{t} e^{-\vec{A}v} \vec{U}(v)\, dv \right\} + \vec{U}(t)$$

$$= \vec{A} e^{\vec{A}t} \vec{C} + \vec{A} e^{\vec{A}t} \int_{t_0}^{t} e^{-\vec{A}v} \vec{U}(v)\, dv + \vec{U}(t) \qquad \cdots ②$$

따라서 식 ①과 ②가 같으므로, 식 (9.51)은 식 (9.4)의 일반해이다. ■

이번에는 행렬의 지수함수 $e^{\vec{A}t}$을 계산하는 문제를 생각해보자. 기본행렬 $\vec{\Phi}(t)$는 식 (9.5)를 만족하므로 다음이 성립한다.

$$\frac{d\vec{\Phi}(t)}{dt} = \vec{A}\,\vec{\Phi}(t) \tag{9.52}$$

식 (9.52)에 라플라스 변환을 취하면 다음과 같다.

$$s\vec{\Phi}(s) - \vec{\Phi}(0) = \vec{A}\vec{\Phi}(s)$$

$\vec{\Phi}(0) = \vec{I}$임을 고려하고, 위 식을 $\vec{\Phi}(s)$에 대해 풀면

$$\vec{\Phi}(s) = \left(s\vec{I} - \vec{A}\right)^{-1} \vec{I} = \left(s\vec{I} - \vec{A}\right)^{-1} \tag{9.53}$$

이므로 라플라스 역변환에 의해 다음과 같다.

$$\vec{\Phi}(t) = \mathcal{L}^{-1}\left[\left(s\vec{I} - \vec{A}\right)^{-1}\right] = e^{\vec{A}t} \tag{9.54}$$

그러므로 행렬의 지수함수는 식 (9.54)를 이용해 계산할 수 있다. 그러나 행렬 $\vec{A}$가 간단한 형태인 경우를 제외하면 $e^{\vec{A}t}$을 계산하는 것은 그리 쉽지 않다. 따라서 복잡한 행렬 $\vec{A}$에 대해서는 컴퓨터를 이용해 계산하는 수밖에 없다. $e^{\vec{A}t}$을 계산하는 간단한 예제를 풀어보는 것으로 이 절을 마무리하자.

예제 9-13 행렬의 지수함수 계산

다음 행렬 $\vec{A}$에 대해 지수함수 $e^{\vec{A}t}$을 계산하라.

$$\vec{A} = \begin{bmatrix} 0 & -1 \\ 2 & -3 \end{bmatrix}$$

HINT 식 (9.54)를 이용한다.

풀이

주어진 행렬 $\vec{A}$에 대해

$$(s\vec{I} - \vec{A}) = \begin{bmatrix} s & 0 \\ 0 & s \end{bmatrix} - \begin{bmatrix} 0 & -1 \\ 2 & -3 \end{bmatrix} = \begin{bmatrix} s & 1 \\ -2 & s+3 \end{bmatrix}$$

이므로, 위 행렬의 역행렬은 다음과 같다.

$$\begin{aligned}(s\vec{I} - \vec{A})^{-1} &= \frac{1}{\det(s\vec{I} - \vec{A})} \begin{bmatrix} s+3 & -1 \\ 2 & s \end{bmatrix} \\ &= \frac{1}{(s+1)(s+2)} \begin{bmatrix} s+3 & -1 \\ 2 & s \end{bmatrix} \\ &= \begin{bmatrix} \dfrac{s+3}{(s+1)(s+2)} & \dfrac{-1}{(s+1)(s+2)} \\ \dfrac{2}{(s+1)(s+2)} & \dfrac{s}{(s+1)(s+2)} \end{bmatrix}\end{aligned}$$

식 (9.54)를 이용하면 $e^{\vec{A}t}$을 다음과 같이 구할 수 있다.

$$\begin{aligned}e^{\vec{A}t} &= \vec{\Phi}(t) = \mathcal{L}^{-1}[(s\vec{I} - \vec{A})^{-1}] \\ &= \begin{bmatrix} \mathcal{L}^{-1}\left\{\dfrac{s+3}{(s+1)(s+2)}\right\} & \mathcal{L}^{-1}\left\{\dfrac{-1}{(s+1)(s+2)}\right\} \\ \mathcal{L}^{-1}\left\{\dfrac{2}{(s+1)(s+2)}\right\} & \mathcal{L}^{-1}\left\{\dfrac{s}{(s+1)(s+2)}\right\} \end{bmatrix} \\ &= \begin{bmatrix} -e^{-2t}+2e^{-t} & e^{-2t}-e^{-t} \\ -2e^{-2t}+2e^{-t} & 2e^{-2t}-e^{-t} \end{bmatrix}\end{aligned}$$

… 라플라스 역변환을 구하기 위해 3장에서 설명한 부분분수 전개법을 참고

CHAPTER

09 연습문제

9.1 **(행렬과 선형 연립 미분방정식)** 다음 선형 연립 미분방정식을 행렬 형태로 표현하라.

(a) $\dfrac{dx}{dt} = 4x - 4y$, $\dfrac{dy}{dt} = 2x - 3y$

(b) $\dfrac{dx}{dt} = -x + 2y$, $\dfrac{dy}{dt} = 2x + 3y$

(c) $\dfrac{dx}{dt} = -x - 2y$, $\dfrac{dy}{dt} = -x - 4y$

(d) $\dfrac{dx}{dt} = 2x - 2y$, $\dfrac{dy}{dt} = -2x + 2y + z$, $\dfrac{dz}{dt} = -x - y + z$

(e) $\dfrac{dx}{dt} = x - 2y - z$, $\dfrac{dy}{dt} = -x - y - z$, $\dfrac{dz}{dt} = -2x - 2y + z$

(f) $\dfrac{dx}{dt} = -x + 2y - z$, $\dfrac{dy}{dt} = -3x - 2y - z$, $\dfrac{dz}{dt} = 2x - y - z$

9.2 **(행렬과 선형 연립 미분방정식)** 다음 행렬 형태의 식을 선형 연립 미분방정식 형태로 나타내라.

(a) $\dfrac{d\vec{X}}{dt} = \begin{bmatrix} -1 & 2 \\ 1 & -2 \end{bmatrix} \begin{bmatrix} x \\ y \end{bmatrix}$

(b) $\dfrac{d\vec{X}}{dt} = \begin{bmatrix} 1 & -2 \\ 3 & -2 \end{bmatrix} \begin{bmatrix} x \\ y \end{bmatrix}$

(c) $\dfrac{d\vec{X}}{dt} = \begin{bmatrix} -1 & 2 & 1 \\ 1 & -2 & 2 \\ 0 & 3 & -1 \end{bmatrix} \begin{bmatrix} x \\ y \\ z \end{bmatrix}$

(d) $\dfrac{d\vec{X}}{dt} = \begin{bmatrix} -1 & 2 & 0 \\ 2 & -1 & -2 \\ -1 & 3 & 3 \end{bmatrix} \begin{bmatrix} x \\ y \\ z \end{bmatrix}$

9.3 **(선형 연립 미분방정식의 해벡터)** 벡터 $\vec{X}$가 주어진 선형 연립 미분방정식의 해벡터임을 보여라.

(a) $\dfrac{dx}{dt} = 4x + y$, $\dfrac{dy}{dt} = 2x + 5y$, $\vec{X} = \begin{bmatrix} 1 \\ 2 \end{bmatrix} e^{6t}$

(b) $\dfrac{dx}{dt} = 2x - y$, $\dfrac{dy}{dt} = -4x - y$, $\vec{X} = \begin{bmatrix} -1 \\ 1 \end{bmatrix} e^{3t}$

(c) $\dfrac{dx}{dt} = 5x - 2y$, $\dfrac{dy}{dt} = 5y$, $\vec{X} = \begin{bmatrix} 1 \\ 0 \end{bmatrix} e^{5t}$

(d) $\dfrac{dx}{dt} = x + 3y$, $\dfrac{dy}{dt} = 3x + y$, $\vec{X} = \begin{bmatrix} 1 \\ 1 \end{bmatrix} e^{4t}$

(e) $\dfrac{dx}{dt} = x + y$, $\dfrac{dy}{dt} = -x + 3y$, $\vec{X} = \begin{bmatrix} 1 \\ 1 \end{bmatrix} e^{2t}$

(f) $\dfrac{dx}{dt} = -2x - y$, $\dfrac{dy}{dt} = 2x$, $\vec{X} = \begin{bmatrix} \frac{1}{2}\cos t - \frac{1}{2}\sin t \\ \sin t \end{bmatrix} e^{-t}$

9.4 **(동차 선형 연립 미분방정식의 일반해)** 고윳값과 고유벡터를 이용해 다음 동차 선형 연립 미분방정식의 일반해를 구하라.

(a) $\dfrac{dx}{dt} = -x-y$, $\dfrac{dy}{dt} = -2x-2y$

(b) $\dfrac{dx}{dt} = -2x-y$, $\dfrac{dy}{dt} = 3x+2y$

(c) $\dfrac{dx}{dt} = 4x-2y$, $\dfrac{dy}{dt} = 4y$

(d) $\dfrac{dx}{dt} = 3x$, $\dfrac{dy}{dt} = -x+3y$

(e) $\dfrac{dx}{dt} = 3x-y$, $\dfrac{dy}{dt} = 2x+y$

(f) $\dfrac{dx}{dt} = -x+y+z$, $\dfrac{dy}{dt} = 2x+y$, $\dfrac{dz}{dt} = x+z$

(g) $\dfrac{dx}{dt} = 2x$, $\dfrac{dy}{dt} = x+3y-2z$, $\dfrac{dz}{dt} = -x+z$

(h) $\dfrac{dx}{dt} = 3x+y+z$, $\dfrac{dy}{dt} = x+3y+z$, $\dfrac{dz}{dt} = x+y+3z$

(i) $\dfrac{dx}{dt} = x+y-z$, $\dfrac{dy}{dt} = -x+3y-z$, $\dfrac{dz}{dt} = -x+y+z$

(j) $\dfrac{dx}{dt} = x$, $\dfrac{dy}{dt} = x+y$, $\dfrac{dz}{dt} = 2x+y+z$

(k) $\dfrac{dx}{dt} = 2x+2y-z$, $\dfrac{dy}{dt} = y$, $\dfrac{dz}{dt} = x$

9.5 **(동차 선형 연립 미분방정식의 일반해)** 행렬의 대각화를 이용해 다음 동차 선형 연립 미분방정식의 일반해를 구하라.

(a) $\dfrac{dx}{dt} = x+y+4z$, $\dfrac{dy}{dt} = y$, $\dfrac{dz}{dt} = x+y+z$

(b) $\dfrac{dx}{dt} = 6x+y+z$, $\dfrac{dy}{dt} = x+6y+z$, $\dfrac{dz}{dt} = x+y+6z$

9.6 **(비동차 선형 연립 미분방정식의 일반해)** 미정계수법을 이용해 다음 비동차 선형 연립 미분방정식의 일반해를 구하라.

(a) $\dfrac{dx}{dt} = -2x-y+2$, $\dfrac{dy}{dt} = 3x+2y+1$

(b) $\dfrac{dx}{dt} = 4x+y+2$, $\dfrac{dy}{dt} = 2x+5y-3$

(c) $\dfrac{dx}{dt} = x+3y-3$, $\dfrac{dy}{dt} = 3x+y+2$

(d) $\dfrac{dx}{dt} = -2x-y+t$, $\dfrac{dy}{dt} = 3x+2y-2$

(e) $\dfrac{dx}{dt} = x-y+t$, $\dfrac{dy}{dt} = x+y+1$

(f) $\dfrac{dx}{dt} = 5x-2y+3$, $\dfrac{dy}{dt} = 5y-e^{-t}$

9.7 **(비동차 선형 연립 미분방정식의 일반해)** 매개변수 변환법을 이용해 [연습문제 9.6]의 비동차 선형 연립 미분방정식의 일반해를 구하고, [연습문제 9.6]과 [연습문제 9.7]의 결과를 비교하라.

9.8 **(비동차 선형 연립 미분방정식의 일반해)** 다음 비동차 선형 연립 미분방정식의 일반해를 구하라.

(a) $\dfrac{dx}{dt}=x+y+4z+2$
$\dfrac{dy}{dt}=y+1$
$\dfrac{dz}{dt}=x+y+z+t$

(b) $\dfrac{dx}{dt}=x+y-z+e^{3t}$
$\dfrac{dy}{dt}=x+6y+z+2$
$\dfrac{dz}{dt}=x+y+6z-e^{3t}$

9.9 **(대각화를 이용한 일반해 구하기)** 행렬의 대각화를 이용해 다음 비동차 선형 연립 미분방정식의 일반해를 구하라.

(a) $\dfrac{dx}{dt}=x+2y-e^{t}$
$\dfrac{dy}{dt}=3x+2y+2e^{t}$

(b) $\dfrac{dx}{dt}=-2x-y+t$
$\dfrac{dy}{dt}=3x+2y-2$

(c) $\dfrac{dx}{dt}=x+2y-2$
$\dfrac{dy}{dt}=2x+y+e^{4t}$
$\dfrac{dz}{dt}=2z+t$

(d) $\dfrac{dx}{dt}=-x+y+z+e^{3t}$
$\dfrac{dy}{dt}=x-y+z-2$
$\dfrac{dz}{dt}=x+y-z-2$

9.10 응용 **(연립 미분방정식 해 구하기)** 주어진 각 전기회로에 흐르는 전류에 관한 연립 미분방정식을 세우고, 이 회로에 흐르는 모든 전류를 구하라. 여기서 $R_1=0[\Omega]$, $R_2=1[\Omega]$, $L_1=1[\mathrm{H}]$, $L_2=1[\mathrm{H}]$, $e_1(t)=10[\mathrm{V}]$, $e_2(t)=10e^{-t}[\mathrm{V}]$이다.

(a)

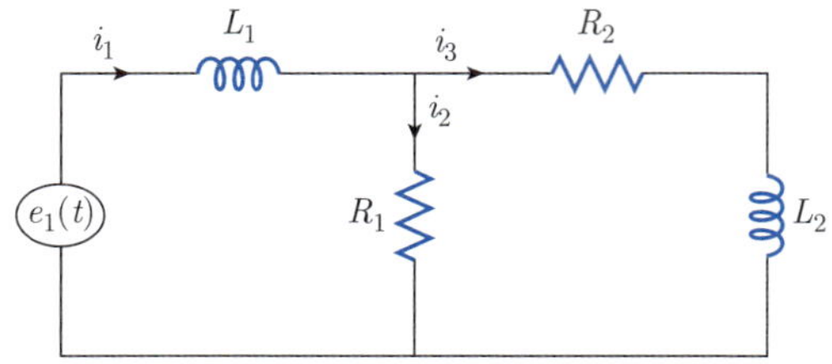

(b)

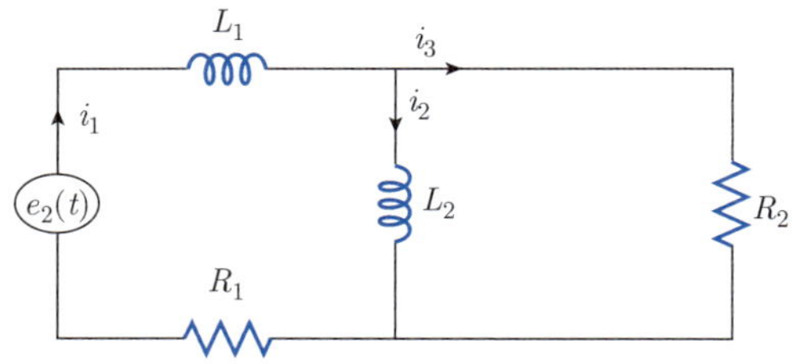

CHAPTER

10

푸리에 해석

Fourier Analysis

Contents

■ 학습목표

- 벡터의 직교성을 함수의 직교성으로 확장하여 직교함수의 개념을 이해할 수 있다.
- 임의의 주기함수를 삼각함수의 급수로 표현하는 푸리에 급수의 개념을 이해하고, 다양한 함수들을 푸리에 급수로 전개하는 방법을 이해할 수 있다.
- 유한 구간, 주기함수의 경우에 한하여 적용되는 푸리에 급수를 무한 구간, 비주기 함수의 경우로 확장함으로써 푸리에 적분의 개념을 이해할 수 있다.
- 무한 시간 구간에서 정의된 임의의 함수에 대해 임의의 주파수에서 함수의 정보를 얻기 위한 방법인 푸리에 변환을 이해할 수 있다.

■ 이 장에서 배우는 내용은?

1,800년대 초, 프랑스 수학자 조제프 푸리에Joseph Fourier는 임의의 함수를 삼각함수의 급수로 나타낼 수 있다는 개념인 푸리에 급수를 개발했다. 푸리에 급수를 이용하면 유한 주기의 주기함수를 간단한 형태의 정수배 고조파harmonic 삼각함수들로 표현할 수 있는데, 이는 임의의 함수를 무수히 많은 직교함수들로 나타내는 일반적인 급수의 특수한 경우로 볼 수 있다.

한편 비주기 함수 또는 시간축의 모든 구간에서 정의되는 함수에 대한 문제를 해석하기 위해서는 주기함수에만 적용되는 푸리에 급수를 개선할 필요가 있는데, 이 개념이 바로 푸리에 적분이다. 또한 푸리에 적분의 세 가지 형태(사인 적분, 코사인 적분, 복소 또는 지수 적분)에 대한 새로운 적분 변환이 정의되는데, 이를 푸리에 변환이라 한다. 푸리에 급수에서 발전된 푸리에 변환은 비주기적인 시간 영역의 함수를 주파수 영역의 크기와 위상으로 변환시킨다.

푸리에 급수, 푸리에 적분, 푸리에 변환의 전 분야를 다루는 영역을 통틀어 푸리에 해석이라 한다. 이 장에서는 푸리에 급수, 푸리에 적분, 푸리에 변환에 대한 개념을 소개하고, 다양한 함수들의 푸리에 해석에 관한 실제 예제에 대해 알아본다. 푸리에 변환을 이용해 편미분방정식의 해를 구하는 문제는 11장에서 다룬다.

SECTION 10.1 직교함수

이 절에서는 벡터의 내적 개념을 이용해 벡터의 직교성이 어떻게 함수의 직교성으로 확장될 수 있는지 살펴본다.

함수의 내적

n차원의 두 공간벡터 $\vec{u} = \langle u_1, u_2, \cdots, u_n \rangle$과 $\vec{v} = \langle v_1, v_2, \cdots, v_n \rangle$을 생각해보자. 두 벡터의 내적은 다음과 같이 정의된다.

$$\vec{u} \cdot \vec{v} = u_1 v_1 + u_2 v_2 + \cdots + u_n v_n = \sum_{k=1}^{n} u_k v_k$$

이때 벡터의 내적이 0이면 두 벡터는 서로 직교한다고 한다. 이 개념을 함수에 적용해보자. 함수 f와 g가 구간 $[a, b]$에서 정의되는 구간 연속함수이고, 두 함수의 적분값이 존재한다면 다음과 같이 두 함수의 내적을 정의할 수 있다.

정의 10-1 함수의 내적

구간 $[a, b]$에서 두 함수 f와 g의 **내적**inner product은 상수이고, 다음과 같이 정의한다.

$$\langle f, g \rangle = \int_a^b f(x) g(x)\, dx$$ [1]

함수 f의 **크기**magnitude 또는 **노름**norm은 $\| f \|$로 표기하고, 다음과 같이 정의한다.

정의 10-2 함수의 크기

$$\| f \| = \sqrt{\langle f, f \rangle} = \sqrt{\int_a^b [f(x)]^2\, dx}$$

1 $\langle f, g \rangle$는 두 함수 f와 g의 내적으로, 벡터의 내적과 구분하기 위해 사용한 기호이다.

함수의 직교성

임의의 두 벡터의 내적이 0이면 두 벡터가 서로 직교하는 것과 마찬가지로, 일반적인 함수에 대해서도 다음과 같이 **직교함수** orthogonal function를 정의할 수 있다.

정의 10-3 직교함수

두 함수 f와 g가 다음과 같은 관계식을 만족하면, 구간 $[a, b]$에서 두 함수 f와 g는 서로 **직교** orthogonal한다고 한다.

$$\langle f, g \rangle = \int_a^b f(x)g(x)\,dx = 0$$

예를 들어 두 함수 $f(x) = \sin x$와 $g(x) = \sin 2x$가 구간 $[-\pi, \pi]$에서 서로 직교하는지 확인해보자. [정의 10-1]에 따라 두 함수의 내적을 구하면 다음과 같다.

$$\begin{aligned}\langle f, g \rangle &= \int_{-\pi}^{\pi} \sin x \sin 2x\,dx = \left[\int_{-\pi}^{\pi} \frac{\cos x - \cos 3x}{2}\,dx\right]^{2} \\ &= \frac{1}{2}\left[\sin x - \frac{1}{3}\sin 3x\right]_{-\pi}^{\pi} = 0\end{aligned}$$

두 함수의 내적이 0이므로 [정의 10-3]에 의해 함수 $f(x) = \sin x$와 $g(x) = \sin 2x$는 구간 $[-\pi, \pi]$에서 직교한다.

서로 직교하는 함수들의 크기가 모두 1일 때, 이러한 함수를 **정규직교함수** orthonormal functions라고 한다. 앞서 살펴본 서로 직교하는 함수 $f(x) = \sin x$와 $g(x) = \sin 2x$의 크기는 [정의 10-2]에 의해 다음과 같이 구할 수 있다.

$$\begin{aligned}\|f\| &= \sqrt{\int_{-\pi}^{\pi} [f(x)]^2\,dx} = \sqrt{\int_{-\pi}^{\pi} \sin^2 x\,dx} \\ &= \sqrt{\int_{-\pi}^{\pi} \frac{1-\cos 2x}{2}\,dx}^{\;3} = \sqrt{\frac{1}{2}\left[x - \frac{\sin 2x}{2}\right]_{-\pi}^{\pi}} = \sqrt{\pi} \\ \|g\| &= \sqrt{\int_{-\pi}^{\pi} [g(x)]^2\,dx} = \sqrt{\int_{-\pi}^{\pi} \sin^2 2x\,dx} = \sqrt{\pi}\end{aligned}$$

2 $\sin A \sin B = \frac{1}{2}[\cos(A-B) - \cos(A+B)]$

3 $\sin^2 x = \frac{1-\cos 2x}{2}$

두 함수의 크기는 1이 아니다. 이때 각 함수의 크기를 1로 만드는 새로운 함수 $f(x)=\dfrac{\sin x}{\sqrt{\pi}}$와 $g(x)=\dfrac{\sin 2x}{\sqrt{\pi}}$를 정의하면 두 함수는 정규직교함수이다.

이제 일반적으로 두 함수 $f(x)=\sin mx\,(m=1, 2, 3, \cdots)$와 $g(x)=\sin nx\,(n=1, 2, 3, \cdots)$가 구간 $[-\pi, \pi]$에서 직교하는지 살펴보자.

❶ $m \neq n$인 경우

$$\begin{aligned}\langle f, g\rangle &= \int_{-\pi}^{\pi} \sin mx \sin nx\, dx \\ &= \frac{1}{2}\int_{-\pi}^{\pi}\{\cos(m-n)x - \cos(m+n)x\}\,dx \\ &= \frac{1}{2}\left[\frac{\sin(m-n)x}{m-n} - \frac{\sin(m+n)x}{m+n}\right]_{-\pi}^{\pi} = 0\end{aligned}$$

❷ $m = n$인 경우

$$\begin{aligned}\langle f, g\rangle &= \int_{-\pi}^{\pi} \sin mx \sin nx\, dx = \left[\int_{-\pi}^{\pi}\sin^2 mx\,dx\right] \\ &= \left[\int_{-\pi}^{\pi}\frac{1-\cos 2mx}{2}\,dx\right] = \frac{1}{2}\left[x - \frac{\sin 2mx}{2m}\right]_{-\pi}^{\pi} = \pi\end{aligned}$$

따라서 $m \neq n$인 경우, 함수 $f(x)=\sin mx$와 $g(x)=\sin nx$는 직교함수이다. 또한 함수의 크기는 각각 다음과 같다.

$$\|f\| = \sqrt{\int_{-\pi}^{\pi} f^2(x)\,dx} = \sqrt{\int_{-\pi}^{\pi}\sin^2 mx\,dx} = \sqrt{\pi}$$

$$\|g\| = \sqrt{\int_{-\pi}^{\pi} g^2(x)\,dx} = \sqrt{\int_{-\pi}^{\pi}\sin^2 nx\,dx} = \sqrt{\pi}$$

따라서 $m \neq n$인 경우, 함수 $f(x)=\dfrac{\sin mx}{\sqrt{\pi}}$와 $g(x)=\dfrac{\sin nx}{\sqrt{\pi}}$는 정규직교함수이다.

예제 10-1 직교함수

두 함수 $f(x)=\sin\dfrac{\pi}{a}x$와 $g(x)=\sin\dfrac{3\pi}{a}x$가 구간 $[0, a]$에서 직교함수임을 보여라.

HINT
$\sin A \sin B$
$=\dfrac{1}{2}[\cos(A-B)-\cos(A+B)]$

풀이

[정의 10-1]에 따라 두 함수의 내적을 구하면 다음과 같다.

$$\langle f,\ g\rangle = \int_0^a \sin\frac{\pi}{a}x\sin\frac{3\pi}{a}x\,dx = \frac{1}{2}\int_0^a\left(\cos\frac{-2\pi}{a}x + \cos\frac{4\pi}{a}x\right)dx$$

$$= \frac{1}{2}\left[-\frac{a}{2\pi}\sin\frac{-2\pi}{a}x + \frac{a}{4\pi}\sin\frac{4\pi}{a}x\right]_0^a = 0$$

따라서 [정의 10-3]에 의해 두 함수 $f(x)=\sin\frac{\pi}{a}x$와 $g(x)=\sin\frac{3\pi}{a}x$는 구간 $[0,\ a]$에서 직교한다.

예제 10-2 정규직교함수

두 함수 $f_1(x)=\cos x$와 $f_2(x)=\cos 2x$가 구간 $[-\pi,\ \pi]$에서 정규직교함수가 되도록 두 함수를 변환하라.

HINT

$\cos A\cos B$
$= \frac{1}{2}[\cos(A-B)+\cos(A+B)]$

풀이

[정의 10-1]에 따라 두 함수의 내적을 구하면 다음과 같다.

$$\langle f_1,\ f_2\rangle = \int_{-\pi}^{\pi}\cos x\cos 2x\,dx = \frac{1}{2}\int_{-\pi}^{\pi}\{\cos(x-2x)+\cos(x+2x)\}\,dx$$

$$= \frac{1}{2}\left[\sin x + \frac{\sin 3x}{3}\right]_{-\pi}^{\pi} = 0$$

따라서 두 함수 $f_1(x)=\cos x$와 $f_2(x)=\cos 2x$는 구간 $[-\pi,\ \pi]$에서 서로 직교한다. 이제 두 함수가 정규직교함수가 되도록 하기 위해, 구간 $[-\pi,\ \pi]$에서 각 함수의 크기가 1이 되도록 만들면 된다. 각 함수의 크기는 다음과 같다.

$$\|f_1\| = \sqrt{\int_{-\pi}^{\pi} f_1^2(x)\,dx} = \sqrt{\int_{-\pi}^{\pi}(\cos^2 x)\,dx} = \sqrt{\int_{-\pi}^{\pi}\frac{1+\cos 2x}{2}\,dx} = \sqrt{\pi}$$

$$\|f_2\| = \sqrt{\int_{-\pi}^{\pi} f_2^2(x)\,dx} = \sqrt{\int_{-\pi}^{\pi}(\cos^2 2x)\,dx} = \sqrt{\int_{-\pi}^{\pi}\frac{1+\cos 4x}{2}\,dx} = \sqrt{\pi}$$

따라서 함수 $\frac{f_1(x)}{\sqrt{\pi}} = \frac{\cos x}{\sqrt{\pi}}$와 함수 $\frac{f_2(x)}{\sqrt{\pi}} = \frac{\cos 2x}{\sqrt{\pi}}$는 구간 $[-\pi,\ \pi]$에서 정규직교함수이다.

SECTION

10.2 푸리에 급수

10.1절에서 설명한 바와 같이 사인함수와 코사인함수가 직교함수라는 사실을 이용하면 임의의 주기함수[4]를 삼각함수의 급수로 표현할 수 있다. 이를 푸리에 급수라고 한다.

정의 10-4 푸리에 급수

구간 $(-T,\ T)$에서 정의되는 주기 $2T>0$인 주기함수 $f(x)$의 **푸리에 급수** Fourier series 는 다음과 같다.

$$f(x)=\frac{a_0}{2}+\sum_{n=1}^{\infty}\left(a_n\cos\frac{n\pi}{T}x+b_n\sin\frac{n\pi}{T}x\right) \tag{10.1}$$

식 (10.1)에 있는 $a_0,\ a_1,\ a_2,\ \cdots,\ b_1,\ b_2,\ b_3,\ \cdots$는 푸리에 급수의 계수로서 다음과 같이 구할 수 있다. 우선 식 (10.1)의 양변을 구간 $(-T,\ T)$에서 적분하면 다음과 같다.

$$\begin{aligned}\int_{-T}^{T}f(x)\,dx&=\int_{-T}^{T}\frac{a_0}{2}\,dx+\int_{-T}^{T}\sum_{n=1}^{\infty}\left(a_n\cos\frac{n\pi}{T}x+b_n\sin\frac{n\pi}{T}x\right)dx\\&=\frac{a_0}{2}\int_{-T}^{T}dx+\sum_{n=1}^{\infty}\left(\int_{-T}^{T}a_n\cos\frac{n\pi}{T}x\,dx+\int_{-T}^{T}b_n\sin\frac{n\pi}{T}x\,dx\right)\quad\cdots\ ①\end{aligned}$$

$n\geq 1$에 대해 식 ①의 우변에 있는 $\int_{-T}^{T}a_n\cos\frac{n\pi}{T}x\,dx$와 $\int_{-T}^{T}b_n\sin\frac{n\pi}{T}x\,dx$를 직접 구해보면 모두 0이다. 따라서 식 ①은 다음과 같이 나타낼 수 있다.

$$\int_{-T}^{T}f(x)\,dx=\frac{a_0}{2}\int_{-T}^{T}dx=\frac{a_0}{2}(2T)$$

4 임의의 정수 n에 대해 $f(x)=f(x+nT)$를 만족하면 함수 $f(x)$를 주기함수라 하고, 이때 주기는 T이다. 주기함수의 정의는 3장에서 이미 살펴봤다.

따라서 a_0는 다음과 같다.

$$a_0 = \frac{1}{T}\int_{-T}^{T} f(x)\,dx \tag{10.2}$$

또한 식 (10.1)의 양변에 $\cos\dfrac{m\pi}{T}x$를 곱하고 구간 $(-T,\ T)$에서 적분하면 다음과 같다.

$$\begin{aligned}\int_{-T}^{T} f(x)\cos\frac{m\pi}{T}x\,dx &= \int_{-T}^{T}\frac{a_0}{2}\cos\frac{m\pi}{T}x\,dx \\ &+ \sum_{n=1}^{\infty}\int_{-T}^{T}\left(a_n\cos\frac{m\pi}{T}x\cos\frac{n\pi}{T}x + b_n\cos\frac{m\pi}{T}x\sin\frac{n\pi}{T}x\right)dx \qquad \cdots ②\end{aligned}$$

이때 함수의 직교성에 의해 다음이 성립한다.

$$\int_{-T}^{T}\cos\frac{m\pi}{T}x\,dx = 0 \quad (m \geq 1)$$

$$\int_{-T}^{T}\cos\frac{m\pi}{T}x\sin\frac{n\pi}{T}x\,dx = 0$$

$$\int_{-T}^{T}\cos\frac{m\pi}{T}x\cos\frac{n\pi}{T}x\,dx = \begin{cases}0 & (m \neq n)\\ T & (m = n)\end{cases}$$

따라서 식 ②는 다음과 같이 간략하게 표현할 수 있다.

$$\int_{-T}^{T} f(x)\cos\frac{n\pi}{T}x\,dx = a_n T \qquad \cdots ③$$

식 ③을 풀면 a_n은 다음과 같다.

$$a_n = \frac{1}{T}\int_{-T}^{T} f(x)\cos\frac{n\pi}{T}x\,dx \tag{10.3}$$

유사한 방법으로 식 (10.1)에 $\sin\dfrac{m\pi}{T}x$를 곱하고 구간 $(-T,\ T)$에서 적분하면 다음과 같다.

$$\begin{aligned}\int_{-T}^{T} f(x)\sin\frac{m\pi}{T}x\,dx &= \int_{-T}^{T}\frac{a_0}{2}\sin\frac{m\pi}{T}x\,dx \\ &+ \sum_{n=1}^{\infty}\int_{-T}^{T}\left(a_n\sin\frac{m\pi}{T}x\cos\frac{n\pi}{T}x + b_n\sin\frac{m\pi}{T}x\sin\frac{n\pi}{T}x\right)dx \qquad \cdots ④\end{aligned}$$

이때 함수의 직교성에 의해 다음이 성립한다.

$$\int_{-T}^{T} \sin \frac{m\pi}{T} x \, dx = 0 \quad (m \geq 1)$$

$$\int_{-T}^{T} \sin \frac{m\pi}{T} x \cos \frac{n\pi}{T} x \, dx = 0$$

$$\int_{-T}^{T} \sin \frac{m\pi}{T} x \sin \frac{n\pi}{T} x \, dx = \begin{cases} 0 & (m \neq n) \\ T & (m = n) \end{cases}$$

따라서 식 ④는 다음과 같이 간략하게 표현할 수 있다.

$$\int_{-T}^{T} f(x) \sin \frac{n\pi}{T} x \, dx = b_n T \qquad \cdots ⑤$$

식 ⑤를 풀면 b_n은 다음과 같다.

$$b_n = \frac{1}{T} \int_{-T}^{T} f(x) \sin \frac{n\pi}{T} x \, dx \qquad (10.4)$$

결과적으로 식 (10.1)에서 정의한 푸리에 급수의 계수는 식 (10.2)~(10.4)와 같이 결정된다.

예제 10-3 푸리에 급수 전개 : 사각파square wave

[그림 10-1]과 같이 주어진 주기함수 $f(x)$(주기는 2π)를 푸리에 급수로 전개하라.

$$f(x) = \begin{cases} 0 & (-\pi < x \leq 0) \\ 1 & (0 < x < \pi) \end{cases}$$

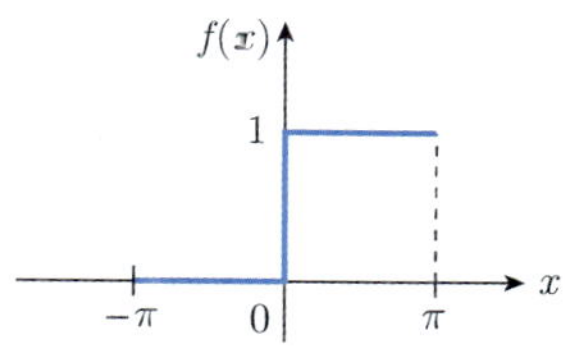

[그림 10-1]

풀이

푸리에 급수로 전개하기 위해 계수들을 구하자. 먼저 식 (10.2)에 의해 c_0는 다음과 같다.

$$a_0 = \frac{1}{T} \int_{-T}^{T} f(x) \, dx = \frac{1}{\pi} \int_{-\pi}^{\pi} f(x) \, dx = \frac{1}{\pi} \int_{-\pi}^{0} (0) \, dx + \frac{1}{\pi} \int_{0}^{\pi} (1) \, dx = 1$$

다음으로 식 (10.3)에 의해 a_n은 다음과 같다.

$$\begin{aligned} a_n &= \frac{1}{T} \int_{-T}^{T} f(x) \cos \frac{n\pi}{T} x \, dx = \frac{1}{\pi} \int_{-\pi}^{\pi} f(x) \cos \frac{n\pi}{\pi} x \, dx \\ &= \frac{1}{\pi} \int_{-\pi}^{0} (0) \cos nx \, dx + \frac{1}{\pi} \int_{0}^{\pi} (1) \cos nx \, dx \\ &= \frac{1}{\pi} \frac{\sin nx}{n} \bigg|_{0}^{\pi} = 0 \end{aligned}$$

마지막으로 식 (10.4)에 의해 b_n은 다음과 같다.

$$b_n = \frac{1}{T}\int_{-T}^{T} f(x)\sin\frac{n\pi}{T}x\,dx = \frac{1}{\pi}\int_{-\pi}^{\pi} f(x)\sin\frac{n\pi}{\pi}x\,dx$$
$$= \frac{1}{\pi}\int_{-\pi}^{0}(0)\sin nx\,dx + \frac{1}{\pi}\int_{0}^{\pi}(1)\sin nx\,dx$$
$$= -\frac{1}{\pi}\frac{\cos nx}{n}\bigg|_0^{\pi} = \frac{1-\cos n\pi}{n\pi}$$

따라서 식 (10.1)에 의해 함수 $f(x)$의 푸리에 급수식은 다음과 같다.

$$f(x) = \frac{1}{2} + \sum_{n=1}^{\infty}\frac{1-\cos n\pi}{n\pi}\sin nx$$

··· n이 짝수이면 $1-\cos n\pi = 0$임을 상기

[그림 10-2]는 위와 같은 함수 $f(x)$의 푸리에 급수식을 n에 따라 나타낸 결과이다. n이 커질수록 푸리에 급수식이 원래의 함수([그림 10-1])에 근접함을 알 수 있다.

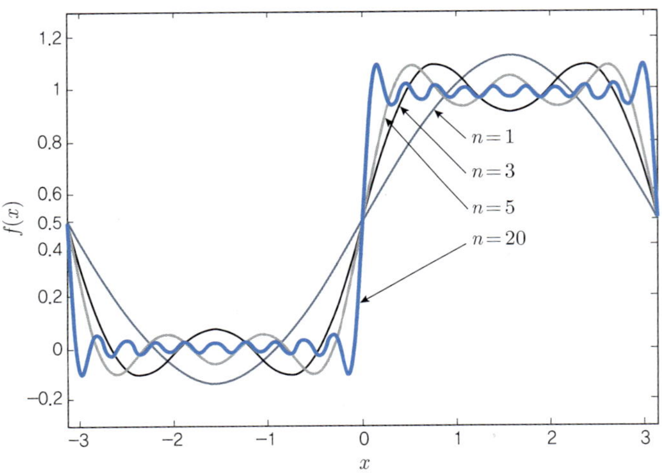

[그림 10-2] n에 따른 함수 $f(x)$의 푸리에 급수 변화

예제 10-4 **푸리에 급수 전개 : 톱니파** sawtooth wave

[그림 10-3]과 같이 주어진 주기함수 $f(x)$(주기는 2π)를 푸리에 급수로 전개하라.

$$f(x) = \begin{cases} 0 & (-\pi < x \le 0) \\ x & (0 < x < \pi) \end{cases}$$

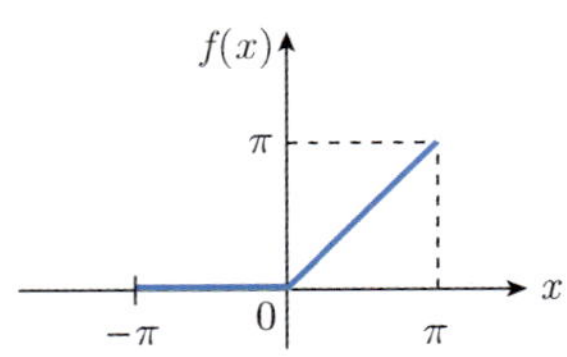

[그림 10-3]

풀이

식 (10.2)에 의해 a_0는 다음과 같다.

$$a_0 = \frac{1}{T}\int_{-T}^{T} f(x)\,dx = \frac{1}{\pi}\int_{-\pi}^{\pi} f(x)\,dx = \frac{1}{\pi}\int_{-\pi}^{0}(0)\,dx + \frac{1}{\pi}\int_{0}^{\pi}(x)\,dx = \left.\frac{x^2}{2\pi}\right|_0^{\pi} = \frac{\pi}{2}$$

다음으로 식 (10.3)에 의해 a_n은 다음과 같다.

$$\begin{aligned}
a_n &= \frac{1}{T}\int_{-T}^{T} f(x)\cos\frac{n\pi}{T}x\,dx \\
&= \frac{1}{\pi}\int_{-\pi}^{\pi} f(x)\cos\frac{n\pi}{\pi}x\,dx \\
&= \frac{1}{\pi}\int_{-\pi}^{0}(0)\cos nx\,dx + \frac{1}{\pi}\int_{0}^{\pi}(x)\cos nx\,dx \qquad \cdots \text{ 부분적분 이용} \\
&= \frac{1}{\pi}\left[\left.\frac{x\sin nx}{n}\right|_0^{\pi} - \frac{1}{n}\int_0^{\pi}\sin nx\,dx\right] \\
&= 0 + \frac{1}{\pi}\left[\frac{1}{n^2}\cos nx\right]_0^{\pi} \\
&= \frac{\cos n\pi - 1}{\pi n^2}
\end{aligned}$$

마지막으로 식 (10.4)에 의해 b_n은 다음과 같다.

$$\begin{aligned}
b_n &= \frac{1}{T}\int_{-T}^{T} f(x)\sin\frac{n\pi}{T}x\,dx \\
&= \frac{1}{\pi}\int_{-\pi}^{\pi} f(x)\sin\frac{n\pi}{\pi}x\,dx \\
&= \frac{1}{\pi}\int_{-\pi}^{0}(0)\sin nx\,dx + \frac{1}{\pi}\int_{0}^{\pi}(x)\sin nx\,dx \qquad \cdots \text{ 부분적분 이용} \\
&= \frac{1}{\pi}\left[-\left.\frac{x\cos nx}{n}\right|_0^{\pi} + \frac{1}{n}\int_0^{\pi}\cos nx\,dx\right] \\
&= \frac{1}{\pi}\left[-\frac{\pi\cos n\pi}{n} + 0\right] \\
&= -\frac{\cos n\pi}{n}
\end{aligned}$$

따라서 함수 $f(x)$의 푸리에 급수식은 식 (10.1)에 의해 다음과 같다.

$$f(x) = \frac{\pi}{4} + \sum_{n=1}^{\infty}\left(\frac{\cos n\pi - 1}{\pi n^2}\cos nx - \frac{\cos n\pi}{n}\sin nx\right)$$

[그림 10-4]는 위와 같은 함수 $f(x)$의 푸리에 급수식을 n에 따라 나타낸 결과이다. n이 커질수록 푸리에 급수식이 원래의 함수([그림 10-3])에 근접함을 알 수 있다.

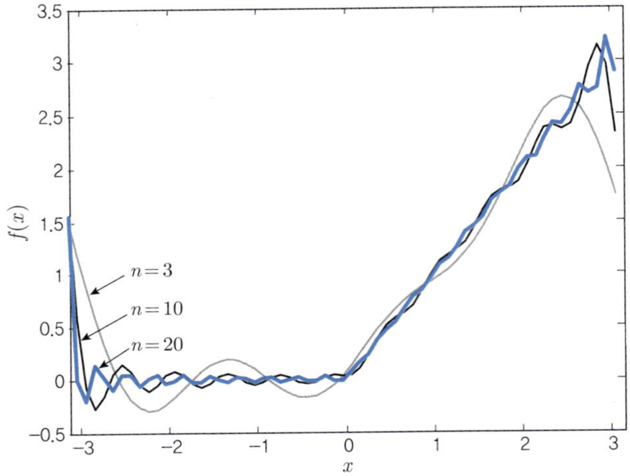

[그림 10-4] n에 따른 함수 $f(x)$의 푸리에 급수 변화

■ 불연속점에서의 수렴

주기함수 $f(x)$가 구간 $(-T,\ T)$에서 불연속점 x_0를 갖는다고 가정하자. 즉 함수 $f(x)$가 구간 $(-T,\ T)$안의 점 x_0에서만 불연속인 **구간별 연속** piecewise continuous[5] 함수이면, 불연속점 x_0에서 푸리에 급수는 다음과 같이 다시 정의된다.

$$f(x_0) = \frac{f(x_0^-) + f(x_0^+)}{2} \tag{10.5}$$

여기서 $f(x_0^-)$와 $f(x_0^+)$는 각각 불연속점 x_0에서의 **좌극한** left hand limit과 **우극한** right hand limit을 나타내고, 불연속점에서의 함숫값 $f(x_0)$는 좌극한과 우극한의 평균값을 취하는 것으로 볼 수 있다. 예를 들어 [예제 10-3]에서 함수 $f(x)$는 $x=0$에서만 불연속인 구간별 연속함수이고, 좌극한은 $f(0^-)=0$, 우극한은 $f(0^+)=1$이므로 식 (10.5)에 의해 다음과 같다.

$$f(0) = \frac{f(0^-) + f(0^+)}{2} = \frac{0+1}{2} = \frac{1}{2}$$

이 결과는 [그림 10-2]에서도 확인할 수 있다.

5 x의 전체 구간에 대해서는 불연속점이 있다고 할지라도, 전체 구간을 여러 개의 부분구간으로 나누었을 때 각 부분구간에서는 불연속점이 없는 경우를 말한다.

■ 주기확장

[정의 10-4]에서 언급했듯이, 함수 $f(x)$는 주기가 $2T$인 주기함수이다. 이를 식 (10.1)의 우변에 있는 급수의 관점에서 확인해보자. 식 (10.1)의 우변에 있는 각 함수는 서로 다른 주기 $\frac{2T}{n}$ $(n \geq 1)$[6]를 갖는다. 그러나 기존 주기의 양의 정수배도 하나의 주기가 되므로,[7] 우변의 모든 함수는 공통으로 주기 $2T$를 갖는다. 따라서 식 (10.1)의 우변의 기본 주기가 $2T$임을 확인할 수 있다. 즉 식 (10.1)은 주기함수이므로 구간 $(-T,\ T)$에서 함수 $f(x)$의 푸리에 급수를 나타낼 뿐만 아니라, 이 구간 밖으로 확장된 영역에서 정의된 함수 $f(x)$의 푸리에 급수를 나타내기도 한다. 이를 **주기확장** periodic extension이라고 하고, 식 (10.1)이 함수 $f(x)$로 **수렴** convergent한다고 말한다.

예를 들어, [예제 10-3]에서 구한 푸리에 급수식

$$f(x) = \frac{1}{2} + \sum_{n=1}^{\infty} \frac{1-\cos n\pi}{n\pi} \sin nx$$

는 다음과 같이 구간 $(-\pi,\ \pi)$에서 정의된 함수 $f(x)$로 수렴할 뿐만 아니라, x축 전체 구간에 대해서도 함수 $f(x)$로 수렴한다.

$$f(x) = \begin{cases} 0 & (-\pi < x \leq 0) \\ 1 & (0 < x < \pi) \end{cases}$$

그러므로 식 (10.5)를 적용하면 푸리에 급수는 주기적으로 확장된 점 $x = 0,\ \pm 2\pi,\ \pm 4\pi,\ \cdots$에서 $f(0)$으로 수렴하고, $x = \pm\pi,\ \pm 3\pi,\ \pm 5\pi$에서 $f(\pi)$로 수렴한다.

$$f(0) = \frac{f(0^-)+f(0^+)}{2} = \frac{0+1}{2} = \frac{1}{2}$$
$$f(\pi) = \frac{f(\pi^-)+f(\pi^+)}{2} = \frac{1+0}{2} = \frac{1}{2}$$

따라서 [예제 10-3]의 함수 $f(x)$에 대한 주기확장은 [그림 10-5]와 같이 나타낼 수 있다.

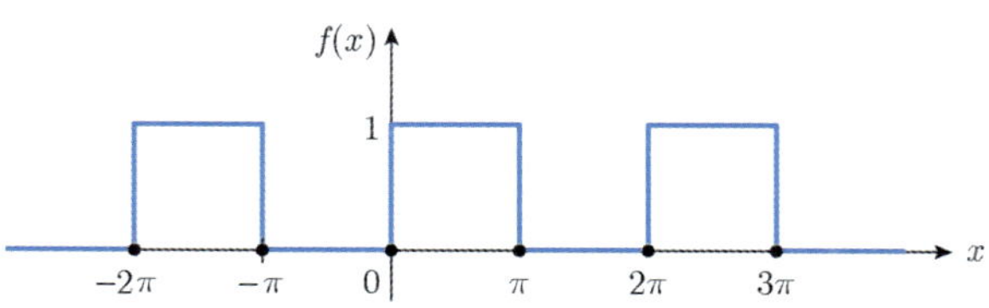

[그림 10-5] [그림 10-1]에 주어진 함수 $f(x)$의 주기확장

---

6 $\cos wx$ 또는 $\sin wx$의 주기는 $\frac{2\pi}{w}$이다.

7 예를 들어 어떤 함수의 주기가 T이면 nT(n은 양의 정수)도 이 함수의 주기가 된다.

■ 우함수와 기함수

지금까지 임의의 함수에 대한 푸리에 급수에 대해 설명했다. 그런데 만약 주어진 함수 $f(x)$가 대칭적인 특징을 갖는 **우함수**even function 또는 **기함수**odd function의 형태라면 푸리에 급수의 계수를 훨씬 쉽게 구할 수 있다.

이해를 돕기 위해 우함수와 기함수의 정의와 성질에 대해 먼저 살펴보자. 임의의 구간에서 함수 $f(x)$가 다음을 만족하면 우함수이다.

$$f(-x) = f(x) \tag{10.6}$$

또한 임의의 구간에서 함수 $f(x)$가 다음을 만족하면 기함수이다.

$$f(-x) = -f(x) \tag{10.7}$$

우함수는 y축에 대해 대칭인 함수이고, 기함수는 원점에 대해 대칭인 함수이다. [그림 10-6]은 우함수에 대한 예를, [그림 10-7]은 기함수에 대한 예를 보여준다.

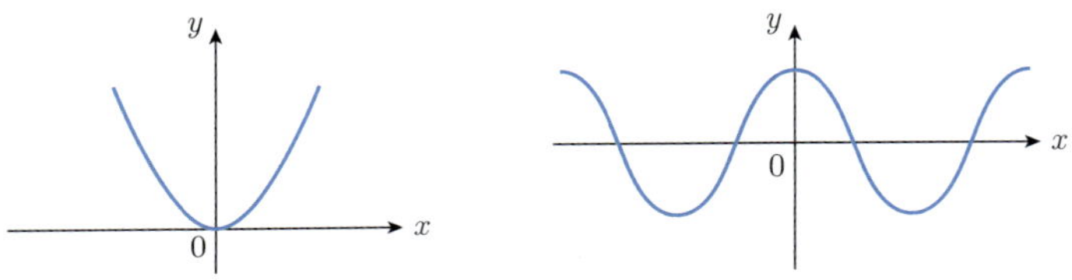

(a) $y = x^2$ (b) $y = \cos x$

[그림 10-6] 우함수의 예

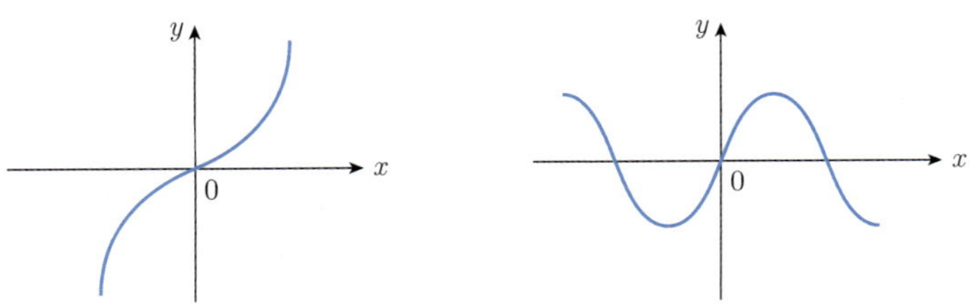

(a) $y = x^3$ (b) $y = \sin x$

[그림 10-7] 기함수의 예

우함수와 기함수는 다음과 같은 성질을 갖는다.

정리 10-1 우함수와 기함수의 성질

(1) 두 우함수의 합은 우함수이다.

(2) 두 기함수의 합은 기함수이다.

(3) 두 우함수의 곱은 우함수이다.

(4) 두 기함수의 곱은 우함수이다.

(5) 우함수와 기함수의 곱은 기함수이다.

증명

(1)~(4)의 증명은 쉬우므로 생략하고, (5)를 증명해보자. $f(x)$는 우함수, $g(x)$는 기함수라 가정하고, 함수 $h(x)$를 두 함수의 곱 $h(x)=f(x)g(x)$라 하면 다음이 성립한다.

$$h(-x)=f(-x)g(-x)=-f(x)g(x)=-h(x)$$

따라서 기함수의 정의에 따라 함수 $h(x)$는 기함수이다. ■

정리 10-2 우함수와 기함수의 적분

$f(x)$가 우함수, $g(x)$가 기함수일 때, 각 함수의 적분에 대해 다음 관계식이 성립한다.

$$\int_{-T}^{T} f(x)\,dx = 2\int_{0}^{T} f(x)\,dx \tag{10.8}$$

$$\int_{-T}^{T} g(x)\,dx = 0 \tag{10.9}$$

증명

먼저 식 (10.8)을 증명해보자. 식 (10.8)의 좌변은 다음과 같이 나타낼 수 있다.

$$\int_{-T}^{T} f(x)\,dx = \int_{-T}^{0} f(x)\,dx + \int_{0}^{T} f(x)\,dx \qquad \cdots ①$$

위 식 우변의 첫 번째 항의 적분은 $x=-v$로 치환하여 다음과 같이 변환할 수 있다.

$$\int_{-T}^{0} f(x)\,dx = \int_{T}^{0} f(-v)\,(-dv) = -\int_{T}^{0} f(-v)\,dv = \int_{0}^{T} f(-v)\,dv \qquad \cdots ②$$

그런데 $f(x)$가 우함수이므로 식 (10.6)을 이용하면 식 ②는 다음과 같이 나타낼 수 있다.

$$\int_{-T}^{0} f(x)\,dx = \int_{0}^{T} f(v)\,dv = \int_{0}^{T} f(x)\,dx \qquad \cdots ③$$

식 ③을 식 ①에 대입하면 다음과 같다.

$$\int_{-T}^{T} f(x)\,dx = 2\int_{0}^{T} f(x)\,dx$$

다음으로 식 (10.9)를 증명하자. 유사하게 식 (10.9)의 좌변은 다음과 같이 나타낼 수 있다.

$$\int_{-T}^{T} g(x)\,dx = \int_{-T}^{0} g(x)\,dx + \int_{0}^{T} g(x)\,dx \qquad \cdots ④$$

위 식 우변의 첫 번째 항의 적분은 $x = -u$로 치환하여 다음과 같이 변환할 수 있다.

$$\int_{-T}^{0} g(x)\,dx = \int_{T}^{0} g(-u)\,(-du) = -\int_{T}^{0} g(-u)\,du = \int_{0}^{T} g(-u)\,du \qquad \cdots ⑤$$

그런데 $g(x)$가 기함수이므로 식 (10.7)을 이용하면 식 ⑤는 다음과 같이 나타낼 수 있다.

$$\int_{-T}^{0} g(x)\,dx = -\int_{0}^{T} g(u)\,du = -\int_{0}^{T} g(x)\,dx \qquad \cdots ⑥$$

식 ⑥을 식 ④에 대입하면 다음과 같다.

$$\int_{-T}^{T} g(x)\,dx = -\int_{0}^{T} g(x)\,dx + \int_{0}^{T} g(x)\,dx = 0$$ ■

이제 함수 $f(x)$의 푸리에 급수식 (10.1)을 $f(x)$가 우함수 또는 기함수인 경우에 대해 다시 구해보자.

■ $f(x)$가 우함수인 경우

$f(x)$가 구간 $(-T,\ T)$에서 우함수이면, 앞서 설명한 우함수와 기함수의 성질과 [정리 10-2]에 의해 식 (10.2)~(10.4)의 계수는 다음과 같다.

$$a_0 = \frac{1}{T}\int_{-T}^{T} f(x)\,dx = \frac{2}{T}\int_{0}^{T} f(x)\,dx \qquad (10.10)$$

$$a_n = \frac{1}{T}\int_{-T}^{T} f(x)\cos\frac{n\pi}{T}x\,dx = \frac{2}{T}\int_{0}^{T} f(x)\cos\frac{n\pi}{T}x\,dx \qquad (10.11)$$ [8]

$$b_n = \frac{1}{T}\int_{-T}^{T} f(x)\sin\frac{n\pi}{T}x\,dx = 0 \qquad (10.12)$$ [9]

8 $f(x)$가 우함수이고 코사인함수도 우함수이므로, 두 우함수의 곱은 우함수이다.

9 $f(x)$가 우함수이고 사인함수는 기함수이므로, 우함수와 기함수의 곱은 기함수이다.

따라서 우함수 $f(x)$의 푸리에 급수식 (10.1)은 다음과 같이 **코사인 급수**cosine series가 된다.

$$f(x) = \frac{a_0}{2} + \sum_{n=1}^{\infty} a_n \cos \frac{n\pi}{T} x \qquad (10.13)$$

여기서 a_0는 식 (10.10)으로, a_n은 식 (10.11)로 주어진다.

■ $f(x)$가 기함수인 경우

$f(x)$가 구간 $(-T,\ T)$에서 기함수이면, 앞서 설명한 우함수와 기함수의 성질과 [정리 10-2]에 의해 식 (10.2)~(10.4)의 계수는 다음과 같다.

$$a_0 = \frac{1}{T}\int_{-T}^{T} f(x)\,dx = 0 \qquad (10.14)$$

$$a_n = \frac{1}{T}\int_{-T}^{T} f(x)\cos\frac{n\pi}{T}x\,dx = 0 \text{ [10]} \qquad (10.15)$$

$$b_n = \frac{1}{T}\int_{-T}^{T} f(x)\sin\frac{n\pi}{T}x\,dx = \frac{2}{T}\int_{0}^{T} f(x)\sin\frac{n\pi}{T}x\,dx \text{ [11]} \qquad (10.16)$$

따라서 기함수 $f(x)$의 푸리에 급수식 (10.1)은 다음과 같이 **사인 급수**sine series가 된다.

$$f(x) = \sum_{n=1}^{\infty} b_n \sin\frac{n\pi}{T}x \qquad (10.17)$$

여기서 b_n은 식 (10.16)으로 주어진다.

10 $f(x)$가 기함수이고 코사인함수는 우함수이므로, 기함수와 우함수의 곱은 기함수이다.

11 $f(x)$가 기함수이고 사인함수도 기함수이므로, 두 기함수의 곱은 우함수이다.

예제 10-5 **푸리에 급수 전개 : 우함수**

[그림 10-8]과 같이 주어진 함수를 푸리에 급수로 전개하라.

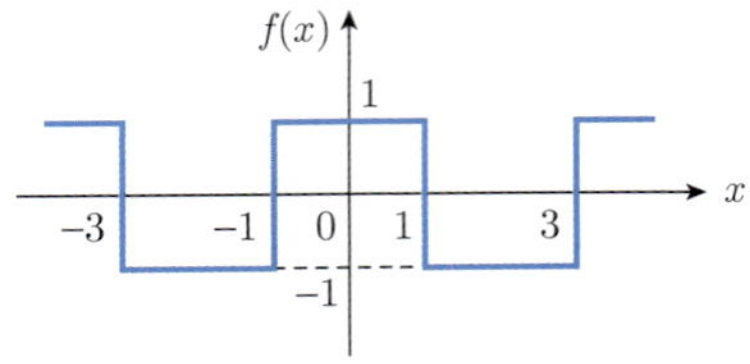

[그림 10-8]

풀이

[그림 10-8]의 함수는 주기함수이고 우함수이다. 이 함수는 한 주기에 대해 다음과 같이 표현될 수 있다.

$$f(x) = \begin{cases} -1 & (-2 < x < -1) \\ 1 & (-1 \le x < 1) \\ -1 & (1 \le x < 2) \end{cases}$$

우함수의 경우 푸리에 급수의 계수는 식 (10.10)~(10.12)에 의해 다음과 같다.

$$\begin{aligned} a_0 &= \frac{2}{T}\int_0^T f(x)\,dx = \frac{2}{2}\int_0^2 f(x)\,dx \\ &= \int_0^1 (1)\,dx + \int_1^2 (-1)\,dx = 0 \\ a_n &= \frac{2}{T}\int_0^T f(x)\cos\frac{n\pi}{T}x\,dx \\ &= \frac{2}{2}\int_0^2 f(x)\cos\frac{n\pi}{2}x\,dx \\ &= \int_0^1 (1)\cos\frac{n\pi}{2}x\,dx + \int_1^2 (-1)\cos\frac{n\pi}{2}x\,dx \\ &= \frac{2}{n\pi}\sin\frac{n\pi}{2}x\,\Big|_0^1 - \frac{2}{n\pi}\sin\frac{n\pi}{2}x\,\Big|_1^2 \\ &= \frac{4}{n\pi}\sin\frac{n\pi}{2} \\ b_n &= 0 \end{aligned}$$

따라서 식 (10.13)에 의해 푸리에 급수는 다음과 같다.

$$f(x) = \sum_{n=1}^{\infty} \frac{4}{n\pi}\sin\frac{n\pi}{2}\cos\frac{n\pi}{2}x$$

예제 10-6 푸리에 급수 전개 : 기함수

한 주기가 [그림 10-9]와 같이 주어진 주기함수를 푸리에 급수로 전개하라.

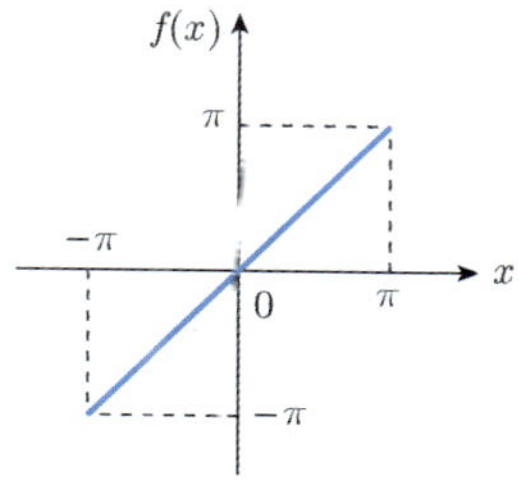

[그림 10-9]

풀이

[그림 10-9]의 함수는 주기함수이고 기함수이다. 이 함수는 한 주기에 대해 다음과 같이 표현될 수 있다.

$$f(x) = x \quad (-\pi < x < \pi)$$

기함수의 경우 푸리에 급수의 계수는 식 (10.14)~(10.16)에 의해 다음과 같다.

$$a_0 = 0, \quad a_n = 0$$

$$\begin{aligned} b_n &= \frac{2}{T}\int_0^T f(x)\sin\frac{n\pi}{T}x\,dx \\ &= \frac{2}{\pi}\int_0^\pi (x)\sin nx\,dx \\ &= \frac{2}{\pi}\left[-\frac{x}{n}\cos nx\Big|_0^\pi + \frac{1}{n}\int_0^\pi \cos nx\,dx\right] \quad \cdots \text{ 부분적분 이용} \\ &= -\frac{2}{n}\cos n\pi = -\frac{2}{n}(-1)^n \end{aligned}$$

따라서 식 (10.17)에 의해 푸리에 급수는 다음과 같다.

$$f(x) = \sum_{n=1}^{\infty} b_n \sin\frac{n\pi}{T}x = \sum_{n=1}^{\infty}\left[-\frac{2}{n}(-1)^n\right]\sin nx = \sum_{n=1}^{\infty}\frac{2}{n}(-1)^{n+1}\sin nx$$

■ 반구간 전개

지금까지 구간 $(-T, T)$에서의 함수를 살펴봤다. 그러나 물리학, 광학 등의 분야에서는 구간 $(0, T)$에서만 정의된 비주기함수의 푸리에 급수 전개를 요구하는 경우도 종종 있다. 이러한 경우에는 구간 $(0, T)$에서만 정의된 함수를 구간 $(-T, 0)$에서도 적절하게 정의함으로써, 주어진 함수를 주기 $2T$의 푸리에 급수로 나타낼 수 있다. 이를 **반구간 전개**half-range expansion라 한다. 반구간 전개에는 우확장과 기확장이라는 두 가지 방법이 주로 사용된다.

정리 10-3 반구간 전개 방법

함수 $f(x)$가 구간 $(0,\ T)$에서 정의된다고 할 때 다음과 같다.

(1) 구간 $(-T,\ 0)$에서는 함수 $f(x)$의 y축에 대해 대칭인 함수로 정의한다. 그러면 새로 정의된 함수는 구간 $(-T,\ T)$에서 주기 $2T$인 우함수가 된다. 이와 같은 방법을 **우확장** even expansion이라 한다.

(2) 구간 $(-T,\ 0)$에서는 함수 $f(x)$의 원점에 대해 대칭인 함수로 정의한다. 그러면 새로 정의된 함수는 구간 $(-T,\ T)$에서 주기 $2T$인 기함수가 된다. 이와 같은 방법을 **기확장** odd expansion이라 한다.

[그림 10-10]은 구간 $(0,\ T)$에서 정의된 함수 $f(x)$의 우확장과 기확장을 보여준다.

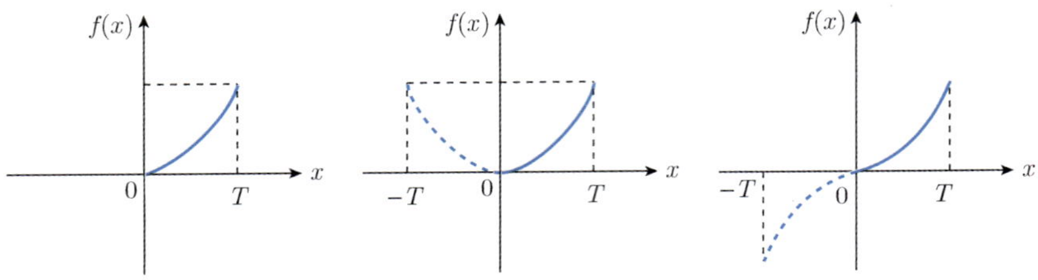

(a) $f(x)$ (b) $f(x)$의 우확장 (c) $f(x)$의 기확장

[그림 10-10] 함수 $f(x)$의 우확장과 기확장

우확장을 한 경우 구간 $(-T,\ T)$에서 함수 $f(x)$는 우함수이므로 코사인 급수로 전개되고, 기확장을 한 경우 구간 $(-T,\ T)$에서 함수 $f(x)$는 기함수이므로 사인 급수로 전개된다.

예제 10-7 반구간 전개

[그림 10-11]과 같이 주어진 함수에 대해 우확장을 이용해 푸리에 급수로 전개하라.

$$f(x) = \begin{cases} 1 & (0 < x \le 1) \\ 0 & (1 < x < 2) \end{cases}$$

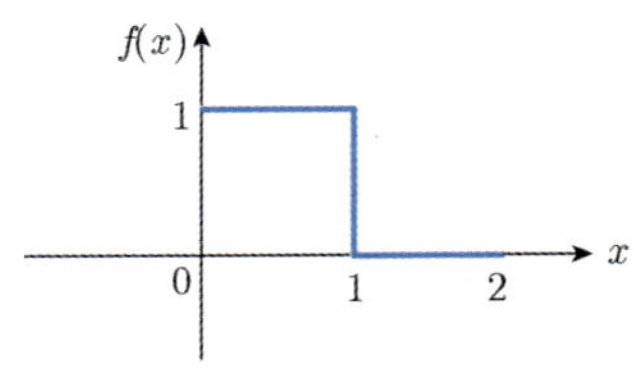

[그림 10-11]

풀이

[그림 10-11]은 구간 $(0,\ 2)$에서만 함수가 정의되는 경우이다. 함수 $f(x)$에 대해 우확장을 하면 주어진 함수는 다음과 같이 우함수가 된다.

$$f(x) = \begin{cases} 0 & (-2 < x < -1) \\ 1 & (-1 \le x < 1) \\ 0 & (1 \le x < 2) \end{cases}$$

우함수의 경우 푸리에 급수의 계수는 식 (10.10)~(10.12)에 의해 다음과 같다.

$$a_0 = \frac{2}{T}\int_0^T f(x)\,dx = \frac{2}{2}\int_0^2 f(x)\,dx$$
$$= \int_0^1 (1)\,dx + \int_1^2 (0)\,dx = 1$$

$$a_n = \frac{2}{T}\int_0^T f(x)\cos\frac{n\pi}{T}x\,dx$$
$$= \frac{2}{2}\int_0^2 f(x)\cos\frac{n\pi}{2}x\,dx$$
$$= \int_0^1 (1)\cos\frac{n\pi}{2}x\,dx + \int_1^2 (0)\cos\frac{n\pi}{2}x\,dx$$
$$= \frac{2}{n\pi}\sin\frac{n\pi}{2}x\Big|_0^1 = \frac{2}{n\pi}\sin\frac{n\pi}{2}$$

$$b_n = 0$$

따라서 식 (10.13)에 의해 푸리에 급수는 다음과 같다.

$$f(x) = \frac{a_0}{2} + \sum_{n=1}^{\infty} a_n \cos\frac{n\pi}{T}x = \frac{1}{2} + \sum_{n=1}^{\infty}\frac{2}{n\pi}\sin\frac{n\pi}{2}\cos\frac{n\pi}{2}x$$

■ 복소 푸리에 급수

지금까지 살펴본 바와 같이 실변수 주기함수 $f(x)$는 사인 급수 또는 코사인 급수로 표현되고, 표현된 급수 역시 실변수 함수임을 알 수 있다. 이러한 푸리에 급수식은 공학, 물리학 등의 다양한 분야에서 나타나는 편미분방정식의 해를 구하는 데 아주 유용하게 사용된다. 그러나 종종 전자공학이나 제어공학 분야의 주기적 신호해석에 대한 응용문제를 풀 때는 주기함수 $f(x)$를 지수함수를 이용해 복소변수 함수의 급수식으로 나타내는 것이 유용하기도 하다. 이를 복소 푸리에 급수라 한다.

다음과 같은 식 (10.1)의 푸리에 급수식을 복소수 형식으로 나타내기 위해 오일러 공식을 이용하자.

$$f(x) = \frac{a_0}{2} + \sum_{n=1}^{\infty}\left(a_n\cos\frac{n\pi}{T}x + b_n\sin\frac{n\pi}{T}x\right)$$

오일러 공식은 $e^{ix} = \cos x + i\sin x$, $e^{-ix} = \cos x - i\sin x$이므로 다음과 같이 나타낼 수 있다.

$$e^{i\frac{n\pi x}{T}} = \cos\frac{n\pi x}{T} + i\sin\frac{n\pi x}{T}, \quad e^{-i\frac{n\pi x}{T}} = \cos\frac{n\pi x}{T} - i\sin\frac{n\pi x}{T}$$

앞의 두 식을 풀어서 $\cos\frac{n\pi x}{T}$와 $\sin\frac{n\pi x}{T}$에 대해 정리하면 다음과 같다.

$$\cos\frac{n\pi x}{T} = \frac{1}{2}\left(e^{i\frac{n\pi x}{T}} + e^{-i\frac{n\pi x}{T}}\right), \quad \sin\frac{n\pi x}{T} = \frac{1}{2i}\left(e^{i\frac{n\pi x}{T}} - e^{-i\frac{n\pi x}{T}}\right)$$

위 두 식을 식 (10.1)에 대입하면 다음과 같다.

$$\begin{aligned} f(x) &= \frac{a_0}{2} + \sum_{n=1}^{\infty}\left(a_n\frac{e^{i\frac{n\pi x}{T}} + e^{-i\frac{n\pi x}{T}}}{2} + b_n\frac{e^{i\frac{n\pi x}{T}} - e^{-i\frac{n\pi x}{T}}}{2i}\right) \\ &= \frac{a_0}{2} + \sum_{n=1}^{\infty}\left(\frac{a_n - ib_n}{2}e^{i\frac{n\pi x}{T}} + \frac{a_n + ib_n}{2}e^{-i\frac{n\pi x}{T}}\right) \end{aligned} \tag{10.18}$$

여기서 a_0, a_n, b_n은 식 (10.2)~(10.4)에 의해 구할 수 있는 계수이다. 이때 주어진 계수를 $c_0 = \frac{a_0}{2}$, $c_n = \frac{a_n - ib_n}{2}$, $\overline{c_n} = \frac{a_n + ib_n}{2}$으로 바꿔 쓰면 식 (10.18)을 다음과 같이 나타낼 수 있다.

$$f(x) = c_0 + \sum_{n=1}^{\infty}\left(c_n e^{i\frac{n\pi x}{T}} + \overline{c_n}\, e^{-i\frac{n\pi x}{T}}\right) \tag{10.19}$$

식 (10.2)~(10.4)에 따라 새로운 계수 c_0, c_n, $\overline{c_n}$는 다음과 같이 적분으로 나타낼 수 있다.

$$c_0 = \frac{a_0}{2} = \frac{1}{2T}\int_{-T}^{T} f(x)\,dx \tag{10.20}$$

$$\begin{aligned} c_n = \frac{a_n - ib_n}{2} &= \frac{1}{2}\left(\frac{1}{T}\int_{-T}^{T} f(x)\cos\frac{n\pi}{T}x\,dx - i\frac{1}{T}\int_{-T}^{T} f(x)\sin\frac{n\pi}{T}x\,dx\right) \\ &= \frac{1}{2T}\left[\int_{-T}^{T} f(x)\left(\cos\frac{n\pi}{T}x - i\sin\frac{n\pi}{T}x\right)dx\right] \\ &= \frac{1}{2T}\left[\int_{-T}^{T} f(x)e^{-i\frac{n\pi x}{T}}\,dx\right] \end{aligned} \tag{10.21}$$

$$\begin{aligned} \overline{c_n} = \frac{a_n + ib_n}{2} &= \frac{1}{2}\left(\frac{1}{T}\int_{-T}^{T} f(x)\cos\frac{n\pi}{T}x\,dx + i\frac{1}{T}\int_{-T}^{T} f(x)\sin\frac{n\pi}{T}x\,dx\right) \\ &= \frac{1}{2T}\left[\int_{-T}^{T} f(x)\left(\cos\frac{n\pi}{T}x + i\sin\frac{n\pi}{T}x\right)dx\right] \\ &= \frac{1}{2T}\left[\int_{-T}^{T} f(x)e^{i\frac{n\pi x}{T}}\,dx\right] \end{aligned} \tag{10.22}$$

여기서 $\overline{c_n}$는 c_n의 켤레복소수를 나타낸다. 위의 세 가지 식에 나타난 계수들의 아래첨자와 지수는 음이 아닌 정수이다. 이에 따라 식 (10.20)~(10.22)의 계수 c_0, c_n, $\overline{c_n}$를 하나의 함축된 형태로 정의함으로써, 식 (10.19)를 다음과 같이 복소 푸리에 급수로 정의할 수 있다.

정의 10-5 복소 푸리에 급수

구간 $(-T, T)$에서 정의된 함수 $f(x)$의 **복소 푸리에 급수** complex Fourier series는 다음과 같다.

$$f(x) = \sum_{n=-\infty}^{\infty} c_n e^{i\frac{n\pi x}{T}} \tag{10.23}$$

여기서 $c_n = \dfrac{1}{2T}\displaystyle\int_{-T}^{T} f(x)e^{-i\frac{n\pi x}{T}}dx\ (n=0, \pm 1, \pm 2, \cdots)$이다.

예제 10-8 복소 푸리에 급수

[그림 10-12]와 같이 주어진 함수를 복소 푸리에 급수로 전개하라.

$$f(x) = \begin{cases} 0 & (-\pi < x \le 0) \\ 1 & (0 < x < \pi) \end{cases}$$

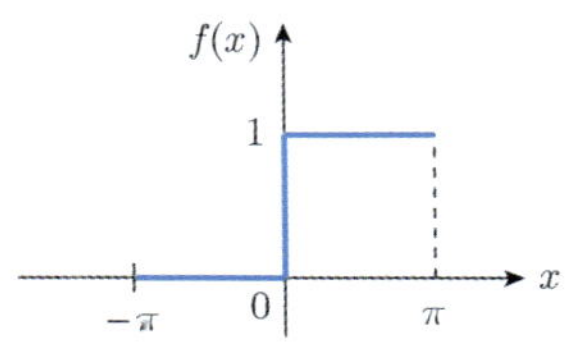

[그림 10-12]

풀이

$T=\pi$이고, [정의 10-5]에 의해 복소 푸리에 급수의 계수 c_n은 다음과 같이 구할 수 있다.

$$\begin{aligned} c_n &= \frac{1}{2T}\int_{-T}^{T} f(x)e^{-i\frac{n\pi x}{T}}dx = \frac{1}{2\pi}\int_{-\pi}^{\pi} f(x)e^{-i\frac{n\pi x}{\pi}}dx \\ &= \frac{1}{2\pi}\int_{-\pi}^{0}(0)e^{-inx}dx + \frac{1}{2\pi}\int_{0}^{\pi}(1)e^{-inx}dx \\ &= -\frac{1}{i2\pi n}e^{-inx}\Big|_0^{\pi} = \frac{i}{2\pi n}(e^{-in\pi}-1) = \frac{i}{2\pi n}(\cos n\pi - 1) \end{aligned}$$

⋯ 오일러 공식 이용

따라서 주어진 함수 $f(x)$에 대한 복소 푸리에 급수는 다음과 같다.

$$f(x) = \sum_{n=-\infty}^{\infty} c_n e^{i\frac{n\pi x}{T}} = \sum_{n=-\infty}^{\infty}\frac{i}{2\pi n}(\cos n\pi - 1)e^{inx}$$

SECTION 10.3

푸리에 적분

앞서 살펴본 내용에 따르면 푸리에 급수를 이용해 유한 구간 $(-T,\ T)$에서 정의된 주기함수 $f(x)$를 나타낼 수 있고, 정의된 구간 밖에서는 $f(x)$의 주기를 확장하여 함수를 나타낼 수 있다. 즉 푸리에 급수는 유한 구간에서 정의된 주기함수에 적용되는 중요한 수학적 도구임을 알 수 있다. 그러나 물리학이나 공학 분야에서는 시간축의 모든 구간에서 정의되는 함수 문제도 있고, 비주기함수에 대한 문제도 많다. 이러한 문제를 풀기 위해서는 주기함수에만 적용되는 푸리에 급수를 개선해야 한다. 이 절에서는 이와 관련한 문제를 다룬다.

주기가 $2T$인 임의의 주기함수 $f(x)$에 대한 푸리에 급수는 식 (10.1)로부터 다음과 같다.

$$f(x) = \frac{a_0}{2} + \sum_{n=1}^{\infty}\left(a_n \cos\frac{n\pi}{T}x + b_n \sin\frac{n\pi}{T}x\right)$$

혼동을 피하기 위해 적분변수를 v로 바꾸고, 식 (10.1)에 식 (10.2)~(10.4)의 계수들을 대입하면 다음과 같다.

$$f(x) = \frac{1}{2T}\int_{-T}^{T} f(v)\,dv + \frac{1}{T}\sum_{n=1}^{\infty}\left[\left\{\int_{-T}^{T} f(v)\cos\frac{n\pi}{T}v\,dv\right\}\cos\frac{n\pi}{T}x + \left\{\int_{-T}^{T} f(v)\sin\frac{n\pi}{T}v\,dv\right\}\sin\frac{n\pi}{T}x\right] \quad \cdots ①$$

이때 $\omega_n = \dfrac{n\pi}{T}$라 하면

$$\Delta\omega = \omega_{n+1} - \omega_n = \frac{(n+1)\pi}{T} - \frac{n\pi}{T} = \frac{\pi}{T} \quad \cdots ②$$

이므로, 다음이 성립한다.

$$\frac{1}{T} = \frac{\Delta\omega}{\pi} \quad \cdots ③$$

식 ③을 식 ①에 대입하면 다음과 같다.

$$f(x) = \frac{1}{2T}\int_{-T}^{T} f(v)\,dv + \frac{1}{\pi}\sum_{n=1}^{\infty}\left[(\cos\omega_n x)\Delta\omega\int_{-T}^{T} f(v)\cos\omega_n v\,dv + (\sin\omega_n x)\Delta\omega\int_{-T}^{T} f(v)\sin\omega_n v\,dv\right] \quad \cdots ④$$

이제 $T \to \infty$로 하여 구간을 $(-\infty,\ \infty)$로 확장하면 $\frac{1}{T} \to 0$이 되므로, 식 ④의 우변의 첫 번째 항은 0으로 수렴하고 식 ③에 의해 $\Delta\omega \to 0$이 된다. 따라서 적분의 정의에 의해 다음이 성립한다.

$$\lim_{\Delta\omega \to 0}\sum_{n=1}^{\infty} F(\omega_n)\Delta\omega = \int_0^{\infty} F(\omega)\,d\omega \quad \cdots ⑤$$

그러므로 함수의 적분 $\int_{-\infty}^{\infty} f(v)\,dv$가 존재하면 식 ④는 다음과 같이 나타낼 수 있다.

$$f(x) = \frac{1}{\pi}\int_0^{\infty}\left[\cos\omega x\int_{-\infty}^{\infty} f(v)\cos\omega v\,dv + \sin\omega x\int_{-\infty}^{\infty} f(v)\sin\omega v\,dv\right]d\omega \quad \cdots ⑥$$

식 ⑥은 비주기함수이며, 이 식을 구간 $(-\infty,\ \infty)$에서 함수 $f(x)$의 푸리에 적분이라 한다.

정의 10-6 푸리에 적분

구간 $(-\infty,\ \infty)$에서 정의된 함수 $f(x)$의 **푸리에 적분**Fourier integral은 다음과 같다.

$$f(x) = \int_0^{\infty}[A(\omega)\cos\omega x + B(\omega)\sin\omega x]\,d\omega \qquad (10.24)$$

여기서 $A(\omega)$와 $B(\omega)$는 다음과 같다.

$$A(\omega) = \frac{1}{\pi}\int_{-\infty}^{\infty} f(v)\cos\omega v\,dv,\quad B(\omega) = \frac{1}{\pi}\int_{-\infty}^{\infty} f(v)\sin\omega v\,dv$$

[정의 10-6]의 푸리에 적분이 함수 $f(x)$에 수렴하기 위한 조건은 [정리 10-4]와 같다.

정리 10-4 푸리에 적분의 수렴조건

함수 $f(x)$가 구간 $(-\infty,\ \infty)$에서 정의되는 구간별 매끄러운 함수이고, 동일한 구간에서 적분가능하면 이 구간에서 함수 $f(x)$의 푸리에 적분은 다음을 만족한다.

(1) 연속점 x에서는 $f(x)$에 수렴한다.

(2) 불연속점 x에서는 산술평균값 $\dfrac{f(x^+)+f(x^-)}{2}$에 수렴한다.

여기서 $f(x^+)$와 $f(x^-)$는 각각 함수 $f(x)$의 점 x에서의 우극한과 좌극한을 나타낸다.

예제 10-9 푸리에 적분

[그림 10-13]과 같이 주어진 함수에 대해 푸리에 적분식을 구하라.

$$f(x)=\begin{cases}0 & (-\infty<x\le 0)\\ 1 & (0\le x<1)\\ 0 & (1\le x<\infty)\end{cases}$$

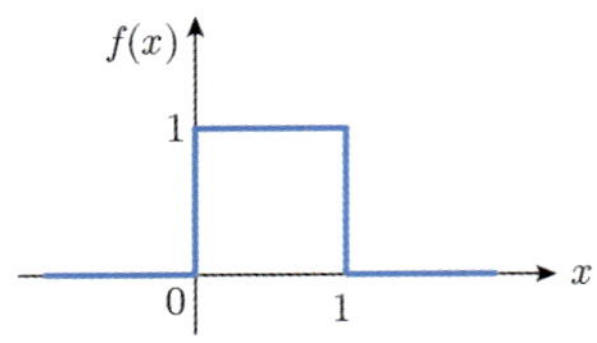

[그림 10-13]

풀이

[그림 10-13]의 함수는 [정리 10-4]의 가정을 만족한다. 따라서 [정의 10-6]에 의해 다음을 얻는다.

$$\begin{aligned}A(\omega)&=\frac{1}{\pi}\int_{-\infty}^{\infty}f(v)\cos\omega v\,dv\\&=\frac{1}{\pi}\left[\int_{-\infty}^{0}f(v)\cos\omega v\,dv+\int_{0}^{1}f(v)\cos\omega v\,dv+\int_{1}^{\infty}f(v)\cos\omega v\,dv\right]\\&=\frac{1}{\pi}\left[\int_{-\infty}^{0}(0)\cos\omega v\,dv+\int_{0}^{1}(1)\cos\omega v\,dv+\int_{1}^{\infty}(0)\cos\omega v\,dv\right]\\&=\frac{1}{\pi}\int_{0}^{1}\cos\omega v\,dv=\frac{1}{\pi\omega}\sin\omega v\Big|_{0}^{1}=\frac{\sin\omega}{\pi\omega}\end{aligned}\qquad\cdots①$$

$$\begin{aligned}B(\omega)&=\frac{1}{\pi}\int_{-\infty}^{\infty}f(v)\sin\omega v\,dv\\&=\frac{1}{\pi}\left[\int_{-\infty}^{0}f(v)\sin\omega v\,dv+\int_{0}^{1}f(v)\sin\omega v\,dv+\int_{1}^{\infty}f(v)\sin\omega v\,dv\right]\\&=\frac{1}{\pi}\left[\int_{-\infty}^{0}(0)\sin\omega v\,dv+\int_{0}^{1}(1)\sin\omega v\,dv+\int_{1}^{\infty}(0)\sin\omega v\,dv\right]\\&=\frac{1}{\pi}\int_{0}^{1}\sin\omega v\,dv=-\frac{1}{\pi\omega}\cos\omega v\Big|_{0}^{1}=\frac{1-\cos\omega}{\pi\omega}\end{aligned}\qquad\cdots②$$

식 ①과 ②를 식 (10.24)에 대입하면 푸리에 적분식은 다음과 같다.

$$\begin{aligned} f(x) &= \frac{1}{\pi}\int_0^\infty \left[\frac{\sin\omega}{\omega}\cos\omega x + \frac{1-\cos\omega}{\omega}\sin\omega x\right]d\omega \\ &= \frac{1}{\pi}\int_0^\infty \left[\frac{\sin\omega x - \sin(\omega x-\omega)}{\omega}\right]d\omega \end{aligned}$$

만약 함수 $f(x)$가 우함수 또는 기함수이면 함수의 푸리에 적분이 훨씬 간단해진다. 먼저 함수 $f(x)$가 구간 $(-\infty, \infty)$에서 우함수인 경우를 살펴보자. 이때 함수의 곱 $f(x)\cos\omega x$는 우함수이고 $f(x)\sin\omega x$는 기함수이다. 그러면 식 (10.8)과 (10.9)에 의해 [정의 10-6]의 계수는 다음과 같다.

$$\begin{aligned} A(\omega) &= \frac{1}{\pi}\int_{-\infty}^\infty f(v)\cos\omega v\,dv = \frac{2}{\pi}\int_0^\infty f(v)\cos\omega v\,dv \\ B(\omega) &= \frac{1}{\pi}\int_{-\infty}^\infty f(v)\sin\omega v\,dv = 0 \end{aligned} \tag{10.25}$$

따라서 식 (10.24)는 다음과 같이 나타낼 수 있다.

$$f(x) = \frac{2}{\pi}\int_0^\infty \left(\int_0^\infty f(v)\cos\omega v\,dv\right)\cos\omega x\,d\omega \tag{10.26}$$

식 (10.26)을 **푸리에 코사인 적분** Fourier cosine integral이라고 한다.

다음으로 함수 $f(x)$가 구간 $(-\infty, \infty)$에서 기함수이면 함수의 곱 $f(x)\cos\omega x$는 기함수이고 $f(x)\sin\omega x$는 우함수이다. 그러면 식 (10.8)과 (10.9)에 의해 [정의 10-6]의 계수는 다음과 같다.

$$\begin{aligned} A(\omega) &= \frac{1}{\pi}\int_{-\infty}^\infty f(v)\cos\omega v\,dv = 0 \\ B(\omega) &= \frac{1}{\pi}\int_{-\infty}^\infty f(v)\sin\omega v\,dv = \frac{2}{\pi}\int_0^\infty f(v)\sin\omega v\,dv \end{aligned} \tag{10.27}$$

따라서 식 (10.24)는 다음과 같이 나타낼 수 있다.

$$f(x) = \frac{2}{\pi}\int_0^\infty \left(\int_0^\infty f(v)\sin\omega v\,dv\right)\sin\omega x\,d\omega \tag{10.28}$$

식 (10.28)을 **푸리에 사인 적분** Fourier sine integral이라고 한다.

식 (10.26)과 (10.28)은 함수 $f(x)$가 우함수 또는 기함수가 아니더라도 한쪽 구간 $(0, \infty)$에서 정의된다면 적용할 수 있다. 이때 식 (10.26)을 적용하기 위해서는 구간 $(0, \infty)$에서 정의된 함수를 구간 $(-\infty, 0)$에서 우확장하면 된다. 또한 식 (10.28)을 적용하기 위해서는 구간 $(0, \infty)$에서 정의된 함수를 구간 $(-\infty, 0)$에서 기확장하면 된다.

예제 10-10 **푸리에 코사인 적분**

[그림 10-14]와 같이 주어진 함수의 푸리에 코사인 적분식을 구하라.

$$f(x) = e^{-2x} \quad (x > 0)$$

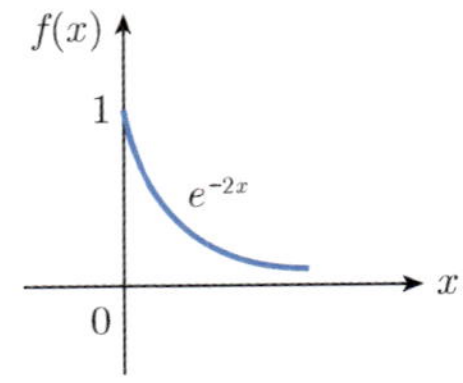

[그림 10-14]

풀이

$f(x)$는 우함수도 기함수도 아니므로 $(-\infty, 0)$에서 우확장을 하면 푸리에 코사인 적분을 계산할 수 있다. 푸리에 코사인 적분을 구하기 위해 먼저 식 (10.25)를 이용해 $A(\omega)$를 구하면 다음과 같다.

$$A(\omega) = \frac{2}{\pi}\int_0^\infty f(v)\cos\omega v\, dv = \frac{2}{\pi}\int_0^\infty e^{-2v}\cos\omega v\, dv = \frac{2}{\pi}\frac{2}{\omega^2+2^2} \quad \cdots \text{ 부분적분 이용}$$

따라서 함수 $f(x)$의 푸리에 코사인 적분은 식 (10.26)에 의해 다음과 같다.

$$\begin{aligned} f(x) &= \frac{2}{\pi}\int_0^\infty \left(\int_0^\infty f(v)\cos\omega v\, dv\right)\cos\omega x\, d\omega \\ &= \frac{2}{\pi}\int_0^\infty \frac{2}{w^2+2^2}\cos\omega x\, d\omega \end{aligned}$$

SECTION
10.4 푸리에 변환

지금까지 살펴본 적분 변환은 3장에서 설명한 라플라스 변환뿐이었다. 이 절에서는 또 다른 적분 변환인 푸리에 변환에 대해 살펴본다. 10.2절에서는 구간 $(-T,\ T)$에서 주기함수 $f(x)$의 푸리에 급수가 식 (10.1)에 의해 다음과 같다고 설명했다.

$$f_T(x) = \frac{a_0}{2} + \sum_{n=1}^{\infty}\left(a_n \cos\frac{n\pi}{T}x + b_n \sin\frac{n\pi}{T}x\right)$$

또한 10.3절에서는 푸리에 적분의 개념과 함수 $f(x)$의 주기확장에 의한 푸리에 적분의 수렴 조건에 대해 살펴봤다. 그러나 종종 함수 $f(x)$가 구간 $(-\infty,\ \infty)$에서 정의되어 있으나 주기함수가 아닌 경우, 임의의 주파수에서 함수의 정보를 얻어야 할 때가 있다. 즉 푸리에 적분을 새로운 적분으로 나타내는 적분 변환을 도입할 수 있다. 이를 푸리에 변환이라 한다.

정의 10-7 푸리에 변환

함수 $f(x)$가 구간 $(-\infty,\ \infty)$에서 적분가능하면 임의의 ω에 대해 함수 $f(x)$의 **푸리에 변환** Fourier transform은 다음과 같다.

$$\hat{f}(\omega) = \int_{-\infty}^{\infty} f(x)e^{-i\omega x}\,dx$$

함수 $f(x)$의 푸리에 변환은 기호 $\mathcal{F}$를 사용하여 다음과 같이 나타내기도 한다.

$$\mathcal{F}[f(x)] = \hat{f}(\omega) \tag{10.29}$$

한편 푸리에 역변환은 다음과 같이 정의한다.

정의 10-8 푸리에 역변환

푸리에 변환 $\hat{f}(\omega)$의 **푸리에 역변환** inverse Fourier transform은 다음과 같다.

$$f(x) = \mathscr{F}^{-1}[\hat{f}(\omega)] = \frac{1}{2\pi}\int_{-\infty}^{\infty} \hat{f}(\omega)\, e^{i\omega x}\, d\omega$$

라플라스 변환에서와 마찬가지로 함수의 푸리에 변환을 구할 수 있으면 [정의 10-8]에 의해 그 함수의 푸리에 역변환도 구할 수 있다.

예제 10-11 푸리에 변환

다음 함수의 푸리에 변환을 구하라.

$$f(x) = \begin{cases} e^{-x} & (x \geq 0) \\ 0 & (x < 0) \end{cases}$$

풀이

주어진 함수 $f(x)$에 대해

$$\int_{-\infty}^{\infty} f(x)\, dx = \int_{0}^{\infty} e^{-x}\, dx = -e^{-x}\Big|_0^{\infty} = 1$$

이므로, 함수 $f(x)$는 구간 $(-\infty,\ \infty)$에서 적분가능하다. 따라서 [정의 10-7]에 의해 함수 $f(x)$의 푸리에 변환은 다음과 같다.

$$\begin{aligned}\hat{f}(\omega) &= \int_{-\infty}^{\infty} f(x)\, e^{-i\omega x}\, dx = \int_{-\infty}^{0} (0)\, e^{-i\omega x}\, dx + \int_{0}^{\infty} (e^{-x})\, e^{-i\omega x}\, dx \\ &= -\frac{1}{1+i\omega} e^{-(1+i\omega)x}\Big|_0^{\infty} = \frac{1}{1+i\omega}\end{aligned}$$

예제 10-12 푸리에 변환

다음 함수의 푸리에 변환을 구하라.

$$f(x) = \begin{cases} xe^{-x} & (x \geq 0) \\ 0 & (x < 0) \end{cases}$$

풀이

[정의 10-7]에 의해 함수 $f(x)$의 푸리에 변환은 다음과 같다.

$$\hat{f}(\omega) = \int_{-\infty}^{\infty} f(x)\, e^{-i\omega x}\, dx = \int_{-\infty}^{0} (0)\, e^{-i\omega x}\, dx + \int_{0}^{\infty} (xe^{-x})\, e^{-i\omega x}\, dx$$

부분적분을 이용해 적분값을 구하면 다음과 같다.

$$\begin{aligned}\hat{f}(\omega) &= \int_{0}^{\infty} xe^{-(1+i\omega)x}\, dx \\ &= -\frac{x}{1+i\omega} e^{-(1+i\omega)x}\Big|_{0}^{\infty} + \frac{1}{1+i\omega}\int_{0}^{\infty} e^{-(1+i\omega)x}\, dx \\ &= -\frac{1}{(1+i\omega)^2} e^{-(1+i\omega)x}\Big|_{0}^{\infty} = \frac{1}{(1+i\omega)^2}\end{aligned}$$

예제 10-13 푸리에 역변환

다음 푸리에 변환 함수 $\hat{f}(\omega)$의 푸리에 역변환을 구하라.

$$\hat{f}(\omega) = \frac{1}{2-\omega^2+3\omega i}$$

풀이

푸리에 역변환은 [정의 10-8]을 이용해 구해도 되지만, 적분이 쉽지 않으므로 라플라스 역변환을 구할 때와 마찬가지로 부분분수전개를 통해 구한다. 함수 $\hat{f}(\omega)$는 분모를 인수분해하면 다음과 같이 나타낼 수 있다.

$$\hat{f}(\omega) = \frac{1}{(1+\omega i)(2+\omega i)} = \frac{1}{1+\omega i} - \frac{1}{2+\omega i}$$

[예제 10-11]에 따르면 함수 $f_1(x) = \begin{cases} e^{-x} & (x>0) \\ 0 & (x<0) \end{cases}$의 푸리에 변환은 $\hat{f}_1(\omega) = \dfrac{1}{1+\omega i}$이다. 또한 이와 유사하게 함수 $f_2(x) = \begin{cases} e^{-2x} & (x>0) \\ 0 & (x<0) \end{cases}$의 푸리에 변환은 $\hat{f}_2(\omega) = \dfrac{1}{2+\omega i}$이다. 따라서 역으로 두 함수 $\hat{f}_1(\omega)$와 $\hat{f}_2(\omega)$의 푸리에 역변환은 각각 $f_1(x)$과 $f_2(x)$가 된다. 그러므로 함수 $\hat{f}(\omega)$ 의 푸리에 역변환은 다음과 같다.

$$\begin{aligned}f(x) &= \mathscr{F}^{-1}\left[\hat{f}(\omega)\right] = \mathscr{F}^{-1}\left(\frac{1}{1+i\omega} - \frac{1}{2+i\omega}\right) \\ &= \mathscr{F}^{-1}\left(\frac{1}{1+i\omega}\right) - \mathscr{F}^{-1}\left(\frac{1}{2+i\omega}\right) = e^{-x} - e^{-2x},\ x>0\end{aligned}$$

함수 f의 **크기 스펙트럼** amplitude spectrum은 복소함수인 $\hat{f}(\omega)$의 크기, 즉 $|\hat{f}(\omega)|$로 나타낼 수 있다. 예를 들어 [예제 10-11]에 주어진 함수 $f(x)$를 그래프로 나타내면 [그림 10-15(a)]와 같다. 이 함수의 푸리에 변환이 $\hat{f}(\omega) = \dfrac{1}{1+i\omega}$이므로, 함수의 크기 스펙트럼은 다음과 같다.

$$|\hat{f}(\omega)| = \frac{1}{\sqrt{1^2+\omega^2}}$$

이 크기 스펙트럼을 그림으로 나타내면 [그림 10-15(b)]와 같다.

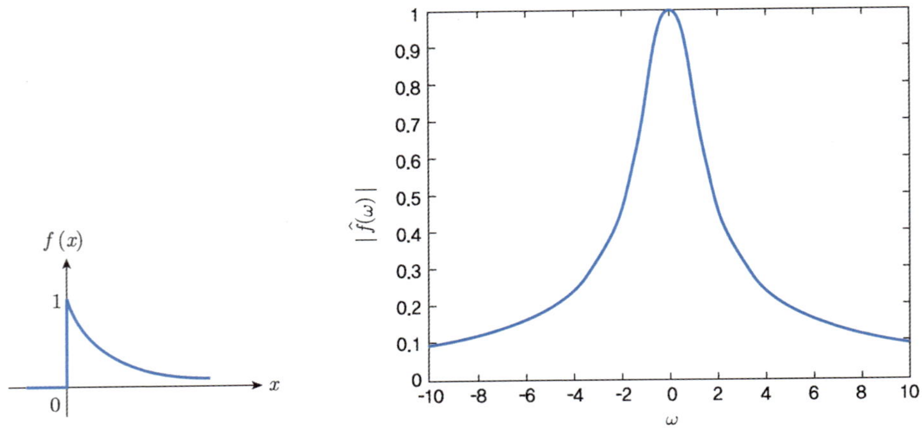

(a) 함수 $f(x)$ (b) 크기 스펙트럼

[그림 10-15] **푸리에 변환 함수의 크기 스펙트럼([예제 10-11] 참고)**

참고로 [그림 10-16(a)]와 같은 함수의 푸리에 변환은 $\hat{f}(\omega) = (2/\omega)\sin 2\omega$이고, 이 함수의 크기 스펙트럼은 [그림 10-16(b)]와 같다.

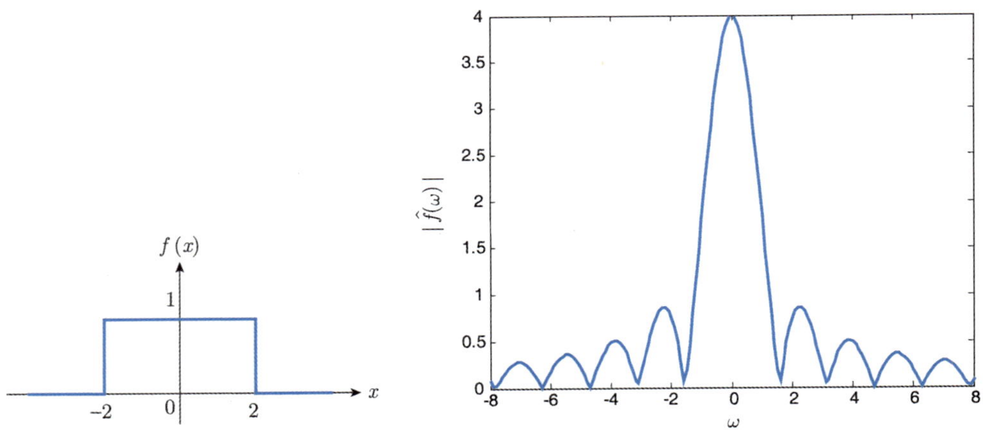

(a) 함수 $f(x)$ (b) 크기 스펙트럼

[그림 10-16] **푸리에 변환 함수의 크기 스펙트럼**

푸리에 변환의 정의에 기초하여 푸리에 변환은 다음과 같은 성질을 만족한다.

정리 10-5 푸리에 변환의 선형성

상수 a와 b에 대해 다음이 성립한다.

$$\mathcal{F}\{af_1(x)+bf_2(x)\} = a\widehat{f_1}(\omega)+b\widehat{f_2}(\omega)$$

여기서 $\mathcal{F}[f_1(x)] = \widehat{f_1}(\omega)$이고 $\mathcal{F}[f_2(x)] = \widehat{f_2}(\omega)$이다.

푸리에 변환의 정의가 적분에 관한 식이므로 [정리 10-5]는 적분 연산자의 선형성을 이용하면 쉽게 증명할 수 있다.

푸리에 변환은 신호 해석에서 많이 사용된다. 이 경우에 지금까지 사용한 독립변수 x는 시간 t를 의미하고, 푸리에 변환은 시간 영역의 함수를 주파수 영역의 함수로 변환하는 것을 의미한다. [정의 10-8]에서 f는 시간에 대한 함수이고 $\hat{f}$은 주파수에 대한 함수이다. 이제 **시간 이동** time shifting에 관한 정리를 살펴보자.

정리 10-6 시간 이동

상수 a에 대해 다음이 성립한다.

$$\mathcal{F}\{f(t-a)\} = e^{-i\omega a}\hat{f}(\omega)$$

여기서 $\mathcal{F}[f(t)] = \hat{f}(\omega)$이다.

증명

[정리 10-6]의 식의 좌변은 푸리에 변환의 [정의 10-7]에 의해 다음과 같다.

$$\mathcal{F}\{f(t-a)\} = \int_{-\infty}^{\infty} f(t-a)\,e^{-i\omega t}\,dt$$

위 식을 계산하기 위해 $u=t-a$로 치환하여 적분하면 다음과 같다.

$$\int_{-\infty}^{\infty} f(t-a)\,e^{-i\omega t}\,dt = \int_{-\infty}^{\infty} f(u)\,e^{-i\omega(u+a)}\,du$$

$$= e^{-i\omega a}\int_{-\infty}^{\infty} f(u)\,e^{-i\omega u}\,du = e^{-i\omega a}\hat{f}(\omega) \qquad \blacksquare$$

즉 시간 이동 정리는 시간 영역에서 a만큼 이동한 다음, 푸리에 변환을 취한 결과인 $\mathcal{F}\{f(t-a)\}$가 주파수 영역에서 $\hat{f}(\omega)$에 복소지수 $e^{-i\omega a}$을 곱한 것과 같음을 의미한다.

예제 10-14 시간 이동

다음 함수 $f(x)$의 푸리에 변환을 구하고, 그 결과와 [정리 10-6]을 이용해 함수 $g(x)$의 푸리에 변환을 구하라.

$$f(x) = \begin{cases} 1 & (-1 \le x \le 0) \\ 0 & (x < -1,\ x > 0) \end{cases}, \qquad g(x) = \begin{cases} 1 & (1 \le x \le 2) \\ 0 & (x < 1,\ x > 2) \end{cases}$$

풀이

[정의 10-7]에 의해 함수 $f(x)$의 푸리에 변환은 다음과 같다.

$$\begin{aligned} \hat{f}(\omega) &= \int_{-\infty}^{\infty} f(x)\, e^{-i\omega x}\, dx \\ &= \int_{-\infty}^{-1} (0)\, e^{-i\omega x}\, dx + \int_{-1}^{0} (1)\, e^{-i\omega x}\, dx + \int_{0}^{\infty} (0)\, e^{-i\omega x}\, dx \\ &= -\frac{1}{i\omega} e^{-i\omega x} \Big|_{-1}^{0} = \frac{e^{i\omega}-1}{i\omega} \end{aligned}$$

함수 $f(x)$와 함수 $g(x)$를 비교해보면 $g(x) = f(x-2)$임을 알 수 있다. 따라서 [정리 10-6]에 의해 함수 $g(x)$의 푸리에 변환은 다음과 같다.

$$\hat{g}(\omega) = \mathcal{F}\{f(x-2)\} = e^{-2\omega i}\hat{f}(\omega) = e^{-2\omega i}\frac{e^{i\omega}-1}{i\omega}$$

푸리에 변환의 정의를 이용해 함수 $g(x)$의 푸리에 변환을 구해도 같은 결과를 얻을 수 있다.

다음으로 **주파수 이동**[frequency shifting]에 관한 정리를 살펴보자.

정리 10-7 주파수 이동

상수 ω_0에 대해 다음이 성립한다.

$$\mathcal{F}\left\{e^{i\omega_0 t} f(t)\right\} = \hat{f}(\omega - \omega_0)$$

이 정리의 증명은 [정리 10-6]의 증명과 유사하므로 생략한다. 주파수 이동 정리는 시간 영역에서 $f(t)$에 복소지수 $e^{i\omega_0 t}$을 곱한 다음, 푸리에 변환을 취한 결과인 $\mathcal{F}\left\{e^{i\omega_0 t} f(t)\right\}$가 주파수 영역에서 ω_0만큼 이동한 것과 같음을 의미한다.

예제 10-15 주파수 이동

다음 함수 $f(t)$의 푸리에 변환을 구하라.

$$f(t) = e^{-2ti}e^{-t} \ (t > 0)$$

풀이

푸리에 변환의 정의에 의해 함수 $f(t)$의 푸리에 변환은 다음과 같다.

$$\begin{aligned}\hat{f}(\omega) &= \int_0^\infty f(t)\, e^{-i\omega t}\, dt \\ &= \int_0^\infty (e^{-2ti}e^{-t})\, e^{-i\omega t}\, dt \\ &= \int_0^\infty \left[e^{-(2i+1+i\omega)t}\right] dt \\ &= -\frac{1}{2i+1+i\omega} e^{-(2i+1+i\omega)t}\Big|_0^\infty \\ &= \frac{1}{2i+1+i\omega} = \frac{1}{1+i(\omega+2)}\end{aligned}$$

한편, [예제 10-11]에 의해 $\mathcal{F}(e^{-t}) = \dfrac{1}{1+i\omega}$ 이므로, [정리 10-7]의 주파수 이동 정리를 이용해 함수 $f(t)$의 푸리에 변환을 구하면 다음과 같다.

$$\mathcal{F}\{e^{-2ti}e^{-t}\} = \frac{1}{1+i[\omega-(-2)]} = \frac{1}{1+i(\omega+2)}$$

위의 두 가지 풀이에 대한 결과가 동일함을 확인할 수 있다.

다음으로 시간 비율의 변화에 대한 **시간 스케일링** time scaling 정리를 살펴보자.

정리 10-8 시간 스케일링

0이 아닌 상수 a에 대해 다음이 성립한다.

$$\mathcal{F}\{f(at)\} = \frac{1}{|a|}\hat{f}\left(\frac{\omega}{a}\right)$$

증명

푸리에 변환의 정의에 의해 다음과 같다.

$$\mathcal{F}\{f(at)\} = \int_{-\infty}^\infty e^{-i\omega t} f(at)\, dt$$

$u=at$로 치환하여 위 식을 적분하면 다음과 같다.

$$\int_{-\infty}^{\infty} e^{-i\omega t} f(at)\,dt = \int_{-\infty}^{\infty} e^{-i\omega \frac{u}{a}} f(u)\,\frac{du}{a}$$

$$= \frac{1}{|a|}\int_{-\infty}^{\infty} e^{-i\frac{\omega}{a}u} f(u)\,du = \frac{1}{|a|}\hat{f}\left(\frac{\omega}{a}\right) \quad ■$$

푸리에 변환과 푸리에 역변환의 정의에 의해 다음과 같은 **대칭 정리** symmetry theorem가 성립한다.

정리 10-9 대칭 정리

$\mathcal{F}\{\hat{f}(\omega)\} = 2\pi f(-t)$

증명

푸리에 변환의 정의에 의해 다음이 성립한다.

$$\mathcal{F}\{\hat{f}(\omega)\} = \int_{-\infty}^{\infty} \hat{f}(\omega)\,e^{-i\omega t}\,d\omega = 2\pi\frac{1}{2\pi}\int_{-\infty}^{\infty} \hat{f}(\omega)\,e^{i\omega(-t)}\,d\omega$$

또한 푸리에 역변환의 정의에 의해 다음이 성립한다.

$$\frac{1}{2\pi}\int_{-\infty}^{\infty} \hat{f}(\omega)\,e^{i\omega(-t)}\,d\omega = f(-t)$$

따라서 다음과 같은 관계를 증명할 수 있다.

$$\mathcal{F}\{\hat{f}(\omega)\} = 2\pi f(-t) \quad ■$$

3장 [정의 3-2]의 합성곱 연산에 대해 다음 정리가 성립한다.

정리 10-10 합성곱

$\mathcal{F}\{f(t) * g(t)\} = \mathcal{F}\{f(t)\} \cdot \mathcal{F}\{g(t)\}$

증명

푸리에 변환과 합성곱의 정의에 의해 다음이 성립한다.

$$\mathcal{F}\{f(t) * g(t)\} = \int_{-\infty}^{\infty}\int_{-\infty}^{\infty} f(t-\tau)\,g(\tau)\,e^{-i\omega t}\,d\tau dt$$

적분의 순서를 변경하면 다음과 같다.

$$\int_{-\infty}^{\infty}\int_{-\infty}^{\infty} f(t-\tau)\,g(\tau)\,e^{-i\omega t}\,dt\,d\tau = \int_{-\infty}^{\infty}\left[g(\tau)\int_{-\infty}^{\infty} f(t-\tau)\,e^{-i\omega t}\,dt\right]d\tau$$

[정리 10-6]의 시간 이동 정리를 이용하면 다음과 같이 증명할 수 있다.

$$\begin{aligned}\int_{-\infty}^{\infty}\left[g(\tau)\int_{-\infty}^{\infty} f(t-\tau)\,e^{-i\omega t}\,dt\right]d\tau &= \int_{-\infty}^{\infty} g(\tau)\,\hat{f}(\omega)\,e^{-i\omega\tau}d\tau \\ &= \hat{f}(\omega)\int_{-\infty}^{\infty} g(\tau)\,e^{-i\omega\tau}d\tau \\ &= \hat{f}(\omega)\,\hat{g}(\omega)\end{aligned}$$

■

마지막으로 도함수의 푸리에 변환에 대해 살펴보자. 3장에서 도함수의 라플라스 변환을 이용해 미분방정식의 해를 구할 수 있었듯이, 도함수의 푸리에 변환을 이용해서도 미분방정식의 해를 구할 수 있다. 이를 위해서는 먼저 도함수의 푸리에 변환에 대해 알아야 한다. 다음 정리는 도함수의 푸리에 변환을 구하는 공식이다.

정리 10-11 1계도함수의 푸리에 변환

함수 $f(x)$가 구간 $(-\infty,\ \infty)$에서 연속이고 적분가능하며, $f'(x)$가 모든 유한 구간에서 구간별로 연속이고, $x\to\pm\infty$일 때 $f(x)\to 0$이라 하면 다음 관계식이 성립한다.

$$\mathcal{F}\{f'(x)\} = i\omega\hat{f}(\omega)$$

증명

푸리에 변환의 정의와 부분적분을 이용해 다음과 같이 증명할 수 있다.

$$\begin{aligned}\mathcal{F}\{f'(x)\} &= \int_{-\infty}^{\infty} f'(x)\,e^{-i\omega x}\,dx \\ &= f(x)\,e^{-i\omega x}\,\Big|_{-\infty}^{\infty} + i\omega\int_{-\infty}^{\infty} f(x)\,e^{-i\omega x}\,dx \\ &= i\omega\int_{-\infty}^{\infty} f(x)\,e^{-i\omega x}\,dx \\ &= i\omega\hat{f}(\omega)\end{aligned}$$

■

정리 10-12 2계도함수의 푸리에 변환

함수 $f(x)$와 $f'(x)$가 구간 $(-\infty, \infty)$에서 연속이고 적분가능하며, $f''(x)$가 모든 유한 구간에서 구간별로 연속이고, $x \to \pm\infty$일 때 $f(x) \to 0$, $f'(x) \to 0$이라 하면 다음 관계식이 성립한다.

$$\mathcal{F}\{f''(x)\} = (i\omega)^2 \hat{f}(\omega)$$

증명

$f'(x) = g(x)$라 하면 [정리 10-11]에 의해 다음이 성립한다.

$$\begin{aligned}\mathcal{F}\{f''(x)\} &= \mathcal{F}\{g'(x)\} = i\omega\hat{g}(\omega) = i\omega(i\omega)\hat{f}(\omega)\\ &= (i\omega)^2\hat{f}(\omega) = -\omega^2\hat{f}(\omega)\end{aligned}$$ ■

고계도함수에 대한 푸리에 변환도 유사하게 구할 수 있다. 도함수의 푸리에 변환을 이용한 미분방정식의 풀이에 대해서는 여기서 설명하지 않고 11장에서 살펴본다.

CHAPTER 10 연습문제

10.1 (직교함수) 두 함수 $f(x)=\cos x$, $g(x)=\cos 3x$가 구간 $\left[0, \frac{\pi}{2}\right]$에서 직교함을 보여라.

10.2 (직교함수) $m \neq n$일 때, 두 함수 $f(x)=\cos mx\,(m=0,\ 1,\ 2,\ \cdots)$, $g(x)=\cos nx\,(n=0,\ 1,\ 2,\ \cdots)$가 구간 $[-\pi,\ \pi]$에서 직교함을 보여라.

10.3 (정규직교함수) $m \neq n$일 때, 함수 $f_0(x)=1$, $f_1(x)=\cos x$, $f_2(x)=\cos 2x$, $\cdots$, $f_n(x)=\cos nx$가 구간 $[-\pi,\ \pi]$에서 정규직교함수가 되도록 함수들을 변환하라.

10.4 (푸리에 급수 전개) 오른쪽 그림과 같이 주어진 함수를 푸리에 급수로 전개하라.

$$f(x)=\begin{cases}-2 & (-\pi < x \leq 0)\\ 2 & (0 < x < \pi)\end{cases}$$

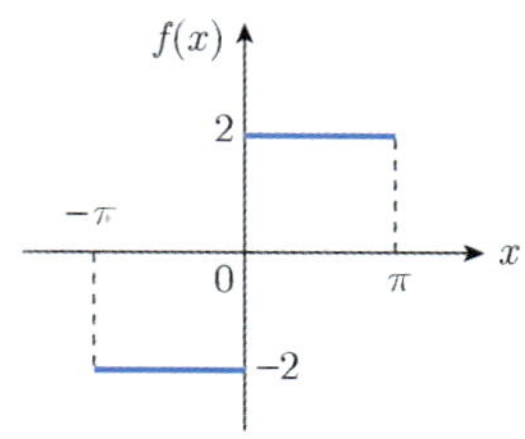

10.5 (푸리에 급수 전개) 오른쪽 그림과 같이 주어진 함수를 푸리에 급수로 전개하라.

$$f(x)=\begin{cases}x+\pi & (-\pi < x \leq 0)\\ 0 & (0 < x < \pi)\end{cases}$$

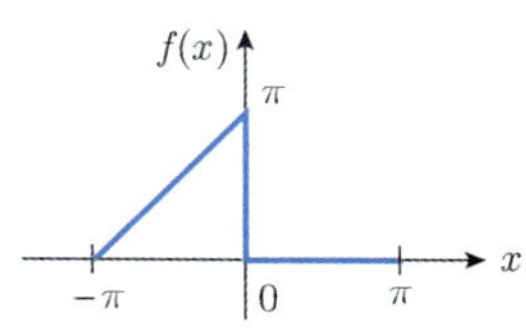

10.6 (푸리에 급수 전개) 오른쪽 그림과 같이 주어진 함수를 푸리에 급수로 전개하라.

$$f(x)=\begin{cases}0 & \left(-\frac{\pi}{2} < x \leq 0\right)\\ \cos x & \left(0 < x < \frac{\pi}{2}\right)\end{cases}$$

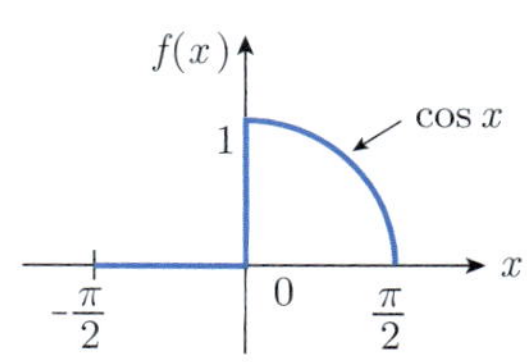

10.7 **(푸리에 급수 전개)** 오른쪽 그림과 같이 주어진 함수를 푸리에 급수로 전개하라.

$$f(x) = \begin{cases} x+\pi & (-\pi < x \le 0) \\ -2x+\pi & (0 < x < \pi) \end{cases}$$

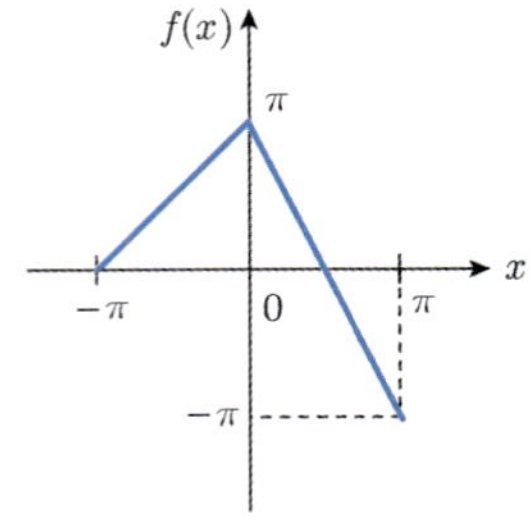

10.8 **(푸리에 급수 전개)** 다음과 같이 주어진 우함수를 푸리에 급수로 전개하라.

(a) $f(x) = \begin{cases} 0 & (-2 < x < -1) \\ -1 & (-1 \le x < 1) \\ 0 & (1 \le x < 2) \end{cases}$

(b) $f(x) = \begin{cases} 1 & (-2 < x < -1) \\ -1 & (-1 \le x < 1) \\ 1 & (1 \le x < 2) \end{cases}$

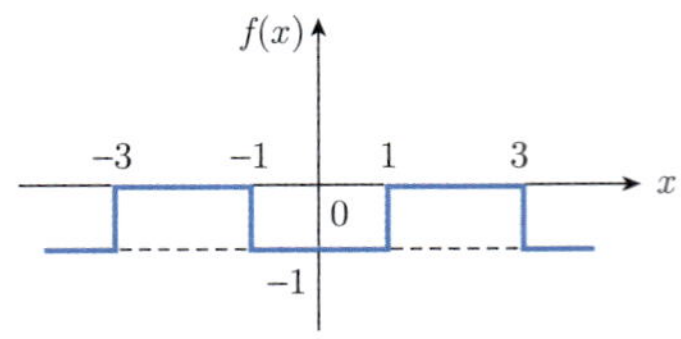

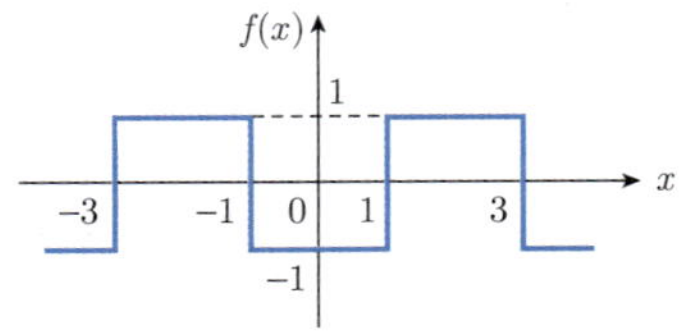

(c) $f(x) = \begin{cases} x+\pi & (-\pi < x \le 0) \\ -x+\pi & (0 < x < \pi) \end{cases}$

(d) $f(x) = |x| \quad (-\pi < x < \pi)$

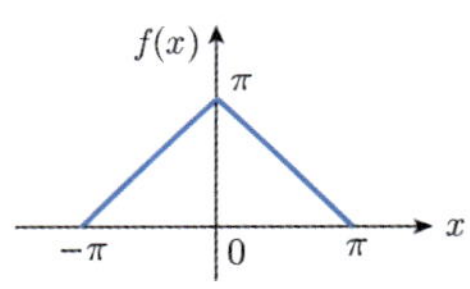

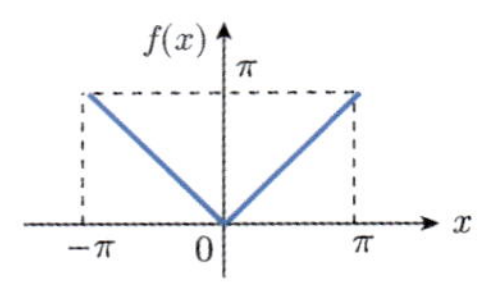

10.9 **(푸리에 급수 전개)** 다음과 같이 주어진 기함수를 푸리에 급수로 전개하라.

(a) $f(x) = \begin{cases} -1 & (-2 < x < 0) \\ 1 & (0 \le x < 2) \end{cases}$

(b) $f(x) = -x$ $(-\pi < x < \pi)$

(c) $f(x) = x^3$ $(-\pi < x < \pi)$

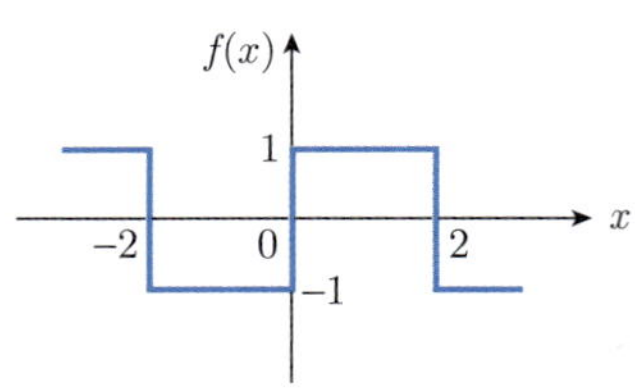

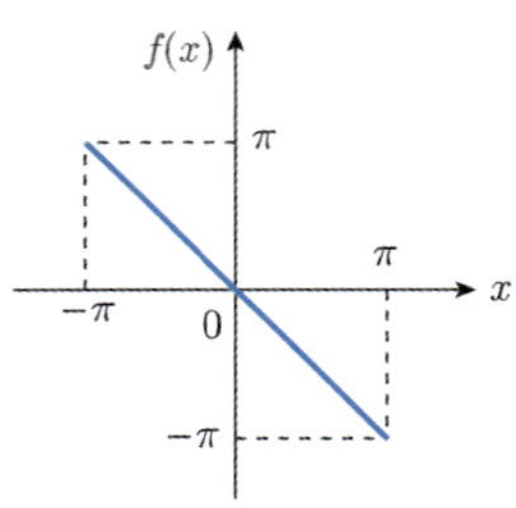

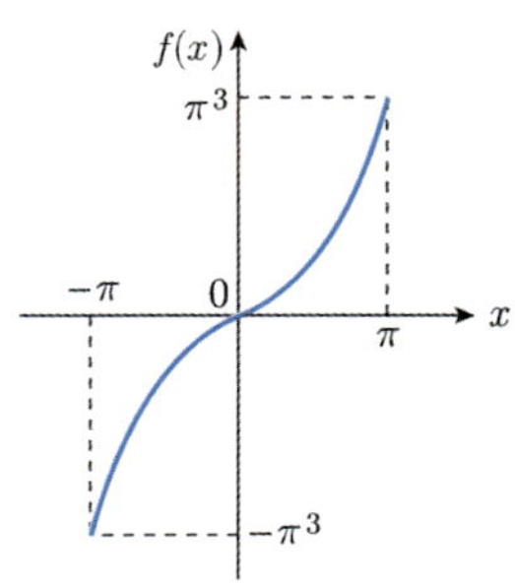

10.10 **(푸리에 급수 전개)** 다음과 같이 주어진 함수를 우확장 반구간 전개를 이용해 푸리에 급수로 전개하라.

(a) $f(x) = \begin{cases} 0 & (0 < x \le 1) \\ 1 & (1 < x < 2) \end{cases}$ (b) $f(x) = x \quad (0 < x < 1)$

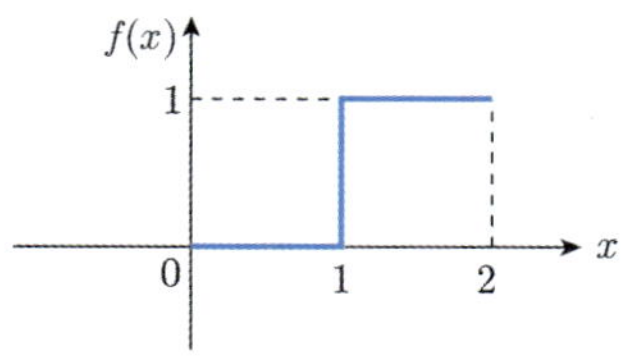

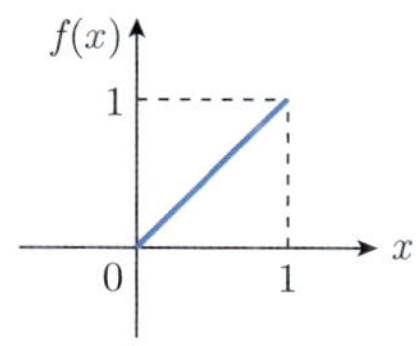

10.11 **(복소 푸리에 급수 전개)** 다음과 같이 주어진 함수를 복소 푸리에 급수로 전개하라.

(a) $f(x) = \begin{cases} 1 & (-1 < x \le 0) \\ -1 & (0 < x < 1) \end{cases}$ (b) 구간 $(-1,\ 1)$에서 $f(x) = e^x$

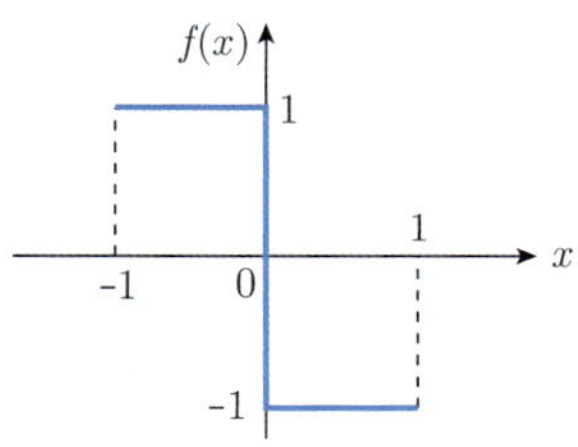

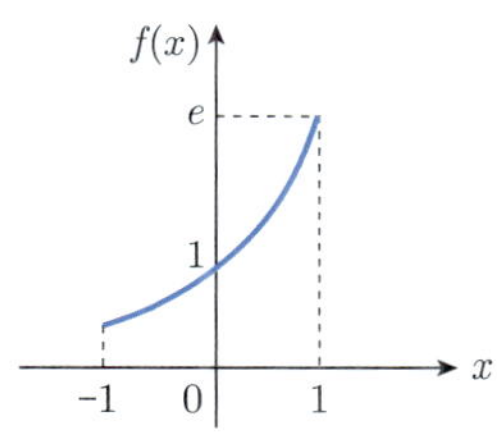

10.12 **(푸리에 적분)** 오른쪽 그림과 같이 주어진 함수에 대해 푸리에 적분식을 구하라.

$$f(x) = \begin{cases} 0 & (-\infty < x \le 0) \\ -1 & (0 < x < 1) \\ 0 & (1 \le x < \infty) \end{cases}$$

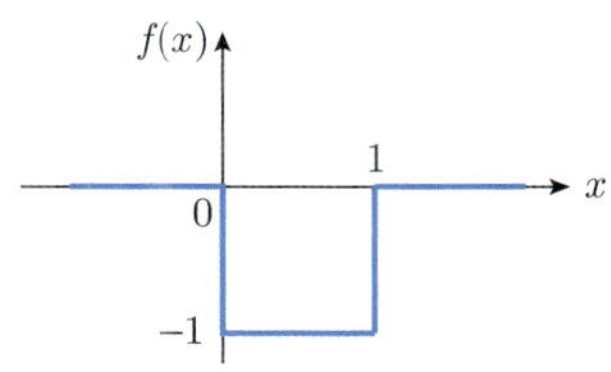

10.13 **(푸리에 코사인 적분)** 오른쪽 그림과 같이 주어진 함수의 푸리에 코사인 적분식을 구하라.

$$f(x) = \begin{cases} \sin x & (0 < x \le \pi) \\ 0 & (\pi < x) \end{cases}$$

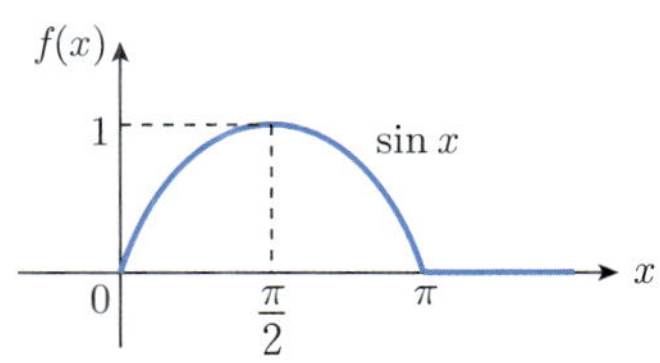

10.14 **(푸리에 사인 적분)** [연습문제 10.13]에 주어진 함수의 푸리에 사인 적분식을 구하라.

10.15 **(푸리에 변환)** 다음과 같이 주어진 함수의 푸리에 변환을 구하라.

(a) $f(x)=\begin{cases} c & (0<x<2) \\ 0 & (x\leq 0,\ x\geq 2) \end{cases}$

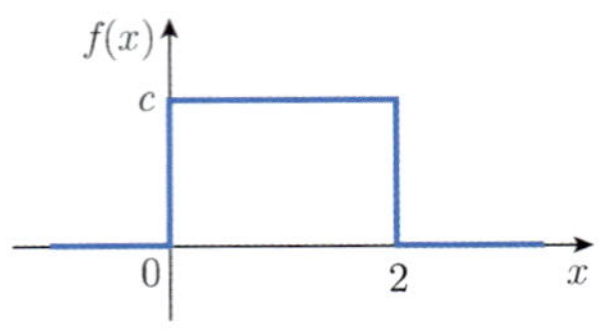

(b) $f(x)=\begin{cases} c & (-a<x<a) \\ 0 & (x\leq -a,\ x\geq a) \end{cases}$

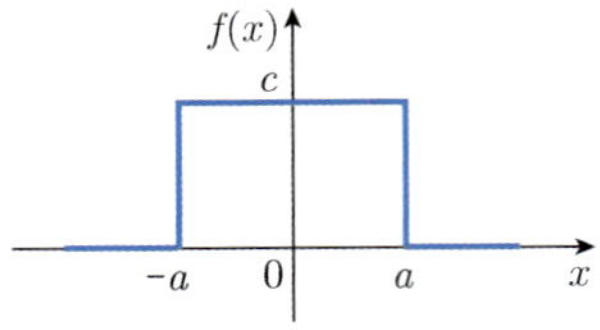

(c) $f(x)=e^{-2x}\ \ (x>0)$

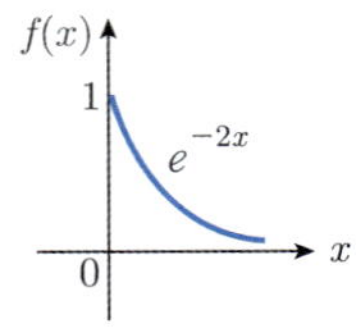

(d) $f(x)=\begin{cases} e^{x} & (x<0) \\ e^{-x} & (x\geq 0) \end{cases}$

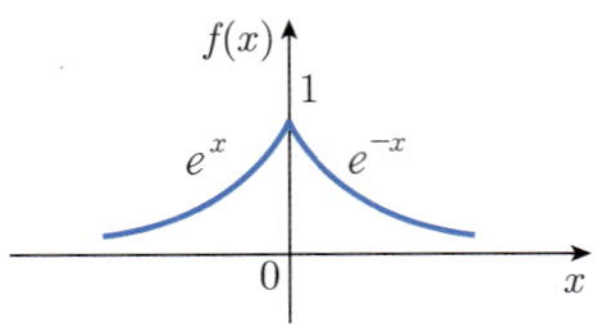

CHAPTER

11

편미분방정식

Partial Differential Equations

Contents

학습목표

- 편미분방정식의 기본 개념에 대해 살펴보고, 매우 널리 알려진 편미분방정식의 종류를 이해할 수 있다.
- 변수분리법을 이용해 선형 편미분방정식의 해를 구하는 방법을 이해할 수 있다.
- 경곗값 문제와 초깃값 문제를 이해할 수 있다.
- 파동 방정식, 열전도 방정식, 라플라스 방정식과 같은 물리계의 대표적인 편미분방정식의 해를 구하는 방법을 이해하고, 라플라스 변환과 푸리에 변환을 이용해 해를 구할 수 있다.

이 장에서 배우는 내용은?

공학이나 물리학에서 다루는 문제들은 해당 문제를 단순화하기 위해 상미분방정식으로 모델링하여 해석하는 경우가 대부분이다. 그러나 상미분방정식만으로는 해결이 안 되는 경우도 많다. 이에 따라 편미분방정식의 개념을 이해하고 풀이 방법을 이해할 필요가 있다.

이 장에서는 편미분방정식의 기본 개념에 대해 살펴보고, 보편적인 편미분방정식의 종류를 알아본다. 그리고 편미분방정식에서 매우 중요하게 여겨지는 경곗값 문제와 초깃값 문제에 대해 학습한다. 또한 편미분방정식의 풀이법으로 널리 이용되는 변수분리법에 대해 알아보고, 아울러 라플라스 변환과 푸리에 변환을 이용해 편미분방정식의 해를 구하는 방법을 살펴보며 마무리한다.

SECTION

11.1 편미분방정식의 기본 개념

여러 물리학적 또는 기하학적 문제와 관련하여, 물리적인 종속변수가 하나의 독립변수에 의존할 때는 그 시스템의 **지배방정식** governing equation[1]이 **상미분방정식** ordinary differential equations으로 나타나지만, 둘 이상의 독립변수에 의존한다면 **편미분방정식** partial differential equations으로 나타난다. 실제로 아주 단순한 시스템만이 상미분방정식으로 모델링되며, 대부분의 시스템은 편미분방정식으로 모델링된다. 그러나 편미분방정식은 풀이 과정이 복잡하므로 모델링 식을 단순화하기 위해 여러 가정들을 적용해 상미분방정식으로 모델링하는 경우가 많다. 경우에 따라서는 반드시 편미분방정식으로 모델링해야만 하는 경우도 있다. 예를 들어 물리학 분야의 양자역학, 기계공학 분야의 3대 역학으로 알려진 고체역학, 유체역학, 열역학, 그리고 전기전자 분야의 전자기학 등의 문제에서는 편미분방정식으로만 모델링해야 하는 경우가 종종 발생한다.

편미분방정식의 **계수** order는 편미분방정식에 포함된 도함수들 중 계수가 가장 높은 도함수의 계수를 말한다. 상미분방정식과 마찬가지로 편미분방정식의 경우에도 종속변수와 종속변수의 편도함수가 1차이면 **선형** linear, 그렇지 않으면 모두 **비선형** nonlinear이라고 한다. 비선형의 경우에는 풀이 자체가 매우 난해하므로 이 장에서는 선형에 국한하여 설명한다. 식 (11.1)은 2계 선형 편미분방정식의 일반적인 형태이다.

$$A\frac{\partial^2 u}{\partial x^2} + B\frac{\partial^2 u}{\partial x\,\partial y} + C\frac{\partial^2 u}{\partial y^2} + D\frac{\partial u}{\partial x} + E\frac{\partial u}{\partial y} + Fu = f(x,\,y) \qquad (11.1)$$

식 (11.1)에서 계수 $A,\ B,\ \cdots,\ F$는 상수이거나 x와 y에 대한 함수이다. 만약 $A,\ B,\ \cdots,$ F가 상수이면 식 (11.1)을 상수계수를 갖는 2계 선형 편미분방정식이라 하고, x와 y에 대한 함수이면 변수계수를 갖는 2계 선형 편미분방정식이라 한다. 또한 식 (11.1)에서 $f(x,\,y)=0$일 경우 편미분방정식을 **동차형** homogeneous이라 하고, $f(x,\,y)\neq 0$일 경우 **비동차형** nonhomogeneous이라고 한다.

일반적으로 널리 알려진 대표적인 편미분방정식을 몇 가지 살펴보자.

1 물리적 시스템을 수학적으로 나타낸 방정식으로, 독립변수에 따라 종속변수가 바뀌는 관계를 잘 보여준다.

❶ 1차원 파동 방정식one dimensional wave equation

$$\frac{\partial^2 u}{\partial t^2} = c^2 \frac{\partial^2 u}{\partial x^2} \tag{11.2}$$

❷ 2차원 파동 방정식two dimensional wave equation

$$\frac{\partial^2 u}{\partial t^2} = c^2 \left(\frac{\partial^2 u}{\partial x^2} + \frac{\partial^2 u}{\partial y^2} \right) \tag{11.3}$$

❸ 1차원 열전도 방정식one dimensional heat equation

$$\frac{\partial u}{\partial t} = c^2 \frac{\partial^2 u}{\partial x^2} \tag{11.4}$$

❹ 2차원 열전도 방정식two dimensional heat equation

$$\frac{\partial u}{\partial t} = c^2 \left(\frac{\partial^2 u}{\partial x^2} + \frac{\partial^2 u}{\partial y^2} \right) \tag{11.5}$$

❺ 2차원 라플라스 방정식two dimensional Laplace equation

$$\frac{\partial^2 u}{\partial x^2} + \frac{\partial^2 u}{\partial y^2} = 0 \tag{11.6}$$

❻ 2차원 푸아송 방정식two dimensional Poisson equation [2]

$$\frac{\partial^2 u}{\partial x^2} + \frac{\partial^2 u}{\partial y^2} = f(x, y) \tag{11.7}$$

❼ 3차원 라플라스 방정식three dimensional Laplace equation

$$\frac{\partial^2 u}{\partial x^2} + \frac{\partial^2 u}{\partial y^2} + \frac{\partial^2 u}{\partial z^2} = 0 \tag{11.8}$$

위 식에서 c는 상수, t는 시간, x, y, z는 직교좌표의 독립변수이다. 실제로 위와 같은 편미분방정식을 풀 때는 어떤 경계면에서 해에 대한 값이 주어지는 **경계조건**boundary conditions이나 초기시간 $(t=0)$에서의 u 또는 $\frac{\partial u}{\partial t}$ 값이 주어지는 **초기조건**initial conditions을 고려하여 푼다.

앞서 상미분방정식의 일반해를 구할 때 기본해를 알면 그 기본해들의 일차결합도 해가 된다는 사실을 살펴봤다. 편미분방정식의 경우에도 유사하게 **중첩의 원리**principle of superposition가 성립한다.

2 라플라스 방정식의 우변이 0이 아닌 방정식을 말한다.

정리 11-1 중첩의 원리

u_1과 u_2가 어떤 영역에서 각각 동차 선형 편미분방정식의 기본해이면 이들의 일차결합인

$$u = c_1u_1 + c_2u_2$$

도 동일한 영역에서 주어진 편미분방정식의 기본해이다. 여기서 c_1, c_2는 임의의 상수이다.

식 (11.1)의 상수계수를 갖는 2계 동차 선형 편미분방정식은 다음과 같이 타원형, 포물형, 쌍곡형의 세 종류로 분류된다.

❶ 타원형

식 (11.1)의 계수 A, B, C에 대해 $B^2-4AC<0$인 경우 주어진 편미분방정식을 **타원형**elliptic이라고 한다. 예를 들어 [그림 11-1]과 같이 사각 평면 위에서의 온도분포에 대한 방정식이 다음과 같이 주어지는 경우를 살펴보자. 판별식이 $B^2-4AC=0-4(1)(1)=-4<0$이므로 타원형이다.

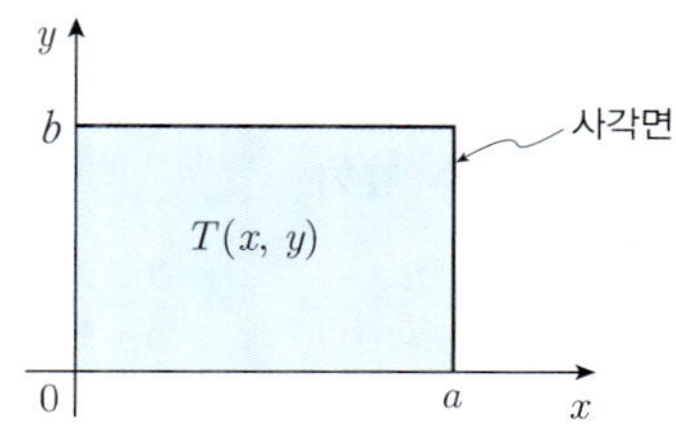

[그림 11-1] 평면 위에서의 온도분포

$$\frac{\partial^2 T}{\partial x^2}+\frac{\partial^2 T}{\partial y^2}=0$$

❷ 포물형

식 (11.1)의 계수 A, B, C에 대해 $B^2-4AC=0$인 경우 주어진 편미분방정식을 **포물형**parabolic이라고 한다. 예를 들어 [그림 11-2]와 같이 로드rod의 길이 방향으로의 온도분포에 대한 방정식이 다음과 같이 주어지는 경우를 살펴보자. 판별식이 $B^2-4AC=0-4(-k)(0)=0$이므로 포물형이다.

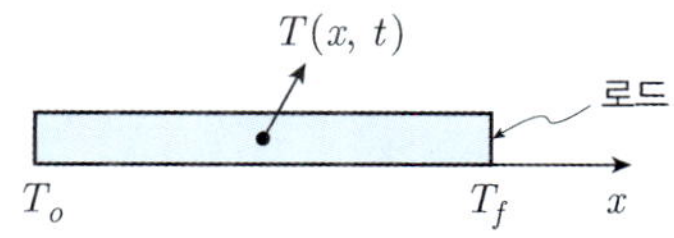

[그림 11-2] 로드 길이 방향으로의 온도 분포

$$\frac{\partial T}{\partial t}=k\frac{\partial^2 T}{\partial x^2}$$

❸ 쌍곡형

식 (11.1)의 계수 A, B, C에 대해 $B^2-4AC>0$인 경우 주어진 편미분방정식을 **쌍곡형**hyperbolic이라고 한다. 예를 들어 [그림 11-3]과 같이 현string의 수평축으로부터의 수직 변위(상하방향으로의 움직임)에 대한 방정식이 다음과

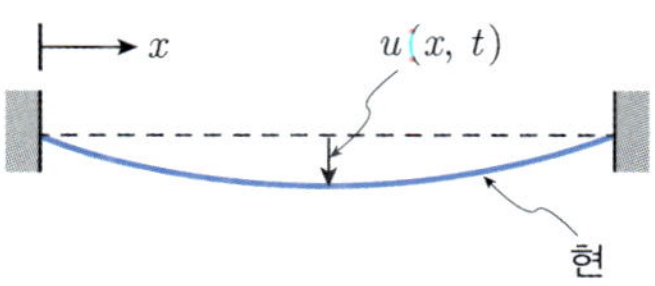

[그림 11-3] 현의 상하방향으로의 움직임

같이 주어지는 경우를 살펴보자. 판별식이 $B^2 - 4AC = 0 - 4(1)\left(-\frac{1}{c^2}\right) = \frac{4}{c^2} > 0$이므로 쌍곡형이다.

$$\frac{\partial^2 u}{\partial x^2} = \frac{1}{c^2}\frac{\partial^2 u}{\partial t^2}$$

편도함수에 관한 표기를 간단히 나타내기 위해 앞으로 다음과 같은 표기를 사용한다.

참고 편도함수에 관한 표기법

• 사용하는 변수

독립변수 : x, y, z(직교좌표의 독립변수), t(시간)

종속변수 : $u(x,\ y,\ z,\ t)$

• 편도함수 표기

$$u_x = \frac{\partial u}{\partial x},\quad u_y = \frac{\partial u}{\partial y},\quad u_t = \frac{\partial u}{\partial t},$$

$$u_{xx} = \frac{\partial^2 u}{\partial x^2},\quad u_{xy} = \frac{\partial}{\partial y}\left(\frac{\partial u}{\partial x}\right),\quad u_{yx} = \frac{\partial}{\partial x}\left(\frac{\partial u}{\partial y}\right),\quad u_{yy} = \frac{\partial^2 u}{\partial y^2}$$

편미분방정식의 풀이 과정을 설명하기에 앞서, 다음과 같이 주어진 1차원 열전도 방정식을 생각해보자.

$$u_t = u_{xx}$$

주어진 편미분방정식의 해는 다음과 같다.

$$u(x,\ t) = \frac{1}{2}x^2 + t$$

$u(x,\ t)$를 주어진 편미분방정식에 대입하면 $u_t = 1 = u_{xx}$를 만족하므로, $u(x,\ t)$가 편미분방정식의 해임을 쉽게 확인할 수 있다.

지금까지 설명한 편미분방정식에 대한 기본 개념을 바탕으로, 다음 절에서는 편미분방정식의 풀이 방법에 대해 자세히 살펴보고자 한다. 이에 앞서, 편미분방정식의 풀이에 대한 이해를 돕기 위해 다음과 같은 간단한 예제들을 먼저 살펴보고 파동 방정식, 열전도 방정식, 라플라스 방정식과 같은 문제로 확대하여 풀이 과정을 전개하고자 한다.

예제 11-1 **간단한 편미분방정식의 풀이**

다음 편미분방정식의 해를 구하라.

$$u_{xx} - u = 0$$

풀이

이 문제의 경우 y에 대한 도함수가 없으므로 $u'' - u = 0$을 풀면 된다. 2장에서 설명한 상미분방정식의 경우에는 기본해가 $u_1 = e^x$, $u_2 = e^{-x}$이므로, 중첩의 원리에 의해 $u = c_1 e^x + c_2 e^{-x}$ (c_1과 c_2는 상수)을 해로 얻을 수 있지만, 여기서는 c_1과 c_2가 y의 함수가 될 수 있으므로 주어진 편미분방정식의 해는 다음과 같다.

$$u(x,\ y) = c_1(y)\, e^x + c_2(y)\, e^{-x}$$

예제 11-2 **간단한 편미분방정식의 풀이**

다음 편미분방정식의 해를 구하라.

$$u_{xy} + u_x = 0$$

풀이

$u_x = v$라 하면 주어진 편미분방정식은 다음과 같다.

$$v_y + v = 0$$

위 식의 변수를 분리한 후 적분하면 다음과 같은 결과를 얻는다.

$$\frac{\partial v}{v} = -\partial y, \quad \ln|v| = -y + c_1(x), \quad v(x,\ y) = c(x)\, e^{-y} \qquad \cdots ①$$

여기서 $c(x) = e^{c_1(x)}$이고 적분상수이다. $u_x = v$를 식 ①에 대입하면 다음과 같다.

$$\frac{\partial u}{\partial x} = c(x) e^{-y} \qquad \cdots ②$$

식 ②를 x에 대해 적분하면 다음을 얻는다.

$$u(x,\ y) = \int c(x)\, e^{-y} dx = e^{-y} \int c(x)\, dx + b(y) = a(x) e^{-y} + b(y)$$

여기서 $a(x) = \int c(x)\, dx$이고, $b(y)$는 적분상수이다.

SECTION 11.2

변수분리법

독립변수가 x와 y로 구성된 편미분방정식의 **일반해** general solution는 $u(x, y)$로서, 함수 내에 있는 2개의 독립변수 x와 y가 포함된다. 편미분방정식의 해는 여러 가지 방법을 이용해 구할 수 있겠지만, 이 절에서는 그중 가장 쉽고 간단한 **변수분리법** method of separation of variables에 대해 살펴보고자 한다.

편미분방정식의 해가 식 (11.9)와 같이 x의 함수와 y의 함수의 곱 형태로 분리되어 나타난다고 가정해보자. 그러면 변수분리법에 의해 편미분방정식을 상미분방정식들의 조합으로 바꿀 수 있고, 이에 따라 상미분방정식들을 풀면 결국 편미분방정식의 해를 얻을 수 있다. 이와 같은 풀이 방법이 변수분리법이다.

$$u(x, y) = F(x)G(y) \tag{11.9}$$

이제 주어진 편미분방정식에 변수분리법을 적용하여 해를 구하는 예제를 살펴보자.

예제 11-3 변수분리법

변수분리법을 이용해 다음 편미분방정식의 해를 구하라.

$$u_x + u_y = 0$$

풀이

식 (11.9)에 의해 $u(x, y) = F(x)\,G(y)$라 하면 $u_x = F'(x)\,G(y)$, $u_y = F(x)\,G'(y)$이다. 이 식을 주어진 편미분방정식에 대입하면 다음과 같다.

$$F'(x)\,G(y) = -F(x)\,G'(y)$$

위 식에서 변수를 분리하면 다음과 같다.

$$\frac{F'(x)}{F(x)} = -\frac{G'(y)}{G(y)}$$

위 식의 좌변은 x만의 함수이고 우변은 y만의 함수이므로, 좌변과 우변이 같아지기 위해서는 좌변과 우변이 둘 다 상수여야 한다.

따라서 앞의 식은 다음과 같이 나타낼 수 있다.

$$\frac{F'(x)}{F(x)} = -\frac{G'(y)}{G(y)} = \alpha$$

여기서 α는 임의의 상수이다. 그러므로 다음과 같은 2개의 상미분방정식을 얻을 수 있다.

$$F'(x) - \alpha F(x) = 0, \qquad G'(y) + \alpha G(y) = 0$$

상미분방정식들을 풀면 다음을 얻는다.

$$F(x) = Ae^{\alpha x}, \qquad G(y) = Be^{-\alpha y}$$

여기서 A와 B는 적분상수이다. 따라서 구하고자 하는 편미분방정식의 해는 다음과 같다. 여기서 $C = AB$이다.

$$u(x, y) = F(x)\,G(y) = \left(Ae^{\alpha x}\right)\left(Be^{-\alpha y}\right) = C e^{\alpha(x-y)}$$

예제 11-4 변수분리법

변수분리법을 이용해 다음 편미분방정식의 해를 구하라.

$$u_x + u_y = u$$

풀이

$u(x, y) = F(x)\,G(y)$라 하고, $u_x = F'(x)\,G(y)$와 $u_y = F(x)\,G'(y)$를 주어진 편미분방정식에 대입하여 [예제 11-3]에서처럼 풀면 다음과 같다.

$$\begin{aligned}
& F'(x)\,G(y) = F(x)\,G(y) - F(x)\,G'(y) \\
\Rightarrow\ & \frac{F'(x)}{F(x)} = -\frac{G'(y) - G(y)}{G(y)} \qquad \cdots \text{ 변수 분리} \\
\Rightarrow\ & \frac{F'(x)}{F(x)} = -\frac{G'(y) - G(y)}{G(y)} = \alpha\,(\text{상수}) \\
\Rightarrow\ & F'(x) - \alpha F(x) = 0, \qquad G'(y) + (\alpha - 1)\,G(y) = 0
\end{aligned}$$

위 상미분방정식들을 풀면 다음을 얻는다.

$$F(x) = Ae^{\alpha x}, \qquad G(y) = Be^{-(\alpha-1)y} \qquad \cdots\ A,\ B\text{는 적분상수}$$

따라서 구하고자 하는 편미분방정식의 해는 다음과 같다. 여기서 $C = AB$이다.

$$u(x, y) = F(x)\,G(y) = \left(Ae^{\alpha x}\right)\left[Be^{-(\alpha-1)y}\right] = Ce^{\alpha(x-y)+y}$$

SECTION 11.3 파동 방정식

파동 방정식 wave equation은 일반적인 파동의 형태를 나타내는 2차 편미분방정식으로 유체역학, 전자기학, 양자역학 등의 다양한 분야에서 자주 등장한다. 파동의 예로는 진동하는 현의 파동, 전자기파, 지진파, 수면파 등이 있다.

[그림 11-4]는 길이 L의 진동하는 현의 수직 변위 $u(x,\ t)$를 보여준다. 이와 같은 시스템을 수학적으로 모델링한 식을 먼저 구해보자. 정확한 수식을 구하려면 매우 복잡해지기 때문에 방정식을 풀거나 해석하는 데 많은 어려움이 발생한다. 그러므로 좀 더 간단한 모델링 식을 유도하기 위해 다음과 같은 적절한 가정이 필요하다.

물리적 가정

❶ 현은 균질[3]이고 완전 탄성체이며 단위길이당 질량은 일정하다.

❷ 현의 변위 u는 길이에 비해 매우 작고, 현의 기울기도 모든 점에서 작다.

❸ 장력은 굽은 현의 접선 방향으로 작용하며 중력에 비해 매우 크다.

❹ 현이 움직일 때 어떠한 저항도 받지 않고, 현에 가해지는 외력은 없다.

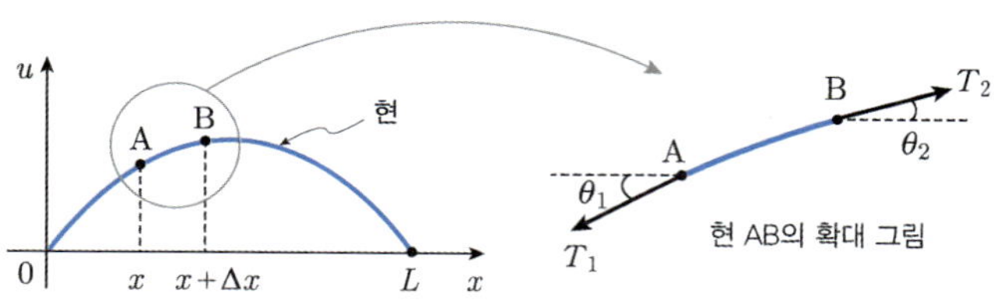

[그림 11-4] 현의 상하방향으로의 움직임

[그림 11-4]에서 점 A와 B 사이의 작은 부분에 대해 생각해보자. 현의 운동방정식을 구하기 위해 점 A와 B 사이의 현에 대한 자유물체도를 그려 보면 [그림 11-4]의 오른쪽 그림과 같다. 여기서 T_1과 T_2는 각각 점 A와 점 B에서 현의 접선 방향으로 작용하는 장력이다

3 어떤 연속체의 어느 부분을 잡더라도 그 물성이 그 물체의 전체에 걸쳐서 치우침이 없고 균일한 경우를 말한다.

현이 상하방향으로만 움직이고 수평방향으로는 움직이지 않는다고 가정하면 장력의 수평방향 성분은 다음과 같이 일정해야 한다.

$$T_1 \cos\theta_1 = T_2 \cos\theta_2 = T\,(\text{상수}) \tag{11.10}$$

수직방향의 운동방정식을 구하기 위해 자유물체도에 뉴턴의 제2법칙을 적용하면 다음과 같다.

$$\rho \triangle x \frac{\partial^2 u}{\partial t^2} = T_2 \sin\theta_2 - T_1 \sin\theta_1 \tag{11.11}$$

여기서, A와 B 사이의 현의 길이($\widehat{\mathrm{AB}}$)가 충분히 작다면 $\widehat{\mathrm{AB}}$는 근사적으로 $\triangle x$가 되고, ρ가 현의 단위길이당 질량이라면 고려하고 있는 작은 현 $\widehat{\mathrm{AB}}$의 질량은 $\rho \triangle x$이고, $\dfrac{\partial^2 u}{\partial t^2}$는 현의 상하방향의 가속도이다. 식 (11.11)을 장력 T로 나누면 다음과 같다.

$$\frac{\rho \triangle x}{T} \frac{\partial^2 u}{\partial t^2} = \frac{T_2 \sin\theta_2}{T} - \frac{T_1 \sin\theta_1}{T} \tag{11.12}$$

식 (11.12)의 우변에 식 (11.10)을 대입하고 간단히 정리하면 다음을 얻는다.

$$\frac{\rho \triangle x}{T} \frac{\partial^2 u}{\partial t^2} = \frac{T_2 \sin\theta_2}{T_2 \cos\theta_2} - \frac{T_1 \sin\theta_1}{T_1 \cos\theta_1} \quad \Rightarrow \quad \frac{\rho \triangle x}{T} \frac{\partial^2 u}{\partial t^2} = \tan\theta_2 - \tan\theta_1 \tag{11.13}$$

여기서 $\tan\theta_1$은 점 x에서의 현의 기울기이므로 $\tan\theta_1 = \left(\dfrac{\partial u}{\partial x}\right)_x$ 이고, $\tan\theta_2$는 점 $x + \triangle x$에서의 현의 기울기이므로 $\tan\theta_2 = \left(\dfrac{\partial u}{\partial x}\right)_{x+\triangle x}$ 이다. 따라서 식 (11.13)은 다음과 같이 나타낼 수 있다.

$$\frac{\rho \triangle x}{T} \frac{\partial^2 u}{\partial t^2} = \left(\frac{\partial u}{\partial x}\right)_{x+\triangle x} - \left(\frac{\partial u}{\partial x}\right)_x \tag{11.14}$$

마지막으로 식 (11.14)의 양변을 $\triangle x$로 나누고 $\triangle x$를 0으로 두면 다음이 성립한다.

$$\frac{\rho}{T} \frac{\partial^2 u}{\partial t^2} = \lim_{\triangle x \to 0} \frac{1}{\triangle x} \left[\left(\frac{\partial u}{\partial x}\right)_{x+\triangle x} - \left(\frac{\partial u}{\partial x}\right)_x \right] \tag{11.15}$$

식 (11.15)는 다음과 같이 나타낼 수 있다.

$$\frac{\rho}{T} \frac{\partial^2 u}{\partial t^2} = \frac{\partial^2 u}{\partial x^2} \quad \Rightarrow \quad \frac{\partial^2 u}{\partial t^2} = c^2 \frac{\partial^2 u}{\partial x^2} \tag{11.16}$$

식 (11.16)을 **1차원 파동 방정식**one dimensional wave equation이라 한다. 여기서 $c^2 = \dfrac{T}{\rho}$는 상수이고, 이는 항상 양수이다.

■ 1차원 파동 방정식의 풀이

[그림 11-4]의 현의 움직임을 알기 위해서는 식 (11.16)과 같이 주어진 1차원 파동 방정식을 풀어야만 한다. 이때 **경계조건** boundary conditions과 **초기조건** initial conditions이 주어진다. [그림 11-4]에서 보는 바와 같이 양끝단에서 현이 x축에 고정되어 있으므로, $x=0$일 때와 $x=L$일 때는 다음과 같은 경계조건이 주어진다.

$$u(0,\ t)=0,\quad u(L,\ t)=0,\quad t>0$$

또한 $t=0$일 때 초기변위, 초기속도와 같은 초기조건이 주어지는데, 이러한 초기조건을 다음과 같이 가정할 수 있다.

$$\text{초기변위 : } u(x,\ 0)=f(x),\quad \text{초기속도 : } \left.\frac{\partial u}{\partial t}\right|_{t=0}=g(x),\quad 0<x<L$$

따라서 주어진 경계조건과 초기조건을 만족하는 1차원 파동 방정식을 풀어야 한다. 경계조건과 초기조건이 주어진 1차원 파동 방정식은 다음과 같이 정리할 수 있다.

> **참고 1차원 파동 방정식**
>
> • 1차원 파동 방정식 : $\dfrac{\partial^2 u}{\partial t^2}=c^2\dfrac{\partial^2 u}{\partial x^2}$
>
> 경계조건 : $u(0,\ t)=0,\quad u(L,\ t)=0,\quad t>0$
>
> 초기조건 : $u(x,\ 0)=f(x),\quad \left.\dfrac{\partial u}{\partial t}\right|_{t=0}=g(x),\quad 0<x<L$

1차원 파동 방정식을 풀기 위해 11.2절에서 설명한 변수분리법을 이용하자. 우선 $u(x,\ t)=F(x)G(t)$라 하면 다음이 성립한다.

$$u_{xx}=F''(x)G(t),\quad u_{tt}=F(x)G''(t) \tag{11.17}$$

식 (11.17)을 1차원 파동 방정식 (11.16)에 대입하면 다음과 같다.

$$F(x)G''(t)=c^2F''(x)G(t) \tag{11.18}$$

식 (11.18)의 변수를 분리하면 다음과 같다.

$$\frac{G''(t)}{c^2G(t)}=\frac{F''(x)}{F(x)}=\alpha\ (\text{상수})$$

따라서 다음과 같은 2개의 상미분방정식을 얻는다.

$$F''(x) - \alpha F(x) = 0 \tag{11.19}$$

$$G''(t) - \alpha c^2 G(t) = 0 \tag{11.20}$$

먼저 식 (11.19)가 다음과 같은 2개의 경계조건을 만족하는 해를 구해보자.

$$u(0,\ t) = F(0)\,G(t) = 0, \quad u(L,\ t) = F(L)\,G(t) = 0, \quad t > 0$$

여기서 $G(t) = 0$이면 $u(x,\ t) = F(x)\,G(t) = 0$이므로 $G(t)$는 0이면 안 된다. 따라서 두 경계조건으로부터 $F(0) = 0$, $F(L) = 0$임을 알 수 있다. 이제 $\alpha = 0$, $\alpha > 0$, $\alpha < 0$인 경우로 나누어 살펴보자.

❶ $\alpha = 0$인 경우

이 경우에 식 (11.19)를 x에 대해 두 번 적분하여 풀면 $F(x) = c_1 + c_2 x$이다. 두 경계조건을 이용하면 적분상수가 $c_1 = c_2 = 0$이므로 $F(x) = 0$이고, 따라서 $u(x,\ t) = 0$이 된다. 따라서 이 경우의 해는 무의미하므로 $\alpha \neq 0$이다.

❷ $\alpha > 0\ (\alpha = \lambda^2)$인 경우

이 경우에 식 (11.19)의 일반해는 2장에서 설명한 상미분방정식의 풀이법을 이용하면 $F(x) = c_1 e^{\lambda x} + c_2 e^{-\lambda x}$이다. 두 경계조건에 의해 마찬가지로 $c_1 = c_2 = 0$이 되어 $F(x) = 0$, $u(x,\ t) = 0$이므로 이 경우의 해도 역시 무의미하다. 따라서 α는 양수가 아니다.

❸ $\alpha < 0\ (\alpha = -\beta^2)$인 경우

이 경우에는 식 (11.19)를 다음과 같이 나타낼 수 있다.

$$F''(x) + \beta^2 F(x) = 0 \tag{11.21}$$

식 (11.21)의 일반해는 다음과 같다.

$$F(x) = c_1 \cos\beta x + c_2 \sin\beta x \tag{11.22}$$

위 식에 경계조건을 대입하면 $c_1 = 0$, $c_2 \sin\beta L = 0$이다. 이때 $c_2 = 0$이면 $F(x) = 0$이 되므로 $c_2 \neq 0$이다. 따라서 $\sin\beta L = 0$이고, 이 식을 만족하기 위해서는 다음과 같은 관계가 성립해야 한다.

$$\beta L = n\pi, \quad \beta = \frac{n\pi}{L} \ (n = 1,\ 2,\ 3,\ \cdots) \tag{11.23}$$

따라서 다음과 같은 해를 얻는다.

$$F(x) = c_2 \sin\frac{n\pi}{L}x \ (n = 1, 2, 3, \cdots) \tag{11.24}$$

이제 $G(t)$를 구하기 위해 식 (11.23)의 β를 $\alpha = -\beta^2$에 대입한 후, α를 식 (11.20)에 대입하면 식 (11.20)은 다음과 같이 된다.

$$G''(t) + \left(\frac{cn\pi}{L}\right)^2 G(t) = 0 \tag{11.25}$$

따라서 식 (11.25)의 일반해는 다음과 같다.

$$G(t) = c_3 \cos\frac{cn\pi}{L}t + c_4 \sin\frac{cn\pi}{L}t \tag{11.26}$$

적분상수를 $c_2 c_3 = A_n$, $c_2 c_4 = B_n$이라 하면 1차원 파동 방정식 (11.16)과 경계조건을 만족하는 해는 $u(x, t) = F(x)\,G(t)$이므로 다음이 성립한다.

$$u_n(x, t) = \left(A_n \cos\frac{cn\pi}{L}t + B_n \sin\frac{cn\pi}{L}t\right)\sin\frac{n\pi}{L}x \ (n = 1, 2, 3, \cdots) \tag{11.27}$$

$$u(x, t) = \sum_{n=1}^{\infty} u_n(x, t) = \sum_{n=1}^{\infty}\left(A_n \cos\frac{cn\pi}{L}t + B_n \sin\frac{cn\pi}{L}t\right)\sin\frac{n\pi}{L}x \tag{11.28}$$

이제 초기조건을 고려하기 위해 식 (11.28)에 초기변위에 관한 조건 $u(x, 0) = f(x)$를 대입하면 다음과 같다.

$$u(x, 0) = \sum_{n=1}^{\infty} A_n \sin\frac{n\pi}{L}x = f(x) \tag{11.29}$$

그런데 위 식은 기함수의 반구간 전개 문제이므로 식 (10.16)에 의해 다음을 얻는다.

$$A_n = \frac{2}{L}\int_0^L f(x)\sin\frac{n\pi}{L}x\,dx \tag{11.30}$$

이제 B_n을 구하기 위해 초기속도에 관한 조건 $\left.\frac{\partial u}{\partial t}\right|_{t=0} = g(x)$를 이용하자. 식 (11.28)을 t에 대해 미분하고 $t = 0$을 대입하면 다음을 얻는다.

$$\frac{\partial u(x, t)}{\partial t} = \sum_{n=1}^{\infty}\left(-A_n \frac{cn\pi}{L}\sin\frac{cn\pi}{L}t + B_n\frac{cn\pi}{L}\cos\frac{cn\pi}{L}t\right)\sin\frac{n\pi}{L}x$$

$$\Rightarrow \left.\frac{\partial u(x, t)}{\partial t}\right|_{t=0} = \sum_{n=1}^{\infty}\left(B_n\frac{cn\pi}{L}\right)\sin\frac{n\pi}{L}x = g(x) \tag{11.31}$$

A_n을 구할 때와 마찬가지로 식 (11.31)이 초기속도의 기함수의 반구간 전개가 되기 위해서는

$$B_n \frac{cn\pi}{L} = \frac{2}{L}\int_0^L g(x)\sin\frac{n\pi}{L}x\,dx$$

가 성립해야 하므로 다음을 얻는다.

$$B_n = \frac{2}{cn\pi}\int_0^L g(x)\sin\frac{n\pi}{L}x\,dx \qquad (11.32)$$

따라서 1차원 파동 방정식 (11.16)의 주어진 경계조건과 초기조건에 대한 해는 식 (11.28)이다. 이때 계수 A_n과 B_n은 각각 식 (11.30)과 (11.32)를 이용해 구할 수 있다. 식 (11.27)과 같이 1차원 파동 방정식의 해가 되는 함수를 진동하는 현의 **고유함수**eigenfunction라 하고, $\lambda_n = \dfrac{cn\pi}{L}$를 **고윳값** eigenvalue이라 한다.

식 (11.27)의 $u_n(x,\ t)$는 $\dfrac{\lambda_n}{2\pi} = \dfrac{cn\pi/L}{2\pi}$의 진동수를 갖는 **조화운동** harmonic motion을 하는데, 이 운동을 현의 ***n*차 정규진동**nth normal mode이라고 한다. [그림 11-5]는 1차, 2차, 3차, 4차 정규진동 운동의 예를 보여준다. 각 그림에 정규진동의 **노드점**nodes[4]이 표기되어 있다.

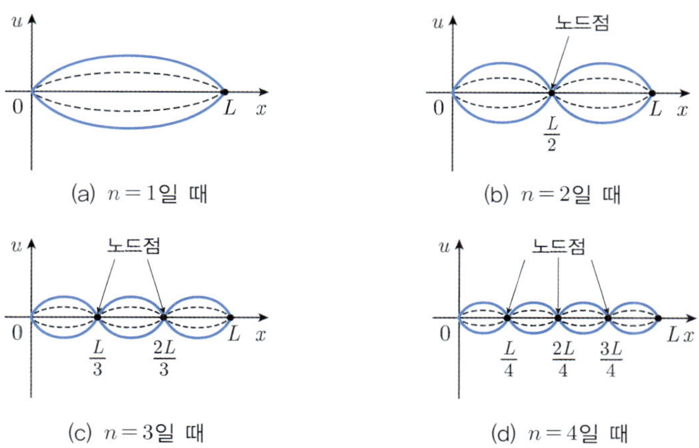

(a) $n=1$일 때 (b) $n=2$일 때 (c) $n=3$일 때 (d) $n=4$일 때

[그림 11-5] 진동하는 현의 정규진동

4 현의 양 끝의 고정점을 제외하고 상하방향으로의 움직임이 없는 점을 말한다.

예제 11-5 **응용** **1차원 파동 방정식**

양끝단이 고정된 1차원 파동 방정식의 초기조건이 다음과 같을 때, 이 파동 방정식의 해를 구하라.

- 1차원 파동 방정식 : $\dfrac{\partial^2 u}{\partial t^2} = c^2 \dfrac{\partial^2 u}{\partial x^2}$
- 초기조건 : $u(x,\ 0) = f(x) = L - x,\ \left.\dfrac{\partial u}{\partial t}\right|_{t=0} = g(x) = 0,\quad 0 < x < L$

HINT
$\left.\dfrac{\partial u}{\partial t}\right|_{t=0} = g(x) = 0$이므로 $B_n = 0$이다.

풀이

식 (11.28)에 의해 1차원 파동 방정식의 해는 다음과 같다.

$$u(x,\ t) = \sum_{n=1}^{\infty}\left(A_n \cos\frac{cn\pi}{L}t + B_n \sin\frac{cn\pi}{L}t\right)\sin\frac{n\pi}{L}x$$

초기속도가 0이므로 $\left.\dfrac{\partial u}{\partial t}\right|_{t=0} = g(x) = 0$이고, 식 (11.32)에 의해 $B_n = 0$이다. 그러므로 1차원 파동 방정식의 해는 다음과 같이 나타낼 수 있다.

$$u(x,\ t) = \sum_{n=1}^{\infty} A_n \cos\frac{cn\pi}{L}t\ \sin\frac{n\pi}{L}x$$

또한 주어진 초기변위가 $f(x) = L - x$이므로, 식 (11.30)에 의해 A_n은 다음과 같다.

$$A_n = \frac{2}{L}\int_0^L f(x)\sin\frac{n\pi}{L}x\,dx = \frac{2}{L}\int_0^L (L-x)\sin\frac{n\pi}{L}x\,dx = \frac{2L}{n\pi} \quad \cdots \text{ 부분적분 이용}$$

따라서 주어진 초기조건에 대한 1차원 파동 방정식의 해는 다음과 같다.

$$u(x,\ t) = \sum_{n=1}^{\infty} \frac{2L}{n\pi}\cos\frac{cn\pi}{L}t\ \sin\frac{n\pi}{L}x$$

SECTION

11.4 열전도 방정식

열전도 방정식heat conduction equation은 시간에 따라 열이 전도되는 과정을 나타내는 2차 편미분방정식을 말한다. 열에 관한 물리적인 성질과 6장에서 살펴본 가우스 발산 정리 등을 이용하면 열전도에 관한 1차원 열전도 방정식을 유도할 수 있다. 물론 이 경우에도 1차원 파동 방정식의 유도 과정과 마찬가지로 많은 가정을 세워야 한다. 여기서는 유도 과정을 생략하고 그 결과 식만을 이용하겠다.

시간 t에 대한 온도 함수 $u(x, t)$에 대해 3차원 공간에서 열전도 방정식은 다음과 같다.

$$\frac{\partial u}{\partial t} = c^2\left(\frac{\partial^2 u}{\partial x^2} + \frac{\partial^2 u}{\partial y^2} + \frac{\partial^2 u}{\partial z^2}\right)$$

여기서 $c^2 = \dfrac{K}{\gamma\rho}$로서 **열확산 계수**thermal diffusivity라 하고, K는 열전도도, γ는 비열, ρ는 물질의 밀도를 나타낸다. [그림 11-6]과 같은 로드에서 열의 흐름을 고려한다면, 열이 다른 방향으로는 완전히 단열되어 있고 오직 x축 방향으로만 흐른다고 가정할 수 있다. 이때 로드에서의 온도에 관한 1차원 열전도 방정식은 식 (11.4)에 나타냈듯이 다음과 같다.

$$\frac{\partial u}{\partial t} = c^2 \frac{\partial^2 u}{\partial x^2}$$

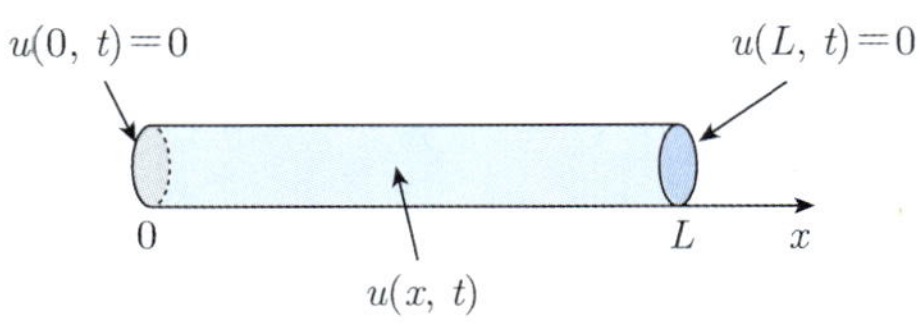

[그림 11-6] 로드의 열전도

■ 1차원 열전도 방정식의 풀이

1차원 파동 방정식의 경우와 마찬가지로, 1차원 열전도 방정식의 경우에도 경계조건과 초기조건이 주어진다. 예를 들어 로드의 양끝단이 단열되어 있는 경우라면 다음과 같은 경계조건이 주어진다.

$$u(0,\ t)=0, \quad u(L,\ t)=0, \quad t>0$$

또한 1차원 파동 방정식의 경우에는 2개의 초기조건이 필요했는데, 여기서는 $t=0$일 때 다음과 같은 초기변위만 필요하다.

$$\text{초기변위 : } u(x,\ 0)=f(x), \quad 0<x<L$$

따라서 주어진 경계조건과 초기조건을 만족하는 1차원 열전도 방정식을 풀어야 한다. 경계조건과 초기조건이 주어진 1차원 열전도 방정식을 정리하면 다음과 같다.

> **참고 1차원 열전도 방정식**
>
> • 1차원 열전도 방정식 : $\dfrac{\partial u}{\partial t}=c^2\dfrac{\partial^2 u}{\partial x^2}$ (11.33)
>
> 경계조건 : $u(0,\ t)=0, \quad u(L,\ t)=0, \quad t>0$
>
> 초기조건 : $u(x,\ 0)=f(x), \quad 0<x<L$

1차원 열전도 방정식을 풀기 위해 11.2절에서 설명한 변수분리법을 이용하자. $u(x,\ t)=F(x)G(t)$라 하면 다음이 성립한다.

$$u_{xx}=F''(x)G(t), \quad u_t=F(x)G'(t) \tag{11.34}$$

따라서 식 (11.34)를 1차원 열전도 방정식 (11.33)에 대입하면 다음과 같다.

$$F(x)G'(t)=c^2F''(x)G(t) \tag{11.35}$$

식 (11.35)의 변수를 분리하면

$$\frac{G'(t)}{c^2G(t)}=\frac{F''(x)}{F(x)}=\alpha\ (\text{상수})$$

이므로, 다음과 같은 2개의 상미분방정식을 얻는다.

$$F''(x)-\alpha F(x)=0 \tag{11.36}$$

$$G'(t)-\alpha c^2G(t)=0 \tag{11.37}$$

식 (11.36)이 2개의 경계조건 $u(0,\ t)=0$, $u(L,\ t)=0$, $t>0$을 만족하는 해를 구해보자. 두 경계조건에 따라 $F(0)=0$, $F(L)=0$임을 1차원 파동 방정식의 풀이 과정에서 이미 설명했다. 1차원 파동 방정식의 풀이 과정에서와 마찬가지로, $\alpha\geq 0$이면 $u(x,\ t)=F(x)G(t)$

$= 0$이므로 $\alpha = -\beta^2 < 0$이어야만 한다. 이 경우 식 (11.36)을 다음과 같이 나타낼 수 있다.

$$F''(x) + \beta^2 F(x) = 0 \tag{11.38}$$

식 (11.38)의 일반해는 다음과 같다.

$$F(x) = c_1 \cos \beta x + c_2 \sin \beta x \tag{11.39}$$

식 (11.39)에 의해 경계조건으로부터 얻은 관계식 $F(0) = 0$, $F(L) = 0$을 대입하면 $c_1 = 0$, $c_2 \sin \beta L = 0$이다. 이때 $c_2 = 0$이면 $F(x) = 0$이므로 $c_2 \neq 0$이어야 한다. 따라서 $\sin \beta L = 0$이고, 이 식을 만족하기 위해서는 다음과 같은 관계가 성립해야 한다.

$$\beta L = n\pi, \quad \beta = \frac{n\pi}{L} \ (n = 1,\ 2,\ 3,\ \cdots) \tag{11.40}$$

따라서 다음과 같은 해를 얻는다.

$$F(x) = c_2 \sin \frac{n\pi}{L} x \ (n = 1,\ 2,\ 3,\ \cdots) \tag{11.41}$$

이제 $G(t)$를 구하기 위해 식 (11.40)의 β를 $\alpha = -\beta^2$에 대입한 후, α를 식 (11.37)에 대입하면 다음과 같다.

$$G'(t) + \left(\frac{cn\pi}{L}\right)^2 G(t) = 0 \tag{11.42}$$

따라서 식 (11.42)의 일반해는 다음과 같다.

$$G_n(t) = c_3 e^{-\left(\frac{cn\pi}{L}\right)^2 t} \ (n = 1,\ 2,\ 3,\ \cdots) \tag{11.43}$$

적분상수를 $c_2 c_3 = A_n$이라 하면 1차원 열전도 방정식과 경계조건을 만족하는 해는 $u(x,\ t) = F(x)\,G(t)$이므로 다음이 성립한다.

$$u_n(x,\ t) = A_n \sin \frac{n\pi}{L} x\, e^{-\left(\frac{cn\pi}{L}\right)^2 t} \ (n = 1,\ 2,\ 3,\ \cdots) \tag{11.44}$$

$$u(x,\ t) = \sum_{n=1}^{\infty} A_n \sin \frac{n\pi}{L} x\, e^{-\left(\frac{cn\pi}{L}\right)^2 t} \tag{11.45}$$

이제 초기조건 $u(x,\ 0) = f(x)$를 생각해보자. 식 (11.45)에 $t = 0$을 대입하면 다음과 같다.

$$u(x,\ 0) = f(x) = \sum_{n=1}^{\infty} A_n \sin \frac{n\pi}{L} x \tag{11.46}$$

그런데 위 식은 기함수의 반구간 전개 문제이므로 식 (10.16)에 의해 다음을 얻는다.

$$A_n = \frac{2}{L}\int_0^L f(x)\sin\frac{n\pi}{L}x\,dx \tag{11.47}$$

결론적으로 주어진 경계조건과 초기조건을 만족하는 1차원 열전도 방정식의 해는 식 (11.45)이고, 계수 A_n은 식 (11.47)을 이용해 구할 수 있다.

예제 11-6 응용 1차원 열전도 방정식

경계조건과 초기조건이 다음과 같이 주어진 길이 L인 로드의 1차원 열전도 방정식의 해를 구하라.

> **HINT** 기함수의 반구간 전개를 이용한다.

- 1차원 열전도 방정식 : $\dfrac{\partial u}{\partial t} = c^2\dfrac{\partial^2 u}{\partial x^2}$
- 경계조건 : $u(0,\ t) = 0,\quad u(L,\ t) = 0$
- 초기조건 : $u(x,\ 0) = f(x) = 1,\quad 0 < x < L$

풀이

경계조건을 만족하는 1차원 열전도 방정식의 해는 식 (11.45)에 의해 다음과 같다.

$$u(x,\ t) = \sum_{n=1}^{\infty} A_n \sin\frac{n\pi}{L}x\, e^{-\left(\frac{cn\pi}{L}\right)^2 t}$$

초기조건이 $u(x,\ 0) = f(x) = 1$이므로, 식 (11.47)에 의해 계수는 다음과 같다.

$$\begin{aligned} A_n &= \frac{2}{L}\int_0^L f(x)\sin\frac{n\pi}{L}x\,dx = \frac{2}{L}\int_0^L \sin\frac{n\pi}{L}x\,dx \\ &= -\frac{2}{n\pi}\cos\frac{n\pi}{L}x\,\Big|_0^L = \frac{2}{n\pi}(1-\cos n\pi) \end{aligned}$$

따라서 주어진 경계조건과 초기조건을 만족하는 1차원 열전도 방정식의 해는 다음과 같다.

$$\begin{aligned} u(x,\ t) &= \sum_{n=1}^{\infty} A_n \sin\frac{n\pi}{L}x\, e^{-\left(\frac{cn\pi}{L}\right)^2 t} \\ &= \sum_{n=1}^{\infty} \frac{2}{n\pi}(1-\cos n\pi)\sin\frac{n\pi}{L}x\, e^{-\left(\frac{cn\pi}{L}\right)^2 t} \end{aligned}$$

SECTION 11.5

라플라스 방정식

라플라스 방정식 Laplace's equation은 정전계, 중력계, 유체역학의 속도 등과 같은 퍼텐셜과 관련한 문제에 자주 등장한다. 11.4절에서 살펴본 1차원 열전도 방정식을 y축 방향으로 확대하면 식 (11.48)과 같은 2차원 열전도 방정식이 된다. 이 식은 식 (11.5)에서 이미 언급했다.

$$\frac{\partial u}{\partial t} = c^2\left(\frac{\partial^2 u}{\partial x^2} + \frac{\partial^2 u}{\partial y^2}\right) \tag{11.48}$$

만약 열전도가 **정상상태** steady state[5]이면 $\frac{\partial u}{\partial t} = 0$이므로 식 (11.48)은 다음과 같다.

$$\frac{\partial^2 u}{\partial x^2} + \frac{\partial^2 u}{\partial y^2} = 0 \tag{11.49}$$

위 식을 **2차원 라플라스 방정식**이라고 한다(식 (11.6)과 동일함). 시간에 무관한 2차원 열전도 문제는 고려되는 영역에서의 지배방정식 (11.49)와 경계조건으로 구성되며, 시간에 관한 초기조건은 주어지지 않는다. 따라서 라플라스 방정식은 경계조건만 주어지는 경곗값 문제가 된다. 경곗값 문제의 경우 경계조건에 따라 다음과 같이 세 가지 유형이 존재한다.

❶ **디리클레** Dirichlet **경계조건** : 경계에서 u값이 주어지는 경우

❷ **노이만** Neumann **경계조건** : 경계에서 법선 도함수 $\frac{\partial u}{\partial r}$값이 주어지는 경우

❸ **로빈** Robin **경계조건** : 경계에서 ❶과 ❷가 모두 주어지는 경우, 즉 $au + \frac{\partial u}{\partial r}$ (a는 상수)가 주어지는 경우

■ 2차원 라플라스 방정식의 풀이

[그림 11-7]의 직사각형 내에서 디리클레 경계조건 문제를 살펴보자.

5 시스템에서 시간에 따른 변화가 없는 상태를 말한다.

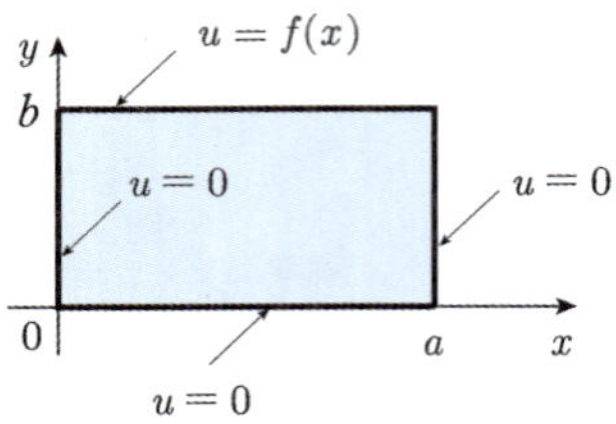

[그림 11-7] 직사각형 평판 내의 온도분포

[그림 11-7]과 같은 문제에는 다음과 같은 경계조건이 주어진다.

$$u(0,\ y)=0,\quad u(a,\ y)=0,\quad u(x,\ 0)=0,\quad u(x,\ b)=f(x)$$

풀어야 하는 2차원 라플라스 방정식과 경계조건을 요약하면 다음과 같다.

참고 2 차원 라플라스 방정식

- 2차원 라플라스 방정식 : $\dfrac{\partial^2 u}{\partial x^2}+\dfrac{\partial^2 u}{\partial y^2}=0$

  경계조건 : $u(0,\ y)=0,\quad u(a,\ y)=0,\quad u(x,\ 0)=0,\quad u(x,\ b)=f(x)$

2차원 라플라스 방정식을 풀기 위해 11.2절에서 설명한 변수분리법을 이용하자. $u(x,\ y)=F(x)\,G(y)$라 하면 앞서 설명한 1차원 파동 방정식과 열전도 방정식의 풀이 과정에서처럼 다음과 같은 2개의 상미분방정식을 얻는다.

$$F''(x)+\alpha F(x)=0 \tag{11.50}$$

$$G''(y)-\alpha\,G(y)=0 \tag{11.51}$$

먼저 식 (11.50)이 2개의 경계조건 $u(0,\ y)=0$, $u(a,\ y)=0$을 만족하는 해를 구해보자. 두 경계조건으로부터 $F(0)=0$, $F(a)=0$이고, 식 (11.50)의 일반해는 다음과 같다.

$$F(x)=c_1\cos\sqrt{\alpha}\,x+c_2\sin\sqrt{\alpha}\,x \tag{11.52}$$

위 식에 경계조건 $F(0)=0$, $F(a)=0$을 대입하면 $c_1=0$, $c_2\sin\sqrt{\alpha}\,a=0$이다. 이때 $c_2=0$이면 $F(x)=0$이므로 $c_2\neq 0$이어야 한다. 따라서 $\sin\sqrt{\alpha}\,a=0$이고, 이 식을 만족하기 위해서는 다음 관계가 성립해야 한다.

$$\sqrt{\alpha}\,a=n\pi,\quad \alpha=\left(\frac{n\pi}{a}\right)^2\ (n=1,\ 2,\ 3,\ \cdots) \tag{11.53}$$

따라서 다음과 같은 해를 얻는다.

$$F(x) = c_2 \sin\frac{n\pi x}{a} \quad (n = 1,\ 2,\ 3,\ \cdots) \tag{11.54}$$

이제 $G(y)$를 구하기 위해 식 (11.51)이 경계조건 $u(x,\ 0) = 0$, $u(x,\ b) = f(x)$를 만족하는 해를 구해보자. 식 (11.51)의 일반해는 다음과 같다.

$$G(y) = c_3 e^{n\pi y/a} + c_4 e^{-n\pi y/a} \quad (n = 1,\ 2,\ 3,\ \cdots) \tag{11.55}$$

그리고 경계조건 $u(x,\ 0) = 0$으로부터 $G(0) = 0$임을 알 수 있다. 이 결과를 식 (11.55)에 대입하면 $c_3 = -c_4$이므로 식 (11.55)는 다음과 같이 나타낼 수 있다.

$$G(y) = c_3 (e^{n\pi y/a} - e^{-n\pi y/a}) = 2c_3 \sinh\frac{n\pi y}{a} \quad (n = 1,\ 2,\ 3,\ \cdots) \tag{11.56}$$

따라서 2차원 라플라스 방정식의 고유함수는 다음과 같다.

$$u_n(x,\ y) = F_n(x)\,G_n(y) = A_n \sin\frac{n\pi x}{a} \sinh\frac{n\pi y}{a} \quad (n = 1,\ 2,\ 3,\ \cdots) \tag{11.57}$$

여기서 $A_n = 2c_2c_3$이다. 식 (11.57)은 직사각형 하단에서의 경계조건 $u(x,\ 0) = 0$을 만족한다. 직사각형 상단에서의 경계조건 $u(x,\ b) = f(x)$를 만족하는 해를 구하기 위해 다음과 같은 무한급수를 생각해보자.

$$u(x,\ y) = \sum_{n=1}^{\infty} u_n(x,\ y) \tag{11.58}$$

식 (11.57)과 경계조건 $u(x,\ b) = f(x)$를 식 (11.58)에 대입하면 다음을 얻는다.

$$\begin{aligned} u(x,\ b) = f(x) &= \sum_{n=1}^{\infty} A_n \sin\frac{n\pi x}{a} \sinh\frac{n\pi b}{a} \\ &= \sum_{n=1}^{\infty} \left(A_n \sinh\frac{n\pi b}{a}\right) \sin\frac{n\pi x}{a} \end{aligned} \tag{11.59}$$

식 (11.59)는 괄호 안의 값이 기함수 $f(x)$의 푸리에 계수여야 함을 알 수 있다. 따라서 식 (10.16)으로부터 계수 A_n을 다음과 같이 구할 수 있다.

$$\begin{aligned} A_n \sinh\frac{n\pi b}{a} &= \frac{2}{a}\int_0^a f(x)\sin\frac{n\pi x}{a}\,dx \\ \Rightarrow \quad A_n &= \frac{2}{a\sinh\frac{n\pi b}{a}}\int_0^a f(x)\sin\frac{n\pi x}{a}\,dx \end{aligned} \tag{11.60}$$

따라서 최종적으로 다음과 같은 2차원 라플라스 방정식의 경곗값 문제의 해를 구할 수 있다.

$$u(x,\ y) = \sum_{n=1}^{\infty} A_n \sin\frac{n\pi x}{a} \sinh\frac{n\pi y}{a} \tag{11.61}$$

여기서 A_n은 식 (11.60)으로부터 구할 수 있다.

경계조건이 다른 ❷와 ❸의 경우에도 유사한 방법으로 풀이할 수 있다. 그러나 단순한 산술 계산량이 많아지므로 여기서는 다루지 않는다.

예제 11-7 **응용** **2차원 라플라스 방정식**

다음과 같은 2차원 라플라스 방정식의 해를 구하라.

- 2차원 라플라스 방정식 : $\dfrac{\partial^2 u}{\partial x^2} + \dfrac{\partial^2 u}{\partial y^2} = 0$
- 경계조건 : $u(0,\ y) = 0,\quad u(a,\ y) = 0,\quad u(x,\ 0) = 0,\quad u(x,\ b) = x$

풀이

2차원 라플라스 방정식의 해는 식 (11.61)에 의해 다음과 같다.

$$u(x,\ y) = \sum_{n=1}^{\infty} A_n \sin\frac{n\pi x}{a} \sinh\frac{n\pi y}{a}$$

계수 A_n은 식 (11.60)을 이용해 다음과 같이 구할 수 있다.

$$\begin{aligned} A_n &= \frac{2}{a\sinh\dfrac{n\pi b}{a}} \int_0^a f(x) \sin\frac{n\pi x}{a}\,dx \\ &= \frac{2}{a\sinh\dfrac{n\pi b}{a}} \int_0^a x \sin\frac{n\pi x}{a}\,dx = -\frac{2a}{n\pi}\frac{\cos n\pi}{\sinh(n\pi b/a)} \end{aligned}$$

따라서 주어진 경계조건을 만족하는 2차원 라플라스 방정식의 해는 다음과 같다.

$$\begin{aligned} u(x,\ y) &= \sum_{n=1}^{\infty} A_n \sin\frac{n\pi x}{a} \sinh\frac{n\pi y}{a} \\ &= \sum_{n=1}^{\infty} \left(-\frac{2a}{n\pi}\frac{\cos n\pi}{\sinh(n\pi b/a)} \right) \sin\frac{n\pi x}{a} \sinh\frac{n\pi y}{a} \end{aligned}$$

SECTION 11.6

라플라스 변환에 의한 해 구하기

상미분방정식의 풀이법 중 하나로 3장에서 라플라스 변환을 설명했다. 편미분방정식을 풀 때도 마찬가지로 라플라스 변환을 적용할 수 있다. 다만, 라플라스 변환을 이용해 편미분방정식 문제를 푸는 것은 함수의 라플라스 변환과 역변환을 구할 수 있는 경우에만 가능하다.

간단한 1계 편미분방정식을 예로 들어, 라플라스 변환을 이용해 편미분방정식의 해를 구하는 방법을 살펴보고자 한다. 다음과 같이 주어진 1계 편미분방정식을 생각해보자.

$$\frac{\partial v}{\partial x} + x\frac{\partial v}{\partial t} = x, \quad v(x,\ 0) = 1, \quad v(0,\ t) = 1 \tag{11.62}$$

라플라스 변환에서 단위계단함수를 $u(t)$로 표기했으므로, 변수의 혼동을 피하기 위해 방정식 (11.62)의 종속변수를 u가 아닌 v로 표기했다. 라플라스 변환을 이용해 해를 구하기 위해서는 식 (11.62)의 양변에 라플라스 변환을 취해야 하므로, 각 항별로 라플라스 변환을 구해보자. 먼저 좌변의 첫 번째 항의 라플라스 변환은 다음과 같다.

$$\mathcal{L}\left[\frac{\partial v(x,\ t)}{\partial x}\right] = \frac{d}{dx}[\mathcal{L}\{v(x,\ t)\}] = \frac{d}{dx}[V(x,\ s)]$$

위 식은 변수 t에 관한 라플라스 변환이므로 이때 변수 x는 라플라스 변환 변수가 아니다. 그리고 변수 t에 대해 라플라스 변환을 취하면 변수 t는 사라지고 s가 나온다. 따라서 x에 대한 편미분은 전미분으로 바꿀 수 있다. 좌변의 두 번째 항의 라플라스 변환은 다음과 같다.

$$\mathcal{L}\left[x\frac{\partial v(x,\ t)}{\partial t}\right] = x[sV(x,\ s) - v(x,\ 0)] = xsV(x,\ s) - x$$

라플라스 변환 시 변수 x는 상수로 간주하고, $\dfrac{\partial v(x,\ t)}{\partial t}$는 1계 도함수의 라플라스 변환 공식인 [정리 3-3]을 이용해 풀고, 이때 $v(x,\ 0) = 1$을 대입한다. 따라서 식 (11.62)의 양변에 라플라스 변환을 취하면 식 (11.63)을 얻는다.

$$\frac{d}{dx}[V(x,\ s)] + xs\,V(x,\ s) - x = \frac{x}{s}$$

$$\Rightarrow\quad \frac{d}{dx}[V(x,\ s)] + xs\,V(x,\ s) = \frac{x(s+1)}{s} \tag{11.63}$$

식 (11.63)은 1계 선형 상미분방정식이므로, [정리 1-1]을 이용해 $V(x,\ s)$를 다음과 같이 구할 수 있다.

$$\begin{aligned} V(x,\ s) &= e^{-\int (sx)\,dx}\left[\int \frac{x(s+1)}{s} e^{\int (sx)dx} dx + c\right] \\ &= e^{-\frac{s}{2}x^2}\left[\frac{s+1}{s}\int x\,e^{\frac{s}{2}x^2} dx + c\right] \qquad \cdots \text{① 치환적분 이용} \\ &= e^{-\frac{s}{2}x^2}\left[\frac{s+1}{s}\,\frac{1}{s}e^{\frac{s}{2}x^2} + c\right] \\ &= \frac{s+1}{s}\,\frac{1}{s} + c\,e^{-\frac{s}{2}x^2} \end{aligned} \tag{11.64}$$

한편 $v(0,\ t) = 1$이면 $V(0,\ s) = \frac{1}{s}$이므로, 이 결과를 식 (11.64)에 대입하면 적분상수 $c = -\frac{1}{s^2}$이 구해진다. 이 결과를 식 (11.64)에 대입하면 다음과 같다.

$$V(x,\ s) = \frac{s+1}{s^2} - \frac{1}{s^2}e^{-\frac{s}{2}x^2} \tag{11.65}$$

이제 식 (11.65)에 라플라스 역변환을 취하면 주어진 편미분방정식의 해를 구할 수 있고, 그 결과는 다음과 같다.

$$v(x,\ t) = u(t) + t - \left(t - \frac{1}{2}x^2\right)u\left(t - \frac{1}{2}x^2\right) \qquad \cdots \text{② 이동정리 이용} \tag{11.66}$$

여기서 $u(t)$는 단위계단함수를 나타낸다. 식 (11.66)이 식 (11.62)의 1계 편미분방정식의 해이다.

SECTION

11.7 푸리에 변환에 의한 해 구하기

라플라스 변환과 마찬가지로 푸리에 변환을 이용해 편미분방정식의 해를 구할 수 있다. 이에 대한 이해를 돕기 위해 11.4절에서 살펴본 1차원 열전도 방정식을 예로 들어 설명하고자 한다. 11.4절에서는 로드의 길이가 $0 < x < L$인 경우에 대해 생각했는데, 여기서는 식 (11.67)과 같이 주어진 무한히 긴 로드에 대해 살펴보자.

$$\begin{aligned} &\frac{\partial u}{\partial t} = c^2 \frac{\partial^2 u}{\partial x^2}, \quad t > 0, \quad -\infty < x < \infty \\ &u(x, 0) = f(x), \quad f(x) = \begin{cases} u_0, & |x| < 1 \\ 0, & |x| > 1 \end{cases} \end{aligned} \tag{11.67}$$

주어진 지배방정식의 양변에 푸리에 변환을 취하면 [정의 10-7]과 [정리 10-12]에 의해 다음을 얻는다.

$$\mathscr{F}\left(\frac{\partial u}{\partial t}\right) = \mathscr{F}\left(c^2 \frac{\partial^2 u}{\partial x^2}\right) \quad \Rightarrow \quad \frac{d}{dt}\hat{u}(\omega, t) = -c^2\omega^2\hat{u}(\omega, t) \tag{11.68}$$

식 (11.68)은 $\hat{u}(\omega, t)$에 대한 1계 선형 상미분방정식이고, 그 해는 다음과 같다.

$$\hat{u}(\omega, t) = ae^{-c^2\omega^2 t} \tag{11.69}$$

여기서 a는 적분상수이다. 또한 초기조건에서의 푸리에 변환은

$$\begin{aligned} \mathscr{F}[u(x, 0)] = \hat{u}(\omega, 0) &= \int_{-\infty}^{\infty} f(x) e^{-i\omega x} dx \\ &= \int_{-1}^{1} u_0 e^{-i\omega x} dx \\ &= u_0 \frac{e^{i\omega} - e^{-i\omega}}{i\omega} \end{aligned} \tag{11.70}$$

식 (11.70)에 오일러 공식 $e^{i\omega} = \cos\omega + i\sin\omega$를 적용하면 다음이 성립한다.

$$\hat{u}(\omega, 0) = 2u_0 \frac{\sin\omega}{\omega} \tag{11.71}$$

식 (11.69)의 적분상수 a를 구하기 위해 식 (11.69)에 $t=0$을 대입하고 식 (11.71)의 결과를 이용하면 적분상수 a를 다음과 같이 구할 수 있다.

$$a = 2u_0 \frac{\sin\omega}{\omega} \tag{11.72}$$

따라서 식 (11.69)를 다음과 같이 나타낼 수 있다.

$$\hat{u}(\omega,\ t) = 2u_0 \frac{\sin\omega}{\omega} e^{-c^2\omega^2 t} \tag{11.73}$$

이제 [정의 10-8]을 이용해 식 (11.73)의 푸리에 역변환을 구하면 다음과 같다.

$$u(\omega,\ t) = \frac{u_0}{\pi}\int_{-\infty}^{\infty} \frac{\sin\omega}{\omega} e^{-c^2\omega^2 t} e^{i\omega x}\, d\omega \tag{11.74}$$

오일러 공식 $e^{i\omega x} = \cos\omega x + i\sin\omega x$를 이용하면 식 (11.74)는 다음과 같다.

$$u(\omega,\ t) = \frac{u_0}{\pi}\int_{-\infty}^{\infty} \frac{\sin\omega}{\omega} e^{-c^2\omega^2 t} (\cos\omega x + i\sin\omega x)\, d\omega \tag{11.75}$$

그러나 식 (11.75)에서 $\sin\omega x$에 관한 항의 적분은 피적분함수가 ω에 대한 기함수이므로 0이다. 따라서 푸리에 변환을 이용해 구한 주어진 1차원 열전도 방정식의 해는 다음과 같다.

$$u(\omega,\ t) = \frac{u_0}{\pi}\int_{-\infty}^{\infty} \frac{\sin\omega}{\omega} e^{-c^2\omega^2 t} \cos\omega x\, d\omega \tag{11.76}$$

열전도 방정식뿐만 아니라 다른 편미분방정식들도 푸리에 변환을 이용해 유사하게 풀 수 있다.

CHAPTER

11 연습문제

11.1 (유형 분류) 다음 편미분방정식의 유형이 타원형인지, 포물형인지, 쌍곡형인지 구분하라.

(a) $\dfrac{\partial^2 u}{\partial x^2}+2\dfrac{\partial^2 u}{\partial x\,\partial y}+\dfrac{\partial^2 u}{\partial y^2}-u=0$

(b) $2\dfrac{\partial^2 u}{\partial x^2}-\dfrac{\partial^2 u}{\partial x\,\partial y}-\dfrac{\partial u}{\partial x}+\dfrac{\partial u}{\partial y}+u=0$

(c) $\dfrac{\partial^2 u}{\partial x^2}+\dfrac{\partial^2 u}{\partial y^2}-2\dfrac{\partial u}{\partial y}+u=0$

11.2 (해의 여부 확인) 다음 물음에 답하라.

(a) 함수 $u=(c_1x+c_2)(c_3t+c_4)$가 파동 방정식 $\dfrac{\partial^2 u}{\partial t^2}=c^2\dfrac{\partial^2 u}{\partial x^2}$의 해임을 확인하라.

(b) 함수 $u=c_1x+c_2$가 열전도 방정식 $\dfrac{\partial u}{\partial t}=\dfrac{\partial^2 u}{\partial x^2}$의 해임을 확인하라.

(c) 함수 $u=(c_1x+c_2)(c_3y+c_4)$가 라플라스 방정식 $\dfrac{\partial^2 u}{\partial x^2}+\dfrac{\partial^2 u}{\partial y^2}=0$의 해임을 확인하라.

11.3 (간단한 편미분방정식의 풀이) 변수분리법을 이용해 다음 편미분방정식의 해 $u(x,\ y)$를 구하라.

(a) $\dfrac{\partial^2 u}{\partial x^2}+u=0$

(b) $\dfrac{\partial}{\partial y}\left(\dfrac{\partial u}{\partial x}\right)-\dfrac{\partial u}{\partial x}=0$

(c) $x\dfrac{\partial u}{\partial x}-2\dfrac{\partial u}{\partial y}=0$

(d) $\dfrac{\partial u}{\partial x}+2\dfrac{\partial u}{\partial y}=u$

11.4 응용 **(1차원 파동 방정식)** 양끝단이 고정된 1차원 파동 방정식의 초기조건이 다음과 같이 주어질 때, 각 경우에 대한 1차원 파동 방정식 $\dfrac{\partial^2 u}{\partial t^2}=c^2\dfrac{\partial^2 u}{\partial x^2}$의 해를 구하라.

(a) $\left.\dfrac{\partial u}{\partial t}\right|_{t=0}=g(x)=0$

(b) $u(x,\ 0)=f(x)=\begin{cases} x, & 0<x<\dfrac{L}{2} \\ L-x, & \dfrac{L}{2}<x<L \end{cases},\quad \left.\dfrac{\partial u}{\partial t}\right|_{t=0}=g(x)=0,\quad 0<x<L$

(c) $u(x,\ 0)=f(x)=0,\quad \left.\dfrac{\partial u}{\partial t}\right|_{t=0}=g(x)=0.2\sin 2x,\quad 0<x<\pi$

11.5 **응용** **(1차원 열전도 방정식)** 길이 L인 로드에 대해 경계조건과 초기조건이 다음과 같이 주어질 때, 각 경우에 대한 1차원 열전도 방정식 $\frac{\partial u}{\partial t}=c^2\frac{\partial^2 u}{\partial x^2}$의 해를 구하라.

(a) 경계조건 : $u(0,\ t)=0,\quad u(L,\ t)=0$

초기조건 : $u(x,\ 0)=\begin{cases}1, & 0<x<\frac{L}{2}\\ 0, & \frac{L}{2}<x<L\end{cases}$

(b) 경계조건 : $u(0,\ t)=0,\quad u(L,\ t)=0$

초기조건 : $u(x,\ 0)=f(x)=x,\quad 0<x<L$

(c) 경계조건 : $u(0,\ t)=0,\quad u(L,\ t)=0$

초기조건 : $u(x,\ 0)=f(x)=L-x,\quad 0<x<L$

11.6 **응용** **(2차원 라플라스 방정식)** 경계조건이 다음과 같이 주어진 2차원 라플라스 방정식 $\frac{\partial^2 u}{\partial x^2}+\frac{\partial^2 u}{\partial y^2}=0$의 해를 구하라.

(a) 경계조건 : $u(0,\ y)=0,\ u(a,\ y)=0,\quad \frac{\partial u(x,\ 0)}{\partial y}=0,\quad u(x,\ b)=f(x)$

(b) 경계조건 : $u(0,\ y)=0,\ u(a,\ y)=0,\quad \frac{\partial u(x,\ 0)}{\partial y}=0,\quad u(x,\ b)=x$

(c) 경계조건 : $u(0,\ y)=0,\ u(a,\ y)=0,\quad \frac{\partial u(x,\ 0)}{\partial y}=0,\quad u(x,\ b)=a-x$

11.7 **응용** **(라플라스 변환에 의한 해 구하기)** 라플라스 변환을 이용해 다음 편미분방정식의 해를 구하라.

(a) $\frac{\partial v}{\partial x}+\frac{\partial v}{\partial t}=1,\quad v(x,\ 0)=1,\quad v(0,\ t)=1$

(b) $\frac{\partial v}{\partial x}+\frac{\partial v}{\partial t}=t,\quad v(x,\ 0)=0,\quad v(0,\ t)=0$

11.8 **응용** **(푸리에 변환에 의한 해 구하기)** 푸리에 변환을 이용해 다음 1차원 파동 방정식의 해를 구하라.

$$\frac{\partial^2 u}{\partial t^2}=c^2\frac{\partial^2 u}{\partial x^2},\quad u(x,\ 0)=0,\quad \left.\frac{\partial u}{\partial t}\right|_{t=0}=g(x)$$

CHAPTER

12

복소해석

Complex Analysis

Contents

학습목표

- 복소수에 대한 기본 개념을 이해하고, 실수에서와 마찬가지로 복소수의 거듭제곱과 제곱근을 구할 수 있다.
- 복소함수에 대한 기본 개념과 극한, 연속성에 대해 이해하고, 다양한 복소함수의 도함수를 구할 수 있다.
- 복소평면에서의 다양한 경로에 대한 경로의 선적분 계산 방법을 이해하고, 이를 구하기 위한 공식들을 유도할 수 있다.
- 복소함수를 표현하는 데 유용한 급수에 대해 살펴보고, 복소함수의 경로에 따른 선적분을 쉽게 구하는 데 이용되는 유수를 이해할 수 있다.

이 장에서 배우는 내용은?

공학이나 물리학에서 다루는 문제들은 실수 영역에서 처리할 수 있는 문제도 많지만, 복소수나 복소함수와 관련한 문제도 많다. 복소수에 대한 문제들은 간단하게는 복소수에 관한 지식만으로 해결할 수 있는 경우도 있고, 복소해석함수에 대한 좀 더 깊은 지식이 필요한 경우도 있다. 예를 들어 기계적인 진동 시스템이나 간단한 전기회로 등의 문제는 복소수에 관한 지식만으로 해결할 수 있지만, 기계공학 분야의 유체유동이나 열전도 문제와 전기공학 분야의 정전기학 등과 같은 문제는 복소해석함수에 대해 알아야 해결할 수 있다.

이 장에서는 앞서 언급한 두 종류의 문제를 다루기 위해 요구되는 기본적인 개념 위주로 설명하고자 한다. 먼저 복소수의 정의에서 시작하여 복소변수와 복소함수에 관한 개념을 설명하고, 복소평면에서의 미분과 적분에 관한 이론을 다룬다. 마지막으로 유수와 급수에 대해 간략하게 설명한다.

SECTION
12.1 복소수

기본 개념

복소수 complex number는 크게 **실수** real number와 **허수** imaginary number로 구분되며, 일반적으로 $a+bi$ 형태로 표기한다. 여기서 $i=\sqrt{-1}$은 **허수단위** imaginary unit이다. 실수는 복소수에서 $b=0$인 경우로서 유리수와 무리수를 통칭한 개념으로, 일반적으로 많이 사용한다. 허수는 복소수에서 $a=0$인 경우인 순허수와 $a\neq 0$인 경우인 허수로 나뉜다.

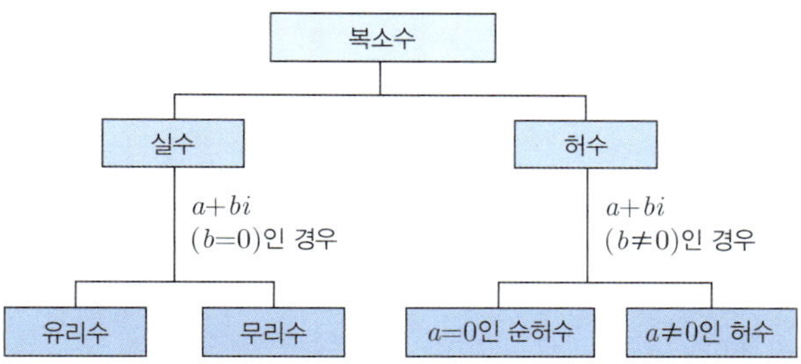

[그림 12-1] **수 체계**

수 개념에 이어서 함수 또한 실함수와 복소함수로 구분할 수 있다. 공학에서는 복소수 영역에서만 해결할 수 있는 문제가 많기 때문에 복소수와 복소함수에 대해 잘 알아두어야 한다. 먼저 복소수에 대해 알아보자.

복소수는 모든 2차방정식을 풀기 위해 등장한 개념으로 14세기경부터 사용되었다. 예를 들어 방정식 $x^2-1=0$은 2개의 실근 $x=\pm 1$을 갖는다. 그러나 방정식 $x^2+1=0$은 실근을 갖지 않는다. 왜냐하면 임의의 실수 x에 대해 $x^2\geq 0$이므로 $x^2+1\geq 1\neq 0$이기 때문이다. 이에 따라 실근이 아닌 다른 근의 존재를 설명하면서 복소수 개념이 등장했다. 복소수 개념을 이용하면 모든 2차 방정식뿐만 아니라 고차의 **다항방정식** polynomial equation의 근도 구할 수 있다.

복소수의 형식적인 정의는 다음과 같다.

정의 12-1 복소수

복소수 z는 다음과 같이 실수 a와 b의 **순서쌍** ordered pair 으로 나타낸다.

$$z = a + ib = \langle a,\ b \rangle$$

복소수 z의 **실수부분** real part 은 $\mathrm{Re}(z) = a$, **허수부분** imaginary part 은 $\mathrm{Im}(z) = b$로 표현된다.

임의의 두 복소수 $z_1 = a_1 + ib_1$과 $z_2 = a_2 + ib_2$에 대해 $\mathrm{Re}(z_1) = \mathrm{Re}(z_2)$(즉 $a_1 = a_2$)이고, $\mathrm{Im}(z_1) = \mathrm{Im}(z_2)$(즉 $b_1 = b_2$)이면 두 복소수는 **서로 같다**($z_1 = z_2$)고 한다.

이제 복소수를 이용해 방정식 $z^2 + 1 = 0$의 근을 구할 수 있다. 복소수 z를 $z = x + iy$(x와 y는 실수)라 하고 이 방정식에 대입하면 다음과 같다.

$$(x + iy)^2 + 1 = 0$$

위 식을 전개하면 다음과 같다.

$$x^2 + 2xyi + (iy)^2 + 1 = 0$$

그리고 $i = \sqrt{-1}$ 임을 이용하면 다음을 얻는다.

$$x^2 - y^2 + 1 + 2xyi = 0$$

따라서 위 식이 항상 성립하기 위해서는 실수부분과 허수부분이 모두 0이어야 하므로, 다음 두 식을 만족해야 한다.

$$x^2 - y^2 + 1 = 0, \qquad 2xy = 0$$

위 식의 두 번째 식에서는 $x = 0$이거나 $y = 0$이어야 한다. 만약 $y = 0$이면 첫 번째 식 $x^2 - y^2 + 1 = 0$이 $x^2 + 1 = 0$이 되어 방정식을 만족하는 실수 x가 존재하지 않는다. 만약 $x = 0$이면 첫 번째 식 $x^2 - y^2 + 1 = 0$이 $-y^2 + 1 = 0$이 되어 $y = \pm 1$이 된다. 그런데 $z = x + iy$라고 했으므로 방정식 $z^2 + 1 = 0$은 다음과 같은 2개의 복소수 근을 갖는다.

$$z = 0 + i, \qquad z = 0 - i$$

[그림 12-2]는 **복소평면** complex plane이라고 하는 2차원 평면으로, 가로축이 실수축이고 세로축이 허수축이다. 복소수는 복소평면 위에서 한 점으로 간주되거나 벡터로 취급될 수 있다.

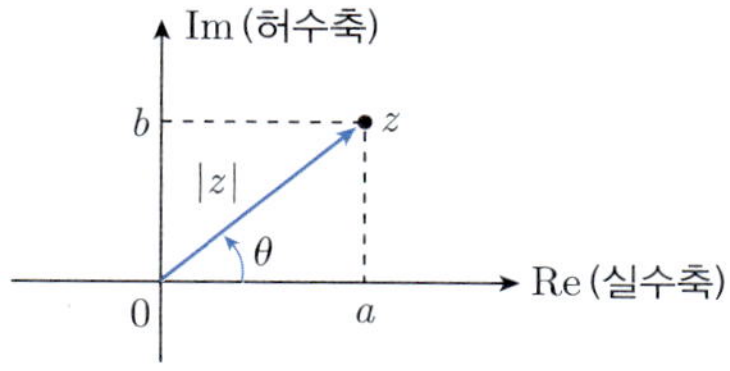

[그림 12-2] **복소수**

[그림 12-2]를 보면 복소수 z는 복소수의 **크기** magnitude $|z|$와 양의 실수축으로부터 **반시계방향** counterclockwise으로의 회전각 θ로 나타낼 수 있다. 이때 이 회전각을 복소수의 **편각** argument이라 하고 $\arg(z)$로 표기한다. 즉 그림에서 $a=|z|\cos\theta$, $b=|z|\sin\theta$이므로 다음과 같다.

$$z = a+ib = |z|\cos\theta + i|z|\sin\theta = |z|(\cos\theta+i\sin\theta) \qquad (12.1)$$

여기서 $|z| = \sqrt{a^2+b^2}$이고, $\theta=\tan^{-1}\dfrac{b}{a}$이다. 편각의 경우 θ에 $2n\pi$(n은 정수)를 더해도 항상 식 (12.1)의 관계가 성립함을 알 수 있는데, 이 중 $-\pi<\theta\le\pi$ 범위 내에서의 편각 θ를 특별히 **주편각** principal argument이라 하고 $\mathrm{Arg}(z)$로 표기한다.

복소수를 [정의 12-1]과 같이 $z=a+ib$로 표기하는 방법을 **직각좌표 형식** rectangular form이라 하고, 크기와 편각을 이용해 식 (12.1) 또는 $z=|z|\angle\theta$와 같이 표기하는 방법을 **극형식** polar form이라 한다.

예제 12-1 복소수 표현

다음 복소수에 대해 직각좌표 형식은 극형식으로, 극형식은 직각좌표 형식으로 나타내라.

(a) $z=\sqrt{3}+i$ (b) $z=|z|\angle\theta=\sqrt{2}\angle\left(-\dfrac{\pi}{4}\right)$

풀이

(a) 극형식으로 나타내기 위해서는 복소수의 크기 $|z|$와 편각 θ를 구해야 한다. 식 (12.1)을 이용하면 다음을 얻는다.

$$|z| = \sqrt{a^2+b^2} = \sqrt{(\sqrt{3})^2+(1)^2} = 2$$
$$\theta = \tan^{-1}\frac{b}{a} = \tan^{-1}\frac{1}{\sqrt{3}} = \frac{\pi}{6}$$

따라서 극형식은 $z=|z|\angle\theta=2\angle\dfrac{\pi}{6}$이다.

(b) 직각좌표 형식으로 나타내기 위해서는 복소수의 실수부분과 허수부분을 구해야 한다. 식 (12.1)을 이용하면 다음을 얻는다.

$$a = \mathrm{Re}(z) = |z|\cos\theta = \sqrt{2}\cos\left(-\frac{\pi}{4}\right) = 1$$

$$b = \mathrm{Im}(z) = |z|\sin\theta = \sqrt{2}\sin\left(-\frac{\pi}{4}\right) = -1$$

따라서 직각좌표 형식은 $z = a + bi = 1 - i$이다.

복소수는 덧셈, 뺄셈, 곱셈, 나눗셈의 사칙연산이 가능하다. 임의의 두 복소수를 $z_1 = a_1 + ib_1$과 $z_2 = a_2 + ib_2$라고 하면 직각좌표 형식으로 사칙연산을 다음과 같이 정의할 수 있다.

정의 12-2 복소함수의 사칙연산

(1) **덧셈** addition : $z_1 + z_2 = (a_1 + ib_1) + (a_2 + ib_2) = (a_1 + a_2) + i(b_1 + b_2)$

(2) **뺄셈** subtraction : $z_1 - z_2 = (a_1 + ib_1) - (a_2 + ib_2) = (a_1 - a_2) + i(b_1 - b_2)$

(3) **곱셈** product : $z_1 z_2 = (a_1 + ib_1)(a_2 + ib_2) = (a_1 a_2 - b_1 b_2) + i(a_1 b_2 + a_2 b_1)$

(4) **나눗셈** division : $\dfrac{z_1}{z_2} = \dfrac{(a_1 + ib_1)}{(a_2 + ib_2)} = \dfrac{(a_1 + ib_1)(a_2 - ib_2)}{(a_2 + ib_2)(a_2 - ib_2)}$

$$= \frac{a_1 a_2 + b_1 b_2}{a_2^2 + b_2^2} + i\,\frac{a_2 b_1 - a_1 b_2}{a_2^2 + b_2^2} \quad (a_2 \neq 0,\ b_2 \neq 0)$$

이제 복소수의 곱셈과 나눗셈을 극형식으로 살펴보자. 복소수 z_1의 크기가 r_1, 편각이 θ_1이고, 복소수 z_2의 크기가 r_2, 편각이 θ_2이면 다음과 같이 나타낼 수 있다.

$$z_1 = r_1(\cos\theta_1 + i\sin\theta_1), \qquad z_2 = r_2(\cos\theta_2 + i\sin\theta_2)$$

그러면 두 복소수의 곱셈은 다음과 같다.

$$\begin{aligned} z_1 z_2 &= r_1(\cos\theta_1 + i\sin\theta_1)\, r_2(\cos\theta_2 + i\sin\theta_2) \\ &= r_1 r_2\left[(\cos\theta_1\cos\theta_2 - \sin\theta_1\sin\theta_2) + i(\sin\theta_1\cos\theta_2 + \cos\theta_1\sin\theta_2)\right] \\ &= r_1 r_2\left[\cos(\theta_1 + \theta_2) + i\sin(\theta_1 + \theta_2)\right] \end{aligned}$$

… ① [부록 A.3] 삼각함수 공식 이용

또한 $z_2 \neq 0$이면 두 복소수의 나눗셈은 다음과 같다.

$$\begin{aligned}
\frac{z_1}{z_2} &= \frac{r_1(\cos\theta_1 + i\sin\theta_1)}{r_2(\cos\theta_2 + i\sin\theta_2)} \\
&= \frac{r_1}{r_2}\frac{(\cos\theta_1 + i\sin\theta_1)(\cos\theta_2 - i\sin\theta_2)}{(\cos\theta_2 + i\sin\theta_2)(\cos\theta_2 - i\sin\theta_2)} \\
&= \frac{r_1}{r_2}\frac{[(\cos\theta_1\cos\theta_2 + \sin\theta_1\sin\theta_2) + i(\sin\theta_1\cos\theta_2 - \cos\theta_1\sin\theta_2)]}{\cos^2\theta_2 + \sin^2\theta_2} \\
&= \frac{r_1}{r_2}[\cos(\theta_1 - \theta_2) + i\sin(\theta_1 - \theta_2)] \quad \cdots \text{② [부록 A.3] 삼각함수 공식 이용}
\end{aligned}$$

극형식에 대한 복소수의 곱셈과 나눗셈의 결과로부터 다음과 같은 관계가 성립함을 알 수 있다.

$$|z_1 z_2| = r_1 r_2 = |z_1||z_2|, \qquad \left|\frac{z_1}{z_2}\right| = \frac{r_1}{r_2} = \frac{|z_1|}{|z_2|} \tag{12.2}$$

$$\arg(z_1 z_2) = \arg(z_1) + \arg(z_2), \qquad \arg\left(\frac{z_1}{z_2}\right) = \arg(z_1) - \arg(z_2) \tag{12.3}$$

예제 12-2 복소수의 곱셈과 나눗셈 : 직각좌표 형식 이용

직각좌표 형식을 이용해 두 복소수 $z_1 = 3 - i$, $z_2 = 1 + 2i$에 대해 다음을 구하라.

(a) $z_1 z_2$

(b) $\dfrac{z_1}{z_2}$

풀이

(a) 복소수의 곱셈에 대한 [정의 12-2]의 (3)을 이용하면 다음과 같다.

$$z_1 z_2 = (3-i)(1+2i) = [(3)(1) - (-1)(2)] + [(3)(2) + (-1)(1)]i = 5 + 5i$$

(b) 복소수의 나눗셈에 대한 [정의 12-2]의 (4)를 이용하면 다음과 같다.

$$\frac{z_1}{z_2} = \frac{3-i}{1+2i} = \frac{(3-i)(1-2i)}{(1+2i)(1-2i)} = \frac{1-7i}{5} = \frac{1}{5} - \frac{7}{5}i$$

예제 12-3 복소수의 곱셈과 나눗셈 : 극형식 이용

극형식을 이용해 두 복소수 $z_1 = 2i$, $z_2 = 1 - i$에 대해 다음을 구하라.

(a) $z_1 z_2$

(b) $\dfrac{z_1}{z_2}$

풀이

두 복소수를 극형식으로 나타내면 다음과 같다.

$$z_1 = 2i = |z_1| \angle \arg(z_1) = 2\angle \frac{\pi}{2}$$

$$z_2 = 1 - i = |z_2| \angle \arg(z_2) = \sqrt{2} \angle \left(-\frac{\pi}{4}\right)$$

(a) 식 (12.2)와 (12.3)을 이용하면 두 복소수의 곱셈은 다음과 같다.

$$\begin{aligned} z_1 z_2 &= |z_1||z_2| \angle [\arg(z_1) + \arg(z_2)] \\ &= 2\sqrt{2} \angle \frac{\pi}{4} = 2\sqrt{2}\left(\cos\frac{\pi}{4} + i\sin\frac{\pi}{4}\right) \end{aligned}$$

(b) 식 (12.2)와 (12.3)을 이용하면 두 복소수의 나눗셈은 다음과 같다.

$$\begin{aligned} \frac{z_1}{z_2} &= \frac{|z_1|}{|z_2|} \angle [\arg(z_1) - \arg(z_2)] \\ &= \sqrt{2} \angle \frac{3}{4}\pi = \sqrt{2}\left(\cos\frac{3}{4}\pi + i\sin\frac{3}{4}\pi\right) \end{aligned}$$

복소수 $z = a + ib$와 실수부분은 같으면서, 허수부분의 부호만 다른 복소수를 z의 **켤레복소수** complex conjugate라 하고 $\bar{z} = a - ib$로 표기한다. 켤레복소수의 경우 사칙연산에 대해 다음 관계식을 만족한다.

$$\overline{z_1 \pm z_2} = \overline{z_1} \pm \overline{z_2} \tag{12.4}$$

$$\overline{z_1 z_2} = \overline{z_1}\,\overline{z_2} \tag{12.5}$$

$$\overline{\left(\frac{z_1}{z_2}\right)} = \frac{\overline{z_1}}{\overline{z_2}} \tag{12.6}$$

$$z\bar{z} = |z|^2 \tag{12.7}$$

식 (12.4)~(12.6)이 성립한다는 사실은 쉽게 알 수 있으므로, 식 (12.7)의 경우에 대해서만 확인해보자. $z = x + iy$라 하면 다음을 얻는다.

$$z\bar{z} = (x + iy)(x - iy) = x^2 + y^2 = |z|^2$$

2차원 벡터의 경우와 유사하게, 복소수의 덧셈과 뺄셈은 [그림 12-3]과 같은 평행사변형의 법칙을 통해 기하학적으로 설명할 수 있다.

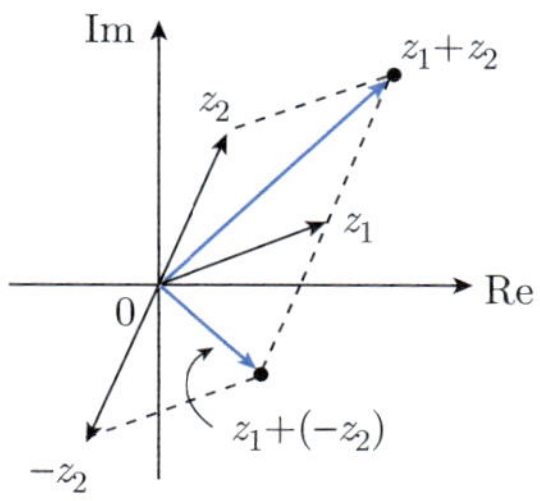

[그림 12-3] 복소수의 덧셈과 뺄셈의 기하학적 표현

[그림 12-3]의 삼각형으로부터 $z_1 + z_2$의 변의 길이는 z_1과 z_2의 변의 길이의 합보다 클 수 없으므로 다음과 같은 **삼각부등식** triangle inequality이 성립한다.

$$|z_1 + z_2| \leq |z_1| + |z_2| \tag{12.8}$$

또한 복소수는 다음과 같은 **대수법칙** arithmetic rules을 만족한다.

정리 12-1 대수법칙

(1) **교환법칙** : $z_1 + z_2 = z_2 + z_1, \quad z_1 z_2 = z_2 z_1$

(2) **결합법칙** : $z_1 + (z_2 + z_3) = (z_1 + z_2) + z_3, \quad z_1(z_2 z_3) = (z_1 z_2) z_3$

(3) **분배법칙** : $z_1(z_2 + z_3) = z_1 z_2 + z_1 z_3, \quad (z_1 + z_2) z_3 = z_1 z_3 + z_2 z_3$

(4) **기타법칙** : $z_1 + (-z_1) = 0, \quad z_1 \cdot 1 = z_1 = 1 \cdot z_1, \quad z_1 \cdot 0 = 0$

$z_1 + 0 = z_1 = 0 + z_1, \quad \dfrac{z_1}{z_1} = 1$ ($z_1 \neq 0$인 경우)

예제 12-4 켤레복소수, 삼각부등식, 대수법칙

두 복소수 $z_1 = 1 - 2i$, $z_2 = 1 + i$에 대해 다음을 구하고, 삼각부등식을 확인하라.

(a) 켤레복소수 $\overline{z}_1$ (b) $z_1 + (-z_1)$

풀이

(a) 켤레복소수는 허수부분의 부호만 바꾸면 되므로 $\overline{z}_1 = 1 + 2i$이다.

(b) $z_1 + (-z_1) = (1 - 2i) + (-1 + 2i) = 0$

이제 삼각부등식이 성립하는지 확인해보자.

$$|z_1 + z_2| = |2 - i| = \sqrt{5}, \quad |z_1| + |z_2| = |1 - 2i| + |1 + i| = \sqrt{5} + \sqrt{2}$$

따라서 삼각부등식 $|z_1 + z_2| \leq |z_1| + |z_2|$가 성립한다.

복소수의 거듭제곱과 제곱근

복소수의 거듭제곱과 제곱근에 대해 설명하기에 앞서, 복소수에서 중요하게 사용되는 **오일러 공식**Euler formula을 소개하고자 한다. 오일러 공식은 앞서 여러 번 언급했다.

실수 x에 대해 삼각함수와 지수함수의 **멱급수**power series 전개는 다음과 같다.

$$\sin x = x - \frac{x^3}{3!} + \frac{x^5}{5!} - + \cdots$$

$$\cos x = 1 - \frac{x^2}{2!} + \frac{x^4}{4!} - + \cdots$$

$$e^x = 1 + x + \frac{x^2}{2!} + \frac{x^3}{3!} + \frac{x^4}{4!} + \frac{x^5}{5!} + \cdots$$

지수함수 e^x의 멱급수 전개식에 x 대신 ix를 대입하면 다음과 같다.

$$\begin{aligned} e^{ix} &= 1 + ix + \frac{(ix)^2}{2!} + \frac{(ix)^3}{3!} + \frac{(ix)^4}{4!} + \frac{(ix)^5}{5!} + \cdots \\ &= \left(1 - \frac{x^2}{2!} + \frac{x^4}{4!} - + \cdots\right) + i\left(x - \frac{x^3}{3!} + \frac{x^5}{5!} - + \cdots\right) \end{aligned}$$

따라서 삼각함수의 멱급수 전개식을 이용하면 다음과 같은 관계가 성립한다.

$$e^{ix} = \cos x + i\sin x \tag{12.9}$$

식 (12.9)를 오일러 공식이라고 한다. 또한 식 (12.9)에 i 대신 $-i$를 대입하면

$$e^{-ix} = \cos x - i\sin x \tag{12.10}$$

이고, 식 (12.9)와 (12.10)을 이용해 $\cos x$와 $\sin x$에 대해 풀면 다음을 얻는다.

$$\cos x = \frac{e^{ix} + e^{-ix}}{2}, \quad \sin x = \frac{e^{ix} - e^{-ix}}{2i} \tag{12.11}$$

식 (12.9)~(12.11)은 자주 이용되므로 꼭 기억하길 바란다.

■ 거듭제곱

이제 복소수의 거듭제곱에 대해 알아보자. 복소수 $z = r(\cos\theta + i\sin\theta)$에 대해 식 (12.2)와 (12.3)을 적용하면 다음이 성립한다.

$$z^2 = r^2[\cos(\theta+\theta) + i\sin(\theta+\theta)]$$
$$= r^2[\cos(2\theta) + i\sin(2\theta)]$$

$$z^3 = z^2 z = r^3[\cos(2\theta+\theta) + i\sin(2\theta+\theta)]$$
$$= r^3[\cos(3\theta) + i\sin(3\theta)]$$

이 과정을 반복적으로 수행하면 임의의 정수 n에 대해 다음 관계식을 얻는다.

$$z^n = r^n[\cos(n\theta) + i\sin(n\theta)] \tag{12.12}$$

예제 12-5 복소수의 거듭제곱

복소수 $z = 1 - i$에 대해 z^3을 구하라.

풀이

z를 극형식으로 표현하면 다음과 같다.

$$z = 1 - i = \sqrt{2}\left(\cos\frac{\pi}{4} - i\sin\frac{\pi}{4}\right)$$

따라서 식 (12.12)를 이용하면 다음을 얻는다.

$$z^3 = (\sqrt{2})^3\left[\cos\left(3\cdot\frac{\pi}{4}\right) - i\sin\left(3\cdot\frac{\pi}{4}\right)\right] = -2-2i$$

■ 제곱근

만약 $r \geq 0$이 실수이면 방정식 $x^n = r$은 유일한 음이 아닌 해 $x = \sqrt[n]{r} = r^{1/n}$을 갖는다. 이번에는 복소수 $z \neq 0$에 대해 방정식 $w^n = z$를 생각해보자. 그러면 정확히 n개의 해(w)를 갖는다. 이때 w를 z의 ***n*제곱근** nth root이라 한다.

이제 복소수의 n제곱근을 구하는 방법에 대해 알아보자. 먼저 다음과 같은 두 복소수가 있다고 하자.

$$z = r(\cos\theta + i\sin\theta), \quad w = q(\cos\phi + i\sin\phi) \tag{12.13}$$

n제곱근을 구하기 위해서는 방정식

$$w^n = z \tag{12.14}$$

를 w에 대해 풀어야 한다. 여기서 z는 0이 아닌 고정값이다. 이 식을 풀기 위해 식 (12.13)을 식 (12.14)에 대입하면 다음과 같다.

$$[q(\cos\phi + i\sin\phi)]^n = r(\cos\theta + i\sin\theta) \tag{12.15}$$

식 (12.12)를 이용하면 식 (12.15)는 다음과 같이 나타낼 수 있다.

$$q^n(\cos n\phi + i\sin n\phi) = r(\cos\theta + i\sin\theta) \tag{12.16}$$

식 (12.16)이 성립하기 위해서는 다음 두 식이 성립해야 한다.

$$q^n = r \tag{12.17}$$

$$\cos n\phi + i\sin n\phi = \cos\theta + i\sin\theta \tag{12.18}$$

식 (12.17)로부터 다음을 얻는다.

$$q = r^{\frac{1}{n}} \tag{12.19}$$

또한 식 (12.18)에서 양변의 실수부분과 허수부분이 같다고 하면 다음을 얻는다.

$$\cos n\phi = \cos\theta, \quad \sin n\phi = \sin\theta \tag{12.20}$$

따라서 식 (12.20)이 성립하기 위해서는 임의의 정수 k에 대해

$$n\phi = \theta + 2\pi k \quad (k = 0, \pm 1, \pm 2, \cdots) \tag{12.21}$$

여야 하므로 다음이 성립한다.

$$\phi = \frac{\theta + 2\pi k}{n} \quad (k = 0, \pm 1, \pm 2, \cdots) \tag{12.22}$$

식 (12.19)와 (12.22)를 식 (12.13)의 w에 대입하면 복소수 z의 n제곱근은 다음과 같다.

$$w = r^{1/n}\left(\cos\frac{\theta + 2\pi k}{n} + i\sin\frac{\theta + 2\pi k}{n}\right) \quad (k = 0, \pm 1, \pm 2, \cdots) \tag{12.23}$$

식 (12.23)의 무수히 많은 k들 중 n개만 정하면 된다. 예를 들어 $k = 0, 1, 2, \cdots, n-1$과 같이 정할 수 있다.

복소수의 n제곱근은 지수함수 표현으로도 동일한 결과를 얻을 수 있다. 두 복소수가 다음과 같다고 하자.

$$z = re^{i\theta}, \quad w = qe^{i\phi} \tag{12.24}$$

식 (12.24)를 식 (12.14)에 대입하면 다음과 같다.

$$\left(qe^{i\phi}\right)^n = re^{i\theta} \tag{12.25}$$

위 식을 정리하면 다음과 같다.

$$q^n e^{in\phi} = re^{i\theta} \tag{12.26}$$

식 (12.26)이 성립하려면 식 (12.17)과 (12.21)을 만족해야 하므로, 복소수 z의 n제곱근은 다음과 같다.

$$w = r^{1/n} e^{i\left(\frac{\theta + 2\pi k}{n}\right)} \quad (k = 0,\ \pm 1,\ \pm 2,\ \cdots) \tag{12.27}$$

즉 식 (12.23)과 같음을 알 수 있다.

예제 12-6 복소수의 제곱근

복소수 $1+\sqrt{3}i$의 세제곱근을 구하라.

풀이

$1+\sqrt{3}i = 2\left(\cos\frac{\pi}{3} + i\sin\frac{\pi}{3}\right)$이므로 다음이 성립한다.

$$(1+\sqrt{3}i)^{\frac{1}{3}} = (2)^{\frac{1}{3}}\left[\cos\frac{1}{3}\left(\frac{\pi}{3} + 2\pi k\right) + i\sin\frac{1}{3}\left(\frac{\pi}{3} + 2\pi k\right)\right] \quad (k=0,\ 1,\ 2)$$

따라서 $1+\sqrt{3}i$의 세제곱근은 다음과 같다.

$$(1+\sqrt{3}i)^{\frac{1}{3}} = (2)^{\frac{1}{3}}\left(\cos\frac{\pi}{9}+i\sin\frac{\pi}{9}\right),\ (2)^{\frac{1}{3}}\left(\cos\frac{7\pi}{9}+i\sin\frac{7\pi}{9}\right),$$
$$(2)^{\frac{1}{3}}\left(\cos\frac{13\pi}{9}+i\sin\frac{13\pi}{9}\right)$$

이번에는 지수함수 형태로 풀어보자. $1+\sqrt{3}i$를 지수함수 형태로 나타내면 다음과 같다.

$$1+\sqrt{3}i = 2e^{i\frac{\pi}{3}} = 2e^{i\left(\frac{\pi}{3}+2\pi k\right)}$$

따라서 $(1+\sqrt{3}i)^{\frac{1}{3}} = (2)^{\frac{1}{3}}e^{i\frac{1}{3}\left(\frac{\pi}{3}+2\pi k\right)}$ $(k=0,\ 1,\ 2)$이므로, $1+\sqrt{3}i$의 세제곱근은 다음과 같다.

$$(1+\sqrt{3}i)^{\frac{1}{3}} = (2)^{\frac{1}{3}}e^{i\frac{\pi}{9}},\ (2)^{\frac{1}{3}}e^{i\frac{7\pi}{9}},\ (2)^{\frac{1}{3}}e^{i\frac{13\pi}{9}}$$

SECTION

12.2 복소함수

기본 개념

실변수에 대해 **실함수** real function가 존재하는 것과 마찬가지로, **복소변수** complex variable에 대해서도 **복소함수** complex function가 존재한다. 함수 f의 **정의역** domain을 D라 하면 정의역 안의 복소수 z에 대한 $f(z)$ 값들을 f의 **치역** range이라고 한다. 예를 들어 함수 γ가 $\gamma(t)=e^{it}$(여기서 $e^{it}=\cos t+i\sin t$)으로 정의되고, t가 $0\le t\le 2\pi$ 사이의 실숫값일 때, 함수 γ는 실수와 복소수를 상호 대응시킨다. 이는 **실변수에 대해 복소숫값을 갖는 함수** complex valued functions of a real variable의 예이고, 도식화하면 [그림 12-4]와 같다.

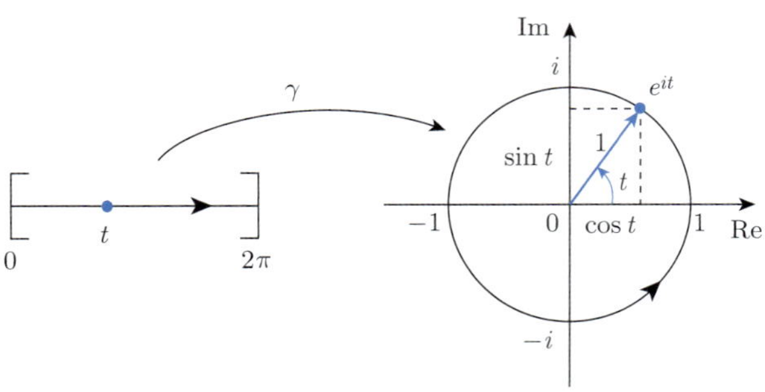

[그림 12-4] 실변수에 대한 복소함수의 예시

또한 함수 $f(z)=|z|$는 **복소변수에 대해 실숫값을 갖는 함수** real valued functions of a complex variable의 예이다. 그러나 복소해석에서 가장 중요한 함수는 **복소변수에 대해 복소숫값을 갖는 함수** complex valued functions of a complex variable이다. 이 함수를 간단히 **복소함수**라고 한다. 예를 들어 $w=e^z$, $w=z^2$ 등이 있다. 일반적으로 복소함수를 다음과 같이 표기한다.

$$w=f(z) \tag{12.28}$$

식 (12.28)의 z와 w는 다음과 같이 표기한다.

$$z=x+iy=re^{i\theta}, \qquad w=u+iv=qe^{i\phi} \tag{12.29}$$

여기서 x, y, r, θ, u, v, q, ϕ는 모두 실수이고 $r \geq 0$, $q \geq 0$이다. 대부분의 복소함수는 [그림 12-5(a)]와 같이 영역 안에 어떠한 구멍 hole도 포함하지 않는 영역에서 정의되는데, 이와 같은 영역을 **단순 연결 영역** simply connected region이라 한다. 또한 [그림 12-5(a)]와 같이 경계를 포함하지 않는 영역 D(점선으로 표시)를 **열린 영역** open region이라 하고, [그림 12-5(b)]와 같이 경계를 포함하는 영역(실선으로 표시)을 **닫힌 영역** closed region이라 한다.

(a) 단순 연결 영역의 예 (b) 단순 연결 영역이 아닌 예

[그림 12-5] 영역

복소함수 $w = z^2$을 생각해보자. 복소함수를 기하학적으로 이해하기 위해, 식 (12.29)로 정의된 복소수 z와 주어진 복소함수를 이용해 z-평면과 이에 대응하는 w-평면 사이의 관계 그래프를 그려보고자 한다. 이처럼 서로 다른 두 평면 사이의 관계를 나타내는 것을 **사상** mapping이라 한다. 식 (12.29)에서 $z = x + iy = re^{i\theta}$이므로 복소함수 w는 $w = z^2 = r^2 e^{i2\theta}$이다. 그러므로 복소함수 $w = z^2$에 의한 z-평면과 w-평면 사이의 사상은 [그림 12-6]과 같이 나타낼 수 있다.

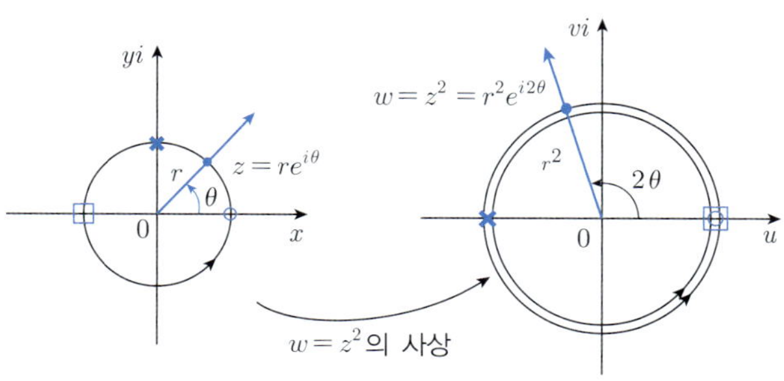

(a) z-평면 (b) w-평면

[그림 12-6] 복소수와 복소함수

일반적으로 복소함수 $w = f(z)$의 실수부분 u와 허수부분 v는 복소수 z의 실수부분 x와 허수부분 y의 함수로 나타낼 수 있다. 이를 수식으로 표현하면 식 (12.30)과 같다.

$$u = u(x, y), \quad v = v(x, y) \tag{12.30}$$

예제 12-7 **복소함수의 사상**

복소수 $z=x+iy$에 대해 $x=t$, $y=t\,(t\geq 0)$일 때, 복소함수 $w=e^{-z}$의 사상 그래프를 그려라.

풀이

$w=u+iv$라 하면 $w=e^{-z}$이므로 다음이 성립한다.

$$w=u+iv=e^{-(x+iy)}=e^{-(t+it)}=e^{-t}e^{-it}=e^{-t}(\cos t-i\sin t)$$

위 방정식에서 실수부분과 허수부분이 서로 같다고 하면 다음을 얻는다.

$$u=e^{-t}\cos t,\qquad v=-e^{-t}\sin t$$

매개변수 t가 0에서 ∞까지 변할 때, e^{-it}은 반경이 1인 **단위원** unit circle 위를 시계방향으로 계속 회전한다. 반면에 $|w|=|e^{-t}e^{-it}|=e^{-t}$이므로 t가 0에서 ∞까지 변할 때, w의 크기는 좌표점 1에서 시작하여 0으로 수렴한다. 이를 도식화하면 [그림 12-7]과 같다.

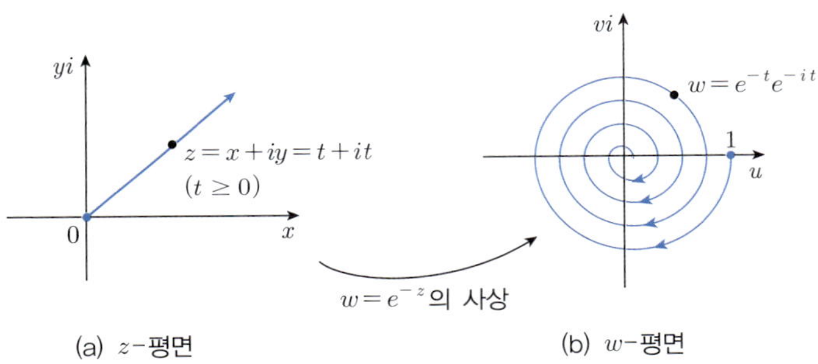

[그림 12-7] 복소수와 복소함수

복소함수의 극한

복소수 z가 고정된 값이고, $f(z)$가 z_0의 **근방** neighborhood [1]에서 정의되는 복소함수라 가정하자. 그러면 복소함수의 극한을 다음과 같이 정의할 수 있다.

1 근방이란 2차원 평면 내의 임의의 점을 중심으로 하는 원으로 둘러싸인 면 영역 또는 3차원 공간 내의 임의의 점을 중심으로 하는 구로 둘러싸인 체적 영역을 말한다.

정의 12-3 복소함수의 극한

$z \neq z_0$이고 $|z - z_0| < \delta$일 때, 임의의 양수 ϵ에 대해 $|f(z) - L| < \epsilon$을 항상 만족하는 양수 δ가 존재하면, z가 z_0에 접근할 때 함수 $f(z)$의 **극한**limit을 복소수 L이라 하고, 다음과 같이 나타낸다.

$$\lim_{z \to z_0} f(z) = L$$

[정의 12-3]의 극한의 의미를 기하학적으로 나타내면 [그림 12-8]과 같다.

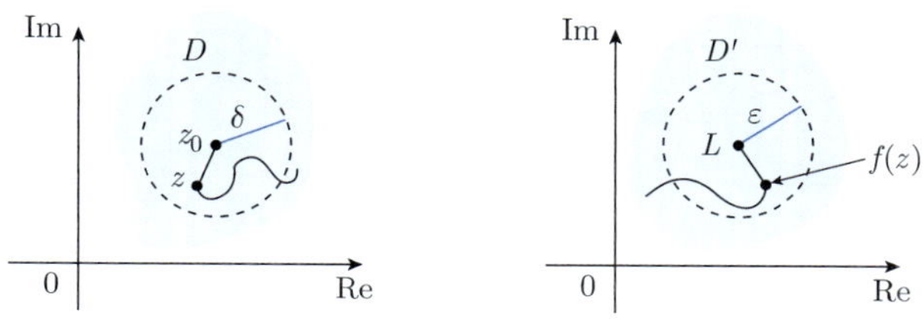

(a) z-평면 (b) w-평면

[그림 12-8] 복소함수의 극한에 대한 기하학적 의미

[정의 12-3]은 실함수의 극한과 같은 내용이므로, 실함수의 극한에서 성립하는 공식이 다음과 같이 그대로 성립함을 알 수 있다.

정리 12-2 극한의 성질

두 복소함수 $f(z)$와 $g(z)$에 대해 $\lim_{z \to z_0} f(z) = L$, $\lim_{z \to z_0} g(z) = M$이면 다음이 성립한다.

(1) $\lim_{z \to z_0} [f(z) \pm g(z)] = L \pm M$

(2) $\lim_{z \to z_0} [cf(z)] = cL$ (c는 상수)

(3) $\lim_{z \to z_0} [f(z)g(z)] = LM$

(4) $\lim_{z \to z_0} \left[\frac{f(z)}{g(z)}\right] = \frac{L}{M}$ $(M \neq 0)$

복소함수의 연속

복소함수의 경우에도 실함수와 마찬가지로 다음과 같이 함수의 연속을 정의할 수 있다.

정의 12-4 복소함수의 연속

$\lim_{z \to z_0} f(z) = f(z_0)$이면 복소함수 $f(z)$는 z_0에서 **연속** continuous이라고 한다.

함수 f가 임의의 영역 D 안에 있는 모든 점 z_0에서 연속이면, 함수 $f(z)$는 영역 D에서 연속이라고 한다. 실함수와 마찬가지로 복소함수도 연속에 대해 다음과 같은 성질을 만족한다.

정리 12-3 연속의 성질

복소함수 $f(z)$와 $g(z)$가 z_0에서 연속이면 다음과 같은 함수들도 z_0에서 연속이다.

(1) $f(z) \pm g(z)$

(2) $cf(z)$ (c는 상수)

(3) $f(z)g(z)$

(4) $\dfrac{f(z)}{g(z)}$ $(g(z_0) \neq 0)$

상수함수 $f(z) = c$와 함수 $g(z) = z$는 연속이다. 따라서 [정리 12-3]에 따르면 다항식으로 구성된 모든 함수도 연속이며, 두 다항식의 분수식으로 구성된 유리함수도 분모가 0이 아니라면 모두 연속임을 알 수 있다. 또한 함수의 연속에 대해 다음과 같은 정리도 성립한다.

정리 12-4 복소함수의 연속

복소함수의 실수부분과 허수부분이 모두 z_0에서 연속이면 그 복소함수는 z_0에서 연속이다.

예제 12-8 복소함수의 연속

복소함수 e^z이 연속임을 보여라.

풀이

임의의 복소수를 $z = x + iy$라 하면 다음이 성립한다.

$$e^z = e^{(x+iy)} = e^x e^{iy} = e^x(\cos y + i\sin y)$$

따라서 e^z의 실수부분은 $e^x\cos y$이고, 허수부분은 $e^x\sin y$이다. 그런데 실함수 $e^x\cos y$와 $e^x\sin y$는 모든 실수 x와 y에 대해 연속이므로, [정리 12-4]에 의해 함수 e^z은 연속이다.

SECTION 12.3 복소함수의 도함수

도함수의 정의와 해석성

실함수와 유사하게 복소함수의 도함수(또는 미분)를 다음과 같이 정의할 수 있다.

정의 12-5 복소함수의 도함수

복소함수 $w = f(z)$가 z_0의 근방에서 정의될 때, 다음과 같은 극한이 존재하면 함수 $f(z)$는 z_0에서 **미분가능** differentiable 하다고 하고, 함수 $f(z)$의 z_0에서의 **도함수** derivative 를 다음과 같이 나타낸다.

$$f'(z_0) = \lim_{\Delta z \to 0} \frac{f(z_0 + \Delta z) - f(z_0)}{\Delta z}$$

$\Delta z = z - z_0$라 하면 $z = z_0 + \Delta z$이므로, [정의 12-5]의 도함수는 다음과 같이 표기할 수도 있다.

$$f'(z_0) = \lim_{z \to z_0} \frac{f(z) - f(z_0)}{z - z_0}$$

또한 도함수를 다음과 같이 표기하기도 한다.

$$f'(z) = \lim_{\Delta z \to 0} \frac{f(z + \Delta z) - f(z)}{\Delta z} \tag{12.31}$$

복소함수에 대한 도함수 $f'(z)$의 정의는 실함수의 도함수와 같으므로, 실함수에서 성립하는 도함수에 관한 공식을 다음과 같이 복소함수에도 적용할 수 있다.

정리 12-5 도함수의 성질

복소함수 $f(z)$와 $g(z)$가 z에서 미분가능하면 다음이 성립한다.

(1) $\dfrac{d}{dz}[f(z) \pm g(z)] = f'(z) \pm g'(z)$

(2) $\dfrac{d}{dz}[cf(z)] = cf'(z)$ (c는 상수)

(3) $\dfrac{d}{dz}[f(z)g(z)] = f(z)g'(z) + f'(z)g(z)$

(4) $\dfrac{d}{dz}\left[\dfrac{f(z)}{g(z)}\right] = \dfrac{f'(z)g(z) - f(z)g'(z)}{[g(z)]^2}$ $(g(z) \neq 0)$

(5) $\dfrac{d}{dz}[f\{g(z)\}] = f'[g(z)]\,g'(z)$

식 (12.31)과 [정리 12-5]의 (3)을 이용하면 다음과 같은 미분 공식을 유도할 수 있다.

정리 12-6 상수함수와 거듭제곱함수의 도함수

(1) $f(z) = c$ (c는 상수)이면 $f'(z) = 0$이다.

(2) $f(z) = z^n$이면 $f'(z) = nz^{n-1}$이다. 여기서 $n = 1, 2, 3, \cdots$이다.

증명

(1) 식 (12.31)에 의해 다음이 성립하므로 쉽게 증명할 수 있다.

$$f'(z) = \lim_{\Delta z \to 0} \frac{f(z+\Delta z) - f(z)}{\Delta z} = \lim_{\Delta z \to 0} \frac{c - c}{\Delta z} = 0$$

(2) 먼저 $f(z) = z$인 경우에 대해 도함수를 구하면 식 (12.31)에 의해 다음과 같다.

$$f'(z) = \lim_{\Delta z \to 0} \frac{f(z+\Delta z) - f(z)}{\Delta z} = \lim_{\Delta z \to 0} \frac{z + \Delta z - z}{\Delta z} = 1$$

$f(z) = z^2$인 경우에는 $f(z) = zz$이므로, [정리 12-5]의 (3)을 이용하면 다음과 같다.

$$f'(z) = zz' + z'z = 2z$$

$f(z) = z^3$인 경우에는 $f(z) = zz^2$이므로, 마찬가지로 [정리 12-5]의 (3)을 이용하면 다음과 같다.

$$f'(z) = z(z^2)' + z'z^2 = 2z^2 + z^2 = 3z^2$$

이러한 과정을 반복하면 $f(z) = z^n$에 대해 $f'(z) = nz^{n-1}$임을 알 수 있다. ■

예제 12-9 복소함수의 도함수

다음 복소함수의 도함수를 구하라.

(a) $f(z) = z^2 - 3z + 5$

(b) $f(z) = \dfrac{2z+3-i}{z+1}$

풀이

(a) [정리 12-5]의 (1)과 [정리 12-6]을 이용하면 다음과 같다.

$$f'(z) = 2z - 3$$

(b) [정리 12-5]의 (4)와 [정리 12-6]을 이용하면 다음과 같다.

$$\begin{aligned} f'(z) &= \frac{(2z+3-i)'(z+1) - (2z+3-i)(z+1)'}{(z+1)^2} \\ &= \frac{2(z+1) - (2z+3-i)}{(z+1)^2} = \frac{-1+i}{(z+1)^2} \end{aligned}$$

복소함수의 도함수와 실함수의 도함수 사이에는 많은 유사점이 있지만 차이점도 있다. 실함수의 경우 도함수의 좌극한과 우극한이 같으면 미분가능하지만, 복소함수의 경우 $f(z)$가 임의의 점 z_0에서 미분가능하려면 식 (12.31)의 Δz가 어느 방향으로부터 0으로 접근하더라도 동일한 값으로 수렴해야 한다는 조건이 추가된다. 다시 말해 실함수의 경우 좌우 방향의 극한만 고려하면 되지만, 복소함수의 경우 임의의 방향의 극한을 고려해야 한다. 따라서 복소함수의 도함수를 구할 때는 특별히 더 주의를 기울여야 한다.

예제 12-10 복소함수의 도함수 존재성

다음 복소함수의 미분가능성 여부를 결정하라.

(a) $f(z) = z$　　(b) $f(z) = \bar{z}$

HINT
$\overline{z_1 + z_2} = \bar{z}_1 + \bar{z}_2$

풀이

(a) 미분가능성 여부를 결정하기 위해 식 (12.31)을 이용해 도함수를 구하면 다음과 같다.

$$f'(z) = \lim_{\Delta z \to 0} \frac{f(z+\Delta z) - f(z)}{\Delta z} = \lim_{\Delta z \to 0} \frac{z + \Delta z - z}{\Delta z} = \lim_{\Delta z \to 0} \frac{\Delta z}{\Delta z}$$

그러므로 $f(z)=z$의 미분가능성 여부는 $\lim_{\Delta z \to 0} \frac{\Delta z}{\Delta z}$의 극한이 존재하느냐의 여부에 따라 결정된다. 이 극한은 Δz가 실수축을 따라 0으로 접근하는지, 허수축을 따라 0으로 접근하는지에 상관없이 모두 동일한 값 1을 갖는다. 따라서 복소함수 $f(z)=z$는 미분가능하다.

(b) 미분가능성 여부를 결정하기 위해 식 (12.31)을 이용해 도함수를 구하면 다음과 같다.

$$f'(z) = \lim_{\Delta z \to 0} \frac{f(z+\Delta z)-f(z)}{\Delta z}$$

$$= \lim_{\Delta z \to 0} \frac{\overline{z+\Delta z}-\bar{z}}{\Delta z} = \lim_{\Delta z \to 0} \frac{\bar{z}+\overline{\Delta z}-\bar{z}}{\Delta z} = \lim_{\Delta z \to 0} \frac{\overline{\Delta z}}{\Delta z}$$

그러므로 $f(z)=\bar{z}$의 미분가능성 여부는 $\lim_{\Delta z \to 0} \frac{\overline{\Delta z}}{\Delta z}$의 극한이 존재하느냐의 여부에 따라 결정된다. 이 극한을 구하기 위해 $\Delta z = \Delta x + i\,\Delta y$라 하자. 그리고 먼저 Δz가 실수축을 따라 0으로 접근하는 경우를 생각해보자. 이때 $\Delta y=0$이므로 $\Delta z = \Delta x$이다. 따라서 다음이 성립한다.

$$\lim_{\Delta z \to 0} \frac{\overline{\Delta z}}{\Delta z} = \lim_{\Delta x \to 0} \frac{\overline{\Delta x}}{\Delta x} = \lim_{\Delta x \to 0} \frac{\Delta x}{\Delta x} = 1$$

반면에 Δz가 허수축을 따라 0으로 접근하는 경우를 생각해보자. 이때 $\Delta x=0$이므로 $\Delta z = i\,\Delta y$이다. 따라서 다음이 성립한다.

$$\lim_{\Delta z \to 0} \frac{\overline{\Delta z}}{\Delta z} = \lim_{\Delta y \to 0} \frac{\overline{i\,\Delta y}}{i\,\Delta y} = \lim_{\Delta y \to 0} \frac{-i\,\Delta y}{i\,\Delta y} = -1$$

두 경우의 극한이 서로 다르므로, $\lim_{\Delta z \to 0} \frac{\overline{\Delta z}}{\Delta z}$가 존재하지 않는다. 따라서 복소함수 $f(z)=\bar{z}$는 미분불가능하다.

복소함수에서는 미분가능성뿐만 아니라 다음과 같은 해석성도 반드시 확인해야 한다.

정의 12-6 복소함수의 해석성

복소함수 $f(z)$가 z_0에서 미분가능할뿐만 아니라, z_0의 근방의 모든 점에서 미분가능하면 함수 $f(z)$는 z_0에서 **해석적** analytic 이라고 한다.

함수 $f(z)$가 임의의 열린 영역 D의 모든 점에서 해석적이면 함수 $f(z)$는 영역 D에서 해석적이라 하고, 이때 함수 $f(z)$를 영역 D에서의 **해석함수** analytic function라 한다. 특히 복소평면 전체에서 해석적인 함수를 **완전함수** entire function라 한다. [정의 12-6]에 따라 $f(z)$가 z_0에서 해석적이면 미분가능함을 알 수 있다.

코시-리만 방정식

실함수의 도함수와는 달리, 복소함수의 경우에는 미분가능성과 함께 함수가 정해진 영역 안에서 해석적인지 여부도 확인해야 한다. 이를 판단하기 위해 코시-리만 방정식을 이용한다. 다음과 같은 함수 $f(z)$가 임의의 영역 D 안의 모든 z에서 정의된다고 하자.

$$f(z)=f(x+iy)=u(x,\ y)+iv(x,\ y)$$

$u(x,\ y)$를 $f(z)$의 실수부분, $v(x,\ y)$를 $f(z)$의 허수부분이라 할 때, 코시-리만 방정식은 다음과 같다.

정리 12-7 코시-리만 방정식

복소함수 $f(z)=u(x,\ y)+iv(x,\ y)$가 점 $z=x+iy$의 근방에서 미분가능하면 u, v의 1계 편도함수 $\dfrac{\partial u}{\partial x}$, $\dfrac{\partial u}{\partial y}$, $\dfrac{\partial v}{\partial x}$, $\dfrac{\partial v}{\partial y}$가 존재하고 다음과 같은 관계식을 만족한다. 이 관계식을 **코시-리만 방정식** Cauchy-Riemann equation[2]이라 한다.

$$\frac{\partial u}{\partial x}=\frac{\partial v}{\partial y},\quad \frac{\partial u}{\partial y}=-\frac{\partial v}{\partial x}$$

증명

$z=x+iy$에 대해 $f'(z)$가 존재한다고 하면 다음이 성립한다.

$$\begin{aligned} f'(z) &= \lim_{\Delta z\to 0}\frac{f(z+\Delta z)-f(z)}{\Delta z} \\ &= \lim_{\substack{\Delta x\to 0\\ \Delta y\to 0}}\frac{[u(x+\Delta x,\ y+\Delta y)+iv(x+\Delta x,\ y+\Delta y)]-[u(x,\ y)+iv(x,\ y)]}{\Delta x+i\Delta y} \quad \cdots ① \end{aligned}$$

2 오귀스탱 루이 코시(Augustin-Louis Cauchy, 1789~1857)는 복소함수론의 기초정리를 확립한 프랑스 수학자로, 18세기 수학을 19세기 단계로 끌어올렸다. 베른하르트 리만(Bernhard Riemann, 1826~1866)은 해석학, 미분기하학에 혁신적인 업적을 남긴 독일 수학자이다. 코시-리만 방정식은 두 수학자의 이름을 따서 명명한 것이다.

먼저 $\Delta y=0$으로 고정하면([그림 12-9(a)] 참고) $\Delta z=\Delta x$(실수)이므로, 식 ①을 다음과 같이 나타낼 수 있다.

$$f'(z)=\lim_{\Delta x\to 0}\left[\frac{u(x+\Delta x,\ y)-u(x,\ y)}{\Delta x}+i\frac{v(x+\Delta x,\ y)-v(x,\ y)}{\Delta x}\right]$$
$$=\frac{\partial u(x,\ y)}{\partial x}+i\frac{\partial v(x,\ y)}{\partial x} \qquad \cdots ②$$

이제 $\Delta x=0$으로 고정하면([그림 12-9(b)] 참고) $\Delta z=i\Delta y$(허수)이므로, 식 ①을 다음과 같이 나타낼 수 있다.

$$f'(z)=\lim_{\Delta y\to 0}\left[\frac{u(x,\ y+\Delta y)-u(x,\ y)}{i\Delta y}+i\frac{v(x,\ y+\Delta y)-v(x,\ y)}{i\Delta y}\right]$$
$$=-i\frac{\partial u(x,\ y)}{\partial y}+\frac{\partial v(x,\ y)}{\partial y} \qquad \cdots ③$$

식 ②와 ③은 같아야 하므로 다음이 성립한다.

$$\frac{\partial u(x,\ y)}{\partial x}+i\frac{\partial v(x,\ y)}{\partial x}=-i\frac{\partial u(x,\ y)}{\partial y}+\frac{\partial v(x,\ y)}{\partial y}$$
$$\Rightarrow\ \frac{\partial u}{\partial x}=\frac{\partial v}{\partial y},\quad \frac{\partial u}{\partial y}=-\frac{\partial v}{\partial x} \qquad \cdots ④$$

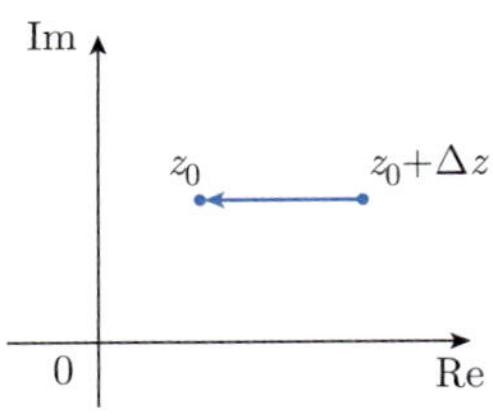

(a) $\Delta y=0$인 경우

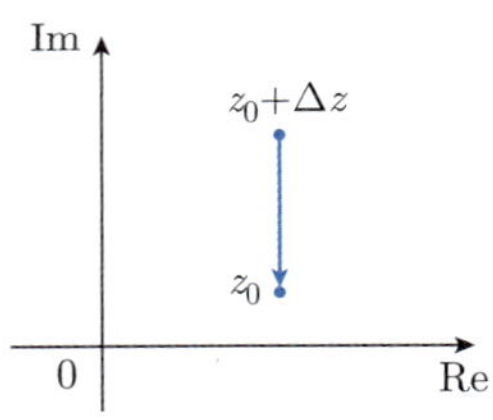

(b) $\Delta x=0$인 경우

[그림 12-9] 복소수의 극한

■

다음 정리는 복소함수가 해석적이기 위한 조건과 이 경우에 도함수를 구하는 공식을 보여준다. [정리 12-7]의 증명에 있는 식 ②와 ③을 통해 알 수 있듯이, 복소함수 $f(z)$가 z의 근방에서 미분가능할 경우 다음과 같은 [정리 12-8]을 만족한다.

정리 12-8 해석성 판별

복소함수 $f(z)=u(x, y)+iv(x, y)$에 대해 z의 근방에서 연속인 1계 편도함수 $\frac{\partial u}{\partial x}$, $\frac{\partial u}{\partial y}$, $\frac{\partial v}{\partial x}$, $\frac{\partial v}{\partial y}$가 존재하며, z에서 코시-리만 방정식을 만족하면 $f(z)$는 z에서 해석적이다. 이때 도함수 $f'(z)$는 다음과 같다.

$$f'(z)=\frac{\partial u(x, y)}{\partial x}+i\frac{\partial v(x, y)}{\partial x}=-i\frac{\partial u(x, y)}{\partial y}+\frac{\partial v(x, y)}{\partial y}$$

[정리 12-8]의 증명은 [정리 12-7]의 증명 과정의 식 ②와 ③에서 확인했으므로 생략한다. [정리 12-7]에 따라 복소함수 $f(z)$가 z에서 해석적이면 코시-리만 방정식을 만족한다. 그러나 복소함수 $f(z)$가 z에서 코시-리만 방정식을 만족한다고 해서 해석적이라고 할 수는 없으며, [정리 12-8]의 조건을 만족해야 복소함수 $f(z)$가 z에서 해석적임을 보일 수 있다.

예제 12-11 해석성 판별

$z=x+iy$일 때 코시-리만 방정식을 이용해 복소함수 $f(z)=z^2$이 z에서 해석적임을 보이고, 도함수 $f'(z)$를 구하라.

풀이

$z=x+iy$일 때 복소함수 $f(z)$는 다음과 같이 나타낼 수 있다.

$$f(z)=z^2=(x+iy)^2=(x^2-y^2)+2xyi \quad \cdots ①$$

따라서 복소함수 $f(z)$를 $f(z)=u(x, y)+iv(x, y)$로 나타내면 다음이 성립한다.

$$u(x, y)=x^2-y^2, \quad v(x, y)=2xy \quad \cdots ②$$

식 ②에 대해 다음이 성립하므로 코시-리만 방정식을 만족한다.

$$\frac{\partial u}{\partial x}=2x=\frac{\partial v}{\partial y}, \quad \frac{\partial u}{\partial y}=-2y=-\frac{\partial v}{\partial x} \quad \cdots ③$$

따라서 $f(z)$는 모든 복소수 z에서 해석적이고, 도함수는 [정리 12-8]에 의해 다음과 같다.

$$\begin{aligned} f'(z)=(z^2)' &= \frac{\partial u(x, y)}{\partial x}+i\frac{\partial v(x, y)}{\partial x} \\ &= \frac{\partial}{\partial x}(x^2-y^2)+i\frac{\partial}{\partial x}(2xy) \\ &= 2x+2yi=2(x+yi)=2z \end{aligned}$$

[정리 12-7]의 코시-리만 방정식은 **라플라스 방정식** Laplace equation을 만족한다. 이를 증명해보자. [정리 12-7]의 코시-리만 방정식의 왼쪽 식은 양변을 x에 대해 편미분하고, 오른쪽 식은 양변을 y에 대해 편미분하면 다음과 같다.

$$\frac{\partial^2 u}{\partial x^2} = \frac{\partial^2 v}{\partial y\,\partial x}, \quad \frac{\partial^2 u}{\partial y^2} = -\frac{\partial^2 v}{\partial x\,\partial y}$$

위의 두 식을 더하면 다음과 같다.

$$\frac{\partial^2 u}{\partial x^2} + \frac{\partial^2 u}{\partial y^2} = \frac{\partial^2 v}{\partial y\,\partial x} - \frac{\partial^2 v}{\partial x\,\partial y} = 0 \quad \Rightarrow \quad \nabla^2 u = 0 \tag{12.32}$$

이와 유사하게 코시-리만 방정식의 왼쪽 식은 양변을 y에 대해 편미분하고, 오른쪽 식은 양변을 x에 대해 편미분하면 다음과 같다.

$$\frac{\partial^2 u}{\partial x\,\partial y} = \frac{\partial^2 v}{\partial y^2}, \quad -\frac{\partial^2 u}{\partial y\,\partial x} = \frac{\partial^2 v}{\partial x^2}$$

위의 두 식을 더하면 다음과 같다.

$$\frac{\partial^2 v}{\partial x^2} + \frac{\partial^2 v}{\partial y^2} = -\frac{\partial^2 u}{\partial y\,\partial x} + \frac{\partial^2 u}{\partial x\,\partial y} = 0 \quad \Rightarrow \quad \nabla^2 v = 0 \tag{12.33}$$

식 (12.32)와 (12.33)을 라플라스 방정식이라 한다.

삼각함수의 도함수

실변수에 대한 삼각함수의 도함수와 유사하게 복소변수에 대한 삼각함수의 도함수도 [정리 12-9]와 같이 구할 수 있다.

정리 12-9 삼각함수의 도함수

(1) $f(z) = \cos z$이면 $f'(z) = -\sin z$이다.

(2) $f(z) = \sin z$이면 $f'(z) = \cos z$이다.

증명

실수 x에 대한 오일러 공식으로부터 다음이 성립함을 이미 알고 있다(식 (12.11) 참고).

$$\cos x = \frac{e^{ix}+e^{-ix}}{2}, \qquad \sin x = \frac{e^{ix}-e^{-ix}}{2i}$$

마찬가지로 복소수 z에 대해서도 다음과 같이 동일한 관계가 성립한다.

$$\cos z = \frac{e^{iz}+e^{-iz}}{2}, \qquad \sin z = \frac{e^{iz}-e^{-iz}}{2i}$$

코사인함수와 사인함수는 모두 완전함수이다. 따라서 도함수가 존재하고, 위 식을 이용해 각각의 도함수를 구하면 다음과 같다.

$$\frac{d}{dz}\sin z = \frac{d}{dz}\left(\frac{e^{iz}-e^{-iz}}{2i}\right) = \frac{e^{iz}+e^{-iz}}{2} = \cos z$$

$$\frac{d}{dz}\cos z = \frac{d}{dz}\left(\frac{e^{iz}+e^{-iz}}{2}\right) = \frac{ie^{iz}-ie^{-iz}}{2} = -\frac{e^{iz}-e^{-iz}}{2i} = -\sin z$$ ■

그 밖의 다른 삼각함수도 마찬가지로 해석적인 모든 점에서 복소함수의 도함수와 실함수의 도함수가 동일하다.

로그함수의 도함수

실함수의 경우 $x>0$이면 $\ln x$는 유일한 실수 y가 되고, 다음과 같은 관계가 성립한다.

$$y = \ln x \quad \Leftrightarrow \quad x = e^{y} \tag{12.34}$$

z와 w가 복소수일 때, 복소함수에 대해서도 식 (12.34)와 같이 로그함수의 관계식을 나타낼 수 있다.

$$w = \ln z \quad \Leftrightarrow \quad z = e^{w} \tag{12.35}$$

복소함수 $z=e^{w}$에서 z는 무수히 많은 로그값을 갖는다. 왜냐하면 $e^{\pm i2\pi n}=1$이기 때문이다. 그러므로 $n=0,\ 1,\ 2,\ \cdots$에 대해 z의 로그값들은 $w \pm i\,(2\pi n)$이다. 따라서 z의 로그값이 무수히 많은 값을 가지므로, 다음과 같이 두 가지 관점으로 나누어 생각할 수 있다.

❶ $w=\ln z$에서 z의 로그값을 모두 취하는 경우로, 이때 $w=\ln z$를 **다가함수** multi-valued function라고 한다.

❷ $w=\ln z$에서 z의 로그값들 중 하나의 값만 취하고 나머지 모든 값은 버리는 경우로, 이때 $w=\ln z$를 **단가함수** single-valued function라고 한다.

위의 두 가지 관점은 모두 유용하다. $z=e^{w}\neq 0$임을 생각하면 $z=0$은 어떤 로그값도 가질 수가 없지만, $z\neq 0$인 z는 무수히 많은 로그값을 갖는다. 두 복소수 $z=re^{i\theta}$와 $w=u+iv$

를 가정하자. 그러면 식 (12.35)에 의해 다음과 같은 관계가 성립한다.

$$w = \ln z \quad \Leftrightarrow \quad z = e^{w} \quad \Leftrightarrow \quad re^{i\theta} = e^{u+iv} = e^{u} e^{iv} \tag{12.36}$$

따라서 다음 결과를 얻는다.

$$r = e^{u}, \quad v = \theta \pm 2\pi n \ \ (n = 0,\ 1,\ 2,\ \cdots) \tag{12.37}$$

여기서 $r = |z| > 0$이고 u는 실수이므로 $r = e^{u}$에 대해 $u = \ln r$은 유일하다. 따라서 복소수의 로그를 다음과 같이 정의할 수 있다.

정의 12-7 복소수의 로그

$z \neq 0$인 $z = re^{i\theta}$와 $w = u + iv$에 대해 $\ln z$는 다음과 같다.

$$\ln z = \ln r + i(\theta \pm 2\pi n) \ \ (n = 0,\ 1,\ 2,\ \cdots)$$

[정의 12-7]에서 보통 $n = 0$을 선택하여 $\theta = \arg(z)$만을 편각으로 고려하면 편리하다. 이 경우에는 $-\pi < \theta \le \pi$의 범위에 속한 θ값만 취하는데, 앞서 이를 **주편각**principal argument이라 정의하고 $\mathrm{Arg}(z)$로 표기했다. 또한 주편각에 대해 얻은 로그값을 **주값**principal value이라 하고 $\mathrm{Ln}\, z$로 표기한다. 주값에 대한 관계식은 다음과 같다.

정의 12-8 복소수의 로그(주값)

$\mathrm{Ln}\, z = \ln |z| + i\,\mathrm{Arg}(z)$

[정의 12-7]과 [정의 12-8]로부터 다음 관계도 성립한다.

$$\ln z = \mathrm{Ln}\, z \pm i\,2\pi n \quad (n = 0,\ 1,\ 2,\ \cdots) \tag{12.38}$$

예를 들어 $z = x > 0$이고 $\mathrm{Arg}(z) = 0$이면 $\mathrm{Ln}\, z = \ln |z| + i\,0 = \ln x$이다. 즉 z가 양의 실수일 때, $\mathrm{Ln}\, z$는 실수 로그값과 같다.

예제 12-12 **복소수의 로그**

$z = -2+2i$에 대해 $\ln z$와 $\text{Ln}\, z$를 구하라.

풀이

[정의 12-7]과 [정의 12-8]에 의해 $\ln z$와 $\text{Ln}\, z$는 다음과 같다.

$$\ln z = \ln 2\sqrt{2} + i\left(\frac{3}{4}\pi \pm 2\pi n\right) \quad (n=0,\ 1,\ 2,\ \cdots)$$

$$\text{Ln}\, z = \ln 2\sqrt{2} + i\frac{3}{4}\pi$$

실함수의 로그에 대한 규칙이 다음과 같이 복소수의 로그에서도 성립한다. 다만 주값에 대해서는 예외임을 유의해야 한다.

정리 12-10 **로그의 공식**

임의의 복소수 z_1과 z_2에 대해 다음 관계가 성립한다.

$$\ln(z_1 z_2) = \ln z_1 + \ln z_2, \qquad \ln\frac{z_1}{z_2} = \ln z_1 - \ln z_2$$

증명

$z_1 = r_1 e^{i\theta_1}$, $z_2 = r_2 e^{i\theta_2}$이라 하면 [정의 12-7]에 의해 다음과 같다.

$$\ln z_1 = \ln r_1 + i(\theta_1 \pm 2\pi n_1) \quad (n_1 = 0,\ 1,\ 2,\ \cdots)$$
$$\ln z_2 = \ln r_2 + i(\theta_2 \pm 2\pi n_2) \quad (n_2 = 0,\ 1,\ 2,\ \cdots)$$

따라서 다음이 성립한다.

$$\begin{aligned}\ln z_1 + \ln z_2 &= \ln r_1 + i(\theta_1 \pm 2\pi n_1) + \ln r_2 + i(\theta_2 \pm 2\pi n_2) \\ &= \ln(r_1 r_2) + i\left[(\theta_1 + \theta_2) \pm 2\pi(n_1 + n_2)\right] \qquad \cdots ①\end{aligned}$$

한편 $z_1 z_2 = \left(r_1 e^{i\theta_1}\right)\left(r_2 e^{i\theta_2}\right) = r_1 r_2 e^{i(\theta_1+\theta_2)}$이므로 다음을 얻는다.

$$\ln(z_1 z_2) = \ln(r_1 r_2) + i(\theta_1 + \theta_2 \pm 2\pi n) \quad (n=0,\ 1,\ 2,\ \cdots) \qquad \cdots ②$$

여기서 n과 $n_1 + n_2$는 모두 음이 아닌 정수이므로 식 ①과 ②는 같다고 볼 수 있다.

$\ln\frac{z_1}{z_2} = \ln z_1 - \ln z_2$도 같은 방법으로 증명할 수 있으므로 생략한다. ■

예제 12-13 **로그의 곱셈**

$z_1=-2i$, $z_2=1-i$에 대해 $\ln(z_1z_2)$와 $\mathrm{Ln}(z_1z_2)$를 구하라.

풀이

[정의 12-7]에 의해 다음이 성립한다.

$$\ln z_1=\ln(-2i)=\ln 2+i\left(-\frac{\pi}{2}\pm 2\pi n_1\right)\quad (n_1=0,\ 1,\ 2,\ \cdots)$$

$$\ln z_2=\ln(1-i)=\ln\sqrt{2}+i\left(-\frac{\pi}{4}\pm 2\pi n_2\right)\quad (n_2=0,\ 1,\ 2,\ \cdots)$$

[정리 12-10]의 증명 과정에 있는 식 ②를 이용하면 다음을 얻는다.

$$\begin{aligned}\ln(z_1z_2)&=\ln(2\sqrt{2})+i\left[\left(-\frac{\pi}{2}-\frac{\pi}{4}\right)\pm 2\pi(n_1+n_2)\right]\\&=\ln(2\sqrt{2})+i\left(-\frac{3\pi}{4}\pm 2\pi n\right)\quad (n=0,\ 1,\ 2,\ \cdots)\end{aligned}$$

$\mathrm{Ln}(z_1z_2)$는 $\ln(z_1z_2)$에 $n=0$을 대입하면 구할 수 있으므로 다음과 같다.

$$\mathrm{Ln}(z_1z_2)=\ln(2\sqrt{2})-i\frac{3\pi}{4}$$

$\ln z$는 다가함수임을 앞서 설명했다. 다가함수의 경우 특정한 값을 정해 놓고 문제를 풀어야만 한다. 만약 z가 변할 때, 임의로 아무 z값을 넣어 $\ln z$값을 정한다면 유용한 함수를 얻을 수 없을 것이다. 선택한 값이 z값에 따라 일정하게 변하도록 $\ln z$값을 정해야 한다. 이와 같은 선택을 다가함수의 **분기**branch라고 한다. 즉 [정의 12-7]의 무수히 많은 각 함수 $\ln z$를 $\ln z$의 분기라 한다. 예를 들어 $\ell(z)$가 다가 로그함수 $\ln z$ 중 한 값(즉 $e^{\ell(z)}=z$)이라 하면 $\ell(z)$는 로그함수의 분기이다. 로그함수의 분기에 대해 다음과 같이 도함수를 구할 수 있다.

정리 12-11 **로그함수의 도함수**

$\ell(z)$가 영역 D에서 로그함수의 분기이면 $\ell(z)$는 D에서 해석적이고, 이때 도함수는 다음과 같다.

$$\ell'(z)=\frac{1}{z}$$

증명

$\ell(z)$가 로그함수의 분기이므로 $e^{\ell(z)}=z$, $e^{\ell(z+\Delta z)}=z+\Delta z$이다. 따라서 다음이 성립한다.

$$\lim_{\Delta z\to 0}\frac{\ell(z+\Delta z)-\ell(z)}{\Delta z}=\lim_{\Delta z\to 0}\frac{\ell(z+\Delta z)-\ell(z)}{z+\Delta z-z}=\lim_{\Delta z\to 0}\frac{\ell(z+\Delta z)-\ell(z)}{e^{\ell(z+\Delta z)}-e^{\ell(z)}}$$
$$=\frac{1}{\left[\lim_{\Delta z\to 0}\dfrac{e^{\ell(z+\Delta z)}-e^{\ell(z)}}{\ell(z+\Delta z)-\ell(z)}\right]}$$

위 식에서 [ ] 안의 내용은 $w=\ell(z)$에서의 e^w의 도함수에 대한 설명이다. 그러므로 다음이 성립한다.

$$\lim_{\Delta z\to 0}\frac{\ell(z+\Delta z)-\ell(z)}{\Delta z}=\frac{1}{\left[\lim_{\Delta z\to 0}\dfrac{e^{\ell(z+\Delta z)}-e^{\ell(z)}}{\ell(z+\Delta z)-\ell(z)}\right]}=\frac{1}{e^{\ell(z)}}=\frac{1}{z}$$ ■

로그함수의 분기 $\ell(z)$는 일반적으로 $\ln z$로 표기하기도 한다.

SECTION
12.4 복소함수의 선적분

평면 위에서의 실함수의 선적분에 대해 6장에서 설명했다. 이 절에서는 6장과 유사하게 복소평면에서 경로를 따라 복소함수의 적분을 구하는 방법을 살펴본다. 복소평면에서의 선적분도 평면에서의 선적분과 비슷하게 정의된다.

$f(z)$가 영역 D에서 연속인 복소함수라 하자. 이때 [그림 12-10]과 같이 주어진 영역 D 안의 경로 C를 따라 임의의 두 점 z_1과 z_2 사이에서 함수 $f(z)$를 적분하고자 한다. 이를 **복소함수의 선적분** complex line integral이라 하고 $\int_C f(z)\,dz$로 표기한다.

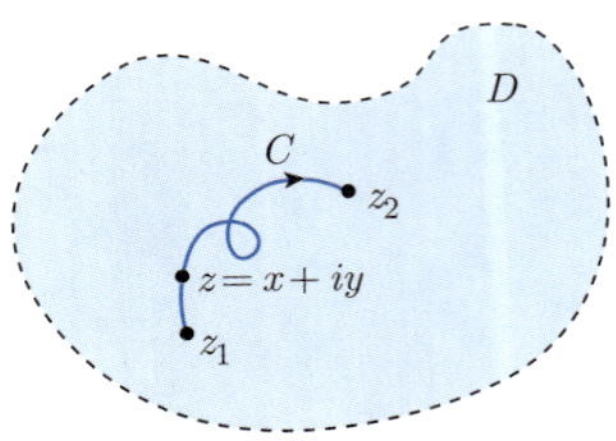

[그림 12-10] 복소함수의 선적분

영역 D 안의 **경로** path, contour C는 [그림 12-11]에 나타낸 바와 같이 적분 구간 $a \le t \le b$에서 t에 대해 연속인 함수 $z(t)$이다.

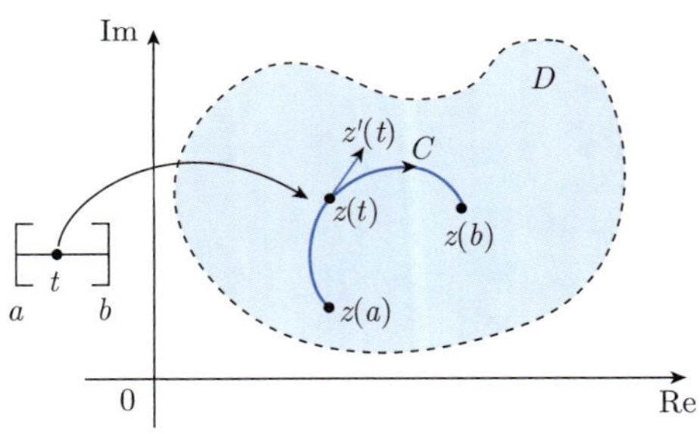

[그림 12-11] 복소함수의 적분 경로 C

$z = x + iy$일 때, $a \le t \le b$에 대해 $z'(t) = x'(t) + iy'(t)$가 존재하면 경로 C를 **매끄러운 경로**smooth path라고 한다([그림 12-12(a)] 참고). 만약 경로 C가 여러 개의 매끄러운 경로에 의해 구간별로 연결되어 있다면 **구간별 매끄러운 경로**piecewise smooth path라고 한다([그림 12-12(b)] 참고).

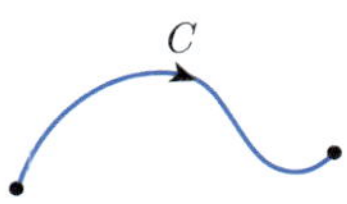

(a) 매끄러운 경로

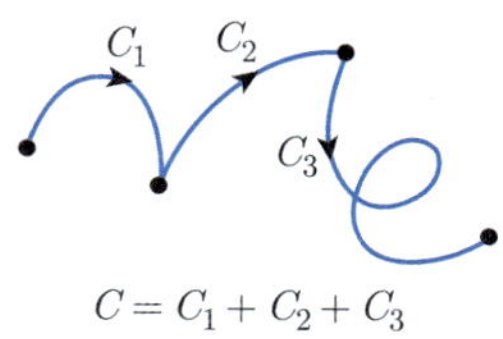

(b) 구간별 매끄러운 경로

[그림 12-12] 적분 경로의 유형

만약 적분 경로 C가 n개의 매끄러운 경로로 연결된 구간별 매끄러운 경로 $C = C_1 + C_2 + \cdots + C_n$이면 복소함수의 선적분은 다음과 같이 정의된다.

정의 12-9 구간별 매끄러운 경로의 선적분

$$\int_C f(z)\,dz = \int_{C_1} f(z)\,dz + \int_{C_2} f(z)\,dz + \cdots + \int_{C_n} f(z)\,dz$$

따라서 복소함수의 선적분 $\int_C f(z)\,dz$를 구하기 위해서는 먼저 매끄러운 경로 $C_i\ (i = 1, 2, \cdots, n)$에서의 선적분 $\int_{C_i} f(z)\,dz$를 구해야 한다. 이를 위해 적분 경로 C가 $a \le t \le b$에 대해 $z(t) = x(t) + iy(t)$로 주어진 매끄러운 경로라 하고, 복소함수 $f(z) == u(z) + iv(z) = u(x, y) + iv(x, y)$를 가정하면 다음과 같은 경로의 선적분 계산식을 얻는다.

$$\begin{aligned}\int_C f(z)\,dz &= \int_C [u(x, y) + iv(x, y)](dx + idy) \\ &= \int_C [u(x, y)dx - v(x, y)dy] + i\int_C [u(x, y)dy + v(x, y)dx] \quad (12.39)\end{aligned}$$

그러면 식 (12.39)의 선적분들은 xy 평면 위에서의 선적분들로 바뀌고, 적분 경로 C가 $a \le t \le b$에 대해 $z(t) = x(t) + iy(t)$로 주어진 매끄러운 경로이므로, 식 (12.39)는 식 (12.40)과 같은 선적분 계산식으로 나타낼 수 있다.

$$\int_C f(z)\,dz = \int_a^b \{u[(x(t),\ y(t)]x'(t) - v[(x(t),\ y(t)]y'(t)\}\,dt$$
$$+ i\int_a^b \{u[(x(t),\ y(t)]y'(t) + v[(x(t),\ y(t)]x'(t)\}\,dt \qquad (12.40)$$

또한 다음 관계가 성립한다.

$$(u+iv)(x'+iy') = ux' - vy' + i(uy' + vx') \qquad (12.41)$$

그러므로 식 (12.40)의 적분기호 안의 항들이 식 (12.41)의 우변과 같다. 따라서 식 (12.40)은 식 (12.41)의 좌변을 이용해 다음과 같이 나타낼 수 있다.

$$\int_C f(z)\,dz = \int_a^b \{u[(x(t),\ y(t)] + iv[(x(t),\ y(t)]\}[x'(t) + iy'(t)]\,dt \qquad (12.42)$$

이 결과에 따라 다음과 같은 정리가 성립한다.

정리 12-12 경로의 선적분 계산 공식

$$\int_C f(z)\,dz = \int_a^b f[z(t)]z'(t)\,dt$$

또한 경로의 선적분의 선형성으로부터 다음 관계식이 성립한다.

$$\int_C [\alpha f(z) + \beta g(z)]\,dz = \alpha\int_C f(z)\,dz + \beta\int_C g(z)\,dz \qquad (12.43)$$

적분 경로 C는 $a \le t \le b$에 대해 $z = z(t)$로 주어진 구간별 매끄러운 경로이고, 적분 경로 $-C$는 C와 방향만 반대인 경로라고 정의하면 다음 관계가 성립한다.

정리 12-13 적분 경로가 반대인 경로의 선적분

$$\int_C f(z)\,dz = -\int_{-C} f(z)\,dz$$

즉 6장에서 살펴본 평면상에서의 실함수의 선적분과 마찬가지로, 복소함수에서도 유사한 관계식들이 성립함을 알 수 있다.

예제 12-14 경로의 선적분 계산

[그림 12-13]과 같이 주어진 경로 C에 대해 다음 선적분을 계산하라.

$$\int_C (z^2+1)\,dz$$

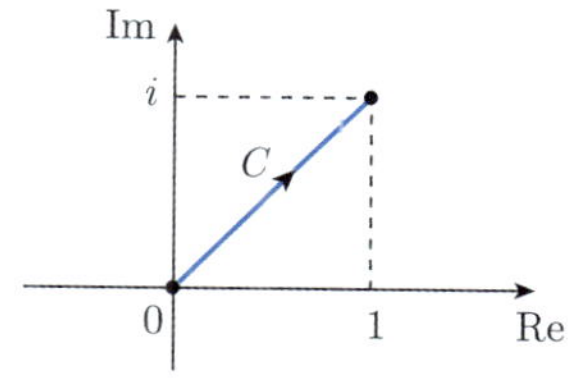

[그림 12-13]

풀이

[그림 12-13]에서 볼 수 있듯이, 적분 경로 C에 대해 $z(t)=t+ti\ (0\le t\le 1)$이다. 따라서 [정리 12-12]를 이용하면 다음 결과를 얻는다.

$$\int_C (z^2+1)\,dz = \int_0^1 \left[(t+it)^2+1\right](1+i)dt = \int_0^1 (2t^2i+1)(1+i)\,dt$$
$$= \int_0^1 \left[1-2t^2+i(1+2t^2)\right]dt = \frac{1}{3}+\frac{5}{3}i$$

정의 12-10 원시함수

복소함수 $f(z)$가 영역 D에서 연속이고, D 안의 모든 z에 대해 $F'(z)=f(z)$의 관계가 성립하면, $F(z)$를 D에서 $f(z)$의 **원시함수** primitive function라고 한다.

원시함수에 대해 다음과 같은 **기본정리** fundamental theorem가 성립한다.

정리 12-14 기본정리

복소함수 $f(z)$가 영역 D에서 원시함수 $F(z)$를 갖고, z_1과 z_2가 D 안의 임의의 두 점이면 z_1과 z_2를 연결하는 임의의 구간별 매끄러운 경로 C에 대해 다음 관계가 성립한다.

$$\int_C f(z)\,dz = F(z_2)-F(z_1)$$

증명

i) **적분 경로 C가 매끄러운 경로일 때**

$a\le t\le b$에 대해 $z(t)$로 주어진다고 하면 [정리 12-12]에 의해 다음과 같이 증명할 수 있다.

$$\int_C f(z)\,dz = \int_a^b f[z(t)]z'(t)\,dt = \int_a^b F'[z(t)]z'(t)\,dt = \int_a^b \left\{\frac{d}{dt}F[z(t)]\right\}dt$$
$$= F[z(t)]_a^b = F[z(b)]-F[z(a)] = F(z_2)-F(z_1)$$

ii) **적분 경로 C가 구간별 매끄러운 경로일 때**

[그림 12-14]와 같이 연결된 적분 경로 $C=C_1+C_2$에 대한 경로의 선적분은 [정의 12-9]에 의해 다음과 같다.

$$\int_C f(z)\,dz=\int_{C_1} f(z)\,dz+\int_{C_2} f(z)\,dz$$

위 식에 [정리 12-14]를 적용하면 다음이 성립한다.

$$\begin{aligned}\int_C f(z)\,dz&=[F(z_3)-F(z_1)]+[F(z_2)-F(z_3)]\\&=F(z_2)-F(z_1)\end{aligned}$$

$C=C_1+C_2+\cdots+C_n$인 경우에도 같은 결과를 얻을 수 있다.

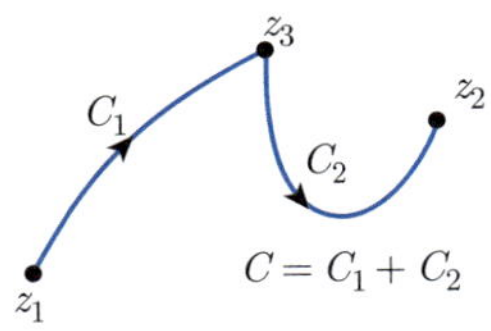

[그림 12-14] 구간별 매끄러운 경로

■

정리 12-15 닫힌 경로의 선적분

복소함수 $f(z)$가 영역 D에서 원시함수 $F(z)$를 갖고, 적분 경로 C가 D 안의 임의의 **닫힌 구간별 매끄러운 경로** closed piecewise smooth curve이면 다음이 성립한다.

$$\int_C f(z)\,dz=0$$

증명

이 정리의 증명은 매우 간단하다. 적분 경로 C가 닫혀있으므로 [정리 12-14]에서 $z_1=z_2$이다. 따라서 다음이 성립한다.

$$\int_C f(z)\,dz=F(z_2)-F(z_1)=0$$

■

예제 12-15 닫힌 경로의 선적분 계산

[그림 12-15]와 같이 주어진 닫힌 경로에 대해 함수 $f(z)=z^2$의 경로 적분을 계산하라.

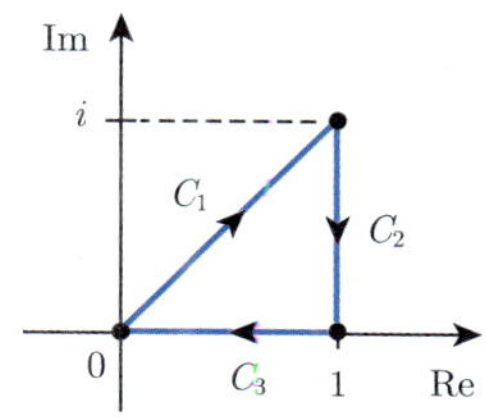

[그림 12-15]

풀이

복소함수 $f(z)=z^2$은 전체 복소수 영역에서 원시함수 $F(z)=\frac{z^3}{3}$을 갖는다. 경로 C_1의 경우 $z_1=0$, $z_2=1+i$, 경로 C_2의 경우 $z_1=1+i$, $z_2=1$, 경로 C_3의 경우 $z_1=1$, $z_2=0$이므로, [정리 12-14]에 의해 닫힌 경로의 경로 적분은 다음과 같다.

$$\begin{aligned}\int_{C_1+C_2+C_3} z^2\,dz &= \int_{C_1} z^2\,dz + \int_{C_2} z^2\,dz + \int_{C_3} z^2\,dz \\ &= \frac{z^3}{3}\bigg|_0^{1+i} + \frac{z^3}{3}\bigg|_{1+i}^{1} + \frac{z^3}{3}\bigg|_1^0 = \frac{(1+i)^3}{3} + \frac{1}{3} - \frac{(1+i)^3}{3} - \frac{1}{3} = 0\end{aligned}$$

복소함수 $f(z)$가 영역 D에서 원시함수를 갖고, z_1과 z_2가 D 안의 고정된 두 점이라 하자. 그러면 $\int_C f(z)\,dz$는 영역 D 안에서 z_1과 z_2를 연결하는 모든 구간별 매끄러운 경로에 대해 동일한 값을 갖는다. 즉 [그림 12-16]에 주어진 경로 C, C_1, C_2, C_3에 대해 동일한 값을 갖는다.

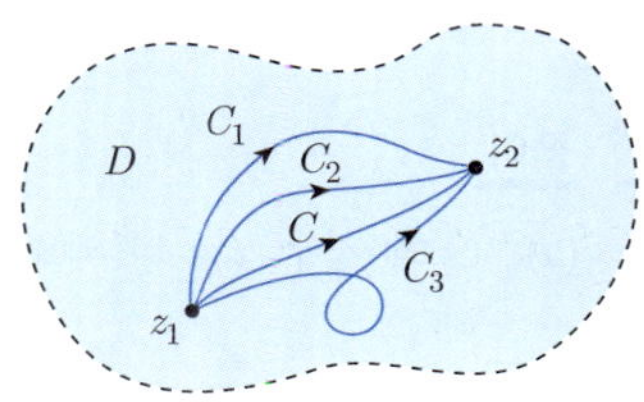

[그림 12-16] 서로 다른 경로의 예

정리 12-16 경로에 무관한 선적분

$\int_C f(z)\,dz$가 영역 D 안에서 z_1과 z_2를 연결하는 모든 구간별 매끄러운 경로에 대해 동일한 값을 갖는다면 경로의 선적분은 D 안에서 **경로에 무관하다** independent of path 고 한다.

[정리 12-16]에 따라 영역 D 안에 있는 모든 구간별 매끄러운 경로 C에 대해 [그림 12-16]의 선적분은 다음과 같이 나타낼 수 있다.

$$\int_C f(z)\,dz = \int_{C_1} f(z)\,dz = \int_{C_2} f(z)\,dz = \int_{C_3} f(z)\,dz \tag{12.44}$$

예제 12-16 경로에 무관한 선적분 계산

[그림 12-17]과 같은 경로에 대해 점 z_1에서 점 z_2까지 경로의 선적분 $\int_C 2z\,dz$를 (a), (b), (c) 방법으로 각각 구하고, 각 결과가 모두 동일한지를 확인하라.

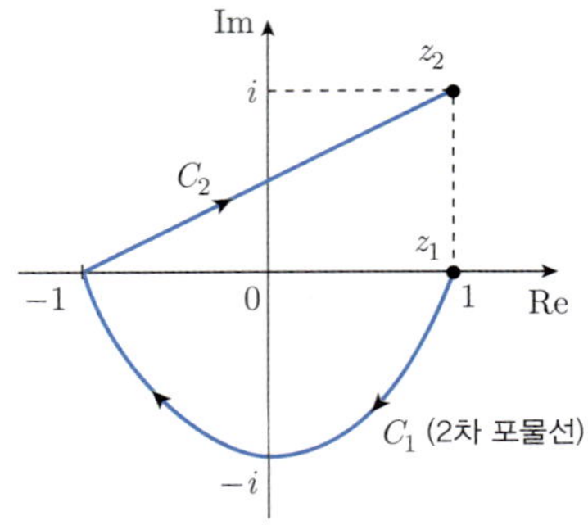

[그림 12-17]

(a) 경로 $C = C_1 + C_2$를 따라 직접 적분

(b) 경로를 [그림 12-18]과 같이 변경하여 적분

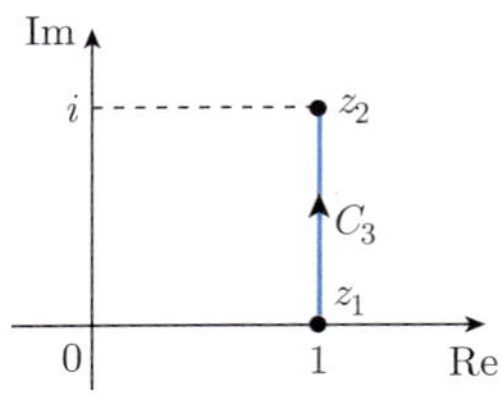

[그림 12-18]

(c) [정리 12-14]를 이용해 적분

풀이

(a) C_1의 경우 $z = x + i(x^2 - 1)$, $dz = (1 + 2xi)\,dx$이므로 선적분은 다음과 같다.

$$\begin{aligned}\int_{C_1} 2z\,dz &= \int_1^{-1} 2[x + i(x^2 - 1)](1 + 2xi)\,dx \\ &= \int_1^{-1} [6x - 4x^3 + i(6x^2 - 2)]\,dx \\ &= [3x^2 - x^4 + i(2x^3 - 2x)]\Big|_1^{-1} = 0\end{aligned}$$

경로 C_2의 경우 $z = x + i\left(\frac{1}{2}x + \frac{1}{2}\right)$, $dz = \left(1 + \frac{1}{2}i\right)dx$이므로 선적분은 다음과 같다.

$$\begin{aligned}\int_{C_2} 2z\,dz &= \int_{-1}^{1} 2\left[x + i\left(\frac{1}{2}x + \frac{1}{2}\right)\right]\left(1 + \frac{1}{2}i\right)dx \\ &= \int_{-1}^{1}\left[\frac{3}{2}x - \frac{1}{2} + i(2x + 1)\right]dx \\ &= \left[\frac{3}{4}x^2 - \frac{1}{2}x + i(x^2 + x)\right]\Bigg|_{-1}^{1} = -1 + 2i\end{aligned}$$

따라서 경로 C에 대한 경로 선적분은 다음과 같다.

$$\begin{aligned}\int_C 2z\,dz &= \int_{C_1} 2z\,dz + \int_{C_2} 2z\,dz \\ &= (0) + (-1 + 2i) = -1 + 2i\end{aligned}$$

(b) [그림 12-18]의 경로 C_3의 경우 $x=1\ (0 \le y \le 1)$이고, $z=1+iy$, $dz=i\,dy$이므로 선적분은 다음과 같다.

$$\int_{C_3} 2z\,dz = \int_0^1 2(1+iy)\,i\,dy = 2\int_0^1 (i-y)\,dy = -1+2i = -1+2i$$

(c) $f(z)=2z$는 원시함수 $F(z)=z^2$을 가지므로 다음과 같이 선적분을 계산할 수 있다.

$$\int_C f(z)\,dz = F(z_2)-F(z_1) = (1+i)^2-(1)^2 = -1+2i$$

따라서 (a), (b), (c)의 결과가 모두 동일함을 확인할 수 있다. 이는 $f(z)=2z$가 원시함수를 갖는 해석함수이므로 경로의 선적분이 적분 경로에 무관하기 때문이다.

■ 코시 정리와 적분 공식

앞서 열린 영역 D의 모든 점 z의 근방에서 $f'(z)$가 존재하면, 복소함수 $f(z)$는 영역 D에서 해석적이라고 했다. 이와 관련하여 영역 D에서 복소함수 $f(z)$에 대해 다음과 같은 **코시 정리**Cauchy's theorem가 성립한다.

정리 12-17 코시 정리

복소함수 $f(z)$가 영역 D에서 해석적이고, 적분 경로 C가 D 안에 놓이는 **구간별 단순 닫힌 곡선**piecewise simple closed curve이면([그림 12-19] 참고) 다음이 성립한다.

$$\int_C f(z)\,dz = 0$$

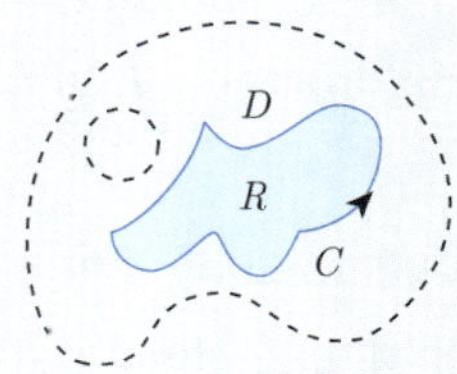

[그림 12-19] 코시 정리가 적용되는 영역

증명

이 정리를 증명하기 위해 6장 [정리 6-6]의 그린 정리를 이용하자. 구간별 단순 닫힌 곡선 C에 대해 함수 $P(x, y)$와 $Q(x, y)$가 C와 C의 내부에서 연속이고 미분가능한 함수이면 [정리 6-6]에 의해 다음이 성립한다.

$$\oint_C P\,dx + Q\,dy = \iint_R \left(\frac{\partial Q}{\partial x} - \frac{\partial P}{\partial y}\right) dA$$

여기서 R은 C에 의해 한정되는 영역이다. 복소함수를 $f(z)=u(x, y)+iv(x, y)$로 두면 다음과 같다.

$$\int_C f(z)\,dz = \int_C (u+iv)(dx+i\,dy) = \int_C (u\,dx - v\,dy) + i\int_C (v\,dx + u\,dy)$$

위 식의 우변 첫째 항의 경우 $u=P$, $-v=Q$로 두고, 둘째 항의 경우 $v=P$, $u=Q$로 둔 다음, 각각 그린 정리를 적용하면 위 식은 다음과 같이 된다.

$$\begin{aligned}\int_C f(z)\,dz &= \int_C (u\,dx - v\,dy) + i\int_C (v\,dx + u\,dy)\\ &= \iint_R \left(\frac{\partial(-v)}{\partial x} - \frac{\partial u}{\partial y}\right) dA + i\iint_R \left(\frac{\partial u}{\partial x} - \frac{\partial v}{\partial y}\right) dA\\ &= 0 + 0i = 0 \quad \cdots \text{ 코시-리만 방정식 참고}\end{aligned}$$

■

정리 12-18 선적분에 관한 정리

적분 경로 C와 Γ가 영역 D 안의 구간별 양의 방향[3]의 단순 닫힌 곡선이고, Γ가 C의 내부에 있다고 하자([그림 12-20] 참고). 복소함수 $f(z)$가 적분 경로 C와 Γ 위에서, 그리고 C와 Γ 사이의 영역에서 해석적이면 다음과 같은 관계가 성립한다.

$$\int_C f(z)\,dz = \int_\Gamma f(z)\,dz$$

증명

이 정리는 복소함수 $f(z)$가 해석적인 영역을 벗어나지 않는다면 적분 경로 C가 새로운 곡선 Γ로 바뀌어도 $\int_C f(z)\,dz$는 일정함을 의미한다.

[그림 12-20]과 같이 C 위의 임의의 점 z_1과 Γ 위의 임의의 점 z_2를 선택하여 두 점을 직선으로 연결하되, 그 선이 C나 Γ를 가로지르지 않도록 한다. 두 점을 연결한 직선을 P_{12}라 하자. 영역 D의 내부로 한정되는 영역인 동시에 $f(z)$가 해석적인 영역을 구성하기 위해 P_{12}, $-\Gamma$, $-P_{12}$, C의 순서를 따라 이동하는 닫힌 곡선을 만들어보자. [그림 12-20]에 이 영역을 별도의 색으로 표시했다. 이 닫힌 곡선에 대해 코시 정리를 적용하면 다음이 성립한다.

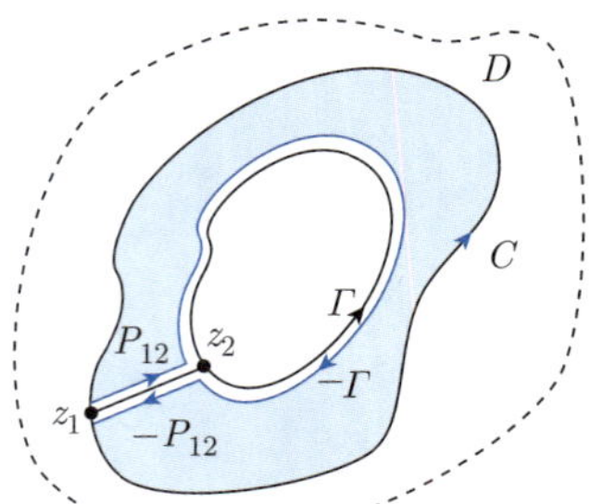

[그림 12-20]

$$\int_{P_{12}-\Gamma-P_{12}+C} f(z)\,dz = 0$$

3 양의 방향은 경로를 따라 이동할 때 영역이 왼쪽에 위치하는 경우의 방향을 말한다.

앞의 식은 다음과 같이 정리할 수 있다.

$$\int_{P_{12}} f(z)\,dz + \int_{-\Gamma} f(z)\,dz + \int_{-P_{12}} f(z)\,dz + \int_{C} f(z)\,dz = 0$$

$$\Rightarrow \int_{P_{12}} f(z)\,dz - \int_{P_{12}} f(z)\,dz - \int_{\Gamma} f(z)\,dz + \int_{C} f(z)\,dz = 0$$

따라서 다음이 성립한다.

$$\int_{C} f(z)\,dz = \int_{\Gamma} f(z)\,dz$$

■

예제 12-17 선적분에 관한 정리의 응용

적분 경로 C가 [그림 12-21]과 같이 구간별 양의 방향의 단순 닫힌 곡선이고, a가 C 내부의 점일 때, 경로의 선적분 $\int_C \frac{1}{z-a}\,dz$를 구하라.

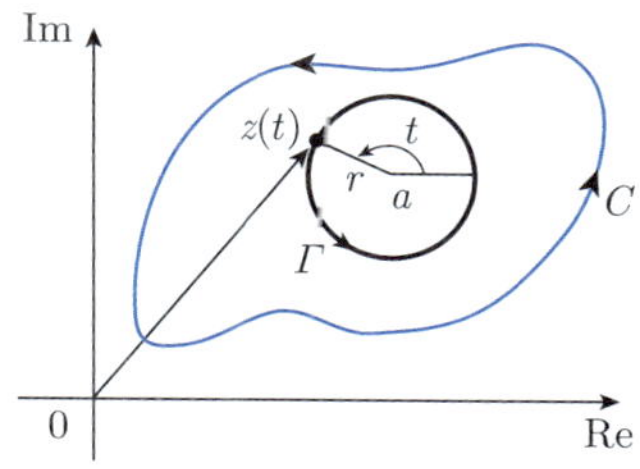

[그림 12-21]

풀이

[그림 12-21]과 같이 Γ와 Γ의 내부가 C 안에 놓이도록 하고, Γ를 중심이 a이고 반경 $r>0$인 양의 방향의 원이라 하자. 그러면 $f(z)=\frac{1}{z-a}$이 C와 Γ 위에서, 그리고 C와 Γ 사이의 영역에서 해석적이므로 [정리 12-18]에 의해 다음이 성립한다.

$$\int_C \frac{1}{z-a}\,dz = \int_\Gamma \frac{1}{z-a}\,dz$$

Γ는 원이므로 다음과 같은 매개변수로 나타낼 수 있다.

$$z(t) = a + re^{it} \quad (0 \le t \le 2\pi)$$

그러면 경로의 선적분은 다음과 같다.

$$\int_C \frac{1}{z-a}\,dz = \int_\Gamma \frac{1}{z-a}\,dz = \int_0^{2\pi} \frac{1}{re^{it}}\, rie^{it}dt = 2\pi i$$

정리 12-19 코시 적분 공식

적분 경로 C와 Γ가 [정리 12-18]의 조건을 모두 만족하고, a가 C 내부의 고정된 한 점일 때, 다음과 같은 **코시 적분 공식** Cauchy integral formula이 성립한다.

$$f(a)=\frac{1}{2\pi i}\int_C \frac{f(z)}{z-a}\,dz$$

증명

복소함수 $f(z)$와 마찬가지로 복소함수 $\dfrac{f(z)}{z-a}$도 적분 경로 C와 Γ 위에서, 그리고 C와 Γ 사이의 영역에서 해석적이다. 그러므로 [정리 12-18]에 의해 다음이 성립한다.

$$\int_C \frac{f(z)}{z-a}\,dz=\int_\Gamma \frac{f(z)}{z-a}\,dz$$

적분 경로 Γ를 [예제 12-17]과 같이 중심이 a이고 반경 $r>0$인 양의 방향의 원이라 할 때, 반경 r이 거의 0에 가까워지면 Γ 위에 있는 모든 z에 대해 $f(z)\approx f(a)$이다. 따라서 다음이 성립한다.

$$\begin{aligned}\int_C \frac{f(z)}{z-a}\,dz &= \int_\Gamma \frac{f(z)}{z-a}\,dz \approx \int_\Gamma \frac{f(a)}{z-a}\,dz\\ &= f(a)\int_\Gamma \frac{1}{z-a}\,dz = f(a)(2\pi i) \qquad \cdots \text{[예제 12-17] 참고}\end{aligned}$$

그러므로 양변을 $2\pi i$로 나누면 다음과 같다.

$$f(a)=\frac{1}{2\pi i}\int_C \frac{f(z)}{z-a}\,dz$$

■

예제 12-18 코시 적분 공식

적분 경로 C가 [그림 12-22]와 같이 양의 방향의 타원일 때, 경로의 선적분 $\displaystyle\int_C \frac{e^z}{z^2-2z-8}\,dz$를 구하라.

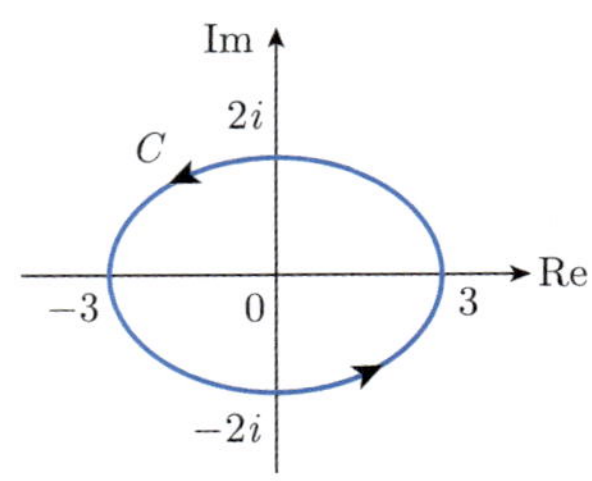

[그림 12-22]

풀이

$\displaystyle\int_C \frac{e^z}{z^2-2z-8}\,dz=\int_C \frac{e^z}{(z+2)(z-4)}\,dz$이므로, 이 문제는 코시 적분 공식의 조건을 만족하며 $a=-2$, $f(z)=\dfrac{e^z}{z-4}$이라 할 수 있다. 따라서 코시 적분 공식에 의해 경로의 선적분은 다음과 같다.

$$\int_C \frac{f(z)}{z-a}\,dz=\int_C \frac{e^z/(z-4)}{z+2}\,dz=f(-2)(2\pi i)=-\frac{e^{-2}}{3}(\pi i)$$

정리 12-20 고계도함수의 코시 적분 공식

복소함수 $f(z)$가 영역 D에서 해석적이고, 적분 경로 C가 D 안의 임의의 구간별 양의 방향의 단순 닫힌 곡선이라 하자. $f(z)$가 C 위에서 해석적이고, a가 C 내부의 임의의 점일 때([그림 12-23] 참고), $f(z)$는 D 안에서 무한히 미분가능하고 그 결과는 다음과 같다.

$$f^{(n)}(a) = \frac{n!}{2\pi i}\int_C \frac{f(z)}{(z-a)^{n+1}}\,dz \quad (n = 0,\ 1,\ 2,\ \cdots)$$

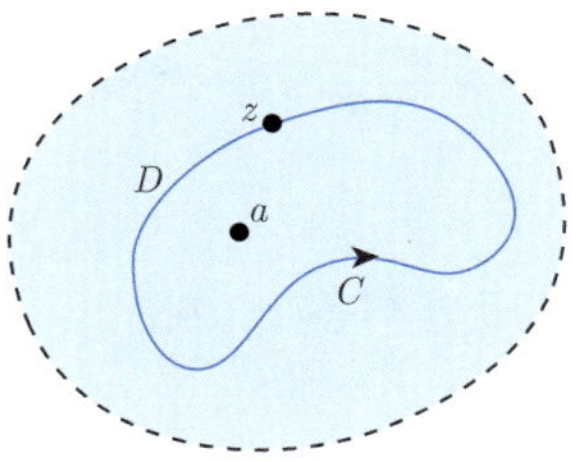

[그림 12-23] 코시 적분 공식

증명

$n = 0$이면 [정리 12-20]의 식은 다음과 같다.

$$f^{(0)}(a) = \frac{0!}{2\pi i}\int_C \frac{f(z)}{(z-a)^{0+1}}\,dz \quad \Rightarrow \quad f(a) = \frac{1}{2\pi i}\int_C \frac{f(z)}{(z-a)}\,dz$$

위 식은 [정리 12-19]의 코시 적분 공식과 정확하게 일치한다. 또한 코시 적분 공식 안에 있는 피적분함수는 C 위의 점 z와 C 안에 있는 점 a에서 연속이다.

그리고 $n = 1$이면 점 a에서 함수 $f(z)$의 도함수를 다음과 같이 구할 수 있다.

$$\begin{aligned}
f'(a) &= \lim_{\Delta a \to 0}\frac{f(a+\Delta a) - f(a)}{\Delta a} \\
&= \lim_{\Delta a \to 0}\frac{1}{\Delta a}[f(a+\Delta a) - f(a)] \\
&= \lim_{\Delta a \to 0}\frac{1}{\Delta a}\left[\frac{1}{2\pi i}\oint_C \frac{f(z)}{z-(a+\Delta a)}\,dz - \frac{1}{2\pi i}\oint_C \frac{f(z)}{z-a}\,dz\right] \quad \cdots \text{코시 적분 공식 참고} \\
&= \lim_{\Delta a \to 0}\frac{1}{\Delta a}\left[\frac{1}{2\pi i}\oint_C f(z)\left(\frac{1}{z-(a+\Delta a)} - \frac{1}{z-a}\right)dz\right] \\
&= \lim_{\Delta a \to 0}\frac{1}{\Delta a}\left[\frac{1}{2\pi i}\oint_C f(z)\frac{\Delta a}{(z-a-\Delta a)(z-a)}\,dz\right] \\
&= \frac{1}{2\pi i}\oint_C \frac{f(z)}{(z-a)^2}\,dz
\end{aligned}$$

같은 방법으로 $n=2$인 경우에도 다음이 성립한다.

$$f^{(2)}(a)=\frac{2!}{2\pi i}\oint_C \frac{f(z)}{(z-a)^3}\,dz$$

이와 같은 결과를 일반적으로 표현하면 다음과 같다.

$$f^{(n)}(a)=\frac{n!}{2\pi i}\oint_C \frac{f(z)}{(z-a)^{n+1}}\,dz$$ ■

예제 12-19 도함수의 코시 적분 공식

[그림 12-22]와 같이 주어진 적분 경로 C에 대해 경로의 선적분 $\int_C \frac{\cos z}{(z-1)^2}\,dz$를 구하라.

풀이

[정리 12-20]의 식에서 $n=1$, $a=1$, $f(z)=\cos z$임을 고려하여 풀면 다음과 같다.

$$\frac{1!}{2\pi i}\int_C \frac{\cos z}{(z-1)^2}\,dz=\frac{d}{dz}\cos z\bigg|_{z=1}=-\sin 1$$

따라서 주어진 경로의 선적분은 다음과 같다.

$$\int_C \frac{\cos z}{(z-1)^2}\,dz=-2\pi i(\sin 1)$$

SECTION 12.5 급수와 유수

이 절에서는 **급수**series와 **유수**residue에 대해 살펴본다. 앞 절에서 복소함수 $f(z)$가 영역 D 안의 임의의 점 a에서 해석적이면 $f(z)$는 a에서 무한히 미분가능함을 설명했다. 이 경우에는 실함수와 마찬가지로 복소함수에서도 **테일러 급수**Taylor series로 전개할 수 있다. 그러나 만약 $f(z)$가 점 a에서 해석적이지 않으면 $f(z)$는 테일러 급수로 전개할 수 없다. 이 경우에는 보다 확장된 개념인 **로랑 급수**Laurent series 개념이 필요하다. 로랑 급수를 통해 유수의 개념을 도입할 수 있다.

급수

복소수에서의 급수는 실수에서와 대부분 유사하다. 다음과 같은 실수에서의 무한급수를 생각해보자.

$$1+x+x^2+\cdots+x^n+\cdots=\frac{1}{1-x}\quad (|x|<1,\ 즉\ -1<x<1)$$

이와 유사하게 복소수에서도 무한급수를 다음과 같이 나타낼 수 있다.

$$1+z+z^2+\cdots+z^n+\cdots=\frac{1}{1-z}\quad (|z|<1)$$

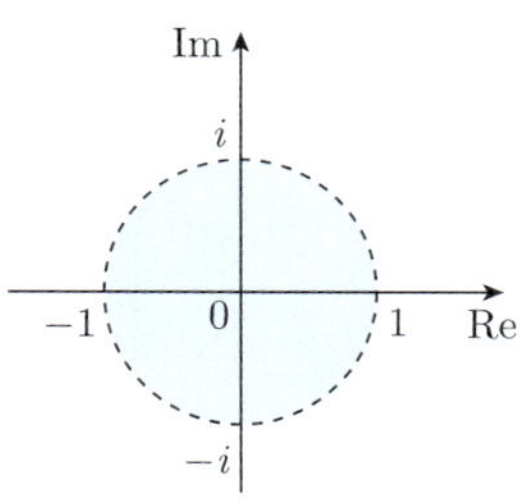

[그림 12-24] 급수가 수렴하기 위한 z의 범위 $|z|<1$

복소함수 $f(z)$가 영역 D에서 해석적이면 $f(z)$는 D에서 무한히 미분가능하므로, D 안의 임의의 점 a에 대해 테일러 급수를 다음과 같이 나타낼 수 있다.

$$f(z) \approx \sum_{n=0}^{\infty} \frac{f^{(n)}(a)}{n!}(z-a)^n \tag{12.45}$$

적분 경로 C가 영역 D 안에 놓이는 양의 방향의 원이고, 원의 중심이 a이며, z_0가 원의 내부에 있는 임의의 점이라 하자([그림 12-25] 참고).

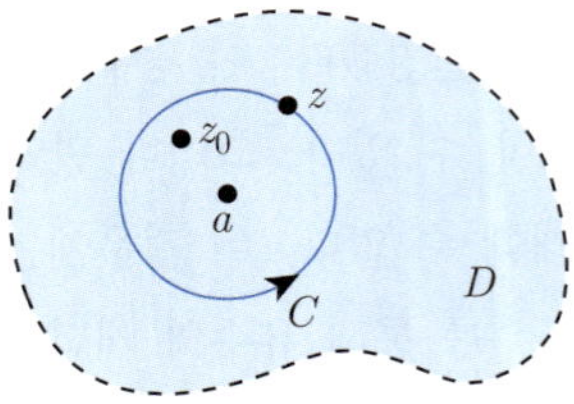

[그림 12-25] 식 (12.51)의 유도

코시 적분 공식 [정리 12-19]에 따르면 원의 내부에 있는 임의의 점 z_0에 대해 다음과 같다.

$$f(z_0) = \frac{1}{2\pi i}\int_C \frac{f(z)}{z-z_0}\,dz \tag{12.46}$$

이때 점 z는 C 위에 있고, 점 z_0는 C의 내부에 있으므로 다음이 성립한다.

$$|z_0 - a| < |z - a| \quad \Rightarrow \quad \left|\frac{z_0 - a}{z - a}\right| < 1$$

그러므로 다음과 같다.

$$\begin{aligned} \frac{1}{z-z_0} &= \frac{1}{(z-a)-(z_0-a)} = \frac{1}{z-a}\left[\frac{1}{1-\left(\dfrac{z_0-a}{z-a}\right)}\right] \\ &= \frac{1}{z-a}\sum_{n=0}^{\infty}\left(\frac{z_0-a}{z-a}\right)^n = \sum_{n=0}^{\infty}\frac{(z_0-a)^n}{(z-a)^{n+1}} \end{aligned} \tag{12.47}$$

식 (12.47)을 식 (12.46)에 대입하면 다음과 같다.

$$\begin{aligned} f(z_0) &= \frac{1}{2\pi i}\int_C \sum_{n=0}^{\infty}\frac{(z_0-a)^n}{(z-a)^{n+1}} f(z)\,dz \\ &= \sum_{n=0}^{\infty}\left[\frac{1}{2\pi i}\int_C \frac{f(z)}{(z-a)^{n+1}}\,dz\,(z_0-a)^n\right] \end{aligned} \tag{12.48}$$

식 (12.48)은 다음과 같이 나타낼 수 있다.

$$f(z_0) = \sum_{n=0}^{\infty} a_n (z_0 - a)^n \tag{12.49}$$

여기서 a_n은 다음과 같다.

$$a_n = \frac{1}{2\pi i} \int_C \frac{f(z)}{(z-a)^{n+1}} dz \tag{12.50}$$

한편, [정리 12-20]의 고계도함수의 코시 적분 공식에 의해

$$f^{(n)}(z_0) = \frac{n!}{2\pi i} \int_C \frac{f(z)}{(z-z_0)^{n+1}} dz \tag{12.51}$$

이므로, 식 (12.50)과 (12.51)로부터 다음과 같은 관계식을 얻을 수 있다.

$$a_n = \frac{1}{n!} f^{(n)}(z_0) \tag{12.52}$$

지금까지 살펴본 내용을 요약하면 다음 정리가 성립함을 알 수 있다.

정리 12-21 테일러 급수 전개

복소함수 $f(z)$가 영역 D에서 해석적이고, a가 D 안의 한 점이면 다음과 같이 함수 $f(z)$를 a에 대해 테일러 급수로 전개할 수 있다.

$$f(z) = \sum_{n=0}^{\infty} a_n (z-a)^n \tag{12.53}$$

여기서 a_n은 다음과 같다.

$$a_n = \frac{1}{n!} f^{(n)}(a) \tag{12.54}$$

[정리 12-21]의 테일러 급수는 영역 D 내부에서 원의 중심을 a로 하여 만들 수 있는 가장 큰 원의 반경이 r일 때, $|z-a| < r$을 만족하는 모든 z에 대해 수렴한다.

실수에서와 마찬가지로 테일러 급수에서 $a=0$이면 이 급수를 **매클로린 급수** Maclaurin series 라 한다. 복소수 매클로린 급수의 계수 a_n에 대한 공식은 실수 매클로린 급수와 같다. 따라서 실변수를 복소변수로 대치하면 다음과 같이 주요 매클로린 급수식을 복소수로 확장할 수 있다.

$$e^z = \sum_{n=0}^{\infty} \frac{z^n}{n!} \quad (|z| < \infty) \tag{12.55}$$

$$\sin z = \sum_{n=0}^{\infty} \frac{(-1)^n z^{(2n+1)}}{(2n+1)!} \quad (|z| < \infty) \tag{12.56}$$

$$\cos z = \sum_{n=0}^{\infty} \frac{(-1)^n z^{2n}}{(2n)!} \quad (|z| < \infty) \tag{12.57}$$

예제 12-20 테일러 급수 전개

복소함수 $f(z) = \dfrac{1}{1-z}$를 $a=i$에 대해 테일러 급수로 전개하라.

풀이

함수 $f(z) = \dfrac{1}{1-z}$을 n번 미분하면 $f^{(n)}(z) = \dfrac{n!}{(1-z)^{n+1}}$이므로 $f^{(n)}(a) = f^{(n)}(i) = \dfrac{n!}{(1-i)^{n+1}}$을 얻는다. 이 식을 [정리 12-21]의 식 (12.53)에 대입하면 함수 $f(z) = \dfrac{1}{1-z}$의 $a=i$에 대한 테일러 급수 전개는 다음과 같다.

$$\begin{aligned}\frac{1}{1-z} &= \sum_{n=0}^{\infty} a_n (z-a)^n = \sum_{n=0}^{\infty} \frac{1}{n!} f^{(n)}(a)(z-a)^n = \sum_{n=0}^{\infty} \frac{1}{n!} f^{(n)}(i)(z-i)^n \\ &= \sum_{n=0}^{\infty} \frac{1}{n!} \frac{n!}{(1-i)^{n+1}} (z-i)^n = \sum_{n=0}^{\infty} \frac{1}{(1-i)^{n+1}} (z-i)^n \\ &= \frac{1}{1-i} + \frac{1}{(1-i)^2}(z-i) + \frac{1}{(1-i)^3}(z-i)^2 + \frac{1}{(1-i)^4}(z-i)^3 + \cdots\end{aligned}$$

[그림 12-26]과 같은 **환형** annulus 영역을 생각해보자. 이 경우 복소함수 $f(z)$는 환형 영역 내에서는 해석적이지만 작은 원의 내부와 큰 원의 외부 영역에서는 **특이점** singular point [4]을 가질 수도 있다. 이 경우 작은 원의 내부에 존재하는 특이점 때문에 이 영역에서 함수 $f(z)$를 테일러 급수로 전개할 수 없다. 이 경우에는 함수 $f(z)$를 로랑 급수로 전개할 수 있다.

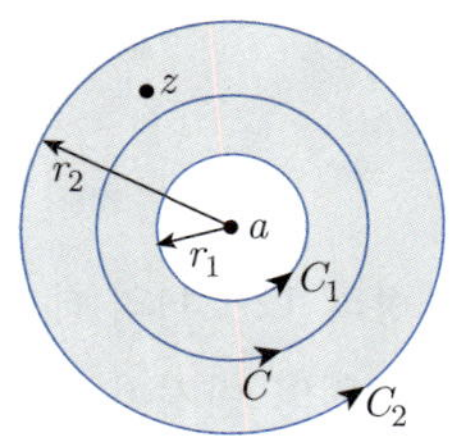

[그림 12-26] 환형 영역

4 복소함수 $f(z)$가 해석적이지 않은 점을 특이점이라고 한다. 특이점에 대해서는 이후에 유수에 관한 설명에서 자세히 다룬다.

정리 12-22 로랑 급수 전개

복소함수 $f(z)$가 [그림 12-26]의 환형 영역에서 해석적이고, z가 $r_1 < |z-a| < r_2$를 만족하는 영역 내의 임의의 점이면 다음과 같은 관계가 성립한다.

$$f(z) = \sum_{n=-\infty}^{\infty} a_n (z-a)^n \tag{12.58}$$

여기서 a_n은 다음과 같다.

$$a_n = \frac{1}{2\pi i}\int_C \frac{f(\zeta)}{(\zeta - a)^{(n+1)}}\, d\zeta \quad (n = 0,\ \pm 1,\ \pm 2,\ \cdots) \tag{12.59}$$

식 (12.58)을 $z = a$에 대한 함수 $f(z)$의 로랑 급수라 한다. 이 정리의 증명은 복잡하므로 생략한다.

유수

복소함수의 적분을 계산하는 데 로랑 급수가 사용된다. 이에 대한 기본 개념은 로랑 급수를 구하기 위해 대수학과 미분적분학을 사용하는 것이다. a_n에 대한 식 (12.59)에 $n = -1$을 대입하면 다음과 같다.

$$a_{-1} = \frac{1}{2\pi i}\int_C \frac{f(\zeta)}{(\zeta - a)^{(-1+1)}}\, d\zeta = \frac{1}{2\pi i}\int_C f(\zeta)\, d\zeta$$

따라서 다음과 같은 적분식을 얻을 수 있다.

$$\int_C f(\zeta)\, d\zeta = 2\pi i\, a_{-1} \tag{12.60}$$

여기서 a_{-1}은 아는 값이므로 식 (12.60)을 이용해 복소함수의 적분값을 쉽게 구할 수 있다. 이때 a_{-1}을 $z = a$에서의 복소함수 $f(z)$의 **유수**residue라 하고 다음과 같이 표기한다.

$$a_{-1} = Res\,[f(z),\ a] \tag{12.61}$$

따라서 식 (12.60)을 유수에 대한 표현으로 나타내면 다음과 같다.

$$\int_C f(\zeta)\, d\zeta = 2\pi i\, Res\,[f(z),\ a] \tag{12.62}$$

예제 12-21 로랑 급수와 유수

다음 복소함수를 $a=0$에 대해 로랑 급수로 전개하고, 이 점에서의 유수를 구하라.

(a) $f(z)=\dfrac{\cos z}{z}$ (b) $f(z)=\dfrac{e^{-z}}{z^2}$

풀이

(a) $f(z)$를 $a=0$에 대해 로랑 급수로 전개하면 다음과 같다.

$$\frac{\cos z}{z}=\frac{1-\dfrac{z^2}{2!}+\dfrac{z^4}{4!}-+\cdots}{z}=(1)z^{-1}-\frac{1}{2!}z+\frac{1}{4!}z^3-+\cdots$$

유수는 z^{-1}의 계수이므로 다음과 같다.

$$a_{-1}=Res\left[\frac{\cos z}{z},\ 0\right]=1$$

(b) $f(z)$를 $a=0$에 대해 로랑 급수로 전개하면 다음과 같다.

$$\frac{e^{-z}}{z^2}=\frac{1+(-z)+\dfrac{(-z)^2}{2!}+\dfrac{(-z)^3}{3!}+\cdots}{z^2}=z^{-2}-z^{-1}+\frac{1}{2!}-\frac{1}{3!}z+-\cdots$$

유수는 z^{-1}의 계수이므로 다음과 같다.

$$a_{-1}=Res\left[\frac{e^{-z}}{z^2},\ 0\right]=-1$$

복소함수 $f(z)$가 $z=a$에서 해석적이지 않으면 점 a를 **특이점** singular point이라고 한다. 이러한 특이점들 중 복소함수 $f(z)$가 $0<|z-a|<r$ 내에서 해석적이도록 하는 $r>0$이 존재하는 경우가 있다면 이 특이점을 **고립된 특이점** isolated singularity이라 한다. 이때 복소함수 $f(z)$는 고립된 특이점 $z=a$에 대해 다음과 같이 로랑 급수로 전개할 수 있다.

$$f(z)=\sum_{n=-\infty}^{\infty}a_n(z-a)^n\quad(0<|z-a|<r) \tag{12.63}$$

고립된 특이점은 다음과 같이 세 가지로 분류할 수 있다.

정의 12-11 제거가능한 특이점, p차 극점, 진성 특이점

(1) 식 (12.63)에서 $z-a$에 대한 음의 거듭제곱의 모든 계수 a_{-k}가 0이면, 즉 $a_{-1}=a_{-2}=a_{-3}=\cdots=0$이면 a를 **제거가능한 특이점** removable singularity이라 한다.

(2) 식 (12.63)에서 $z-a$에 대한 음의 거듭제곱의 계수들 중 $n>p\,(n,\ p$는 양수$)$인 경우의 계수 a_{-n}이 모두 0이면 a를 **p차 극점** pole of order p이라 한다. 이때 식 (12.63)은 다음과 같이 나타낼 수 있다.

$$f(z)=\frac{a_{-p}}{(z-a)^p}+\frac{a_{-(p-1)}}{(z-a)^{(p-1)}}+\cdots+\frac{a_{-1}}{z-a}+a_0+a_1(z-a)+a_2(z-a)^2+\cdots \tag{12.64}$$

(3) $n>0$인 n에 대해 무수히 많은 a_{-n}이 0이 아니면 a를 **진성 특이점** essential singularity이라 한다.

예를 들어 다음과 같은 로랑 급수의 경우 $n>3$에 대해 $a_{-n}=0$이므로, $z=0$이 3차 극점이다.

$$\frac{e^z}{z^3}=z^{-3}+z^{-2}+\frac{1}{2!}z^{-1}+\frac{1}{3!}z^0+\frac{1}{4!}z+\cdots$$

다음 급수의 경우 $a_{-2}=-1,\ a_{-4}=\frac{1}{2!},\ \cdots$과 같이 무수히 많은 a_{-n}이 0이 아니므로, $z=0$이 진성 특이점이다.

$$e^{\left(-\frac{1}{z^2}\right)}=1-\frac{1}{z^2}+\frac{1}{2!}\left(\frac{1}{z^4}\right)-+\cdots$$

또한 다음 급수의 경우 $a_{-1}=a_{-2}=a_{-3}=\cdots=0$이므로, $z=0$이 제거가능한 특이점이다.

$$\frac{\sin z}{z}=1-\frac{1}{3!}z^2+\frac{1}{5!}z^4-+\cdots\quad(0<|z|<\infty)$$

[그림 12-27]에서 볼 수 있듯이, 복소함수 $f(z)$가 고립된 특이점을 갖는 경우에는 다음과 같은 **유수 정리** residue theorem를 적용할 수 있다.

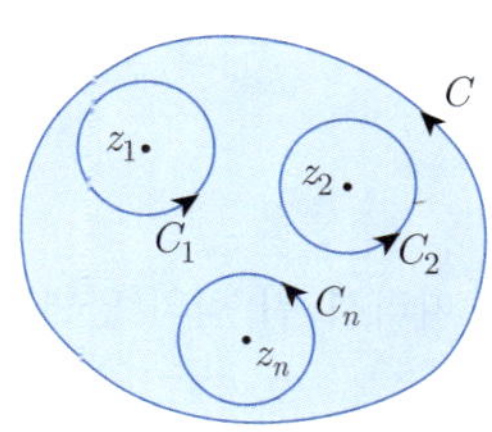

[그림 12-27] 유수 정리

정리 12-23 유수 정리

복소함수 $f(z)$가 구간별 양의 방향의 단순 닫힌 곡선 C 내부에 있는 유한개의 고립된 특이점 z_1, z_2, $\cdots$, z_n을 제외하고, C 위와 그 내부에서 해석적이면 다음과 같은 관계가 성립한다.

$$\int_C f(z)\,dz = \sum_{k=1}^{n}\int_{C_k} f(z)\,dz = 2\pi i \sum_{k=1}^{n} Res[f(z),\ z_k]$$

만약 유수를 쉽게 구할 수 있다면 유수 정리를 통해 복잡한 적분 계산 없이 복소함수의 적분을 구할 수 있으므로 유수 정리가 매우 유용할 것이다. 그러면 이제 고립된 특이점 a에서 복소함수 $f(z)$의 로랑 급수가 식 (12.63)으로 주어질 때, 유수를 구하는 방법을 살펴보자. 우선 제거가능한 특이점의 경우에는 정의에 따라 유수가 0임을 쉽게 알 수 있다. p차 극점인 경우에는 다음 정리를 통해 유수를 구할 수 있다.

정리 12-24 p차 극점에서의 유수

만약 점 a가 복소함수 $f(z)$의 p차 극점이면 다음이 성립한다.

$$Res[f(z),\ a] = \lim_{z\to a}\frac{1}{(p-1)!}\frac{d^{(p-1)}}{dz^{(p-1)}}[(z-a)^p f(z)]$$

증명

함수 $f(z)$가 p차 극점을 갖는다고 했으므로 $a_{-(p+1)} = a_{-(p+2)} = \cdots = 0$이고 $a_{-p} \neq 0$이다. $0<|z-a|<r$에 대한 함수 $f(z)$의 로랑 급수 전개식은 식 (12.64)와 같고, 식 (12.64)의 양변에 $(z-a)^p$을 곱하면 다음이 성립한다.

$$(z-a)^p f(z) = a_{-p} + a_{-(p-1)}(z-a) + \cdots + a_{-1}(z-a)^{p-1} + a_0(z-a)^p + \cdots$$

위 식의 양변을 $(p-1)$번 미분하면 다음과 같다.

$$\begin{aligned}\frac{d^{(p-1)}}{dz^{(p-1)}}[(z-a)^p f(z)] &= 0+0+\cdots+0 \\ &\quad + a_{-1}(p-1)! + a_0 p!(z-a) + a_1\frac{(p+1)!}{2}(z-a)^2 + \cdots\end{aligned}$$

따라서 위 식의 양변에 $z\to a$로 극한을 취하면 다음과 같다.

$$\lim_{z\to a}\frac{d^{(p-1)}}{dz^{(p-1)}}[(z-a)^p f(z)] = a_{-1}(p-1)!$$

따라서 a_{-1}은 다음과 같다.

$$a_{-1} = \lim_{z \to a} \frac{1}{(p-1)!} \frac{d^{(p-1)}}{dz^{(p-1)}} [(z-a)^p f(z)]$$

식 (12.61)에서 볼 수 있듯이, $a_{-1} = Res[f(z),\ a]$이므로 증명을 마친다. ■

[정리 12-24]에서 $p=1$이면 다음이 성립함에 주목하길 바란다.

$$Res[f(z),\ a] = \lim_{z \to a} [(z-a) f(z)] \tag{12.65}$$

예제 12-22 유수 정리

유수 정리를 이용해 [그림 12-22]와 같이 주어진 적분 경로 C에 대해 경로의 선적분 $\int_C \frac{\sin z}{z^2} dz$를 구하라.

풀이

피적분함수 $f(z) = \frac{\sin z}{z^2}$는 C의 내부에 있는 점 $z=0$을 제외한 모든 점에서 해석적이고, 다음과 같이 로랑 급수로 전개할 수 있다.

$$\frac{\sin z}{z^2} = \frac{1}{z} - \frac{1}{3!} z + \frac{1}{5!} z^3 - + \cdots \quad (0 < |z| < \infty)$$

점 $z=0$은 1차 극점이므로, 식 (12.65)에 의해 점 $z=0$에서의 유수는 다음과 같다.

$$a_{-1} = Res\left(\frac{\sin z}{z^2},\ 0\right) = 1$$

따라서 [정리 12-23]의 유수 정리를 이용하면 $k=1$이고, $z_k = 0$이므로 다음이 성립한다.

$$\int_C \frac{\sin z}{z^2} dz = 2\pi i \ Res\left(\frac{\sin z}{z^2},\ 0\right) = 2\pi i$$

CHAPTER

12 연습문제

12.1 (복소수 표현) 주어진 복소수를 직각좌표 형식으로 나타내라.

(a) $2\left(\cos\frac{\pi}{6}+i\sin\frac{\pi}{6}\right)$

(b) $\sqrt{2}\left(\cos\frac{\pi}{3}+i\sin\frac{\pi}{3}\right)$

(c) $4\angle\frac{\pi}{4}$

(d) $3\angle\pi$

12.2 (복소수 표현) 주어진 복소수를 극형식으로 나타내라.

(a) $1+2i$

(b) $2i$

(c) $\frac{1-i}{1+i}$

(d) $\frac{i}{2+2i}$

12.3 (사칙연산) $z_1=2+i$, $z_2=1-i$일 때, 다음을 구하라.

(a) z_1+3z_2

(b) $2z_1-3z_2$

(c) z_1z_2

(d) $\frac{z_1}{z_1+z_2}$

12.4 (거듭제곱) 다음 복소수의 거듭제곱을 구하라.

(a) $z=\sqrt{3}+i$일 때, z^4

(b) $z=2+2i$일 때, z^2

(c) $z=2+2\sqrt{3}\,i$일 때, z^6

(d) $z=1+i$일 때, z^{10}

12.5 (제곱근) 다음 복소수의 제곱근을 구하라.

(a) $z=\sqrt{3}-i$일 때, $z^{\frac{1}{3}}$

(b) $z=1+i$일 때, $z^{\frac{1}{5}}$

(c) $z=2+2\sqrt{3}\,i$일 때, $z^{\frac{1}{4}}$

(d) $z=1-i$일 때, $z^{\frac{1}{5}}$

12.6 (복소함수의 극한) 다음 복소함수의 극한을 구하라.

(a) $\lim\limits_{z\to i}(2z^2-3z+1)$

(b) $\lim\limits_{z\to -i}\frac{z^4-1}{z-i}$

12.7 **(복소함수의 도함수)** 다음 복소함수의 도함수를 구하라.

(a) $f(z)=2z^2-3z+1$

(b) $f(z)=(z-1)(z^2-2z+3)$

(c) $f(z)=\dfrac{z-2}{z^2+1}$

(d) $f(z)=\dfrac{2z^2+3z-1}{z^2+1}$

12.8 **(코시-리만 방정식)** 다음 복소함수가 해석적인지 아닌지를 결정하라.

(a) $f(z)=z-\bar{z}$

(b) $f(z)=z+\bar{z}$

(c) $f(z)=\dfrac{1}{1-z}$

(d) $f(z)=e^z$

12.9 **(복소수의 로그)** 다음 복소수에 대해 $\ln z$와 $\mathrm{Ln}\, z$를 구하라.

(a) $z=-2$

(b) $z=\sqrt{3}+i$

(c) $z=1-i$

(d) $z=1+i$

12.10 **(로그의 곱셈)** 다음 복소수에 대해 $\ln(z_1z_2)$와 $\mathrm{Ln}(z_1z_2)$를 구하라.

(a) $z_1=-2,\ z_2=-2+2i$

(b) $z_1=1-\sqrt{3}\,i,\ z_2=1+i$

12.11 **(경로의 선적분)** 다음 경로의 선적분을 계산하라.

(a) $\displaystyle\int_C (z^2-2z)\,dz$ $\quad C:\ z(t)=t+2ti\ \ (0\le t\le 2)$

(b) $\displaystyle\int_C (2z^2)\,dz$ $\quad C:\ z(t)=t+t^2i\ \ (0\le t\le 1)$

(c) $\displaystyle\int_C \frac{1}{z}\,dz$ $\quad C$: 오른쪽 그림

(d) $\displaystyle\int_{-C} \frac{1}{z}\,dz$ $\quad C$: 오른쪽 그림

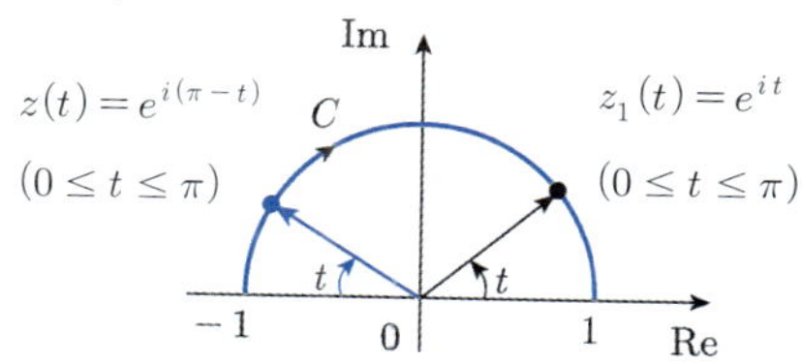

12.12 **(닫힌 경로의 선적분)** 오른쪽 그림과 같은 닫힌 경로에 대해 다음 경로의 선적분을 계산하라.

(a) $\displaystyle\int_C (z^2)\,dz$

(b) $\displaystyle\int_C (2z^2-1)\,dz$

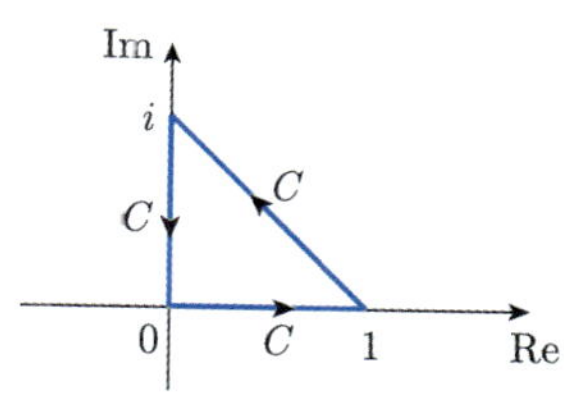

12.13 **(닫힌 경로의 선적분)** 오른쪽 그림과 같은 경로에 대해 다음 경로의 선적분을 계산하라.

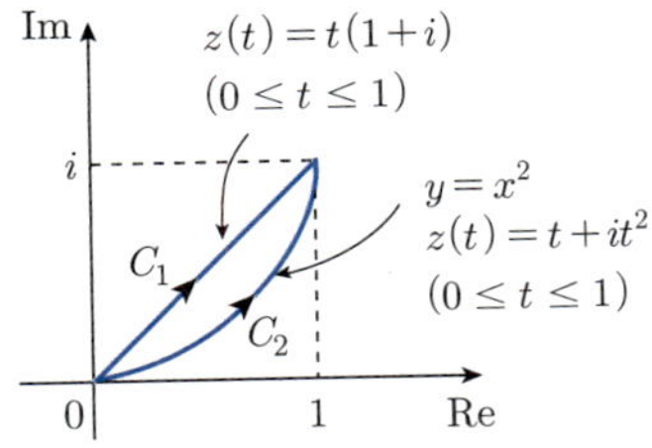

(a) $\int_{C_1} z^2\,dz$　　(b) $\int_{C_2} z^2\,dz$

(c) $\int_{C_1 - C_2} z^2\,dz$

12.14 **(경로에 무관한 선적분)** 오른쪽 그림과 같은 적분 경로 $C = C_1 + C_2$에 대해 점 z_1에서 점 z_2까지 경로의 선적분 $\int_C 2z\,dz$를 (a), (b), (c) 방법으로 각각 구하고, 각 결과가 모두 동일한지를 확인하라.

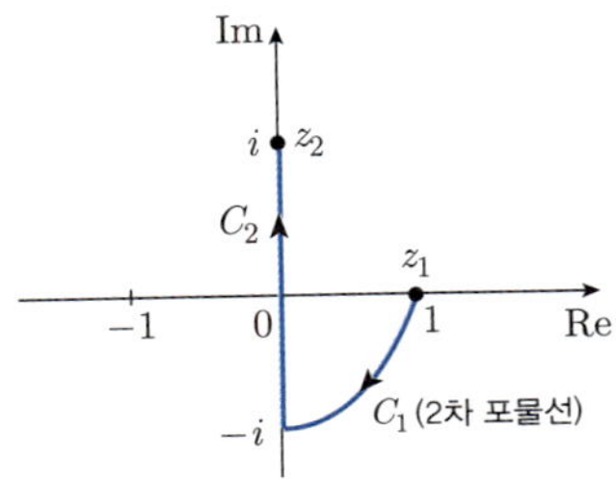

(a) 경로 $C = C_1 + C_2$를 따라 직접 적분

(b) 경로를 아래 그림과 같이 변경하여 적분

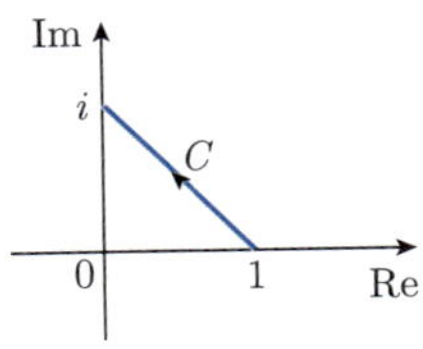

(c) [정리 12-14]를 이용해 적분

12.15 **(경로에 무관한 선적분)** 오른쪽 그림과 같은 경로에 대해 다음 경로의 선적분을 계산하라.

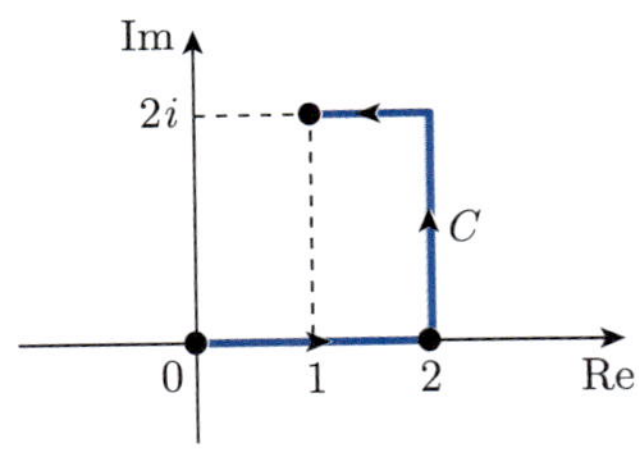

(a) $\int_C (3z-1)\,dz$　　(b) $\int_C e^z\,dz$

12.16 **([정리 12-18]의 응용)** 적분 경로 C가 오른쪽 그림과 같이 구간별 양의 방향의 단순 닫힌 곡선이고, i가 C 내부의 고정된 한 점일 때, 경로의 선적분 $\int_C \frac{1}{z-i}\,dz$를 구하라.

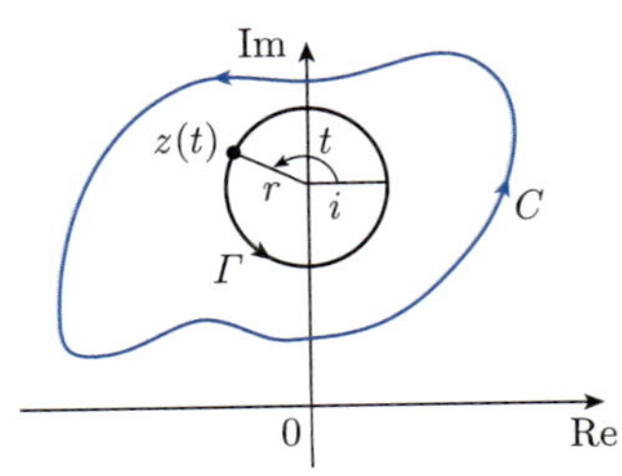

12.17 **(코시 적분 공식)** 적분 경로 C가 오른쪽 그림과 같은 양의 방향의 타원일 때, 경로의 선적분 $\int_C \frac{e^z}{z-2}\,dz$를 구하라.

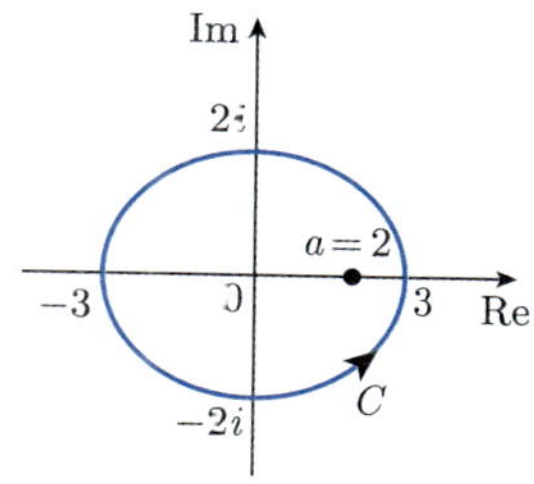

12.18 **(도함수의 코시 적분 공식)** 적분 경로 C가 [연습문제 12.17]의 그림과 같은 양의 방향의 타원일 때, 다음 경로의 선적분을 계산하라.

(a) $\int_C \frac{\cos z}{(z-2)^3}\,dz$

(b) $\int_C \frac{\sin z}{z^3-3z^2+4}\,dz$

12.19 **(로랑 급수)** 복소함수 $f(z)=e^{-\frac{1}{z^2}}$을 $a=0$에 대해 로랑 급수로 전개하고, 이 점에서의 유수를 구하라.

12.20 **(로랑 급수)** 복소함수 $f(z)=\frac{4z+10}{z^2+2z-8}$을 $a=2$에 대해 로랑 급수로 전개하라.

12.21 **(유수 정리)** 적분 경로 C가 [연습문제 12.17]의 그림과 같은 양의 방향의 타원일 때, 유수 정리를 이용해 다음 경로의 선적분을 구하라.

$$\int_C \frac{\cos z}{z}\,dz$$

APPENDIX

유용한 공식

A.1 대수식

2 차방정식 근의 공식

$$ax^2 + bx + c = 0 \text{ 이면 } x = \frac{-b \pm \sqrt{b^2 - 4ac}}{2a}$$

기본적인 인수분해

1. $x^2 - a^2 = (x-a)(x+a)$
2. $x^3 - a^3 = (x-a)(x^2+ax+a^2)$
3. $x^3 + a^3 = (x+a)(x^2-ax+a^2)$
4. $x^4 - a^4 = (x^2-a^2)(x^2+a^2)$

이항정리

1. $(x+y)^2 = x^2 + 2xy + y^2$
2. $(x-y)^2 = x^2 - 2xy + y^2$
3. $(x+y)^3 = x^3 + 3x^2y + 3xy^2 + y^3$
4. $(x-y)^3 = x^3 - 3x^2y + 3xy^2 - y^3$

기본 연산

1. $a^0 = 1,\ a \neq 0$
2. $(ab)^x = a^x b^x$
3. $a^x a^y = a^{x+y}$
4. $(a^x)^y = a^{xy}$
5. $\left(\frac{a}{b}\right)^x = \frac{a^x}{b^x}$
6. $\frac{a^x}{a^y} = a^{x-y}$
7. $a^{-x} = \frac{1}{a^x}$
8. $\sqrt[n]{a} = a^{\frac{1}{n}}$
9. $\sqrt[n]{ab} = \sqrt[n]{a}\sqrt[n]{b}$
10. $\sqrt[n]{a^m} = a^{\frac{m}{n}}$
11. $\sqrt[n]{\frac{a}{b}} = \frac{\sqrt[n]{a}}{\sqrt[n]{b}}$

A.2 기하학적 공식

삼각형

- $h = a\sin\angle\mathrm{C}$
- $\triangle\mathrm{ABC}$ 의 면적 : $\frac{1}{2}bh$
- 코사인 법칙
  $a^2 = b^2 + c^2 - 2bc\cos\angle\mathrm{A}$
  $b^2 = a^2 + c^2 - 2ac\cos\angle\mathrm{B}$
  $c^2 = a^2 + b^2 - 2ab\cos\angle\mathrm{C}$

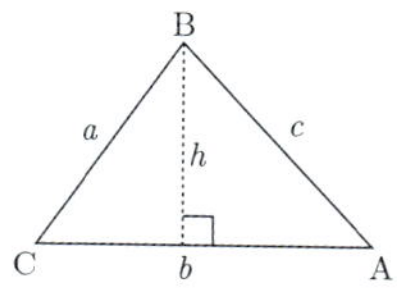

정삼각형

- 높이 :
  $h = a\sin\theta = \frac{\sqrt{3}a}{2}$
- 면적 :
  $A = \frac{1}{2}ah = \frac{\sqrt{3}a^2}{4}$

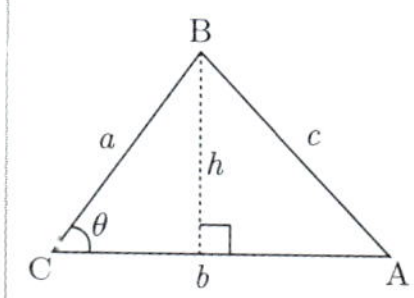

직각삼각형

- 피타고라스 정리 : $c^2 = a^2 + b^2$

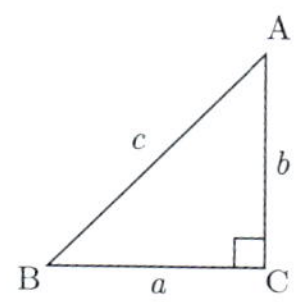

평행사변형

- 면적 : $A = ah$

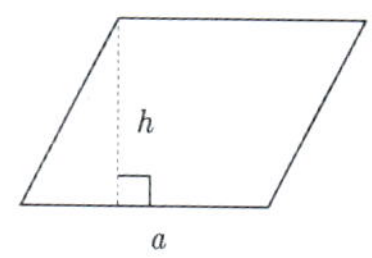

사다리꼴

- 면적 : $A = \frac{h}{2}(a+b)$

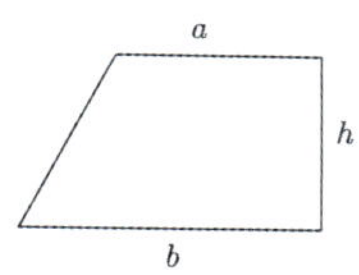

원

- 면적 $A = \pi r^2$
- 원주 : $2\pi r$

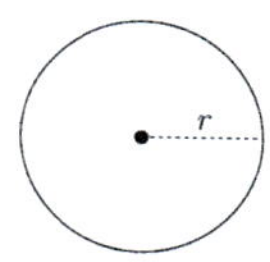

부채꼴

- 면적 : $A = \frac{\theta r^2}{2}$
  (θ는 라디안)
  $s = r\theta$

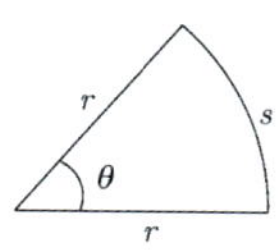

타원

- 면적 : $A = \pi ab$
- 원주 길이 :
  $L \approx 2\pi\sqrt{\frac{a^2+b^2}{2}}$

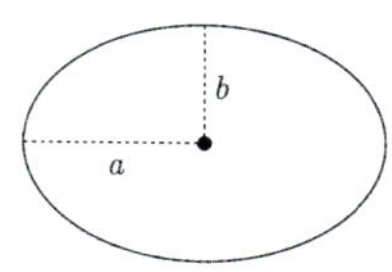

원뿔

- 부피 : $V = \frac{\pi r^2 h}{3}$

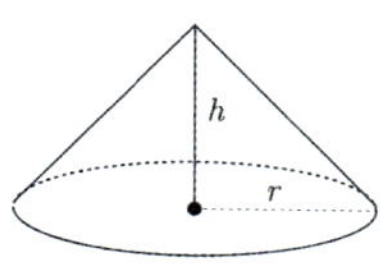

구

- 부피 : $V = \frac{4}{3}\pi r^3$
- 표면적 : $S = 4\pi r^2$

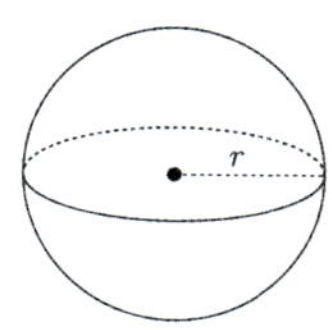

A.3 삼각함수 공식

관련 공식

1. $\sin x = \dfrac{1}{\csc x}$ 2. $\cos x = \dfrac{1}{\sec x}$ 3. $\tan x = \dfrac{1}{\cot x}$

4. $\tan x = \dfrac{\sin x}{\cos x}$ 5. $\cot x = \dfrac{\cos x}{\sin x}$ 6. $\sin(-x) = -\sin x$

7. $\cos(-x) = \cos x$ 8. $\csc(-x) = -\csc x$ 9. $\tan(-x) = -\tan x$

10. $\sec(-x) = \sec x$ 11. $\cot(-x) = -\cot x$

피타고라스 등식

1. $\sin^2 x + \cos^2 x = 1$ 2. $1 + \tan^2 x = \sec^2 x$ 3. $1 + \cot^2 x = \csc^2 x$

여함수 등식

1. $\sin\left(\dfrac{\pi}{2} - x\right) = \cos x$ 2. $\cos\left(\dfrac{\pi}{2} - x\right) = \sin x$ 3. $\tan\left(\dfrac{\pi}{2} - x\right) = \cot x$

4. $\csc\left(\dfrac{\pi}{2} - x\right) = \sec x$ 5. $\sec\left(\dfrac{\pi}{2} - x\right) = \csc x$ 6. $\cot\left(\dfrac{\pi}{2} - x\right) = \tan x$

삼각함수 값 계산을 위한 그림

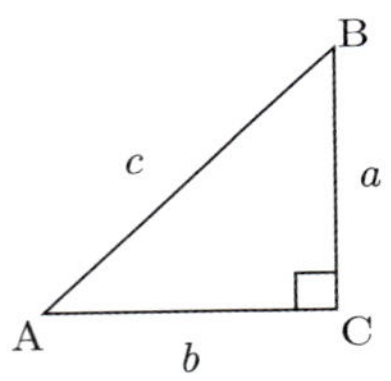

$\sin A = \dfrac{a}{c}$

$\sin B = \dfrac{b}{c}$

$\cos A = \dfrac{b}{c}$

$\cos B = \dfrac{a}{c}$

$\tan A = \dfrac{a}{b}$

$\tan B = \dfrac{b}{a}$

예

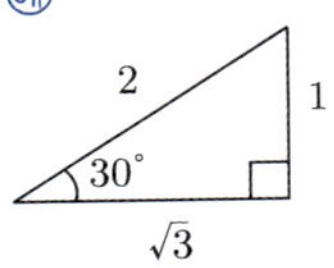

$\sin 30° = \dfrac{1}{2}$

$\cos 30° = \dfrac{\sqrt{3}}{2}$

$\tan 30° = \dfrac{1}{\sqrt{3}}$

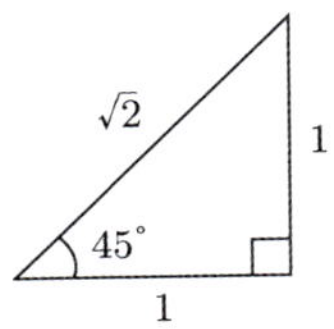

$\sin 45° = \dfrac{1}{\sqrt{2}}$

$\cos 45° = \dfrac{1}{\sqrt{2}}$

$\tan 45° = 1$

반각공식

1. $\sin^2 u = \dfrac{1-\cos 2u}{2}$ 2. $\cos^2 u = \dfrac{1+\cos 2u}{2}$ 3. $\tan^2 u = \dfrac{1-\cos 2u}{1+\cos 2u}$

2배각 공식

1. $\sin 2u = 2\sin u \cos u$ 2. $\cos 2u = \cos^2 u - \sin^2 u$ 3. $\tan 2u = \dfrac{2\tan u}{1-\tan^2 u}$

3배각 공식

1. $\sin 3u = 3\sin u - 4\sin^3 u$ 2. $\cos 3u = 4\cos^3 u - 3\cos u$

3. $\tan 3u = \dfrac{3\tan u - \tan^3 u}{1-3\tan^2 u}$

합과 차의 공식

1. $\sin(u \pm v) = \sin u \cos v \pm \cos u \sin v$
2. $\cos(u \pm v) = \cos u \cos v \mp \sin u \sin v$
3. $\tan(u \pm v) = \dfrac{\tan u \pm \tan v}{1 \mp \tan u \tan v}$

합의 곱 법칙

1. $\sin u + \sin v = 2\sin\left(\dfrac{u+v}{2}\right)\cos\left(\dfrac{u-v}{2}\right)$
2. $\sin u - \sin v = 2\cos\left(\dfrac{u+v}{2}\right)\sin\left(\dfrac{u-v}{2}\right)$
3. $\cos u + \cos v = 2\cos\left(\dfrac{u+v}{2}\right)\cos\left(\dfrac{u-v}{2}\right)$
4. $\cos u - \cos v = -2\sin\left(\dfrac{u+v}{2}\right)\sin\left(\dfrac{u-v}{2}\right)$

곱의 합 법칙

1. $\sin u \sin v = \dfrac{1}{2}[\cos(u-v) - \cos(u+v)]$
2. $\cos u \cos v = \dfrac{1}{2}[\cos(u-v) + \cos(u+v)]$
3. $\sin u \cos v = \dfrac{1}{2}[\sin(u+v) + \sin(u-v)]$
4. $\cos u \sin v = \dfrac{1}{2}[\sin(u+v) - \sin(u-v)]$

A.4 라플라스 변환표

$f(t)$	$\mathcal{L}[f(t)]=F(s)$	$f(t)$	$\mathcal{L}[f(t)]=F(s)$
1	$\frac{1}{s}$	$t\sin kt$	$\frac{2ks}{(s^2+k^2)^2}$
t	$\frac{1}{s^2}$	$t\cos kt$	$\frac{s^2-k^2}{(s^2+k^2)^2}$
t^n	$\frac{n!}{s^{n+1}}$ (n은 양의 정수)	$1-\cos kt$	$\frac{k^2}{s(s^2+k^2)}$
$\sin kt$	$\frac{k}{s^2+k^2}$	$\delta(t)$	1
$\cos kt$	$\frac{s}{s^2+k^2}$	$\delta(t-a)$	e^{-as}
e^{at}	$\frac{1}{s-a}$	$u(t-a)$	$\frac{e^{-as}}{s}$
$\sinh kt$	$\frac{k}{s^2-k^2}$	$e^{at}f(t)$	$F(s-a)$
$\cosh kt$	$\frac{s}{s^2-k^2}$	$f(t-a)\,u(t-a)$	$e^{-as}F(s)$
$e^{at}t$	$\frac{1}{(s-a)^2}$	$g(t)\,u(t-a)$	$e^{-as}\mathcal{L}\,g(t+a)$
$e^{at}t^n$	$\frac{n!}{(s-a)^{n+1}}$ (n은 양의 정수)	$f^{(n)}(t)$	$s^nF(s)-s^{n-1}f(0)-\cdots-f^{(n-1)}(0)$
$e^{at}\sin kt$	$\frac{k}{(s-a)^2+k^2}$	$t^nf(t)$	$(-1)^n\frac{d^n}{ds^n}F(s)$
$e^{at}\cos kt$	$\frac{s-a}{(s-a)^2+k^2}$	$\int_0^t f(\tau)g(t-\tau)d\tau$	$F(s)G(s)$

A.5 미분과 적분 공식

미분 공식

1. $\frac{d}{dx}[c] = 0$
2. $\frac{d}{dx}[x] = 1$
3. $\frac{d}{dx}[cx] = c$
4. $\frac{d}{dx}[x^n] = nx^{n-1}$
5. $\frac{d}{dx}[u \pm v] = u' \pm v'$
6. $\frac{dy}{dx} = \frac{dy}{du}\frac{du}{dx}$
7. $\frac{d}{dx}[uv] = uv' + u'v$
8. $\frac{d}{dx}\left[\frac{u}{v}\right] = \frac{u'v - uv'}{v^2}$
9. $\frac{d}{dx}[\ln x] = \frac{1}{x}$
10. $\frac{d}{dx}[e^x] = e^x$
11. $\frac{d}{dx}[b^x] = b^x \ln b$
12. $\frac{d}{dx}[\sin x] = \cos x$
13. $\frac{d}{dx}[\cos x] = -\sin x$
14. $\frac{d}{dx}[\tan x] = \sec^2 x$
15. $\frac{d}{dx}[\cot x] = -\csc^2 x$
16. $\frac{d}{dx}[\sec x] = \sec x \tan x$
17. $\frac{d}{dx}[\csc x] = -\csc x \cot x$

적분 공식

1. $\int kf(x)dx = k\int f(x)dx$
2. $\int [f(x) \pm g(x)]dx = \int f(x)dx \pm \int g(x)dx$
3. $\int dx = x + C$
4. $\int x^n dx = \frac{x^{n+1}}{n+1} + C \quad (n \neq -1)$
5. $\int \frac{dx}{x} = \ln|x| + C$
6. $\int e^x dx = e^x + C$
7. $\int \sin x\, dx = -\cos x + C$
8. $\int \cos x\, dx = \sin x + C$
9. $\int \tan x\, dx = -\ln|\cos x| + C$
10. $\int \cot x\, dx = \ln|\sin x| + C$
11. $\int \sec x\, dx = \ln|\sec x + \tan x| + C$
12. $\int \csc x\, dx = -\ln|\csc x + \cot x| + C$
13. $\int \sec^2 x\, dx = \tan x + C$
14. $\int \csc^2 x\, dx = -\cot x + C$
15. $\int \sec x \tan x\, dx = \sec x + C$
16. $\int \csc x \cot x\, dx = -\csc x + C$

찾아보기

기타

ㄱ

ㅅ

ㅇ

ㅈ